JN296556

解析学の基礎

―高校の数学から大学の数学へ―

鈴木紀明 著

学術図書出版社

まえがき

　近代科学の創始者ガリレオ・ガリレイ (1564-1642) の「自然 (宇宙) という書物は数学の言葉で書かれている」という名言を借りるまでもなく，科学の共通基盤としての数学の役割と重要性はますます広がっています．本書は数学の中でも特に基本的な分野である解析学 (微分積分学) の講義用テキストです．高校までに学ぶ数学との連携を重視し，それに引き続く内容の計算技術の習得を主な目標として書きました．

　構成を大まかにいいますと，13 章までが 1 変数の微積分，26 章までは 2 変数の微積分，残りの章は理論的な補強とでもいうべき内容です．理想的には，各章を週 2 コマ (講義＋演習) で 1 年半のコースを望みますが，工学系などで，十分な時間がとれない場合は，週 1 コマ (講義のみ) の 1 年コースとして，前期に 13 章まで，後期が 26 章まで (あるいは 24, 25 章の替わりに 28, 29 章として) を学習し，それ以外の章を随時参照する形で使って頂ければ，本書の目標はある程度は達せられるのではと思います．また，0 章に数学の記号をコメントを付けてまとめました．記号に慣れることは数学理解のための必要条件です．

　各章には問，練習問題，演習問題を配しています．問は定義の確認を主な目的としているので，必ず解いて下さい．本文には最初の段階では省略して講義してもよいという意味で網掛けになっている部分があります．練習問題は (若干の例外を除いて) 網掛けの部分に触れなくても解けるように配慮しました．講義や演習に十分な時間が取れない場合は，これらを有効に使って頂くとよいと思います．いずれにしても，本書のすべてを講義することは想定していません．講義担当者が大胆な取捨選択をしても，十分に自主学習で補えるように記述したつもりです．

　練習問題や演習問題は全く手が付けられないということのないように，解法の方針を小問の形で順次問うという形の問題をいくつか配列しています．問題を解く過程で本文を何度も読み返すことを勧めます．13 章，26 章および 39 章には中間試験や定期試験を想定しての基礎事項再確認の意味の問題を並べました．ただし，39 章にあるいくつかの問題は幾分と挑戦的です．巻末にすべての問題の解答を付けました．丁寧に書いた分だけ文字が小さくなりましたが，自主学習の役に立つと信じます．

　高校数学と大学数学にギャップがあるとすれば，極限の概念を含めた無限の厳密な取り扱いでしょう．これを通しての論理的思考力の養成も重要ですが，あまり早い段階から厳密性に拘ることは有益ではないでしょう．高校までの数学好きを数学嫌いにしてはなりません．本書では，(講義時間がない場合は自主学習になりますが) 計算技術がある程度身に付いた後の 27 章以下で，数列の収束 (ε-N 論法) と ε-δ 論法を用いて連続関数の基本性質などを見直し，さらに，可算集合，開集合，コンパクト集合などの現代数学の基本概念についても触れています．これらを含めれば，解析学として微分積分学の後に学ぶであろう，微分方程式論や複素関数論，ルベーグ積分論などに戸惑うことはないと思います．本書を『解析学の基礎』と命名した理由でもあります．

　計算技術の習得が目標と書きましたが，一定の計算力がないと論理的思考力も発揮できないからです．両者が重なり合って向上することが大切です．19 章の冒頭に「数学はなるべく計算を避けるた

めの技術」であると引用しました．一見，矛盾するようですが，「記憶 (公式) にたよる (強引な) 計算」ではなくて「理論に基づく (スマートな) 計算」ができることが重要です．強引な計算には限度があるのです[1]．本書を通して数学の論理を学んで頂きたいと思います．その際には，特に

(1) 背理法による証明の理解

(2) 不等式を用いた議論

に留意して下さい．本書の証明でも (困ったら背理法として) 頻出しています．まずは背理法の考え方に十分に馴染むことが必要です．解析学では $A \geq B$ と $A \leq B$ 示すことによって $A = B$ を導くことが多々あります．ε-δ 論法も極言すれば，不等式から等式を導く方法です．解析学は「不等式の学問」ともいわれます．不等式の取り扱いに慣れることが理解を深めます．

本書は名城大学理工学部数学科での 1, 2 年次の講義ノートを整理・発展させたものです．一緒に講義を担当していた北岡良之先生からは原稿の段階から数々の有益な指摘をして頂きました．先生との議論を通して私の微積分に対する知識も随分と深まりました．お礼申し上げます．大学院生の伊藤健太郎氏 (本文の脚注に I 君としても登場) には問題解答の作成においてお世話になりました．また，出版にあたって，図の作成や校正においては学術図書出版社の発田孝夫氏，杉浦幹男氏をはじめ編集部の方々にたいへんお世話になりました．心よりお礼を申し上げます．

2013 年 10 月

著者

---

[1] 数学基礎教育についての考えを『名城大学教育年報』に書いたことがあります．鈴木紀明, 西健次郎, 塚本道郎「工学系学生に対する数学基礎教育について—何をどのように教えるか—」名城大学教育年報 (第 6 号)2012 年 3 月, pp.76-81.

目　次

まえがき ... i

第 0 章　数学の記号について ... 1
- §0.1　数学の用語 ... 1
- §0.2　等号と不等号 ... 1
- §0.3　数について ... 2
- §0.4　集合の記号 ... 3
- §0.5　論理の記号 ... 5
- §0.6　その他の注意 ... 6
- §0.7　ギリシャ文字 ... 7
- §0.8　ノートを上手に取るための注意 ... 7
- §0.9　本書に出てくる数学者 ... 9

第 1 章　背理法と数学的帰納法 ... 11
- §1.1　論理 ... 11
- §1.2　背理法 ... 12
- §1.3　数学的帰納法 ... 13
- §1.4　ユークリッドの互除法 ... 15

第 2 章　自然対数の底と指数関数 ... 17
- §2.1　自然対数の底 ... 17
- §2.2　指数関数と対数関数 ... 19
- §2.3　一般の指数関数とベキ関数 ... 21

第 3 章　三角関数とオイラーの定理 ... 23
- §3.1　三角関数 ... 23
- §3.2　逆三角関数 ... 24
- §3.3　オイラーの公式 ... 26

第 4 章　実数の連続性と数列の極限値 ... 29
- §4.1　数列の極限 ... 29
- §4.2　実数の連続性 (上限と下限の存在) ... 31
- §4.3　部分列 ... 33

第 5 章　関数の極限値と連続性　　36
§5.1　合成関数と逆関数 36
§5.2　関数の極限値 38
§5.3　関数の連続性 39

第 6 章　微分係数と導関数　　43
§6.1　微分係数 43
§6.2　導関数 45
§6.3　合成関数微分と逆関数微分 47

第 7 章　平均値の定理とその応用　　49
§7.1　連続関数の基本性質 49
§7.2　平均値の定理 50
§7.3　不定形の極限値 52

第 8 章　高次導関数とテイラーの定理　　56
§8.1　連続な導関数 (C^1 級の関数) 56
§8.2　n 次導関数 56
§8.3　テイラーの定理 58
§8.4　双曲線関数 60

第 9 章　微分法の応用　　63
§9.1　極値問題 63
§9.2　凸関数 65
§9.3　ニュートン法 67

第 10 章　原始関数　　69
§10.1　原始関数 69
§10.2　有理関数の積分 72
§10.3　三角関数の積分 73

第 11 章　定積分　　76
§11.1　リーマン和 76
§11.2　定積分の基本性質 78
§11.3　微分積分学の基本定理 80

第 12 章　広義積分　　83
§12.1　広義積分 83
§12.2　ガンマ関数とベータ関数 87

第 13 章　基礎事項確認問題 I　　90

第 14 章　多変数関数の連続性　　94
- §14.1　多変数関数の極限値 …… 94
- §14.2　多変数関数の連続性 …… 96
- §14.3　多変数関数の定義域 …… 97
- §14.4　連続関数の基本性質 …… 98

第 15 章　偏微分と全微分　　101
- §15.1　偏導関数 …… 101
- §15.2　全微分可能性 …… 102
- §15.3　n 次偏導関数 …… 104

第 16 章　連鎖律　　107
- §16.1　接平面 …… 107
- §16.2　連鎖律 …… 109

第 17 章　テイラーの定理と極値問題　　113
- §17.1　テイラーの定理 …… 113
- §17.2　極値問題 …… 115
- §17.3　3 変数関数の極値問題 …… 118

第 18 章　陰関数定理とその応用　　120
- §18.1　陰関数の存在 …… 120
- §18.2　陰関数微分法 …… 121
- §18.3　陰関数の極値 …… 122
- §18.4　条件付き極値問題 …… 123
- §18.5　3 変数関数の陰関数定理 …… 124

第 19 章　長方形上の重積分　　126
- §19.1　長方形上の重積分 …… 126
- §19.2　累次積分 …… 128

第 20 章　面積確定集合　　132
- §20.1　縦線集合と横線集合 …… 132
- §20.2　面積確定集合 …… 133
- §20.3　重積分の基本性質 …… 134
- §20.4　3 重積分 …… 136

第 21 章　変数変換　　138
- §21.1　平面の座標変換 …… 138
- §21.2　変数変換の公式 …… 139
- §21.3　3 重積分の変換公式 …… 141

第 22 章　広義重積分　　145
§21.4　変数変換公式の証明の概略 142
§22.1　近似増加列 145
§22.2　広義重積分可能性 146

第 23 章　曲線の解析 (長さと曲率)　　151
§23.1　曲線とは 151
§23.2　曲線の長さ 153
§23.3　接線と法線 154
§23.4　曲率 155

第 24 章　線積分とグリーンの公式　　158
§24.1　線積分 158
§24.2　グリーンの公式 160
§24.3　グリーンの公式のベクトル表記 162

第 25 章　面積分とストークスの定理　　165
§25.1　曲面とは 165
§25.2　曲面の面積 166
§25.3　回転体の曲面積 167
§25.4　面積分とストークスの定理 168

第 26 章　基礎事項確認問題 II　　173

第 27 章　数列の収束 (ε-N 論法)　　177
§27.1　ε-N 論法 177
§27.2　上極限と下極限 180
§27.3　ボルツァノ・ワイエルシュトラスの定理の別証明 181
§27.4　コーシー列 182

第 28 章　無限級数　　184
§28.1　級数の収束 184
§28.2　正項級数 185
§28.3　収束判定法 187

第 29 章　絶対収束と条件収束　　191
§29.1　2 つの例 191
§29.2　交代級数 192
§29.3　絶対収束と条件収束 193
§29.4　無限乗積 195

第 30 章　2 重数列と 2 重級数　　199

§30.1　2 重数列の収束 199

§30.2　2 重級数の収束 200

§30.3　コーシー積 202

§30.4　極限と無限和の順序交換について 203

第 31 章　関数の連続性 (ε-δ 論法)　　206

§31.1　連続関数の定義 206

§31.2　一様連続性 208

§31.3　2 変数関数の連続性と一様連続性 209

§31.4　一様連続性を使った証明 210

第 32 章　陰関数定理と逆写像定理　　213

§32.1　逆関数の連続性と微分可能性 213

§32.2　陰関数定理 214

§32.3　逆写像定理 217

第 33 章　集合と写像　　220

§33.1　集合と元 220

§33.2　直積集合とベキ集合 221

§33.3　集合の演算 221

§33.4　写像 224

第 34 章　可算集合と非可算集合　　227

§34.1　集合の濃度 227

§34.2　カントールの 3 つの定理 229

§34.3　可算集合の演算 231

§34.4　超越数の存在 232

第 35 章　開集合と閉集合　　234

§35.1　集合の内部, 境界, 閉包 234

§35.2　開集合と閉集合の定義 236

§35.3　開集合と閉集合の基本性質 237

§35.4　開集合による連続性の定義 238

第 36 章　連結性とコンパクト性　　240

§36.1　連結性 240

§36.2　コンパクト性 242

§36.3　連続関数との関係について 244

第 37 章　一様収束　　247

§37.1　各点収束と一様収束 . . . .　247

§37.2　積分と微分の順序交換可能性 . . . .　250

§37.3　広義一様収束 . . . .　251

第 38 章　ベキ級数　　254

§38.1　ベキ級数の収束半径 . . . .　254

§38.2　マクローリン展開 . . . .　256

第 39 章　基礎事項確認問題 III　　260

問，練習問題および演習問題の解答　　264

あ と が き　　303

索引　　304

0 数学の記号について

> 自然数を作り出したのは神様で，その他のすべては人間の手の仕業だ．
> クロネッカー

　数学の本質は自由である．その意味では数学の議論においてどのような記号や文字を使うかも自由である．しかしながら，伝統的にそれぞれの場面で使われる記号はだいたい決まっている．たとえば ε や δ は小さい正数を表し，m, n は自然数を意味する場合が多いし，複素数は $z = x + iy$ と書かれ，実数全体は $\mathbb{R}$ を用いるなどである．これらの習慣を身に付けることは，数学の理解の上でも重要なことである．それどころか，某先生によれば「どんな文字や記号を使うかで，その人の数学のレベルがわかる」という．本章が，これから始まる数学の学習の理解の手助けになればと願う．

§0.1　数学の用語

まずは数学の用語から始めよう．以下の言葉が講義によく出てくる．

- 定義 (definition) Def と略記することがある：
  数学の概念の意味や内容を定めたもの．定義は約束ですから守らないといけない．新しい定義が出てきたら，複数の例を考えることを習慣にするとよい．

- 定理 (theorem) Th と略記，命題 (proposition) Prop と略記，補題 (lemma) Lem と略記，系 (corollary) Cor と略記：
  正しいことが確かめられた数学の主張で重要なものを定理という．少し軽めの主張が命題で，定理や命題を証明するために補助的に使われる主張を補題と呼ぶ．一般的には重要性からみると 定理 > 命題 > 補題 の順であるが，「ツォルンの補題」や「シュワルツの補題」など，習慣的に補題の名前が付いている重要な主張もある．
  また，定理の結論から直ちに得られる主張を系という．なお，「命題」という語は論理的な主張として，否定命題とか逆命題などとしても使われるので注意すること．

- 証明 (proof) を Pr，例 (example) を Ex と略記する場合もあるが，Proposition や Exercise(練習問題) などの略と混同する恐れがあるので使わない方がよい．なお，例を e.g. (= exampli gratia (ラテン語)) と書くこともある．

§0.2　等号と不等号

- 等号 $X = Y$

等号は数学でもっともよく使われる記号であるが，いくつかの異なる使い方がある．
   (1) X と Y を計算すると等しい．
   (2) 右辺の Y を X と表す．または X を Y と置く (定義する) を意味する．
   (3) 方程式を表す．
   (4) 恒等的に等しい．
(1) の場合は等号の成り立つ理由 (証明) を確認しないといけない．
(2) の場合には約束 (定義) であるから証明する必要はない．このときは (1) と区別する意味で，できるだけ等号ではなくて $X := Y$ と書くとよい ($X \stackrel{\text{def}}{=} Y$ とていねいに書く人もいる)．
(4) については次項を参照のこと．
以下の文章中の等号は (1) から (4) のどの用法であるかを確認せよ[1]．
「正弦関数 $\sin x$ と余弦関数 $\cos x$ について，$\cos^2 x + \sin^2 x = 1$ が成り立つ．また，$\cos \pi = -1$ であり，$\sin x = 3$ をみたす実数 x は存在しない．一方，正接関数は $\tan x = \sin x / \cos x$ として定まる．」

- 不等号 $a \leqq b$

  これは $a < b$ または $a = b$ を表す記号である．高校までは $a \leqq b$ と書いていたがこれと同じ意味である．大学ではなぜか等号を一本にすることが多いので注意すること．同様に $a \geqq b$ を $a \geq b$ と書く．ところで解析学は「不等式の学問」と呼ばれる．その意味は $a = b$ を証明するのに $a \leq b$ と $b \leq a$ を示して導くからである．一見すると却って面倒なように思えるが，この考え方を身に付けることは大学の数学における 1 つの課題である．なお，後述の集合の等号でも同様な考え方をする．

- 恒等式 $f \equiv g$

  関数 f と g が恒等的に等しいことを意味するが，簡単に $f = g$ と書くこともある．たとえば，$\sin^2 x + \cos^2 x \equiv 1$ と書くべきであるが，同じ意味で $\sin^2 x + \cos^2 x = 1$ と書くことが多い．ところで $f \equiv g$ の否定は $f \not\equiv g$ であるが，これが意味するのは「$f(x) \neq g(x)$ となる x が (少なくとも 1 つ) 存在する」であって「すべての x について $f(x) \neq g(x)$」ではないことに注意すること．なお，数学の勉強が進むと $\equiv$ の記号は別の意味 (〜を法として等しい) としても使われることに出会うであろう．たとえば $a \equiv b \bmod (2\pi)$ などである．

§0.3 数について

- 自然数，整数，有理数，実数，複素数

  $\mathbb{N} :=$ 自然数全体からなる集合   (自然数は 1 以上の整数)

  $\mathbb{Z} :=$ 整数全体からなる集合

  $\mathbb{Q} :=$ 有理数全体からなる集合

  $\mathbb{R} :=$ 実数全体からなる集合

  $\mathbb{C} :=$ 複素数全体からなる集合

---

[1] 順番に (4), (1), (3), (2) である．

$\mathbb{N}$ は natural number (自然数) の頭文字である．整数の英語は integer であるが，ドイツ語の Zahl (数) の頭文字が使われる．$\mathbb{R}$ は real number (実数)，$\mathbb{C}$ は complex number (複素数) の頭文字である．有理数は rational number であるが，この頭文字では実数の場合と同じになるので quotient (商) の頭文字を使って $\mathbb{Q}$ と表す．これらの集合は **N, Z, Q, R, C** と太文字で書かれる場合も多い．

● 複素数の実部と虚部

複素数 $z = x + iy$ の実部 x を $\mathrm{Re}(z)$，虚部 y を $\mathrm{Im}(z)$ と書く．すなわち，

$$\mathrm{Re}(z) := x, \quad \mathrm{Im}(z) := y$$

である．Re と Im はそれぞれ real と imaginary の略である．伝統的には "R" と "I" に対応するドイツ文字 (フラクトゥール) を使って $\Re(z), \Im(z)$ と表記することもあるが，これらは書き難い．

● 数の和と積はギリシャ文字の Σ (シグマ) と Π (パイ) を使う．

$$\sum_{k=1}^{n} a_k := a_1 + a_2 + \cdots + a_n, \quad \prod_{k=1}^{n} a_k := a_1 \cdot a_2 \cdots a_n$$

無限個の和 (級数) や無限個の積 (無限乗積) の場合は $\displaystyle\sum_{k=1}^{\infty} a_k$ および $\displaystyle\prod_{k=1}^{\infty} a_k$ となる．

● 階乗と 2 項係数

自然数 n に対して n の階乗を $\displaystyle n! := \prod_{k=1}^{n} k = n(n-1)\cdots 2 \cdot 1$ と定める．なお $0! = 1$ と約束する．さらに $(n)!!$ は偶数と奇数の場合に分けて

$$\begin{cases} (2n)!! := 2n(2n-2)\cdots 4 \cdot 2 \\ (2n-1)!! := (2n-1)(2n-3)\cdots 3 \cdot 1 \end{cases}$$

と定める．ここでも $0!! = 1$ とする．n 個から k 個を取り出す組み合わせの総数は

$$_n\mathrm{C}_k := \frac{n!}{(n-k)!\,k!} = \frac{n(n-1)\cdots(n-k+1)}{k!}$$

となるが，これを 2 項係数という．さらに，α が実数で，k が自然数のとき，

$$\binom{\alpha}{k} := \frac{\alpha(\alpha-1)\cdots(\alpha-k+1)}{k!}$$

を一般 2 項係数と呼ぶ．α が自然数 n なら $\displaystyle\binom{n}{k} = {}_n\mathrm{C}_k$ である．大学では 2 項係数も前者の記号で書くことが多くなる．早く慣れるようにしよう．

§0.4　集合の記号

● 集合を表す場合はたいてい大文字 A, B, X, Y などを用い，その要素 (元) は小文字 a, b, x, y などを使う．集合の書き方としては，

　(1)　要素を書き並べる方法　$X := \{x_1, x_2, \cdots\}$

(2) 要素の条件を書く方法　$X := \{x\,;\,x \text{ は} \cdots \text{をみたす}\}$

がある (後者ではセミコロン ; を縦棒 | に変えて $\{x|x \text{ は} \cdots \text{をみたす}\}$ と書く人も多い). たとえば X を正の偶数全体としたとき, $X = \{2, 4, 6, \cdots\}$ は (1) の書き方であり, $X = \{n\,;\,n = 2m \text{ で } m \text{ は自然数}\}$ は (2) の書き方である.

● $a \in A$ および $a \notin A$

$a \in A$ は a が集合 A に属する (a は A の要素 (元) である) ことであり, $A \ni a$ と書いても同じ意味である. $a \notin A$ は a は A の要素でないことを意味し, $A \not\ni a$ も同じである. たとえば $\sqrt{2} \notin \mathbb{Q}$, $\mathbb{C} \ni \sqrt{-3}$ などと使う. また,

$$\mathbb{Q} = \{\frac{m}{n}\,;\,m, n \in \mathbb{Z},\,n \neq 0\}, \quad \mathbb{C} = \{a + bi\,;\,a, b \in \mathbb{R}\}$$

などと書くことができる.

● 包含関係 $A \subset B$

集合 A が集合 B に含まれる (A は B の部分集合である) ことを意味し, $B \supset A$ も同じ意味になる. たとえば $\mathbb{N} \subset \mathbb{Q}$, $\mathbb{R} \supset \mathbb{Z}$ などが成り立つ. ところで $A \subset B$ であることは 「$a \in A$ ならば $a \in B$」 となることである. したがって, $A = B$ を証明するためには $A \subset B$ および $B \subset A$ を示す, すなわち, 「$a \in A$ ならば $a \in B$, および, $a \in B$ ならば $a \in A$」 を示して導く. 集合の演算では等号の変形だけではうまく証明できない場合が多くあるので, この考え方はたいへん重要である.

なお, ここでは $A \subset B$ は $A = B$ の場合を含めていることに注意する. A が B の部分集合で $A \neq B$ のとき, すなわち, A は B の真部分集合であることを強調する場合は, $A \subsetneq B$ と書く. もう 1 つ注意をする. $a \in A$ を $a \subset A$ と書いてはいけない. $\subset$ は集合同士の関係であるから, $\{a\} \subset A$ ならば正しい書き方になる.

● 区間は 3 種類ある. 開区間 (a, b), 閉区間 $[a, b]$, 半開区間 $(a, b]$, $[a, b)$ である.

$$(a, b) := \{x \in \mathbb{R}\,;\,a < x < b\}$$
$$[a, b] := \{x \in \mathbb{R}\,;\,a \leq x \leq b\}$$
$$(a, b] := \{x \in \mathbb{R}\,;\,a < x \leq b\}$$
$$[a, b) := \{x \in \mathbb{R}\,;\,a \leq x < b\}$$

これらは有界区間である (有限区間ともいう). 無限区間としては以下のものがある:

$$(a, \infty) := \{x \in \mathbb{R}\,;\,a < x < \infty\}$$
$$[a, \infty) := \{x \in \mathbb{R}\,;\,a \leq x < \infty\}$$
$$(-\infty, b) := \{x \in \mathbb{R}\,;\,-\infty < x < b\}$$
$$(-\infty, b] := \{x \in \mathbb{R}\,;\,-\infty < x \leq b\}$$
$$(-\infty, \infty) := \mathbb{R}$$

● 共通部分 $A \cap B$ (交わりともいう)

集合 A と B の共通部分を表す. すなわち, $A \cap B = \{a\,;\,a \in A \text{ かつ } a \in B\}$ である. また,

n 個の集合の共通部分 $\{a\,;\,$すべての $k=1,2,\cdots,n$ について $a\in A_k\}$ を
$$\bigcap_{k=1}^{n} A_k := A_1 \cap A_2 \cap \cdots \cap A_n$$
と書く.

- 合併集合 $A\cup B$ (和集合ともいう)
  集合 A と B の合併集合を表す. すなわち, $A\cup B=\{a\,;\,a\in A$ または $a\in B\}$ である. また, n 個の集合の合併集合 $\{a\,;\,$ある $k=1,2,\cdots,n$ について $a\in A_k\}$ を
  $$\bigcup_{k=1}^{n} A_k := A_1 \cup A_2 \cup \cdots \cup A_n$$
  と書く.
- 差集合 $A\setminus B$
  A の要素のうちで B に含まれないものの全体を表す. すなわち, $A\setminus B=\{a\,;\,a\in A,\,a\notin B\}$ である.
- 補集合 A^c
  補集合とはそこに属さない要素の集まりである. これを定めるためには全体の集合が何であるかを明確にしておく必要がある. 全体を X とすれば $A^c:=\{a\in X\,;\,a\notin A\}$ である. 差集合の形で書けば $A^c=X\setminus A$ となる. なお, 高校までは A の補集合を $\overline{A}$ と表していたかもしれないが, 大学では $\overline{A}$ は別の意味 (集合の閉包) で使われるので, 補集合は A^c と書くようにすること (A^C と大文字を使う人もいる. c は complement の頭文字である).
- 空集合は正式には $\emptyset$ と書くが, ギリシャ文字 ϕ (ファイ) が代用される. なお, 集合 A の部分集合としては A 自身と空集合も入る. たとえば $A=\{1,2\}$ の部分集合は $\{1,2\},\{1\},\{2\},\emptyset$ の 4 つである.

§0.5 論理の記号

- $\forall$ (任意の, すべての) と $\exists$ (存在する)
  $\forall$ は任意の (すべての) を意味する (Any または All の頭文字 A をひっくり返したもの. 英語では any と all は別の意味であるが, 数学では同じ意味になる). たとえば, 「x は実数のとき, $\forall x\ne 0,\,x^2>0$」は「0 ではないすべての x に対して x^2 は正となる」を意味する.
  $\exists$ は (少なくとも 1 つは) 存在するを意味するし (Exist の頭文字 E をひっくり返したもの). たとえば「$\exists x\ne 0,\,f(x)=0$」は「0 でない x で $f(x)=0$ をみたすものが (少なくとも 1 つは) 存在する」の意味である.
  $\forall$ と $\exists$ ではまったく意味が異なる. 正確に使えるようになるためには修行が必要である. いくつかの例を書くので参考にして欲しい.
  (1) 「$\forall a\in A$ に対して $a\in B$」は $A\subset B$ を意味し, 「$\exists a\in A$ に対して $a\in B$」は $A\cap B\ne\emptyset$ を意味する.
  (2) 「$\forall k=1,2,\cdots,n$ について $a\in A_k$」は $a\in\bigcap_{k=1}^{n} A_k$ であり, 「$\exists k=1,2,\cdots,n$ に

ついて $a \in A_k$」は $a \in \bigcup_{k=1}^{n} A_k$ である.
(3) 「$\forall x \in X$ に対して $f(x) = g(x)$」は $f \equiv g$ を意味し,「$\exists x \in X$ に対して $f(x) \neq g(x)$」は $f \not\equiv g$ を意味する.

● 証明の始まりに「なぜならば」の意味で $\because$ と書くことがある.また,「ゆえに,よって」の意味で $\therefore$ を使うこともある.点の方向に注意して混同しないようにすること. $\because$ は3点を円で囲んで用いる場合もよくある.

● 証明の終わりを明示する意味で □ や ■ を証明の最後に用いている本が多くある.講義では // (2重スラッシュ) を用いることが多い.Q.E.D. (Quod erat demonstrandum (ラテン語)) を使うこともある.本書では証明だけでなく,例題の解答の終わりにも ■ を付けた.

§0.6 その他の注意

● 微分の記号についての注意:$f'(ax+b)$ について
本書では $f'(ax+b)$ という記述は

「$f'(t)$ に $t = ax+b$ を代入する」

の意味として用いることにする.$f(ax+b)$ の微分を表す場合は $(f(ax+b))'$ と記す.たとえば $f(x) = \sin x$ のとき,$f'(ax+b) = \cos(ax+b)$ であり,$(f(ax+b))' = a\cos(ax+b)$ とは異なる.

ところで,f' を高校では (エフ) ダッシュと読んでいたが,これをダッシュ (dash) と読むのは日本だけのようである.外国ではプライム (prime) が使われ,大学でもそのように読まれることが多い.この機会に改めるとよい.

● f^{-1} と f^n について
一般に関数 f が逆関数をもつとき,それを f^{-1} と書き,エフ・インバースと読む.この記号は三角関数では注意が必要である.多くの教科書では $\sin x$ の逆関数を $\sin^{-1} x$ と書いているが,伝統的に $\sin^2 x$ は $(\sin x)^2$ を意味する.この類推で $\sin^{-1} x$ は $(\sin x)^{-1} = 1/\sin x$ の意味と混同するおそれがある.$\sin^{-1} x$, $\cos^{-1} x$, $\tan^{-1} x$ を使う場合には記号の意味に気を付けること.そして,混乱を避けるためる意味でも,$\sin x$, $\cos x$, $\tan x$ の逆関数には

$$\arcsin x, \quad \arccos x, \quad \arctan x$$

の記号を用いるとよい.それぞれアークサイン,アークコサイン,アークタンジェントと読む.$f^2(x)$ は $f(x)$ の2乗である $(f(x))^2$ を意味する場合もあるが,f と f の合成である $f(f(x))$ を意味することもある.一般に自然数 n に対して,$f^n(x)$ は n 個の f の合成を意味する場合もある.いずれにせよ,どちらの用法であるかは文脈で判断する必要がある.ただし,上述のように三角関数では $\sin^2 x$ は $(\sin x)^2$ を意味し,合成と考えることはない.

● ベキ乗根と指数
x の n 乗根は $\sqrt[n]{x}$ と書かれるが $x^{1/n}$ とも書く.指数については 2^{3^4} は 2 の $3^4 (= 81)$ 乗で

あって $2^3(=8)$ の 4 乗ではないことに注意すること．すなわち，括弧を付けて書けば
$$x^{y^z} \text{ は } x^{(y^z)} \text{ であって } (x^y)^z \text{ ではない．}$$
ちなみに，$(x^y)^z = x^{yz}$ である．同じ理由で
$$\log x^{y^z} = y^z \log x \text{ は正しいが } \log x^{y^z} = z \log x^y \text{ は間違いである．}$$
できるだけ括弧を用いて混乱をさけるとよい．なお，自然対数の底 e について e^A を $\exp(A)$ と書くことがある．また，e を底とする対数関数 $\log x$ を $\ln x$ と書いてある本もある．覚えておくとよい．

- 集合の個数 (濃度)

  X が有限集合のとき，その要素の個数を $\sharp X$ で表す ($|X|$ で個数を表す場合もあるので注意すること)．たとえば $X = \{1,2,3\}$ ならば $\sharp X = 3$ である．X が無限集合の場合は個数は無限であるが，無限の度合い (濃度という) を区別する．自然数全体は可算無限集合で，その濃度を $\aleph_0$ (アレフゼロと読む) と書く．実数全体の濃度は $\aleph$ (アレフと読む) である．すなわち，$\sharp \mathbb{N} = \aleph_0$, $\sharp \mathbb{R} = \aleph$. アレフはヘブライ語のアルファベットの最初の文字である．

§0.7 ギリシャ文字

冒頭でも述べたが ε や δ が小さな正数を表すように，ギリシャ文字はかなり決まった使い方をする．π は円周率を表す．θ は角度を表すときはシータと読むが，それ以外ではテータと読まれる．その他の習慣として，たとえば 2 変数関数の変数変換などでは φ と ψ がペアで用いられ，複素数の表示では $z = x + iy$ に対応して $\zeta = \xi + i\eta$ と書かれる．また Δ はラプラス作用素の意味 $\Delta := \frac{\partial^2}{\partial x^2} + \frac{\partial^2}{\partial y^2}$ でも使われる．小文字のデルタではクロネッカーの記号 δ_{ij} を覚えておくこと：
$$\delta_{ij} := \begin{cases} 1 & (i = j) \\ 0 & (i \neq j) \end{cases}$$

§0.8 ノートを上手に取るための注意

- ノートを見ると，文字の区別が不明確な書き方をしている人がいる．特に注意すべきはアルファベットの大文字小文字および数字との区別である．たとえば

  「S と s」，「P と p」，「Y と y」

  「b と 6」，「q と 9」，「z と 2」

  などである．文字の混同は論理の混乱に繋がる．区別を明確にするために，

  <u>小文字のアルファベットは筆記体で書く</u>

  ことを奨励する．

大文字	小文字	発音
A	α	アルファ (alpha)
B	β	ベータ (beta)
Γ	γ	ガンマ (gamma)
Δ	δ	デルタ (delta)
E	ε	イプシロン (epsilon)
Z	ζ	ツェータまたはゼータ (zeta)
H	η	エータまたはイータ (eta)
Θ	θ	シータまたはテータ (theta)
I	ι	イオタ (iota)
K	κ	カッパ (kappa)
Λ	λ	ラムダ (lambda)
M	μ	ミュー (mu)
N	ν	ニュー (nu)
Ξ	ξ	グザイまたはクシィ (xi)
O	o	オミクロン (omicron)
Π	π	パイ (pi)
P	ρ	ロー (rho)
Σ	σ	シグマ (sigma)
T	τ	タウ (tau)
Υ	υ	ウプシロン (upsilon)
Φ	φ, ϕ	ファイ (phi)
X	χ	カイ (chi)
Ψ	ψ	プサイ (psi)
Ω	ω	オメガ (omega)

活字体	a	b	c	d	e	f	g	h	i	j	k	l	m
筆記体	*a*	*b*	*c*	*d*	*e*	*f*	*g*	*h*	*i*	*j*	*k*	*l*	*m*

活字体	n	o	p	q	r	s	t	u	v	w	x	y	z
筆記体	*n*	*o*	*p*	*q*	*r*	*s*	*t*	*u*	*v*	*w*	*x*	*y*	*z*

- 数学の証明は簡潔にそして正確に書くことが重要である．しかし，要点のみを記す余り，式の羅列になってしまうことがある．そのような場合には，「よって，条件 (*) から」「したがって $x = 1$ とすると」「ゆえに」「なぜならば」「式 (1) を整理すると」などの語をはさんで前後の式の関係が明白になるようにするとよい．また，数学の定理はある条件 (仮定) のもとで結論が成り立つことを主張しているので，証明の中に必ず条件 (仮定) が使われるはずである[2]．条件 (仮定) をどこでどのように用いたかに気を配ることが理解の手助けになる．
- 重要：通常の計算では $\times$ と $\div$ は使わない．積は AB または $A \cdot B$ で表し，$A \times B$ とはしない．$\times$ は数学として別の意味になる (ことが多い)．また，商は $\dfrac{A}{B}$ または A/B と書くべきで，小学校以来の記法 $A \div B$ は使わない方がよい．

あいまいさをなくすために括弧を多用すること．$A = 2x - y$，$B = 3x - 5$ の積や商の場合は必

---

[2] 条件を使わずに証明できれば新しい定理が生まれたことになる．

ず括弧を付ける．$AB = (2x-y)(3x-5)$ である．$A/B = (2x-y)/(3x+5)$ も括弧を付けずに $2x-y/3x+5$ とすると，それは $2x - \dfrac{y}{3x} + 5$ の意味になってしまう．括弧を付けるとあいまいさが排除できる．他の例では，$\sin x + y$ は $\sin(x+y)$ なのか $(\sin x)+y$ なのか不明である．後者の意味に書くときは $y + \sin x$ と順序を変えるのもひとつの解決策である．同様に $\log x + 1$ はあいまいである．$\log(x+1)$ でないなら $(\log x)+1$ （あるいは $1+\log x$）と明確に書くべきである．よく見られる計算の誤りは $(\sin(x^2+3x))' = \cos(x^2+3x)(2x+3) = \cos(2x^3+9x^2+9x)$ である．これも括弧を付けて

$$(\sin(x^2+3x))' = \{\cos(x^2+3x)\}(2x+3) = (2x+3)\cos(x^2+3x)$$

とすれば誤りを回避できる．

§0.9 本書に出てくる数学者

数学者の名前は数学の記号ではないが，いろいろな概念や定理の内容を数学者の名前とともに覚えることは意味がある．それは数学の発展の歴史に触れることでもある．

人名	英語表記	生没年月日	寿命
ピタゴラス	Pythagoras	BC 582 ? - BC 498 ?	84 ?
ユークリッド	Euclid	BC 365 ? - BC 300 ?	65 ?
アルキメデス	Archimedes	BC 287 ? - BC 212 ?	75 ?
フィボナッチ	L. Fibonacci	1170 ? - 1250 ?	80 ?
ネピア	J. Napier	1550 ? - 1617.4.4	67 ?
ケプラー	J. Kepler	1571.12.27 - 1630.11.15	58
デカルト	R. Descartes	1596.3.31 - 1650.2.11	54
フェルマー	P. Fermat	1601.8.20 - 1665.1.12	63
パスカル	B. Pascal	1623.6.19 - 1662.8.19	39
ニュートン	I. Newton	1642.12.25 - 1727.3.20	84
ライプニッツ	G. W. Leibniz	1646.7.1 - 1716.11.14	70
ロル	M. Rolle	1652.4.21 - 1719.11.8	67
ロピタル	G. F. A. L'Hospital	1661 ? - 1704.2.2	43 ?
ド・モアブル	A. de Moivre	1667.5.26 - 1754.11.27	87
ベルヌーイ	J. Bernoulli	1667.7.27 - 1748.1.1	80
テイラー	B. Taylor	1685.8.16 - 1731.12.29	46
スターリング	J. Stirling	1692.5 ? - 1770.12.5	78
マクローリン	C. Maclaurin	1698.2 ? - 1746.6.14	48
オイラー	L. Euler	1707.4.15 - 1783.9.18	76
ダランベール	J. L. R. d'Alember	1717.11.16 - 1783.10.29	65
ラグランジュ	J. L. Lagrange	1736.1.25 - 1813.4.10	77
ラプラス	P. S. Laplace	1749.3.23 - 1827.3.5	77

人名	英語表記	生没年月日	寿命
ガウス	C. F. Gauss	1777.4.30 - 1855.2.23	77
ボルツァノ	B. Bolzano	1781.10.5 - 1848.12.18	67
グリーン	G. Green	1793.7.14 - 1841.3.31	47
コーシー	A. L. Cauchy	1798.8.21 - 1857.5.23	58
ラーベ	L. L. Raabe	1801.5.15 - 1859.1.22	57
アーベル	N. H. Abel	1802.8.5 - 1829.4.6	26
ヤコビ	C. G. J. Jacobi	1804.12.10 - 1851.2.18	46
ディリクレ	P. G. L. Dirichlet	1805.2.13 - 1859.5.5	54
ド・モルガン	A. de Morgan	1806.6.27 - 1871.3.18	64
リューヴィル	J. Liouville	1809.3.24. - 1882.9.8	73
ヘッセ	L. O. Hesse	1811.4.22 - 1874.8.4	63
ワイエルシュトラス	K. T. W. Weierstrass	1815.10.31- 1897.2.19	81
ストークス	G. G. Stokes	1819-8.13 - 1903.2.1	83
エルミート	C. Hermite	1822.12.24 - 1901.1.14	78
クロネッカー	L. Kronecker	1823.12.7 - 1891.12.29	68
リーマン	G. F. B. Riemann	1826.9.17 - 1866.7.20	39
リプシッツ	R. O. S. Lipschitz	1832.5.14 - 1903.10.7	71
ジョルダン	M. E. C. Jordan	1838.1.5 - 1922.1.22	84
アスコリ	G. Ascoli	1843.1.20 - 1896.7.12	53
シュワルツ	H. A. Schwarz	1843.1.25 - 1921.11.30	78
カントール	G. Cantor	1845.3.3 - 1918.1.6	72
ディニ	U. Dini	1845.11.14 - 1918.10.28	72
アルツェラ	C. Arzela	1847.3.1 - 1912.3.15	65
ペアノ	G. Peano	1858.8.27 - 1932.4.20	73
ヘルダー	O. L. Hölder	1859.12.22 - 1937.8.29	77
ミンコフスキー	H. Minkowski	1864.6.22 - 1909.1.12	44
アダマール	J. S. Hadmard	1865.12.8 - 1963.10.17	97

1

背理法と数学的帰納法

> ユークリッドが大変好んだ「反対からの証明」はもっともスマートな
> 数学の手段といってよい.　　　　　　　　　　　　　　　　ハーディ

　数学の定理は「A という条件があれば B という結論が成り立つ」という形で述べられることが多い．そしてこの「A ならば B である」が真であることを示すことが証明である．この章では数学の証明法としてだけでなく，ものの考え方としても重要な背理法と数学的帰納法を確認する[1]．

§1.1　論理

　よく使う数学記号を再掲する (0 章 §0.3 を見よ)[2]．$\mathbb{N} :=$ 自然数全体 $= \{1, 2, 3, 4, \cdots\}$，$\mathbb{Z} :=$ 整数全体 $= \{0, 1, -1, 2, -2, \cdots\}$，$\mathbb{Q} :=$ 有理数全体 $= \{m/n \,;\, m, n \in \mathbb{Z},\, n \neq 0\}$，$\mathbb{R} :=$ 実数全体 $= (-\infty, \infty)$．

　数学の論証はいくつかの主張の組み合わせを検証することである．その際に主張の**否定**を正確に記述できることが重要である．主張 P, Q について

「P かつ Q 」の否定は「P でない または Q でない」

「P または Q 」の否定は「P でない かつ Q でない」

である．すなわち「かつ」と「または」が入れ替わる．さらに

「任意の x について P である」の否定は「ある x について P でない」

「ある x について P である」の否定は「任意の x について P でない」

となり，「任意の」と「ある」が入れ替わる[3]．今後は「任意の」に記号 $\forall$ を使う場合もあるので慣れ

---

[1] ユークリッドは素数が無限個あることを背理法で示している．数学的帰納法はパスカルが初めて用いたといわれている．いずれにしても，この両者は論理思考における傑作で，人類が生みだした文化の輝く遺産である．なお，命題・論理についての高校の教科書の記述を引用しておく．「一般に正しいか正しくないかが定まる文や式を命題という．また，命題が正しいとき，その命題は真であるといい，正しくないとき，その命題は偽であるという．「P をみたすものはすべて Q をみたす」という命題を P $\Rightarrow$ Q と表す．P を仮定，Q を結論という．命題 P $\Rightarrow$ Q が偽であるときは，P をみたすが Q をみたさないような例を 1 つ示せばよい．そのような例を反例という．」

[2] 高校の教科書には以下の記述がある．「整数は正の整数 (自然数) $1, 2, 3, 4, \cdots$ と，負の整数 $-1, -2, -3, -4, \cdots$ および 0 からなる数である．整数 m と正の整数 n を用いて分数 m/n の形に表される数を有理数という．整数 m は $m/1$ と表されるので有理数である．分数で表すことのできない実数を無理数という．」

[3] 広辞苑によると，日本語としては「P または Q 」は (1) P, Q の少なくとも 1 つが成り立つ，(2) P, Q のどちらか 1 つだけが成り立つ，の両方がある．数学では (1) の意味で使い，P, Q の両方が成り立つ場合も含む．また，「任意の」は (1) 自由意志にまかせて (選ぶ)，(2) 無作為に (選ぶ) の両方があるが，数学では (2) の意味で使う．したがって「任意の x について成り立つ」＝「勝手に選んだ x について成り立つ」＝「すべての x について成り立つ」とな

て欲しい．たとえば「任意の実数 x に対して」を「$\forall x \in \mathbb{R}$ に対して」と表す (0 章 §0.5 を参照せよ)．

問 1.1 「$\forall x \in \mathbb{R}$ に対して $f(x) = 1$ である (すなわち，f は恒等的に 1 に等しい定数関数)」の否定を述べよ．

主張 A, B について，「A ならば B である」を $A \Rightarrow B$ と書く．また，「B ならば A である」を**逆**，「B でないなら A でない」を**対偶**という．記号で書けば，

$$A \Rightarrow B \text{ の逆は } B \Rightarrow A, \text{ 対偶は } B \text{ でない} \Rightarrow A \text{ でない}$$

となる．一般に主張が真 (正しい，成立する) であっても逆は真とは限らない．一方，主張が真であることと，対偶が真であることは同値である．

問 1.2 「$x = 1$ ならば $x^2 = 1$」の，逆と対偶を書け．真であるものはどれか？

問 1.3 f を $\mathbb{R}$ で定義された関数とする．
(1) 「$x, y \in \mathbb{R}$ に対して，$f(x) = f(y)$ ならば $x = y$ である」の否定を書け．
(2) 「$f(x) = f(y)$ ならば $x = y$ である」の対偶を書け．

§1.2 背理法

背理法とは主張が成り立つことを否定して矛盾を導き，そのことによって主張が成り立つことを示す方法である[4]．すなわち，「A でありかつ B でない」と仮定して矛盾が出れば，主張「A ならば B である」は真である．背理法は明らかそうに見えるがどうやって証明したらよいか迷うときに役立つことが多い[5]．

例題 1.1 a を実数とする．絶対値 $|a|$ がすべての正数より小さければ，すなわち，$\forall \varepsilon > 0$ に対して $|a| < \varepsilon$ が成り立てば $a = 0$ であることを示せ[6]．

[解答] $a \neq 0$ と仮定すると $|a| > 0$ である．$\varepsilon = |a|/2$ とすれば $\varepsilon > 0$ であるが $|a| > |a|/2 = \varepsilon$ となって，条件である「常に $|a| < \varepsilon$ が成り立つ」に矛盾する．背理法より $a = 0$ である． ■

定理 1.1 $\sqrt{2}$ は無理数である[7]．

[証明] 背理法を使う典型的な問題である．$\sqrt{2}$ を有理数と仮定すると，自然数 m, n を用いて

$$\sqrt{2} = \frac{m}{n}$$

る．すなわち，「任意の」＝「すべての」である．

[4] 背理法の根底は「**排中律**」の成立である．すなわち，主張 A に対して「A は正しい (真)」か「A は正しくない (偽)」のどちらか一方だけが成り立つ．

[5] 「困ったときの背理法」と覚えておくとよい．

[6] 突然にギリシャ文字の ε (イプシロン) が出て来て不思議に思うかもしれないが，こういう場面で ε を使うことが数学の習慣である．数学の力が付けば自然と違和感はなくなる．例題の応用として，$a := 1 - 0.9999\cdots$ とすると a は任意の正数より小さい．したがって $a = 0$ となり $1 = 0.9999\cdots$ が成り立つ．このような (不等式で等号を導く) 考え方は重要で，後に学ぶ ε-δ 論法の基本である (31 章を参照)．

[7] D. フラナリー (佐藤かおり訳)『$\sqrt{2}$ の森とアンドリュー少年』シュプリンガー・ジャパン (2008) は $\sqrt{2}$ という数だけを扱った本である．

と表すことができる．ここで，m/n は既約分数とする[8]．両辺を平方して整理すると $n^2 = 2m^2$ となる．右辺が偶数であることから n は偶数であり[9]，$n = 2k$ の形に書ける．これを代入すれば $4k^2 = 2m^2$ となり $2k^2 = m^2$ である．これから m も偶数になり，m, n が公倍数 2 をもつことになって，既約性に矛盾する．よって $\sqrt{2} \notin \mathbb{Q}$ である．∎

§1.3 数学的帰納法

数学的帰納法とは自然数 n に関する主張があるとき

[I] $n = 1$ のとき真であることを示す

[II] n のときに真であることを仮定して，$n+1$ の場合の成立を示す

からすべての n について主張が成り立つことを示す証明法である[10]．

例題 1.2 奇数列の和は平方数である．すなわち，$\forall n \in \mathbb{N}$ に対して，次を示せ[11]．

(1.1) $$\sum_{k=1}^{n}(2k-1) = n^2$$

[解答] [I] $n=1$ のとき，左辺 = 右辺 = 1 で成り立つ．[II] n について (1.1) は成り立つと仮定する．このとき $\sum_{k=1}^{n+1}(2k-1) = \sum_{k=1}^{n}(2k-1) + (2(n+1)-1) = n^2 + 2n + 1 = (n+1)^2$ となって $n+1$ のときも成り立つ（2つ目の等号で仮定を用いた）．数学的帰納法によって (1.1) が示された．∎

数学的帰納法の重要な応用として 2 項定理の証明を与える．まず，組み合わせについての記号を復習する（0 章 §0.3）．n 個の異なるものの中から，順序を気にしないで k 個を取り出す組み合わせの総数は ${}_n\mathrm{C}_k$ である．大学ではこれを $\begin{pmatrix} n \\ k \end{pmatrix}$ と書くことが多い．

(1.2) $$\begin{pmatrix} n \\ k \end{pmatrix} = {}_n\mathrm{C}_k = \frac{n!}{k!\,(n-k)!} \quad (\text{ただし } 0! = 1 \text{ と約束する})$$

である．このとき次が成り立つ：

(1.3) $$\begin{pmatrix} n \\ k \end{pmatrix} = \begin{pmatrix} n \\ n-k \end{pmatrix} \quad (0 \leq k \leq n)$$

(1.4) $$\begin{pmatrix} n+1 \\ k \end{pmatrix} = \begin{pmatrix} n \\ k \end{pmatrix} + \begin{pmatrix} n \\ k-1 \end{pmatrix} \quad (1 \leq k \leq n)$$

---

[8] m, n の最大公約数が 1 である．互いに素であるともいう．

[9] n が奇数なら n^2 も奇数である．

[10] ドミノ倒しである．最初が倒れ，前が倒れると次が倒れて，結局すべてが倒れる．

[11] (1.1) の左辺の $n-1$ 項までの和は $(n-1)^2$ に等しいので $(k-1)^2 + (2k-1) = k^2$ となる．したがって $2k-1 = p^2$ となる場合は，$(k-1)^2 + p^2 = k^2$ となって三平方の定理が成り立つ（$(p, k-1, k)$ はピタゴラス三角形である）．たとえば $p = 3, 5, 7, 9$ のとき考えると，$(3,4,5), (5, 12, 13), (7, 24, 25), (9, 40, 41)$ などのピタゴラス三角形が得られる．

補題 1.1 任意の $n \in \mathbb{N}$ について次が成り立つ[12].

(1.5)
$$(1+x)^n = \sum_{k=0}^{n} \binom{n}{k} x^k$$

[証明]　[I] $n=1$ のとき，左辺 $= 1+x =$ 右辺で成り立つ．
[II] n の場合に (1.5) が成り立てば

$$(1+x)^{n+1} = (1+x)^n(1+x) = \sum_{k=0}^{n} \binom{n}{k} x^k + \sum_{k=0}^{n} \binom{n}{k} x^{k+1}$$

$$= 1 + \sum_{k=1}^{n} \binom{n}{j} x^k + \sum_{k=1}^{n} \binom{n}{k-1} x^k + x^{n+1}$$

$$= 1 + \sum_{k=1}^{n} \left\{ \binom{n}{j} + \binom{n}{k-1} \right\} x^k + x^{n+1} = \sum_{k=0}^{n+1} \binom{n+1}{k} x^k$$

となって $n+1$ の成立が示される．■

定理 1.2 (2項定理)[13]　任意の $x, y \in \mathbb{R}$ と任意の $n \in \mathbb{N}$ について，次が成り立つ．

(1.6)
$$(x+y)^n = \sum_{k=0}^{n} \binom{n}{k} x^k y^{n-k}.$$

[証明]　$y=0$ なら明らかに成立するので $y \neq 0$ とする．$X = x/y$ とすると，$(x+y)^n = (1+X)^n y^n$ である．$(1+X)^n$ に (1.5) を使って整理すれば (1.6) を得る．■

さて，数学的帰納法は以下のように変形した形で用いられることも多い．1つは
[I] ある自然数 $n = n_0$ で成り立つことを示す．
[II] n のときに真であることを仮定して，$n+1$ の場合の成立を示す．
これによって n_0 以上のすべての自然数についての成立が示される[14]．$n_0 = 0$ でもよい．もう1つは
[I] $n=1$ および $n=2$ で成り立つことを示す．
[II] n および $n+1$ での成立を仮定して，$n+2$ の場合の成立を示す．
これによってもすべての自然数についての主張が示される[15]．

最後は
[I] $n=1$ で成り立つことを示す．
[II] n 以下のすべての k での成立を仮定して，$n+1$ の場合の成立を示す．
これは仮定が豊富になるので，より証明がやり易くなる．

---

[12] 数学的帰納法を使わなくても組み合わせの意味から示すこともできる．$1+x$ の n 個の積 $(1+x)^n = (1+x)(1+x)\cdots(1+x)$ の展開において，$n-r$ 個の 1 を選び k 個の x を選んで積を考えれば x^k になる．このような方法は $_kC_n$ であり，それが x^k の係数となる．

[13] ニュートンは自然数とは限らない実数 α についての $(x+y)^\alpha$ の展開を考えた (一般2項定理である．8章および38章で学ぶ)．関数を (無限) 級数で表すことはニュートンの基本思想で，これが弟子のテイラーやマクローリンの級数展開につながっていった．

[14] 最初に倒すドミノが n_0 番目である．

[15] I君はこれを「おとといきのう法」と呼んでいる．

§1.4 ユークリッドの互除法

数学的帰納法は自然数 n に関する主張の証明に有効であるが，思わぬものにも適用できる．

補題 1.2 自然数 a,b は互いに素（最大公約数が 1 のこと）で $a \geq b$ とする．このとき，

(1.7) $$pa + qb = 1$$

をみたす整数 p, q が存在する．

[数学的帰納法を使った証明] この主張に n は表れない．何を n と考えるのかが肝要である．「a,b が n 以下のとき (1.7) がいえる」という主張を数学的帰納法で示す[16]．[I] $n=1$ のときは $a=b=1$ しかないから，たとえば $p=1, q=0$ とすれば (1.7) は成り立つ．次に [II] a,b がともに n 以下ならば常に (1.7) が成り立つと仮定して，a,b が $n+1$ 以下のときを考える．このとき $a = n+1 > b$ としてよい[17]．a を b で割ったとき商を k，余りを c とすると

(1.8) $$a = kb + c \quad (1 \leq c < b)$$

である．このとき b,c は互いに素であってかつ n 以下である[18]．よって数学的帰納法の仮定から $p_0 b + q_0 c = 1$ となる $p_0, q_0 \in \mathbb{Z}$ が存在する．これに $c = a - kb$ を代入すると $q_0 a + (p_0 - q_0 k)b = 1$ を得る．$p = q_0, q = p_0 - q_0 k$ とすれば (1.7) を得る．これで $n+1$ の場合も示された． ∎

[背理法を主体とした証明] $xa + yb$ の形で表される整数の全体を A とする．すなわち，$A = \{xa + yb ; x, y \in \mathbb{Z}\}$ である．A に含まれる正の整数の最小のものを c とし，

(1.9) $$pa + qb = c \quad (p, q \in \mathbb{Z})$$

とする．c の最小性から $c \leq a, c \leq b$ である[19]．

c は a の約数であることを背理法で示す．割り切れないと仮定すると，$0 < d < c$ で $a = kc + d$ となる．(1.9) を k 倍して引くと $a - pa - qb = d$ となり $d \in A$ である．これは c の最小性に矛盾する．同様に c は b の約数にもなる．a, b は互いに素であるから結局 $c = 1$ となる．よって (1.9) は (1.7) を表す． ∎

定理 1.3 (ユークリッドの互除法) m, n を自然数とし，その最大公約数を d とする．このとき

(1.10) $$pm + qn = d$$

となる $p, q \in \mathbb{Z}$ が存在する．

[証明] $m = ad, n = bd$ とすると a, b は互いに素である．補題 1.2 より $pa + qb = 1$ とできる．両辺に d を掛ければ (1.10) を得る． ∎

****

○●練習問題 1 ●○

1.1 (1) A：「講義にすべて出席し，かつ，レポート課題を提出する」と B：「単位が取得できる，または，

---

[16] どんな a,b もある自然数 n 以下であるから，すべての a,b について (1.7) を示したことになる．

[17] 実際，ともに n 以下なら仮定から示されているので，証明すべきは $a = n+1$ または $b = n+1$ のときである．$a = n+1$ とする．$b = n+1$ ならば $n+1$ が共通約数になるので互いに素でなくなる．

[18] b,c が共通約数 d をもてば a,b も d で割れる．

[19] $a = 1a + 0b, b = 0a + 1b$ より $a, b \in A$ である．

数学力が向上する」の否定を書け.

(2) A ならば B の逆と対偶を自然な日本語で書いてみよ[19].

1.2 「$a < b$ ならばある実数 $c > 0$ に対して $a + c < b$ である」の対偶を述べ,証明せよ.

1.3 $x \notin \mathbb{Q}$ ならば $x^{-1} \notin \mathbb{Q}$ であること,すなわち,x が無理数ならば x^{-1} も無理数であることを証明せよ.

1.4 (1) $\sqrt{6} \notin \mathbb{Q}$ を示せ.
(2) a は有理数,b は無理数のとき $a + b$ は無理数であることを示せ.
(3) $\sqrt{3} - \sqrt{2}$ が無理数であることを示せ.
(4) $4pq + 3 + (2q+1)\sqrt{2} = 0$ をみたす有理数 p, q を求めよ.

1.5 (1) (1.2) を使って (1.3), (1.4) を検証せよ.
(2) 組み合わせの意味を考えることによって (1.3), (1.4) を導け.

◇◆演習問題 1 ◆◇

1.1 自然数 a, b, c が $a^2 = b^2 + c^2$ をみたすとする.
(1) a, b, c の中には少なくとも 1 つは偶数が含まれることを示せ.
(2) b, c のいずれかは 3 の倍数であることを示せ.

1.2 4 以上のすべての自然数 n は $n = 2p + 5q$ (p, q は 0 以上の整数) の形に表すことができることを示せ[20].

1.3 $a_{n+2} = a_{n+1} + a_n$, $a_1 = a_2 = 1$ で定まる数列を**フィボナッチ数列**という.$\forall n \in \mathbb{N}$ に対して次が成り立つことを示せ[21].

$$a_n = \frac{1}{\sqrt{5}}\left\{\left(\frac{1+\sqrt{5}}{2}\right)^n - \left(\frac{1-\sqrt{5}}{2}\right)^n\right\}$$

1.4 素数は無限個あることを証明せよ (有限個しかないとして矛盾を導く.素数を $p_1, p_2, \cdots, p_n$ として,その積に 1 を足した $A = p_1 p_2 \cdots p_n + 1$ を考えよ).

1.5 f は $\mathbb{R}$ 上の関数で,$\forall x, \forall y \in \mathbb{R}$ について次が成り立つとする[22].

(*) $$f(x + y) = f(x) + f(y)$$

(1) $x_1, x_2, \cdots, x_n \in \mathbb{R}$ について $f(x_1 + \cdots + x_n) = f(x_1) + \cdots + f(x_n)$ を示せ.
(2) 正の有理数 m/n について $f(m/n) = am/n$ を示せ.ただし $a = f(1)$ とする.

1.6 $x \geq 0$ とする.すべての自然数 n について次が成り立つことを証明せよ.

$$\sum_{k=0}^{n} \frac{x^k}{k!} = 1 + x + \frac{x^2}{2!} + \cdots + \frac{x^n}{n!} \leq e^x$$

(注意:$e^0 = 1$,$(e^x)' = e^x$ である.また,$x \geq 0$ の上の関数 f について,$f'(x) \geq 0$ ($\forall x \geq 0$) かつ $f(0) \geq 0$ をみたせば $x \geq 0$ で $f(x) \geq 0$ となる事実を使ってよい.このことは 7 章で示す.)

---

[19] A ならば B は真であろう.実際,講義にすべて出席し,かつ,レポート課題を提出すれば数学力は必ず向上するだろう.ただし,それは単位が取得できることを保証するわけではない.

[20] 日本のコインは 1 円,5 円,10 円,50 円,100 円,… であるが,外国では 2 倍の単位のコインがある.たとえばフランについては,1 フラン,2 フラン,5 フラン,10 フランなどのコインがあり,2 フランのコインは実際に使ってみると便利である.この問題は 2 フランと 5 フランの硬貨のみを使って 4 フラン以上の支払いがいつでもできることを示している.

[21] おとといのう法 (脚注 15) である.

[22] $f(x) = ax$ ならば明らかに $f(x + y) = a(x + y) = ax + ay = f(x) + f(y)$ となって (*) が成り立つ.この問題はその逆を問うている.f が連続関数であることを仮定すれば,すべての実数について $f(x) = ax$ となるが,不連続な関数で (*) をみたすものが存在する (具体的に表すことはできない.そのような関数の存在がわかるだけである.興味があれば調べてみるとよい.キーワードは「ハメル基」である).

2

自然対数の底と指数関数

> 現代数学の発展の難しさは，新しい考え方に慣れ難いことによるのではなくて，古い考え方を捨て難いことによるのである．　　　ソーヤ

本章の目標は指数関数と対数関数を使って，**ネピアの数**と呼ばれる自然対数の底 e についての理解を深めることである．また，それと関連して指数関数の定義を再考する．指数関数を定義するときの問題点は無理数 x に対して e^x をどう定めるかということである．高校数学ではこの点が厳密でない[1]．ここでは積分によって対数関数を定義して，その逆関数として指数関数を定義する方法をとる．

§2.1　自然対数の底

区間の記号を用いるので 0 章 §0.4 で確認すること．特によく使われるのは，開区間 $(a,b) = \{x \in \mathbb{R}; a < x < b\}$ と閉区間 $[a,b] = \{x \in \mathbb{R}; a \le x \le b\}$ である[2]．

さて，高校数学において学んだ指数関数と対数関数の重要事項である

$$(2.1) \qquad (e^x)' = e^x, \qquad (\log x)' = \frac{1}{x}$$

を使って，**自然対数の底** e に関する以下の等式を証明する．

定理 2.1　次の等式が成り立つ．

$$(2.2) \qquad \lim_{n \to \infty} \left(1 + \frac{1}{n}\right)^n = \sum_{n=0}^{\infty} \frac{1}{n!} = e$$

ここでは $\int_1^e 1/x\,dx = 1$ となること，すなわち，$\log e = 1$ をみたす値として e を定めたときに，(2.2) が成立することを示す．

証明のための補題を 3 つ準備する[3]．

---
[1] 高校の教科書における指数関数の取り扱いは以下である．a を正の実数，m, n を正の整数とすると $a^{1/m} = \sqrt[m]{a}$, $a^{m/n} = (\sqrt[n]{a})^m = \sqrt[n]{a^m}$ である．r, s を有理数とすると次の指数法則が成り立つ．$a^r a^s = a^{r+s}$, $a^r/a^s = a^{r-s}$, $(a^r)^s = a^{rs}$, $(ab)^r = a^r b^r$．さらに a^r の指数 r は実数まで拡張することができる．たとえば $\sqrt{2} = 1.4142\cdots$ に対して，累乗の列 $2^{1.4}, 2^{1.41}, 2^{1.414}, 2^{1.4142}, \ldots$ は次第に一定の値に近づく．その値を $2^{\sqrt{2}}$ と定めるのである．指数法則は r, s が実数のときも成り立つ．

[2] "(" や ")" は端の点が入らず，"[" や "]" は端の点が入っている．$(a, \infty) = \{x \in \mathbb{R}; a < x\}$, $(-\infty, b] = \{x \in \mathbb{R}; x \le b\}$, $(-\infty, \infty) = \mathbb{R}$ なども区間である．

[3] 補題の証明では (2.1) の他に以下の事実を使っている．$\log a - \log b = \log(a/b)$, $n \log a = \log a^n$, $\log e = 1$, $e^0 = 1$ および $\log a > \log b$ あるいは $e^a > e^b$ ならば $a > b$ (すなわち，e^x と $\log x$ は単調増加)．

補題 2.1 実数 $a > 0$ を固定する．$(0, \infty)$ 上の関数 F_a を

(2.3) $$F_a(x) := x(1 + \log a - \log x)$$

とすると，F_a は，$x = a$ のとき最大値 a をとる．

[証明] $(\log x)' = 1/x$ に注意して増減表を作ればよい．詳細を演習問題 2.1 とする． ∎

補題 2.2 任意の $n \in \mathbb{N}$ について，次が成り立つ：

(2.4) $$\frac{e}{1 + \frac{1}{n}} \leq \left(1 + \frac{1}{n}\right)^n \leq e.$$

[証明] 補題 2.1 で $a = n$ とすると $F_n(x)$ は $x = n$ で最大であるから，$F_n(n) = n \geq F_n(n+1)$ が成り立つ．(2.3) を使って書き換えると $(n+1)(\log(n+1) - \log n) \geq 1$ となり

$$\log\left(1 + \frac{1}{n}\right)^{n+1} \geq \log e \quad \text{より} \quad \left(1 + \frac{1}{n}\right)^{n+1} \geq e$$

となって (2.4) の最初の不等号を得る．同様に $a = n+1$ として補題 2.1 使えば $F_{n+1}(n+1) = n+1 \geq F_{n+1}(n)$ を得る．これも書き換えると $1 \geq n(\log(n+1) - \log n)$ となり

$$\log e \geq \log\left(1 + \frac{1}{n}\right)^n \quad \text{より} \quad e \geq \left(1 + \frac{1}{n}\right)^n$$

となる．これは (2.4) の 2 つ目の不等号である． ∎

補題 2.3 $M \geq 1$ とする．$\forall n \in \mathbb{N}$ と $\forall x \in [0, M]$ について，

(2.5) $$\frac{x^n}{n!} \leq e^x - \left(1 + \frac{x}{1!} + \frac{x^2}{2!} + \cdots + \frac{x^{n-1}}{(n-1)!}\right) \leq \frac{e^M x^n}{n!}$$

が成り立つ．

[証明] 最初の不等式は演習問題 1.6 である．後半の不等式を示すために

$$f_n(x) := 1 + x + \frac{x^2}{2!} + \cdots + \frac{x^{n-1}}{(n-1)!} + \frac{e^M x^n}{n!} - e^x$$

を定める．すべての $n = 0, 1, 2, \cdots$ に対して $[0, M]$ 上で $f_n(x) \geq 0$ を示せばよい．これを数学的帰納法を使って示す．[I] $n = 0$ のときは $M \geq x$ より $f_0(x) = e^M - e^x \geq 0$ である．[II] $f_n(x) \geq 0$ が成り立つと仮定する．$f'_{n+1}(x) = f_n(x)$ に注意すれば，$f'_{n+1}(x) \geq 0$ および $f_{n+1}(0) = 0$ から $f_{n+1}(x) \geq 0$ が導かれる[4]． ∎

[**定理 2.1 の証明**] まず，(2.4) で $n \to \infty$ とすれば，$\lim_{n \to \infty}\left(1 + \frac{1}{n}\right)^n = e$ が成り立つ．一方，補題 2.3 で $M = x = 1$ とすると，

(2.6) $$\frac{1}{n!} \leq e - \left(1 + 1 + \frac{1}{2!} + \cdots + \frac{1}{(n-1)!}\right) \leq \frac{e}{n!}$$

となる．ここで $n \to \infty$ とすれば，$\sum_{n=0}^{\infty} \frac{1}{n!} = e$ が示される[5]． ∎

(2.4) で $n = 5$ とすれば，

(2.7) $$2.48832\cdots = \left(\frac{6}{5}\right)^5 \leq e \leq \left(\frac{6}{5}\right)^6 = 2.98598\cdots < 3$$

---

[4] 一般に $f'(x) \geq 0$ かつ $f(0) \geq 0$ ならば $f(x) \geq 0$ である事実を使った．

[5] はさみうちの原理である．級数の収束については 28 章で詳しく学ぶ．

が成り立つことに注意する[6]. オイラーは 1744 年に次を示した. (2.6) 式の応用である.

> **定理 2.2** 自然対数の底 e は無理数である.

[証明] これは案外と難しくない. 背理法による. $e \in \mathbb{Q}$ と仮定すると, 2 つの自然数 p, q を使って $e = p/q$ と書ける. (2.7) より e は整数ではないので $q \geq 2$ である. (2.6) から任意の自然数 n について

$$\frac{1}{n!} \leq \frac{p}{q} - \left(1 + 1 + \frac{1}{2!} + \cdots + \frac{1}{(n-1)!}\right) \leq \frac{e}{n!} < \frac{3}{n!}$$

が成り立つ. ここで $n = q + 1$ として, 両辺に $q!$ を掛けると, $q \geq 2$ より

$$0 < \frac{1}{q+1} \leq (q-1)! \, p - q! \left(1 + 1 + \cdots + \frac{1}{q!}\right) < \frac{3}{q+1} \leq 1$$

である. 一方, 真ん中の項は整数であるが[7], その整数が 0 より大きく 1 より小さくなって矛盾である. この矛盾は e が無理数であることを示している. ∎

§2.2 指数関数と対数関数

前節の議論はどのように感じたであろうか. e を調べるために, 指数関数 e^x の微分を使うことは, 論理的であるとはいえない. 牛刀をもって鶏首を裂く感じである. 実際, 指数関数はどうやって定義されるのか？ 指数関数の定義の仕方はいろいろあるが[8], ここでは $1/x$ の積分として対数関数を定め, その逆関数として指数関数を定義することにする[9]. $a > 0$ に対して

(2.8) $$L(a) := \int_1^a \frac{1}{t} \, dt$$

と定める.

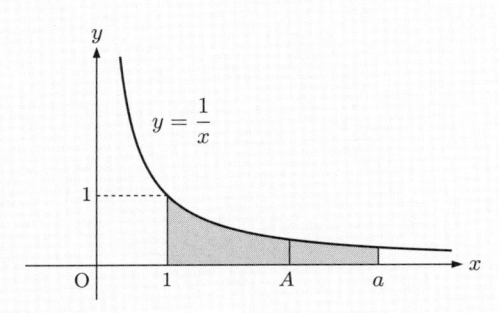

これは, 双曲線 $y = 1/x$ と x 軸, および, 直線 $x = 1$, $x = a$ で囲まれる図形の面積である ($0 < a < 1$ のときは負の面積). この面積が 1 となる場合を A とする. すなわち, $L(A) = 1$ である. 面積の比較によって

(2.9) $$L(a) > L(b) \iff a > b > 0$$

がわかる. さらに, $\forall a > 0, \forall b > 0$ に対して

---

[6] より大きい n で計算すれば $e = 2.718281828 \cdots$ である (1828 が続くことに感動したが, これ以上は続かない).

[7] 括弧内の各項は $k = 1, 2, \cdots, q$ に対しての $q!/k!$ であり, それらはすべて整数である.

[8] たとえば, かなり直感的な高校での方法 (脚注1), 級数展開を使って厳密に定義する方法などがある.

[9] 言い訳をしておく. 以下の議論は $1/x$ についての積分は知っているが, それが $\log x$ となることは知らないという前提である. より厳密に行うには, (本書では 11 章で学ぶ) 連続関数についての積分の一般論を先に展開しておく必要がある. 実際, (2.10) の証明では積分の区間加法性と置換積分法を使っている. ここではそれらを認める.

(2.10) $$L(ab) = L(a) + L(b)$$
が成り立つ. 実際, 積分の変数変換より
$$L(a,b) = \int_1^{ab} \frac{1}{x}dx = \int_1^a \frac{1}{x}dx + \int_a^{ab} \frac{1}{x}dx = L(a) + \int_a^{ab} \frac{1}{x}dx = L(a) + L(b)$$
である.

問 2.1 (1) 脚注 3 で認めた $\log x$ の性質と同じことが $L(x)$ についてもいえる. $L(A) = 1$ と L の単調増加性 (2.9) は示したので, 他の性質である $L(a) - L(b) = L(a/b)$, $nL(a) = L(a^n)$ を示せ.
(2) $\lim_{n\to\infty} L(2^n) = \infty$, $\lim_{n\to\infty} L(2^{-n}) = -\infty$ を確認せよ.

$L(x)$ を $(0,\infty)$ 上の関数と考える. (2.9) から L は単調増加関数であるから逆関数を考えることができる. それを $y = E(x)$ とすると[10]
(2.11) $$L(E(x)) = x \quad (\forall x \in \mathbb{R}), \quad E(L(x)) = x \quad (\forall x \in (0,\infty))$$
が成り立ち, これより次を得る.

(a) $E(1) = A$
(b) $E(x+y) = E(x)E(y) \quad (\forall x, y \in \mathbb{R})$
(c) E は増加関数である
(d) $E'(x) = E(x) \quad (\forall x \in \mathbb{R})$

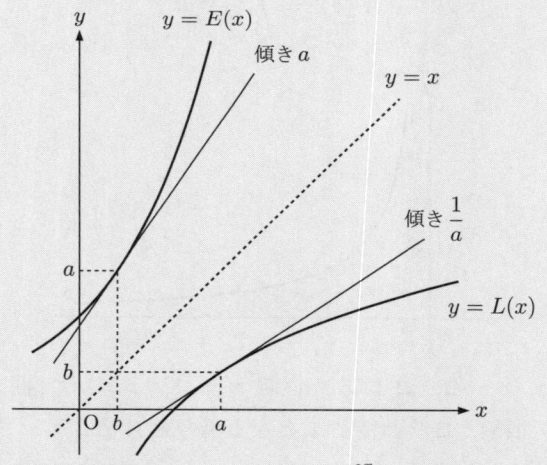

[証明] (d) のみを説明する (他は演習問題 2.2). $L(x) = \int_1^x 1/t \, dt$ であるから $L'(x) = 1/x$ となる[11]. $y = L(x)$ と $y = E(x)$ のグラフは直線 $y = x$ に関して対称であるから $b = L(a)$ における $y = L(x)$ の接線と $a = E(b)$ における $y = E(x)$ の接線も $y = x$ について対称になる. 前者の接線の傾きは $1/a$ であるから[12], 後者は a である. すなわち $E'(b) = a$ である. $a = E(b)$ であるから, $E'(b) = E(b)$ となり, b は任意

---

[10] $L(x)$ は $(0,\infty)$ 上の関数であり, その値域 (とりうる値の集合) は問 2.1 (2) より $(-\infty,\infty)$ である. 逆関数では定義域と値域が入れ替わる (5 章で詳しく学ぶ). したがって, $y = E(x)$ の定義域は $(-\infty,\infty)$ であり, 値域は $(0,\infty)$ になる.

[11] 微分積分学の基本定理 (積分して微分するともとに戻る) である. 詳しくは 11 章で学ぶ.

[12] $y = f(x)$ の $x = a$ における接線の傾きは $f'(a)$ である.

であったから (d) を得る. ∎

以上の議論をまとめると,
$$\begin{cases} E(0)=1,\ \ E'(x)=E(x),\ \ L'(x)=1/x,\ \ L(A)=1,\ \ L(a)-L(b)=L(a/b),\\ nL(a)=L(a^n),\ \ E(a)\le E(b) \text{ あるいは } L(a)\le L(b) \text{ ならば } a\le b \end{cases}$$
がわかった. これより, e, e^x, $\log x$ の代わりに A, $E(x)$, $L(x)$ としても補題 2.1 から補題 2.3 の主張が成り立つので[13], (2.2) より $A=e$ である. よって

(2.12) $$e^x := E(x)$$

と書いて, **指数関数** e^x を定める[14]. また

(2.13) $$\log x := L(x)$$

と書いて, **対数関数**と呼ぶ. 上述で得られた $E(x)$ と $L(x)$ の性質を e^x と $\log x$ について書き直すと,

(2.14) $$e^{x+y}=e^x e^y,\quad (e^x)'=e^x,\quad \log(xy)=\log x+\log y,\quad (\log x)'=\frac{1}{x}$$

が確認でき, (2.11) より

(2.15) $$\log e^x = x \quad (\forall x\in\mathbb{R}),\qquad e^{\log x}=x \quad (\forall x\in(0,\infty))$$

を得る.

§2.3 一般の指数関数とベキ関数

$a>0$ $(a\ne 1)$, $x>0$ に対して,

(2.16) $$a^x := e^{x\log a} \quad \text{および} \quad \log_a x := \frac{\log x}{\log a}$$

を指数 a の指数関数および対数関数という[15].

問 2.2 定義 (2.16) にしたがって (1) $\log_a(a^x)=x$, (2) $a^{\log_a x}=x$ を確認せよ.

これより $y=a^x$ と $\log_a x$ は逆関数の関係になる. すなわち,

(2.17) $$y=a^x \iff x=\log_a y$$

が成り立つ. また,

(2.18) $$x^\alpha := e^{\alpha\log x}$$

---

[13] 脚注 3 で認めた $\log x$ と e^x の性質を $L(x)$ と $E(x)$ がみたしているので, $\log x$ を $L(x)$, e^x を $E(x)$ に変えて同じ証明ができる.

[14] 少し説明を加える. $A=e$ に注意して, (a) と (b) の性質と数学的帰納法から, $\forall n\in\mathbb{N}$ に対して $E(n)=e^n$ (e の n 個の積), $E(1/n)=e^{1/n}$ (e の n 乗根 $\sqrt[n]{A}$) が示され, さらに, すべての有理数 p について $E(p)=e^p$ となる (演習問題 2.3). 無理数 x に対しても $E(x)$ は定まっているので, その値で e^x を定めようということである. これで論理的矛盾なく $\mathbb{R}$ 上で指数関数が定義できたが, 先ほども言い訳したように, 実際はこれから学ぶ, 定積分, 逆関数微分, 微分積分学の基本定理などを使っている. これらの準備を先にしてから上述の議論を行うべきかもしれないが, それは本書の方針ではない.

[15] n が自然数であれば $a^n=e^{n\log a}=e^{\log a+\log a+\cdots+\log a}=(e^{\log a})(e^{\log a})\cdots(e^{\log a})=a\cdot a\cdots a$ となって通常のベキと一致する.

をベキ関数という．α が自然数 n のときは $x^\alpha = x^n$ は通常の n 次式で定義域は $\mathbb{R}$ 全体であるが，α を自然数以外で考えるときは，$\log x$ を使って定義するので定義域は $(0, \infty)$ となる．

一般の指数関数と対数関数は $a > 1$ のときと $0 < a < 1$ のときでは，グラフの形が大きく異なるので，その概略図を描いてこの章を終わる．

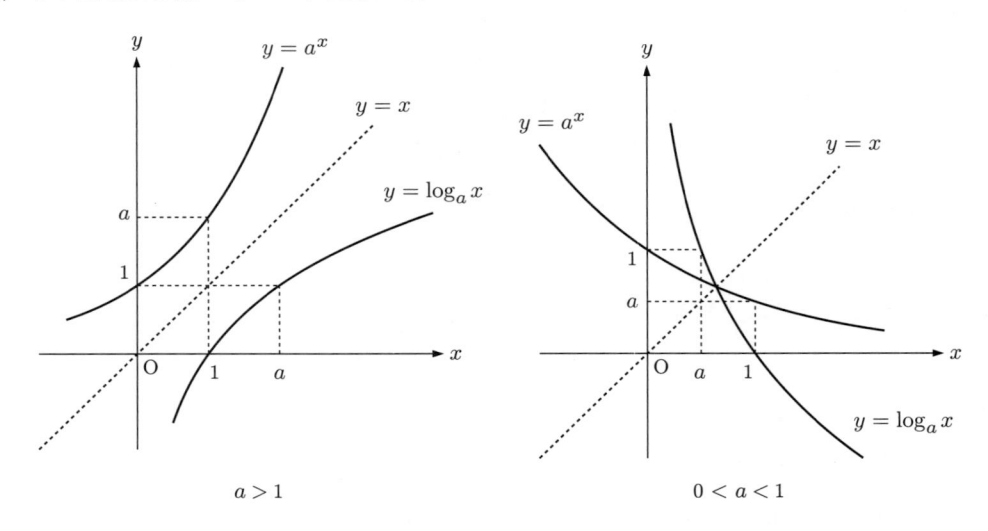

（図：$a > 1$ および $0 < a < 1$ の場合の $y = a^x$，$y = \log_a x$，$y = x$ のグラフ）

****

○●練習問題 2 ●○

2.1 (1) $2^{2^3}, 2^{3^2}, 3^{2^2}$ の大小を比較せよ．
 (2) $4^{x-1} = 3^{3-x}$ の解は $x = (\log 108)/(\log 12)$ であることを示せ．
 (3) $2 + \log_2 x = \log_2(2x+1)$ を解け．

2.2 $x, y, \alpha, \beta > 0$ のとき[16]，$(xy)^\alpha = x^\alpha y^\alpha$，$x^\alpha x^\beta = x^{\alpha+\beta}$ を確認せよ．

2.3 (1) $(0, \infty)$ 上の関数 $f(x) = \dfrac{\log x}{x}$ の増減表を求めて，グラフの概形を描け．
 (2) $f(e)$ と $f(\pi)$ の値を比べることにより e^π と π^e の大小を判定せよ．

2.4 ($a = 10$ のときの) $\log_{10} x$ は**常用対数**と呼ばれる（それに対して $\log x$ は**自然対数**という）．$A > 10$ なる整数 A に対して $\log_{10} A = B$ で，B の整数部分が k ならば，A は $(k+1)$ 桁の数であることを確認せよ．

◇◆演習問題 2 ◆◇

2.1 補題 2.1 を示せ．

2.2 $L(x)$ の性質から以下を導け．
 (a) $E(1) = A$， (b) $E(x+y) = E(x)E(y)$ $(\forall x, y \in \mathbb{R})$， (c) $E(x)$ は増加関数である．

2.3 $\mathbb{R}$ 上の関数が $f(1) = a$ および $f(x+y) = f(x)f(y)$ $(\forall x, y \in \mathbb{R})$ をみたすとき，次を示せ．
 (1) $\forall n \in \mathbb{N}$ に対して $f(n) = a^n$ (a の n 個の積)
 (2) $\forall n \in \mathbb{N}$ に対して $f(1/n) = a^{1/n}$ (a の n 乗根 $\sqrt[n]{a}$)
 (3) $\forall p \in \mathbb{Q}$ について $f(p) = a^p$

---

[16] この書き方はあいまいであるが，$x > 0, y > 0, \alpha > 0, \beta > 0$ の意味である．

3

三角関数とオイラーの定理

> 数学を知らない者には，本当の深い自然の美しさをとらえることは難しい．
> ファインマン

　この章での目標は，三角関数について復習し，それらの逆関数である逆三角関数を理解することである．さらに，指数関数と三角関数を結びつけるオイラーの公式から指数法則と加法定理の同値性を学ぶ．微積分で三角関数を取り扱うときは，角度は度 (60 分法) でなくてラジアン (弧度法) を使うことに注意する[1]．

§3.1　三角関数

　正弦関数 $\sin x$ と**余弦関数** $\cos x$ は $\mathbb{R}$ 上で定義される．すでに高校で学んだ基本性質を列挙する[2]．

$$\cos(-x) = \cos x \quad (\text{偶関数}), \quad \sin(-x) = -\sin x \quad (\text{奇関数})$$
$$\cos(x + 2\pi) = \cos x, \quad \sin(x + 2\pi) = \sin x \quad (\text{周期 } 2\pi)$$
$$\cos^2 x + \sin^2 x = 1 \quad (\text{ピタゴラスの定理 (三平方の定理)})$$

(3.1)
$$\begin{cases} \sin(a+b) = \sin a \cos b + \cos a \sin b \\ \cos(a+b) = \cos a \cos b - \sin a \sin b \end{cases} \quad (\text{加法定理})$$

また，微分については

(3.2)
$$(\sin x)' = \cos x, \quad (\cos x)' = -\sin x$$

が成り立つ．

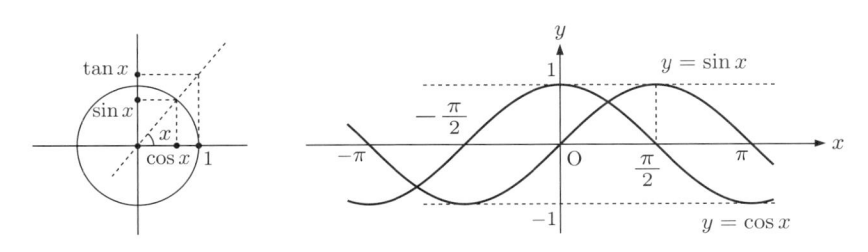

---

[1] 弧度法ではふつう単位のラジアンを省略する．弧度法 θ と 60 分法 (t 度) の換算は $t/180 = \theta/\pi$．

度	t	$0°$	$30°$	$45°$	$60°$	$90°$	$120°$	$180°$	$270°$	$360°$	$540°$
ラジアン	θ	0	$\pi/6$	$\pi/4$	$\pi/3$	$\pi/2$	$3\pi/4$	π	$3\pi/2$	2π	3π

すなわち，角 = 半径 1 の円の周長 (正負あり) である．

[2] $f(-x) = f(x)$ をみたす f を偶関数といい，$f(-x) = -f(x)$ をみたす f を奇関数という．

正接関数 $\tan x$ は
$$\tan x := \frac{\sin x}{\cos x}$$
は $x \neq (k+1/2)\pi$ $(k \in \mathbb{Z})$ で定義された奇関数である．周期は $\sin x$ と $\cos x$ とは異なって π である．すなわち，
$$\tan(-x) = -\tan x \quad (\text{奇関数}), \quad \tan(x+\pi) = \tan x \quad (\text{周期 } \pi)$$
である．この他の三角関数として，
$$\cot x := \frac{1}{\tan x}, \quad \operatorname{cosec} x := \frac{1}{\sin x}, \quad \sec x := \frac{1}{\cos x}$$
もときどき使われる[3]．これらを次節の逆三角関数と混同してはならない．

> **問 3.1** 正接関数 $\tan x$ について以下を示せ．
> (1) $\tan(a+b) = \dfrac{\tan a + \tan b}{1 - \tan a \tan b}$ （加法公式） (2) $(\tan x)' = 1 + \tan^2 x$

§3.2 逆三角関数

さて三角関数の逆関数について考えよう．x の範囲を $[-\pi/2, \pi/2]$ に制限した $y = \sin x$ のグラフを直線 $y = x$ について対称にしたものが逆関数 $y = \arcsin x$ のグラフになる．下図からもわかるように，$\arcsin x$ は $[-1, 1]$ 上の関数になる．すなわち，
$$y = \arcsin x \text{ の定義域は } [-1, 1] \text{ で 値域は } \left[-\frac{\pi}{2}, \frac{\pi}{2}\right]$$
である[4]．

$y = \sin x$ $\qquad$ $y = \arcsin x$

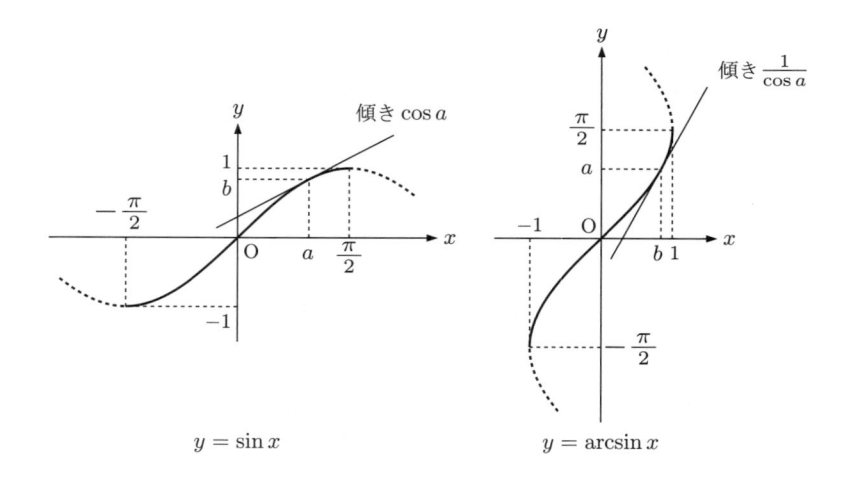

[3] これらは順に，コタンジェント (余接)，コセカント (余割)，セカント (正割) という．
[4] x と y の対応が 1 対 1 でないと逆関数が定まらないために制限している．x の動く範囲を**定義域**といい，y のとりうる範囲を**値域**という．前章でも述べたが逆関数は元の関数と定義域と値域が入れ替わる．なお，$\sin(\arcsin x) = x$ は $|x| \leq 1$ で成り立ち，$\arcsin(\sin x) = x$ は $|x| \leq \pi/2$ で成り立つ．

$a \in (-\pi/2, \pi/2)$ に対して $b = \sin a$ とする．(a,b) での接線と，(b,a) での接線のグラフは直線 $y = x$ に関して対称であるから，2 つの接線の傾きの積は 1 である．この事実と「接線の傾き = 微分係数」を利用して $\arcsin x$ の導関数を求めることができる．$y = \sin x$ の $x = a$ での接線の傾きは $\cos a$ であるから $y = \arcsin x$ の $x = b$ で接線の傾きは $1/\cos a = 1/\sqrt{1-b^2}$ となる[5]．よって b の代わりに x として関数の形で書けば

(3.3) $$(\arcsin x)' = \frac{1}{\sqrt{1-x^2}} \quad (-1 < x < 1)$$

となる．同様に $y = \cos x$ は定義域を $[0, \pi]$ に，$y = \tan x$ は定義域を $(-\pi/2, \pi/2)$ に制限して逆関数 $\arccos x$ と $\arctan x$ が定まる．

$$y = \arccos x \text{ の定義域は } [-1, 1] \text{ で 値域は } [0, \pi]$$
$$y = \arctan x \text{ の定義域は } (-\infty, \infty) \text{ で 値域は } \left(-\frac{\pi}{2}, \frac{\pi}{2}\right)$$

となる[6]．

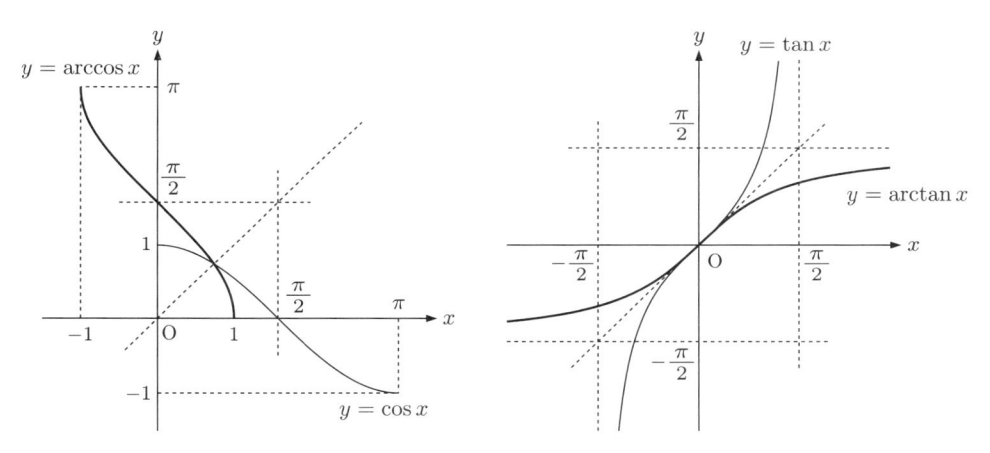

さらに，次が成り立つ[7]．

(3.4) $$(\arccos x)' = -\frac{1}{\sqrt{1-x^2}} \quad (-1 < x < 1)$$

(3.5) $$(\arctan x)' = \frac{1}{1+x^2} \quad (-\infty < x < \infty)$$

問 3.2 次の値を求めよ．
(1) $\arcsin 1$ (2) $\arccos 1$ (3) $\arctan 1$ (4) $\arcsin 0$ (5) $\arccos 0$ (6) $\arctan 0$
(7) $\arcsin(1/2)$ (8) $\arccos(-1/2)$ (9) $\arctan(-1)$ (10) $\arctan(-\sqrt{3})$

問 3.3 $\lim_{x \to \infty} \arctan x$ と $\lim_{x \to -\infty} \arctan x$ の値を求めよ．

---

[5] $\cos a > 0$ と $b = \sin a$ 注意すれば $\cos a = \sqrt{1 - \sin^2 a} = \sqrt{1 - b^2}$ である．

[6] $\cos(\arccos x) = x$ は $|x| \leq 1$ で成り立ち，$\arccos(\cos x) = x$ は $0 \leq x \leq \pi$ で成り立つ．また，$\tan(\arctan x) = x$ はすべての $x \in \mathbb{R}$ で成り立つが，$\arctan(\tan x) = x$ となるのは $|x| < \pi/2$ である．

[7] $b = \cos a$ のとき $\sin a = -\sqrt{1-b^2}$ である．また，$b = \tan a$ のとき $\cos^2 a = 1/(1+b^2)$ である．

§3.3 オイラーの公式

指数関数と三角関数を無限級数で表すことができる．

定理 3.1 任意の $x \in \mathbb{R}$ について以下の等式が成り立つ．

(3.6) $$e^x = \sum_{n=0}^{\infty} \frac{x^n}{n!} = 1 + x + \frac{x^2}{2!} + \frac{x^3}{3!} + \frac{x^4}{4!} + \cdots$$

(3.7) $$\cos x = \sum_{n=0}^{\infty} (-1)^n \frac{x^{2n}}{(2n)!} = 1 - \frac{x^2}{2!} + \frac{x^4}{4!} - \frac{x^6}{6!} + \cdots$$

(3.8) $$\sin x = \sum_{n=0}^{\infty} (-1)^n \frac{x^{2n+1}}{(2n+1)!} = x - \frac{x^3}{3!} + \frac{x^5}{5!} - \frac{x^7}{7!} + \cdots$$

定理 3.1 の証明のために補題を 2 つ用意する．

補題 3.1 $n \in \mathbb{N}$ を任意の自然数とする．$\forall x \geq 0$ について以下が成り立つ．

(3.9) $$\left| \cos x - \left(1 - \frac{x^2}{2!} + \frac{x^4}{4!} - \cdots + (-1)^{n-1} \frac{x^{2n-2}}{(2n-2)!} \right) \right| \leq \frac{x^{2n}}{(2n)!}$$

(3.10) $$\left| \sin x - \left(x - \frac{x^3}{3!} + \frac{x^5}{5!} - \cdots + (-1)^{n-1} \frac{x^{2n-1}}{(2n-1)!} \right) \right| \leq \frac{x^{2n+1}}{(2n+1)!}$$

証明は数学的帰納法であるが詳細は演習問題 3.1 とする．

補題 3.2 M を正数とする．このとき次が成り立つ．

(3.11) $$\lim_{n \to \infty} \frac{M^n}{n!} = 0$$

[証明] $M \leq 1$ なら明らかであるから，証明が必要なのは $M > 1$ の場合である．$M < n_0/2$ なる自然数 n_0 を 1 つとる．$n \geq n_0$ ならば $M/n \leq M/n_0 < 1/2$ であるから，

$$\frac{M^n}{n!} = \frac{M^{n_0}}{n_0!} \left(\frac{M}{n_0+1} \right) \left(\frac{M}{n_0+2} \right) \cdots \left(\frac{M}{n} \right) < \frac{M^{n_0}}{n_0!} \left(\frac{1}{2} \right)^{n-n_0}$$

となり，$n \to \infty$ のとき右辺は 0 に収束するので (3.11) がわかる[8]． ∎

[**定理 3.1 の証明の概略**] この定理の証明の詳細は後に 8 章および 38 章で学ぶテイラー級数展開において与える．ここでは，上式が $x \geq 0$ で成り立つことのみ示す．指数関数については，まず，任意の $M > 0$ を固定する．前章の補題 2.3 で $n \to \infty$ とすれば，(3.11) より，任意の閉区間 $[0, M]$ で (3.6) が示される．M は任意なので結局 $[0, \infty)$ で (3.6) は成り立つ．三角関数についても，補題 3.1 で $n \to \infty$ とすれば $x \geq 0$ での成立がわかる． ∎

---

[8] はさみうちの原理である．$0 \leq a_n \leq b_n$ で $\lim_{n \to \infty} b_n = 0$ ならば $\lim_{n \to \infty} a_n = 0$ である．

定理 3.1 の 3 つの等式を眺めてオイラーは次の等式を得た．$i = \sqrt{-1}$ は虚数単位とする．

定理 3.2 (オイラーの公式)　任意の実数 $x \in \mathbb{R}$ について次が成り立つ[9]．
$$(3.12) \qquad e^{ix} = \cos x + i\sin x$$

[証明]　この等式は (3.6), (3.7), (3.8) を使った形式的な計算で示される．すなわち，(3.6) で，x の代わりに ix を代入すると

$$\begin{aligned}
e^{ix} &= 1 + (ix) + \frac{(ix)^2}{2!} + \frac{(ix)^3}{3!} + \frac{(ix)^4}{4!} + \frac{(ix)^5}{5!} + \cdots \\
&= 1 + ix + \frac{-x^2}{2!} + \frac{-ix^3}{3!} + \frac{x^4}{4!} + \frac{ix^5}{5!} + \cdots \\
&= 1 - \frac{x^2}{2!} + \frac{x^4}{4!} + \cdots + i\left(x - \frac{x^3}{3!} + \frac{x^5}{5!} + \cdots\right) \\
&= \cos x + i\sin x
\end{aligned}$$

となる．ただし，最初の等号の成立を保証するためには複素関数論を学ぶ必要がある．■

少し証明に問題点を残したが，これを利用する価値は十分にある．まず，この公式を使えば，一見，神秘的なド・モアブルの公式

$$(3.13) \qquad (\cos x + i\sin x)^n = \cos nx + i\sin nx$$

も $(e^{ix})^n = e^{inx}$ と説明でき，さらに

$$e^{i(a+b)} = \cos(a+b) + i\sin(a+b)$$
$$e^{ia} \cdot e^{ib} = (\cos a + i\sin a)(\cos b + i\sin b)$$
$$\qquad\qquad = \cos a \cos b - \sin a \sin b + i(\sin a \cos b + \cos a \sin b)$$

であるから，

$$(3.14) \qquad e^{i(a+b)} = e^{ia} \cdot e^{ib} \iff \begin{cases} \sin(a+b) = \sin a \cos b + \cos a \sin b \\ \cos(a+b) = \cos a \cos b - \sin a \sin b \end{cases}$$

となって，指数関数の指数法則と三角関数の加法定理が結びつく．この他のいくつかの応用を演習問題で取り上げる．

****

○●練習問題 3 ●○

3.1　$\mathbb{R}$ 上の関数 $f(x) = \sin x + 2\cos x$ の最大値と最小値を求めよ．

3.2　(1) $|\arctan x + \arctan y| \le \pi/2$ のとき $\arctan x + \arctan y = \arctan \dfrac{x+y}{1-xy}$ を導け．

(2) (1) では条件がみたされないと等式は成り立つとは限らない．反例を挙げよ[10]．

(3) $\arctan(1/2) + \arctan(1/3) = \pi/4$ を示せ．

---

[9] 「数学における最大の公式で人類の至宝である」と物理学者のファインマンがいっている．$x = \pi$ とすると $e^{i\pi} + 1 = 0$ を得る．この等式が小川洋子著『博士の愛した数式』新潮文庫 (2008) である．

[10] 反例とはある主張が成り立つとは限らないことを示す例である．数学の理解を深めるためには，「例」と「反例」を考えることが大切である．反例の意義については，岡部，白井，一松，和田共著『反例からみた数学 (新版)』遊星社 (2003) を参照するとよい．

3.3 $f(x) = \sin^2 x + \cos^2 x$ の微分を考えることによりピタゴラスの定理を証明せよ.

◇◆演習問題 3 ◆◇

3.1 以下では $x \geq 0$ とする.
(1) $-1 \leq \cos t \leq 1$ であるから，この辺々を $[0, x]$ で積分して $-x \leq \sin x \leq x$ を導け.
(2) 同様に $-t \leq \sin t \leq t$ を再度 $[0, x]$ で積分して $1 - \frac{1}{2}x^2 \leq \cos x \leq 1 + \frac{1}{2}x^2$ を導け.
(3) さらに (2) の辺々の積分を考えて $x - \frac{1}{3!}x^3 \leq \sin x \leq x + \frac{1}{3!}x^3$ を導け.
(4) $\forall n \in \mathbb{N}$ に対して次が成り立つことを示せ.

$$\left| \cos x - \left(1 - \frac{x^2}{2!} + \frac{x^4}{4!} - \cdots + (-1)^{n-1} \frac{x^{2n-2}}{(2n-2)!} \right) \right| \leq \frac{x^{2n}}{(2n)!}$$

$$\left| \sin x - \left(x - \frac{x^3}{3!} + \frac{x^5}{5!} - \cdots + (-1)^{n-1} \frac{x^{2n-1}}{(2n-1)!} \right) \right| \leq \frac{x^{2n+1}}{(2n+1)!}$$

3.2 (1) a, b を実数とする. $\alpha = a + bi$ のとき $e^{\alpha x} = e^{ax}(\cos bx + i \sin bx)$ を確認せよ.
(2) $\int e^{\alpha x} dx = \frac{1}{\alpha} e^{\alpha x}$ の実部と虚部を計算して，$e^{ax} \cos bx$ と $e^{ax} \sin bx$ の不定積分を求めよ.

3.3 $\cos 3x + i \sin 3x = (\cos x + i \sin x)^3$ を展開して整理することによって，3 倍角の公式

$$\cos 3x = 4\cos^3 x - 3\cos x, \quad \sin 3x = 3\sin x - 4\sin^3 x$$

を導け. 同様にして 4 倍角の公式を導け[11].

3.4 オイラーの公式を使って $\cos^2 \theta = \frac{1 + \cos 2\theta}{2}$, $\sin^2 \theta = \frac{1 - \cos 2\theta}{2}$ を示せ.

3.5 (1) 加法定理から**積和公式** $2 \sin x \cdot \cos y = \sin(x+y) + \sin(x-y)$ を導け.
(2) $2 \cos x \cdot \cos y = \cos(x+y) + \cos(x-y)$ と $-2 \sin x \cdot \sin y = \cos(x+y) - \cos(x-y)$ を導け.
(3) (1),(2) を利用して，次の**和積公式**を導け.

$$\sin x + \sin y = 2 \sin\left(\frac{x+y}{2}\right) \cos\left(\frac{x-y}{2}\right)$$

$$\cos x + \cos y = 2 \cos\left(\frac{x+y}{2}\right) \cos\left(\frac{x-y}{2}\right)$$

$$\cos x - \cos y = -2 \sin\left(\frac{x+y}{2}\right) \sin\left(\frac{x-y}{2}\right)$$

3.6 次の議論の誤りを指摘せよ. $f(x) = \arcsin(\sin x)$ とすると，$f(x) = x$ より $f'(x) = 1$ である. 特に $f'(\pi) = 1$. 一方, 合成関数微分法によると

$$f'(x) = \frac{\cos x}{\sqrt{1 - \sin^2 x}} = \frac{\cos x}{\sqrt{\cos^2 x}}$$

より $f'(\pi) = -1$. $f'(\pi) = 1$ なのか -1 なのか？

3.7 $|x| < 1$ のとき $\arcsin x = \arctan \frac{x}{\sqrt{1-x^2}}$ となることを示せ.

---

[11] $(\cos 4x + i \sin 4x) = (\cos x + i \sin x)^4$ の右辺を展開せよ.

4

実数の連続性と数列の極限値

> 数学における無限は，その性質を侮っていると，必ず思いがけない不意打ちをくらう．
> カスナー

この章での目標は，実数の性質を整理して，数列の極限値について理解することである．ただし，ここでの議論はかなり直感的である．より正確な議論 (ε-N 論法) を 27 章で再考する．実数の部分集合 A の中の最大値 (最大数) を $\max A$, 最小値 (最小数) を $\min A$ と書く．たとえば $A = \{-1, 0, 1\}$ ならば $\max A = 1$, $\min A = -1$ である．A が有限個の元 (要素) からなる集合ならば最大値と最小値は必ず定まる．しかし A が無限個の元からなる場合には最大値や最小値が存在しない場合がある．このとき役に立つのが上限と下限である．

§4.1 数列の極限

すでに使っていたが，絶対値について確認をする．実数 a に対して，$|a| := \max\{a, -a\}$ と定義して，$|a|$ を a の**絶対値**という．すなわち，

$$|a| = \begin{cases} a & (a \geq 0) \\ -a & (a < 0) \end{cases} \tag{4.1}$$

である．絶対値に関しての注意すべき変形は $\sqrt{a^2} = |a|$ と

$$|a| < M \iff -M < a < M \tag{4.2}$$

である．さて，番号付けられて並んでいる実数の列

$$a_1, a_2, \cdots, a_n, \cdots \tag{4.3}$$

を**数列**という．これを，$\{a_n\}_{n=1}^{\infty}$ とか，より簡単に $\{a_n\}$ と書く．数列の n 番目の a_n を**一般項** (または**第 n 項**) という．

> **問 4.1** 以下の数列のはじめの 8 項を具体的に書け．
> (1) $a_n = 1$
> (2) 初項 2, 公比 2 の等比数列
> (3) 初項 1, 公差 -3 の等差数列
> (4) $a_n = \sin(n\pi/2)$
> (5) $a_n = 1 - (0.1)^n$
> (6) $a_{n+2} = a_{n+1} + a_n$, $a_1 = a_2 = 1$ (フィボナッチ数列)
> (7) $a_n = (-1)^n n$

数列に関するいくつかの用語を定義する[1].

定義 4.1 数列 $\{a_n\}$ に対して

(1) $a_n \leq a_{n+1}$ ($\forall n = 1, 2, \cdots$) であるとき，**単調増加列**という．
(2) $a_n \geq a_{n+1}$ ($\forall n = 1, 2, \cdots$) であるとき，**単調減少列**という．
(3) $a_n \leq M$ ($\forall n = 1, 2, \cdots$) となる実数 M があるとき，$\{a_n\}$ は**上に有界**という．
(4) $a_n \geq m$ ($\forall n = 1, 2, \cdots$) となる実数 m があるとき，$\{a_n\}$ は**下に有界**という．
(5) 上に有界かつ下に有界のとき，すなわち，$m \leq a_n \leq M$ ($\forall n = 1, 2, \cdots$) のとき，$\{a_n\}$ を**有界数列**という．

さて，与えられた数列 $\{a_n\}$ に対して，n を大きくしたときに a_n がどのように振る舞うかを考える．

定義 4.2 (1) a_n がある実数 α にどんどんと近づくとき，すなわち，$|a_n - \alpha|$ が 0 にどんどん近づくとき，数列 $\{a_n\}$ は α に**収束する**といい，

(4.4) $$\lim_{n \to \infty} a_n = \alpha \quad \text{または} \quad a_n \to \alpha \ (n \to \infty)$$

と書く．α を $\{a_n\}$ の**極限値**という．

(2) どんな実数にも収束しないとき，$\{a_n\}$ は**発散**する，または $\lim_{n \to \infty} a_n$ は存在しないという．この場合は次の 3 通りがある．

　(a) a_n が上に有界でなく，どんどん大きくなるとき，$\{a_n\}$ は ∞ に発散するという．
　(b) a_n が下に有界でなく，どんどん小さくなるとき，$\{a_n\}$ は $-\infty$ に発散するという．
　(c) (a) でも (b) でもないときは $\{a_n\}$ は**振動**するという．

(a) あるいは (b) のとき，それぞれ

(4.5) $$\lim_{n \to \infty} a_n = \infty \quad \text{あるいは} \quad \lim_{n \to \infty} a_n = -\infty$$

と書く．

問 4.2 問 4.1 の各数列の単調性と有界性および極限値を調べよ[2]．

これらを見ていると，極限を求めることは容易であるように思われるが，侮ってはいけない．次の例を考えて欲しい．

例題 4.1 次の漸化式で定まる数列 $\{a_n\}$ と $\{b_n\}$ の極限値を求めよ．

(4.6) $$2a_{n+1} = a_n + 2, \quad a_1 = 1, \qquad b_{n+1} = 2b_n - 2, \quad b_1 = 1.$$

[解答] $\lim_{n \to \infty} a_n = \alpha$ とする．前式 の両辺の極限を考えると，$2\alpha = \alpha + 2$ となり，これを解けば $\alpha = 2$ である．同様に $\lim_{n \to \infty} b_n = \beta$ とすれば，$\beta = 2\beta - 2$ となり，$\beta = 2$ である．すなわち，極限値は両方とも 2 であ

---

[1] 数列 $\{a_n\}$ に対して $A = \{a_n \,;\, n \in \mathbb{N}\}$ とする．数列の有界性は，後の (定義 4.3 の) 集合 A の有界性と同じである．$\{a_n\}$ と A を区別すること．
[2] $1, 1, 1, 1, \cdots$ に戸惑うかもしれない．定義にしたがえば単調増加でありかつ単調減少でもある．同じものが並ぶとき (近づくという語感には合わないかもしれないが) 1 に収束するという．

る．これでよいだろうか．2つの数列のはじめの数項を求めてみると

$$a_1 = 1, \ a_2 = \frac{3}{2}, \ a_3 = \frac{7}{4}, \ a_4 = \frac{15}{8}, \ a_5 = \frac{31}{16}, \cdots$$

$$b_1 = 1, \ b_2 = 0, \ b_3 = -2, \ b_4 = -6, \ b_4 = -14, \ b_5 = -30, \cdots$$

となり，前者はよいが，後者は 2 に収束しそうにない．(4.6) の漸化式を書き直すと

$$a_{n+1} - 2 = \frac{1}{2}(a_n - 2) = \cdots = \left(\frac{1}{2}\right)^n (a_1 - 2) \quad \to \quad 0 \quad (n \to \infty)$$

$$b_{n+1} - 2 = 2(b_n - 2) = \cdots = 2^n (b_1 - 2) = -2^n \quad \to \quad -\infty \quad (n \to \infty)$$

となって $\lim_{n\to\infty} a_n = 2$ および $\lim_{n\to\infty} b_n = -\infty$ である． ∎

例題 4.1 の前半の議論の不備は収束していない数列の極限を求めようとしたことにある．すなわち，数列の極限値を求める場合には 2 段階に分けて考える必要がある．

(∗) 数列が収束しているか否かを調べる．

(∗∗) 収束していることがわかっている場合にその極限を求める．

実はこの第 1 段階の (∗) が案外と難しいのである．このために，数列の収束を保証する 2 つの事実を述べる．1 つはすでに収束することがわかっている数列を利用するものである．

定理 4.1 (1) $\{a_n\}$ と $\{b_n\}$ は収束し，極限値 α, β をもつとする．このとき

$$\lim_{n\to\infty}(a_n + b_n) = \alpha + \beta, \quad \lim_{n\to\infty}(a_n - b_n) = \alpha - \beta,$$

$$\lim_{n\to\infty} a_n b_n = \alpha\beta, \quad \lim_{n\to\infty} \frac{a_n}{b_n} = \frac{\alpha}{\beta} \ (\beta \neq 0)$$

(2) $\{a_n\}, \{b_n\}, \{c_n\}$ が $a_n \leq c_n \leq b_n$ をみたし，さらに，$\lim_{n\to\infty} a_n = \lim_{n\to\infty} b_n = \alpha$ ならば，$\{c_n\}$ も収束して，極限値は α になる．

証明は厳密な定義 (ε-N 論法) を使うと明快なので 27 章で再考する[3]．なお，(2) ははさみうちの**原理**と呼ばれ，

(4.7) $$\alpha \leq c_n \leq b_n, \ \lim_{n\to\infty} b_n = \alpha \quad \text{ならば} \quad \lim_{n\to\infty} c_n = \alpha$$

という形で，いままで何度も使ってきた．数列の収束の保証のもう 1 つは「実数の連続性」から導かれる次の事実である[4]．この定理は証明に拘泥するよりも，使えることが大切である．

定理 4.2 上に有界な単調増加列，および，下に有界な単調減少列は収束する．

---

§4.2 実数の連続性 (上限と下限の存在)

証明に拘るなと述べたが，定理 4.2 の証明を考えることにする．それは証明の中で使う上限と下限の概念が重要だからである．閉区間 $[0,1]$ における最大値は 1 であり，最小値は 0 である．一方，開

---

[3] これらの主張は直感的には明らかであろうし，むしろ証明せよといわれると何をしたらよいのか戸惑うかもしれない．現段階ではこれらの主張は成り立つとして利用すればよい．ただし，たとえば $\lim_{n\to\infty}(a_n + b_n)$ が存在するからといって，$\{a_n\}$ と $\{b_n\}$ の極限が存在するとは限らない．明らかと思われることについてもいつかはきちんと証明を与えないといけない．

[4] 定理 4.2 の主張を「実数の連続性」ということもあるが，本書では上限と下限の存在を実数の連続性と呼ぶことにする (実は同値である)．なお，"連続" という言葉に戸惑うかもしれないが，これは「実数全体である数直線が切れ目なく連続的つながっている」という意味と考えればよい．

区間 $(0,1)$ には最大値と最小値は存在しない．しかしながら，この場合も 1 は最大値のようであるし，0 は最小値のようでもある．このような，最大値と最小値の代用品が上限と下限である．正確な定義をしよう．以下 A は $\mathbb{R}$ の部分集合とする．

定義 4.3　(1) $\forall x \in A$ に対して $x \leq M$ となるとき，すなわち $A \subset (-\infty, M]$ が成り立つとき，集合 A は**上に有界**といい，M を A の**上界**という[5]．
　(2) $\forall x \in A$ に対して $x \geq m$ となるとき，すなわち $A \subset [m, \infty)$ が成り立つとき，集合 A は**下に有界**といい，m を A の**下界**という．
　(3) 上にも下にも有界なときは単に A は**有界集合**であるという．

定義 4.4　**上限** $\sup A$ と**下限** $\inf A$ を以下のように定める．
　(1) A が上に有界でないとき $\sup A = \infty$ とする．
　(2) A が上に有界のとき，A の上界の中の最小のものが存在し，それを $\sup A$ とする．
　(3) A が下に有界でないとき $\inf A = -\infty$ とする．
　(4) A が下に有界のとき，A の下界の中の最大のものが存在し，それを $\inf A$ とする．

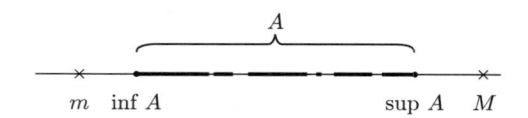

なお，A が上に有界で $\sup A \in A$ となるとき，$\sup A = \max A$ である．同様に，A が下に有界で $\inf A \in A$ となるとき，$\inf A = \min A$ が成り立つ．上の (2), (4) の $\sup A$, $\inf A$ が存在することを「**実数の連続性**」という．以後の議論はこの基本性質を認めて展開される．

問 4.3　問 4.1 の各数列の集合を A として，上限，下限，最大値，最小値を求めよ[6]．

最大値や最小値は存在しない場合もあるが，上限と下限は常に存在するので便利である．集合 A の上限，最大値，下限，最小値は以下のように特徴付けられる．それを定理の形でまとめておく．これらが自由に使えれば十分であるが，少し学習が進んだ後で自分なりの証明を付けてみること勧める．

定理 4.3　(1) A は上に有界とする．$\alpha = \sup A$ である必要十分条件は α が以下の性質をみたすことである[7]：
　(i) $\forall x \in A$ に対して，$x \leq \alpha$．
　(ii) $\forall n \in \mathbb{N}$ に対して，$\alpha - \dfrac{1}{n} < a_n \leq \alpha$ となる $a_n \in A$ が存在する[8]．

---

[5] M が上界なら M 以上の数はすべて A の上界である．このように上界はたくさんある．上界の中の最小のものが重要でそれが次に定義する上限である．同様に下界の中で最大のものが重要であり，それが下限である．

[6] たとえば (1) では $A = \{1\}$ であり，(4) では $A = \{-1, 0, 1\}$ である．

[7] (i) は α が上界であること，(ii) はそれが最小であることを示している．同様に (4) では (i) は β が下界であること，(ii) はそれが最大であることを示している．

[8] $\alpha - 1/n < a \leq \alpha$ をみたす $a \in A$ が存在することであるが，この a は n ごとに変わってよいというか，当然変わるので a_n と書いた．

(2) $\alpha = \max A$ である必要十分条件は $\forall x \in A$ に対して $x \leq \alpha$ かつ $\alpha \in A$ が成り立つ.

(3) $\sup A = \infty$ である必要十分条件は $\lim_{n \to \infty} a_n = \infty$ となる数列 $\{a_n\} \subset A$ が存在することである.

(4) A は下に有界とする. $\beta = \inf A$ である必要かつ十分条件は β が以下の性質をみたすことである.

(i) $\forall x \in A$ に対して, $x \geq \beta$.

(ii) $\forall n \in \mathbb{N}$ に対して, $\beta \leq a_n < \beta + \dfrac{1}{n}$ となる $a_n \in A$ が存在する.

(5) $\beta = \min A$ である必要十分条件は $\forall x \in A$ に対して $x \geq \beta$ かつ $\beta \in A$ が成り立つ.

(6) $\inf A = -\infty$ である必要十分条件は $\lim_{n \to \infty} a_n = -\infty$ となる数列 $\{a_n\} \subset A$ が存在することである.

問 4.4 定理 4.3 に基づいて, (1) $(0,1)$ の上限は 1 であることを確認せよ. (2) $\sup \mathbb{Q} = \infty$ を示せ.

定理 4.3 から次が導かれる. これは今後に役に立つ事実である.

定理 4.4 (1) A の元からなる数列 $\{a_n\}$ が存在して, $\lim_{n \to \infty} a_n = \sup A$ となる[9].
(2) A の元からなる数列 $\{b_n\}$ が存在して, $\lim_{n \to \infty} b_n = \inf A$ となる.

[証明] A が上に有界のとき, 定理 4.3 (1) より $\forall n \in \mathbb{N}$ に対して $\sup A - 1/n < a_n \leq \sup A$ をみたす $a_n \in A$ が存在する. はさみうちの原理から $\lim_{n \to \infty} a_n = \sup A$ が成り立つ. A が上に有界でないときは, 定理 4.5 (3) である. 下限についても同様である. ∎

§4.3 部分列

数列 $\{a_n\}$ の中の項の一部を取り出しものを**部分列**という. すなわち, $n_1 < n_2 < \cdots < n_k < \cdots$ なる自然数の列があって, それに対応する項を並べたものである:

$$(4.8) \qquad a_{n_1}, a_{n_2}, \cdots, a_{n_k}, \cdots$$

通常, 部分列は $\{a_{n_k}\}_{k=1}^{\infty}$ (あるいは簡略して $\{a_{n_k}\}$) と書かれる. たとえば $n_k = 2k$ の場合は $\{a_{2k}\}$ は偶数項のみからなる部分列である. $\{a_{2k-1}\}$ は奇数項からなる部分列である.

問 4.5 $a_n = n$ とする. 以下は数列 $\{a_n\}$ の部分列であるか?
(1) $1, 2, 3, 4, \cdots$ (2) $2, 4, 3, 5, 6, \cdots$ (3) $0, 5, 10, 15, 20, \cdots$

さて, 定理 4.2 の証明を与える.

[定理 4.2 の証明] $\{a_n\}$ が上に有界な単調増加列とし, $A = \{a_n; n \in \mathbb{N}\}$ とする. a_n が $\sup A$ に収束することを示す. A は上に有界であるから $\sup A$ は有限な値である. 定理 4.3 (1) より, $\forall k \in \mathbb{N}$ について,

---

[9] a_n は同じものがあってもよい. 特に A に最大値 M が存在すれば, $\forall n \in \mathbb{N}$ について $a_n = M$ とすればよい.

$\sup A - 1/k < a_{n_k} \leq \sup A$ となる $a_{n_k} \in A$ が存在する．$\{a_n\}$ は単調増加列であるから，$\forall n \geq n_k$ に対して $\sup A - 1/k < a_n \leq \sup A$ である．これから $\lim_{n \to \infty} a_n = \sup A$ が示される[10]．下に有界な単調減少列の場合は $\inf A$ に収束する．議論は同様である． ∎

最後にボルツァノ・ワイエルシュトラスの定理に触れておく[11]．1つの証明を書くが，それよりも内容の理解が大切である．27章で (新しい概念 (上極限，下極限) を学んで) より自然な証明を与える．

定理 4.5 (ボルツァノ・ワイエルシュトラスの定理)　任意の有界数列は収束する部分列を含む[12]．

[証明] 任意の数列 (有界でなくてもよい) が単調な部分列を含むこと，すなわち，

(4.9) 　　　任意の数列 $\{a_n\}$ には単調増加または単調減少である部分列 $\{a_{n_k}\}$ が存在する

を確認する．実際，$S := \{n;\ n$ より大きいすべての番号 k に対して $a_n < a_k$ が成り立つ$\}$ とする．S が無限集合ならば，それを小さい順に並べて $\{n_1, n_2, \cdots, n_k, \cdots\}$ とすれば $\{a_{n_k}\}$ が (狭義) 単調増加列になり，求める部分列が見つかる．S が有限集合の場合は S の最大値を m とする．$n_1 = m+1$ とすると，$n_1 \notin S$ であるから，番号 $n_2 > n_1$ で $a_{n_1} \geq a_{n_2}$ となるものがある．さらに $n_2 \notin S$ であるから，$n_3 > n_2$ で $a_{n_2} \geq a_{n_3}$ となる番号が n_3 がある．これを繰り返せば，$\{a_{n_k}\}$ は単調減少列となる．$\{a_n\}$ が有界数列ならば，部分列も有界なので (4.9) で得られた単調列は実数の連続性から収束する． ∎

****

○●**練習問題 4**●○

4.1　$a > 0$ とする．等比数列 $a_n = ar^{n-1}$ の収束を調べよ．

4.2　次の集合の，最大値，最小値，上限，下限を調べよ．
$A_1 = (-1, 2] \cup (3, 5], \quad A_2 = \{1, 2, 3, 4, \cdots\}, \quad A_3 = \{(-1)^n/n;\ n \in \mathbb{N}\}$
$A_4 = \{x;\ x^2 - 2x - 1 < 0\}, \quad A_5 = [0, \pi] \cap \mathbb{Q}, \quad A_6 = \{1/x;\ x \in \mathbb{R} \setminus \{0\}\}$

4.3　$a_{n+1} = \sqrt{a_n + 1}$, $a_1 = 3$ で定まる数列について，
(1) 下に有界であることを説明せよ．
(2) $\forall n \in \mathbb{N}$ について $a_{n+1} < a_n$ となることを数学的帰納法を使って示せ．
(3) 数列 $\{a_n\}$ が収束する理由を述べて，極限値を求めよ．

4.4　ペアノ君が「自然数の中で一番大きいのは 1 だ」と変なことをいい出しました．「だって n が 1 以外なら $n < n^2$ なので n より大きい自然数 n^2 があるから n は最大ではない．最大は 1 以外にない」というのですが，どこがおかしいのだろうか．

◇◆**演習問題 4**◆◇

4.1　「集合 A が上に有界である (すなわち，ある実数 M が存在して，すべての $x \in A$ に対して $x \leq M$ となる)」の否定を書け．これを用いて定理 4.3 (3) の証明を与えよ．

---

[10] 最後の部分の議論は理解できるか．27 章の ε-N 論法がこの部分のわかりにくさを解消するであろう．

[11] 何の変哲もない定理に見えるかもしれないが，この定理の重要さがわかり，使えるようになれば，一人前である．実際，この定理は多くの数学の理論的な証明において本質的な役割を果たす．

[12] すなわち，$\{a_n\}$ が有界数列なら，それ自身は収束していなくても，部分列 $\{a_{n_k}\}$ で収束するものを見つけることができる．たとえば，$a_n = (-1)^n + 1/n$ は収束しないが，偶数項からなる部分列 $a_{2n} = 1 + 1/2n$ は 1 に収束する．

4.2 (1) $\sqrt[n]{n} = 1 + a_n$ とする. $(1+a_n)^n$ の 2 項展開の最初の 3 項を $1 + Aa_n + Ba_n{}^2$ としたときの A と B を求めよ.
(2) $n > Ba_n{}^2$ が成り立つ理由を述べて, $a_n{}^2 \leq 2/(n-1)$ を導け.
(3) $\displaystyle\lim_{n\to\infty} \sqrt[n]{n}$ を求めよ.

4.3 (1) $\forall n \in \mathbb{N}$ に対して, $\dfrac{1}{n+1} < \log(n+1) - \log n < \dfrac{1}{n}$ を示せ.
(2) $a_n := 1 + \dfrac{1}{2} + \cdots + \dfrac{1}{n} - \log n$ とすると, $\{a_n\}$ は単調減少列であることを (1) を用いて示せ.
(3) $\{a_n\}$ が収束することを説明せよ[13].

4.4 $\{a_n\}$ は単調増加列とする. $\displaystyle\lim_{n\to\infty} a_n = \sup\{a_n\,;\,n \in \mathbb{N}\}$ を示せ.

4.5 $a, b, c > 0$ とする. 次を示せ.
$$\lim_{n\to\infty}(a^n + b^n + c^n)^{1/n} = \lim_{n\to\infty}\frac{1}{n}\log(e^{na} + e^{nb} + e^{nc}) = \max\{a, b, c\}$$

4.6 (1) $A \subset B \subset \mathbb{R}$ のとき $\sup A \leq \sup B$ および $\inf A \geq \inf B$ を示せ.
(2) $A \subset \mathbb{R}$ のとき, $B = \{-a\,;\,a \in A\}$ とする. $\sup B = -\inf A$ および $\inf B = -\sup A$ を示せ.
(3) $A = \{a_1, a_2, \cdots\}$, $B = \{b_1, b_2, \cdots\}$ とし, $C = \{a_1 + b_1, a_2 + b_2, \cdots\}$ とする. このとき $\sup C \leq \sup A + \sup B$ および $\inf C \geq \inf A + \inf B$ を示せ.

---

[13] この極限値は**オイラーの定数**と呼ばれ, $0.5772156\cdots$ である. 未だに有理数であるか否かわかっていない.

5

関数の極限値と連続性

> お前がもし無限の彼方へ去ろうとしても，有限の中をあっちこっちへ行くだけだ．
> ゲーテ

一般に集合 A, B に対して，A の各元 a に対して B の元を対応させる規則を写像という．特に B が実数からなる集合のときの写像を (実数値) 関数と呼ぶ．本章では関数の連続性を学ぶ．目標は連続関数とは「グラフがつながっている関数」であることの直感的理解である．より厳密な定義 (ε-δ 論法) は 31 章で取り上げる．それにしても，コーシーやリーマンが微積分の基礎として微分可能な関数ではなくて連続関数に注目したことは卓見であった．

§5.1　合成関数と逆関数

I を $\mathbb{R}$ の部分集合とする．各点 $x \in I$ に対して，1 つの実数 y を対応させる規則が (実数値) **関数**である．この規則を f として，通常は $y = f(x)$ $(x \in I)$ と書く[1]．I を f の**定義域** (または変域) という[2]．また，対応する実数 $y = f(x)$ の全体を $f(I)$ と書き f の**値域**という．すなわち，

$$f(I) := \{f(x)\,;\, x \in I\} \tag{5.1}$$

である[3]．

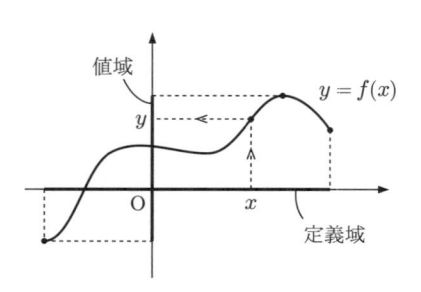

値域 $f(I)$ が $\mathbb{R}$ 内の有界集合のとき，f は I 上の**有界関数**という．すなわち，f が有界である

---

[1] 関数を $f(x)$ と表す場合もあるが，本書では基本的には関数は f と書くことにする．$f(x)$ は関数 f の点 x での値を意味する．ただし，$\sin x$ や $\log x$ では x を省略して $\sin$ とか $\log$ とはしない．

[2] 定義域は開区間か閉区間で考えることが多い．

[3] 関数を考えるときは定義域を明確にしないといけないが，よく知られた関数の場合は自然に定まる一番広い集合を定義域として，いちいち定義域を書くことを省略する場合がある．たとえば $ax^2 + bx + c$ や $\sin x$ などは $\mathbb{R}$ 上の関数とし，$\sqrt{x+1}$ の定義域は $[-1, \infty)$ であり，$\log x$ は $(0, \infty)$ で定義されている．

とは，
$$|f(x)| \leq M \quad (\forall x \in I)$$
をみたす実数 M が存在する場合である．

問 5.1 $f(x) = 1/x$ とする．(1) $I = [1,2]$ のときの値域 $f(I)$ を求めよ．
(2) $I = (0,1)$ のときの値域 $f(I)$ を求めよ．(3) $f(x) = 1/x$ は有界関数であるか．

上の例で，関数の有界性は定義域に依存することに注意して欲しい．

さて，2つの関数 f と g の定義域を I, J とする．もし $f(I) \subset J$ ならば，$x \in I$ に対して $g(f(x))$ を対応させる関数が定義できる．これを g と f の**合成関数**といい，$g \circ f$ で表す．すなわち

(5.2)
$$(g \circ f)(x) = g(f(x))$$

である．一般に $f \circ g$ と $g \circ f$ は等しいとは限らない．

問 5.2 $f(x) = x^2$, $g(x) = 2x + 3$ とする．$f \circ g \neq g \circ f$ を確かめよ[4]．

三角関数の逆関数を 3 章で考察したが，そこでの考察を振り返って，より一般の関数の逆関数を定義する．f の定義域を I，値域を $J := f(I)$ とする．任意の $y \in J$ について $y = f(x)$ をみたす $x \in I$ がただ 1 つ定まるとき[5]，y に x を対応させることにより新たな関数が定まる．この関数を f の逆関数といい，f^{-1} で表す．すなわち，$y = f^{-1}(x)$ と $x = f(y)$ は同じことである．ただし，通常，関数の変数は x で表すので，$y = f(x)$ の逆関数を $y = f^{-1}(x)$ と書くと

(5.3) $\qquad y = f(x)$ と $y = f^{-1}(x)$ のグラフは直線 $y = x$ に関して対称

かつ，2つの関数の定義域と値域は入れ替わる．すなわち，f の定義域が I で値域が J ならば，f^{-1} の定義域は J で値域は I である．さらに

(5.4) $\qquad f^{-1}(f(x)) = x \ (\forall x \in I)$ および $f(f^{-1}(x)) = x \ (\forall x \in J)$

が成り立つ (証明は練習問題 5.1).

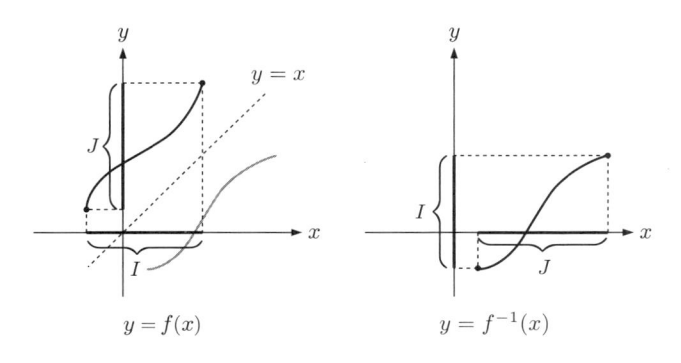

逆関数を具体的に求める場合は $y = f(x)$ の x と y を入れ替えて，y について解いて，$y = f^{-1}(x)$ の形にすればよい．

問 5.3 $f(x) = -3 + \sqrt{x+2}$ を $x \geq -2$ で考える．f の逆関数 f^{-1} を求めよ．f^{-1} の定義域と値域も

---

[4] 特に断らない限り，多項式の定義域は $\mathbb{R}$ とする．
[5] このことを「f は 1 対 1 である」という．対偶をとると「$x \neq x'$ ならば $f(x) \neq f(x')$」である．

明示せよ．

上述のように逆関数が存在するためには f が I 上で 1 対 1 でないといけない．この条件の考察のために関数の単調性を定義する．

定義 5.1 f の定義域を I とする．$\forall x, \forall x' \in I, x < x'$ について，常に
(1) $f(x) < f(x')$ が成り立つとき，f は I 上の**狭義単調増加関数**という．
(2) $f(x) \leq f(x')$ が成り立つとき，f は I 上の**単調増加関数**という．
(3) $f(x) = f(x')$ が成り立つとき，f は I 上の**定数関数**という．
(4) $f(x) \geq f(x')$ が成り立つとき，f は I 上の**単調減少関数**という．
(5) $f(x) > f(x')$ が成り立つとき，f は I 上の**狭義単調減少関数**という．

これらの関数はまとめて**単調関数**と呼ばれる．関数 f が定義されている全体では単調ではなくても，定義域を制限すれば単調になる場合がある．実際，3 章で見たように $\sin x$ は $[-\pi/2, \pi/2]$ で狭義単調増加である．$\cos x$ は $[0, \pi]$ で狭義単調減少である．$\tan x$ は $(-\pi/2, \pi/2)$ で狭義単調増加であった．狭義単調関数は 1 対 1 であるから次が成り立つ．

定理 5.1 狭義単調増加関数，および，狭義単調減少関数には逆関数が存在する．

---

§5.2 関数の極限値

関数の極限値を調べよう．f は開区間 $I = (a, b)$ 上の関数とし $c \in I$ とする．$x \in I$ が c に限りなく近づくときに（これを $x \to c$ と書く），$f(x)$ がある実数 A にどんどん近づくとき，f は $x = c$ で A に収束するといい，

(5.5) $$\lim_{x \to c} f(x) = A \quad \text{または} \quad f(x) \to A \ (x \to c)$$

と書く．ここで x は c 近づくが $x \neq c$ であることを仮定している[6]．収束しないときは，f は $x = c$ で発散する，あるいは，極限値が存在しないという．

x が右側あるいは左側から c に近づいたときの $f(x)$ の極限値も考える．

$x \to c + 0$ で $x > c$ をみたして x が c に近づく（右側から c に近づく）を表し，$x \to c - 0$ で $x < c$ をみたして x が c に近づく（左側から c に近づく）を表すとき

$$\lim_{x \to c+0} f(x) \quad \text{および} \quad \lim_{x \to c-0} f(x)$$

が定義できる．これらを f の $x = c$ での**右極限値**および**左極限値**という[7]．f が収束することは，右および左極限値が存在して一致することである．すなわち，

(5.6) $$\lim_{x \to c} f(x) = A \iff \lim_{x \to c+0} f(x) = \lim_{x \to c-0} f(x) = A.$$

---

[6] $\lim_{x \to c} f(x)$ における $x \to c$ の部分はより正確に書くと $x \in I, x \neq c, x \to c$ と書くべきであるが，簡単に (5.5) のように書く．

[7] 右極限値を $f(c+0)$, 左極限値を $f(c-0)$ と略記する場合もある．なお，$c = 0$ の場合は $0 + 0, 0 - 0$ を簡単に $+0, -0$ と書く．

数列の場合と同様に，はさみうちの原理は有用である．区間 I で定義された関数 f, g, h が，すべての x について $f(x) \leq g(x) \leq h(x)$ をみたすとする．$c \in I$ において

(5.7) $$\lim_{x \to c} f(x) = \lim_{x \to c} h(x) = A \quad \text{ならば} \quad \lim_{x \to c} g(x) = A$$

が成り立つ．右極限値や左極限値についても同様である．また，関数の極限値を次のように数列に対する極限値としていい表すことも有用である．

定理 5.2 $I = (a, b)$, $c \in I$ とする．I で定義された関数 f について，次は同値である：
(1) $\lim_{x \to c} f(x) = A$.
(2) $\lim_{n \to \infty} x_n = c$ であるすべての数列 $\{x_n\} \subset I$ について $\lim_{n \to \infty} f(x_n) = A$.

すなわち，関数が $x = c$ で収束することは，c に収束するすべての数列に沿って同じ値に収束していることである．このことの対偶から導かれる次の主張も大切である．

(5.8) $$\begin{cases} c \text{ に収束する 2 つの数列 } \{x_n\}, \{y_n\} \text{ が存在して,} \\ \lim_{n \to \infty} f(x_n) \neq \lim_{n \to \infty} f(y_n) \text{ となるならば } f \text{ は } x = c \text{ で収束しない.} \end{cases}$$

数列の場合と同様に $x \to c$ のとき，$f(x)$ が限りなく大きくなるとき，f は $x = c$ で ∞ に発散するといい，

(5.9) $$\lim_{x \to c} f(x) = \infty \quad \text{または} \quad f(x) \to \infty \; (x \to c)$$

と書く．定理 5.2 にしたがえば，c に収束するすべての点列に沿って f が ∞ に発散することである．同様に $f(x)$ が限りなく小さくなるとき，$-\infty$ に発散するという．さらに，右極限と左極限についても同じように $\pm\infty$ に発散することが定義できる．

f が無限区間 (a, ∞) で定義されているとき，x を限りなく大きくしたとき（これを $x \to \infty$ と書く）の極限値 $\lim_{x \to \infty} f(x)$ を考えることができる．これも定理 5.1 にしたがえば，∞ に発散するすべての数列 $\{x_n\}$ に対して，$\lim_{n \to \infty} f(x_n)$ がいつも同じ値に収束していることを意味する．同様に f が $(-\infty, b)$ で定義されていれば，$x \to -\infty$ のときの極限が考えられる．

問 5.4 $f(x) = 1/(x-1) \; (x \neq 1)$ について，以下の極限値を求めよ．
(1) $\lim_{x \to +0} f(x)$ (2) $\lim_{x \to -0} f(x)$ (3) $\lim_{x \to \infty} f(x)$ (4) $\lim_{x \to -\infty} f(x)$
(5) $\lim_{x \to 1+0} f(x)$ (6) $\lim_{x \to 1-0} f(x)$ (7) $\lim_{x \to 1} f(x)$

§5.3 関数の連続性

関数の連続性の定義に移ろう．f は区間 I で定義されているとする．$c \in I$ について

(5.10) $$\lim_{I \ni x \to c} f(x) = f(c)$$

が成り立つとき f は点 $x = c$ で**連続**であるという．I に属するすべての点で連続のとき f は I で連続であるという．直感的にいえば，

(5.11) $$\text{連続であるとは } y = f(x) \text{ のグラフがつながっていることである}$$

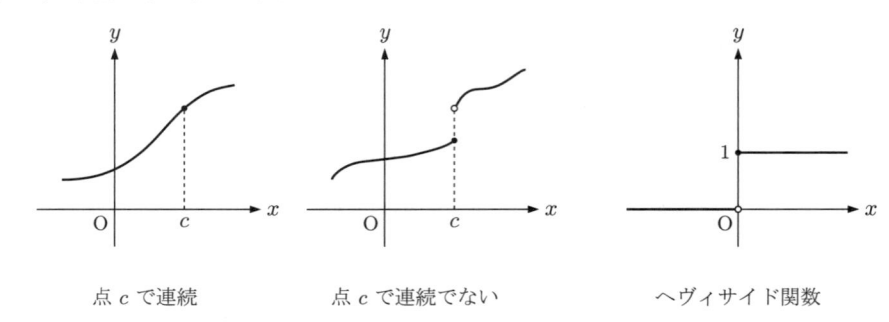

点 c で連続　　　　　点 c で連続でない　　　　ヘヴィサイド関数

問 5.5 $f(x) := \begin{cases} 1 & (x \geq 0) \\ 0 & (x < 0) \end{cases}$ で定義される関数はヘヴィサイド関数と呼ばれる．$x = 0$ で連続でないことを確かめよ．

f の定義域 I が閉区間 $[a, b]$ の場合はちょっと注意が必要である．$x = a$ の場合は a の右側でしか f は定義されていないので，(5.10) は $\lim_{x \to a+0} f(x) = f(a)$ となる．同様に $x = b$ の場合は左極限値を考えて $\lim_{x \to b-0} f(x) = f(b)$ となるとき $x = b$ で連続であるという．連続性の定義の意味をよりよく理解するために，「連続でない」ことを明確にしてみよう．まず「f が $x = c$ で連続でない」は次のどちらかである．

(1) (5.10) の左辺の極限値が存在しない (発散する場合)．

(2) (5.10) の右辺の極限値は存在するが左辺の $f(c)$ と等しくない．

よく使われる議論は c に収束するある 1 つの数列 $\{x_n\}$ が存在して

(5.12) $\qquad\qquad \lim_{n \to \infty} f(x_n) \neq f(c)$ となれば f は $x = c$ で連続でない．

また，「f が I で連続でない」とは f が I 内のある点 c_0 で連続でないことである．すなわち，連続にならない点が 1 つでもあれば f は I では連続でないという (その他の点では連続であっても)．次の定理は基本的である．

定理 5.3 f, g は区間 I で連続とする．
(1) $f + g$, $f - g$, fg は I で連続である．
(2) $g(a) \neq 0$ ならば f/g は $x = a$ で連続である．
(3) 合成関数が定義できるとき $g \circ f$ も連続である．
(4) 逆関数 f^{-1} が存在すれば連続である．

[証明] 連続性は (5.10) が成り立つことを示せばよい．(1), (2), (3) については明らかであろう．(4) では $y = f(x)$ のグラフと $y = f^{-1}(x)$ のグラフは $y = x$ について対称である．$y = f(x)$ のグラフがつながっていれば，$y = f^{-1}(x)$ のグラフもつながっているので，(5.11) にしたがえば連続性がわかる．(1), (2), (3) も含めて，厳密な証明は ε-δ 論法を使って 31 章で与える．　　　■

例題 5.1 以下で定めた関数が $\mathbb{R}$ で連続となるような実数 a,b が存在すればそれを定めよ．

(1) $f_1(x) = \begin{cases} x\sin\dfrac{1}{x} & (x \neq 0) \\ a & (x = 0) \end{cases}$ (2) $f_2(x) = \begin{cases} \sin\dfrac{1}{x} & (x \neq 0) \\ b & (x = 0) \end{cases}$

[解答] 原点以外では連続なので $x=0$ で連続になるようにすればよい．(1) 0 以外の x について $|f_1(x)| \leq |x|$ より，はさみうちの原理から $0 \leq \lim_{x \to 0}|f_1(x)| \leq \lim_{x \to 0}|x| = 0$ である．よって $a=0$ とすれば f_1 は $x=0$ で連続になる．(2) 0 に収束する次の 2 つの数列を考える．$x_n = 1/(2n\pi)$，$y_n = 1/(\pi/2 + 2n\pi)$．このとき，$f_2(x_n) = \sin(2n\pi) = 0$，$f_2(y_n) = \sin(\pi/2 + 2n\pi) = 1$ より $\lim_{n\to\infty} f_2(x_n) = 0 \neq 1 = \lim_{n\to\infty} f_2(y_n)$ となり，f_2 は $x=0$ で極限値が存在しない ((5.12) を参照せよ)．したがって，どのように b を定めても f_2 を連続関数にすることはできない．■

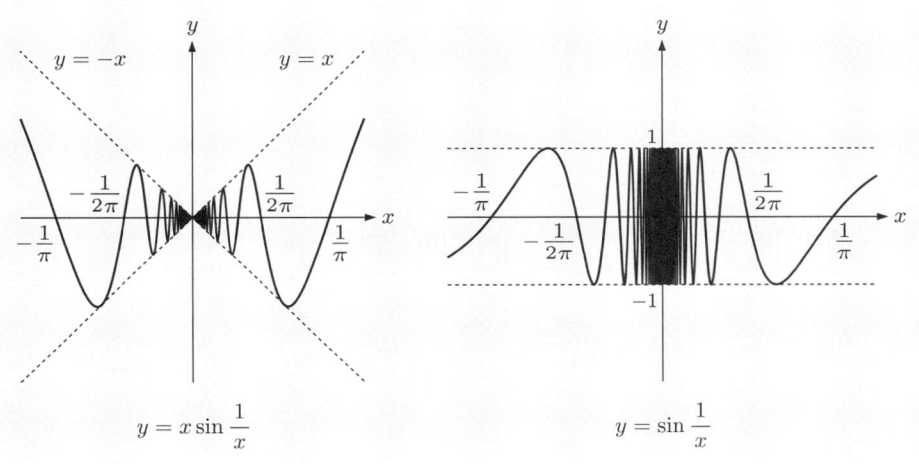

****

○●練習問題 5 ●○

5.1 f の定義域を I，値域を J とする．f の逆関数が存在すれば，$f^{-1}(f(x)) = x$ $(x \in I)$ および $f(f^{-1}(x)) = x$ $(x \in J)$ が成り立つことを確認せよ．

5.2 $f(x) = \begin{cases} ax + a^2 & (x \geq 0) \\ 2ae^x - 1 & (x < 0) \end{cases}$ が $\mathbb{R}$ 上で連続関数になるように a の値を定めよ．

5.3 次の極限値の存在について調べよ．$\lim_{x \to 0} \cos(1/x)$, $\lim_{x \to \infty} \cos x$

5.4 $\lim_{x \to \infty} e^{-\frac{1}{x}}$, $\lim_{x \to -\infty} e^{-\frac{1}{x}}$, $\lim_{x \to +0} e^{-\frac{1}{x}}$, $\lim_{x \to -0} e^{-\frac{1}{x}}$ の極限を調べよ．

5.5 f を多項式とする．$g(x) = x^2 + x + 5$, $g \circ f(x) = 4x^2 + 6x + 7$ のとき f を求めよ．

◇◆演習問題 5 ◆◇

5.1 $f(x) = ax^2 + bx + c$ とする．$f \circ f = f$ となるための a,b,c の条件を求めよ．

5.2 $f(x) = \dfrac{ax+b}{cx+d}$ に対して行列 $A = \begin{pmatrix} a & b \\ c & d \end{pmatrix}$ を対応させる．

(1) $g(x) = \dfrac{px+q}{rx+s}$ としたとき $g \circ f$ を計算せよ．

(2) g に対応する行列を B とする．$g \circ f$ に対応する行列は BA であることを確認せよ．

(3) $f(x) = \dfrac{3x+1}{5x+2}$，$g(x) = \dfrac{-x+3}{3x-2}$ のとき $g \circ f$ と $f \circ g$ を求めよ．

(4) (3) の f の逆関数を求めよ．さらに f に対応する行列 $\begin{pmatrix} 3 & 1 \\ 5 & 2 \end{pmatrix}$ の逆行列は逆関数に対応する行列であることを確認せよ．

5.3 次で定まる $\mathbb{R}$ 上の関数 f は**ディリクレの関数**と呼ばれる．
$$f(x) = \begin{cases} 1 & (x \text{ が有理数のとき}) \\ 0 & (x \text{ が無理数のとき}) \end{cases}$$

(1) p を有理数とする．$x_n := p + \sqrt{2}/n$ は無理数であって，$x_n \to p\ (n \to \infty)$ を確認せよ．

(2) x を無理数とする．$p_n := [10^n x]/10^n$ は有理数であって，$p_n \to x\ (n \to \infty)$ を確認せよ．ここで $[x]$ は x を超えない最大の整数を表す (**ガウスの記号**と呼ばれる)[8]．

(3) ディリクレの関数は $\mathbb{R}$ のすべての点で連続でないことを示せ．

5.4 ディリクレの関数 f は以下のように表されることを示せ．

(1) $f(x) = \displaystyle\lim_{n \to \infty} \left(\lim_{m \to \infty} (\cos(n!\,\pi x))^{2m} \right)$

(2) $f(x) = \displaystyle\lim_{n \to \infty} \left(\lim_{m \to \infty} ((1 + [n!\,x] - n!\,x))^m \right)$

---

[8] $[x]$ を $\lfloor x \rfloor$ と表して，これを**床関数** (floor function) といい，x の小数部分を切り上げたものを $\lceil x \rceil$ で表して，**天井関数** (ceiling function) ということもある．x が整数でなければ $[x] = \lfloor x \rfloor = \lceil x \rceil - 1$ である．

6

微分係数と導関数

> 厳密な定義から,われわれの直感には逆説的に見える多くの場合が生まれる.
> クーラント

連続関数のグラフは単につながっているだけであるが,微分可能な関数のグラフは滑らかにつながっていて,接線をもつ[1]. そして接線の傾きが微分係数である. 計算上で重要な合成関数微分法と逆関数微分法を学ぶ.

§6.1 微分係数

f を開区間 $I = (a, b)$ で定義された関数とする. $c \in I$ をとり,さらに $d = c + h \in I$ とする. $(f(d) - f(c))/(d - c)$ を $[c, d]$ での**平均変化率**という. h を 0 に近づけた (d を c に近づけた) ときの平均変化率の極限を考える. この極限値が存在するときに f は $x = c$ で**微分可能**という. 極限値は f の $x = c$ における**微分係数**といって $f'(c)$ で表す. すなわち,

$$(6.1) \qquad f'(c) = \lim_{h \to 0} \frac{f(c+h) - f(c)}{h} = \lim_{d \to c} \frac{f(d) - f(c)}{d - c}$$

である. なお,ここでは深入りしないが,より正確な議論のためには微分可能性を次のように考える必要がある. f が $x = c$ で微分可能であるとは

$$(6.2) \qquad f(c + h) = f(c) + hA + h\varepsilon(h), \quad \lim_{h \to 0} \varepsilon(h) = 0$$

となる実数 A が存在することである[2]. このとき $A = f'(c)$ が成り立つ.

微分可能性を幾何学的に見てみよう. 点 $P = (c, f(c))$, $Q = (c + h, f(c + h))$ とすると,直線 PQ の傾きは $[c, c + h]$ での平均変化率である. $y = f(x)$ が $x = c$ で微分可能ならば,Q が P に近づくとき,(6.2) より直線 PQ は P で傾き $f(c)$ の直線 ℓ に近づく. この直線が $y = f(x)$ の $x = c$ における**接線**であり,

$$(6.3) \qquad y - f(c) = f'(c)(x - c)$$

---

[1] 関数は連続でも微分可能とは限らないが,思い描くグラフのようすから「連続関数は有限個の点を除いて微分可能である」とガウスもコーシーもディリクレも信じていた (中根美知代著『ε-δ 論法とその形成』共立出版 (2010)). ワイエルシュトラスは 1872 年に,$\mathbb{R}$ 上で連続であるが,すべての点で微分可能でない関数の例を挙げ,前述の主張は正しくないこと示した (練習問題 37.3 を参照せよ). 当時はこのような病的な関数の評判は散々であったらしいが,現在では,たとえば,ブラウン粒子の動き (株価の変動) や,フラクタルな現象にも現れる身近なものである.

[2] この意味は,$\varepsilon(h) = (f(c + h) - f(c))/h - A$ としたとき,(6.2) の後式が成り立つことである. (6.2) は $h = 0$ のときも成り立つことを注意しておく.

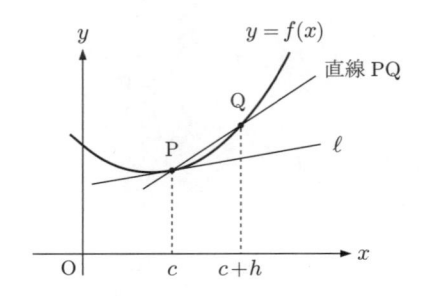

と表すことができる．すなわち，

(6.4) f が $x=c$ で微分可能とは $x=c$ に接線が存在することである．

問 6.1 (1) 定義にしたがって $f(x)=x^2$ の $x=c$ における微分係数を求めよ．
(2) $y=4\sqrt{x}$ について，$x=2$ における微分係数を計算して接線を求めよ

さて，(6.1) では h が正負に関係なく 0 に近づく場合 $h \to 0$ を考えたが，これを $h \to +0$ および $h \to -0$ とした**右微分係数** $f'_+(c)$ と**左微分係数** $f'_-(c)$ も定義できる．

$$f'_+(c) = \lim_{h \to +0} \frac{f(c+h)-f(c)}{h} = \lim_{d \to c+0} \frac{f(d)-f(c)}{d-c}$$

$$f'_-(c) = \lim_{h \to -0} \frac{f(c+h)-f(c)}{h} = \lim_{d \to c-0} \frac{f(d)-f(c)}{d-c}$$

これらの極限値が存在するとき，それぞれ f は $x=c$ で**右微分可能**あるいは**左微分可能**という．

開区間 I 上の関数 f の極大，極小を考える．$c \in I$ で f が**極大**であるとは，ある小さな数 $r>0$ が存在して[3]，$(c-r, c+r) \subset I$ であり，かつ

(6.5) $$f(c) \geq f(x) \quad (\forall x \in (c-r, c+r))$$

となる場合である．逆に $f(c) \leq f(x)$ となるとき $x=c$ で**極小**になるという[4]．極大値と極小値をあわせて**極値**という．

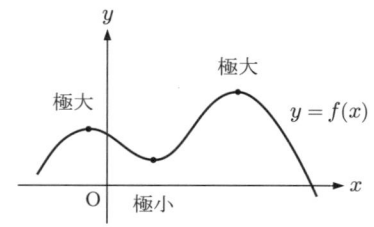

高校では明らかとしていた次の事実に証明を与えてみよう．

定理 6.1 開区間 I 上の関数 f が $c \in I$ で f が極値をとり，$x=c$ で微分可能ならば，$f'(c)=0$ が成り立つ．

---

[3] 数学の習慣では δ と書きたいところであるが，無駄な混乱を防ぐため r とした．
[4] $\forall x \in I$ について (6.5) が成り立つときが最大値である．極大値は $x=c$ の近くだけの (局所的な) 最大値である．

[証明] $x = c$ で極大になる場合の証明を与える．f は $x = c$ で微分可能であるから $f'(c) = f'_+(c) = f'_-(c)$ が成り立つことに注意する．また，(6.5) より $0 < h < r$ に対して

$$\frac{f(c+h) - f(c)}{h} \leq 0 \tag{6.6}$$

が成り立つので，$h \to +0$ とすれば $f'_+(c) \leq 0$ である[5]．今度は $0 > h > -r$ とすれば (6.6) の分母が負になり，極限を考えると $f'_-(c) \geq 0$ が導かれる．以上より $f'(c) = 0$ が示された[6]． ■

§6.2 導関数

f が $I = (a,b)$ のすべての点で微分可能ならば，各点 $x \in I$ に対して，その点での微分係数 $f'(x)$ を対応させる関数が定まる．この関数を f の**導関数**といい，通常は f' と書かれる[7]．$f'(x)$ を $(f(x))'$ と書くこともある[8]．定義式に戻れば

$$f'(x) = \lim_{h \to 0} \frac{f(x+h) - f(x)}{h} \tag{6.7}$$

である．次の事実を再確認する．

定理 6.2 (三角関数，指数関数，対数関数の基本極限)

$$\lim_{t \to 0} \frac{\sin t}{t} = 1 \tag{6.8}$$

$$\lim_{t \to 0} \frac{e^t - 1}{t} = 1 \tag{6.9}$$

$$\lim_{t \to 0} \frac{\log(1+t)}{t} = 1 \tag{6.10}$$

[証明] (6.9), (6.10) を先に確認する．指数関数は $(e^x)' = e^x$ が成り立つ．これを (6.7) にしたがって書くと $\lim_{h \to 0}(e^{x+h} - e^x)/h = e^x$ となり，$x = 0, h = t$ とすれば (6.9) を得る．対数関数は $(\log x)' = 1/x$ である．これは $\lim_{h \to 0}(\log(x+h) - \log x)/h = 1/x$ となり，$x = 1, h = t$ とすれば (6.10) を得る．次に，下図より △OAB の面積 < 扇形 OAB の面積 < △OAT の面積であるから $\sin t < t < \tan t$ が成り立つ[9]．

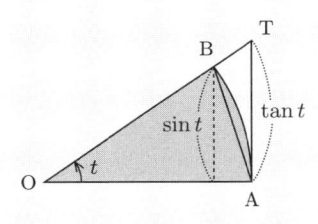

---
[5] (6.6) の左辺を $F(h)$ とする．(6.5) より分子は 0 以下，分母は $h > 0$ であるから $F(h) \leq 0$ であり，これより $\lim_{h \to +0} F(h) \leq 0$ である．

[6] 等式 $f'(c) = 0$ を 2 つの不等式 $f'(c) = f'_+(c) \leq 0$ と $f'(c) = f'_-(c) \geq 0$ から導いた．解析学は不等式の学問である．

[7] $df/dx, Df, y', Dy, dy/dx$ などとも書かれる．

[8] $\sin x$ の微分は $\sin' x$ ではなくて $(\sin x)'$ と書くべきである．

[9] 半径 1 で角度が x の扇形の面積が $x/2$ であることを "証明" しておく必要がある．ここではそれを認める．

これを整理して
$$\cos t < \frac{\sin t}{t} < 1$$
を得る．$\lim_{t \to +0} \cos t = 1$ であるから，はさみうちの原理から $\lim_{t \to +0} (\sin t)/t = 1$ となる．さらに，$(\sin (-t))/(-t) = (\sin t)/t$ より，左極限値も 1 となり (6.8) が成り立つ． ∎

問 6.2 a を実数とする．$ax = t$ とおいて，次の値を基本極限から導け．
(1) $\displaystyle\lim_{x \to 0} \frac{\sin ax}{x}$ (2) $\displaystyle\lim_{x \to 0} \frac{e^{ax} - 1}{x}$ (3) $\displaystyle\lim_{x \to 0} \frac{\log(1 + ax)}{x}$

逆に上述の基本極限を認めて，すでに知っている三角関数，指数関数，対数関数の導関数を導いてみよう．

定理 6.3 $(\sin x)' = \cos x$, $(e^x)' = e^x$, $(\log x)' = \dfrac{1}{x}$ $(x > 0)$．

[証明] 和積公式 $\sin(x+h) - \sin x = 2\cos(x + h/2)\sin(h/2)$ (演習問題 3.5) を使う．(6.8) より
$$\lim_{h \to 0} \frac{\sin(x+h) - \sin x}{h} = \lim_{h \to 0} \cos(x + h/2) \cdot \frac{\sin(h/2)}{h/2} = \cos x$$
となり $(\sin x)' = \cos x$ である[10]．次に，指数関数の指数法則から $e^{x+h} = e^x e^h$ である．よって (6.9) より
$$\lim_{h \to 0} \frac{e^{x+h} - e^x}{h} = \lim_{h \to 0} e^x \cdot \frac{e^h - 1}{h} = e^x$$
となり $(e^x)' = e^x$ が導かれる．最後に，対数関数の性質 $\log(x+h) - \log x = \log(1 + h/x)$ に注意して，(6.10) を使うと
$$\lim_{h \to 0} \frac{\log(x+h) - \log x}{h} = \lim_{h \to 0} \frac{\log(1 + h/x)}{h} = \lim_{h \to 0} \frac{1}{x} \cdot \frac{\log(1 + h/x)}{h/x} = \frac{1}{x}$$
となって $(\log x)' = 1/x$ となる[11]． ∎

連続性と同様に微分可能性も四則演算で保たれる．

定理 6.4 f と g は開区間 I で微分可能とする．このとき次の微分公式が I で成り立つ．
(1) $(af + bg)'(x) = af'(x) + bg'(x)$ (a, b は定数)
(2) $(fg)'(x) = f'(x)g(x) + f(x)g'(x)$
(3) $f(x) \neq 0$ ならば $\left(\dfrac{1}{f}\right)'(x) = -\dfrac{f'(x)}{f(x)^2}$
(4) $f(x) \neq 0$ ならば $\left(\dfrac{g}{f}\right)'(x) = \dfrac{g'(x)f(x) - g(x)f'(x)}{f(x)^2}$

[証明] 微分の定義に戻ればよい．いくつかの確認を練習問題 6.3 とする． ∎

---

[10] $\cos(x + h/2) \to \cos x$ $(h \to 0)$ である事実と (6.8) を $t = h/2$ として使った．
[11] 最後の等号は $t = h/x$ として (6.10) を使った．

§6.3 合成関数微分と逆関数微分

連続性と同様に，合成関数と逆関数については微分可能性も保たれる．

定理 6.5 (合成関数微分法) f は開区間 I で微分可能，g は $f(I)$ を含む開区間で微分可能とする．このとき $g \circ f$ も I で微分可能で，次が成り立つ．
$$(6.11) \qquad (g \circ f)'(x) = g'(f(x))f'(x) \quad (x \in I)$$

[少し問題のある証明] これまでもそうであったが，公式の証明は定義に戻って考えることが基本である．$x = c$ での微分を考える．$f(c) = a$, $k = f(c+h) - f(c)$ おくと，$f(c+h) = f(c) + k = a + k$ であるから，

$$\frac{g \circ f(c+h) - g \circ f(c)}{h} = \frac{g(f(c+h)) - g(f(c))}{h} = \frac{g(a+k) - g(a)}{k} \cdot \frac{k}{h}$$
$$= \frac{g(a+k) - g(a)}{k} \cdot \frac{f(c+h) - f(c)}{h}$$

となる．ここで $h \to 0$ とすると，$k \to 0$ であるから，上式の極限値を考えると $(g \circ f)'(c) = g'(f(c))f'(c)$ が成り立つ[12]．問題点は $h \neq 0$ でも $k = 0$ となりうるからで，その場合は上の等式の分母に 0 が現れてしまう．この問題点の解消を演習問題 6.1 とする． ∎

合成関数微分法の重要な応用は次の**対数微分法**である[13]．

$$(6.12) \qquad (\log f(x))' = \frac{f'(x)}{f(x)} \qquad (f(x) \neq 0)$$

問 6.3 $a > 0$ として $f(x) = a^x$ の導関数を以下の 2 通りの方法で求めよ．
 (1) 一般の指数関数の定義 $a^x = e^{x \log a}$ の合成関数微分を考える．
 (2) 対数微分法を用いる ($\log f(x) = x \log a$ の両辺を微分する)．

定理 6.6 (逆関数微分法) f が開区間 I で微分可能で，I 上で狭義単調とする．このとき f の逆関数が存在して，f^{-1} は $J = f(I)$ で微分可能である．さらに次が成り立つ[14]．
$$(6.13) \qquad (f^{-1})'(x) = \frac{1}{f'(f^{-1}(x))} \quad (x \in J)$$

[証明] f^{-1} の連続性を仮定して証明する (厳密な証明は 32 章定理 32.1 で行う)．定義に戻って $x = c$ での微分を考える．$h \neq 0$ について $k = f^{-1}(c+h) - f^{-1}(c)$ とおくと，f^{-1} は 1 対 1 より $k \neq 0$ である．また，f^{-1} の連続性から $h \to 0$ のとき $k \to 0$ である．$f^{-1}(c) = b$ とすると $f(b+k) = c+h$ であるから，$h = f(b+k) - f(b)$ と書けることに注意すれば

$$\lim_{h \to 0} \frac{f^{-1}(c+h) - f^{-1}(c)}{h} = \lim_{h \to 0} \frac{k}{h} = \lim_{k \to 0} \frac{1}{\frac{f(b+k) - f(b)}{k}} = \frac{1}{f'(b)} = \frac{1}{f'(f^{-1}(c))}$$

である． ∎

---

[12] f は $x = c$ で微分可能より，連続なので $k = f(c+h) - f(c) \to 0$ である (練習問題 6.1)．さらに g が $a = f(c)$ で微分可能より，$\lim_{k \to 0}(g(a+k) - g(a))/k = g'(a) = g'(f(c))$ である．

[13] $g(x) = \log x$ として合成関数微分をすると $(\log f(x))' = (g(f(x))' = g'(f(x))f'(x) = f'(x)/f(x)$ である．

[14] f^{-1} の微分可能性がわかれば，$f(f^{-1}(x)) = x$ の両辺を微分して (6.13) が導かれる (合成関数微分法)．

問 6.4　$f(x) = \log_a x$ の導関数を以下の 2 通りの方法で求めよ．
(1) 定義である $\log_a x = \dfrac{\log x}{\log a}$ に戻って微分を考えよ．
(2) $\log_a x$ は a^x の逆関数である事実から，逆関数微分法を使う．

****

○●練習問題 6 ●○

6.1　(1) f が $x = c$ で微分可能ならば $x = c$ で連続であることを確認せよ．
(2) $f(x) = |x|$ の $x = 0$ における微分を調べることにより，(1) の逆の主張は成り立たないことを確認せよ．

6.2　次の関数の原点 $(x = 0)$ での微分可能性を調べよ．
(1) $f(x) = |\sin x|$　(2) $f(x) = x|\sin x|$　(3) $f(x) = |x|^{\frac{3}{2}}$

6.3　定理 6.4 の (1) が成り立つことを確認せよ．また，(2) と (3) から (4) を導け．

6.4　次を微分せよ (導関数を求めよ)．ベキを展開する必要はない．
(1) $(x^2 + 3x - 2)^5$　(2) $(x^2 + 3)^5 (3x - 2)^6$　(3) $\dfrac{(x^2 + 3)^5}{(3x - 2)^6}$

6.5　以下の関数の導関数を求めよ．
(1) $\sin 3x + \sin^3 x + \sin(x^3)$　(2) $\dfrac{1}{\sin x}$　(3) $\dfrac{1}{\tan x}$　(4) $\log\left(\dfrac{ax^2 + bx + c}{cx + d}\right)$
(5) $\sin(\cos x)$　(6) $e^{-\sin x}$　(7) $\arctan(e^x + e^{-x})$　(8) $\arcsin(\cos x)$

◇◆演習問題 6 ◆◇

6.1　微分可能性の (6.2) を使うことにより，定理 6.5 の証明の問題点を解消せよ．

6.2　$a > 0$ とする．次の $(0, \infty)$ 上の関数の導関数を対数微分法 (6.12) を使って求めよ．
(1)　$f(x) = x^a$　(2)　$f(x) = a^x$　(3)　$f(x) = x^x$

6.3　以下 $a > 0$ とする．
(1) $\arcsin(ax)$ の定義域および微分可能な範囲を述べよ．
(2) $(\arcsin x)' = 1/\sqrt{1 - x^2}$ を用いて $\arcsin(ax)$ の導関数を求めよ．
(3) $\arctan(x/a)$ の定義域および微分可能な範囲を求めよ．
(4) $(\arctan x)' = 1/(1 + x^2)$ を用いて $(\arctan(ax))'$ を計算せよ．
(5) $x > 0$ の範囲で $\arctan(a/x)$ の微分を計算せよ．

6.4　(1) $-1 \le x \le 1$ において $\arcsin x + \arccos x = \pi/2$ を示せ．
(2) $x > 0$ のとき $\arctan x + \arctan(1/x) = \pi/2$ を示せ．
(3) $x < 0$ のとき $\arctan x + \arctan(1/x) = -\pi/2$ を示せ．

6.5　$f(x) = |x|^\alpha$ $(\alpha > 0)$ とする．f が原点で微分可能となる α の範囲を求めよ．

7

平均値の定理とその応用

> 問題を解くというのは，それをより簡単な問題に導くことである．
> ソーヤ

　微分法においてもっとも重要な結果は平均値の定理であろう．たとえば，「導関数が 0 である関数は定数関数になる」という事実の厳密な証明は平均値の定理が与える．平均値の定理は高校でも学んだと思うが，その証明は厳密ではなかった．本章では最大値の原理を使ってロルの定理を証明し，それから平均値の定理を導く．応用として関数の単調性の判定と不定形の極限値の計算に触れる．

§7.1　連続関数の基本性質

　連続関数の基本的性質である中間値の定理と最大値の内容を明確にする．証明も与えるが，それよりも定理の内容の正確な理解が大切である．本章を含めて，今後の微分積分学の理論はこの 2 つの定理と実数の連続性 (上限・下限の存在)，ボルツァノ・ワイエルシュトラスの定理の 4 つを基本として展開される．これらを自由に使えるようになって欲しい．

定理 7.1 (中間値の定理)　f は開区間 (α, β) で連続で，$\alpha < a < b < \beta$ に対して，$f(a) < f(b)$ とする．このとき，$f(a) < \gamma < f(b)$ をみたす任意の γ に対して $\gamma = f(p)$ となる $p \in (a, b)$ が存在する．

定理 7.2 (最大値の原理)　f は有界閉区間 $[a, b]$ で連続とする．このとき f は最大値，最小値をもつ．すなわち，$f(c) \leq f(x) \leq f(d)$ ($\forall x \in [a, b]$) をみたす $c, d \in [a, b]$ が存在する．

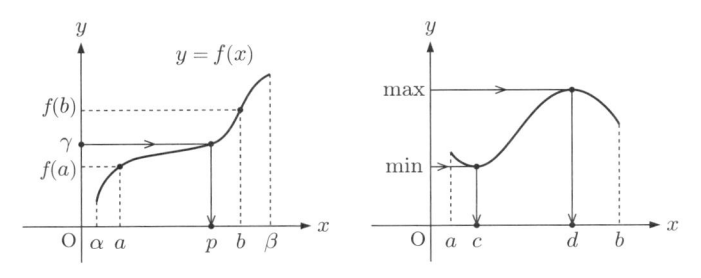

　前図は 2 つの定理の内容である．これらは「連続関数のグラフはつながっている」という事実から一見明らかのようであるが，厳密な証明は次のようになる．

[中間値の定理] $a<b$ とし[1], $A:=\{x\in[a,b]\,;\,f(x)<\gamma\}$ とおく. $a\in A$ であるから $A\neq\emptyset$. よって $\sup A$ が存在する. これを p とすると $p\in(a,b)$ である. 定理 4.4 より $\{a_n\}\subset A$ で $\lim_{n\to\infty}a_n=p$ となる数列が存在する. f は連続関数なので, $f(a_n)\to f(p)$ であり, $f(a_n)<\gamma$ より $f(p)\leq\gamma$ が成り立つ. 一方, $p<b$ より, 十分大きい n に対しては $b_n:=p+1/n<b$ である. p が上限であるから $f(b_n)\geq\gamma$ が成り立つ. 再び f の連続性と $b_n\to p$ より $f(p)\geq\gamma$ が成り立つ. 2つの不等式から $f(p)=\gamma$ となって, 主張は示される. ∎

[最大値の原理] $M:=\sup\{f(x)\,;\,x\in[a,b]\}$ とおく. 定理 4.4 より $\{x_n\}\subset[a,b]$ で $\lim_{n\to\infty}f(x_n)=M$ となる数列が存在する. $\{x_n\}$ は有界数列なのでボルツァノ・ワイエルシュトラスの定理から収束する部分列 $\{x_{n_k}\}$ が見つかる. この極限値を d とすれば $d\in[a,b]$ であり, f の連続性から $f(x_{n_k})\to f(d)\,(k\to\infty)$ である. 一方, $f(x_n)\to M$ であるから, その部分列 $\{f(x_{n_j})\}$ も M に収束する. あわせると $f(d)=M$ となって, f は d で最大値をとる. 最小値をとることの証明も同様である. ∎

§7.2 平均値の定理

定理 7.3(平均値の定理) f は閉区間 $[a,b]$ で連続で開区間 (a,b) では微分可能とする. このとき
$$\text{(7.1)}\qquad \frac{f(b)-f(a)}{b-a}=f'(c)$$
をみたす $c\in(a,b)$ が存在する[2].

この事実も, グラフを見れば納得できるであろう. すなわち, f の $[a,b]$ での平均変化率に等しい微分係数をもつ点 c が (少なくとも1つは) 存在するということである.

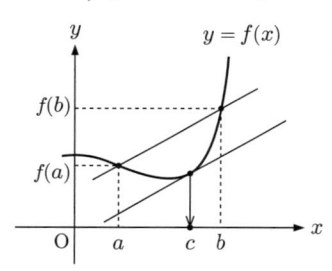

厳密な証明のためには次のロルの定理が必要である.

定理 7.4(ロルの定理) f は閉区間 $[a,b]$ で連続で開区間 (a,b) では微分可能とする. $f(a)=f(b)=0$ ならば $f'(c)=0$ となる $c\in(a,b)$ が存在する.

[証明] 最大値の原理から f は $[a,b]$ 上で最大値, 最小値をもつ. そのとき, 次の4通りの場合が考えられる. (1) 最大値と最小値がともに 0 である. (2) 最大値が 0 で最小値は 0 でない. (3) 最小値が 0 で最大値は 0 でない. (4) 最大値も最小値も 0 でない.

---

[1] $b<a$ の場合は以下で a と b の役割を入れ替えればよい.
[2] この定理は (7.1) をみたす c の具体的な値については何も教えてくれない. 存在を保証するのみであるため, 一見中途半端に感じるかもしれないが, これだけで十分有用なのである.

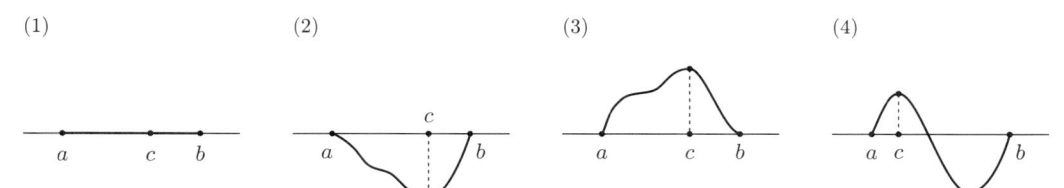

(1) は $f(x) \equiv 0$ なので $f'(x) \equiv 0$ となり，$c \in (a,b)$ はどの点としてもよい．(2), (3), (4) の場合は極値をとる点 $c \in (a,b)$ が存在する[3]．前章の定理 6.1 から $f'(c) = 0$ である．■

問 7.1 $F(x) := f(x) - f(a) - \dfrac{f(b)-f(a)}{b-a}(x-a)$ にロルの定理を適用して平均値の定理を導け．

ここで平均値の定理の記述について注意する．(7.1) では $a < b$ の場合を考えていたが，$b < a$ の場合も同様な形で成り立つ．(7.1) の c に対して

$$\theta := \frac{c-a}{b-a}$$

とすれば $0 < \theta < 1$ かつ $c = a + \theta(b-a)$ となる．

これより，平均値の定理を次のように書き直すことができる．$x, x' \in I$ ならば，$b = x, a = x'$ として

(7.2) $$f(x) - f(x') = f'(x' + \theta(x-x'))(x-x') \quad (0 < \theta < 1)$$

である．上式は x と x' の大小を問わず，等しい場合も含めて成り立つことに注意する．また，x, x' を変えると θ は変わるが，常に $0 < \theta < 1$ は成り立つ．

問 7.2 $f(x) = x^2$ のとき $x = -1$, $x' = 2$ に対する θ を求めよ．

平均値の定理から開区間 I のすべての点 $x \in I$ に対して $f'(x) \neq 0$ ならば f は 1 対 1 である[4]．さらに，次の重要な事実を得る．

定理 7.5 f は開区間 I で微分可能とする．
 (1) $\forall x \in I$ に対して $f'(x) > 0$ ならば f は I で狭義単調増加関数である．
 (2) $\forall x \in I$ に対して $f'(x) \geq 0$ ならば f は I で単調増加関数である．
 (3) $\forall x \in I$ に対して $f'(x) = 0$ ならば f は I で定数関数である．
 (4) $\forall x \in I$ に対して $f'(x) \leq 0$ ならば f は I で単調減少関数である．
 (5) $\forall x \in I$ に対して $f'(x) < 0$ ならば f は I で狭義単調減少関数である．

[証明] 難しくない．I の任意の 2 点 $x_1, x_2 \in I$ をとる．$x_1 < x_2$ とする．閉区間 $[x_1, x_2]$ に平均値の定理を適用すると

(7.3) $$f(x_2) - f(x_1) = f'(c)(x_2 - x_1) \quad (x_1 < c < x_2)$$

---

[3] c が端の点 a, b のいずれでもないことが重要である．
[4] (7.2) より $x \neq x'$ ならば $f(x) \neq f(x')$ となる．

である．これより (1) から (5) の主張は容易に確かめられる[5]．■

> **例題 7.1** 高校では明らかとしていた次の事実に証明を与えよ．f が開区間 I で微分可能で，$\forall x \in I$ について $f'(x) = 0$ とする．このとき f は定数関数である[6]．

[証明] $a \in I$ を固定する．$\forall x \in I$ について，平均値の定理から $f(x) - f(a) = f'(c)(x-a) = 0$ となり，すべての x について $f(x)$ は $f(a)$ に等しい．■

§7.3 不定形の極限値

もう 1 つの応用である不定形の極限の考察をする．(a,b) 上の 2 つの関数 f, g が $\lim_{x \to b-0} f(x) = A$, $\lim_{x \to b-0} g(x) = B$ であるときに，次の極限

$$\lim_{x \to b-0} \frac{f(x)}{g(x)} \tag{7.4}$$

を考える．もし $B \neq 0$ ならば A/B に収束し，$A \neq 0, B = 0$ ならば発散する．$A = B = 0$ の場合と $A = B = \infty$ の場合を不定形という（前者を **0/0 型不定形**，後者を **∞/∞ 型不定形**と呼ぶ）．不定形の場合の極限の存在については次のロピタルの定理が有用である．

> **定理 7.6**（ロピタルの定理）f, g は (a,b) では微分可能とし，任意の $x \in (a,b)$ で $g'(x) \neq 0$ を仮定する．0/0 型不定形か ∞/∞ 型不定形のいずれの場合も，
>
> $$\lim_{x \to b-0} \frac{f'(x)}{g'(x)} \tag{7.5}$$
>
> が存在すれば，(7.4) の極限も存在して両者は一致する．すなわち，(7.4) の極限値は (7.5) を計算することによって求めることができる．

問 7.3 6 章の定理 6.2 の 3 つの基本極限をロピタルの定理から確認せよ[7]．

いくつかの注意をする．(7.5) がふたたび不定形の場合は，微分を繰り返せばよい．また，(7.5) が $\pm\infty$ の場合は (7.4) も $\pm\infty$ である．さらに，上述の定理は $x \to a+0$ の右極限の場合もまったく同じ形で成り立つ．特に，微分した (7.5) の右および左極限が一致すれば (7.4) の通常の極限値が存在する．なお，不定形でない場合にロピタルの定理を使ってはいけない．たとえば $\lim_{x \to 0}(x^2 + x - 1)/(2x + 5) = -1/5$ であって，

$$\lim_{x \to 0} \frac{x^2 + x - 1}{2x + 5} = \lim_{x \to 0} \frac{(x^2 + x - 1)'}{(2x + 5)'} = \lim_{x \to 0} \frac{2x + 1}{2} = \frac{1}{2}$$

は誤りである．最後に，$b = \infty$ でも定理の主張が成り立つことに注意する．実際，$F(x) =$

---

[5] たとえば (1) ならば，微分係数はいつも正なので (7.3) において $f'(c) > 0$ である．$x_2 > x_1$ とすると (7.3) の右辺は正なので $f(x_2) > f(x_1)$ が成り立ち，狭義単調増加関数である．

[6] 定義域が開区間であることは重要である（演習問題 6.4 (2)(3) を参照せよ）．

[7] これらは基本極限の証明ではない．ここでの議論では $(\sin t)' = \cos t$, $(e^t)' = e^t$, $(\log(1+t))' = \dfrac{1}{1+t}$ を使っているが，それらの事実は基本極限を使って得られた結果であるから循環論法である．卵が先かニワトリが先か？

$f(1/x)$, $G(x) = g(1/x)$ とおくと, F, G に対する $x = 0$ での不定形の極限値に帰着し[8],

$$\lim_{x \to \infty} \frac{f(x)}{g(x)} = \lim_{x \to +0} \frac{F(x)}{G(x)} = \lim_{x \to +0} \frac{F'(x)}{G'(x)} = \lim_{x \to +0} \frac{-f'(1/x)/x^2}{-g'(1/x)/x^2} = \lim_{x \to \infty} \frac{f'(x)}{g'(x)}$$

である. 同様に $a = -\infty$, すなわち, $x \to -\infty$ の場合も成り立つ. 定理の証明のために次の補題を準備する.

補題 7.1 (コーシーの平均値の定理) f, g は閉区間 $[a, b]$ で連続で開区間 (a, b) では微分可能とし, 任意の $x \in (a, b)$ で $g'(x) \neq 0$ を仮定する[9]. このとき

(7.6) $$\frac{f(b) - f(a)}{g(b) - g(a)} = \frac{f'(c)}{g'(c)}$$

をみたす $c \in (a, b)$ が存在する[10].

[証明] $F(x) := f(x) - f(a) - \dfrac{f(b) - f(a)}{g(b) - g(a)}(g(x) - g(a))$ とする. このとき $F(b) = F(a) = 0$ であるから, F に対してロルの定理を使うと $F'(c) = 0$ をみたす $c \in (a, b)$ が存在する. $F'(x)$ を計算して $F'(c) = 0$ を整理すれば (7.6) を得る. ∎

[定理 7.6 の証明] 0/0 型不定形の場合の証明を与える (∞/∞ 型不定形の証明には ε-δ 論法を必要とするので 31 章で示す[11]). $x \in (a, b)$ をとる. $f(b) = g(b) = 0$ とおくことにより f, g は $[x, b]$ で連続となる. 補題 7.1 から

(7.7) $$\frac{f(x)}{g(x)} = \frac{f(b) - f(x)}{g(b) - g(x)} = \frac{f'(c)}{g'(c)}$$

となる $c \in [x, b]$ が存在する[12]. ここで $x \to b - 0$ のとき $c \to b - 0$ であるから[13]

$$\lim_{x \to b-0} \frac{f(x)}{g(x)} = \lim_{x \to b-0} \frac{f'(c)}{g'(c)} = \lim_{c \to b-0} \frac{f'(c)}{g'(c)}$$

となり, 定理が示される. ∎

問 7.4 以下を求めよ.

(1) $\displaystyle\lim_{x \to 0} \frac{x - \sin x}{x^3}$ (2) $\displaystyle\lim_{x \to \infty} \frac{e^{2x}}{x^2}$ (3) $\displaystyle\lim_{x \to 0} \frac{\sin x}{x + 1}$

---

[8] $f(x)/g(x)$ が $b = \infty$ で 0/0 型不定形なら, $F(x)/G(x)$ は $x = 0$ で 0/0 型不定形になる. ∞/∞ 型の場合も同様である.

[9] この仮定から $g(b) - g(a) \neq 0$ となることに注意する.

[10] $g(x) = x$ のときが通常の平均値の定理である.

[11] ∞/∞ 型不定形の場合に $f(x)/g(x) = (1/g(x))/(1/f(x))$ とみなせば 0/0 型不定形になり, これで証明も完結すると早合点してはならない. これにロピタルの定理を適用しても

$$\lim_{x \to b-0} \frac{f(x)}{g(x)} = \lim_{x \to b-0} \frac{1/g(x)}{1/f(x)} = \lim_{x \to b-0} \frac{-g'(x)/g(x)^2}{-f'(x)/f(x)^2}$$

となって, 最後の項は (7.5) ではない.

[12] (7.7) の最初の等号は $f(b) = g(b) = 0$ による. 念のため.

[13] $x < c < b$ より $x \to b - 0$ のとき $c \to b - 0$ である (はさみうちの原理).

$\alpha > 0$ とする．$x \to \infty$ のとき $\log x, x^\alpha, e^x$ はいずれも ∞ に発散するが，その無限に向かう早さの違いを認識しておくことが大切である．

(7.8) $$\lim_{x \to \infty} \frac{\log x}{x^\alpha} = 0$$

(7.9) $$\lim_{x \to \infty} \frac{x^\alpha}{e^x} = 0$$

が成り立つ．すなわち，対数関数 $\log x$ は x のどんな (小さな) 正のベキよりもゆっくり増加し，指数関数 e^x は x のどんな (大きな) 正のベキよりも早く増加する．

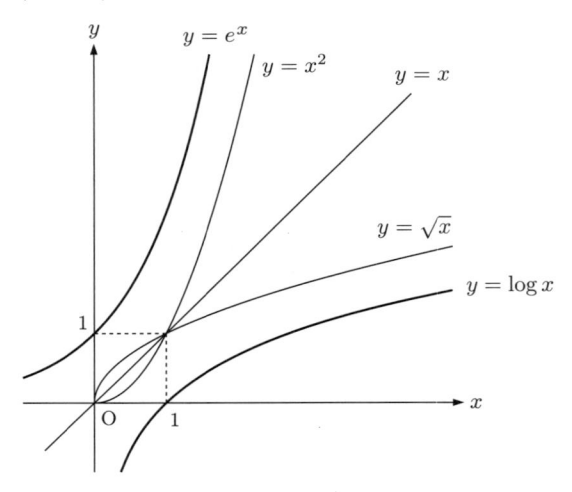

****

○●練習問題 7 ●○

7.1 (1) f は $I := (a,b)$ で微分可能で，$[a,b]$ で連続とする．I 上で $f'(x) > 0$ で $f(a) \geq 0$ ならば I 上で $f(x) > 0$ であることを説明せよ．
(2) $\alpha > 1$ とする．$x > 0$ において $(1+x)^\alpha > 1 + \alpha x$ となることを示せ．
(3) $-1 < x < 0$ においても $(1+x)^\alpha > 1 + \alpha x$ が成り立つことを示せ．

7.2 $\lim_{x \to 0} x \log x \left(= \lim_{x \to 0} \frac{\log x}{1/x} \right)$ および $\lim_{x \to \infty} \frac{e^{2x}}{x^3}$ を求めよ．

7.3 次の極限値を求めよ．
(1) $\lim_{x \to 0} \frac{1 - \cos x}{x^2}$, $\lim_{x \to \infty} \frac{1 - \cos x}{x^2}$
(2) $\frac{1}{x} - \frac{1}{\sin x} = \frac{\sin x - x}{x \sin x}$ に注意して $\lim_{x \to 0} \left(\frac{1}{x} - \frac{1}{\sin x} \right)$ を計算せよ．

7.4 ベルヌーイ先生はロピタル君の家庭教師です．今日の課題は「$\lim_{x \to 0} \frac{ax^2 + bx + c}{1 - \cos x} = 1$ となる a, b, c を求めよ」でした．ベルヌーイ先生が「これを解くときは，分母がゼロになるから，まず $c = 0$ が成り立ち $\cdots$」といいかけると，ロピタル君が「どうして $c = 0$ としてよいのですか」と質問してきました．ベルヌーイ先生になったつもりでロピタル君の質問に答えなさい．さらに a, b の値も求めよ．

7.5 $f(x) = x + \sin x$, $g(x) = x$ とすると $\lim_{x \to \infty} \frac{f(x)}{g(x)} = \lim_{x \to \infty} \left(1 + \frac{\sin x}{x} \right) = 1$ である．一方，$\lim_{x \to \infty} \frac{f'(x)}{g'(x)} = \lim_{x \to \infty} (1 + \cos x)$ の極限値は存在しない．この事実はロピタルの定理に反しないか？

◇◆演習問題 7 ◆◇

7.1 次の極限値を求めよ.
(1) $\displaystyle\lim_{x\to 0}\frac{3^x-2^x}{x}$ (2) $\displaystyle\lim_{x\to\infty}\frac{3^x-2^x}{x}$ (3) $\displaystyle\lim_{x\to -\infty}\frac{3^x-2^x}{x}$

7.2 $\mathbb{R}$ 上の関数 $f(x)=\begin{cases} |x|^{|x|} & (x\neq 0) \\ A & (x=0) \end{cases}$ を考える.

(1) $\displaystyle\lim_{x\to +0}x\log x$ の値を求めよ. さらに, $x>0$ のとき $\log f(x)=\log x^x=x\log x$ であることに注意して, $\displaystyle\lim_{x\to +0}x^x=A$ となるように, すなわち, f が原点でも連続になるように A の値を定めよ.
(2) $x>0$ の範囲で $f'(x)$ を計算して, 増減表を書け.
(3) $y=f(x)$ は y 軸に関して対称であることに注意して, そのグラフの概形を描け.

7.3 (1) $\log x^{-x}=-x\log x$ を考えることにより, $\displaystyle\lim_{x\to\infty}x^{-x}$ の値を計算せよ.
(2) 前問と同様の方針で $y=|x|^{-|x|}$ のグラフの概形を描け.

7.4 $\displaystyle\lim_{\alpha\to -1}\frac{x^{\alpha+1}-1}{\alpha+1}=\log x\ (x>0)$ を示せ[14].

---

[14] t^α の積分は $\alpha\neq -1$ と $\alpha=-1$ では, それぞれ $\displaystyle\int_1^x t^\alpha dx=\frac{x^{\alpha+1}-1}{\alpha+1}$ と $\displaystyle\int_1^x t^{-1}dx=\log x$ となって形が大きく異なっているように見えるが, この等式が 2 つを結びつける.

8

高次導関数とテイラーの定理

> 数学で何かをやりとげようと望むならば，大家の弟子ではなくて，大家自身の仕事を勉強することが必要である． アーベル

　微分を繰り返した高次の導関数を使うと，平均値の定理をより精密にしたテイラーの定理が得られる．この定理の応用は様々ある．たとえば，極値問題や関数の凸性判定に有効であるがそれは次章に回すことにして，ここでは，マクローリン展開の形で近似計算への利用を説明する．

§8.1　連続な導関数 (C^1 級の関数)

　I を開区間 (a,b) とし $c \in I$ とする．まず，次に注意する．

> **補題 8.1**　f は I 上の連続関数でかつ $x \neq c$ 以外では微分可能とする．
> $$(8.1) \qquad \lim_{x \to c+0} f'(x) = \lim_{x \to c-0} f'(x)$$
> が成り立てば f は $x=c$ でも微分可能で $f'(c)$ は上の極限値に等しい．

[証明]　$x \in (c,b)$ について $[c,x]$ で平均値の定理を使うと[1]，$(f(x)-f(c))/(x-c) = f'(c+\theta(x-c))$ となる $\theta \in (0,1)$ が存在する．ここで $x \to c+0$ とすれば $f'_+(c) = \lim_{x \to c+0} f'(x)$ が成り立つ．同様のことを $x \in (a,c)$ について行えば $f'_-(c) = \lim_{x \to c-0} f'(x)$ である．よって (8.1) が成り立てば右微分係数と左微分係数が一致して，$x=c$ でも微分可能である．　■

　注意点は (8.1) が成り立たなくても $x=c$ で微分可能になりうるということである[2]．これは f が I のすべての点で微分可能なとき，導関数 f' は定まるが，f' は必ずしも連続関数になるとは限らないことを示している．f' が連続のとき f は C^1 級の関数という．

§8.2　n 次導関数

　開区間 I 上の関数 $y = f(x)$ が微分可能のとき導関数が定まる．この導関数 f' が I で連続になるとき f は C^1 級であった．さらに f' が微分可能ならその導関数 $(f')'$ が定まる．これを f の 2

---

[1] すなわち，$a=c, b=x$ として定理 7.3 を使う．定理 7.3 においては端点 a,b での微分可能性を仮定していないのでここでも使える．

[2] 具体的な例は練習問題 8.2 (2) である．

次導関数といい，f'' で表す．f'' が連続なとき f は C^2 級関数であるという．同様に繰り返して，$y=f(x)$ が n 回微分可能のとき **n 次導関数** が定義できる．これを

$$f^{(n)},\ \frac{d^n f}{dx^n},\ y^{(n)},\ \frac{d^n y}{dx^n}$$

などと書く[3]．$f^{(n)}$ が連続関数のとき f は **C^n 級** である（あるいは f は n 回連続微分可能である）という．f が I で何回でも微分可能なとき f を **C^∞ 級** の関数という[4]．C^n 級は関数の滑らかさの度合いである．2つの関数を滑らかにつなぐとき次の事実は便利である．

定理 8.1 $n \in \mathbb{N}$, $a < c < b$ とする．f は (a,c) で C^n 級，g は (c,b) で C^n 級とし，

(8.2) $$\lim_{x \to c-0} f^{(k)}(x) = \lim_{x \to c+0} g^{(k)}(x) \quad (\forall k = 0, 1, \cdots, n)$$

が成り立てば f と g は (a,b) で C^n 級関数としてつながる．

[証明] 方針は前節の補題 8.1 と同じである．詳細を演習問題 8.4 とする． ■

重要な関数である，指数関数，三角関数，対数関数，ベキ関数はすべて C^∞ 級である．

例題 8.1 指数関数は微分しても不変なので $(e^x)^{(n)} = e^x$ である．三角関数，対数関数，ベキ関数については次が成り立つ[5]．

(8.3)
$$\begin{cases}
(\sin x)^{(n)} = \begin{cases} (-1)^m \sin x & (n = 2m) \\ (-1)^m \cos x & (n = 2m+1) \end{cases} \\[2mm]
(\cos x)^{(n)} = \begin{cases} (-1)^m \cos x & (n = 2m) \\ (-1)^{m+1} \sin x & (n = 2m+1) \end{cases} \\[2mm]
(\log x)^{(n)} = \dfrac{(-1)^{n-1}(n-1)!}{x^n} \quad (x > 0) \\[2mm]
(x^\alpha)^{(n)} = \alpha(\alpha-1)\cdots(\alpha-n+1)x^{\alpha-n} \quad (x > 0)
\end{cases}$$

問 8.1 $(\sin x)^{(n)} = \sin\left(x + \dfrac{n\pi}{2}\right)$ および $(\cos x)^{(n)} = \cos\left(x + \dfrac{n\pi}{2}\right)$ が成り立つことを確かめよ[6]．

f, g が開区間 I 上で n 回微分可能なとき，その和 $f + g$ の導関数は，それぞれの導関数の和になる．すなわち，

(8.4) $$(f+g)^{(n)} = f^{(n)} + g^{(n)}$$

が成り立つ．積 fg の n 次導関数はもう少し複雑である．

---

[3] 3次導関数までは $f^{(1)}, f^{(2)}, f^{(3)}$ よりも f', f'', f''' と書くことが多い．4次以上は $f^{(4)}, f^{(5)}$ などと書く．なお，$f^{(0)}$ は f を意味する．

[4] 微分可能なら連続であるから，C^∞ 関数の n 次導関数はすべて連続である．

[5] α が自然数 m のとき，$(x^m)^{(n)} = 0$ $(n > m)$ である．

[6] $(\sin x)^{(n)}$ と $(\cos x)^{(n)}$ が場合分けをしないで1つの式として書ける．覚えておくと便利である．

定理 8.2 (ライプニッツの定理)
f, g が開区間 I 上で n 回微分可能ならば，その積 fg も n 回微分可能で，以下が成り立つ[7].

$$(8.5) \qquad (fg)^{(n)}(x) = \sum_{k=0}^{n} \binom{n}{k} f^{(n-k)}(x) g^{(k)}(x)$$

[証明] 1 章で学んだ 2 項定理との類似性に注意するとよい[8]．証明も数学的帰納法を使えばまったく同様である． ∎

問 8.2 ライプニッツの定理を利用して $x^2 e^x$ の n 次導関数を求めよ．

§8.3 テイラーの定理

本章の目的であるテイラーの定理 (テイラー展開) を定式化する．

定理 8.3 (n 次テイラー展開)
開区間 I で f は C^n 級とする[9]．任意の $a, b \in I$ に対して

$$(8.6) \qquad f(b) = f(a) + f'(a)(b-a) + \frac{f''(a)}{2}(b-a)^2 + \cdots + \frac{f^{(n-1)}(a)}{(n-1)!}(b-a)^{n-1} + R_n,$$

$$(8.7) \qquad R_n := \frac{f^{(n)}(a + \theta(b-a))}{n!}(b-a)^n$$

をみたす $\theta \in (0, 1)$ が存在する．R_n は**ラグランジュの剰余項**と呼ばれる．

[証明] $n = 1$ のときは 7 章で述べた平均値の定理である[10]．一般の n の場合も $n = 1$ の場合と同様にロルの定理に帰結させる．まず，$a = b$ なら (8.6) の両辺はともに $f(a)$ として成り立つから $a \neq b$ とする．このとき

$$A := f(b) - f(a) - \sum_{k=1}^{n-1} \frac{f^{(k)}(a)}{k!}(b-a)^k$$

とおくと，示すべきことは $A = R_n$ である．ここで

$$(8.8) \qquad F(x) := f(b) - f(x) - \sum_{k=1}^{n-1} \frac{f^{(k)}(x)}{k!}(b-x)^k - A \frac{(b-x)^n}{(b-a)^n}$$

と定める．このとき F は I で微分可能で $F(a) = F(b) = 0$ となるので，ロルの定理から $F'(c) = 0$ となる $c \in (a, b)$ が存在し，$c = a + \theta(b-a)$ と書くことができた．(8.8) を微分すると

$$F'(x) = -\frac{f^{(n)}(x)}{(n-1)!}(b-x)^{n-1} + \frac{An(b-x)^{n-1}}{(b-a)^n}$$

となるので[11]，$F'(c) = 0$ より $A = (f^{(n)}(c)(b-a)^n)/n! = R_n$ を得る． ∎

---

[7] $n = 1$ なら $(fg)' = f'g + fg'$ であり $n = 2$ ならば $(fg)'' = f''g + 2f'g' + fg''$ である．

[8] 2 項定理は $(x+y)^n = \sum_{k=0}^{n} \binom{n}{k} x^{n-k} y^k$ であった．また $\binom{n}{k} = {}_n C_k$ である．

[9] 実際は C^n 級でなくても $f^{(n)}$ が存在すればよい．

[10] この意味ではテイラーの定理は平均値の定理をより精密にしたものである．

[11] $\left(\sum_{k=1}^{n-1} \frac{f^{(k)}(x)}{k!}(b-x)^k \right)' = \frac{f^{(n)}(x)}{(n-1)!}(b-x)^{n-1} - f'(x)$.

開区間 I が原点を含むとき (8.6) で $b = x$, $a = 0$ とすることにより

(8.9) $$f(x) = f(0) + f'(0)x + \frac{f''(0)}{2!}x^2 + \cdots + \frac{f^{(n-1)}(0)}{(n-1)!}x^{n-1} + \frac{f^{(n)}(\theta x)}{n!}x^n$$

を得る．これを特に **n 次マクローリン展開**という．この等式を近似の面から見てみよう．原点の近くで n 回微分可能な関数 f を $(n-1)$ 次多項式 $a_0 + a_1 x + \cdots + a_{n-1}x^{n-1}$ でできるだけ精密に近似したい．それは

(8.10) $$\lim_{x \to 0} \frac{f(x) - \{a_0 + a_1 x + \cdots + a_{n-1}x^{n-1}\}}{x^{n-1}} = 0$$

をみたすような $a_0, a_1, \cdots, a_{n-1}$ を見つけることである．(8.9) に注意して (8.10) の極限を考えれば

(8.11) $$a_0 = f(0), \quad a_k = \frac{f^{(k)}(0)}{k!} \quad (\forall k = 1, 2, \cdots, n-1)$$

を得る．すなわち，マクローリン展開 (8.9) は (8.10) をみたすよい近似であって，さらに，そのときの近似の誤差がラグランジュの剰余項

(8.12) $$R_n(x) := \frac{f^{(n)}(\theta x)}{n!}x^n \quad (0 < \theta < 1)$$

で与えられることを示している．n 次マクローリン展開の剰余項を除いた多項式の部分を $(n-1)$ 次の**近似多項式**ということにする．多くの場合 n を大きくすれば $|R_n(x)|$ は小さくなるので，近似多項式の次数を増やすことによって，より精密な近似を得ることができる．

初等関数のマクローリン展開を列挙する．任意の $x \in \mathbb{R}$ に対して，次をみたす $0 < \theta < 1$ が存在する[12]．

(8.13) $$e^x = 1 + x + \frac{1}{2!}x^2 + \cdots + \frac{1}{(n-1)!}x^{n-1} + \frac{e^{\theta x}}{n!}x^n$$

(8.14) $$\sin x = x - \frac{1}{3!}x^3 + \frac{1}{5!}x^5 - \cdots + \frac{(-1)^{n-1}}{(2n-1)!}x^{2n-1} + \frac{(-1)^n \sin \theta x}{(2n)!}x^{2n}$$

(8.15) $$\cos x = 1 - \frac{1}{2!}x^2 + \frac{1}{4!}x^4 - \cdots + \frac{(-1)^n}{(2n)!}x^{2n} + \frac{(-1)^{n+1} \sin \theta x}{(2n+1)!}x^{2n+1}$$

対数関数 $\log x$ と α が自然数でないときのベキ関数 x^α はこのままでは原点で定義されないので，$\log(1+x)$, $(1+x)^\alpha$ の形でマクローリン展開する．任意の $x > -1$ に対して，次をみたす $0 < \theta < 1$ が存在する．

(8.16) $$\log(1+x) = x - \frac{1}{2}x^2 + \frac{1}{3}x^3 - \cdots + \frac{(-1)^{n-2}}{n-1}x^{n-1} + \frac{(-1)^{n-1}}{n(1+\theta x)^n}x^n$$

(8.17) $$(1+x)^\alpha = 1 + \binom{\alpha}{1}x + \cdots + \binom{\alpha}{n-1}x^{n-1} + \binom{\alpha}{n}(1+\theta x)^{\alpha-n}x^n$$

ここで

$$\binom{\alpha}{k} := \frac{\alpha(\alpha-1)(\alpha-2)\cdots(\alpha-k+1)}{k!}$$

は**一般 2 項係数**である．α が自然数 n のときは通常の 2 項係数 ${}_n\mathrm{C}_k$ に等しい．

---

[12] もちろん θ は x が変われば変わる．

問 8.3 一般 2 項係数 $\binom{1/5}{1}$, $\binom{1/5}{2}$, $\binom{1/5}{3}$ を計算せよ.

例題 8.2 $\sqrt[5]{1.2}$ の近似値を求めて,誤差を評価せよ.

[解答] $f(x) = (1+x)^{\frac{1}{5}}$ について 3 次マクローリン展開をすると
$$(1+x)^{\frac{1}{5}} = 1 + \frac{1}{5}x - \frac{2}{25}x^2 + R_3(x), \quad R_3(x) = \frac{6}{125}(1+\theta x)^{-\frac{14}{5}} x^3$$
である.$x = 0.2$ を代入すれば $(1.2)^{\frac{1}{5}} = 1 + 1/25 - 2/625 + R_3(0.2) = 1.0368 + R_3(0.2)$, $|R_3(0.2)| \leq 6/125^2 = 0.000384$ となる.すなわち,$\sqrt[5]{1.2}$ はほぼ 1.0368 であり,その誤差は 0.000384 以下である[13].より次数の大きいマクローリン展開を使えばより正確な近似値を得ることができる.下図は $y = (1+x)^{\frac{1}{5}}$ と 2 次の近似多項式 $y = 1 + x/5 - 2x^2/25$ と 3 次の近似多項式 $y = 1 + x/5 - 2x^2/25 + 6x^3/125$ のグラフである.x が原点から離れると近似が悪くなることに注意せよ (マクローリン展開は $x = 0$ の近くでのみよい近似を与える).

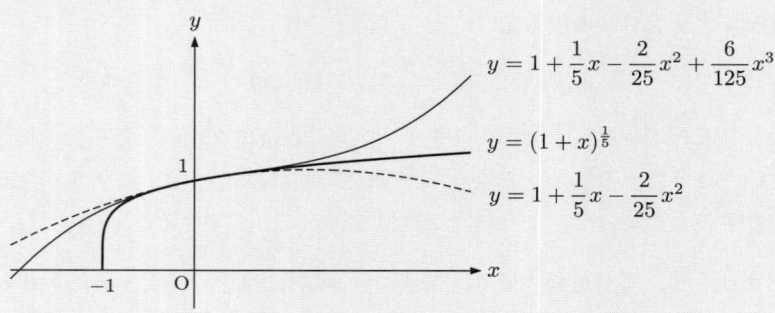

■

§8.4 双曲線関数

オイラーの公式から導かれる三角関数の表示を記せば
$$\cos x = \frac{e^{ix} + e^{-ix}}{2}, \quad \sin x = \frac{e^{ix} - e^{-ix}}{2i}, \quad \tan x = \frac{\sin x}{\cos x} = -i\frac{e^{ix} - e^{-ix}}{e^{ix} + e^{-ix}}$$
である.これに類似する

(8.18) $$\cosh x := \frac{e^x + e^{-x}}{2}, \quad \sinh x := \frac{e^x - e^{-x}}{2}, \quad \tanh x := \frac{\sinh x}{\cosh x} = \frac{e^x - e^{-x}}{e^x + e^{-x}}$$

は**双曲線関数**と呼ばれる.それぞれ,ハイパボリック・サイン,ハイパボリック・コサイン,ハイパボリック・タンジェントと読む.これらは $\mathbb{R}$ 上の C^∞ 級関数である.導関数については
$$(\cos x)' = -\sin x, \quad (\sin x)' = \cos x, \quad (\tan x)' = 1 + \tan^2 x$$
に対応して
$$(\cosh x)' = \sinh x, \quad (\sinh x)' = \cosh x, \quad (\tanh x)' = 1 - \tanh^2 x$$
となる.符号が一部異なることに注意すること.

---

[13] 正確な値は $1.037137\cdots$ である.

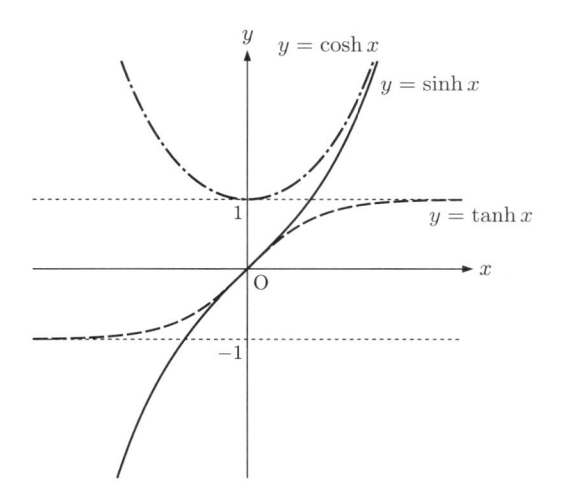

双曲線関数は三角関数と類似する以下の等式も成り立つ.

(8.19) $$\cosh^2 x - \sinh^2 x = 1, \quad 1 - \tanh^2 x = \frac{1}{\cosh^2 x}$$

(8.20) $$\begin{cases} \sinh(a+b) = \sinh a \cosh b + \cosh a \sinh b \\ \cosh(a+b) = \cosh a \cosh b + \sinh a \sinh b \\ \tanh(a+b) = \dfrac{\tanh a + \tanh b}{1 + \tanh a \tanh b} \end{cases}$$

双曲線関数という名前の由来は $(\cosh t, \sinh t)$ が双曲線 $x^2 - y^2 = 1$ の媒介変数表示を与えるからである ((8.19) の前半の等式を見よ)[14].

****

○●練習問題 8 ●○

8.1 a, b, c を実数とする. 関数 $f(x) = \begin{cases} ax^2 + bx + c & (x \leq 0) \\ \sin 2x + 3\cos x & (x > 0) \end{cases}$ について, 定理 8.1 を使って以下に答えよ.

(1) f が $\mathbb{R}$ で連続となるための a, b, c の条件を求めよ.
(2) f が $\mathbb{R}$ で C^1 級になるための a, b, c の条件を求めよ.
(3) f が $\mathbb{R}$ で C^2 級になるための a, b, c の条件を求めよ.
(4) どのように a, b, c を選んでも f は $\mathbb{R}$ では C^3 級にはならないことを説明せよ.

8.2 $n = 1, 2, 3$ として, $\mathbb{R}$ 上で $f_n(x) = \begin{cases} x^n \cos \dfrac{1}{x} & (x \neq 0) \\ 0 & (x = 0) \end{cases}$ とする.

(1) f_1 は $x = 0$ で微分可能でないことを微分の定義に戻って示せ.
(2) f_2 の導関数は以下になることを確認せよ (原点での微分は定義に戻って考えること).

$$f_2'(x) = \begin{cases} 2x \cos \dfrac{1}{x} + \sin \dfrac{1}{x} & (x \neq 0) \\ 0 & (x = 0) \end{cases}$$

さらに, このとき, $f_2'(x)$ は $x = 0$ で連続ではないことを確認せよ.

---

[14] $(\cos t, \sin t)$ は円の媒介変数表示である. この意味では $\cos x, \sin x$ は円関数という名前の方がふさわしい.

(3) f_3 は $\mathbb{R}$ で C^1 級であることを示せ．

8.3 $\sin x$ の 5 次の近似多項式を使って，$\sin 1$ の値の近似値を求めよ．さらに，真の値との誤差を評価せよ．

8.4 双曲線関数について $\cosh(ix) = \cos x$, $\sinh(ix) = i\sin x$, $\tanh(ix) = i\tan x$ を確認せよ ($i = \sqrt{-1}$ である)．

◇◆ 演習問題 8 ◆◇

8.1 テイラー君とマクローリン君はニュートン塾の優等生です．ニュートン先生の出された本日の問題は「8.4 の 3 乗根の近似値を求めよ」です．先輩のテイラー君は $f(x) = x^{\frac{1}{3}}$ の $a = 8$ における 3 次テイラー展開を使いました．その方法による近似値とその誤差を求めなさい．後輩のマクローリン君は $8.4 = 8 \times (1.05)$ に注目して，$g(x) = 2(1+x)^{\frac{1}{3}}$ についての 3 次マクローリン展開を使いました．このときの近似値とその誤差を求めなさい．

8.2 (1) $\mathbb{R}$ 上の関数 $f(x) = x|x|$ は C^1 級であるが C^2 級ではないことを確かめよ．
(2) 任意の $n \in \mathbb{N}$ について，$f(x) = x^n|x|$ は C^n 級であるが C^{n+1} 級ではないことを示せ．

8.3 $f(x) = \arctan x$ について $f^{(n)}(0)$ を以下の方針で求めよ．
(1) $f'(x) = \dfrac{1}{1+x^2}$ より $(1+x^2)f'(x) = 1$ が成り立つ．この両辺を n 回微分して
$$(1+x^2)f^{(n+1)}(x) + 2nxf^{(n)}(x) + n(n-1)f^{(n-1)}(x) = 0$$
となることを示せ (ライプニッツの定理が役に立つ)．
(2) (1) で $x = 0$ とおいて，漸化式 $f^{(n+1)}(0) + n(n-1)f^{(n-1)}(0) = 0$ を導いて，それから，$f^{(n)}(0) = \begin{cases} 0 & (n = 2m) \\ (-1)^m(2m)! & (n = 2m+1) \end{cases}$ となることを確認せよ．
(3) $\arctan x$ の $(2m+2)$ 次マクローリン展開における $(2m+1)$ 次多項式の部分を求めよ[15]．

8.4 定理 8.1 を証明せよ．

---

[15] 剰余項の計算には $f^{(n)}(0)$ だけではなく $f^{(n)}(x)$ を求めないといけない．それは簡単ではない．答のみ記す．$(n-1)!\cos^n(\arctan x)\sin\left(n\arctan x + \dfrac{n\pi}{2}\right)$.

9

微分法の応用

> 数学の多くのことは記憶に残らないが，一度よく理解すれば，必要なときに忘れたことを思い出すのは容易である． オストログスキー

極値問題とは与えられた関数の極値を求めることである．高校までは極値問題は増減表を書いて解いていたが，ここでは 2 回以上の微分の値から判断する．その方法は 17 章で学ぶ多変数関数の極値の判定にも有効となる．その他の微分法の応用として，関数の凸性およびニュートン法にも触れる．

§9.1 極値問題

6 章で学んだ極値 (極大値と極小値) についての復習から始める．I を開区間とし，f を I 上の関数とし，$a \in I$ とする．$\forall x \in I$ に対して

$$f(x) \leq f(a) \tag{9.1}$$

が成り立つとき $f(a)$ は**最大値**である．一方，a の近くの $x \in I$ に対してのみ，(9.1) が成り立つとき，f は $x = a$ で**極大**になるという．最大値と極大値を混同してはいけない．最大値は定義されている全体で最大になることであるが，極大値はその点の近くで最大になっていればよい．a で極大になるとき a を f の極大点，$f(a)$ を極大値という．特に，$x \neq a$ ならば $f(x) < f(a)$ であるとき $x = a$ で**狭義の極大**といい，a は狭義の極大点，$f(a)$ は狭義の極大値という[1]．なお，(9.1) は h の絶対値が十分小さいとき，

$$f(a + h) \leq f(a) \tag{9.2}$$

であると書くと便利なこともある．

同様に $f(x) \geq f(a)$ の場合に，f は $x = a$ で**極小**になるといい，$f(a)$ を極小値という．$x \neq a$ のとき $f(x) > f(a)$ ならば，**狭義の極小**である．$\forall x \in I$ について $f(x) \geq f(a)$ となるときが**最小値**である．なお，最大値や最小値が端点のときは，極大値や極小値とは限らないことに注意する．

---

[1] 狭義という言葉はこれまでも狭義単調増加関数などに現れたし，すぐ後で狭義凸関数として使う．基本的には不等式の条件で等号を除いて成り立つ場合に狭義という言葉を付ける．例題 9.1 のグラフを見ても狭義の極大や狭義の極小の方が通常のイメージの極大，極小の感覚に近いかもしれない．

例題 9.1 下図の関数の最大値，最小値および極値を (狭義であるか否かを含めて) 吟味せよ．

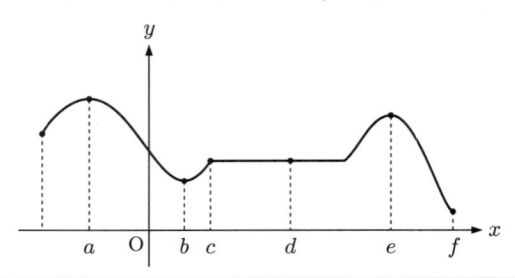

[解答] $x = a$ で最大である．そこでは極大でもある．それ以外に $x = c, d, e$ で極大になる．このうち $x = a, e$ で狭義の極大値である．$x = b$ で狭義の極小になる．$x = d$ でも極小であることに注意せよ ($x = d$ では極大かつ極小になっている)．最小値は $x = f$ である (ここでは極小値ではない). ■

微分法がもっとも力を発揮するのは，極値をとる点での微分係数が 0 になるという事実 (6 章の定理 6.1) に基づく，極値問題の解法である．その考えは 17 世紀のフェルマーに遡るといわれている．

定理 9.1 I は開区間で $a \in I$ とし，f は I で C^2 級とする．
(1) f が $x = a$ で極大値をとれば，$f'(a) = 0, f''(a) \leq 0$ であり，極小値をとれば $f'(a) = 0, f''(a) \geq 0$ が成り立つ．
(2) 逆に $f'(a) = 0$ かつ $f''(a) < 0$ ならば $x = a$ で極大値をとる．$f'(a) = 0, f''(a) > 0$ ならば極小値をとる[2]．

[証明] (1) 極大値の場合のみを示す．$f'(a) = 0$ となることは定理 6.1 で示した．次に $b = a + h$ として 2 次テイラー展開をすると，$f'(a) = 0$ より

(9.3) $$f(a+h) = f(a) + f'(a)h + \frac{f''(a+\theta h)}{2}h^2 = f(a) + \frac{f''(a+\theta h)}{2}h^2$$

となる $0 < \theta < 1$ が存在する．さらに，$x = a$ で極大ならば h の絶対値が小さいとき $f(a+h) - f(a) \leq 0$ である．$h^2 > 0$ に注意すれば (9.3) より

$$f''(a+\theta h) \leq 0$$

となる．f は C^2 級であるから $h \to 0$ のとき左辺は $f''(a)$ に収束する．左辺は常に 0 以下なので，収束先の $f''(a)$ も 0 以下になる．

(2) この証明で大切なことは $f''(a) < 0$ ならば，a の近くの x についても $f''(x) < 0$ となる事実である．これは f が C^2 級より f'' が連続関数であることより導かれる．よって $f'(a) = 0, f''(a) < 0$ ならば，h の絶対値が十分小さければ $f''(a + \theta h) < 0$ である．(9.3) より

(9.4) $$f(a+h) - f(a) = \frac{f''(a+\theta h)}{2}h^2 < 0$$

となって，$x = a$ で (狭義の) 極大である． ■

---

[2] この場合はそれぞれ狭義の極大値，狭義の極小値になっている．なお，(1) では不等式 $f''(a) \geq 0$ や $f''(a) \leq 0$ において等号を外すことはできない．一方，(2) の条件では $f''(a) > 0$ や $f''(a) < 0$ と等号が入っていない．実際，$f'(a) = 0, f''(a) = 0$ の場合は極値になる場合もならない場合もある．たとえば $f(x) = x^3, f(x) = x^4, f(x) = -x^4$ はすべて $f'(0) = f''(0) = 0$ をみたすが，それぞれ，$x = 0$ は極値を与えない，極小点，極大点である．

定理 9.1 を使って具体的に極値を求めるためには以下のようにすればよい．
(1) まず $f'(x) = 0$ を解く．この解が極値を与える候補となる．
(2) 上の解を a としたとき，$f''(a)$ の符号を調べる．正ならば極小になり負ならば極大になる[3]．

問 9.1　$f(x) = (x^2 - 3)e^x$ の極値を求めよ．

定理 9.1 で $f'(a) = f''(a) = 0$ のときは，これだけでは極値の判定はできないが (脚注 2)，n 次テイラー展開を使えばより詳しいことがわかる．

定理 9.2　開区間 I で f は C^n 級とし，$a \in I$ において $f'(a) = f''(a) = \cdots = f^{(n-1)}(a) = 0$, $f^{(n)}(a) \neq 0$ とする．
(1) n が偶数で $f^{(n)}(a) < 0$ ならば $x = a$ で (狭義の) 極大値をとる．
(2) n が偶数で $f^{(n)}(a) > 0$ ならば $x = a$ で (狭義の) 極小値をとる．
(3) n が奇数ならば $x = a$ で極値とはならない．

[証明] 定理 9.1 と同様である．2 次テイラー展開の代わりに n 次テイラー展開を使えば

$$(9.5) \quad f(a+h) - f(a) = \frac{f^{(n)}(a+\theta h)}{n!} h^n \quad (0 < \theta < 1)$$

を得る．極大，極小になる場合の議論は (9.4) と同じである[4]．n が奇数のときは，(9.5) の右辺は h の正負に応じて正にも負にもなるので極値になり得ない． ∎

問 9.2　$f(x) = 2\cosh x + 2\cos x$ は $x = 0$ で極大であるか極小であるかを調べよ．

§9.2　凸関数

I を区間とする．I 上の関数 f が**凸関数**であるとは，任意の $x_1, x_2 \in I$ と任意の $0 < t < 1$ に対して

$$(9.6) \quad f((1-t)x_1 + tx_2) \leq (1-t)f(x_1) + tf(x_2)$$

が成り立つときである[5]．もし，$x_1 \neq x_2$ ならば，$\leq$ が等号なしの $<$ にすることができるとき**狭義凸関数**という．図形的にいえば，$(x_1, f(x_1))$ と $(x_2, f(x_2))$ を結ぶ線分がいつも $y = f(x)$ のグラフの上になることである[6]．

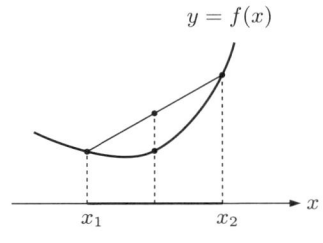

---

[3] 実際はそれぞれ狭義の極小，狭義の極大になっている．
[4] $|h|$ が十分小さいとき $f^{(n)}(a + \theta h)$ $f^{(n)}(a)$ は同符号である．
[5] 実は f が連続であることがわかっている場合は (9.6) で $t = 1/2$ についてだけ成り立てば凸関数になる．
[6] $-f$ が凸関数のとき，f を凹関数という．凸関数は「下に凸な関数」であり，凹関数は「上に凸な関数」である．

問 9.3 $f(x) = |x|$ は $\mathbb{R}$ 上の凸関数であることを確認せよ.

f が区間 I で凸関数ならば, n 個の点 $x_1, x_2, \cdots, x_n \in I$ に対して

(9.7) $$f\left(\frac{x_1 + x_2 + \cdots + x_n}{n}\right) \leq \frac{f(x_1) + f(x_2) + \cdots + f(x_n)}{n}$$

が成り立つ. 証明は $x = \dfrac{x_1 + \cdots + x_{n-1}}{n-1}, t = \dfrac{1}{n}$ とすると, (9.6) から

(9.8) $$f\left(\frac{n-1}{n}x + \frac{1}{n}x_n\right) \leq \frac{n-1}{n}f(x) + \frac{1}{n}f(x_n)$$

が成り立つので, あとは数学的帰納法を使えばよい (演習問題 9.1).

2 次テイラー展開から次の定理が得られる.

> **定理 9.3** f は開区間 I で C^2 級とする.
> (1) f が I で凸関数である必要十分条件は $\forall x \in I$ に対して $f''(x) \geq 0$ である.
> (2) $\forall x \in I$ に対して $f''(x) > 0$ であれば f は I で狭義凸関数である.

[証明] 十分条件であることと (2) を示す. $x_1, x_2, a \in I$ で $x_1 < a < x_2$, $a = (1-t)x_1 + tx_2$ $(0 < t < 1)$ とする. $b = x_1$ と a および, x_2 と a の 2 次テイラー展開は

$$f(x_1) = f(a) + f'(a)(x_1 - a) + \frac{1}{2}f''(a + \theta_1(x_1 - a))(x_1 - a)^2$$

$$f(x_2) = f(a) + f'(a)(x_2 - a) + \frac{1}{2}f''(a + \theta_2(x_2 - a))(x_2 - a)^2$$

である. これより $(1-t)f(x_1) + tf(x_2) - f(a)$ は

$$\frac{1}{2}\left\{(1-t)f''(a + \theta_1(x_1 - a))(x_1 - a)^2 + tf''(a + \theta_2(x_2 - a))(x_2 - a)^2\right\}$$

に等しいので (1) の十分性と (2) がわかる. (1) の必要性は, 任意の $a \in I$ に対して, $x_2 = a + h, x_1 = a - h$, $t = 1/2$ とすれば (9.6) より $f(x_1)/2 + f(x_2)/2 \geq f(a)$ である. 再び上式より

$$f''(a + \theta_1 h) + f''(a + \theta_2 h) \geq 0$$

となって, $h \to 0$ とすれば f'' の連続性から $f''(a) \geq 0$ となる[7]. ∎

凸関数の性質を利用して相加・相乗平均の関係を導いてみよう.

> **定理 9.4** (相加平均 $\geq$ 相乗平均) 非負の実数 $x_1, x_2, \cdots, x_n$ について次の不等式が成り立つ[8].
> $$\frac{x_1 + x_2 + \cdots + x_n}{n} \geq \sqrt[n]{x_1 x_2 \cdots x_n}$$

[証明] $(0, \infty)$ 上の関数 $-\log x$ は $(-\log x)'' = 1/x^2 > 0$ より (狭義) 凸関数である. よって (9.7) より

$$-\log\left(\frac{x_1 + x_2 + \cdots + x_n}{n}\right) \leq \frac{-\log x_1 - \log x_2 - \cdots - \log x_n}{n} = -\log(x_1 x_2 \cdots x_n)^{\frac{1}{n}}$$

となり, 求める不等式を得る. ∎

---

[7] $\lim_{h \to 0} f''(a + \theta_1 h) = \lim_{h \to 0} f''(a + \theta_2 h) = f''(a)$ である.
[8] 左辺を相加平均, 右辺を相乗平均という. 等号成立は $x_1 = x_2 = \cdots = x_n$ のときである.

§9.3 ニュートン法

最後にニュートン法による近似計算に触れておく．

定理 9.5 (ニュートン法) f は開区間 I で C^2 級とし，$a, b \in I$ $(a < b)$ において $f(a) < 0$, $f(b) > 0$ とする．$a \leq \forall x \leq b$ について $f'(x) > 0$ かつ $f''(x) > 0$ が成り立つならば，$f(x) = 0$ は開区間 (a, b) 内にただ 1 つの解 α をもつ．さらに

(9.9) $$x_1 = b, \quad x_{n+1} = x_n - \frac{f(x_n)}{f'(x_n)} \quad (n = 1, 2, \cdots)$$

によって定まる数列 $\{x_n\}$ は α に収束する[9]．

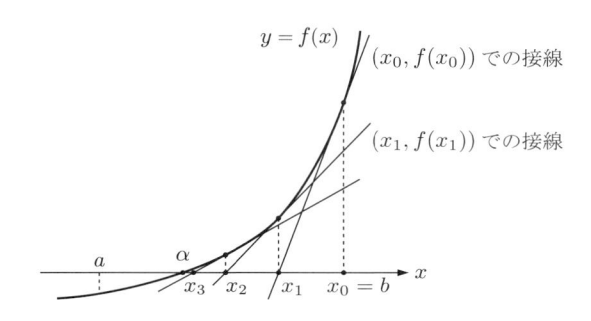

[証明] ここでは (a, b) 内に解がただ 1 つ存在する事実は認める[10]．その解を α とする．(9.9) で定まる数列 $\{x_n\}$ について

(9.10) $$\alpha < x_{n+1} < x_n \leq b$$

が成り立つことがわかればよい．実際，(9.10) から $\{x_n\}$ は下に有界な単調減少列であるから極限値をもつ．それを β とする．(9.9) で $n \to \infty$ とすれば $\beta = \beta - f(\beta)/f'(\beta)$ から $f(\beta) = 0$ となる．解はただ 1 つであることから，$\beta = \alpha$ である．すなわち，(9.9) で定まる数列 $\{x_n\}$ は $f(x) = 0$ の解に収束する．

(9.10) を数学的帰納法で示す．まず $n = 1$ のときは $\alpha < x_2 < x_1 = b$ を示せばよい．仮定から $x_2 = b - f(b)/f'(b) < b$ である．また，b と α に対する 2 次テイラー展開 (8.6) から，$f(\alpha) = f(b) + f'(b)(\alpha - b) + f''(c)(\alpha - b)^2/2$ $(\alpha < c < \beta)$ であり，$f(\alpha) = 0$ を使って変形すれば

$$\alpha - x_2 = \alpha - \left(b - \frac{f(b)}{f'(b)}\right) = -\frac{f''(c)(\alpha - b)^2}{2f'(b)} < 0$$

となって $\alpha < x_2$ も示される．次に $\alpha < x_n < x_{n-1} \leq b$ を仮定して $\alpha < x_{n+1} < x_n \leq b$ を示す．$f'(x) > 0$ より f は狭義単調増加関数である．よって $\alpha < x_n$ ならば $0 = f(\alpha) < f(x_n)$ である．これより，$x_{n+1} = x_n - f(x_n)/f'(x_n) < x_n$ である．また，$n = 1$ の場合と同様に x_n と α に対する 2 次テイラー展開と $f(\alpha) = 0$ から $\alpha < c_n < x_n$ なる c_n が存在して

$$\alpha - x_{n+1} = \alpha - \left(x_n - \frac{f(x_n)}{f'(x_n)}\right) = -\frac{f''(c_n)(\alpha - x_n)^2}{2f'(x_n)} < 0$$

となって $\alpha < x_{n+1}$ もわかる．∎

問 9.4 $f(x) = x^2 - 2$, $a = 1$, $b = 2$ として (9.9) で定まる数列の第 4 項 x_4 を計算して，これが $\sqrt{2} = 1.41421356 \cdots$ のよい近似値になっていることを確認せよ．

---

[9] 接線 $y - f(x_n) = f'(x_n)(x - x_n)$ と x 軸の交点が x_{n+1} である．

[10] 解の存在は中間値の定理による．また f が狭義単調増加より解はただ 1 つである．

○●練習問題 9 ●○

9.1 $f(x) = x^2 e^x$ の極値を求めてグラフの概形を描け．

9.2 次の $\mathbb{R}$ 上の関数の極値を求めよ．
(1) $e^x \cos x$ (2) $x + \cos x$ (3) $ae^x + be^{-x}$ (a, b の符号によって極値がどうなるかを分類せよ)

9.3 (1) $p > 1$ とする．$f(x) = x^p$ は $(0, \infty)$ 上で凸関数であることを示せ．
(2) a, b が正数のとき，$(a+b)^p \leq 2^{p-1}(a^p + b^p)$ を示せ．

9.4 $f(x) = x^3 - 2$, $a = 1$, $b = 2$ について (9.9) を使って $\sqrt[3]{2}$ の近似値 x_3 を求めてみよ．

◇◆演習問題 9 ◆◇

9.1 (9.7) に証明を与えよ．

9.2 (微分法の不等式の証明への応用) f は開区間 I で C^1 級で，$a, b \in I$, $a < b$ とする ((3) では f は C^2 級とする)．以下の条件のどれかが成り立てば f は $[a, b]$ 上は 0 以上であることを確認せよ．
(1) $\forall x \in (a, b)$ について $f'(x) \geq 0$, かつ，$f(a) \geq 0$．
(2) $\forall x \in (a, b)$ について $f'(x) \leq 0$, かつ，$f(b) \geq 0$．
(3) $\forall x \in (a, b)$ について $f''(x) \leq 0$, かつ，$f(a) \geq 0$, $f(b) \geq 0$．

9.3 上記の 9.2 を利用して次の不等式を証明せよ[11]．
(1) $\log(1+x) \geq x - \dfrac{1}{2}x^2$ ($\forall x > 0$) (2) $\dfrac{2}{\pi}x \leq \sin x \leq x$ ($\forall x \in [0, \pi/2]$)

9.4 (1) 双曲線関数 $\cosh x$, $\sinh x$, $\tanh x$ の導関数を求めよ．
(2) $\mathbb{R}$ 上の関数 $\sinh x$ の逆関数を f とする．f の定義域は何か．(i) f を具体的に求めて，その導関数を計算せよ．(ii) 逆関数微分法を用いて導関数を求めよ．
(3) $\cosh x$ を $x > 0$ で考えたときの逆関数を g とする．g の定義域を求めよ．g の導関数を (2) のように 2 通りで求めよ．
(4) $\mathbb{R}$ 上の関数 $\tanh x$ の逆関数を h とする．h の定義域は何か．h の導関数も 2 通りの方法で求めよ．

9.5 $\mathbb{R}$ 上の関数 $f(x) = \begin{cases} e^{-\frac{1}{x}} & (x > 0) \\ 0 & (x \leq 0) \end{cases}$ について以下に答えよ．
(1) $x > 0$ のとき $f'(x)$ を求めよ．
(2) $\lim_{x \to +0} f'(x)$ を求めよ．
(3) $x > 0$ において n 次導関数は $f^{(n)}(x) = \dfrac{P_n(x)}{x^{2n}} e^{-\frac{1}{x}}$ ($P_n(x)$ は $(n-1)$ 次の多項式) の形になることを示せ (数学的帰納法を使え)．
(4) $\lim_{x \to +0} f^{(n)}(x)$ を求めよ ((7.9) を使う)．
(5) f は $\mathbb{R}$ で C^∞ 級であり，$\forall n \in \mathbb{N}$ について $f^{(n)}(0) = 0$ であることを証明せよ[12]．

9.6 $I = (a, b)$ を有界開区間とし，f を I 上の有界関数とする．$x \in \mathbb{R}$ に対して，$g(x) := \sup\{ux + f(u); u \in I\}$ と定める．g は $\mathbb{R}$ 上の凸関数であることを示せ[13]．

---

[11] 後者はジョルダンの不等式と呼ばれ積分の評価などに有用である．
[12] この関数は無限回微分可能であるがベキ級数展開できない関数の例として有名である．38 章の脚注 8 を見よ．
[13] 一般に凸関数は連続関数である．すなわち I 上で (9.6) をみたせば I 上での連続性が導かれる．この事実を使うと g は $\mathbb{R}$ 上の連続関数になる．

10

原始関数

> 私は自分の研究対象をずっと頭に保ち続けて,最初のひらめきが少しずつ完全な明るい光に変わってくるのを辛抱強く待つ. ニュートン

　積分法の歴史は古い.古代ギリシャの「取り尽くし法」は今日の定積分の原型である.一方,17 世紀の初めにフェルマーらによって極値を求めるために微分法が用いられる.この 2 つの流れは,17 世紀後半にニュートンとライプニッツによって結びつけられる.すなわち,「面積を求めること」と「接線を求めること」が互いに逆の演算であるという微分積分学の基本定理の誕生である.

§10.1 原始関数

　開区間 I 上で定義された関数 f に対して,$F'(x) = f(x)$ となる関数 F を f の **原始関数** という.たとえば $(x^2)' = 2x$ なので x^2 は $2x$ の原始関数である.$(x^2+1)' = 2x$ より x^2+1 も $2x$ の原始関数である.このように,原始関数は 1 つではない.F, G をともに I 上の関数 f の原始関数とすれば

$$(F(x) - G(x))' = F'(x) - G'(x) = f(x) - f(x) = 0 \quad (x \in I)$$

となり,$F - G$ は定数となる.原始関数は存在すれば無数にあるが,その違いは定数の差だけである.よって,F を f の 1 つの原始関数として,任意の原始関数を $\int f(x)\,dx$ で表すと,

$$(10.1) \qquad \int f(x)\,dx = F(x) + C$$

となる.$\int f(x)\,dx$ を f の **不定積分**[1],C を **積分定数** という.原始関数の定義より

$$(10.2) \qquad \frac{d}{dx}\int f(x)\,dx = f(x)$$

が成り立ち,(不定) 積分をして微分をするともとに戻る (すなわち,微分と積分は逆演算である).これより微分法におけるいくつかの公式を不定積分の公式に読み替えることができる.

　以下,本書では煩雑さを避けるために不定積分においては積分定数を省略して書く.ただし,後述の例題 10.4 のような注意を必要とすることもある.

---

[1] 不定積分という用語の使い方は一定していない.原始関数と同じ意味に用いられることもある.あまり気にしない方がよい.

第 10 章 原始関数

> **定理 10.1** 以下 f, g は開区間 I 定義された関数で原始関数をもつとする.
>
> (1) (**積分の線形性**) a, b を実数とすると
>
> (10.3) $$\int (af(x) + bg(x))\, dx = a\int f(x)\, dx + b\int g(x)\, dx$$
>
> (2) (**置換積分法**) (狭義単調で) 微分可能な φ に対して $x = \varphi(t)$ とすると,
>
> (10.4) $$\int f(x)\, dx = \int f(\varphi(t))\varphi'(t)\, dt$$
>
> である[2]. さらに, $x = \varphi(t)$ を $t = \psi(x)$ と書くと, 次も成り立つ.
>
> (10.5) $$\int f(\psi(x))\, dx = \int f(t)\varphi'(t)\, dt$$
>
> (3) (**部分積分法**) f, g が微分可能なら
>
> (10.6) $$\int f(x)g'(x)\, dx = f(x)g(x) - \int f'(x)g(x)\, dx$$

[証明] f, g の原始関数を F, G とする. (1) は微分の線形性から $(aF(x) + bG(x))' = aF'(x) + bG'(x) = af(x) + bg(x)$ より成り立つ. (2) は t に関しての合成関数微分 $(F(\varphi(t)))' = f(\varphi(t))\varphi'(t)$ から導かれる. 後半は $h(x) = f(\psi(x))$ とすると $h(\varphi(t)) = f(t)$ である. (3) は積の微分の公式 $(fg)' = fg' + f'g$ を変形した $fg' = (fg)' - f'g$ の両辺の不定積分を考えればよい. ∎

置換積分法で特に大切なのは $f(t) = 1/t$ の場合で, (10.5) を $\psi(x) = g(x)$ と書き直すと

(10.7) $$\int \frac{g'(x)}{g(x)}\, dx = \log g(x) \quad (\text{対数積分法})$$

が成り立つ. また, 部分積分法で $g(x) = x$ の場合は

(10.8) $$\int f(x)\, dx = xf(x) - \int xf'(x)\, dx$$

となることも記憶しておくとよい. 定理 10.1 を「微分 ⟷ 積分」の対応としてまとめると

$$\begin{array}{ccc} \text{微分の線形性} & \longleftrightarrow & \text{積分の線形性} \\ \text{合成関数微分法} & \longleftrightarrow & \text{置換積分法} \\ \text{積の微分則} & \longleftrightarrow & \text{部分積分法} \end{array}$$

となる. 積分の計算で最低限覚えておく必要がある具体的な事実は

(10.9) $$\begin{cases} \displaystyle\int x^\alpha\, dx = \frac{1}{\alpha+1}x^{\alpha+1} \ (\alpha \neq -1), \ \int \frac{1}{x}\, dx = \log x \\ \displaystyle\int \sin x\, dx = -\cos x, \ \int \cos x\, dx = \sin x, \ \int e^x\, dx = e^x, \end{cases}$$

(10.10) $$\int \frac{1}{x^2+1}\, dx = \arctan x$$

である (積分定数は省略)[3]. (10.10) はなじみがないかもしれないが多くの場面に登場する重要な積

---

[2] この意味は f の原始関数を F としたとき, (10.4) が $F(\varphi(t))$ に等しいことである. $\frac{dx}{dt} = \varphi'(t)$ を形式的に $dx = \varphi'(t)\, dt$ として左辺に代入した形である

[3] 多くのテキストでは, $\int \frac{1}{x}\, dx = \log|x|$ と書かれている. この意味は $\int \frac{1}{x}\, dx = \log x$ $(x > 0)$ と $\int \frac{1}{x}\, dx = \log(-x)$ $(x < 0)$ を同時に書いたものであるが, 混乱するので, 本書では暗に $x > 0$ の場合のみを使うことにして, 絶対値をつけないことにする.

分なのであえて付け加えた．基本的にはこれらの事実と定理 10.1 を使って一般の場合の計算ができることが大切である．また，求めた関数を微分してもとに戻ることを確認することも大切である．

問 10.1 (1) $x = \tan t$ と変換して (10.10) を示せ．
(2) a, b を 0 でない定数とする．$\displaystyle\int \frac{1}{a^2(x-\alpha)^2 + b^2} \, dx = \frac{1}{ab} \arctan \frac{a(x-\alpha)}{b}$ を (10.10) から導け[4]．

例題 10.1 原始関数を求めよ．(1) $(2x+1)^{-\frac{1}{3}}$ (2) e^{-5x+4} (3) $\cos(-3x+5)$

[解答] 置換積分すれば求められるが，次のように計算する方法を身に付けるとよい．定数倍を考慮しないと
(a) 多項式のベキの積分は次数が 1 つあがる．
(b) 指数関数は変わらない．
(c) $\sin$ と $\cos$ は入れ替わる (符号には注意すること)．

これらの事実に注目すれば，(1) の積分は $C(2x+1)^{\frac{2}{3}}$ の形である．これを微分して係数を比較すると $2C \cdot 2/3 = 1$ より $C = 3/4$ となり $3(2x+1)^{\frac{2}{3}}/4$ が求める原始関数である．(2) は (b) より解の形は Ce^{-5x+4} である．これも微分して $C = -1/5$ となる．(3) は (c) より $C\sin(-3x+5)$ の形になる．やはり微分して比較すれば $C = -1/3$ がわかる．∎

さて，上述の定理 10.1 では原始関数をもつことを仮定している．当然の疑問として

関数 f の原始関数はいつも存在するのか

が生じる．この解答の詳細は次章に回すが，結論は f が連続関数なら必ず原始関数は存在する．したがって，連続関数を扱う場合には原始関数の存在自体は心配はないが，存在することと具体的に求めることは同じでない．これまで取り扱った三角関数や指数関数などの初等関数の微分はルールにしたがって計算すればいつでも具体的に求めることができた．しかし，積分はそうはいかない．たとえば $(e^{x^2})' = 2xe^{x^2}$ であるから

$$\int xe^{x^2} \, dx = \frac{1}{2} e^{x^2}$$

であるが，xe^{x^2} より簡単と思われる e^{x^2} の原始関数をいままでに学んだ関数では表すことができない[5]．積分の計算の難しい点は，計算可能であるか否かを見極めることと，計算可能である場合も様々な工夫を必要とすることである．いくつかの例を計算してみるとよい．

例題 10.2 (1) $\displaystyle\int \frac{1}{x^2-1} \, dx$, (2) $\displaystyle\int \frac{x}{x^2-1} \, dx$, (3) $\displaystyle\int \frac{x}{(x^2+1)^2} \, dx$,
(4) $\displaystyle\int \frac{1}{(x^2+1)^2} \, dx$ を計算せよ．

[解答] (1) $\dfrac{1}{x^2-1} = \dfrac{1}{2}\left(\dfrac{1}{x-1} - \dfrac{1}{x+1}\right)$ と変形する (部分分数展開)．これを使うと
$$\int \frac{1}{x^2-1} \, dx = \frac{1}{2} \int \left(\frac{1}{x-1} - \frac{1}{x+1}\right) dx = \frac{1}{2}(\log(x-1) - \log(x+1)) = \frac{1}{2}\log\left(\frac{x-1}{x+1}\right).$$

---

[4] この場合の結果を覚える必要はない．むしろ覚えてはいけない．置換積分を使って基本的な (10.10) から導くことができるようになることが大切である．

[5] 部分積分法を使えば求められそうに見えるが，これは無駄な努力となる．決してできないことが証明されているからである．ただし，その証明は簡単ではない．

(2) $g(x) = x^2 - 1$ とすれば $g'(x) = 2x$ なので, (10.7) を使えば
$$\int \frac{x}{x^2-1}\,dx = \frac{1}{2}\int \frac{g'(x)}{g(x)}\,dx = \frac{1}{2}\log g(x) = \frac{1}{2}\log(x^2-1).$$

(3) $x^2 + 1 = t$ とする. $2x\,dx = dt$ であるから $\int \frac{x}{(x^2+1)^2}\,dx = \frac{1}{2}\int \frac{1}{t^2}\,dt = -\frac{1}{2t} = -\frac{1}{2(x^2+1)}$.

(4) すこし技巧的である. $\frac{1}{x^2+1} = (x)' \frac{1}{x^2+1}$ と考えて部分積分法を適用すると
$$\int \frac{1}{x^2+1}\,dx = \frac{x}{x^2+1} + \int \frac{2x^2}{(x^2+1)^2}\,dx = \frac{x}{x^2+1} + \int \frac{2(x^2+1) - 2}{(x^2+1)^2}\,dx$$
$$= \frac{x}{x^2+1} + \int \frac{2}{x^2+1}\,dx - \int \frac{2}{(x^2+1)^2}\,dx$$
となる. これを整理して, (10.10) を使うと
$$\int \frac{1}{(x^2+1)^2}\,dx = \frac{1}{2}\left(\frac{x}{x^2+1} + \int \frac{1}{x^2+1}\,dx\right) = \frac{1}{2}\left(\frac{x}{x^2+1} + \arctan x\right). \quad\blacksquare$$

このように, 同じように見える問題もそれぞれに応じた工夫を必要とする. 積分の計算には長い蓄積があり, それぞれの関数に応じた種々の計算技法が開発されている. ここでは, 応用と理論の両面で重要な有理関数と三角関数の積分についての一般論を述べるに止める.

§10.2 有理関数の積分

$f(x) = P(x)/Q(x)$ (P, Q は多項式) の形の関数を**有理関数**という. 有理関数の積分は次の方針にしたがえば必ず具体的に求めることができる.

(1) 割り算をして分子の次数を分母の次数より低い形にする.
(2) 分母を因数分解して部分分数展開を行う.
(3) それぞれの部分分数を積分する.

ここでの考察の根拠となるのは次の結果である.

定理 10.2 有理式 $f(x) = P(x)/Q(x)$ において, P の次数が Q の次数以下とする. $Q(x) = A(x-a_1)^{n_1}\cdots(x-a_k)^{n_k}(x^2+b_1x+c_1)^{m_1}\cdots(x^2+b_\ell x+c_\ell)^{m_\ell}$ と因数分解できれば, $f(x)$ は

(10.11) $$\frac{A_{in}}{(x-a_i)^n} \quad (i=1,\cdots k,\ 1 \le n \le n_k)$$

(10.12) $$\frac{B_{jm}x + C_{jm}}{(x^2+b_jx+c_j)^m} \quad (j=1,\cdots,\ell,\ 1 \le m \le m_\ell)$$

の形の分数の和で表すことができる.

すなわち, $Q(x) = 0$ が実数の n 重解 a をもてば, 部分分数展開の中に $\frac{A}{(x-a)^k}$ ($k=1,2,\cdots,n$) なる形の分数式が現れ, 複素数の m 重解 $\alpha \pm i\beta$ をもてば, $\frac{Bx+C}{(x^2+bx+c)^k}$ ($k=1,2,\cdots,m$) の形の分数式が現れる ($x^2+bx+c=0$ の解が $\alpha \pm i\beta$ である).

部分分数展開は多くの数学で使われる重要事項であるから, 具体的な問題の解法を通して理解を深

めておくとよい．定理 10.2 からどのような形の分数式が表れるかがわかるので，あとは恒等式として係数を決める．実際の係数の計算においては，適当な値を代入したり，微分したりするとよい．

例題 10.3 (1) $\dfrac{2x+1}{x^2-5x+6}$, (2) $\dfrac{3x-2}{(x-1)^3}$, (3) $\dfrac{3x^2+4}{(x-1)^2(x^2+2x+3)}$ を部分分数展開せよ．

[解答] (1) 分母は $(x-2)(x-3)$ と因数分解できるので，定理 10.2 より $\dfrac{2x+1}{x^2-5x+6} = \dfrac{A}{x-2} + \dfrac{B}{x-3}$ の形に分解できる．通分して両辺の係数を比較すれば A, B は求まるが，次のように計算する方法を身に付けるとよい．分母を払うと $2x+1 = A(x-3) + B(x-2)$ である．よって $x=2$ を代入すると，$5 = -A$，$x=3$ を代入すると $7 = B$ となり，$A = -5, B = 7$ である[6]．

(2) $x=1$ が 3 重解であるから $\dfrac{3x-2}{(x-1)^3} = \dfrac{A}{x-1} + \dfrac{B}{(x-1)^2} + \dfrac{C}{(x-1)^3}$ の形に分解できる．これも分母を払うと $3x-2 = A(x-1)^2 + B(x-1) + C$ である．$x=1$ を代入すれば $C=1$ がわかる．両辺を微分すると $3 = 2A(x-1) + B$ であるから $A=0, B=3$ である．

(3) 定理 10.2 から $\dfrac{3x^2+4}{(x-1)^2(x^2+2x+3)} = \dfrac{A}{x-1} + \dfrac{B}{(x-1)^2} + \dfrac{Cx+D}{x^2+2x+3}$ である．分母を払うと $3x^2+4 = A(x-1)(x^2+2x+3) + B(x^2+2x+3) + (Cx+D)(x-1)^2$ である．これから $A = 2/9, B = 7/6, C = -2/9, D = 7/6$ である． ∎

§10.3 三角関数の積分

$f(x)$ が $\sin x, \cos x$ の式で表されている場合は

(10.13) $$t = \tan \dfrac{x}{2}$$

と置換すると，有理関数の積分に帰結できる．このとき

(10.14) $$\sin x = \dfrac{2t}{1+t^2}, \quad \cos x = \dfrac{1-t^2}{1+t^2}, \quad dx = \dfrac{2}{1+t^2} dt$$

となることを記憶しておくこと (証明は練習問題 10.2)．

問 10.2 $\displaystyle\int \dfrac{1+\sin x}{1+\cos x} dx$ を計算せよ．

これまでの不定積分の計算では積分定数を省略していたが，このことが混乱をもたらす場合があるので注意をしておく．

例題 10.4 $\dfrac{1}{e^x + e^{-x}}$ の不定積分を (1) $t = e^x$, (2) $t = \dfrac{e^x - e^{-x}}{2}$ の 2 通りの置換積分で計算せよ．

[解答] (1) $e^x dx = dt$ より．$dx = dt/t$ であるから

$$\int \dfrac{1}{e^x + e^{-x}} dx = \int \dfrac{1}{t + t^{-1}} \cdot \dfrac{1}{t} dt = \int \dfrac{1}{1+t^2} dt = \arctan t = \arctan(e^x)$$

---

[6] $x = 2, 3$ のとき右辺の 1 つの項が 0 になって計算が容易になることがポイントである．

(2) $(e^x + e^{-x})\,dx = 2\,dt$ より $(e^x + e^{-x})^2 = 4t^2 + 4$ に注意すれば
$$\int \frac{1}{e^x + e^{-x}}\,dx = \int \frac{2}{(e^x+e^{-x})^2}\,dt = \int \frac{2}{4t^2+4}\,dt = \frac{1}{2}\arctan t = \frac{1}{2}\arctan \frac{e^x - e^{-x}}{2}.$$
注意すべきことは
$$\arctan(e^x) \neq \frac{1}{2}\arctan \frac{e^x - e^{-x}}{2}$$
が，どちらも $1/(e^x + e^{-x})$ の原始関数であるということである[7]．変数変換の仕方によって計算した積分が見かけ上大きく異なることがある． ■

****

○●練習問題 10 ●○

10.1 次の不定積分を求めよ．
  (1) $\dfrac{1}{x^2 - 2x + 1}$ (2) $\dfrac{1}{x^2 - 2x - 3}$ (3) $\dfrac{1}{x^2 - 2x + 5}$

10.2 (10.14) を証明せよ．

10.3 $\displaystyle\int \frac{2x^4 - 2x^2 + x + 2}{x^3 - x}\,dx$ を計算せよ．

10.4 $t = \tan(x/2)$ の変換により以下を計算せよ．
  (1) $\displaystyle\int \frac{1}{\sin x}\,dx$ (2) $\displaystyle\int \frac{1}{\cos x}\,dx$ (3) $\displaystyle\int \frac{1}{1+\cos x}\,dx$ (4) $\displaystyle\int \frac{1}{1+\sin x}\,dx$

◇◆演習問題 10 ◆◇

10.1 部分分数展開を用いて以下を計算せよ．
  (1) $\displaystyle\int \frac{1}{x^2(x+2)}\,dx$
  (2) $\displaystyle\int \frac{x^2}{x^4+1}\,dx$ 　 $(x^4 + 1 = (x^2+1)^2 - 2x^2 = (x^2 + \sqrt{2}x + 1)(x^2 - \sqrt{2}x + 1)$ を使う$)$
  (3) $\displaystyle\int \frac{1}{x^3+1}\,dx$ 　 $(x^3 + 1 = (x+1)(x^2 - x + 1)$ である$)$

10.2 (1) $\left(\dfrac{1}{\cos x} + \tan x\right)' = \dfrac{1}{\cos x}\left(\dfrac{1}{\cos x} + \tan x\right)$ を確認して次を導け．
$$\int \frac{1}{\cos x}\,dx = \log\left(\frac{1}{\cos x} + \tan x\right)$$
(2) $\displaystyle\int \frac{1}{\cos x}\left(\frac{1}{\cos x}\right)^2 dx$ に部分積分法を適用して次を導け．
$$\int \frac{1}{\cos^3 x}\,dx = \frac{1}{2}\left\{\frac{\tan x}{\cos x} + \log\left(\frac{1}{\cos x} + \tan x\right)\right\}$$

10.3 $a > 0$ とする．2 次無理関数 $\sqrt{a^2 - x^2},\ \sqrt{x^2 - a^2},\ \sqrt{x^2 + a^2}$ を含む積分は，それぞれ
$$x = a\sin\theta, \qquad x = \frac{a}{\cos\theta}, \qquad x = a\tan\theta$$

---

[7] 実際，$\arctan(e^x) = \dfrac{1}{2}\arctan \dfrac{e^x - e^{-x}}{2} + \dfrac{\pi}{4}$ が成り立つ．

と置換することによって計算できる[8].

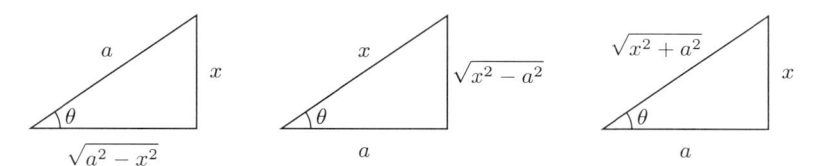

次を確かめよ ((2),(3) では 10.2 の結果を使うとよい).

(1) $\int \sqrt{a^2 - x^2}\, dx = a^2 \int \cos^2 \theta\, d\theta = \dfrac{1}{2}\left\{x\sqrt{a^2 - x^2} + a^2 \arcsin{(x/a)}\right\}$

(2) $\int \sqrt{x^2 - a^2}\, dx = a^2 \int \left(\dfrac{1}{\cos^3 \theta} - \dfrac{1}{\cos \theta}\right) d\theta = \dfrac{1}{2}\left\{x\sqrt{x^2 - a^2} - a^2 \log{(x + \sqrt{x^2 - a^2})}\right\}$

(3) $\int \sqrt{x^2 + a^2}\, dx = a^2 \int \dfrac{1}{\cos^3 \theta}\, d\theta = \dfrac{1}{2}\left\{x\sqrt{x^2 + a^2} + a^2 \log{(x + \sqrt{x^2 + a^2})}\right\}$

10.4 次の方針にしたがって定理 10.2 を証明せよ.

(1) (実数解のとき) $Q(x) = (x-a)^n Q_1(x)$, $Q_1(a) \neq 0$ のとき $A := P(a)/Q_1(a)$ とすると, $P(x) - AQ_1(x)$ は $x-a$ で割り切れる. この商を $P_1(x)$ とし, $Q_2(x) := (x-a)^{n-1} Q_1(x)$ とすれば, 次が成り立つ.

$$\dfrac{P(x)}{Q(x)} = \dfrac{A}{(x-a)^n} + \dfrac{P_1(x)}{Q_2(x)} \quad (P_1 \text{ の次数は } Q_2 \text{ の次数より小さい})$$

(2) (複素数解のとき) $Q(x) = (x^2 + bx + c)^n Q_1(x)$ で $Q_1(x)$ と $x^2 + bx + c$ は共通解をもたないとき, 実数 B, C が存在して $P(x) - (Bx + C)Q_1(x)$ が $x^2 + bx + c$ で割り切れる. この商を $P_1(x)$ とし, $Q_2(x) = (x^2 + bx + c)^{n-1} Q_1(x)$ とすれば, 次が成り立つ.

$$\dfrac{P(x)}{Q(x)} = \dfrac{Bx + C}{(x^2 + bx + c)^n} + \dfrac{P_1(x)}{Q_2(x)} \quad (P_1 \text{ の次数は } Q_2 \text{ の次数より小さい})$$

(3) (1), (2) を繰り返し使って定理の主張が成り立つことを確認せよ.

---

[8] 以下の計算では $\sqrt{\cos^2 \theta} = \cos \theta$ などを使う. 一般には $\sqrt{A^2} = |A|$ であるが, 不定積分の計算では定義域についてはあまり気にせず, $\cos \theta \geq 0$ の場合を考えているとしてよい. ただし, 次章で述べる定積分の場合は定義域に応じて $\sqrt{\cos^2 \theta} = |\cos \theta|$ とすべき場合が多々ある.

11

定積分

> ほとんどの学問では，後の世代は前の世代が築いたものを捨て去り，前者が確立したものを後者は亡ぼしてしまう．数学だけがどの世代も同じ建物の新しい階を継ぎ足してゆく．
>
> ハンケル

定積分は図形の面積を求めることで，前章でも述べたようにその考えは古代ギリシャの求積法にまで遡る．図形の面積を内接多角形によって近似するエウドクソスの「取り尽くし法」と外接多角形によって近似するアルキメデスの「圧縮法」は，これから学ぶリーマンの上リーマン和と下リーマン和とみなすことができる．図形の面積を求めるという定積分によって，前章で懸案であった「連続関数についての原始関数の存在」が示される．

§11.1　リーマン和

定積分の定義から始める．有界閉区間 $[a,b]$ の**分割**とは
$$a = a_0 < a_1 < \cdots < a_{n-1} < a_n = b$$
をみたす有限個の点列である．これを $\Delta = \{a_0, a_1, \cdots, a_n\}$ と書く．また
$$\delta(\Delta) := \max \{a_j - a_{j-1};\ j = 1, 2, \cdots, n\}$$
と定め，これを分割 Δ の**幅**という．また，各小区間 $[a_{j-1}, a_j]$ から任意の点 ξ_j をとり，それを並べたものを
$$\xi = (\xi_1, \xi_2, \cdots, \xi_n)$$
と表して，Δ の**代表系**という (代表系のとり方は無数にある)[1]．さて，有界閉区間 $[a,b]$ 上の有界関数 f に対して，次の和を定める．
$$S(f, \Delta, \xi) := \sum_{j=1}^{n} f(\xi_j)(a_j - a_{j-1})$$
$$\overline{S}(f, \Delta) := \sum_{j=1}^{n} M_j (a_j - a_{j-1}) \quad (\text{ただし } M_j := \sup \{f(x);\ a_{j-1} \leq x \leq a_j\})$$
$$\underline{S}(f, \Delta) := \sum_{j=1}^{n} m_j (a_j - a_{j-1}) \quad (\text{ただし } m_j := \inf \{f(x);\ a_{j-1} \leq x \leq a_j\})$$

---

[1] たとえば $a_j = a + (b-a)j/n$，$(j = 0, 1, \cdots, n)$ の分割を $\Delta(n)$ と書くと，$\Delta(n)$ は $[a,b]$ の n 等分である．その幅は $\delta(\Delta(n)) = (b-n)/n$ である．この場合によく用いられる代表系は端の点を並べた $(a_1, a_2, \cdots, a_n)$ である (後の区分求積法で使う)．

$S(f,\Delta,\xi)$ を f の分割 Δ と代表系 ξ に関するリーマン和といい，$\overline{S}(f,\Delta)$ と $\underline{S}(f,\Delta)$ を分割 Δ に対する，上リーマン和，下リーマン和という．定義から次は容易にわかる：

(11.1) $$\underline{S}(f,\Delta) \leq S(f,\Delta,\xi) \leq \overline{S}(f,\Delta)$$

目下の関心は $y = f(x)$ $(a \leq x \leq b)$ が定める集合の面積である．$f(x) \geq 0$ の場合に図示してみると，上リーマン和 $\overline{S}(f,\Delta)$ は外接する長方形の面積の和であり，下リーマン和 $\underline{S}(f,\Delta)$ は内接する長方形の面積の和であり，求めたい図形の面積を上からと下から近似している．

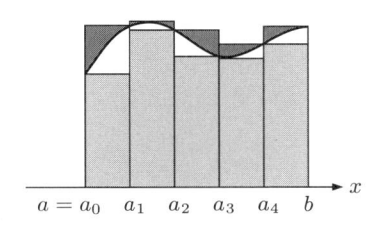

上リーマン和と下リーマン和についてさらに観察してみる．分割 $\Delta = \{a_0, a_1, \cdots, a_n\}$ をより細かくした分割 $\Delta' = \{b_0, b_1, \cdots, b_{2n}\}$ をとる：

$$a = a_0 = b_0 < \cdots < b_{2k-1} < a_k = b_{2k} < b_{2k+1} < \cdots < a_n = b_{2n} = b$$

このとき，明らかに $\delta(\Delta') \leq \delta(\Delta)$ であり，下図より

$$\underline{S}(f,\Delta) \leq \underline{S}(f,\Delta') \leq \overline{S}(f,\Delta') \leq \overline{S}(f,\Delta)$$

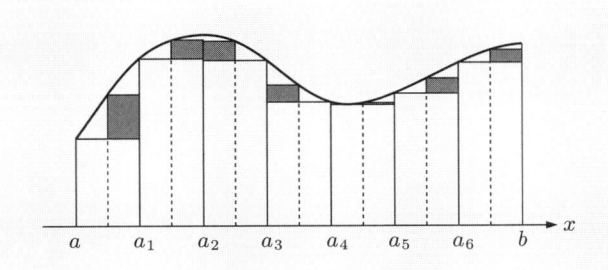

$\underline{S}(f,\Delta') - \underline{S}(f,\Delta)$ の部分

が成り立つ．すなわち，分割の幅を小さくすると，上リーマン和はより小さくなり，下リーマン和はより大きくなって，分割の幅を 0 に近づけると上リーマンと下リーマン和はすべての分割を考えたときの下限 $\overline{I}(f)$ と上限 $\underline{I}(f)$ に収束する．正確にいえば

$$\overline{I}(f) := \inf\{\overline{S}(f,\Delta)\,;\,\Delta\text{ は }[a,b]\text{ の分割}\}$$

$$\underline{I}(f) := \sup\{\underline{S}(f,\Delta)\,;\,\Delta\text{ は }[a,b]\text{ の分割}\}$$

としたとき，次の定理が成り立つ[2]．

---

[2] この極限は ε-δ 論法を使わないと正確にはいい表せない．「任意の $\varepsilon > 0$ に対して $\delta > 0$ が存在して，$\delta(\Delta) < \delta$ ならば $|\overline{S}(f,\Delta) - \overline{I}(f)| < \varepsilon$ が成り立つ」ことである．

定理 11.1
$$\lim_{\delta(\Delta)\to 0} \overline{S}(f,\Delta) = \overline{I}(f), \quad \lim_{\delta(\Delta)\to 0} \underline{S}(f,\Delta) = \underline{I}(f).$$

さて，$\overline{I}(f) = \underline{I}(f)$ が成り立てば，内側からの近似と外側からの近似が等しいわけであるから，その共通の値を $I(f)$ として，それを図形の面積とみなすことは自然であろう．そして，これが定積分の定義でもある．

定義 11.1 f を $[a,b]$ 上の有界関数とする．$\overline{I}(f) = \underline{I}(f)$ が成り立つとき，f は $[a,b]$ 上で**可積分**(リーマン積分可能)という．この共通の値 $I(f)$ で f の $[a,b]$ での定積分 (リーマン積分) を定めて，

(11.2) $$I(f) = \int_a^b f(x)\,dx$$

と書く[3]．なお，$\overline{I}(f) \neq \underline{I}(f)$ のときは f は積分可能でないという．

自明な関係式 (11.1) とはさみうちの原理から次の重要な結果が得られる．

定理 11.2 f が $[a,b]$ で可積分である必要かつ十分条件は，リーマン和 $S(f,\Delta,\xi)$ が分割 Δ とその代表系 ξ をどのようにとっても，幅 $\delta(\Delta)$ を 0 に近づけたとき一定の値に収束することである．このとき

(11.3) $$\lim_{\delta(\Delta)\to 0} S(f,\Delta,\xi) = \int_a^b f(x)\,dx$$

が成り立つ．特に，f が可積分であることがわかれば $[a,b]$ の n 等分割を使って

(11.4) $$\int_a^b f(x)\,dx = \lim_{n\to\infty} \frac{b-a}{n}\sum_{j=1}^n f\left(a + \frac{(b-a)j}{n}\right)$$

が成り立つ．これは**区分求積法**と呼ばれる．

問 11.1 区分求積法 (11.4) を使って $\int_a^b 1\,dx = b-a$, $\int_a^b x\,dx = \dfrac{b^2-a^2}{2}$ を示せ．

§11.2 定積分の基本性質

定理 11.3 f, g が $[a,b]$ で可積分とすると以下が成り立つ．
(1) (**線形性**) $\alpha f + \beta g$ (α, β は実数) も $[a,b]$ で積分可能で
$$\int_a^b (\alpha f(x) + \beta g(x))\,dx = \alpha \int_a^b f(x)\,dx + \beta \int_a^b g(x)\,dx$$

---

[3] 本書では扱わないが，後にルベーグの意味での積分を学ぶであろう．それと区別するために，ここで学ぶ積分はリーマン積分と呼ばれる．リーマン積分は図形を縦に分割した長方形の和の極限として定義されたが，ルベーグ積分は図形を横に分割する．縦を横に換えることによって，積分の世界は想像以上に広がった．

(2) (区間加法性) $a < c < b$ のとき f は $[a,c]$ と $[c,b]$ で可積分で
$$\int_a^b f(x)\,dx = \int_a^c f(x)\,dx + \int_c^b f(x)\,dx$$

(3) (単調性) $f(x) \leq g(x),\ \forall x \in [a,b]$ ならば
$$\int_a^b f(x)\,dx \leq \int_a^b g(x)\,dx$$

(4) (三角不等式) $|f|$ も $[a,b]$ で可積分で
$$\left|\int_a^b f(x)\,dx\right| \leq \int_a^b |f(x)|\,dx$$

[証明] (1), (3) はリーマン和についての等号および不等号を示してその極限を考えればよい。たとえば (1) は任意の $[a,b]$ の分割 Δ と代表系 ξ に対して,
$$S(\alpha f + \beta g, \Delta, \xi) = \sum_{j=1}^n (\alpha f(\xi_j) + \beta g(\xi_j))(a_j - a_{j-1})$$
$$= \alpha \sum_{j=1}^n f(\xi_j)(a_j - a_{j-1}) + \beta \sum_{j=1}^n \beta g(\xi_j)(a_j - a_{j-1}) = \alpha S(\Delta, \xi) + \beta S(g, \Delta, \xi)$$

であるから $\delta(\Delta) \to 0$ として線形性を得る。(2) では f が $[a,c]$ と $[c,b]$ で可積分になることを示す必要がある。$[a,b]$ の任意の分割 Δ を考える。Δ の分点に c を加えた分割を Δ' とし,それを $[a,c]$ と $[c,b]$ の分割に分けて,それぞれを Δ_1 と Δ_2 とする。このとき

(11.5) $$0 \leq \overline{S}(f, \Delta') - \underline{S}(f, \Delta') \leq \overline{S}(f, \Delta) - \underline{S}(f, \Delta)$$

および $j = 1, 2$ に対して
$$0 \leq \overline{S}(f, \Delta_j) - \underline{S}(f, \Delta_j) \leq \overline{S}(f, \Delta') - \underline{S}(f, \Delta')$$

が成り立つ。f は $[a,b]$ で可積分なので (11.5) の右辺は $\delta(\Delta) \to 0$ のとき,0 に収束する。よって上式から $[a,c]$ と $[c,b]$ でも可積分である。可積分性がわかればリーマン和についての等式から区間加法性が示される。(4) 任意の $p, q \in [a,b]$ に対して $|f(p)| - |f(q)| \leq |f(p) - f(q)|$ であることに注意すれば

(11.6) $$0 \leq \overline{S}(|f|, \Delta) - \underline{S}(|f|, \Delta) \leq \overline{S}(f, \Delta) - \underline{S}(f, \Delta)$$

が導かれて[4],f の可積分性から $|f|$ の可積分性が導かれる。この場合も可積分であることがわかればリーマン和に対する三角不等式
$$|S(f, \Delta, \xi)| = \left|\sum_{j=1}^n f(\xi_1)(a_j - a_{j-1})\right| \leq \sum_{j=1}^n |f(\xi_j)|(a_j - a_{j-1}) = S(|f|, \Delta, \xi)$$

の極限として (4) を得る。(4) を三角不等式と呼んだ理由である。∎

(2) の区間加法性に関連して
$$\int_b^a f(x)\,dx = -\int_a^b f(x)\,dx \quad \text{および} \quad \int_a^a f(x)\,dx = 0$$

と約束すれば,区間加法性は a, b, c の大小関係がどのようなものであっても 成り立つことに注意しておく。

---

[4] (11.6) の確認を演習問題とする。

§11.3 微分積分学の基本定理

本章で述べたいもう 1 つの重要な結果は，すべての連続関数が可積分であるという事実である．

定理 11.4 f は有界閉区間 $[a,b]$ で連続とする．
(1) $\overline{I}(f) = \underline{I}(f)$ が成り立つ．すなわち，f は可積分である．
(2) (積分の平均値の定理) 次をみたす $p \in (a,b)$ が存在する：

(11.7) $$\frac{1}{b-a}\int_a^b f(x)\,dx = f(p)$$

[証明] それほど簡単ではない．(1) は一様連続性と ε-δ 論法を必要とするので 31 章で再考する．(2) は連続関数の最大値の原理と中間値の定理の応用である．最大値の原理から f の最大値 M と最小値 m が存在する ($m < M$ としてよい[5])．$M = f(d)$, $m = f(c)$ とする．$m \leq f(x) \leq M$ であるから，積分の単調性から (11.7) の左辺を γ とすれば $f(c) = m < \gamma < M = f(d)$ となる．中間値の定理から $\gamma = f(p)$ となる $p \in (a,b)$ が存在する． ■

定理 11.4 から次の微分積分学の基本定理が導かれる．

定理 11.5 (微分積分学の基本定理) f は $[a,b]$ で連続であるとする．
(1) $a < \forall x < b$ に対して

(11.8) $$F(x) := \int_a^x f(t)\,dt$$

と定めると[6]，$F'(x) = f(x)$ が成り立つ．すなわち，F は f の原始関数である．
(2) 逆に G を f の原始関数の 1 つとする．$a < \alpha < \beta < b$ ならば

(11.9) $$\int_\alpha^\beta f(x)\,dx = G(\beta) - G(\alpha)$$

[証明] (1) $x \in (a,b)$ を固定する．$x+h \in (a,b)$ となる $h > 0$ に対して，区間加法性と (11.7) から

$$\frac{F(x+h) - F(x)}{h} = \frac{1}{h}\int_x^{x+h} f(t)\,dt = f(p)$$

となる p が $p \in (x, x+h)$ に存在する．$h \to 0$ のとき，$p \to x$ であるから，f の連続性から

$$F'_+(x) = \lim_{h \to 0}\frac{F(x+h) - F(x)}{h} = \lim_{h \to 0} f(p) = \lim_{p \to x} f(p) = f(x)$$

である．同様にして $F'_-(x) = f(x)$ が示され，$F'(x) = f(x)$ を得る．(2) 定数 C が存在して $G(x) = F(x) + C$ である．よって，区間加法性から

$$\int_\alpha^\beta f(x)\,dx = \int_a^\beta f(x)\,dx - \int_a^\alpha f(x)\,dx = F(\beta) - F(\alpha) = G(\beta) - G(\alpha)$$
■

微分積分学の基本定理によって，定積分と原始関数が結びつく．すなわち，f の原始関数を F とすれば，

---

[5] $m = M$ なら f は定数関数であるので，すべての $p \in (a,b)$ で (11.7) が成り立つ．
[6] 定積分の変数の文字は何を用いてもよい．一般に $\int_a^b f(x)\,dx = \int_a^b f(t)\,dt$ である．(11.8) も $\int_a^x f(x)\,dx$ と書いても間違いとはいえないが，積分区間の x と混同しかねないので，別の文字を用いた．

(11.10) $$\int_a^b f(x)\,dx = F(b) - F(a)$$

が成り立つ．これより，不定積分 (原始関数) についての公式 (定理 10.1) を定積分に関する公式に翻訳できる．

> **定理 11.6** (1) (**置換積分法**) f は $[a,b]$ で連続とする．微分可能な φ に対して $x = \varphi(t)$ とする．$a = \varphi(\alpha)$, $b = \varphi(\beta)$ ならば，
>
> (11.11) $$\int_a^b f(x)\,dx = \int_\alpha^\beta f(\varphi(t))\varphi'(t)\,dt$$
>
> また，$x = \varphi(t)$ を $t = \psi(x)$ と表せば，
>
> (11.12) $$\int_a^b f(\psi(x))\,dx = \int_\alpha^\beta f(t)\varphi'(t)\,dt$$
>
> (2) (**部分積分法**) f, g が $[a,b]$ で連続で (a,b) で微分可能なら
>
> (11.13) $$\int_a^b f(x)g'(x)\,dx = [f(x)g(x)]_a^b - \int_a^b f'(x)g(x)\,dx$$

問 11.2 $\int_0^9 \exp(\sqrt{x})\,dx$ を計算せよ[7]．

問 11.3 (1) $F(x) = \int_0^x t\cos t\,dt$ を計算せよ．　(2) $F'(x)$ を求めよ．

****

○●練習問題 11 ●○

11.1 (1) $\int_1^e \log x\,dx$,　(2) $\int_0^1 \arctan x\,dx$,　(3) $\int_0^1 \dfrac{x^3+x^2}{x^2+1}\,dx$ を計算せよ．

11.2 $n = 0, 1, \cdots$ に対して $I_n := \int_0^{\frac{\pi}{2}} \sin^n x\,dx$ とする．

(1) $x = \dfrac{\pi}{2} - t$ の変換で $I_n = \int_0^{\frac{\pi}{2}} \cos^n x\,dx$ を示せ．

(2) 部分積分法を用い，漸化式 $nI_n = (n-1)I_{n-2}$ $(n \geq 2)$ を導け．

(3) $\int_0^{\frac{\pi}{2}} \sin^6 x\,dx$ の値を求めよ．

11.3 m, n を自然数とする．以下を示せ．

(1) すべての m, n に対して $\int_0^{2\pi} \sin mx \cos nx\,dx = 0$．

(2) $m \neq n$ のとき $\int_0^{2\pi} \sin mx \sin nx\,dx = \int_0^{2\pi} \cos mx \cos nx\,dx = 0$．

(3) $\int_0^{2\pi} \cos^2 nx\,dx$ および $\int_0^{2\pi} \sin^2 nx\,dx$ の値をそれぞれ求めよ．

---

[7] $\exp(A)$ は e^A のことである．A が複雑な場合には $\exp(A)$ を用いる．

11.4 $\int_a^x (x-t)f'(t)\,dt$ の計算についてニュートン君とライプニッツ君が論争しています．ニュートン君が「微分した関数を積分すればもとに戻るから，答えは $f(x)$ である」と主張しました．ライプニッツ君は「$f(t)$ を微分しても $(x-t)f'(t)$ にならないからおかしい」と指摘します．実際には $\int_a^x (x-t)f'(t)\,dt$ の値はどうなるのか？

◇◆演習問題 11 ◆◇

11.1 ディリクレの関数 $f(x) = \begin{cases} 1 & (x \text{ は有理数}) \\ 0 & (x \text{ は無理数}) \end{cases}$ に対して

(1) f は $[0,1]$ で積分可能ではないことを説明せよ．

(2) $[0,1]$ での区分求積法 (11.4) の左辺の値を求めて，区分求積の方法で積分の値を定義することはできないことを説明せよ[8]．

11.2 f, g は $[a,b]$ で連続とする．このとき，次のシュワルツの不等式が成り立つことを以下の方針にしたがって確かめよ．

$$(*) \qquad \left(\int_a^b f(x)g(x)\,dx\right)^2 \leq \left(\int_a^b f(x)^2\,dx\right)\left(\int_a^b g(x)^2\,dx\right)$$

(1) $F(\lambda) := \int_a^b (\lambda f(x) + g(x))^2\,dx$ を展開して2次式の形で書け，すなわち，$F(\lambda) = A\lambda^2 + 2B\lambda + C$ となる A, B, C を求めよ．

(2) $F(\lambda)$ の判別式を考えることによって $(*)$ を導け．

(3) $(*)$ を利用して，次のミンコフスキーの不等式を導け．

$$\left(\int_a^b (f(x)+g(x))^2\,dx\right)^{\frac{1}{2}} \leq \left(\int_a^b f(x)^2\,dx\right)^{\frac{1}{2}} + \left(\int_a^b g(x)^2\,dx\right)^{\frac{1}{2}}$$

11.3 (11.6) を確認せよ．

11.4 (マクローリン展開の積分形)　f は開区間 I で C^{n+1} 級とし，$0 \in I$ とする．このとき，$\forall x \in I$ に対して

$$f(x) = f(0) + f'(0)x + \cdots + \frac{f^{(n)}(0)}{n!}x^n + \frac{1}{n!}\int_0^x (x-t)^n f^{(n+1)}(t)\,dt$$

が成り立つことを示せ．

11.5 f を $[a,b]$ 上の有界な単調関数とする．f は可積分であることを示せ[9]．

11.6 $(-a,a)$ 上の関数 f は $f(x) = f(-x)$ をみたすとき**偶関数**，$f(x) = -f(-x)$ をみたすとき**奇関数**という．以下，f は $(-a,a)$ で連続として，次を示せ．

(1) 任意の $x \in (0,a)$ について $\int_{-x}^x f(t)\,dt = 0 \iff f$ は奇関数

(2) 任意の $x \in (0,a)$ について $\int_{-x}^x f(t)\,dt = 2\int_0^x f(t)\,dt \iff f$ は偶関数

11.7 (1) f は $[a,b]$ 上で連続とし，g は (α,β) 上で微分可能で，$a \leq g(x) \leq b$ $(\forall x \in (\alpha,\beta))$ とする．次を示せ．

$$\frac{d}{dx}\left(\int_a^{g(x)} f(t)\,dt\right) = f(g(x))g'(x) \qquad (\forall x \in (\alpha,\beta))$$

(2) $u(x) := \int_{x^2}^{x^3} \frac{1}{1+t^2}\,dt$ のとき $u'(1)$ を計算せよ．

---

[8] 高校数学では区分求積の方法で積分を定義していたが，連続でない関数の積分を考えるときにはその方法が有効ではない場合が生じる．

[9] 見かけほど難しくない．積分可能性の定義を理解するためにもぜひ挑戦して欲しい．

12

広義積分

> 一般的な問題は，正面から解こうとするとき，特殊な問題より案外とやさしいことがあるものである．
> ディリクレ

前章では「有界閉区間上の連続関数は可積分である」ことを学び，それが微分積分学の基本定理を導いた．本章では無限区間や非有界な連続関数の積分である広義積分を取り扱う．それは有界でない (無限に広がっている) 集合の面積を考察することでもある．また，広義積分の具体例であり応用においても重要であるガンマ関数とベータ関数にも触れる．

§12.1 広義積分

次の 2 つの関数の積分を考えてみよう．

例題 12.1 (1) $\displaystyle\int_0^1 \frac{1}{\sqrt{x}}\,dx$ (2) $\displaystyle\int_1^\infty \cos 2\pi x\,dx$

[解答のようなもの] これまで学んだ定積分の定義を復習してみよう．(1) 積分区間を $[0,1]$ と考えて，その任意の分割を $\Delta = \{a_0, a_1, \cdots, a_n\}$ とする．このとき $f(x) = 1/\sqrt{x}$ に対して $M_j := \sup\{f(x)\,;\,a_{j-1} \leq x \leq a_j\}$ とすると，$M_1 = \infty$ である[1]．よって上リーマン和はいつも

$$(12.1) \qquad \overline{S}(f,\Delta) = \sum_{j=1}^n M_j(a_j - a_{j-1}) = \infty$$

になり，その下限 $\overline{I}(f)$ も ∞ であるから，積分の値は ∞ と考えるべきであろうか？

(2) これは積分区間が $[1,\infty)$ と無限であるから，有限個の和であるリーマン和を考えることは難しい[2]．そこで，$[1,\infty)$ の積分は $[1,n]$ での積分の極限と考える方法が思い浮かぶ．すると

$$(12.2) \qquad \int_1^\infty \cos 2\pi x\,dx = \lim_{n \to \infty} \int_1^n \cos 2\pi x\,dx = \lim_{n \to \infty} \left[\frac{1}{2\pi}\sin 2\pi x\right]_1^n = 0$$

と考えられる．一方，区間 $[1, n+1/4]$ も $n \to \infty$ のとき $[1,\infty)$ になることに注意すると

$$(12.3) \qquad \int_1^\infty \cos 2\pi x\,dx = \lim_{n \to \infty} \int_1^{n+\frac{1}{4}} \cos 2\pi x\,dx = \lim_{n \to \infty}\left[\frac{1}{2\pi}\sin 2\pi x\right]_1^{n+\frac{1}{4}} = \frac{1}{2\pi}$$

である．どちらが正しいのだろうか？ ∎

上述のような積分を統一的に取り扱うための方法が広義積分である．

---

[1] $a_0 = 0$ なので $f(a_0) = \infty$ である．
[2] 無限区間を有限個で分割すれば幅は無限になってしまう．

定義 12.1　f は開区間 (a,b) 上の連続関数とする ($a = -\infty$ や $b = \infty$ となることもある)[3]．このとき $a < \forall a' < \forall b' < b$ に対する有界閉区間 $[a',b']$ 上の f の積分値は定まる．a' が a に，b' が b に近づいたときの極限である

$$(12.4) \qquad \lim_{a' \to a+0,\ b' \to b-0} \int_{a'}^{b'} f(x)\,dx$$

が有限な値として存在するとき[4]，f は (a,b) 上で**広義積分可能** (または**広義積分が収束する**) といい，上の極限値を $\int_a^b f(x)\,dx$ と表す．極限値が存在しない (収束しない) ときは f の (a,b) 上での広義積分は発散する (広義積分は収束しない) という．特に，(12.4) が ∞ あるいは $-\infty$ になるとき，広義積分は ∞ あるいは $-\infty$ に発散するという．

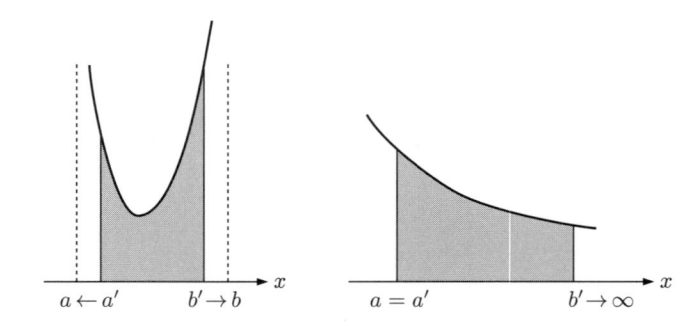

さて，f の (a,b) での原始関数を F とすると[5]

$$(12.5) \qquad \int_a^b f(x)\,dx = \lim_{a' \to a+0,\ b' \to b-0} \{F(b') - F(a')\}$$

であることに注意する．(12.5) の右辺が収束すれば (12.4) が収束するということである．さらに，これは，(単調減少に) a に収束する任意の数列 $\{a_n\}$ と (単調増加に) b に収束する任意の数列 $\{b_n\}$ に対して

$$(12.6) \qquad \int_a^b f(x)\,dx = \lim_{n \to \infty} \int_{a_n}^{b_n} f(x)\,dx$$

となることである[6]．すなわち，(12.6) の左辺の極限値の値が数列 $\{a_n\}$ と $\{b_n\}$ のとり方によらずに一定であることを要求している．

[例題 12.1 の解答]　(1) $1/\sqrt{x}$ の原始関数は $F(x) = 2\sqrt{x}$ であるから

---

[3] (a,b) が有界区間で f が端の点まで含めて連続なら，有界閉区間 $[a,b]$ 上の連続関数の積分になって前章で解決している．したがって，新たな考察が必要になるのは f が非有界の場合かあるいは (a,b) が無限区間の場合である (もちろん両方の場合も含まれる)．

[4] $a = -\infty$ のときは $a' \to a - 0$ は $a' \to -\infty$ のことである．$b = \infty$ のときも同様に考えよ．

[5] f が (a,b) で連続であれば原始関数 F が (a,b) 上に存在する．もちろん (a,b) は無限区間でもよい．証明を演習問題とする．

[6] $a = -\infty$ のときは $\{a_n\}$ が収束するといういい方は正しくない．正確には $\{a_n\}$ が $a = -\infty$ に発散するというべきであろう．しかし $a \neq -\infty$ と $a = -\infty$ の場合にいちいち分けて書くと却って煩雑になるので，統一して収束するといういい方をしている．$b = \infty$ のときも同じ注意が必要である．

$$\int_0^1 \frac{1}{\sqrt{x}}\,dx = \lim_{a'\to+0}\{F(1)-F(a')\} = \lim_{a'\to+0}(2-2\sqrt{a'}) = 2$$

となり，この広義積分の値は 2 である．(2) (12.2) と (12.3) によれば $b_n = n$ のときと $b_n = n + \frac{1}{4}$ のときでは極限値が異なる．これは広義積分が発散していることを意味する (すなわち，(2) の積分の値は存在しない)． ∎

問 12.1 (1) $0 < a < 1$ に対して $\int_a^2 \log x\,dx$ を計算せよ． (2) $\lim_{a\to+0} a\log a$ の値を求めよ (ロピタルの定理を使え)． (3) 広義積分 $\int_0^2 \log x\,dx$ の値を求めよ．

原始関数の存在はいえても，具体的な表示ができないと (12.5) の右辺の収束の判定は困難である．原始関数を使わない広義積分可能性の判定法として以下の定理を与える[7]．

定理 12.1 (1) f は (a,b) で連続で非負値 ($f(x) \geq 0, \forall x \in I$) とする．このとき a に収束するある単調減少列 $\{a_n\}$ と b に収束するある単調増加列 $\{b_n\}$ が存在して

(12.7) $$I_n := \int_{a_n}^{b_n} f(x)\,dx$$

で定まる数列 $\{I_n\}$ が上に有界ならば，f は (a,b) で広義積分可能であり，f の広義積分の値は極限値 $\lim_{n\to\infty} I_n$ に等しい[8]．

(2) f, g はともに (a,b) で連続で $0 \leq f(x) \leq g(x)$ とする．g が広義積分可能なら f も広義積分可能である．また，f の広義積分が発散すれば g の広義積分も発散する．

(3) f は (a,b) で連続であるとき，f の絶対値 $|f|$ が (a,b) で広義積分可能なら f も広義積分可能である．

[証明] これらの証明は難しくない．(1) は上に有界な単調増加列は収束している事実 (実数の連続性) を使う．実際，f は非負値なので積分区間が広がると積分値も大きくなる．したがって，(12.7) で定まる数列 $\{I_n\}$ は単調増加列であり，これが上に有界ならば収束する．もちろん，広義積分可能であるためには，これだけでは不十分で，極限値が $\{a_n\}$ と $\{b_n\}$ のとり方によらずに一定であることを示さないといけない．$\{a'_n\}, \{b'_n\}$ を a, b に収束する別の数列として $[a'_n, b'_n]$ 上での f の積分値を J_n とする．各 n に対して m を十分大きくとれば $[a'_n, b'_n] \subset [a_m, b_m]$ とできるので，$J_n \leq I_m$ である．$m \to \infty$ とし，次に $n \to \infty$ とすれば $\lim_{n\to\infty} J_n \leq \lim_{m\to\infty} I_m$ を得る．J_n と I_m の役割を変えれば逆向きの不等式も出て両者は等しいことがわかる．(2) は

$$\int_{a_n}^{b_n} f(x)\,dx \leq \int_{a_n}^{b_n} g(x)\,dx$$

に注意すると，(1) より g が広義積分可能なら f もそうであり，f の広義積分が発散すれば，g の広義積分も発散する．(3) は

$$f^+(x) := \max\{f(x), 0\}, \quad f^-(x) := \max\{-f(x), 0\}$$

---

[7] 今後の学習が進むと実感することになるが，数学では広義積分の値を具体的に求める必要性はあまりない．むしろ，広義積分が収束しているか否かの判定が重要になることが多い．

[8] 非負値関数の広義積分は ∞ に発散するか収束するかのどちらかしか起こらない．

とすると, $f = f^+ - f^-$, $|f| = f^+ + f^-$ (練習問題 12.1) より $0 \leq f^+ \leq |f|$, $0 \leq f^- \leq |f|$ である. (2) より f^+ と f^- がともに広義積分可能となり, $f = f^+ - f^-$ も広義積分可能である. ∎

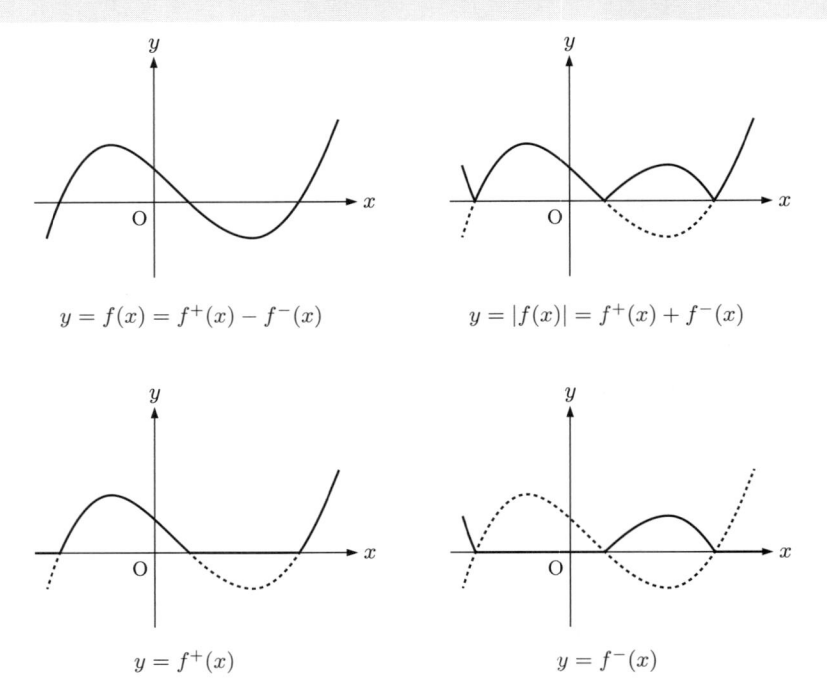

$$y = f(x) = f^+(x) - f^-(x)$$

$$y = |f(x)| = f^+(x) + f^-(x)$$

$$y = f^+(x)$$

$$y = f^-(x)$$

$|f|$ の広義積分が収束するとき, f の**広義積分は絶対収束する**という. 絶対収束はしないが広義積分は収束するということも起こりうる[9]. このとき**広義積分は条件収束する**という.

覚えておくべき重要な広義積分は次である. これらは $x^{-\alpha}$ の原始関数がわかっているので[10], (12.5) から容易に導かれる.

(12.8) $$\int_0^1 x^{-\alpha}\,dx = \begin{cases} \dfrac{1}{1-\alpha} & (\alpha < 1) \\ \text{広義積分は発散} & (\alpha \geq 1) \end{cases}$$

(12.9) $$\int_1^\infty x^{-\alpha}\,dx = \begin{cases} \dfrac{1}{\alpha-1} & (\alpha > 1) \\ \text{広義積分は発散} & (\alpha \leq 1). \end{cases}$$

したがって $\int_0^\infty x^{-\alpha}\,dx$ が広義積分可能となる実数 α は存在しない. 特に, $0 < p < 1$ のとき $y = x^{p-1}$ $(0 < x \leq 1)$ および $y = x^{-p-1}$ $(x > 1)$ と x 軸で囲まれる次図の集合は無限に広がっているが面積は有限である.

---

[9] 例として $\int_0^\infty \left|\dfrac{\sin x}{x}\right|\,dx = \infty$ であるが $\int_0^\infty \dfrac{\sin x}{x}\,dx = \dfrac{\pi}{2}$ が成り立つ. 39 章問題 [11](6) で示す.

[10] $x^{-\alpha}$ の原始関数は $\alpha \neq 1$ のとき $x^{1-\alpha}/(1-\alpha)$ であり, $\alpha = 1$ のとき $\log x$ であった.

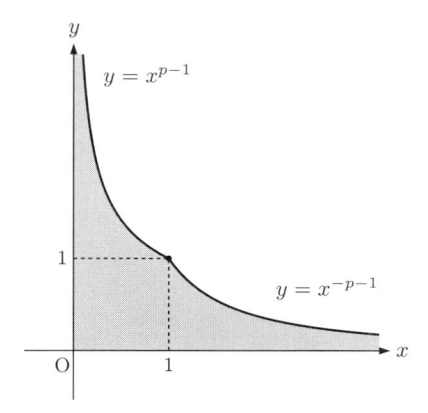

§12.2 ガンマ関数とベータ関数

数値計算において重要なガンマ関数 $\Gamma(p)$ とベータ関数 $B(p,q)$ の考察に移る[11]. ガンマ関数は次の広義積分で与えられる:

$$\Gamma(p) := \int_0^\infty x^{p-1} e^{-x} dx \quad (p > 0)$$

この広義積分が $p > 0$ のとき収束することを確認する. 次が成り立つ (練習問題 12.2).

(12.10) $$x^{p-1} e^{-x} \leq \begin{cases} x^{p-1} & (0 < x \leq 1) \\ (2p)^{2p} e^{-2p} x^{-p-1} & (x \geq 1) \end{cases}$$

よって, (12.8), (12.9) と定理 12.1 (2) より $p > 0$ ならば f は広義積分可能である.

ベータ関数は次の積分で定義される:

$$B(p,q) := \int_0^1 x^{p-1} (1-x)^{q-1} dx \quad (p > 0,\ q > 0)$$

ベータ関数が広義積分となるのは $0 < p < 1$ または $0 < q < 1$ の場合であるが, これも (12.8) と定理 12.1 (2) より広義積分が収束することがわかる[12].

さて, ガンマ関数とベータ関数の重要な性質を列挙する[13].

(12.11) $$\Gamma(p+1) = p\Gamma(p)$$

(12.12) $$\Gamma\left(\frac{1}{2}\right) = \sqrt{\pi}$$

(12.13) $$B(p,q) = \frac{\Gamma(p)\Gamma(q)}{\Gamma(p+q)}$$

---

[11] 関数の変数には x や y を使うので, $\Gamma(x)$ とか $B(x,y)$ と書くべきであろうが, 本書では p および p,q を変数として使う. なお, ベータ関数の B はギリシャ文字のベータの大文字の略である (英語の B と同じであるが).

[12] 細かくいうと, $x = 0$ と $x = 1$ の両方で ∞ になっている可能性があるので, 積分区間を $(0, 1/2]$ と $[1/2, 1)$ に分けて考える. $0 < x \leq 1/2$ のときは $x^{p-1}(1-x)^{q-1} \leq C x^{p-1}$ とできることから導かれる. また $1/2 \leq x < 1$ の積分は $t = 1 - x$ の変換をすれば $\int_{\frac{1}{2}}^1 x^{p-1}(1-x)^{q-1} dx = \int_0^{\frac{1}{2}} t^{1-q}(1-t)^{1-p} dt$ となって前者の場合に帰結できる.

[13] この他に, 証明は本書の範囲を超えるが, たとえば, 次の**相補公式**や **1/2 公式**が成り立つ.
$$\Gamma(p)\Gamma(1-p) = \frac{\pi}{\sin \pi p} \quad (相補公式), \quad \Gamma\left(\frac{p}{2}\right)\Gamma\left(\frac{p+1}{2}\right) = 2^{1-p}\sqrt{\pi}\,\Gamma(p) \quad (1/2\ 公式)$$

[証明]　(12.11) の証明の本質は部分積分である．広義積分が収束することから

$$\Gamma(p+1) = \int_0^\infty x^p e^{-x} dx = \lim_{n\to\infty} \int_0^n x^p e^{-x} dx$$

$$= \lim_{n\to\infty}\left\{\left[x^p(-e^{-x})\right]_0^n + \int_0^n px^{p-1}e^{-x}dx\right\}$$

$$= -\lim_{n\to\infty} n^p e^{-n} + p\lim_{n\to\infty}\int_0^n x^{p-1}e^{-x}dx$$

$$= p\Gamma(p)$$

である[14]．(12.12) はガウス積分と呼ばれる次の左辺の広義積分と関係する．$x^2 = t$ の変換をすると

(12.14) $$2\int_0^\infty e^{-x^2}dx = \int_0^\infty t^{-\frac{1}{2}}e^{-t}dt = \Gamma(1/2)$$

である．左辺が $\sqrt{\pi}$ となることを 22 章で重積分を用いて示す．また，(12.13) も重積分の変数変換を用いて 22 章で示す．(12.14) の最初の等号の成立について一言付け加える．変数変換の公式は有界閉区間で示されたものであるから (定理 11.6)，正確には

$$2\int_0^\infty e^{-x^2}dx = \lim_{n\to\infty}2\int_0^n e^{-x^2}dx = \lim_{n\to\infty}\int_0^{n^2} t^{1/2}e^{-t}dt = \int_0^\infty t^{-1/2}e^{-t}dt$$

とすべきであろう．一般的には，関数が非負値 (あるいは広義積分が絶対収束している) 場合は (12.14) のような乱暴な計算をしても問題を生じることはないが，広義積分が条件収束の場合は定義に戻って (有界区間の積分の極限として) 計算する必要がある．■

最後にガンマ関数の興味ある事実を指摘しておく．p が自然数 n に等しいとき

(12.15) $$\Gamma(n+1) = n!$$

である．これは (12.11) を繰り返し使うと

$$\Gamma(n+1) = n\Gamma(n) = n(n-1)\Gamma(n-1) = \cdots = n!\Gamma(1)$$

である．$\Gamma(1) = 1$ より (12.15) が成り立つ．

問 12.2　$\Gamma(1) = 1$ を示せ．

ガンマ関数は階乗 $n!$ を正の実数まで広げる目的でオイラーが考え出したものである[15]．$\Gamma(3/2) = \Gamma(1/2)/2 = \sqrt{\pi}/2$ なので，(12.15) にならって $(1/2)! = \sqrt{\pi}/2$ と書くこともある．ガンマ関数とベータ関数は多くの積分計算に有用であるが，積分区間が限られた形のものしか使えないことは留意しておくべきである (演習問題 12.1 - 12.6)．

****

○●練習問題 12 ●○

12.1　f を区間 I 上の関数とする．

$$f^+(x) := \max\{f(x), 0\}, \quad f^-(x) := \max\{-f(x), 0\}$$

としたとき，$f(x) = f^+(x) - f^-(x)$ と $|f(x)| = f^+(x) + f^-(x)$ を確認せよ．

---

[14] $\lim_{n\to\infty} n^p e^{-n} = 0$ である (ロピタルの定理を使え)．

[15] オイラーはガンマ関数を第 1 積分，ベータ関数を第 2 積分と呼んでいた．

12.2 $f(x) = x^{2p}e^{-x}$ の最大値を求めて (12.10) が成り立つことを確認せよ.

12.3 (1) $\displaystyle\int_{-\infty}^{\infty} \frac{1}{1+x^2}\,dx$, (2) $\displaystyle\int_0^{1/2} \frac{1}{\sqrt{1-x^2}}\,dx$, (3) $\displaystyle\int_2^{\infty} \frac{1}{x(\log x)^2}\,dx$ を求めよ.

12.4 (1) $B(p,q) = 2\displaystyle\int_0^{\frac{\pi}{2}} \sin^{2p-1}\theta \cos^{2q-1}\theta\,d\theta$ を示して, $B(1/2, 1/2)$ を計算せよ.
(2) $B(p,q) = \Gamma(p)\Gamma(q)/\Gamma(p+q)$ を認めて, $\Gamma(1/2) = \sqrt{\pi}$ を導け.

◇◆ 演習問題 12 ◆◇

12.1 $x = \sin^2\theta$ として $\displaystyle\int_0^{\frac{\pi}{2}} \sin^p\theta \cos^q\theta\,d\theta = \frac{1}{2}B\left(\frac{p+1}{2}, \frac{q+1}{2}\right)$ を導け $(p, q > -1)$.

12.2 $t = \dfrac{1}{1+x^p}$ として $\displaystyle\int_0^{\infty} \frac{x^{q-1}}{1+x^p}\,dx = \frac{1}{p}\Gamma\left(1 - \frac{q}{p}\right)\Gamma\left(\frac{q}{p}\right)$ を導け $(p > q > 0)$.

12.3 $t = x^p$ として $\displaystyle\int_0^1 \frac{x^{q-1}}{\sqrt{1-x^p}}\,dx = \frac{1}{p}B\left(\frac{q}{p}, \frac{1}{2}\right)$ を導け $(p, q > 0)$.

12.4 $t = \log\dfrac{1}{x}$ として $\displaystyle\int_0^1 x^{p-1}\left(\log\frac{1}{x}\right)^{q-1}dx = \Gamma(q)p^{-q}$ を導け $(p, q > 0)$.

12.5 $x = (b-a)t + a$ として $\displaystyle\int_a^b (x-a)^{p-1}(b-x)^{q-1}dx = (b-a)^{p+q-1}B(p,q)$ を導け $(a < b,\ p, q > 0)$.

12.6 上記のいずれかを用いて以下の積分値を求めよ (必要なら脚注 13 の公式を使え).

(1) $\displaystyle\int_0^{\frac{\pi}{2}} \sqrt{\tan\theta}\,d\theta$ (2) $\displaystyle\int_0^{\infty} \frac{x^2}{1+x^4}\,dx$ (3) $\displaystyle\int_0^1 \frac{x}{\sqrt{1-x^4}}\,dx$

(4) $\displaystyle\int_0^1 x^2\left(\log\frac{1}{x}\right)dx$ (5) $\displaystyle\int_{-2}^2 \frac{x+2}{\sqrt{2-x}}\,dx$

12.7 f は $\mathbb{R} = (-\infty, \infty)$ 上の連続関数とする. $\mathbb{R}$ 上に f の原始関数 F が存在することを説明せよ (定理 11.5 より任意の有界区間上には原始関数が存在することはわかっている).

12.8 (1) 任意の自然数 n について $\dfrac{1}{ne^n} \le \displaystyle\int_0^{\infty} t^n e^{-nt}\,dt \le \dfrac{1}{e^{n-1}}$ を示せ.
(2) ガンマ関数を利用して $n^n e^{-n} \le n! \le n^{n+1} e^{-n+1}$ を導け[16].

12.9 自然数 n に対して, 広義積分 $\displaystyle\int_0^1 (-\log x)^n\,dx$ の値を計算せよ.

---

[16] 実は, より精密には $\displaystyle\lim_{n\to\infty} \frac{n!}{\sqrt{2\pi}\,n^{n+\frac{1}{2}}e^{-n}} = 1$ が成り立つ. これは**スターリングの公式**と呼ばれる.

13

基礎事項確認問題 I

> 泳ぎを覚えたければ思い切って水に入ることだ．そして問題を解くことを覚えたかったら，解いてみるのがよい．
> ポーヤ

半年間学んだことの基礎事項確認のための問題である．問題 [1], [2] は 7 章まで，問題 [3], [4] はそれ以後の 12 章までの内容である．[1], [3] は計算演習が主体である．問題 [2] は中間試験を，問題 [4] は期末試験を念頭において作成した．各回 90 分で挑戦してみて欲しい．

問題 [1]

(1) ド・モアブルの公式 $e^{3ix} = (e^{ix})^3$ を用いて $\sin 3x$ を $\sin x$ を使って表せ (3 倍角の公式)．

(2) 次の集合の最大値，最小値，上限，下限を調べよ．

　　(1) $A = (-2, 5]$ （半開区間） 　　(2) $B = \{(-1)^n ;\ n \in \mathbb{N}\}$
　　(3) $C = \{1/n;\ n \in \mathbb{N}\}$ 　　(4) $D = \{1/x;\ 0 < x < 1\}$

(3) $f(x) = ax + b\ (a \neq 0)$ とする．
　　(1) f の逆関数 f^{-1} を求めよ．
　　(2) $f \circ f(x) = 8f^{-1}(x) + 2$ をみたすときの実数 a, b を求めよ．ここで $f \circ f$ は f と f の合成関数である．

(4) (1) $f(x) = \arctan x$ の定義域と値域を記せ．
　　(2) $f(-\sqrt{3})$ と $f(1)$ の値を求め，さらに，$y = f(x)$ のグラフの概形を描け．
　　(3) $(\arctan x)' = \dfrac{1}{1+x^2}$ を使って $x > 0$ においての $\arctan \dfrac{3}{x}$ の導関数を計算せよ．

(5) $x > 0$ において $f(x) = x^x$ を考える．
　　(1) $\log f(x) = x \log x$ の微分を考えることにより，f の導関数を求めよ．
　　(2) $f'(x) = 0$ となる x を求めよ．

(6) 以下の関数の導関数を求めよ．

　　(1) $\sin(3\cos(-2x))$ 　　(2) $\log(\log x)$ 　　(3) $\log(\log(\log x))$
　　(4) $f(x) = \dfrac{1}{\sqrt{2x+3}}$ 　　(5) $g(x) = \dfrac{ax+b}{cx+d}$

問題 [2]

(1) (1) $\sqrt{3}$ は無理数であることを証明せよ．

(2) p,q は有理数で $pq+2+\sqrt{3}(q-3)=0$ のとき，p,q を求めよ．

(2) a,b を実数とする．「$a<c$ となる任意の実数 c に対して $b\leq c$ が常に成り立てば $b\leq a$ である」を示せ．

(3) $a_{n+1}=\sqrt{a_n+2}$, $a_1=1$ で定まる数列について，

(1) $\forall n\in\mathbb{N}$ について $a_n\leq 2$ であることを数学的帰納法を使って示せ．

(2) 与えられた漸化式を 2 乗した $a_{n+1}{}^2=a_n+2$ と $a_n{}^2=a_{n-1}+2$ の両辺の差を考えると $(a_{n+1}-a_n)(a_{n+1}+a_n)=a_n-a_{n-1}$ が成り立つ．これより，$\forall n\in\mathbb{N}$ について $a_{n+1}>a_n$ となることを数学的帰納法を使って示せ．

(3) 数列 $\{a_n\}$ が収束する理由を述べて，極限値を求めよ．

(4) 次の漸化式で定まる数列の極限値を求めよ．

(1) $3a_{n+1}=a_n+2$, $a_1=2$

(2) $b_{n+1}=3b_n-2$, $b_1=2$

(5) $f(x)=\dfrac{1}{\sqrt{x}}$ の $x=1$ における微分係数を定義にしたがって求めよ．すなわち，

$$\lim_{h\to 0}\frac{f(1+h)-f(1)}{h}$$

を計算せよ．

(6) k,A は定数で $0<k<1$ とする．次はケプラーの方程式と呼ばれ，天文学で重要である．

$$x=k\sin x+A$$

(1) ケプラーの方程式はただ 1 つの実数解 α をもつことを説明せよ (中間値の定理を使うとよい)．

(2) $\forall x,\forall y\in\mathbb{R}$ について $|\sin x-\sin y|\leq |x-y|$ となることを平均値の定理から導け．

(3) $x_0=0$, $x_{n+1}=k\sin x_n+A$ で数列 $\{x_n\}$ を定める．このとき $|x_{n+1}-\alpha|\leq k|x_n-\alpha|$ が成り立つことに注意して x_n が α に収束することを説明せよ．

(7) $\displaystyle\lim_{x\to 1}\cos\dfrac{1}{x-1}$ の極限値は存在しないことを説明せよ．

(8) $\log 2$ と $\dfrac{3}{4}$ の大小を比較せよ．

問題 [3]

(1) 以下の極限値を求めよ．

(1) $\displaystyle\lim_{x\to 0}\frac{x}{\sin 2x}$ (2) $\displaystyle\lim_{x\to\infty}\frac{\sin 2x}{x}$ (3) $\displaystyle\lim_{x\to 0}\frac{1}{x}\left(\frac{1}{x}-\frac{1}{\sin x}\right)$

(2) (1) 実数 A について次が成り立つことを確かめよ．
$$\cos A - \sin A = \sqrt{2}\cos\left(A+\frac{\pi}{4}\right)$$

(2) すべての $n \in \mathbb{N}$ について次を示せ．
$$(e^x \cos x)^{(n)} = 2^{\frac{n}{2}}\cos\left(x+\frac{n\pi}{4}\right)$$

(3) $f(x) = x^4 - 4x^3 - 2x^2 + ax + b$ は $x = 1$ で極大値 3 をとる．

(1) 実数 a, b を求めよ．

(2) f の他の極値をすべて求めよ．

(4) $\mathbb{R}$ 上で $f(x) = \dfrac{4x}{3+x^4}$ を考える．

(1) $\displaystyle\lim_{x\to\infty}f(x),\ \lim_{x\to-\infty}f(x)$ を求めよ．

(2) 原点における接線を求めよ．

(3) f の極値を求めよ．

(4) $y = f(x)$ のグラフの概形を描け．

(5) 次の不定積分を求めよ (微分して検算すること)．

(1) $\displaystyle\int \frac{4}{x^2+6x+5}\,dx$ (2) $\displaystyle\int x\log x\,dx$

(6) (1) $\dfrac{x^3+1}{x^2+1} = x + \dfrac{Ax}{x^2+1} + \dfrac{B}{x^2+1}$ をみたす実数 A, B を求めよ．

(2) $\displaystyle\int_0^1 \frac{x^3+1}{x^2+1}\,dx$ を計算せよ．

(7) (1) 商の微分法を使って $\tan x$ の導関数を求めよ．

(2) 逆関数微分法を使って $\arctan x$ の導関数を求めよ．

(3) 対数積分法を使って $\tan x$ の原始関数を求めよ．

(4) 部分積分法を使って $\arctan x$ の原始関数を求めよ．

問題 [4]

(1) $x > -1$ について $f(x) = \log(1+x)$ を考える.

(1) $f'(x), f''(x), f'''(x)$ を求めよ.

(2) $f(x)$ の 3 次マクローリン展開を求めよ.

(3) 上記のマクローリン展開を使って $\log 1.1$ の近似値を求めよ (分数の形でよい).

(4) 剰余項を評価して，(3) の近似値と正確な値との誤差が $1/3000$ 以下であることを確かめよ.

(2) (1) $f(x) = e^x$ は $\mathbb{R}$ で凸関数であることを確認せよ.

(2) $a, b > 0, \ 0 \leq t \leq 1$ に対して $a^t b^{1-t} \leq ta + (1-t)b$ が成り立つことを (1) を利用して示せ.

(3) $x, y > 0, \ p > 1$ のとき，次のヤングの不等式を (2) より導け.
$$xy \leq \frac{x^p}{p} + \frac{y^q}{q} \quad \left(\text{ただし} \ \frac{1}{p} + \frac{1}{q} = 1\right)$$

(3) (1) C^1 級の関数 f の逆関数を g とする. すなわち，$y = f(x)$ ならば $x = g(y)$ である. f, g の原始関数を F, G としたとき，$F(x) + G(y) = xy + C$ (C は任意定数) が成り立つことを示せ (とりあえず定義域については気にしなくてよい).

(2) (1) を利用して $y = \arcsin x$ の原始関数を求めよ (定義域を配慮せよ).

(4) (1) $\dfrac{4t}{(1+t^2)(1+t)^2} = \dfrac{At+B}{1+t^2} + \dfrac{Ct+D}{(1+t)^2}$ をみたす定数 A, B, C, D を求めよ.

(2) $\displaystyle\int \dfrac{4t}{(1+t^2)(1+t)^2} \, dt$ を計算せよ.

(3) $t = \tan(x/2)$ の変換で $\displaystyle\int \dfrac{\sin x}{1 + \sin x} \, dx$ を求めよ.

(4) $\displaystyle\int_0^{\pi/2} \dfrac{\sin x}{1 + \sin x} \, dx$ を計算せよ.

(5) (1) $\sqrt{x^2 + 1} = t - x$ のとき x を t の式で表せ.

(2) 上の変換を用いて $\displaystyle\int \dfrac{1}{\sqrt{x^2+1}} \, dx = \int \dfrac{1}{t} \, dt$ が成り立つことを示せ.

(3) $(x\sqrt{x^2+1})' = 2\sqrt{x^2+1} - \dfrac{1}{\sqrt{x^2+1}}$ を確かめよ.

(4) (2),(3) を使って $\displaystyle\int \sqrt{x^2+1} \, dx$ を求めよ.

(5) 曲線 $y = f(x)$ ($a \leq x \leq b$) の長さは $\displaystyle\int_a^b \sqrt{1 + f'(x)^2} \, dx$ で与えられる. 放物線 $y = \dfrac{x^2}{2}$ ($0 \leq x \leq 3$) の長さを計算せよ.

(6) 自然数 n に対して，$\displaystyle\int_0^n \dfrac{1 - (1 - x/n)^n}{x} \, dx = 1 + \dfrac{1}{2} + \dfrac{1}{3} + \cdots + \dfrac{1}{n}$ となることを示せ.

(7) 次の広義積分について，収束している場合にはその値を求めよ. 発散している場合にはその理由を述べよ.

(1) $\displaystyle\int_0^\infty \sin x \, dx$ 　　　　　(2) $\displaystyle\int_{-2}^2 \dfrac{1}{(x-1)^2} \, dx$

14

多変数関数の連続性

> 記憶力がよいと大変研究の助けになるものであるが，あんまりよすぎるのも考えものである．そういう人は失敗の経験を繰り返さないことになろうが，実は失敗の繰り返しが，ときに，古くからの事実を新しい光のもとで見直すきっかけになるものである．　　　　モーデル

　これまで学んだ関数 $f(x)$ の変数は x のみであったが，今後は変数が複数の関数を考える．たとえば，$(4\pi t)^{-1/2}e^{-x^2/4t}$ は熱の記述に重要であるが，熱の伝わり方は場所 x と時間 t によるので x と t の 2 変数関数であり，重力に関係する $(x^2+y^2+z^2)^{-1/2}$ は空間の座標 x,y,z の 3 変数関数の例である．一般に N 個の変数をもつ関数を N 変数関数というが，本書では，主に 2 変数関数を扱う．

§14.1　多変数関数の極限値

　N 次元ベクトル $\mathrm{X}=(x_1,x_2,\cdots,x_N)$ の全体を $\mathbb{R}^N$ と表し，**N 次元ユークリッド空間**という．$\mathrm{O}=(0,\cdots,0)$ は $\in\mathbb{R}^N$ の原点である．

　以後 $N=2$ とする．2 変数関数の変数には x,y を用いて，$z=f(x,y)$ と表す．$\mathrm{X}=(x,y)$ のときは $f(x,y)$ を $f(\mathrm{X})$ と書くことも多い．幾何学的に見ると，1 変数関数 $y=f(x)$ が曲線を表したのに対して，$z=f(x,y)$ は 3 次元空間内の曲面を表す．

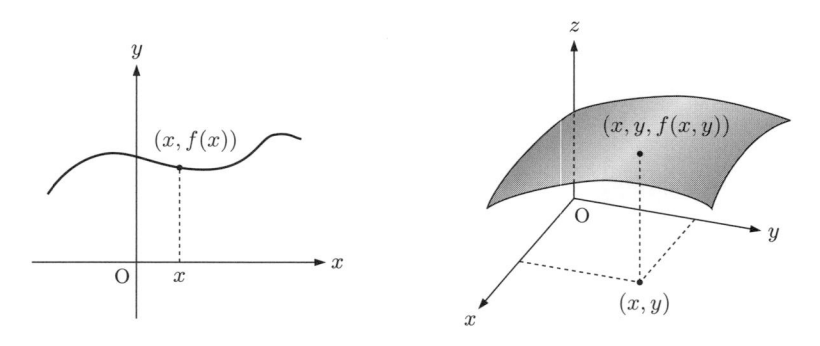

　さて，平面 $\mathbb{R}^2$ の 2 点 $\mathrm{X}=(x,y)$, $\mathrm{A}=(a,b)$ に対して，2 点間の**長さ** (距離) を

(14.1) $$\|\mathrm{X}-\mathrm{A}\|:=\sqrt{(x-a)^2+(y-b)^2}\quad(\text{三平方の定理})$$

と書く[1]．また正数 $r>0$ に対して

---

[1] $\mathrm{X}=(x,y)$, $\mathrm{A}=(a,b)$ のとき，$\mathrm{X}+\mathrm{A}=(x+a,y+b)$, $\mathrm{X}-\mathrm{A}=(x-a,y-b)$ である．特に，$\|\mathrm{X}+\mathrm{A}\|=\sqrt{(x+a)^2+(y+b)^2}$ である．

(14.2) $$D(A, r) = \{X = (x,y) \in \mathbb{R}^2 ; \|A - X\| < r\}$$

は中心 A で半径 r の円の内部を表している．これを，A の r 近傍と呼ぶ．ある $r > 0$ が存在して，関数 f が A の r 近傍を含む集合で定義されているとき，f は A の近くで定義されている，あるいは，点 A のまわりで定義されている，という．また，$D(O,1)$ を**単位円**という．

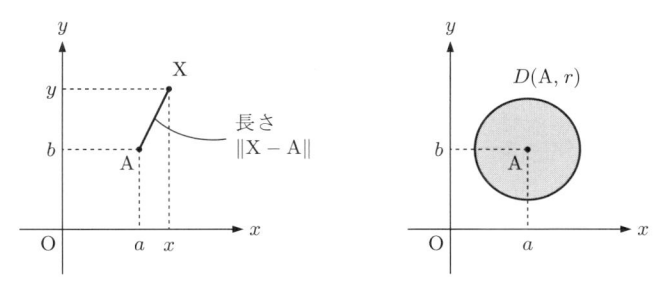

中心 A，半径 r の円

$\|X - A\|$ が限りなく 0 に近づくとき点 X は A に収束するといい，$X \to A$ と表す．もちろん，$X = (x, y)$ のとき $X \to A \iff x \to a, y \to b$ である．

点 A のまわりで定義された関数 f の点 A での極限を考える．$X \to A$ のとき $f(X)$ が α に限りなく近づくとき，$f(X)$ は α に収束するといい，

(14.3) $$\lim_{X \to A} f(X) = \alpha \quad \left(\text{または} \quad \lim_{(x,y) \to (a,b)} f(x,y) = \alpha \right)$$

と書く[2]．(14.3) が成り立たないとき $f(X)$ は $X \to A$ のとき収束しない（あるいは，極限値が存在しない）という．

問 14.1 (1) $\lim_{X \to A} \|X\|$, (2) $\lim_{X \to A} \|X\|^{-1}$, (3) $\lim_{(x,y) \to (0,0)} \dfrac{xy}{\sqrt{x^2 + y^2}}$ を求めよ

1 変数の場合（定理 5.2）と同様に，極限値を点列に対する極限値として言い表すことができる．$\mathbb{R}^2$ の点を並べた $X_1, X_2, \cdots, X_n, \cdots$ を $\mathbb{R}^2$ 内の**点列**といい[3]，$\{X_n\}$ と表す．$\{X_n\}$ が点 A に限りなく近づくとき，すなわち，$\lim_{n \to \infty} \|X_n - A\| = 0$ となるとき，点列 $\{X_n\}$ は A に収束するといい，$\lim_{n \to \infty} X_n = A$　または　$X_n \to A \ (n \to \infty)$ と表す[4]．このとき次が成り立つ．

定理 14.1 $\lim_{X \to A} f(X) = \alpha$ である必要かつ十分条件は A に収束するすべての点列 $\{X_n\}$ に対して $\lim_{n \to \infty} f(X_n) = \alpha$ が成り立つことである[5]．

---

[2] 極限を考えるときは X は A に限りなく近づくが $X \neq A$ である．(14.3) は 31 章で学ぶ ε-δ 論法を使えば，任意の $\varepsilon > 0$ に対して $\delta > 0$ が存在して，$\|X - A\| < \delta$ ならば $|f(X) - \alpha| < \varepsilon$ が成り立つことである．

[3] 1 次元のときは実数列であった，多次元の場合は要素はベクトルであるから，ベクトル列と呼んでもよいが，通常は点列という．

[4] $X_n = (x_n, y_n)$, $A = (a, b)$ とすれば $\lim_{n \to \infty} X_n = A \iff \begin{cases} \lim_{n \to \infty} x_n = a \\ \lim_{n \to \infty} y_n = b \end{cases}$ である．

[5] A に収束するある点列 $\{X_n\}$ について $\lim_{n \to \infty} f(X_n)$ が存在しないか，あるいは，A に収束する 2 つの点列 $\{X_n\}$ と $\{X'_n\}$ に対して $\lim_{n \to \infty} f(X_n) \neq \lim_{n \to \infty} f(X'_n)$ となる場合には f は A で極限値は存在しない．

X $= (x,y)$ で y を固定して $x \to a$ としたときの極限と,x を固定して $y \to b$ としたときの極限を,それぞれ $\lim_{x \to a} f(x,y)$,$\lim_{y \to b} f(x,y)$ と書く[6]. この書き方によると,

(14.4) $$\lim_{(x,y) \to (a,b)} f(x,y) \neq \lim_{x \to a} \lim_{y \to b} f(x,y)$$

となりうることを注意しておく (もちろん等号が成り立つ場合も多い)[7].

例題 14.1 $(x,y) \neq (0,0)$ に対して $f(x,y) = \dfrac{xy + 2x^3}{x^2 + y^2}$ とする.
(1) $\lim_{x \to 0} \lim_{y \to 0} f(x,y)$, $\lim_{y \to 0} \lim_{x \to 0} f(x,y)$ を求めよ.
(2) $a > 0$ とする. 直線 $y = ax$ に沿って原点 $(0,0)$ に近づくときの極限値,すなわち,$\lim_{x \to 0} f(x, ax)$ の値を求めよ.
(3) f の原点 $(0,0)$ での極限を調べよ.

[解答] (1) $\lim_{x \to 0} \lim_{y \to 0} f(x,y) = \lim_{x \to 0} 2x^3/x^2 = 0$, $\lim_{y \to 0} \lim_{x \to 0} f(x,y) = \lim_{y \to 0} 0/y^2 = 0$.
(2) $f(x, ax) = (ax^2 + 2x^3)/(x^2 + a^2 x^2) = (a + 2x)/(1 + a^2) \to a/(1 + a^2)$ $(x \to 0)$.
(3) a を変えると (近づき方を変えると) 極限値が異なるので $(x,y) \to (0,0)$ では収束しない. ∎

§14.2 多変数関数の連続性

1変数関数の連続性 (5.10) は $\lim_{x \to a} f(x) = f(a)$ であったが,2変数でも見かけは何ら変わらない. f を A $= (a,b)$ のまわりで定義された関数とする.

(14.5) $$\lim_{X \to A} f(X) = f(A)$$

が成り立つとき f は X $=$ A で**連続**であるという[8]. 見かけは同じであるが,$x \to a$ と X $\to$ A の違いに注意しておく必要がある. 後者は前者に比べて近づき方が非常に多様である.

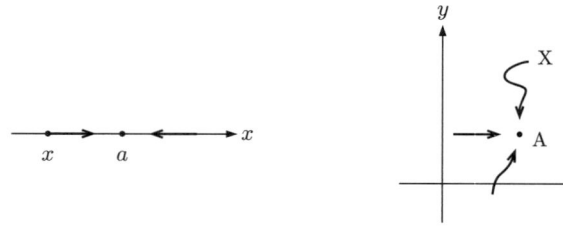

1変数の場合の近づき方   2変数の場合の近づき方

---

[6] y を固定するときは $y = y_0$ として $\lim_{x \to a} f(x, y_0)$ と書く方が混乱しないかもしれない.

[7] 右辺は $\lim_{x \to a} (\lim_{y \to b} f(x,y))$ の意味である. より詳しくいうと,$x \neq a$ なる x を固定して,$\lim_{y \to b} f(x,y)$ を考えて,次に,$x \to a$ の極限を考える. (14.4) は $f(x,y)$ が (y を固定して) x の関数として連続であり,かつ,(x を固定して) y の関数として連続であっても,2変数関数としては連続でないことがあり得ることを示している. 演習問題 14.2 を見よ.

[8] 31章で学ぶ ε-δ 論法を使えば,任意の $\varepsilon > 0$ に対して $\delta > 0$ が存在して,$\|X - A\| < \delta$ ならば $|f(X) - f(A)| < \varepsilon$ となることである.

定義域を考慮した極限値について注意しておく．E を $\mathbb{R}^2$ の部分集合とし，f を E 上の関数とする[9]．E 内の任意の点 A に対して

(14.6)
$$\lim_{X \in E, X \to A} f(X) = f(A)$$

が成り立つとき[10]，f は E で連続であるという．これは $A \in E$ と $\{X_n\} \subset E$ に対して

(14.7)
$$\lim_{n \to \infty} X_n = A \quad \text{ならば} \quad \lim_{n \to \infty} f(X_n) = f(A)$$

がいつも成り立つことと同じことである．

問 14.2 $f(x,y) = \begin{cases} \exp\left(-\dfrac{1}{x+y}\right) & (x+y \neq 0) \\ 0 & (x+y = 0) \end{cases}$, $E = \{(x,y) ; x > 0, y > 0\}$ とする．$\lim_{X \to O} f(X)$ と $\lim_{X \in E, X \to O} f(X)$ の値を求めよ $(X = (x,y),\ O = (0,0)$ である$)$．

§14.3　多変数関数の定義域

2 変数関数の定義域としては $\mathbb{R}^2$ のすべての部分集合を考えることが可能であるが，実際に重要なものは次に述べる領域とコンパクト集合である[11]．

定義 14.1　(1) $\mathbb{R}^2$ の部分集合 Ω は次の条件をみたすとき**領域** (= 連結開集合) と呼ばれる．
　(a) (**開集合**) $\forall X \in \Omega$ に対して，$r > 0$ が存在して $D(X, r) \subset \Omega$ をみたす[12]．
　(b) ((**弧状**)**連結集合**) $\forall X, \forall Y \in \Omega$ に対して，Ω 内の折れ線で X と Y を結ぶことができる[13]．
(2) $\mathbb{R}^2$ 内の部分集合 K は次の条件をみたすとき**コンパクト集合** (= 有界閉集合) と呼ばれる．
　(c) (**閉集合**) K 内の点列 $\{X_n\}$ が X に収束すれば，$X \in K$ が成り立つ[14]．
　(d) (**有界集合**) $R > 0$ が存在して $K \subset D(O, R)$ をみたす[15]．

開集合や閉集合の概念は現代数学の理解には必須であるが，35 章と 36 章で再考するので，いまのところは，直感的な理解でよい．

「領域とは集合が分かれていなくて，境界点を 1 つも含まない集合」

「コンパクト集合は無限に広がってはいなくて，境界点をすべて含んでいる集合」

である．たとえば，円 $D(A, r)$，第 1 象限 $\{(x,y) ; x > 0,\ y > 0\}$，(境界の入らない) 長方形 $\{(x,y) ; a < x < b,\ c < y < d\}$，平面全体 $\mathbb{R}^2$ は領域である．一方，周まで込めた円 $\{X ; \|X - A\| \leq r\}$ や境界を含

---

[9] 「f の定義域が E である」ということ．

[10] $X \in E, X \to A$ の意味は E に属する X が A に近づくことである．たとえば $E = \{(x,y) ; 0 \leq x \leq 1,\ 1 \leq y \leq 2\}$，$A = (1, 2)$ のとき，$X \in E,\ X = (x, y) \to A$ は $0 \leq x \leq 1$ および $1 \leq y \leq 2$ の条件の下で $A = (1, 2)$ に近づくことになる．

[11] 少し細かい注意をする．f の定義域を領域 Ω とする．$A \in \Omega$ のとき，A の r-近傍の点も Ω に含まれるので，(14.5) で書いた $X \to A$ のとき $X \in \Omega$ と考えてよい．すなわち，定義域が領域の場合は (14.5) と (14.6) は同じ意味になる．一方，f の定義域がコンパクト集合 K のときは，一般には $X \in K, X \to A$ において K を省略することはできない．

[12] X が Ω 内の点ならその近くのまわりの点も Ω に入ることを要求している．r は X によって変わってよい．

[13] 集合が 2 つに分かれていないことを要求している．

[14] K 内の点列の収束先も K の点になることを要求している．

[15] 集合が無限に広がっていないことを示している．

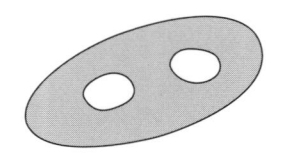

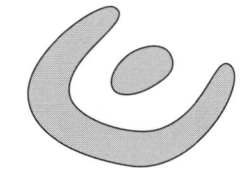

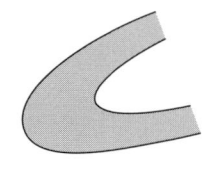

有界連結集合　　　　　有界であるが連結でない集合　　　連結であるが有界でない集合

めた長方形 $\{(x,y); a \leq x \leq b, c \leq y \leq d\}$, 線分 $\{tX + (1-t)Y; 0 \leq t \leq 1\}$ はコンパクト集合である.

§14.4　連続関数の基本性質

　連続関数の基本的性質である中間値の定理と最大値の原理に触れる. 1 変数関数の場合に中間値の定理では定義域が開区間であること, 最大値の原理では定義域が有界閉区間であることが重要である. 2 変数の関数に対しては開区間に対応する領域, 有界閉区間に対応するコンパクト集合として, 同様な主張が成り立つ. 1 変数の場合は 7 章で触れたが, 対比する意味で, それも再掲する.

定理 14.2 (中間値の定理)　(1) 1 変数関数 f は開区間 (α, β) で連続で, $a, b \in (\alpha, \beta)$ に対して, $f(a) < f(b)$ とする. このとき, $f(a) < \gamma < f(b)$ をみたす任意の γ に対して $\gamma = f(p)$ となる $p \in (\alpha, \beta)$ が存在する[16].

　(2) 2 変数関数 f は領域 Ω で連続で, $A, B \in \Omega$ に対して $f(A) < f(B)$ とする. $f(A) < \gamma < f(B)$ をみたす任意の γ に対して, $f(P) = \gamma$ となる $P \in \Omega$ が存在する.

定理 14.3 (最大値の原理)　(1) 1 変数関数 f は有界閉区間 $[a, b]$ で連続とする. このとき f は最大値, 最小値をもつ. すなわち, $f(c) \leq f(x) \leq f(d)$ ($\forall x \in [a, b]$) をみたす $c, d \in [a, b]$ が存在する.

　(2) 2 変数関数 f はコンパクト集合 K で連続とする. このとき f は最大値, 最小値をもつ. すなわち, $f(C) \leq f(X) \leq f(D)$ ($\forall X \in K$) をみたす $C, D \in K$ が存在する.

[証明] 2 変数の場合を記す. 中間値の定理については, A と B を結ぶ Ω 内の折れ線 L を考える. これを $P(t) = (x(t), y(t))$, $a \leq t \leq b$ と媒介変数表示して, $g(t) := f(x(t), y(t))$ とおく. g は $[a, b]$ 上の連続関数で $g(a) = f(x(a), y(a)) = f(A) < f(B) = f(x(b), y(b)) = g(b)$ であり, $g(a) < \gamma < g(b)$ である. よって, 1 変数連続関数の中間値の定理から $g(p) = \gamma$ となる $p \in (a, b)$ が存在する. $P = (x(p), y(p))$ とすれば $P \in \Omega$ であり $f(P) = g(p) = \gamma$ である.

---

[16] 実際には p は a と b の間にある.

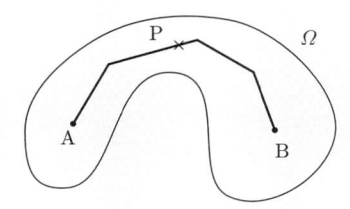

次に最大値の原理を示す．$M := \sup\{f(X); X \in K\}$ とおく．定理 4.4 から $\lim_{n\to\infty} f(X_n) = M$ となる点列 $\{X_n\} \subset K$ が存在する．$X_n = (x_n, y_n)$ とすると $\{x_n\}$ と $\{y_n\}$ はともに有界列である．ボルツァノ・ワイエルシュトラスの定理 (4 章の定理 4.5) を $\{x_n\}$ に適用すると，収束する部分列 $\{x_{n_j}\}$ が存在する．さらに，ボルツァノ・ワイエルシュトラスの定理を $\{y_{n_j}\}$ に適用すると，収束する部分列 $\{y_{n_{j_k}}\}$ が存在する．このとき $X_{n_{j_k}} = (x_{n_{j_k}}, y_{n_{j_k}})$ は K 内のある点 D に収束する[17]．これから先の議論は 1 変数の場合 (定理 7.2) と同じである． ∎

****

○●練習問題 14 ●○

14.1 $X = (x, y)$, $A = (a, b)$ とする．以下の極限値を求めよ．
(1) $\lim_{X \to A} x \sin(x + 2y)$ 　(2) $\lim_{X \to A} \|X + A\|^2$ 　(3) $\lim_{X \to A} \|X - A\| \log(\|X - A\|)$

14.2 $f(x, y) = \dfrac{\sin(x^2 - y^2)}{x^2 + y^2}$ に対して，
(1) $\lim_{x \to 0} \lim_{y \to 0} f(x, y)$ および $\lim_{y \to 0} \lim_{x \to 0} f(x, y)$ の値を求めよ．
(2) $\lim_{(x,y) \to (0,0)} f(x, y)$ は存在するか．

14.3 以下の関数は原点で連続か，連続でないかを説明せよ．
(1) $f(x, y) = \dfrac{x^2 - y^2}{x^2 + y^2}$ 　$((x, y) \neq (0, 0))$, 　$f(0, 0) = 0$
(2) $f(x, y) = \dfrac{x^3 - y^3}{x^2 + y^2}$ 　$((x, y) \neq (0, 0))$, 　$f(0, 0) = 0$ (極座標で表してみよ)

◇◆演習問題 14 ◆◇

14.1 $f(x, y) = \begin{cases} \dfrac{x^2 y}{x^6 + y^2} & ((x, y) \neq (0, 0)) \\ 0 & ((x, y) = (0, 0)) \end{cases}$ に対して，

(1) $\lim_{x \to 0} \lim_{y \to 0} f(x, y)$, $\lim_{y \to 0} \lim_{x \to 0} f(x, y)$ を求めよ．
(2) $a > 0$ とする．直線 $y = ax$ に沿って原点 $(0, 0)$ に近づくときの極限値を求めよ．
(3) 放物線 $y = x^2$ に沿って原点に近づくときの極限値，すなわち，$\lim_{x \to 0} f(x, x^2)$ の値を求めよ．
(4) f は原点で連続であるか．理由を付して答えよ．

14.2 $f(x, y) = \begin{cases} \dfrac{xy}{x^2 + y^2} & ((x, y) \neq (0, 0)) \\ 0 & ((x, y) = (0, 0)) \end{cases}$ とする．次を確かめよ．

(1) $\forall b \in \mathbb{R}$ 対して $f(x, b)$ は x の関数として $\mathbb{R}$ で連続である．

---

[17] 部分列の部分列を考えるところがミソである．

(2) $\forall a \in \mathbb{R}$ 対して $f(a,y)$ は y の関数として $\mathbb{R}$ で連続である．
(3) f は 2 変数の関数としては $\mathbb{R}^2$ で連続ではない．

14.3 次の (a), (b) を示して，単位円 $D := \{X ; \|X\| < 1\}$ は領域であることを確認せよ．
(a) 任意の $X \in D$ 対して $r = 1 - \|X\|$ とすると $r > 0$ かつ $D(X, r) \subset D$ が成り立つ．
(b) 任意の $X, Y \in D$ に対して X と Y を結ぶ線分を L とすると $L \subset D$ である．

14.4 (1) 閉単位円 $E_1 = \{X = (x, y) ; \|X\| \leq 1\}$ は開集合でないことを確認せよ．
(2) 単位円 $E_2 = \{X = (x, y) ; \|X\| < 1\}$ は閉集合でないことを確認せよ．

14.5 以下の集合を図示し[18]，開集合，連結集合，閉集合，有界集合となるものを挙げよ．さらに領域とコンパクト集合になるのはどれか？

$A = \{(x,y) ; x^2 + y^2 \leq 1\}, \quad B = \{(x,y) ; \frac{1}{2} < x^2 + y^2 \leq 1\}, \quad C = \{(x,y) ; x^2 + y^2 > 1\}$

$D = \{(x,y) ; x^2 + y^2 < 1, \ xy > 0\}, \quad E = \{(x,y) ; |x| + |y| = 1\}, \quad F = \{(x,y) ; x > 0, \ y > 0\}$

14.6 $X = (x_1, x_2, \cdots, x_n), Y = (y_1, y_2, \cdots, y_n)$ について，その内積を
$$(X, Y) = x_1 y_1 + x_2 y_2 + \cdots + x_n y_n$$
と定める．$\|X\| = \sqrt{(X, X)}, \|Y\| = \sqrt{(Y, Y)}$ としたとき，次のシュワルツの不等式が成り立つことを示せ．
$$(X, Y) \leq \|X\| \|Y\|$$

さらに，$p > 1$ に対して $\|X\|_p = \left(\sum_{k=1}^{n} |x_k|^p \right)^{\frac{1}{p}}$ としたとき，次のヘルダーの不等式が成り立つことを示せ (p.93 のヤングの不等式を利用するとよい)．
$$(X, Y) \leq \|X\|_p \|Y\|_q \quad \left(\text{ただし } \frac{1}{p} + \frac{1}{q} = 1 \right)$$

---

[18] 開集合は境界を含んでいないので，図示する場合は境界を実線ではなくて点線で書く方がよいが，区別せずに実線で書かれることも多いので注意すること．

15

偏微分と全微分

> 良い教え方はいろいろとたくさんあるし，悪い教え方はもっとたくさんあるが，一番悪いのは退屈な教え方である． ネヴァンリンナ

多変数関数の微分には偏微分と全微分の 2 種類がある．各変数ごとの微分である偏微分は計算が容易であるが，1 変数関数の微分の自然な拡張は定義のややこしい全微分の方である．C^1 級の概念が計算の容易な偏微分と理論上重要な全微分を結びつける．

§15.1 偏導関数

Ω を $\mathbb{R}^2$ の領域，$z = f(x,y)$ を Ω 上の関数，(a,b) を Ω 内の点とする．$y = b$ と固定して，x のみの関数 $g(x) := f(x,b)$ が $x = a$ で微分可能なとき，$f(x,y)$ は点 (a,b) において x について**偏微分可能**であるという．微分係数 $g'(a)$ を x についての**偏微分係数**といい，$f_x(a,b)$ で表す．すなわち，

$$(15.1) \qquad f_x(a,b) = \lim_{h \to 0} \frac{f(a+h,b) - f(a,b)}{h}$$

である．同様に y についての偏微分係数が定義できる．

$$(15.2) \qquad f_y(a,b) := \lim_{k \to 0} \frac{f(a,b+k) - f(a,b)}{k}$$

である[1]．$z = f(x,y)$ が Ω のすべての点で x および y について偏微分可能のとき，f は Ω で偏微分可能という．各点 (x,y) に偏微分係数 $f_x(x,y)$ を対応させる関数を $z = f(x,y)$ の x についての**偏導関数**といい，

$$f_x(x,y), \ \frac{\partial}{\partial x}f(x,y), \ f_x, \ z_x, \ \frac{\partial z}{\partial x}$$

などで表し，$f_y(x,y)$ を対応させる関数を y についての偏導関数といい

$$f_y(x,y), \ \frac{\partial}{\partial y}f(x,y), \ f_y, \ z_y, \ \frac{\partial z}{\partial y}$$

などと書く[2]．偏導関数を求める場合に，偏微分可能性が明らかな場合は，f_x ならば y を定数と思って x について微分し，f_y は x を定数と思って y について微分すればよい．このとき f_x, f_y に (a,b) を代入すれば $f_x(a,b), f_y(a,b)$ が求まる．

---

[1] 定義に戻った微分を考えるときに，x については h を，y については k を区別して使うことが慣例である．

[2] $y = f(x)$ のとき，その導関数が $f'(x), df/dx, f', y', dy/dx$ などと書かれたことに対応している．また，∂ は通常 "ディー" と読めばよいが，d と区別するために "ラウンド・ディー" ともいう．1 変数の微分では d が使われるが，偏微分は ∂ を使うことに注意せよ．

問 15.1 (1) $f(x,y) = x^2y + x - 3y + 5$ について，点 $(-1,2)$ での偏微分係数 $f_x(-1,2)$, $f_y(-1,2)$ を求めよ． (2) $z = x\sin(2xy)$ のとき偏導関数 z_x, z_y を求めよ．

問 15.2 $x > 0, y > 0$ において (1) $z = \log(x^2 + y^2)$, (2) $z = \arctan(y/x)$, (3) $z = x^y$ の各関数の偏導関数を求めよ．

一方，偏微分可能性が明らかでない場合は (15.1) や (15.2) の定義に戻って計算する必要がある．

例題 15.1 $f(x,y) = \begin{cases} \dfrac{xy + 2x^3}{x^2 + y^2} & ((x,y) \neq (0,0)) \\ 0 & ((x,y) = (0,0)) \end{cases}$ とする (例題 14.1 と同じ)．

(1) $y \neq 0$ のとき $f_x(x,y)$ を求めよ．
(2) $f_x(0,0)$ を定義に戻って求めよ[3]．
(3) $\lim_{y \to +0} f_x(0,y) \neq f_x(0,0)$ を確認せよ．

[解答] (1) $\dfrac{2x^4 + 6x^2y^2 - x^2y + y^3}{(x^2 + y^2)^2}$. (2) $\lim_{h \to 0}(f(h,0) - f(0,0))/h = \lim_{h \to 0}(2h^3/h^2)/h = 2$.
(3) $\lim_{y \to +0} f_x(0,y) = \lim_{y \to +0} y^3/y^4 = \infty \neq 2 = f_x(0,0)$. ∎

この例はいろいろなことを教えてくれる．
(1) 偏微分可能であっても連続とは限らない．
(2) 偏導関数は連続とは限らない．

実際，前章の例題 14.1 で確認したように f は原点で連続ではなかった．にもかかわらず，原点で偏微分可能なのである[4]．また，$\lim_{y \to 0} f_x(0,y) \neq f_x(0,0)$ は f_x が原点で連続でないことを示している[5]．f_x, f_y がともに連続関数になるとき f は $\boldsymbol{C^1}$ 級であるという．

§15.2 全微分可能性

1 変数関数においては，微分可能なら連続であったことを振り返ると，偏微分可能は 1 変数関数の微分の自然な拡張とはいえない．これを補う意味で次の全微分可能性を定義する．

定義 15.1 f は領域 Ω 上の関数とし $A = (a,b) \in \Omega$ とする．f が A で**全微分可能**(または単に微分可能)であるとは，実数 α, β が存在して

(15.3) $$f(a+h, b+k) = f(a,b) + \alpha h + \beta k + \sqrt{h^2 + k^2}\varepsilon(h,k)$$

としたとき

(15.4) $$\lim_{(h,k) \to (0,0)} \varepsilon(h,k) = 0$$

---

[3] 何故に $(x,y) \neq (0,0)$ のときは x についてそのまま微分すればよく，$(x,y) = (0,0)$ のときは定義に戻らないといけないのか．この理由を理解しないといけない．微分の計算では，その点の値だけでなくまわりの値が必要である．

[4] 定義に戻れば $f_y(0,0) = 0$ も容易にわかる．

[5] 関連して注意するが，一般に $f_x(0,0)$ の値を $\lim_{(x,y) \to (0,0)} f_x(x,y)$ として求めることはできない．両者が等しくなるのは f_x が原点で連続になっている場合だけである．

が成り立つことである[6]．Ω のすべての点で全微分可能なとき f は Ω で全微分可能であるという[7]．

定理 15.1 領域 Ω で定義された関数 f が $A = (a,b) \in \Omega$ で全微分可能とする．このとき，次が成り立つ．
  (1) f は A で連続である．
  (2) f は A で偏微分可能で $\alpha = f_x(a,b)$, $\beta = f_y(a,b)$ である．

[証明]　(1) (15.3) より $f(a+h,b+k) - f(a,b) = \alpha h + \beta k + \sqrt{h^2+k^2}\varepsilon(h,k)$ であり，$(h,k) \to (0,0)$ のとき，右辺は 0 に収束するから，左辺も 0 に収束して連続性がわかる．
　(2) (15.3) で $k=0$ とすると $f(a+h,b) - f(a,b) = \alpha h + |h|\varepsilon(h,0)$ となる．両辺を h で割って，$h \to 0$ とすれば，$\varepsilon(h,0) \to 0$ であるから，$f_x(a,b) = \alpha$ となる．$f_y(a,b) = \beta$ も同様である．■

この定理からもわかるように，偏微分は x 軸および y 軸の方向からの微分可能性であり，全微分は全ての方向からの微分が可能なことを要求している[8]．

例題 15.2　$f(x,y) = \sqrt{|xy|}$ について，原点での偏微分係数を求めよ．また原点で全微分可能でないことを確認せよ．

[解答]　定義に戻って計算すれば $f_x(0,0) = 0$, $f_y(0,0) = 0$ は容易にわかる．(15.4) を調べる．(15.3) から定まる $\varepsilon(h,k) = \sqrt{|hk|}/\sqrt{h^2+k^2}$ は $h=k$ として $h \to 0$ とすると極限値は $1/\sqrt{2}$ である．よって (15.4) が成り立たないので原点では全微分可能でない．■

全微分可能ならば偏微分可能であるが，上述のように逆は必ずしも成り立たない[9]．ただし，偏導関数の連続性を仮定すれば逆がいえる．

定理 15.2　f は領域 Ω 上の関数とする．f が Ω で C^1 級ならば Ω で全微分可能である．

[証明]　平均値の定理が重要な役割を果たす．$A = (a,b) \in \Omega$ とする．f は偏微分可能なので x の関数 $f(x,b+k)$ と y の関数 $f(a,y)$ に平均値の定理を適用すると，

$$f(a+h,b+k) - f(a,b+k) = f_x(a+\theta_1 h, b+k)h,$$

---

[6] この意味は $\varepsilon(h,k) := (f(a+h,b+k) - f(a,b) - \alpha h - \beta k)/\sqrt{h^2+k^2}$ としたとき，(15.4) が成り立つこと，すなわち，$\lim_{(h,k)\to(0,0)} \left|(f(a+h,b+k) - f(a,b) - \alpha h - \beta k)/\sqrt{h^2+k^2}\right| = 0$ をみたす実数 α, β が存在することである．

[7] 1 変数のとき $f(x)$ が $x=a$ で微分可能なことは，$f(x)$ が a の近くで 1 次式で近似できることである．この拡張として $f(x,y)$ が $A = (a,b)$ で全微分可能なことは，A のまわりで $f(x,y)$ が 1 次式で近似できることを意味する．これについては次章で詳しく考察する．

[8] f が全微分可能のとき，$df = f_x\,dx + f_y\,dy$ と書いて，これを f の全微分ということがある．これはたいへん便利な記号であるが，数学的意味の理解のためには微分形式について学ぶ必要がある．ここでは (形式的に) このように書くことがあるという指摘にとどめる．次章の演習問題 16.6 でも触れる．

[9] 他の例として，例題 15.1 の関数は原点で偏微分可能であるが連続ではなかった．全微分可能なら連続であるから，この関数は原点で全微分可能でない．

$$f(a, b+k) - f(a, b) = f_y(a, b+\theta_2 k)k$$

となる定数 $0 < \theta_1, \theta_2 < 1$ が存在する．さらに f_x, f_y が (a, b) で連続であることから

$$\lim_{(h,k)\to(0,0)} f_x(a+\theta_1 h, b+k) = f_x(a,b), \quad \lim_{(h,k)\to(0,0)} f_y(a, b+\theta_2 k) = f_y(a,b)$$

が成り立つ．よって

$$\left| \frac{f(a+h, b+k) - f(a,b) - f_x(a,b)h - f_y(a,b)k}{\sqrt{h^2+k^2}} \right|$$

$$= \left| \frac{f(a+h, b+k) - f(a, b+k) + f(a, b+k) - f(a,b) - f_x(a,b)h - f_y(a,b)k}{\sqrt{h^2+k^2}} \right|$$

$$= \left| \frac{\big(f_x(a+\theta_1 h, b+k) - f_x(a,b)\big)h + \big(f_y(a, b+\theta_2 k) - f_y(a,b)\big)k}{\sqrt{h^2+k^2}} \right|$$

$$\leq |f_x(a+\theta_1 h, b) - f_x(a,b)| + |f_y(a, b+\theta_2 k) - f_y(a,b)| \to 0 \quad (X \to A)$$

となり点 A での全微分可能性が示される[10]． ∎

§15.3　n 次偏導関数

$z = f(x,y)$ の偏導関数 f_x, f_y がさらに x, y について偏微分可能なとき，f は 2 回偏微分可能であるという．このとき f_x の偏導関数が 2 つ，f_y の偏導関数が 2 つのあわせて 4 つの 2 次偏導関数が定まる．これらを

$$(f_x)_x = f_{xx} = \frac{\partial^2 f}{\partial x^2} = z_{xx}, \quad (f_x)_y = f_{xy} = \frac{\partial^2 f}{\partial y \partial x} = z_{xy},$$

$$(f_y)_x = f_{yx} = \frac{\partial^2 f}{\partial x \partial y} = z_{yx}, \quad (f_y)_y = f_{yy} = \frac{\partial^2 f}{\partial y^2} = z_{yy}$$

などと表す[11]．1 次偏導関数同様に 2 次偏導関数も連続関数になるとは限らないが，4 つの 2 次偏導関数がすべて連続になるとき f は C^2 級であるという．このとき 1 次偏導関数も連続になることに注意する (演習問題 15.1)．

さて，$f(x,y) = x^2 + xy^2 + y^3$ とすると，

$$f_{xy} = (f_x)_y = (2x + y^2)_y = 2y, \quad f_{yx} = (f_y)_x = (2xy + 3y^2)_x = 2y$$

となって $f_{xy} = f_{yx}$ が成り立つ．後の演習問題 15.5 で見るように $f_{xy} = f_{yx}$ がいつも成り立つというわけではないが，連続性があれば等しくなる．

> **定理 15.3**　f は領域 Ω で C^2 級とすると $f_{xy} = f_{yx}$ が Ω で成り立つ．すなわち，C^2 級の関数の偏微分は順序によらない．

---

[10] 最後の不等式では $|h|, |k| \leq \sqrt{h^2+k^2}$ を用いた．
[11] x と y の順序に注意すること．f_{xy} は f に近い x から微分して，次に y で微分することを意味する．同じことを $\partial^2 f/\partial y \partial x$ と書く．前者では xy で後者では $\partial y \partial x$ と順序が逆になっているが同じ意味である．はじめは戸惑うかもしれないが，慣れてくるとこの順序で書くことが至極当然と感じるだろう．

[証明] この定理の証明の鍵も平均値の定理である．微分積分学における平均値の定理の重要性がわかるであろう．$A = (a,b) \in \Omega$ を任意にとり $f_{xy}(a,b) = f_{yx}(a,b)$ を示す．
$$g(x) := f(x,y) - f(x,b), \quad h(y) := f(x,y) - f(a,y)$$
とする．さらに $F(x,y) := g(x) - g(a)$ とすると $F(x,y) = h(y) - h(b)$ である．y を固定して $F(x,y) = g(x) - g(a)$ に平均値の定理を使うと
$$F(x,y) = g'(a + \theta_1(x-a))(x-a) = \Big(f_x(a+\theta_1(x-a), y) - f_x(a+\theta_1(x-a), b)\Big)(x-a)$$
となる $0 < \theta_1 < 1$ が存在する．さらに右辺を y の関数とみて平均値の定理を使うと
$$F(x,y) = f_{xy}(a + \theta_1(x-a), b + \theta_2(y-b))(x-a)(y-b) \quad (0 < \theta_2 < 1)$$
を得る．同様に $F(x,y) = h(y) - h(b)$ に平均値の定理を2回使うと
$$F(x,y) = f_{yx}(a + \theta_3(x-a), b + \theta_4(y-b))(x-a)(y-b) \quad (0 < \theta_3, \theta_4 < 1)$$
となる．f_{xy} と f_{yx} は連続なので
$$f_{xy}(a,b) = \lim_{X \to A} f_{xy}(a + \theta_1(x-a), b + \theta_2(y-b)) = \lim_{X \to A} \frac{F(x,y)}{(x-a)(y-b)}$$
$$= \lim_{X \to A} f_{yx}(a + \theta_3(x-a), b + \theta_4(y-b)) = f_{yx}(a,b)$$
となって $f_{xy}(a,b) = f_{yx}(a,b)$ が示される[12]． ∎

この定理から C^2 級の関数の2次偏導関数は3種類であることがわかる．2次偏導関数がさらに何度も偏微分可能なとき，順次，3次偏導関数，4次偏導関数，$\cdots$ が定義できる．一般に f が n 回偏微分可能で，f の n 次偏導関数が連続関数になるとき f は C^n 級であるという[13]．定理15.3を繰り返し使うことにより，C^n 級関数の n 次偏導関数は偏微分の順序によらない．x について k 回微分し，y について $n-k$ 回微分したものを
$$\frac{\partial^n f}{\partial x^k \partial y^{n-k}} \quad (k = 0, 1, \cdots, n)$$
と書く．$n = 3$ のときには f_{xxx}, f_{xxy}, f_{xyy}, f_{yyy} とも書く．C^n 級関数の n 次偏導関数は $(n+1)$ 種類である．f が無限回偏微分可能ですべての偏導関数が連続のとき f は C^∞ 級であるという．

以後によく使われる記号を説明しておく．C^2 級の関数 f について，$f_{xx} + f_{yy}$ を Δf で表す．特に $\Delta f = 0$ はラプラスの微分方程式といわれ，この解は調和関数と呼ばれる．またベクトル (f_x, f_y) を ∇f で表す．∇f は f の**勾配**といい $\mathrm{grad}(f)$ とも書かれる．

(15.5) $$\Delta f(x,y) := f_{xx}(x,y) + f_{yy}(x,y)$$

(15.6) $$\nabla f(x,y) := (f_x(x,y), f_y(x,y))$$

である．Δ はラプラシアン，∇ はナブラと読む[14]．

例題 15.3 $f(x,y) = e^{ax} \cos by$ とする．Δf および ∇f を求めよ．さらに f が調和関数となるための a, b の条件を求めよ．

---

[12] 証明からわかるように f_{xy} と f_{yx} の連続性のみが必要である．
[13] C^2 級のときと同様に f が C^n 級ならば n 次以下のすべての偏導関数が連続になっている．
[14] grad は gradient (勾配) の略である．∇ (ナブラ) はヘブライ語の竪琴の意味で，∇ の形が竪琴に似ていることに由来する．他に，Δ (delta) を逆さまにした形なので，逆につづって atled (アトレッド) と呼ぶこともあるという．

[解答] $\Delta f(x,y) = (a^2 - b^2)e^{ax}\cos by$, $\nabla f(x,y) = (ae^{ax}\cos by, -be^{ax}\sin by)$ である. $a^2 = b^2$ のとき調和関数になる. ∎

****

○●練習問題 15 ●○

15.1 次の関数の ∇f を求めよ[15].
  (1) $f(x,y) = \log(1 + x^2 y)$ (2) $f(x,y) = \sin(ax^2 + by^2)$ (3) $f(x,y) = \dfrac{ax+by}{cx+dy}$

15.2 $f(x,y) = \sin(xy)$ の 1 次および 2 次導関数を求めよ.

15.3 次の関数の Δf を計算せよ.
  (1) $f(x,y) = x^3 + 3xy + y^3$ (2) $f(x,y) = e^{xy}$ (3) $f(x,y) = \dfrac{1}{3x - 2y}$

15.4 $f(x,y) = e^{2x-3y}$ について $f_{xxx}, f_{xxy}, f_{xyy}, f_{yyy}$ を計算せよ.

15.5 $x > 0$, $y > 0$ において (1) $z = \log(x^2 + y^2)$, (2) $z = \arctan(y/x)$, (3) $z = x^y$ の 2 次偏導関数を求めよ. 調和関数であるものはどれか.

◇◆演習問題 15 ◆◇

15.1 C^2 級関数は C^1 級であることを確認せよ. すなわち, f が領域 Ω で C^2 級のとき, 1 次偏導関数 f_x と f_y は Ω 上の連続関数であることを定理 15.1, 15.2 を使って説明せよ.

15.2 $\Omega = \{(x,t)\,;\,t > 0\}$ とする. $f(x,t) = (4\pi t)^{-1/2}\exp(-x^2/4t)$ について, $f_{xx} = f_t$ が Ω 上で成り立つことを確かめよ.

15.3 $(x,y,z) \neq (0,0,0)$ のとき $f(x,y,z) = (x^2 + y^2 + z^2)^{-1/2}$ について
  (1) f_x を計算せよ,   (2) f_{xx} を計算せよ,   (3) $f_{xx} + f_{yy} + f_{zz}$ の値を計算せよ.

15.4 $\mathbb{R}^2$ 上の関数 $f(x,y) = \begin{cases} \dfrac{x^3 - y^3}{x^2 + y^2} & ((x,y) \neq (0,0)) \\ 0 & ((x,y) = (0,0)) \end{cases}$ について
  (1) $f_x(x,y)$ を求めよ (原点の偏微分係数は定義に戻って計算せよ).
  (2) f_x は原点で連続ではないことを説明せよ.

15.5 $\mathbb{R}^2$ 上の関数 $f(x,y) = \begin{cases} \dfrac{xy(x^2 - y^2)}{x^2 + y^2} & ((x,y) \neq (0,0)) \\ 0 & ((x,y) = (0,0)) \end{cases}$ について
  (1) $f_x(0,y) = -y$, $f_y(x,0) = x$ であることを確認せよ.
  (2) $f_{xy}(0,0) \neq f_{yx}(0,0)$ となることを確認せよ.

---

[15] 関数の定義域を明示しないときは, 自然に定まる領域で定義されているものとする.

16

連鎖律

> 数学において記憶しなければならないのは，公式ではなくて思考の過程である．
> エルマコフ

1 変数関数は微分可能な点で接線をもった．対応して 2 変数関数は全微分可能な点で接平面をもつ．また，1 変数関数の合成関数微分に対応するものが連鎖律である．連鎖律の計算は重要である．習熟して欲しい．

§16.1 接平面

3 次元空間 $\mathbb{R}^3$ における平面の復習と全微分可能性の幾何学的意味を与える．3 次元空間における平面は

$$(16.1) \qquad \alpha x + \beta y + \gamma z + \delta = 0 \quad ((\alpha, \beta, \gamma) \neq (0, 0, 0))$$

の形で与えられる．この平面上の点 $A = (a, b, c)$ を 1 つとる．平面上の任意の点を $X = (x, y, z)$ とする．(16.1) はベクトル $\overrightarrow{AX} = (x-a, y-b, z-c)$ とベクトル $\overrightarrow{AN} := (\alpha, \beta, \gamma)$ は直交していることであり，内積を使えば

$$(\overrightarrow{AX}, \overrightarrow{AN}) = 0$$

と書くことができる．$\overrightarrow{AN}$ を平面 (16.1) の**法ベクトル**という[1]．特に $\gamma = -1$ のとき (16.1) は

$$z = \alpha(x-a) + \beta(y-b) + c$$

の形になり，法ベクトルは $(\alpha, \beta, -1)$ である．なお，法ベクトルは平面に直交するベクトルであるから $(-\alpha, -\beta, 1)$ と考えてもよい．

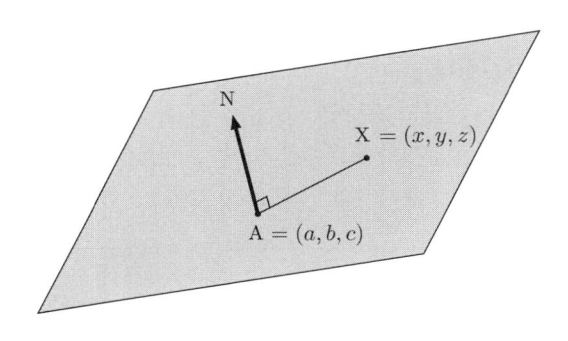

---

[1] $\alpha(x-a) + \beta(y-b) + \gamma(z-c) = 0$ であるから $\delta = -\alpha a - \beta b - \gamma c$ である．

曲面 $z = f(x, y)$ 上の点 $A = (a, b, f(a, b))$ をとる．平面 $z = \alpha(x - a) + \beta(y - b) + f(a, b)$ は点 A で $z = f(x, y)$ に接しているとき A における**接平面**という．「接していること」をより正確にいうと

(16.2) $$\lim_{(x,y) \to (a,b)} \frac{f(x, y) - (\alpha(x - a) + \beta(y - b) + f(a, b))}{\sqrt{(x - a)^2 + (y - b)^2}} = 0$$

が成り立つことであり，これは $f(x, y)$ の (a, b) での全微分可能性そのままである[2]．よって次の定理を得る[3]．

定理 16.1 $f(x, y)$ が (a, b) で全微分可能とすると，曲面 $z = f(x, y)$ は $(a, b, f(a, b))$ で接平面をもつ．この接平面の方程式は

(16.3) $$z = f_x(a, b)(x - a) + f_y(a, b)(y - b) + f(a, b)$$

で与えられる．

問 16.1 球面 $x^2 + y^2 + z^2 = 6$ 上の点 $(\sqrt{2}, \sqrt{3}, 1)$ の接平面を求めよ．

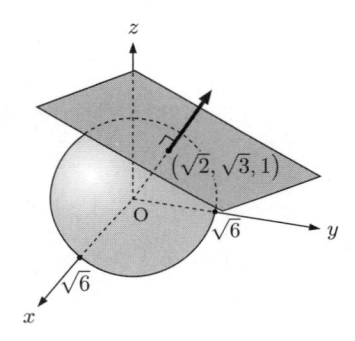

定理 16.1 の内容は 1 変数関数の接線の場合と比較すると理解しやすいと思われるので復習を兼ねて説明する．$y = f(x)$ が $x = a$ で微分可能とは，$\lim_{h \to 0}(f(a + h) - f(a))/h$ が収束することであった．この極限値が α のとき，

(16.4) $$\varepsilon(h) := \frac{f(a + h) - f(a) - \alpha h}{h} \quad \text{とすると} \quad \lim_{h \to 0} \varepsilon(h) = 0$$

が成り立つ．これは (16.2) に対応している．そして，このとき $\alpha = f'(a)$ であり，接線は

$$y = f'(a)(x - a) + f(a)$$

として求められた[4]．この接線が曲線 $y = f(x)$ のよい近似であるように，接平面 (16.3) は (a, b) の近くで $z = f(x, y)$ の非常によい近似になっている．

1 変数関数の場合に微分可能ならば接線が存在するが，2 変数関数の場合は全微分可能なときに接平面が存在することになる[5]．

---

[2] $h = x - a$, $k = y - b$ とすれば (16.2) は (15.4) と同じである．
[3] $f(x) = |x|$ は $x = 0$ で接線をもたないように，$f(x, y) = \sqrt{x^2 + y^2}$ は $(0, 0)$ では接平面をもたない．
[4] この接線に直交する法ベクトルは $(-f'(a), 1)$ である．$(f'(a), -1)$ と考えてもよい．
[5] $f(x, y)$ が (a, b) で偏微分可能なだけで (16.3) の右辺を定義することはできるが，これが (16.2) をみたすとは限らない．(16.2) が成り立つためには (a, b) で全微分可能でないといけない．演習問題 16.1 を参照せよ．

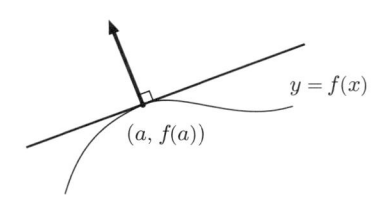

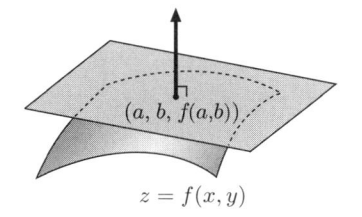

接線と法ベクトル　　　　　　　　接平面と法ベクトル

§16.2　連鎖律

1 変数関数 $y = f(x)$ と $x = g(t)$ の合成関数 $y = f(g(t))$ の微分について
$$(f(g(t)))' = f'(g(t))g'(t)$$
が成り立った．これは
$$\frac{dy}{dt} = \frac{dy}{dx}\frac{dx}{dt} \tag{16.5}$$
と書くと理解しやすい．これに対応する 2 変数関数の結果が**連鎖律**である．

定理 16.2　$x = x(t), y = y(t)$ に対して $x_0 = x(t_0), y_0 = y(t_0)$ とする．$x(t)$ と $y(t)$ が $t = t_0$ で微分可能で $f(x, y)$ が点 (x_0, y_0) で全微分可能ならば $z(t) = f(x(t), y(t))$ は $t = t_0$ で微分可能で
$$z'(t_0) = f_x(x_0, y_0)x'(t_0) + f_y(x_0, y_0)y'(t_0) \tag{16.6}$$
が成り立つ．

[証明]　$x(t), y(t)$ の $t = t_0$ での微分可能性から
$$\begin{cases} x(t_0 + s) = x(t_0) + x'(t_0)s + \varepsilon_1(s)s, & \lim_{s \to 0} \varepsilon_1(s) = 0 \\ y(t_0 + s) = y(t_0) + y'(t_0)s + \varepsilon_2(s)s, & \lim_{s \to 0} \varepsilon_2(s) = 0 \end{cases} \tag{16.7}$$
となる ((16.4) を参照せよ)．また，$f(x, y)$ の (x_0, y_0) での全微分可能性から
$$f(x_0 + h, y_0 + k) = f(x_0, y_0) + f_x(x_0, y_0)h + f_y(x_0, y_0)k + \varepsilon(h, k)\sqrt{h^2 + k^2}$$
と書くと $\lim_{(h,k) \to (0,0)} \varepsilon(h, k) = 0$ が成り立つ．ここで $h = x'(t_0)s + \varepsilon_1(s)s$, $k = y'(t_0)s + \varepsilon_2(s)s$ とおくと，$h, k \to 0$ $(s \to 0)$ であり，
$$\lim_{s \to 0}\frac{h}{s} = x'(t_0), \quad \lim_{s \to 0}\frac{k}{s} = y'(t_0), \quad \lim_{s \to 0}\frac{\varepsilon(h,k)\sqrt{h^2+k^2}}{s} = 0$$
である．よって
$$\frac{z(t_0 + s) - z(t_0)}{s} = \frac{f(x(t_0+s), y(t_0+s)) - f(x(t_0), y(t_0))}{s}$$
$$= \frac{1}{s}\Big(f(x(t_0) + h, y(t_0) + k) - f(x(t_0), y(t_0))\Big)$$
$$= f_x(x_0, y_0)\frac{h}{s} + f_y(x_0, y_0)\frac{k}{s} + \frac{\varepsilon(h,k)\sqrt{h^2+k^2}}{s}$$
より
$$z'(t_0) = \lim_{s \to 0}\frac{z(t_0+s) - z(t_0)}{s} = f_x(x_0, y_0)x'(t_0) + f_y(x_0, y_0)y'(t_0)$$
となって (16.6) が示される．　■

$x(t), y(t)$ が開区間 (a,b) で定義され，$z = f(x,y)$ は領域 Ω で定義されているとする．任意の $t \in (a,b)$ に対して $(x(t), y(t)) \in \Omega$ ならば，合成関数 $f(x(t), y(t))$ が開区間 (a,b) で定義される．$x(t), y(t)$ および $f(x,y)$ が C^1 級ならば[6]，$z(t) = f(x(t), y(t))$ も C^1 級になり (16.6) がすべての $t \in (a,b)$ で成り立つ[7]．このとき (16.5) に類似して

$$(16.8) \qquad \frac{dz}{dt} = \frac{\partial z}{\partial x}\frac{dx}{dt} + \frac{\partial z}{\partial y}\frac{dy}{dt}$$

と書くと覚えやすい[8]．

例題 16.1 C^1 級の関数 $f(x,y)$ について，$F(t) := f(a+ht, b+kt)$ とする．$F'(t)$ を求めよ．

[解答] $F'(t) = (a+ht)' f_x(a+ht, b+kt) + (b+kt)' f_y(a+ht, b+kt) = h f_x(a+ht, b+kt) + k f_y(a+ht, b+kt)$ である． ∎

一般には x と y も 2 変数の関数で書かれる場合が多いので，この場合の結果を定理としてまとめておく．

定理 16.3 Ω と D を $\mathbb{R}^2$ の領域とする．$\varphi(u,v), \psi(u,v)$ は D で C^1 級で，$f(x,y)$ は Ω で C^1 級とする．合成関数 $z(u,v) = f(\varphi(u,v), \psi(u,v))$ が定義できるとき[9]，$z(u,v)$ は D で C^1 級で，

$$(16.9) \qquad \begin{cases} z_u(u,v) = f_x(\varphi(u,v), \psi(u,v))\varphi_u(u,v) + f_y(\varphi(u,v), \psi(u,v))\psi_u(u,v) \\ z_v(u,v) = f_x(\varphi(u,v), \psi(u,v))\varphi_v(u,v) + f_y(\varphi(u,v), \psi(u,v))\psi_v(u,v) \end{cases}$$

が成り立つ．同じことであるが $\varphi(u,v) = x(u,v), \psi(u,v) = y(u,v)$ と思えば

$$(16.10) \qquad \begin{cases} \dfrac{\partial z}{\partial u} = \dfrac{\partial z}{\partial x}\dfrac{\partial x}{\partial u} + \dfrac{\partial z}{\partial y}\dfrac{\partial y}{\partial u} \\ \dfrac{\partial z}{\partial v} = \dfrac{\partial z}{\partial x}\dfrac{\partial x}{\partial v} + \dfrac{\partial z}{\partial y}\dfrac{\partial y}{\partial v} \end{cases}$$

と書くことができる．

[証明] v を固定して $x(t) = \varphi(t,v), y(t) = \psi(t,v)$ として，(16.8) を適用すれば上式が導かれる．u を固定して $x(t) = \varphi(u,t), y(t) = \psi(u,t)$ を考えれば下式も導かれる． ∎

問 16.2 (1) $z = f(2t, 3t+1)$ のとき dz/dt を求めよ．
(2) $z = f(x,y), x = u^2 + v^2, y = uv$ のとき，z_u, z_v を求めよ．

x, y, z と u, v の関係を書くと

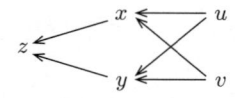

$$z \leftarrow \begin{matrix} x \\ y \end{matrix} \leftarrow \begin{matrix} u \\ v \end{matrix}$$

である．上図が鎖のように見えることから (16.9) および (16.10) は **連鎖律** と呼ばれる[10]．

---

[6] $x(t), y(t)$ は (a,b) で C^1 級であり，$f(x,y)$ は Ω で C^1 級の意味である．
[7] 前章の定理 15.2 から f は各点で全微分可能になっているので，定理 16.2 が使える．C^1 級になることは (16.6) を t の関数とみたときに連続になっていることに注意すればよい．
[8] ∂x と dx の使い方の違いを理解すること．偏微分は ∂ で 1 変数微分は d である．
[9] すなわち，任意の (u,v) に対して $(x,y) = (\varphi(u,v), \psi(u,v)) \in \Omega$ が成り立つとき．
[10] 2 変数よりもっと変数の個数が多いとより鎖らしくなる．

最後に 15 章で触れたラプラス作用素の極座標表示を求めてみよう．

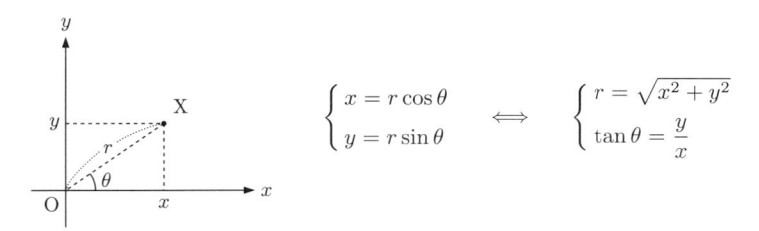

$$\begin{cases} x = r\cos\theta \\ y = r\sin\theta \end{cases} \iff \begin{cases} r = \sqrt{x^2+y^2} \\ \tan\theta = \dfrac{y}{x} \end{cases}$$

定理 16.4 C^2 級の関数 $z = f(x,y)$ について，$x = r\cos\theta$, $y = r\sin\theta$, $z = f(r\cos\theta, r\sin\theta)$ としたとき[11]，

(16.11) $$\frac{\partial^2 f}{\partial x^2} + \frac{\partial^2 f}{\partial y^2} = \frac{\partial^2 z}{\partial r^2} + \frac{1}{r}\frac{\partial z}{\partial r} + \frac{1}{r^2}\frac{\partial^2 z}{\partial \theta^2}$$

が成り立つ．左辺は Δf であるから，微分作用素として次が成り立つ．

$$\Delta = \frac{\partial^2}{\partial x^2} + \frac{\partial^2}{\partial y^2} = \frac{\partial^2}{\partial r^2} + \frac{1}{r}\frac{\partial}{\partial r} + \frac{1}{r^2}\frac{\partial^2}{\partial \theta^2}$$

[証明] 次の確認から始めよう．$x = r\cos\theta$, $y = r\sin\theta$ のとき

(16.12) $$\begin{cases} x_r = \cos\theta, \ x_\theta = -r\sin\theta, \ y_r = \sin\theta, \ y_\theta = r\cos\theta \\ x_{rr} = y_{rr} = 0, \ x_{\theta\theta} = -r\cos\theta, \ y_{\theta\theta} = -r\sin\theta \end{cases}$$

である．連鎖律から $z_r = f_x x_r + f_y y_r$, $z_\theta = f_x x_\theta + f_y y_\theta$ であるが，前式をさらに r について偏微分すると

$$\begin{aligned} z_{rr} &= (z_r)_r = (f_x x_r + f_y y_r)_r = (f_x x_r)_r + (f_y y_r)_r \\ &= (f_x)_r x_r + f_x (x_r)_r + (f_y)_r y_r + f_y (y_r)_r = (f_x)_r x_r + (f_y)_r y_r \\ &= \big((f_x)_x x_r + (f_x)_y y_r\big) x_r + \big((f_y)_x x_r + (f_y)_y y_r\big) y_r \\ &= f_{xx} x_r^2 + 2 f_{xy} x_r y_r + f_{yy} y_r^2 \\ &= f_{xx} \cos^2\theta + 2 f_{xy} \cos\theta \sin\theta + f_{yy} \sin^2\theta \end{aligned}$$

となる．同様に後式を θ について偏微分すると

$$z_{\theta\theta} = f_{xx} r^2 \sin^2\theta - 2 f_{xy} r^2 \sin\theta \cos\theta + f_{yy} r^2 \cos^2\theta - f_x r\cos\theta - f_y r\sin\theta$$

である．これより $z_{rr} + z_r/r + z_{\theta\theta}/r^2 = f_{xx} + f_{yy}$ が確認できる．

ここでは (16.11) の右辺から左辺を導いたが，より深い理解のために逆の方向の計算もしてみよう．まず，$x = r\cos\theta$, $y = r\sin\theta$ を逆に解くと $r = \sqrt{x^2+y^2}$, $\theta = \arctan(y/x)$ であるから

(16.13) $$r_x = \frac{x}{\sqrt{x^2+y^2}}, \ r_y = \frac{y}{\sqrt{x^2+y^2}}, \ \theta_x = -\frac{y}{x^2+y^2}, \ \theta_y = \frac{x}{x^2+y^2}$$

となる．さらに偏微分すると

(16.14) $$r_{xx} = \frac{y^2}{(x^2+y^2)^{3/2}}, \ r_{yy} = \frac{x^2}{(x^2+y^2)^{3/2}}, \ \theta_{xx} = \frac{2xy}{(x^2+y^2)^2}, \ \theta_{yy} = -\frac{2xy}{(x^2+y^2)^2}$$

である．連鎖律から $f_x = z_r r_x + z_\theta \theta_x$, $f_y = z_r r_y + z_\theta \theta_y$ であり，さらに連鎖律を使うと，

$$\begin{aligned} f_{xx} &= (f_x)_x = (z_r r_x + z_\theta \theta_x)_x = (z_r r_x)_x + (z_\theta \theta_x)_x \\ &= (z_r)_x r_x + z_r (r_x)_x + (z_\theta)_x \theta_x + z_\theta (\theta_x)_x \end{aligned}$$

---

[11] 前述のように変数変換の場合に $x = x(u,v)$, $y = y(u,v)$ と変数は u,v を使うことが多いが，極座標変換では伝統的に r,θ を使う．

$$= ((z_r)_r r_x + (z_r)_\theta \theta_x) r_x + z_r r_{xx} + ((z_\theta)_r r_x + (z_\theta)_\theta \theta_x) \theta_x + z_\theta \theta_{xx}$$
$$= z_{rr} r_x{}^2 + 2z_{r\theta} r_x \theta_x + z_{\theta\theta} \theta_x{}^2 + z_r r_{xx} + z_\theta \theta_{xx}$$

となる．同様に $f_{yy} = z_{rr} r_y{}^2 + 2z_{r\theta} r_y \theta_y + z_{\theta\theta} \theta_y{}^2 + z_r r_{yy} + z_\theta \theta_{yy}$ なので (16.13), (16.14) より
$$f_{xx} + f_{yy} = z_{rr}(r_y{}^2 + r_x{}^2) + 2z_{r\theta}(r_x \theta_x + r_y \theta_y) + z_{\theta\theta}(\theta_x{}^2 + \theta_y{}^2)$$
$$+ z_r(r_{xx} + r_{yy}) + z_\theta(\theta_{xx} + \theta_{yy})$$
$$= z_{rr} + \frac{1}{x^2 + y^2} z_{\theta\theta} + \frac{1}{\sqrt{x^2 + y^2}} z_r = z_{rr} + \frac{1}{r} z_r + \frac{1}{r^2} z_{\theta\theta} \quad \blacksquare$$

上記より $\dfrac{\partial x}{\partial r} \cdot \dfrac{\partial r}{\partial x} = \cos^2 \theta \neq 1$ である．1 変数の微分では，一般に $\dfrac{dx}{dt} \cdot \dfrac{dt}{dx} = 1$ であったが，偏微分ではそうでないことを注意しておく (演習問題 16.5 の等式が 1 変数の結果に対応する)．

****

○●練習問題 16 ●○

16.1 次の各点における接平面の方程式を求めよ．
 (1) $z = x^2 + y^2$ の点 $(1, 1, 2)$ (2) $z = x^2 + y^2$ の点 $(1, -1, 2)$
 (3) $x^2 + y^2 + z^2 = 14$ の点 $(1, 2, 3)$ (4) $x^2 + y^2 + z^2 = 14$ の点 $(-1, 2, -3)$

16.2 $f(x, y)$ は C^1 級で $z = f(r \cos \theta, r \sin \theta)$ とする．$xf_x + yf_y = rz_r$ を示せ．

16.3 $\log(x^2 + y^2)$ と $\arctan(y/x)$ の調和性を定理 16.4 を使って示せ (練習問題 15.5 の計算量と比較してみよ)．

◇◆演習問題 16 ◆◇

16.1 $f(x, y) = 2x + 3y + \sqrt{|xy|} + 4$ について
 (1) $f_x(0, 0), f_y(0, 0)$ を求めよ．
 (2) $z = f_x(0, 0)x + f_y(0, 0)y + f(0, 0)$ は原点での接平面ではないこと，すなわち，(16.2) が成り立たないことを確認せよ．

16.2 f, g は 1 変数の C^2 級関数とする，$z = f(x + t) + g(x - t)$ としたとき $z_{tt} = z_{xx}$ が成り立つことを示せ[12]．

16.3 $z = f(x, y)$ は C^2 級とし，$x = u + v$, $y = uv$, $z = f(u + v, uv)$ とするとき次を示せ．
 (1) $uz_u + vz_v = xf_x + 2yf_y$
 (2) $z_{uu} + z_{vv} = 2f_{xx} + 2xf_{xy} + (x^2 - 2y)f_{yy}$

16.4 $x > 0, y > 0$ において $f(x, y) = (\arctan(y/x))^a$ が調和関数となる実数 a を求めよ．

16.5 (16.12) と (16.13) について，以下の等式が成り立つことを確かめよ．
$$\begin{pmatrix} x_r & x_\theta \\ y_r & y_\theta \end{pmatrix} = \begin{pmatrix} r_x & r_y \\ \theta_x & \theta_y \end{pmatrix}^{-1}$$

16.6 f が領域 Ω で全微分可能のとき，$df = f_x dx + f_y dy$ と書く．φ, ψ が領域 D で全微分可能で，合成関数 $z(u, v) = f(\varphi(u, v), \psi(u, v))$ が D で定義できるとき，$df = dz$ が成り立つこと，すなわち $f_x dx + f_y dy = z_u du + z_v dv$ を示せ．

---

[12] これは (1 次元) 波動方程式 $z_{tt} = z_{xx}$ の解を与えている．

17

テイラーの定理と極値問題

> 数学を学び理解するには特別な能力が必要だと，しばしば大げさに言われすぎている．
> コルモゴロフ

8章で学んだ1変数関数のテイラーの定理から2変数関数の場合の結果を導く．連鎖律の計算が重要である．この2変数のテイラーの定理は極値問題の解法に活かされる．関連して2次形式の正値性に触れる．

§17.1 テイラーの定理

$f(x,y)$ は領域 Ω で C^n 級とする．$(a,b) \in \Omega$ と実数 h, k が

(17.1) $$(a+th, b+tk) \in \Omega \quad (0 \leq t \leq 1)$$

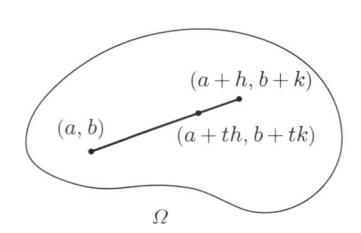

をみたすとする[1]．このとき，合成関数 $F(t) := f(a+ht, b+tk)$ が定義できる．連鎖律 (例題 16.1) より $F'(t) = f_x(a+th, b+tk)h + f_y(a+th, b+tk)k$ である．さらに t について微分すれば，

$$F''(t) = f_{xx}(a+th, b+tk)h^2 + 2f_{xy}(a+th, b+tk)hk + f_{yy}(a+th, b+tk)k^2$$

である[2]．これを繰り返すと，$m = 1, 2, \cdots, n$ に対して

(17.2) $$F^{(m)}(t) = \sum_{j=0}^{m} \binom{m}{j} \frac{\partial^m f}{\partial x^j \partial y^{m-j}}(a+th, b+tk) h^j k^{m-j}$$

を得る．これを使うと，次の2変数関数のテイラーの定理が示される．

---

[1] (a,b) と $(a+h, b+k)$ を結ぶ線分が Ω に含まれること．Ω が開集合であることから，十分小さい $r > 0$ があって，$-r < t < 1+r$ をみたす任意の t に対して $(a+th, b+tk) \in \Omega$ となることに注意せよ．

[2] 特に $F'(0) = f_x(a,b)h + f_y(a,b)$, $F''(0) = f_{xx}(a,b)h^2 + 2f_{xy}(a,b)hk + f_{yy}(a,b)k^2$ などが成り立つ．

定理 17.1 f は領域 Ω で C^n 級, $(a,b) \in \Omega$ であって実数 h, k は (17.1) をみたすとする. このとき

$$f(a+h, b+k) = f(a,b) + \sum_{m=1}^{n-1} \frac{1}{m!} \sum_{j=0}^{m} \binom{m}{j} \frac{\partial^m f}{\partial x^j \partial y^{m-j}}(a,b) h^j k^{m-j} + R_n(h,k),$$

$$R_n(h,k) := \frac{1}{n!} \sum_{j=0}^{n} \binom{n}{j} \frac{\partial^n f}{\partial x^j \partial y^{n-j}}(a+\theta h, b+\theta k) h^j k^{m-j}$$

をみたす $0 < \theta < 1$ が存在する.

[証明] 合成関数 $F(t) := f(a+th, b+tk)$ は $0 \leq t \leq 1$ を含む開区間で C^n 級である. これに (1 変数の) テイラーの定理 (実際はマクローリンの定理) を適用すると

(17.3) $\qquad F(t) = F(0) + F'(0)t + \frac{F''(0)}{2!}t^2 + \cdots + \frac{F^{(n-1)}(0)}{(n-1)!}t^{n-1} + \frac{F^{(n)}(\theta t)}{n!}t^n$

をみたす $0 < \theta < 1$ が存在する (定理 8.2). 特に $t=1$ として (17.2), (17.3) を使うと

$$f(a+h, b+k) = F(1) = F(0) + F'(0) + \frac{F''(0)}{2!} + \cdots + \frac{F^{(n-1)}(0)}{(n-1)!} + \frac{F^{(n)}(\theta)}{n!}$$

$$= f(a,b) + \sum_{m=1}^{n-1} \frac{1}{m!} \sum_{j=0}^{m} \binom{m}{j} \frac{\partial^m f}{\partial x^j \partial y^{m-j}}(a,b) h^j k^{m-j} + R_n(h,k). \blacksquare$$

$x = a+h$, $y = b+k$ として, 定理 17.1 を書き換えたものを f の点 (a,b) における **n 次テイラー展開** という. 1 次テイラー展開を具体的に書くと

(17.4) $\qquad f(a+h, b+k) = f(a,b) + f_x(a+\theta h, b+\theta k)h + f_y(a+\theta h, b+\theta k)k$

となる. これが 2 変数関数の平均値の定理である. これを用いると次の基礎的な事実に厳密な証明を与えることができる.

定理 17.2 領域 Ω 上の C^1 級関数 f が

$$f_x(x,y) = f_y(x,y) = 0 \quad (\forall (x,y) \in \Omega)$$

をみたせば f は定数関数である.

[証明] Ω 内の点 $A = (a,b)$ を 1 つとり固定する. Ω は領域であるから, 任意の $X = (x,y) \in \Omega$ について A と X を結ぶ Ω 内の折れ線が存在する. この折れ線を $P_0 P_1 + P_1 P_2 + \cdots + P_{n-1} P_n$ ($P_0 = A$, $P_n = X$) とする. $P_0 = A$ と P_1 について, (17.4) を使うと $f(P_1) - f(P_0) = 0$ である[3]. 同様にして $f(P_k) = f(P_{k-1})$ ($k = 2, \cdots, n$) が示されて $f(A) = f(X)$ が成り立つ[4]. $\blacksquare$

---

[3] $P_0 = (a,b)$, $P_1 = (p,q)$ とすると, $f(P_1) - f(P_0) = f_x(a+\theta(p-a), b+\theta(q-b))(p-a) + f_y(a+\theta(p-a), b+\theta(q-b))(q-b)$ であり, 偏導関数が恒等的に 0 なら右辺は 0 である.

[4] すべての点 X での値がいつも $f(A)$ に等しいので, f は定数関数である.

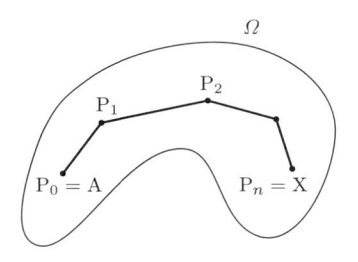

例題 17.1 原点における $f(x,y)$ の2次テイラー展開を具体的に書け.

[解答]
$$f(x,y) = f(0,0) + f_x(0,0)x + f_y(0,0)y$$
$$+ \frac{1}{2}f_{xx}(\theta x, \theta y)x^2 + f_{xy}(\theta x, \theta y)xy + \frac{1}{2}f_{yy}(\theta x, \theta y)y^2$$
∎

問 17.1 $f(x,y) = \sqrt{1 + 2x - 4y}$ の原点における1次および2次テイラー展開を求めよ.

§17.2 極値問題

点 (a,b) での f の2次テイラー展開は $x = a + h$, $y = b + k$ のとき

(17.5) $$f(x,y) = f(a,b) + f_x(a,b)(x-a) + f_y(a,b)(y-b) + R_2(h,k)$$

となる．これは点 (a,b) のまわりで1次式による近似

(17.6) $$f(x,y) \sim f_x(a,b)(x-a) + f_y(a,b)(y-b) + f(a,b)$$

が成り立ち，その誤差は $R_2(h,k)$ であることを示している[5].

さて，(17.5) を利用して $z = f(x,y)$ の極値を求めてみよう．f を領域 Ω 上の関数とする．$(a,b) \in \Omega$ のまわりの点 (x,y) に対して[6]，$(x,y) \neq (a,b)$ ならば

(17.7) $$f(x,y) < f(a,b)$$

となるとき $f(x,y)$ は点 (a,b) で**極大値** $f(a,b)$ をとるといい，(a,b) を f の**極大点**という．反対に

(17.8) $$f(x,y) > f(a,b)$$

となるとき $f(x,y)$ は点 (a,b) で**極小値** $f(a,b)$ をとるといい，(a,b) は**極小点**である．極大値と極小値をあわせて**極値**という[7].地表でいえば，山頂が極大点で湖の底が極小点である．天気図でいえば，高気圧の位置が極大点，低気圧の位置が極小点である．

さて，極値問題を解くための準備として2次形式について考察する．**2次形式**とは，

(17.9) $$Q(x,y) = Ax^2 + 2Bxy + Cy^2$$

の形の2次式であって，内積を使うと

---

[5] (17.6) の右辺は接平面を与える1次式であり，接平面が $f(x,y)$ を近似していることを意味する．

[6] ある $r > 0$ があって，$(x-a)^2 + (y-b)^2 < r^2$ をみたす (x,y) のこと．つまり $(x,y) \in D((a,b), r)$．

[7] (17.7) および (17.8) の不等式で等号も許すときは，それぞれ，**広義の極大値**，**広義の極小値**という．

極大値　極小値

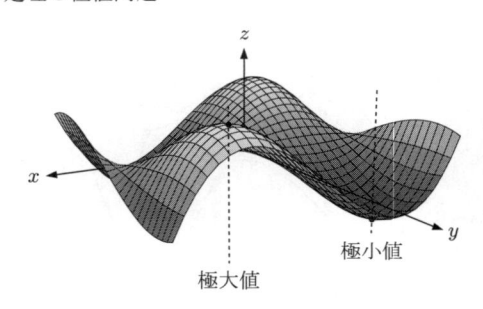

(17.10) $$Q(x,y) = \left(H\begin{pmatrix}x\\y\end{pmatrix}, \begin{pmatrix}x\\y\end{pmatrix}\right), \quad H = \begin{pmatrix}A & B\\B & C\end{pmatrix}$$

と対称行列 H を用いて書くことができる. $D = AC - B^2$ (H の行列式) とする. 有用な事実は

(17.11) $\begin{cases}(1) & \forall (x,y) \neq (0,0) \text{ に対して } Q(x,y) > 0 \iff D > 0, A > 0\\(2) & \forall (x,y) \neq (0,0) \text{ に対して } Q(x,y) < 0 \iff D > 0, A < 0\\(3) & Q(x,y) \text{ が正にも負にもなる} \iff D < 0\end{cases}$

である[8]. (1) が成り立つとき H は正定値行列と呼ばれる. H が正定値行列であるための必要かつ十分条件は H の 2 つの固有値がともに正になることである. 関連して, (2) は 2 つの固有値がともに負になる場合であり, (3) は正と負になる場合である. なお, 固有値に 0 があると行列式は 0 になる.

> **問 17.2** $Q(x,y) = -3x^2 - 4xy - 2y^2$ とする.
> (1) この 2 次形式に対応する対称行列を求めよ.
> (2) $Q(x,y) \leq 0$ であることを (17.11) を使って確認せよ.
>
> **問 17.3** $Ax^2 + 2Bxy + Cy^2$ を完全平方式に変形して (17.11) を確かめよ.

それでは極値問題の解法に移ろう. C^2 級の関数 $f(x,y)$ が (a,b) で極大値をとったとすると, (1 変数関数である) $\varphi(x) := f(x,b)$ および $\psi(y) := f(a,y)$ はそれぞれ $x = a$ および $y = b$ で極大値をとるので[9], $\varphi'(a) = 0, \psi'(b) = 0$ が成り立つ. 偏微分を使えば,

(17.12) $$f_x(a,b) = 0, \quad f_y(a,b) = 0$$

である. これは f が (a,b) で極小値をとる場合も成り立つ. すなわち, f が (a,b) で極値をとれば (17.12) が成り立つ. したがって, 極値を求めるためには, まず (17.12) をみたす点 (a,b) を求める. ただし, それらの点で必ず極値になるとは限らない. それを判定するためには次の行列を調べる必要がある.

$$H_f(a,b) := \begin{pmatrix}f_{xx}(a,b) & f_{xy}(a,b)\\f_{xy}(a,b) & f_{yy}(a,b)\end{pmatrix}$$

を点 (a,b) における f のヘッセ行列という. $H_f(a,b)$ は対称行列であり 2 次形式を定める. 以下

---

[8] これは場合分けのすべてを尽くしているわけではない. $D = 0$ の場合は Q の符号は一般には定まらない.

[9] $\varphi(x) = f(x,b) < f(a,b) = \varphi(a)$ である. 同様に $\psi(y) = f(a,y) < f(a,b) = \psi(b)$ が成り立つ.

では
$$A = f_{xx}(a,b),\ B = f_{xy}(a,b),\ C = f_{yy}(a,b)$$
とおいて，この行列式を D とする．すなわち，$D = AC - B^2$ である．次の定理が成り立つ．

定理 17.3 領域 Ω で C^2 級の f の極値は以下の方法で求めることができる[10]．

[I] $f_x(x,y) = f_y(x,y) = 0$ となる点 $(x,y) = (a,b)$ をすべて求める（これが極値を与える点の候補である）．

[II] 上記の候補の点 (a,b) に対して

(1) $D > 0$, $A > 0$ ならば $f(a,b)$ は極小値である．

(2) $D > 0$, $A < 0$ ならば $f(a,b)$ は極大値である．

(3) $D < 0$ のとき (a,b) では極値にならない[11]．

[証明] (a,b) を [I] の解，すなわち，$f_x(a,b) = f_y(a,b) = 0$ をみたすとき，(17.5) より

(17.13) $$f(x,y) - f(a,b) = \frac{1}{2}\left\{A_\theta h^2 + 2B_\theta hk + C_\theta k^2\right\}$$

である．ただし，$A_\theta = f_{xx}(a+\theta h, b+\theta k)$, $B_\theta = f_{xy}(a+\theta h, b+\theta k)$, $C_\theta = f_{yy}(a+\theta h, b+\theta k)$ とする．さらに $D_\theta = A_\theta C_\theta - B_\theta^2$ とする．f は C^2 級なので f_{xx}, f_{xy}, f_{yy} はすべて連続関数である．よって (h,k) が $(0,0)$ に近ければ $A_\theta, B_\theta, C_\theta, D_\theta$ の値はそれぞれ A, B, C, D に近い．これより，$D > 0, A > 0$ ならば $D_\theta > 0, A_\theta > 0$ となり，$(h,k) \neq (0,0)$ ならば，(17.11) (1) より (17.13) の右辺は常に正になる．よって (a,b) のまわりで $f(x,y) > f(a,b)$ となり $f(a,b)$ は極小値である．同様に $D > 0, A < 0$ ならば $D_\theta > 0, A_\theta < 0$ となり (17.13) の右辺は負になり，$f(x,y) < f(a,b)$ となって $f(a,b)$ は極大値である．$D < 0$ のときは $D_\theta < 0$ となり (17.13) は正にも負にもなり極値ではない．それぞれの場合のグラフの様子は

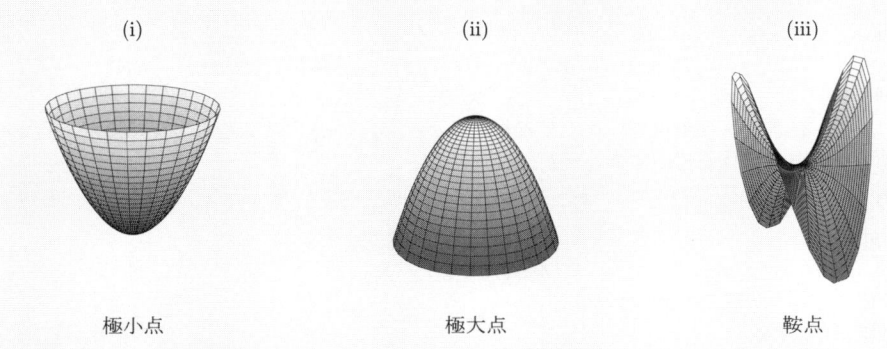

(i)	(ii)	(iii)
極小点	極大点	鞍点

である．(i) では 2 つの方向の直線にそって，ともに極小値になり，(ii) ではともに極大値となる．(iii) では 1 つの方向では極大値になり，もう 1 つの方向では極小値になっている． ∎

例題 17.2 $f(x,y) = x^3 - 3xy + y^3$ の極値を求めよ．

[解答] [I](極値の候補) $f_x = 3x^2 - 3y = 0$, $f_y = -3x + 3y^2 = 0$ を解くと $(a,b) = (0,0), (1,1)$ である．[II](極値の判定) $f_{xx} = 6x$, $f_{xy} = -3$, $f_{yy} = 6y$ であるから $(a,b) = (0,0)$ のとき $A = C = 0$, $B = -3$ より $D = -9 < 0$ より $(0,0)$ では極値にならない．$(a,b) = (1,1)$ のとき $A = C = 6$, $B = -3$ より $D = 27 > 0$, $A = 6 > 0$ となり $(1,1)$ では極小値 $f(1,1) = -1$ をとる． ∎

---

[10] 1 変数関数 $f(x)$ の場合と対比するとよい．$f'(x) = 0$ となる $x = a$ を求めて，$f''(a) > 0$ ならば $x = a$ で極小値，$f''(a) < 0$ ならば $x = a$ で極大値であった．

[11] このとき (a,b) は**鞍点**と呼ばれる．

§17.3 3変数関数の極値問題

3変数関数 $w = f(x, y, z)$ の極値問題の解法を証明なしで与える．

定理 17.4 $\mathbb{R}^3$ の領域 Ω で C^2 級の関数 $f(x, y, z)$ の極値は以下のようにして求めることができる[12]．

[I] $f_x(x, y, z) = f_y(x, y, z) = f_z(x, y, z) = 0$ となる点 $(a, b, c) \in \Omega$ をすべて求める．

[II] 上記の (a, b, c) に関するヘッセ行列

$$H_f(a,b,c) := \begin{pmatrix} f_{xx}(a,b,c) & f_{xy}(a,b,c) & f_{xz}(a,b,c) \\ f_{yx}(a,b,c) & f_{yy}(a,b,c) & f_{yz}(a,b,c) \\ f_{zx}(a,b,c) & f_{zy}(a,b,c) & f_{zz}(a,b,c) \end{pmatrix}$$

の固有値について

(1) すべて正なら (a, b, c) で極小値をとる．

(2) すべて負なら (a, b, c) で極大値をとる．

(3) 正と負の両方を含めば (a, b, c) では極値にならない．

****

○●練習問題 17 ●○

17.1 $f(x, y)$ は原点 $(0, 0)$ の近傍で C^2 級とする．

(1) 原点の近くの点 (x, y) を固定して $g(t) := f(tx, ty)$ と1変数関数を定める．$g'(t)$ と $g''(t)$ を f の偏導関数を使って表せ．

(2) $f_{xx} = f_{xy} = f_{yy} = 0$ が原点の近くで成り立つとき，$f(x, y)$ はどんな関数であるか．$f(x, y)$ の原点における2次テイラー展開を用いて議論せよ．

17.2 $\mathbb{R}^2$ 上で $f(x, y) = xy(1 - x - y)$ とする．

(1) f の1次偏導関数および2次偏導関数を求めよ．

(2) $z = f(x, y)$ 上の点 $(1, 2, -4)$ における接平面を求めよ．

(3) f の極値を与える点の候補を求めよ．

(4) f の極値を求めよ．

17.3 f は領域 D で C^2 級とし，$(a, b) \in D$ とする．以下を示せ．

(1) $u(x) := f(x, b)$ とする．f が (a, b) で極大になれば $u''(a) \leq 0$ である．

(2) $\Delta f(x, y) > 0 \ (\forall (x, y) \in D)$ をみたせば，f は D 内で極大値をとらない[13]．

◇◆演習問題 17 ◆◇

17.1 数学的帰納法を用いて (17.2) を証明せよ．

---

[12] 行列の用語を使えば変数が増えても固有値を使っての判定条件で書くことができる．なお，2変数のときと同様に固有値に 0 が含まれている（ヘッセ行列の行列式が 0 ）の場合は，これだけでは判定できない．

[13] $\Delta f \geq 0$ となるとき f は D 上の劣調和関数と呼ばれる．(2) の事実は「定数でない劣調和関数は極大値をとらない」と一般化できる．証明は $\Delta f = 0$ となる点がある場合の処理に多少の工夫を必要とする．

17.2 $\mathbb{R}^2$ 上で $f(x,y) = xye^{-x^2-y^2}$ の極値を求めよ．

17.3 $\mathbb{R}^2$ 上で $f(x,y) = x^3 + 8y^3 - 12xy$ の極値を求めよ．

17.4 $A = (a_1, a_2)$, $B = (b_1, b_2)$, $C = (c_1, c_2)$ を平面内の異なる 3 点とする．$f(X) := \|X - A\|^2 + \|X - B\|^2 + \|X - C\|^2$ を最小にする点 $X = (x, y)$ を求めよ[14]．

17.5 $f(x, y, z) = x^2 + 2y^2 + 7z^2 - 4xz - 4yz + 2z + 1$ の極値を求めよ．

17.6 $f(x, y) = \cos x + \cos y - \cos(x + y)$ とする．
(1) $0 \leq x \leq \pi$, $0 \leq y \leq \pi$ のとき $f(x, 0) = f(0, y) = 1$, $f(x, \pi) \leq 1$, $f(\pi, y) \leq 1$ を確認せよ．
(2) $0 < x < \pi$, $0 < y < \pi$ の範囲で f の極値を求めよ．
(3) (1),(2) の結果から，$0 \leq x \leq \pi$, $0 \leq y \leq \pi$ における f の最大値を求めよ．

---

[14] $\|X - A\| + \|X - B\| + \|X - C\|$ を最小にする点を求めることは見かけほどには簡単でない．A, B, C が鋭角三角形なら PA, PB, PC が角の 3 等分となる点 P が解である．詳しくは，P. J. ナーイン著 (細川尋史訳)『最大値と最小値の数学 上，下』シュプリンガー・ジャパン (2004) を見よ．

18

陰関数定理とその応用

大発見のチャンスにぶつかるのは，それに値する人だけである．
ラグランジュ

一般に $f(x,y) = 0$ は平面内の曲線になるが，この曲線が $y = \varphi(x)$ の形で書けると解析が容易になる．この φ を $f(x,y) = 0$ が定める陰関数という[1]．陰関数の存在とその微分について学ぶ．特に陰関数は条件付き極値問題の解法に有効である．

§18.1 陰関数の存在

$x^2 + y^2 - 25 = 0$ は半径 5 の円である．円周上の点 $(3,4)$ のまわりではこの円は $y = \sqrt{25 - x^2}$ と書くことができる[2]．また，点 $(-3,-4)$ のまわりでは $y = -\sqrt{25 - x^2}$ が陰関数である．一方，点 $(5,0)$ と $(-5,0)$ のまわりでは $y = \varphi(x)$ の形に書くことができない[3]．

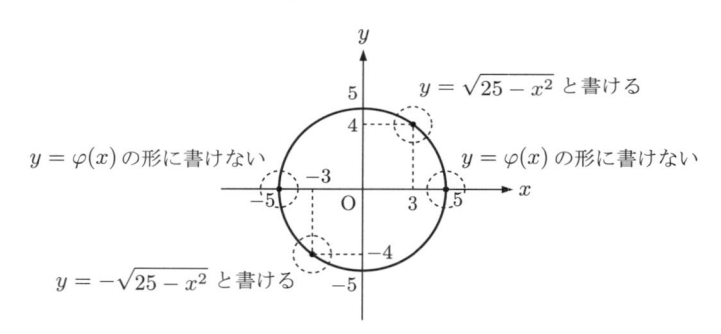

この例からもわかるように，
(1) 陰関数は点ごと決まり，点が変われば陰関数の形も変わることがある．
(2) 陰関数は各点の近くのグラフを表すだけで，曲線全体を表すわけではない．
(3) 陰関数の存在しない点もある．
(4) f が微分可能ならば陰関数も微分可能である．
である．これらについてより正確に教えてくれるものが次の陰関数定理である．

---

[1] この章での学習を通して陰関数は影武者 (陰にあって，表面にいる人の働きを助ける人 (広辞苑)) であると実感できるとよい．

[2] 点 $(3,4)$ のまわりとは，$(3,4)$ に近いすべての円周上の点 (x,y) についてという意味である．

[3] $y = \varphi(x)$ の形に表されるとは x に対して y がただ 1 つ定まることである．$x = 5$ の近くでは x に対して円周上の点の y の値が 1 つに定まらない (y は 2 個 (あるいは 0 個) である)．$x = -5$ の近くも同様である．

定理 18.1 (陰関数定理) f は領域 Ω で C^n 級 $(n \geq 1)$ とし，$(a,b) \in \Omega$ とする．$f(a,b) = 0$ のとき，

$$f_y(a,b) \neq 0 \tag{18.1}$$

ならば，(a,b) のまわりで $f(x,y) = 0$ は $y = \varphi(x)$ と表すことができる．より正確に書くと，$x = a$ を含む開区間 I および I 上で定義された C^n 級の関数 φ がただ 1 つ存在して，$\varphi(a) = b$ および

$$u(x) := f(x, \varphi(x)) = 0 \quad (\forall x \in I) \tag{18.2}$$

が成り立つ．

この定理の証明はここではしない．32 章で触れる．記憶すべきことは，陰関数 φ の存在のための十分条件が (18.1) であり，存在すれば φ は f と同じ回数だけ微分可能になっているという事実である[4]．

問 18.1 $x^2 - 4xy + 7y^2 = 1$ 上の点で $y = \varphi(x)$ の形の陰関数が存在しない点を求めよ．

§18.2 陰関数微分法

陰関数の存在はわかっても，それを具体的に求めることは困難な場合が多い．しかし，φ はわからなくても，その微分は実際に求めることができる．この魔法のような話が陰関数微分法である[5]．(18.2) の両辺を x について微分すると，連鎖律によって

$$u'(x) = f_x(x, \varphi(x)) + f_y(x, \varphi(x)) \varphi'(x) = 0 \quad (\forall x \in I) \tag{18.3}$$

が成り立つ．これより $y = \varphi(x)$ に注意すれば，$f_y(x,y) \neq 0$ ならば

$$\varphi'(x) = -\frac{f_x(x,y)}{f_y(x,y)} \tag{18.4}$$

となる．この結果は次の定理を導く．

定理 18.2 f は Ω で C^1 級とする．$f(a,b) = 0$, $f_y(a,b) \neq 0$ のとき $f(x,y) = 0$ が定める曲線の (a,b) における接線は次で与えられる．

$$y - b = -\frac{f_x(a,b)}{f_y(a,b)}(x - a)$$

[証明] 陰関数の定理より (a,b) のまわりで $f(x,y) = 0$ は $y = \varphi(x)$ と書ける．このとき，接線は $y - b = \varphi'(a)(x - a)$ である．(18.4) から求める形が得られる[6]． ∎

---

[4] 条件 (18.1) は陰関数が存在するための必要条件ではない．たとえば，$f(x,y) = x - y^3$ は $f_y(0,0) = 0$ であるが，原点のまわりで $y = \varphi(x)$ の形に書くことができる．しかしながら，以後は (18.1) をみたす点のみの陰関数を考えることにする．なお，$f_x(a,b) \neq 0$ ならば (a,b) のまわりで $x = \psi(y)$ の形に表すことができて，ψ は f と同じ回数の微分が可能である．

[5] (18.3) および後述の (18.5) を**陰関数微分法**という．

[6] 定理の証明には陰関数の定理が重要な役割を演じているが，定理の主張の中には陰関数は出てこない．まさに影武者である．なお，$f_y(a,b) \neq 0$ のとき，f_y の連続性から (x,y) が (a,b) に近ければ $f_y(x,y) \neq 0$ である．

第 18 章　陰関数定理とその応用

例題 18.1　曲線 $x^3 - 3xy + y^3 = 0$ はデカルトの葉線と呼ばれる．$A = (2/3, 4/3)$ における接線を求めよ．

[解答]　$f(x,y) = x^3 - 3xy + y^3$ とする．$f(A) = 0$ より A は曲線上の点である．また，$f_y(A) = 10/3 \neq 0$ より A のまわりに陰関数が存在する．$f_x(A) = -8/3$ より，定理 18.2 から接線の傾きは $-f_x(A)/f_y(A) = 4/5$ となって，接線は $y - \dfrac{4}{3} = \dfrac{4}{5}\left(x - \dfrac{2}{3}\right)$ である．■

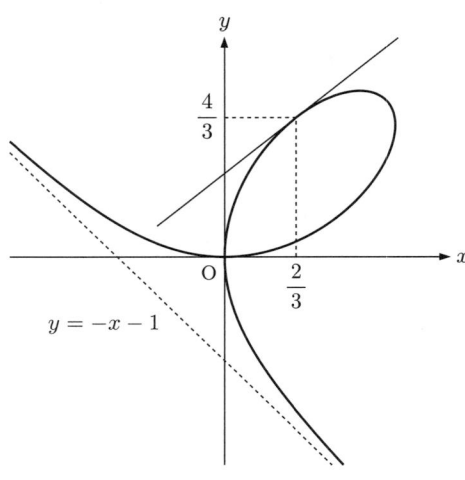

$x^3 - 3xy + y^3 = 0$ (デカルトの葉線)

§18.3　陰関数の極値

f が C^2 級ならば (18.3) の u' はさらに微分できる．再び連鎖律から

$$(18.5) \quad \begin{aligned} u''(x) = {} & f_{xx}(x, \varphi(x)) + 2f_{xy}(x, \varphi(x))\varphi'(x) \\ & + f_{yy}(x, \varphi(x))\varphi'(x)^2 + f_y(x, \varphi(x))\varphi''(x) = 0 \end{aligned}$$

が任意の $x \in I$ で成り立つ．特に $\varphi'(a) = 0$ のとき，$f_y(a,b) \neq 0$ ならば

$$(18.6) \quad \varphi''(a) = -\frac{f_{xx}(a,b)}{f_y(a,b)}$$

が成り立つ．これから，次の定理が導かれる．

定理 18.3　f は領域 Ω で C^2 級とする．曲線 $f(x,y) = 0$ の定める陰関数の極値は以下のようにして求めることができる[7]．
　(1)　(極値の候補) $f(x,y) = 0$, $f_x(x,y) = 0$ を連立させて解く．
　(2)　(陰関数の存在) (1) の解 (a,b) で $f_y(a,b) \neq 0$ をみたすものを選ぶ．

---

[7] ここでは極値は $f_y(a,b) \neq 0$ の場合のみを考えている．$f_y(a,b) = 0$ の場合は簡単には判定できない．極値にならない場合が多いが，なる場合もある．たとえば $f(x,y) = x^2 \pm y^3$ について，$f(0,0) = f_x(0,0) = 0$ であり，かつ $f_y(0,0) = 0$ である．$x^2 - y^3 = 0$ のときは $x = 0$ で極小値 $y = 0$ であり，$x^2 + y^3 = 0$ の場合は $x = 0$ で極大値 $y = 0$ である．

(3) (極値の判定) (2) の (a,b) について
(i) $f_{xx}(a,b)/f_y(a,b) > 0$ ならば $x=a$ で $y=b$ は極大値になる.
(ii) $f_{xx}(a,b)/f_y(a,b) < 0$ ならば $x=a$ で $y=b$ は極小値になる.

[証明] (1) で求めた (a,b) について $f_y(a,b) \neq 0$ ならば，(a,b) のまわりで $f(x,y)=0$ は $y=\varphi(x)$ と書かれる．さらに $f_x(a,b)=0$ より (18.4) から $\varphi'(x)=0$ となる．よって $x=a$ は $y=\varphi(x)$ の極値の候補である．1 変数関数 $y=\varphi(x)$ の極値に関する定理から，$\varphi''(a)<0$ ならば $b=\varphi(a)$ は極大値であり，$\varphi''(a)>0$ のとき $b=\varphi(a)$ は極小値になる．(18.6) を使って読み替えれば定理の主張が示させる． ■

例題 18.2 デカルトの葉線 $x^3 - 3xy + y^3 = 0$ の定める陰関数の極値を以下に従って求めよ．
(1) $f(x,y) = x^3 - 3xy + y^3$ として $f(x,y)=0$, $f_x(x,y)=0$ を解け．
(2) (1) の解で $f_y(a,b) \neq 0$ となるものを選べ．
(3) $f_{xx}(a,b)/f_y(a,b)$ の符号を調べて極値を判定せよ．

[解答] (1) $f_x = 3x^2 - 3y$ であるから $x^3 - 3xy + y^3 = 0$, $x^2 - y = 0$ を連立させて解くと $(a,b) = (\sqrt[3]{2}, \sqrt[3]{4})$, $(0,0)$ となる．(2) $f_y = -3x + 3y^2$ であるから $f_y(0,0) = 0$ となり陰関数は存在しない ($(0,0)$ では極値にならない．前ページのグラフを参照せよ)．一方，$B := (\sqrt[3]{2}, \sqrt[3]{4})$ とすれば，$f_y(B) = 3\sqrt[3]{2} \neq 0$ である．(3) $f_{xx} = 6x$ より $f_{xx}(B) = 6\sqrt[3]{2}$ である．$f_{xx}(B)/f_y(B) = 2 > 0$ より $a = \sqrt[3]{2}$ で極大値 $b = \sqrt[3]{4}$ をとる． ■

問 18.2 $4x^2 + y^2 = 4$ で定まる陰関数の極値を求めよ．

§18.4 条件付き極値問題

前章では領域 Ω 上の 2 変数関数 $f(x,y)$ の極値を求めた．これは (x,y) が Ω 内を自由に動いたときの極値であったが，実際の問題では，(x,y) の動く範囲に条件を付けた極値問題が重要になる．これが条件付き極値問題である．この解法にも陰関数定理が有効である．

定理 18.4 f, g は領域 Ω で C^2 級とする．$f(x,y)=0$ の条件の下での $g(x,y)$ の極値は以下のようにして求めることができる[8]．
(1) (極値の候補) $F(x,y,\lambda) = g(x,y) - \lambda f(x,y)$ とおいて

(18.7) $\begin{cases} F_x(x,y,\lambda) = 0 \\ F_y(x,y,\lambda) = 0 \\ F_\lambda(x,y,\lambda) = 0 \end{cases}$ すなわち, $\begin{cases} g_x(x,y) = \lambda f_x(x,y) \\ g_y(x,y) = \lambda f_y(x,y) \\ f(x,y) = 0 \end{cases}$

の解 $(a,b) \in \Omega$ と実数 λ_0 を求める[9]．
(2) (陰関数の存在) (1) の解 (a,b,λ_0) のうちで $f_y(a,b) \neq 0$ のものを選ぶ．
(3) (極値の判定) $M > 0$ ならば $f(x,y)=0$ の条件の下で $g(a,b)$ は極小値となり，$M < 0$ な

---

[8] ここで求めている極値は $f_y \neq 0$ をみたすものだけであることを注意する．
[9] (18.7) は $g_x(x,y) = \lambda f_x(x,y)$, $g_y(x,y) = \lambda f_y(x,y)$, $f(x,y) = 0$ と同じである．

らば $f(x,y)=0$ の条件の下で $g(a,b)$ は極大値である．ただし
$$M := F_{xx}(a,b,\lambda_0)f_y(a,b)^2 - 2F_{xy}(a,b,\lambda_0)f_x(a,b)f_y(a,b) + F_{yy}(a,b,\lambda_0)f_x(a,b)^2$$

[証明]　(1), (2) は極値となるための必要条件である．より正確にいうと，$g(x,y)$ が $f(x,y)=0$ の条件の下で点 (a,b) で極値をもち，$f_y(a,b) \neq 0$ ならば，実数 λ_0 が存在して，(a,b,λ_0) が (18.7) をみたすことを示す．$f_y(a,b) \neq 0$ なので $f(x,y)=0$ は (a,b) のまわりで $y=\varphi(x)$ と書ける．このとき $g(x,y)$ の $f(x,y)=0$ の条件付き極値問題を，1 変数関数

(18.8)
$$v(x) := g(x,\varphi(x))$$

の極値問題に帰結することがラグランジュのアイディアである．$v(a)=g(a,b)$ が極値であれば $v'(a)=0$ が成り立つ．(18.8) を微分して $v'(x) = g_x(x,\varphi(x)) + g_y(x,\varphi(x))\varphi'(x)$ であるから，

(18.9)
$$g_x(a,b) + g_y(a,b)\varphi'(a) = 0$$

を得る．また，$f(x,\varphi(x)) \equiv 0$ であるから，これも x で微分して $x=a$ とすれば

(18.10)
$$f_x(a,b) + f_y(a,b)\varphi'(a) = 0$$

である．このとき，$\lambda_0 = g_y(a,b)/f_y(a,b)$ とおけば (18.7) がみたされる[10]．

次に，極値の十分条件である (3) を示そう．(18.8) の v が $v'(a)=0$ をみたすとき，1 変数関数の極値について $v''(a)>0$ ならば $x=a$ で極小であり，$v''(a)<0$ ならば $x=a$ で極大となる．陰関数微分 (18.5) を使って，(18.10) に注意すれば

(18.11)
$$v''(a) = \frac{M}{f_y(a,b)^2}$$

となり定理の主張が示される．■

上記の条件付き極値問題の解法は**ラグランジュの乗数法**と呼ばれ，λ_0 を**ラグランジュ乗数**という[11]．なお，定理 18.3 の場合と同様に $f_y(a,b)=0$ となるときの極値の判定は簡単ではなく，個々に調べる必要がある．

問 18.3　$f(x,y)=xy-4$, $g(x,y)=x^2+y^2$ のときのラグランジュ乗数を求めよ．

§18.5　3 変数関数の陰関数定理

3 変数関数についての陰関数の定理を述べる (32 章で証明を与える)．$f(x,y,z)$ と $g(x,y,z)$ は領域 Ω 上の C^n 級関数とする．一般に 3 次元空間内で $f(x,y,z)=0$ は曲面を表し，$f(x,y,z)=g(x,y,z)=0$ は曲線を表す．以下 $(a,b,c) \in \Omega$ とする．

定理 18.5　(1) $f(a,b,c)=0$, $f_z(a,b,c) \neq 0$ ならば，点 (a,b) のまわりに C^n 級の関数 φ が存在して，曲面 $f(x,y,z)=0$ は $z=\varphi(x,y)$ の形に書ける．さらに

---

[10] λ_0 の定義から $F_y(a,b,\lambda_0) = g_y(a,b) - \lambda_0 f_y(a,b) = 0$ である．また，(18.10) より $\varphi'(a) = -f_x(a,b)/f_y(a,b)$ であり，これを (18.9) に代入すれば $F_x(a,b,\lambda_0) = g_x(a,b) - \lambda f_x(a,b) = 0$ となる．さらに，$F_\lambda(a,b,\lambda) = f(a,b) = 0$ である．

[11] ラグランジュ乗数法の幾何学的な意味は，$f=0$ の下で g が点 (a,b) で極値をとったとすると，この点で (f_x, f_y) と (g_x, g_y) が平行になることである．これは $f(x,y)=0$ で定まる曲線と $g(x,y)=g(a,b)$ で定まる曲線が点 (a,b) で接していることを意味する．

(18.12)
$$\varphi_x(x,y) = -\frac{f_x(x,y,z)}{f_z(x,y,z)}, \quad \varphi_y(x,y) = -\frac{f_y(x,y,z)}{f_z(x,y,z)}$$

が成り立つ.

(2) $f(a,b,c) = g(a,b,c) = 0$ かつ $\begin{vmatrix} f_y(a,b,c) & f_z(a,b,c) \\ g_y(a,b,c) & g_z(a,b,c) \end{vmatrix} \neq 0$ ならば $x=a$ のまわりに C^n 級の関数 φ, ψ が存在して,曲線 $f(x,y,z) = g(x,y,z) = 0$ は $y = \varphi(x), z = \psi(x)$ の形に書ける.さらに

(18.13)
$$f_x + f_y \varphi' + f_z \psi' = 0, \quad g_x + g_y \varphi' + g_z \psi' = 0$$

が成り立つ.

****

○●練習問題 18 ●○

18.1 (18.5) を確認せよ.

18.2 $f(x,y) = 2x^3 - 6xy + y^3$ とする.
(1) $f(x,y) = 0$ 上の点で $y = \varphi(x)$ の形の陰関数をもたない点 (a,b) を求めよ.
(2) (1) 以外の曲線上の点 (x,y) における陰関数を $\varphi(x)$ とする.$\varphi'(x)$ を x, y で表せ.
(3) $\varphi''(x)$ を x, y および $\varphi'(x)$ を使って表せ.
(4) 曲線 $f(x,y) = 0$ 上の点 $(-6, 6)$ における接線の方程式を求めよ.
(5) $f(x,y) = 0$ で定まる曲線の極値を与える候補の点 (a,b) を求めよ.
(6) (5) の b が実際に極値であるかを判定せよ.

18.3 平面内の点 (p,q) から直線 $ax+by+c=0$ までの距離の最小値を求めよ ($ax+by+c=0$ の条件の下で $g(x,y) = (x-p)^2 + (y-q)^2$ の極値を求める (実際の距離は $\sqrt{g(x,y)}$ である)).

18.4 $x^2 + 2y^2 = 4$ のときの $2x+y$ の極値を求めよ.

◇◆演習問題 18 ◆◇

18.1 (18.11) を確認せよ.

18.2 $x^2 + 2xy + 2y^2 = 1$ で定まる陰関数の極値を求めよ.

18.3 曲線 $x^2 - 3xy + 5y^2 = 5$ 上の点で原点までの距離が最大となる点を求めよ.

18.4 $x^2 + y^4 = 16$ の条件の下で $g(x,y) = 4y$ の極値を考える.
(1) 極値の候補を与える点 (a,b) とラグランジュ乗数 λ_0 の組 (a,b,λ_0) をすべて求めよ.
(2) (1) の (a,b) が極値を与えるかを判定せよ.

19 長方形上の重積分

> 数学，それはなるべく計算を避けるための技術だと言えよう．
> マクミラン

多変数関数の積分を重積分という．1 変数関数については微分の逆としての不定積分とリーマン和の極限としての定積分を考察した．多変数関数もリーマン和の極限として重積分 (定積分) を定めるが，不定積分の概念をどう考えるかは難しい[1]．重積分の値は，1 変数積分の繰り返しである累次積分に直して具体的に計算できる．

§19.1 長方形上の重積分

1 変数関数の積分によって図形の面積が求まるように，2 変数関数の重積分は立体の体積を与える．

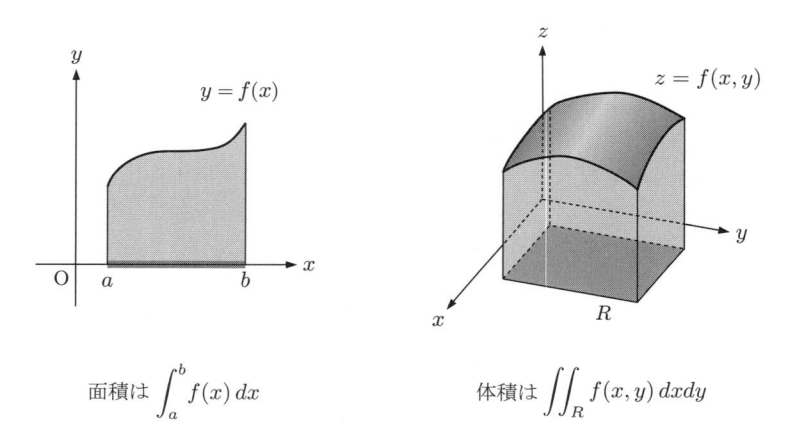

面積は $\displaystyle\int_a^b f(x)\,dx$ 体積は $\displaystyle\iint_R f(x,y)\,dxdy$

11 章での 1 変数関数の定積分と同様な考察を行う．繰り返しの部分も多いが，復習の意味も込めて再度書き下してみる．

$R = [a,b] \times [c,d]$ を長方形とする[2]．2 つの区間 $[a,b]$, $[c,d]$ の分割

$$a = x_0 < x_2 < \cdots < x_m = b, \quad c = y_0 < y_1 < \cdots < y_n = d$$

によって R を mn 個の小長方形 $R_{ij} := [x_{i-1}, x_i] \times [y_{j-1}, y_j]$ に分ける．これを長方形 R の**分割**と

---

[1] $F' = f$ をみたす関数 F を f の原始関数 (不定積分) といった．これに対応して 2 つの 2 変数関数 f, g に対して，$F_x = f$, $F_y = g$ となる F を f, g のポテンシャルという．ポテンシャルの存在については演習問題 24.6 で考察する．

[2] R は rectangle (長方形) の頭文字に由来する．

いい，1変数のときと同様に Δ で表す．Δ の**幅** $\delta(\Delta)$ を
$$\delta(\Delta) := \max\{R_{ij} \text{ の対角線の長さ}; 1 \leq i \leq m, 1 \leq j \leq n\}$$
で定める．また R_{ij} 内の点 (ξ_{ij}, η_{ij}) を任意に選んで，それを並べた
$$(\xi, \eta) := \{(\xi_{ij}, \eta_{ij}); i = 1, \cdots, m, j = 1, \cdots, n\}$$
を Δ の**代表系**と呼ぶ．

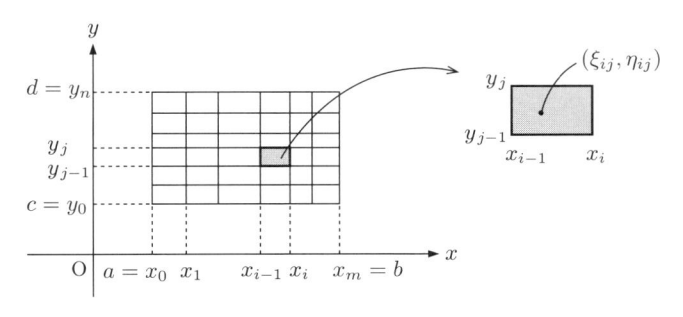

長方形 R 上で定義された有界関数 f に対して，

(19.1) $$S(f, \Delta, (\xi, \eta)) := \sum_{i=1}^{m} \sum_{j=1}^{n} f(\xi_{ij}, \eta_{ij})|R_{ij}|$$

$$\overline{S}(f, \Delta) := \sum_{i=1}^{m} \sum_{j=1}^{n} M_{ij}|R_{ij}|, \quad \underline{S}(f, \Delta) := \sum_{i=1}^{m} \sum_{j=1}^{n} m_{ij}|R_{ij}|$$

を f の**リーマン和**および**上リーマン和**，**下リーマン和**という．ここで $|R_{ij}|$ は小長方形 R_{ij} の面積であり，
$$M_{ij} := \sup\{f(x, y); (x, y) \in R_{ij}\}, \quad m_{ij} := \inf\{f(x, y); (x, y) \in R_{ij}\}$$
である．明らかに

(19.2) $$\underline{S}(f, \Delta) \leq S(f, \Delta, (\xi, \eta)) \leq \overline{S}(f, \Delta)$$

が成り立つ．リーマン和の幾何学的意味は次図である．

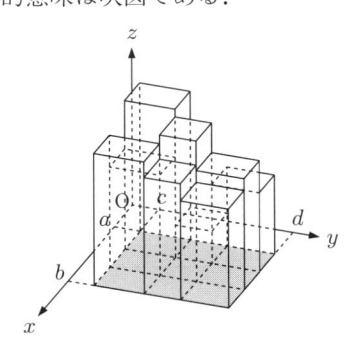

例題 19.1 $f(x, y) \equiv M$ のとき $S(f, \Delta, (\xi, \eta)) = M(b-a)(d-c)$ を確認せよ．

[解答] $S(f, \Delta, (\xi, \eta)) = \sum_{i=1}^{m} \sum_{j=1}^{n} f(\xi_{ij}, \eta_{ij})|R_{ij}| = \sum_{i=1}^{m} \sum_{j=1}^{n} M|R_{ij}| = M|R| = M(b-a)(d-c)$ ■

1 変数の場合と同様に分割の幅を 0 に近づけたときのリーマン和の極限値で重積分を定める．正確な定義を与えよう．

定義 19.1 長方形 R 上の有界な関数 f について，$\delta(\Delta) \to 0$ のとき $\overline{S}(f,\Delta)$ と $\underline{S}(f,\Delta)$ が同じ極限値をもつとき f は R で**重積分可能**という[3]．この共通の極限値を f の R での**重積分**といって
$$\iint_R f(x,y)\,dxdy$$
と表す．

はさみうちの原理から 1 変数の場合 (定理 11.2) と同様に次が成り立つ．

定理 19.1 f が $R = [a,b] \times [c,d]$ で有界であるとき，重積分可能である必要かつ十分条件は，リーマン和 $S(f,\Delta,(\xi,\eta))$ が分割 Δ と代表系 (ξ,η) をどのようにとっても，幅 $\delta(\Delta)$ を 0 に近づけたとき一定の値 I に近づくことである[4]．このとき

(19.3) $$I = \lim_{\delta(\Delta) \to 0} S(f,\Delta,(\xi,\eta)) = \iint_R f(x,y)\,dxdy$$

が成り立つ．特に，f が重積分可能なら，R の分割 Δ として縦と横の n 等分，代表系としてその頂点を考えることにより

(19.4) $$I = \lim_{n \to \infty} \frac{(b-a)(d-c)}{n^2} \sum_{i=1}^{n}\sum_{j=1}^{n} f\left(a + \frac{(b-a)i}{n}, c + \frac{(d-c)j}{n}\right)$$

が成り立つ．

---

§19.2 累次積分

重積分の具体的計算は 1 変数積分の繰り返しで求めることができる．これが**累次積分**である．連続関数は重積分可能である事実とともにまとめる．

定理 19.2 f は長方形 $R = [a,b] \times [c,d]$ 上で連続とする．
(1) f は R で重積分可能である[5]．
(2) 重積分の値は次の累次積分 (繰り返し積分) として計算できる．

(19.5) $$\iint_R f(x,y)\,dxdy = \int_c^d \left(\int_a^b f(x,y)\,dx\right) dy = \int_a^b \left(\int_c^d f(x,y)\,dy\right) dx$$

---

[3] どちらかの極限値が存在しない場合や，存在しても等しくない場合に f の R 上の重積分は発散するとか f は R では重積分可能でないという．

[4] ε-δ 論法を使って正確に記すと，「任意の $\varepsilon > 0$ に対して $\delta > 0$ が存在して，$\delta(\Delta) < \delta$ をみたすすべての分割と代表系に対して $|S(f,\Delta,(\xi,\eta)) - I| < \varepsilon$ がいつも成り立つ」ことである．

[5] R はコンパクト集合であるから，最大値の原理 (定理 14.2) により f は R 上で有界である．

[証明] (1) f が R で一様連続となる事実を使って ε-δ 論法により 31 章で示す.

(2) (19.4) の n 等分割について, c_j を固定したとき, $f(x, c_j)$ は $[a,b]$ で連続, また y の関数 $\int_a^b f(x,y)\,dx$ は $[c,d]$ で連続であるから[6], それぞれ定積分可能であり, 区分求積法 (11.4) から

$$\frac{b-a}{n}\sum_{i=1}^n f(a_i, c_j) \to \int_a^b f(x, c_j)\,dx \quad (n \to \infty)$$

$$\frac{d-c}{n}\sum_{j=1}^n \int_a^b f(x, c_j)\,dx \to \int_c^d \left(\int_a^b f(x,y)\,dx\right) dy \quad (n \to \infty)$$

を得る. これと (19.4) をあわせれば, (19.5) の最初の等号が得られる. さらに

$$\frac{d-c}{n}\sum_{j=1}^n \left(\frac{b-a}{n}\sum_{i=1}^n f(a_i, c_j)\right) = \frac{b-a}{n}\sum_{i=1}^n \left(\frac{d-c}{n}\sum_{j=1}^n f(a_i, c_j)\right)$$

が成り立つから[7], $n \to \infty$ とすれば後半の等号を得る. ∎

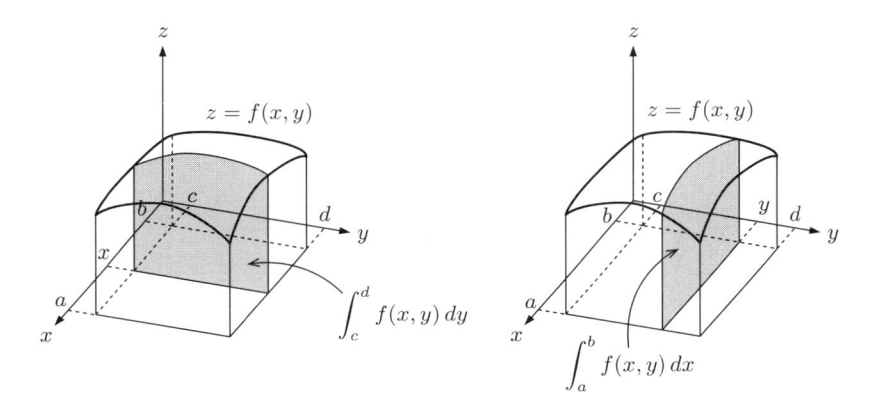

(19.5) に関しての注意を 2 つする. まず, (19.5) においての x についての積分 $\int_a^b f(x,y)\,dx$ では y は定数として計算すること (x についての偏微分のとき y を定数と考えたように). 同様に y についての積分 $\int_c^d f(x,y)\,dy$ では x を定数として計算する. もう 1 つの注意は累次積分を $\int_c^d \int_a^b f(x,y)\,dxdy$, $\int_a^b \int_c^d f(x,y)\,dydx$ と括弧を省略して書くこともあるが, はじめは付けるようにした方がよい. また, これらは $\int_c^d dy \int_a^b f(x,y)\,dx$, $\int_a^b dx \int_c^d f(x,y)\,dy$ とも書かれる.

例題 19.2 $R = [1,3] \times [0,2]$ のとき以下を計算せよ.

(1) $\iint_R xy\,dxdy$ (2) $\iint_R (x+y)\,dxdy$ (3) $\iint_R \sin(x+y)\,dxdy$

[解答] (1) $= \int_1^3 \left(\int_0^2 xy\,dy\right) dx = \int_1^3 \left(x\left[y^2/2\right]_0^2\right) dx = \int_1^3 2x\,dx = \left[x^2\right]_1^3 = 8$

(2) $= \int_1^3 \left(\int_0^2 (x+y)\,dy\right) dx = \int_1^3 \left(\left[xy + y^2/2\right]_0^2\right) dx = \int_1^3 (2x+2)\,dx = \left[x^2 + 2x\right]_1^3 = 12$

---

[6] 連続性は ε-δ 論法を使うと容易にわかる.
[7] 加える順番を変えているだけである.

(3) $= \int_1^3 \left([-\cos(x+y)]_0^2\right) dx = \int_1^3 (-\cos(x+2) + \cos x) dx = -\sin 5 + 2\sin 3 - \sin 1$ ∎

例題 19.3 $f(x,y) = y^x$ の $R = [1,2] \times [0,1]$ 上の積分値を求めよ.

[解答] y^x は R で連続なので (19.5) によって計算できる. ところが x について先に積分すると

$$\iint_R y^x \, dxdy = \int_0^1 \left(\int_1^2 y^x \, dx\right) dy = \int_0^1 \left(\frac{1}{\log y}\left[y^x\right]_1^2\right) dy = \int_0^1 \frac{y^2 - y}{\log y} dy$$

となってこれ以上の計算は容易でない. 一方, y について先に計算すれば

$$\iint_R y^x \, dxdy = \int_1^2 \left(\int_0^1 y^x \, dy\right) dx = \int_1^2 \left(\frac{1}{x+1}\left[y^{x+1}\right]_0^1\right) dx = \int_1^2 \frac{1}{x+1} dx = \log \frac{3}{2}$$

と容易に計算できる. ∎

上述のように, 累次積分で計算する場合には順序の選び方によっては計算が簡単になったり複雑になったりする. 計算が容易な方を選ぶとよい.

最後に, 定理 19.2 (2) の応用として微分と積分の順序交換についての結果を与える.

定理 19.3 f は $R = [a,b] \times [c,d]$ で C^1 級とする[8]. このとき次が成り立つ.

(19.6) $$\frac{d}{dy}\int_a^b f(x,y) \, dx = \int_a^b f_y(x,y) \, dx$$

[証明] $f_y(x,y)$ と $R = [a,b] \times [c,y]$ に対する (19.5) の後半の等式は

$$\int_c^y \left(\int_a^b f_y(x,y) \, dx\right) dy = \int_a^b \left(\int_c^y f_y(x,y) \, dy\right) dx = \int_a^b (f(x,y) - f(x,c)) \, dx$$

である. 両辺を y について微分する. 微分積分学の基本定理より

$$\frac{d}{dy}\int_c^y \left(\int_a^b f_y(x,y) \, dx\right) dy = \int_a^b f_y(x,y) \, dx$$

である[9]. 一方

$$\frac{d}{dy}\left(\int_a^b (f(x,y) - f(x,c)) \, dx\right) = \frac{d}{dy}\int_a^b f(x,y) \, dx$$

であるから[10], (19.6) を得る. ∎

問 19.1 $\alpha > 0$ とする. $\int_0^1 \cos \alpha x \, dx = \frac{\sin \alpha}{\alpha}$ に (19.6) を適用して $\int_0^1 x \sin \alpha x \, dx = \frac{\sin \alpha - \alpha \cos \alpha}{\alpha^2}$ を導け.

---

[8] この意味は R を含むある領域で C^1 級とする. R は境界の点を含むので, 単に R で C^1 級とすると境界点での偏微分をどう考えたらよいのかという問題が生じる.

[9] $\frac{d}{dy}\int_c^y F(y) \, dy = F(y)$ において $F(y) = \int_b^a f_y(x,y) \, dx$ とせよ.

[10] 積分内の第 2 項は y について定数であるから, 微分すれば 0 である.

****

○●練習問題 19 ●○

19.1 $R = [-1, 2] \times [1, 4]$ として (1) $\iint_R x^2 y \, dxdy$, (2) $\iint_R e^{x+y} \, dxdy$ を計算せよ.

19.2 $R = [-1, 1] \times [0, 3]$ のとき, (1) $\iint_R (x^2 y + xy^2) \, dxdy$, (2) $\iint_R \dfrac{1}{(x+y+2)^2} \, dxdy$ を計算せよ.

19.3 f は $[a, b]$ で連続で, g は $[c, d]$ で連続とする. このとき $R = [a, b] \times [c, d]$ とすれば
$$\iint_R f(x) g(y) \, dxdy = \left(\int_a^b f(x) \, dx \right) \left(\int_c^d g(y) \, dy \right)$$
が成り立つことを確認せよ.

19.4 $\alpha > 0$ とする. $R = [0, 1] \times [0, 2]$ について $\iint_R (x+y)^\alpha \, dxdy$ を求めよ.

◇◆演習問題 19 ◆◇

19.1 f は $R = [a, b] \times [c, d]$ を内部に含む領域で C^2 級ならば次が成り立つことを示せ.
$$\iint_R f_{xy}(x, y) \, dxdy = f(a, c) - f(a, d) - f(b, c) + f(b, d)$$

19.2 (1) $\dfrac{\partial}{\partial x} \dfrac{2x}{(x+y)^2} = -\dfrac{\partial}{\partial y} \dfrac{2y}{(x+y)^2} = \dfrac{2y-2x}{(x+y)^3}$ を確認せよ.

(2) $\displaystyle\int_0^1 \left(\int_0^1 \dfrac{2y-2x}{(x+y)^3} \, dx \right) dy = 1$, $\displaystyle\int_0^1 \left(\int_0^1 \dfrac{2y-2x}{(x+y)^3} \, dy \right) dx = -1$ を示せ

(3) (2) の結果は (19.5) と矛盾しないか?

19.3 (重積分の平均値の定理) f は長方形 $R = [a, b] \times [c, d]$ で連続とする. このとき
$$\dfrac{1}{|R|} \iint_R f(x, y) \, dxdy = f(x_0, y_0)$$
となる $(x_0, y_0) \in R$ が存在することを示せ. ここで $|R|$ は長方形の面積である.

19.4 $a > b > 0$ とする. (1) $\displaystyle\int_0^\infty \dfrac{1}{x^2+1} \, dx = \dfrac{\pi}{2}$ から $\displaystyle\int_0^\infty \dfrac{1}{ax^2+b} \, dx = \dfrac{\pi}{2\sqrt{ab}}$ を導け.

(2) $\tan \dfrac{x}{2} = t$ の変換によって $\displaystyle\int_0^\pi \dfrac{1}{a+b\cos x} \, dx = \dfrac{\pi}{\sqrt{a^2-b^2}}$ を示せ.

(3) 定理 19.3 を利用して $\displaystyle\int_0^\pi \dfrac{1}{(a+b\cos x)^2} \, dx$ と $\displaystyle\int_0^\pi \dfrac{\cos x}{(a+b\cos x)^2} \, dx$ の値を求めよ.

20

面積確定集合

> 幾何というのは，下手に書かれた図に基づいて，上手に推論する技術である．
> アーベル

　前章では長方形 R 上での重積分を考察したが，本章では一般の集合 (面積確定集合) における重積分を取り扱う．面積確定集合上の連続関数は重積分可能である．重要な面積確定集合として長方形を一般化した形の縦線集合と横線集合がある．これらの集合上の重積分は前章と同じように累次積分として計算できる．

§20.1　縦線集合と横線集合

　重積分においては次の形の集合が重要となる．$\mathbb{R}^2$ 内の部分集合 D が**縦線集合**とは

(20.1) $$D := \{(x,y)\,;\ a \leq x \leq b,\ f_1(x) \leq y \leq f_2(x)\}$$

の形で与えられるときである．ここで f_1, f_2 は $[a,b]$ 上の連続関数である．また，D が**横線集合**とは

(20.2) $$D := \{(x,y)\,;\ c \leq y \leq d,\ g_1(y) \leq x \leq g_2(y)\}$$

の形で与えられるときで，g_1, g_2 は $[c,d]$ 上の連続関数である．

　長方形 $[a,b] \times [c,d]$ とか円は縦線集合でありかつ横線集合である．

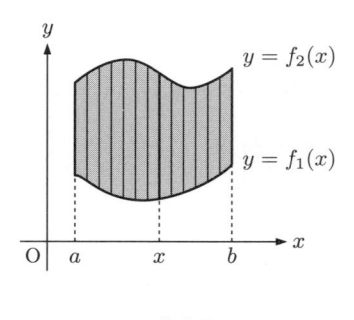

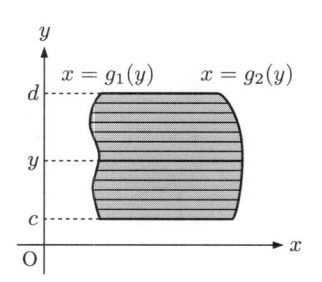

縦線集合　　　　　　　　　横線集合

例題 20.1　(1) 平面内の 3 点 $(0,0)$, $(0,1)$, $(2,1)$ を頂点とする 3 角形 D は縦線集合でありかつ横線集合でもある．(20.1), (20.2) の形で表せ．

　(2) 放物線 $y = x^2 - 2x + 2$, x 軸，y 軸および直線 $x = 2$ で囲まれる図形 D を縦線集合として表せ．

[解答]　(1) $D = \{(x,y)\,;\ 0 \leq x \leq 2,\ x/2 \leq y \leq 1\} = \{(x,y)\,;\ 0 \leq y \leq 1,\ 0 \leq x \leq 2y\}$

(2) $D = \{(x,y)\,;\, 0 \leq x \leq 2,\, 0 \leq y \leq x^2 - 2x + 2\}$ ∎

> **問 20.1** (1) $D_1 = \{(x,y)\,;\, 0 \leq x \leq 2,\, 0 \leq y \leq x^2\}$ を図示して，横線集合として表せ．
> (2) $D_2 = \{(x,y)\,;\, 0 \leq y \leq 1,\, y^3 \leq x \leq \sqrt{y}\}$ を図示して，縦線集合として表せ．

§20.2 面積確定集合

D を $\mathbb{R}^2$ 内のコンパクト集合 (有界な閉集合) とし，$R = [a,b] \times [c,d]$ を D を内部に含む長方形とする．このとき D 上の有界関数 f に対して R 上の有界関数 f^* を次で定める．

(20.4) $$f^*(x,y) := \begin{cases} f(x,y) & ((x,y) \in D) \\ 0 & ((x,y) \in R \setminus D) \end{cases}$$

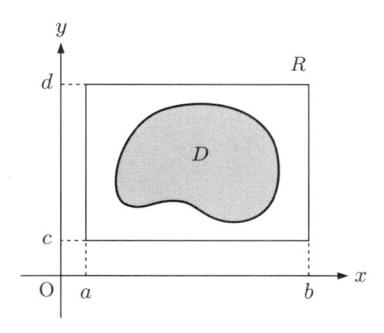

一般集合 D 上での有界関数 f の重積分を長方形上の関数 f^* の重積分で定義することがアイディアである．より正確に記す．

定義 20.1 f^* が長方形 R で重積分可能なとき，f は D で**重積分可能**といい，

(20.5) $$\iint_D f(x,y)\,dxdy = \iint_R f^*(x,y)\,dxdy$$

で重積分の値を定める．

2つの注意をする．D を含む長方形はたくさんあるが (20.5) の右辺は長方形のとり方によらずに決まる．もう1つの注意は，f が D 上の連続関数であっても f^* は R では連続でない．このため，「D 上の連続関数は重積分可能か」という問題が起こる．この解答を与えるために次を定義をする．

定義 20.2 D をコンパクト集合 (有界な閉集合) とする．χ_D が R で重積分可能なとき D は**面積確定集合**という．ここで χ_D は

(20.6) $$\chi_D(x,y) := \begin{cases} 1 & ((x,y) \in D) \\ 0 & ((x,y) \in \mathbb{R}^2 \setminus D) \end{cases}$$

として定まる関数で，集合 D の**定義関数** (あるいは**特性関数**) と呼ばれる．このとき D の面積 $|D|$ を次で定める．

$$|D| := \iint_{\mathbb{R}^2} \chi_D(x,y)\,dxdy$$

次の定理は理論的に重要な結果であるが，証明に拘(こだわ)るより，これらの事実を認めてその先の議論を行う方がよい．証明は 31 章で与える．

> **定理 20.1** （1）縦線集合および横線集合は面積確定集合である．
> （2）D が面積確定な有界閉集合ならば，D 上の連続関数はすべて重積分可能である．

この定理によって縦線集合や横線集合上の連続関数の重積分はいつも存在するので安心して考えることができる．

集合 D が有限個の部分集合 $D_1, D_2, \cdots, D_n$ に分割されるとは，

$$D = D_1 \cup D_2 \cup \cdots \cup D_n \quad \text{かつ，} \ i \neq j \ \text{のとき} \ |D_i \cap D_j| = 0 \ (\text{共通部分の面積が} \ 0)$$

のときをいう[1]．各 D_j が面積確定ならば D も面積確定で

$$\iint_D f(x,y)\,dxdy = \sum_{k=1}^n \iint_{D_k} f(x,y)\,dxdy \tag{20.7}$$

が成り立つ．

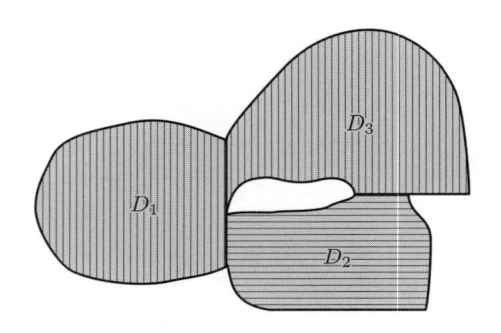

> **問 20.2** $(-1,0), (0,2), (1,1)$ を頂点とする三角形をなるべく簡単な縦線集合の和に分割せよ．

§20.3 重積分の基本性質

重積分についても 1 変数の定積分と同様な性質が成り立つ[2]．

> **定理 20.2** D は面積確定集合とする[3]．f, g は D 上の連続関数とすると以下が成り立つ．
> （1）（線形性）α, β が実数のとき
> $$\iint_D (\alpha f(x,y) + \beta g(x,y))\,dxdy = \alpha \iint_D f(x,y)\,dxdy + \beta \iint_D g(x,y)\,dxdy$$
> （2）（単調性）$f(x,y) \leq g(x,y), \ \forall (x,y) \in D$ ならば
> $$\iint_D f(x,y)\,dxdy \leq \iint_D g(x,y)\,dxdy$$

---

[1] 31 章で与える定理 20.1 の証明と同様にして，D が面積確定集合ならば D の境界の面積は 0 になることがわかる．したがって D_i と D_j の共通部分が境界に含まれる場合は $|D_i \cap D_j| = 0$ である．

[2] 連続関数であるから，積分可能になって，リーマン和の極限として積分の値が定まるので，リーマン和についての性質から導かれる．

[3] 定義から面積確定集合はコンパクト集合である．

(3) (三角不等式) $\left|\iint_D f(x,y)\,dxdy\right| \leq \iint_D |f(x,y)|\,dxdy$

次の定理は具体的な数値計算において重要になる．

定理 20.3 (累次積分)　コンパクト集合 D 上で f は連続とする．

(1) D が縦線集合 $\{(x,y)\,;\,a \leq x \leq b,\,f_1(x) \leq y \leq f_2(x)\}$ ならば

(20.8) $$\iint_D f(x,y)\,dxdy = \int_a^b \left(\int_{f_1(x)}^{f_2(x)} f(x,y)\,dy\right)dx$$

(2) D が横線集合 $\{(x,y)\,;\,c \leq y \leq d,\,g_1(y) \leq x \leq g_2(y)\}$ ならば

(20.9) $$\iint_D f(x,y)\,dxdy = \int_c^d \left(\int_{g_1(y)}^{g_2(y)} f(x,y)\,dx\right)dy$$

(3) 特に，D が縦線集合かつ横線集合ならば

(20.10) $$\int_a^b \left(\int_{f_1(x)}^{f_2(x)} f(x,y)\,dy\right)dx = \int_c^d \left(\int_{g_1(y)}^{g_2(y)} f(x,y)\,dx\right)dy$$

[証明]　(1) D を縦線集合とし，$R = [a,b] \times [c,d]$ を D を含む長方形とする．$[a,b]$ の分割 $\Delta_1 : a = x_0 < x_1 < \cdots < x_m = b$ と $[c,d]$ の分割 $\Delta_2 : c = y_0 < y_1 < \cdots < y_n = d$ を使って R の分割 $\Delta : \{R_{ij} = [x_{i-1}, x_i] \times [y_{j-1}, y_j]\}$ を定め，$\delta(\Delta)$ をこの分割の幅とする．まず，$x \in [a,b]$ を任意に固定する．このとき $f(x,y)$ は y の関数として $[f_1(x), f_2(x)]$ 上で連続であるからそこで積分可能である．$F(x) := \int_{f_1(x)}^{f_2(x)} f(x,y)\,dy$ として，$F(x)$ が $[a,b]$ で積分可能で

(20.11) $$\iint_D f(x,y)\,dxdy = \int_a^b F(x)\,dx$$

が成り立つことを示せば (20.8) を得る．

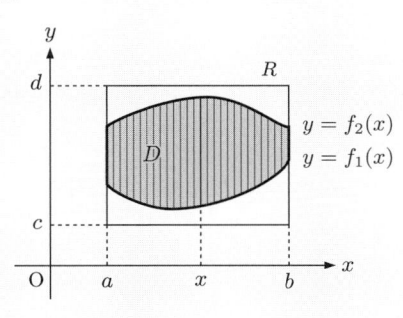

分割 Δ_1 と代表系 $\xi_i \in [x_{i-1}, x_i]$ に対する F のリーマン和を

(20.12) $$S(F, \Delta_1, \{\xi_i\}) = \sum_{i=1}^m F(\xi_i)(x_i - x_{i-1})$$

とする．また，分割 Δ を使っての f^* の上リーマン和と下リーマン和は

$$\overline{S}(f^*, \Delta) = \sum_{i=1}^m \sum_{j=1}^n M_{ij}|R_{ij}|,\quad \underline{S}(f^*, \Delta) = \sum_{i=1}^m \sum_{j=1}^n m_{ij}|R_{ij}|$$

である．ここで

$$M_{ij} = \sup\{f^*(x,y)\,;\,(x,y) \in R_{ij}\},\quad m_{ij} = \inf\{f^*(x,y)\,;\,(x,y) \in R_{ij}\}$$

である．このとき
(20.13) $$\underline{S}(f^*,\Delta) \leq S(F,\Delta_1,\{\xi_i\}) \leq \overline{S}(f^*,\Delta)$$
となる．定理 20.1 (2) より f^* は R で重積分可能であるから $\delta(\Delta) \to 0$ のとき上リーマン和と下リーマン和は (20.11) の左辺に収束する．よって (20.13) とはさみうちの原理から (20.11) を得る．(2) も同様である． ■

例題 20.2 (1) D を例題 20.1 (1) の三角形として $\iint_D xy\,dxdy$ を計算せよ．

(2) D を例題 20.1 (2) の図形として $\iint_D x\,dxdy$ を計算せよ．

[解答] (1) 縦線集合として累次積分してもよいが，横線集合の方が計算が楽に思われるのでこちらで計算する．$\iint_D xy\,dxdy = \int_0^1 \left(\int_0^{2y} xy\,dx\right) dy = \int_0^1 2y^3\,dy = \dfrac{1}{2}$.

(2) $\iint_D x\,dxdy = \int_0^2 \left(\int_0^{x^2-2x+2} x\,dy\right) dx = \int_0^2 x(x^2-2x+2)\,dx = \dfrac{8}{3}$ ■

§20.4　3 重積分

3 変数関数についての 3 重積分について簡単に触れておく．$Q = [a_1,a_2] \times [b_1,b_2] \times [c_1,c_2]$ を直方体とする．$f(x,y,z)$ が Q 上の有界関数のとき，(19.1) と同様に Q を小直方体に分割して，任意に代表系を選んでリーマン和を定める．そして (19.3) のように分割の幅を 0 に近づけたときにリーマン和が収束するとき，f は Q で 3 重積分可能という．一般の有界集合 $\Omega \subset \mathbb{R}^3$ 上の関数 f については，定義 20.1 と同様に $\Omega \subset Q$ をみたす直方体 Q をとり，f^* を $Q \setminus \Omega$ では 0 として f を拡張する．f^* が Q で 3 重積分可能なとき，f は Ω で 3 重積分可能であると定義し，その値を
$$\iiint_\Omega f(x,y,z)\,dxdydz := \iiint_Q f^*(x,y,z)\,dxdydz$$
とする．定理 19.2 と同様に f が Q 上で連続ならば 3 重積分可能で
(20.14) $$\iiint_Q f(x,y,z)\,dxdydz = \int_{a_1}^{a_2}\left(\int_{b_1}^{b_2}\left(\int_{c_1}^{c_2} f(x,y,z)\,dz\right) dy\right) dx$$
が成り立つ．また，集合 Ω が，面積確定集合 $D \subset \mathbb{R}^2$ と連続関数 g_1, g_2 を用いて
$$\Omega = \{(x,y,z)\,;(x,y)\in D,\ g_1(x,y) \leq z \leq g_2(x,y)\}$$
と書かれているとき，定理 20.3 と同様に f は Ω で連続なら 3 重積分可能で
$$\iiint_\Omega f(x,y,z)\,dxdydz = \iint_D \left(\int_{g_1(x,y)}^{g_2(x,y)} f(x,y,z)\,dz\right) dxdy$$
が成り立つ．さらに D が縦線集合 $\{(x,y)\,;\,a_1 \leq x \leq a_2,\ f_1(x) \leq y \leq f_2(y)\}$ のとき，すなわち
(20.15) $$\Omega = \{(x,y,z)\,;a_1 \leq x \leq a_2,\ f_1(x) \leq y \leq f_2(x),\ g_1(x,y) \leq z \leq g_2(x,y)\}$$
ならば
(20.16) $$\iiint_\Omega f(x,y,z)\,dxdydz = \int_{a_1}^{a_2}\left(\int_{f_1(x)}^{f_2(x)}\left(\int_{g_1(x,y)}^{g_2(x,y)} f(x,y,z)\,dz\right) dy\right) dx$$
が成り立つ．

例題 20.3 $\Omega = \{(x,y,z)\,;\, x \geq 0,\, y \geq 0,\, z \geq 0,\, x+y+z \leq 1\}$ を (20.15) の形で表し，$\iiint_\Omega x\,dxdydz$ を計算せよ．

[解答] $z \geq 0$ と $x+y+z \leq 1$ より $0 \leq z \leq 1-x-y$ である．また，$y \geq 0$ と $1-x-y \geq 0$ より $0 \leq y \leq 1-x$．よって $0 \leq x \leq 1$ である．すなわち $\Omega = \{(x,y,z)\,;\, 0 \leq x \leq 1,\, 0 \leq y \leq 1-x,\, 0 \leq z \leq 1-x-y\}$ である．(20.16) より

$$\iiint_\Omega x\,dxdydz = \int_0^1 \left(\int_0^{1-x} \left(\int_0^{1-x-y} x\,dz\right) dy\right) dx = \int_0^1 \left(\int_0^{1-x} x(1-x-y)\,dy\right) dx$$

$$= \int_0^1 \left[xy - x^2 y - \frac{xy^2}{2}\right]_0^{1-x} dx = \frac{1}{2}\int_0^1 x(1-x)^2\,dx = \frac{1}{24}$$ ∎

****

○●練習問題 20 ●○

20.1 D を x 軸，y 軸と直線 $y = 1 - 2x$ で囲まれた三角形とする．D を縦線集合および横線集合として表し，2 通りの方法で $\iint_D y\,dxdy$ を計算せよ．

20.2 累次積分 $\int_0^1 \left(\int_0^{x^2} f(x,y)\,dy\right) dx$ の積分集合 D を図示し，積分の順序を交換せよ．

20.3 $D = \{(x,y)\,;\, x^2 \leq y \leq 2x\}$ を横線集合として表して $\iint_D y\,dxdy$ を計算せよ．

◇◆演習問題 20 ◆◇

20.1 $D = \{(x,y)\,;\, y^2 \leq x \leq 1,\, 0 \leq y \leq 1\}$ のとき，次を計算せよ．

(1) $\iint_D xy\,dxdy$, (2) $\iint_D \dfrac{y}{1+x^2}\,dxdy$

20.2 積分の順序交換をして以下の重積分を計算せよ．

(1) $\int_0^4 \left(\int_{\sqrt{y}}^2 \dfrac{3}{1+x^3}\,dx\right) dy$ (2) $\int_0^1 \left(\int_y^1 e^{x^2}\,dx\right) dy$ (3) $\int_1^e \left(\int_0^{\log x} y\,dy\right) dx$

20.3 $\Omega = \{(x,y,z)\,;\, 0 \leq x \leq y \leq z \leq 1\}$ のとき $\iiint_\Omega y\,dxdydz$ を計算せよ．

20.4 f を $[a,b]$ 上の連続関数とする[4]．

(1) $D = \{(x,y)\,;\, a \leq x \leq b,\, a \leq y \leq x\}$ を横線集合で表すことによって $\int_a^b dx \int_a^x f(y)\,dy = \int_a^b (b-x)f(x)\,dx$ を示せ．

(2) $\{(x,y,z)\,;\, a \leq x \leq b,\, a \leq y \leq x,\, a \leq z \leq y\} = \{(x,y,z)\,;\, a \leq z \leq b,\, z \leq y \leq b,\, y \leq x \leq b\}$ を確認して，$\int_a^b dx \int_a^x dy \int_a^y f(z)\,dz = \int_a^b \dfrac{(b-x)^2}{2} f(x)\,dx$ を示せ．

---

[4] $\int_a^b \left(\int_a^x f(y)\,dy\right) dx$ を $\int_a^b dx \int_a^x f(y)\,dy$ と書くことがある．同様に $\int_a^b dx \int_a^x dy \int_a^y f(z)\,dz$ は $\int_a^b \left(\int_a^x \left(\int_a^y f(z)\,dz\right) dy\right) dx$ のことである．

21

変数変換

新しい発見はすべて数学的な形をしている． ダーウィン

重積分の計算には変数変換の公式が役に立つ．これは1変数の積分の置換積分法に対応する．変数を取り替えたときに，ヤコビ行列式が現れることに注意しないといけない．特に，1次変換と極座標による変換は有効である．極座標変換のヤコビ行列式は，2次元のときが r であり，3次元のときは $r^2\sin\theta$ である．

§21.1 平面の座標変換

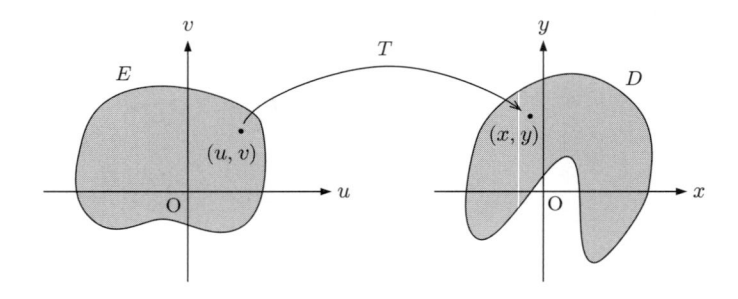

E と D を $\mathbb{R}^2$ の部分集合として，E から D への写像 $T:(u,v)\mapsto(x,y)$ が C^1 級の関数 φ, ψ を使って[1]

$$(21.1) \qquad x=\varphi(u,v), \qquad y=\psi(u,v)$$

と表されるとき T を C^1 級の (座標) 変換という．また

$$(21.2) \qquad J=J(u,v):=\begin{vmatrix} \varphi_u(u,v) & \varphi_v(u,v) \\ \psi_u(u,v) & \psi_v(u,v) \end{vmatrix}$$

を T のヤコビ行列式 (関数行列式) という．これは

$$\begin{vmatrix} x_u & x_v \\ y_u & y_v \end{vmatrix} \quad \text{あるいは} \quad \frac{\partial(x,y)}{\partial(u,v)}$$

とも書かれる．写像 $T: E \to D$ は

$$(u,v),(u',v')\in E,\ (u,v)\neq(u',v')\ \text{ならば}\ T(u,v)\neq T(u',v')$$

---

[1] E が開集合なら φ, ψ は E 上で C^1 級であるが，E が開集合でない場合は E を含むある開集合上で C^1 級の意味とする．

が成り立つとき **1 対 1 の写像**あるいは**単射**であるという．また，$T(E) = D$，すなわち，

$$\forall (x,y) \in D \text{ に対して } T(u,v) = (x,y) \text{ となる } (u,v) \in E \text{ が存在する}$$

が成り立つとき**上への写像**あるいは**全射**であるという．特に，1 対 1 かつ上への写像は**全単射**と呼ばれる．

座標変換でもっとも重要なものは次の 1 次変換と極座標変換である．

1 次変換は，定数 a_i, b_i, c_i $(i=1,2)$ を用いて

(21.3) $$x = a_1 u + b_1 v + c_1, \quad y = a_2 u + b_2 v + c_2$$

と表される．これは $\mathbb{R}^2$ から $\mathbb{R}^2$ への変換であり，

$$\begin{pmatrix} x \\ y \end{pmatrix} = A \begin{pmatrix} u \\ v \end{pmatrix} + \begin{pmatrix} c_1 \\ c_2 \end{pmatrix}, \quad A := \begin{pmatrix} a_1 & b_1 \\ a_2 & b_2 \end{pmatrix}$$

と行列 A を使って表示するとわかりやすい．線形代数学の基本的事実から

$$1 \text{ 次変換が全単射} \iff A \text{ が正則行列}$$

が成り立つ．また，対応するヤコビ行列式は A の行列式である．

問 21.1 $x = \alpha u + 2\alpha v + \alpha$, $y = (\alpha + 1)u + (\alpha - 1)v + 2\alpha$ で定まる 1 次変換のヤコビ行列式を求めよ．また，この 1 次変換が全単射になるための α の条件を求めよ．

極座標変換は伝統的に r と θ を使って表す．

(21.4) $$x = r\cos\theta, \quad y = r\sin\theta$$

である．$0 \leq r < \infty$, $0 \leq \theta < 2\pi$ であり，原点 $(x,y) = (0,0)$ に対応する極座標は $r = 0$ で θ は $[0, 2\pi)$ の任意の値とする．

問 21.2 極座標変換に関するヤコビ行列式 $\begin{vmatrix} x_r & x_\theta \\ y_r & y_\theta \end{vmatrix} = r$ を確認せよ．

§21.2 変数変換の公式

1 変数の積分では，C^1 級関数 $x = T(t)$ により，区間 $E = [\alpha, \beta]$ が $D = [a, b]$ に移るとき，置換積分法

(21.5) $$\int_a^b f(x)\,dx = \int_\alpha^\beta f(T(t))T'(t)\,dt$$

が成り立った (定理 10.1)．これに対応する 2 変数関数の結果を示すことが本章の目標である．

定理 21.1 E, D は $\mathbb{R}^2$ の面積確定有界閉集合とし，T を E から D への C^1 級の座標変換とする．T が全単射でかつ E 上で $J \neq 0$ ならば[2]，D 上の連続関数 f に対して

$$(21.6) \qquad \iint_D f(x,y)\,dxdy = \iint_E f(\varphi(u,v), \psi(u,v))|J|\,dudv$$

が成り立つ．

この定理の証明は簡単でない．後で概略を述べるにとどめる．証明よりも使えることが重要である．使用上の注意をする．

(1) (21.6) の右辺は J でなくて絶対値 $|J|$ が使われる[3]．
(2) 座標変換 $T: E \to D$ の条件において T が単射でない点やヤコビ行列式が 0 になる点が存在しても，その集合の面積が 0 なら (21.6) は成り立つ．

例題 21.1 $D = \{(x,y)\,;\, -2 \leq x+y \leq 1,\ 1 \leq x-y \leq 3\}$ とする．
(1) $x+y = u,\ x-y = v$ として D に対応する (u,v) の集合 E を求めよ．
(2) $T: (u,v) \mapsto (x,y)$ のヤコビ行列式を求めよ．
(3) 変数変換を行って $\iint_D x\,dxdy$ を計算せよ．

[解答] (1) $E = \{(u,v)\,;\, -2 \leq u \leq 1,\ 1 \leq v \leq 3\}$ である．

(2) $x = \dfrac{u+v}{2},\ y = \dfrac{u-v}{2}$ であるから $J = \begin{vmatrix} 1/2 & 1/2 \\ 1/2 & -1/2 \end{vmatrix} = -\dfrac{1}{2}$

(3) $\iint_D x\,dxdy = \iint_E \dfrac{u+v}{2}|J|\,dudv = \dfrac{1}{4}\int_{-2}^{1}\left(\int_{1}^{3}(u+v)\,dv\right)du = \dfrac{9}{4}$ ∎

積分する集合が円に関係する場合や，積分する関数が x^2+y^2 の形を含むときは，極座標変換が役に立つ．このときのヤコビ行列式は r であったから次が成り立つ．

定理 21.2 D を $\mathbb{R}^2$ の面積確定の有界閉集合とし，極座標に対応する集合を E とする．D 上の連続関数 f について

$$(21.7) \qquad \iint_D f(x,y)\,dxdy = \iint_E f(r\cos\theta, r\sin\theta)r\,drd\theta$$

が成り立つ．

例題 21.2 $D_1 = \{(x,y)\,;\, x^2+y^2 \leq 4,\ x \geq 0,\ y \geq 0\},\ D_2 = \{(x,y)\,;\, x^2+y^2 \leq 4, x-y \leq 0\}$ とする．$D = D_1$ および D_2 に対して $\iint_D x\,dxdy$ を計算せよ．

[解答] D_1 と D_2 に対応する集合 E_1 と E_2 の決定が重要である．図を描くとよい．

---

[2] $J \neq 0$ ならば T は局所的に 1 対 1 になるが，全体で 1 対 1 になるとは限らない．
[3] 1 変数の (21.5) とは矛盾しそうであるが，多変数の場合は "積分の向き" を無視しているためである．

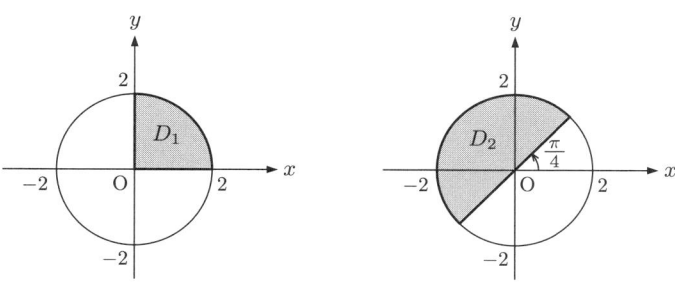

$E_1 = \{(r,\theta)\,;\, 0 \leq r \leq 2,\ 0 \leq \theta \leq \pi/2\}$, $E_2 = \{(r,\theta)\,;\, 0 \leq r \leq 2,\ \pi/4 \leq \theta \leq 5\pi/4\}$ である．よって，

$$\iint_{D_1} x\,dxdy = \iint_{E_1} r^2 \cos\theta\,drd\theta = \left(\int_0^2 r^2\,dr\right)\left(\int_0^{\frac{\pi}{2}} \cos\theta\,d\theta\right) = \frac{8}{3}$$

$$\iint_{D_2} x\,dxdy = \iint_{E_2} r^2 \cos\theta\,drd\theta = \left(\int_0^2 r^2\,dr\right)\left(\int_{\frac{\pi}{4}}^{\frac{5\pi}{4}} \cos\theta\,d\theta\right) = -\frac{8\sqrt{2}}{3}.$$

極座標変換 は $r=0$ では 1 対 1 でなくなり，ヤコビ行列式も 0 であるが，この部分を無視した形で変数変換の公式が成り立っていることを再度注意しておく． ■

例題 21.3 f は $[\alpha,\beta]$ 上の連続関数とする．面積確定集合 D が極座標で
$$E = \{(r,\theta)\,;\, 0 \leq r \leq f(\theta),\ \alpha \leq \theta \leq \beta\}$$
と表されているとき，D の面積は

(21.8) $$|D| = \frac{1}{2}\int_\alpha^\beta f(\theta)^2\,d\theta$$

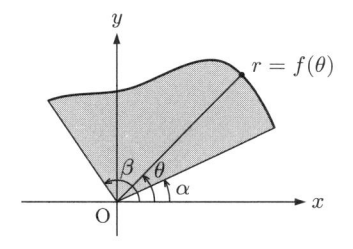

[証明] 極座標変換を使う．
$$|D| = \iint_D dxdy = \iint_E r\,drd\theta = \int_\alpha^\beta \left(\int_0^{f(\theta)} r\,dr\right)d\theta = \int_\alpha^\beta \left[\frac{r^2}{2}\right]_0^{f(\theta)} d\theta = \frac{1}{2}\int_\alpha^\beta f(\theta)^2\,d\theta \qquad ■$$

§21.3 3 重積分の変換公式

3 重積分についての変換公式について簡単に触れておく．
$$E \ni (u,v,w) \longleftrightarrow (x,y,z) \in D$$
が全単射で C^1 級の座標変換であるとき
$$\iiint_D f(x,y,z)\,dxdydz = \iiint_E f(x(u,v,w), y(u,v,w), z(u,v,w))|J|\,dudvdw$$

となる. ここで J はヤコビ行列式で

$$J = \frac{\partial(x,y,z)}{\partial(u,v,w)} := \begin{vmatrix} x_u & x_v & x_w \\ y_u & y_v & y_w \\ z_u & z_v & z_w \end{vmatrix}$$

である. 3 変数の場合の極座標変換は次のようになる.

$$x = r\sin\theta\cos\varphi, \quad y = r\sin\theta\sin\varphi, \quad z = r\cos\theta$$

なお, $r \geq 0$, $0 \leq \theta \leq \pi$, $0 \leq \varphi < 2\pi$ である. また, このときのヤコビ行列式は

(21.9) $$J = r^2 \sin\theta$$

である (練習問題 21.4).

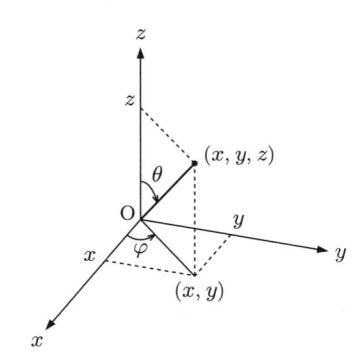

問 21.3 半径 $R > 0$ の球 $V = \{(x,y,z) ; x^2 + y^2 + z^2 \leq R^2\}$ の体積 $\iiint_V dxdydz$ を求めよ.

§21.4 変数変換公式の証明の概略

変数変換の公式の基礎となるのは次の事実である.

> **補題 21.1** $\mathbb{R}^2$ から $\mathbb{R}^2$ への 1 次変換 $(x,y) = T^*(u,v)$ を
> $$x = a_1 u + b_1 v + c_1, \quad y = a_2 u + b_2 v + c_2$$
> とする. 長方形 $R = [u_1, u_2] \times [v_1, v_2]$ の T^* による像 $T^*(R)$ の面積 $|T^*(R)|$ は $|J(u,v)||R|$ である.

[証明] まず $J(u,v) = a_1 b_2 - a_2 b_1$ に注意する. $T^*(R)$ は $T^*(u_i, v_j)$ $(i, j = 1, 2)$ を頂点とする平行四辺形である. したがって, 面積は行列式

$$\begin{vmatrix} b_1(v_2 - v_1) & a_1(u_2 - u_1) \\ b_2(v_2 - v_1) & a_2(u_2 - u_1) \end{vmatrix} = \begin{vmatrix} b_1 & a_1 \\ b_2 & a_2 \end{vmatrix} (u_2 - u_1)(v_2 - v_1) = J(u,v)|R|$$

の絶対値で与えられる[4]. ■

---

[4] 2 つのベクトル $\begin{pmatrix} a \\ b \end{pmatrix}$, $\begin{pmatrix} c \\ d \end{pmatrix}$ の作る平行四辺形の面積は行列 $\begin{pmatrix} a & c \\ b & d \end{pmatrix}$ の行列式の絶対値に等しい.

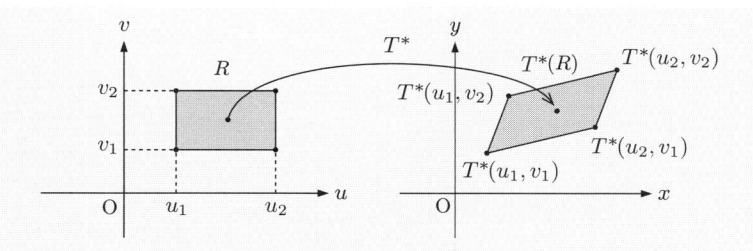

[定理 21.1 の証明の概略] 重積分の定義 (定義 20.1) から E は長方形としてよい[5]．$E = [a, b] \times [c, d]$ を mn 個の小長方形 $R_{ij} = [u_{i-1}, u_i] \times [v_{j-1}, v_j]$ に分割し，その分割を Δ とする (§19.1 を見よ)．$(u_{ij}, v_{ij}) \in R_{ij}$ を任意に選ぶ．このとき $g(u, v) := f(\varphi(u, v), \psi(u, v))|J(u, v)|$ は E 上で連続であるから，積分可能で，そのリーマン和

$$(21.10) \quad S(g, \Delta, \{(u_{ij}, v_{ij})\}) = \sum_{i=1}^{m} \sum_{j=1}^{n} f(\varphi(u_{ij}, v_{ij}), \psi(u_{ij}, v_{ij}))|J(u_{ij}, v_{ij})||R_{ij}|$$

は $\delta(\Delta) \to \infty$ のとき (21.6) の右辺に収束する．

次に，各 $(u_{ij}, v_{ij}) \in R_{ij}$ について，1次変換 T^* を

$$(21.11) \quad \begin{cases} x = \varphi_u(u_{ij}, v_{ij})(u - u_{ij}) + \varphi_v(u_{ij}, v_{ij})(v - v_{ij}) + \varphi(u_{ij}, v_{ij}) \\ y = \psi_u(u_{ij}, v_{ij})(u - u_{ij}) + \psi_v(u_{ij}, v_{ij})(v - v_{ij}) + \psi(u_{ij}, v_{ij}) \end{cases}$$

と定める．補題 21.1 より R_{ij} の T^* による像の面積は $|T^*(R_{ij})| = |J(u_{ij}, v_{ij})||R_{ij}|$ である．

R_{ij} が十分小さければ，2次のテイラー展開の誤差項の評価から $T(u, v)$ は $T^*(u, v)$ でいくらでも近似できるので，R_{ij} の T による像の面積 $|T(R_{ij})|$ の面積も $|T^*(R_{ij})|$ で近似できる．したがって，$T(u_{ij}, v_{ij}) = (\xi_{ij}, \eta_{ij})$ とすれば，(21.10) の右辺は

$$(21.12) \quad \sum_{i=1}^{m} \sum_{j=1}^{n} f(\xi_{ij}, \eta_{ij})|T(R_{ij})|$$

にほぼ等しく，これはまた

$$(21.13) \quad \sum_{i=1}^{m} \sum_{j=1}^{n} \iint_{T(R_{ij})} f(x, y)\, dxdy = \iint_{T(E)} f(x, y)\, dxdy$$

にほぼ等しい．よって $\delta(\Delta) \to 0$ のとき，(21.10) の右辺は (21.6) の左辺に収束し，(21.6) の成立が示された[6]．■

****

○●練習問題 21 ●○

21.1 $D := \{(x, y)\,;\, 0 \leq 4x + y \leq 3,\ 0 \leq 2x - y \leq 2\}$ とする．
 (1) $u = 4x + y$, $v = 2x - y$ としたとき，D に対応する uv 平面の集合 E を求めよ．
 (2) x, y を u, v で表して，この変換のヤコビ行列式を求めよ．
 (3) $\displaystyle\iint_D (x + y)\, dxdy$ を計算せよ．

---

[5] E を長方形に拡張したとき，T がそこでも全単射になっていることを認めることにする．

[6] ここでの証明が厳密でない点は次の2点である．各 $T(R_{ij})$ の面積と $T^*(R_{ij})$ の面積の差はテイラー展開からいくらでも小さくできるが，(21.12) ではそれらを加えても近似できることを示す必要がある．また (21.12) はリーマン和の形でないので，分割を細かくしたときに重積分の値に収束していることはまだ示されていない．これらを補っての厳密証明は，たとえば，小平邦彦著『解析入門 III』岩波講座数学基礎 (1977) を見よ．変数が 3 以上の場合も含めての詳細な証明が書かれている．

21.2 $D := \{(x,y)\,;\, 0 \leq x+y \leq 2,\, 0 \leq x-y \leq 1\}$ とする.
(1) $u = x+y$, $v = x-y$ としたとき, D に対応する uv 平面の集合 E を求めよ.
(2) x, y を u, v で表して, この変換のヤコビ行列式を求めよ.
(3) $\iint_D \dfrac{x-y}{1+x+y}\, dxdy$ を計算せよ.

21.3 次の誤りを指摘せよ. $0 \leq u \leq 1$, $0 \leq v \leq 1$ のとき $x = uv$, $y = u$ とする. このとき $0 \leq x \leq 1$, $0 \leq y \leq 1$ でありかつ, ヤコビ行列式は $J = -u$ である. よって

$$\frac{1}{2} = \int_0^1 \left(\int_0^1 y\, dx\right) dy = \int_0^1 \left(\int_0^1 u(-u)\, du\right) dv = -\frac{1}{3}$$

21.4 (21.9) を確かめよ.

◇◆演習問題 21 ◆◇

21.1 $D := \{(x,y)\,;\, x \geq 0,\, y \geq 0,\, 1 \leq x+y \leq 2\}$ とする.
(1) $x = u+uv$, $y = u-uv$ の変換によって D と 1 対 1 に対応する uv 平面の集合 E を求めよ (D を図示して, 各境界が変換でどこに移るかを考えるとよい).
(2) $\iint_D \exp\left(\dfrac{x-y}{x+y}\right) dxdy$ を求めよ.

21.2 $D := \{(x,y);\, 0 \leq x+y \leq \pi,\, 0 \leq x-y \leq 2\pi\}$ のとき $\iint_D \sin(x+2y)\, dxdy$ を求めよ.

21.3 $D := \{(x,y,z)\,;\, 1 \leq x^2+y^2+z^2 \leq 9\}$ とする. $\iiint_D x^2\, dxdydz$ を計算せよ.

21.4 (1) デカルトの葉線 (例題 18.1) の第 1 象限の部分は極座標を用いると

$$r = \frac{3\cos\theta\sin\theta}{\cos^3\theta + \sin^3\theta} \quad \left(0 \leq \theta \leq \frac{\pi}{2}\right)$$

と表示できることを確認せよ[7].
(2) 上記で囲まれる領域の面積を求めよ.

---

[7] デカルトの葉線は (部分的に) $x(t) = 3t/(1+t^3)$, $y(t) = 3t^2/(1+t^3)$ とも媒介変数表示できる.

22

広義重積分

> 学校で何を教えるかはそれほど重要でない．どのように教えるかが大切なのである．
> プランク

　非有界な集合上や非有界な関数の重積分が広義重積分である．1変数の広義積分を有界閉区間での積分値の極限として考えたように，広義重積分は近似増加列での積分値の極限として定義される．非負値関数では近似増加列のとり方によらずに極限値が定まる事実が重要である．

§22.1　近似増加列

　D を $\mathbb{R}^2$ の部分集合とする．D の部分集合からなる列 $\{D_n\}$ が D の **近似増加列** であるとは
　(1) D_n は面積確定の有界閉集合である[1]．
　(2) $D_1 \subset D_2 \subset \cdots \subset D_n \subset D_{n+1} \cdots$ かつ $\bigcup_{n=1}^{\infty} D_n = D$．
　(3) D に含まれる任意の有界閉集合 K に対して，$K \subset D_n$ となる番号 n が存在する[2]．

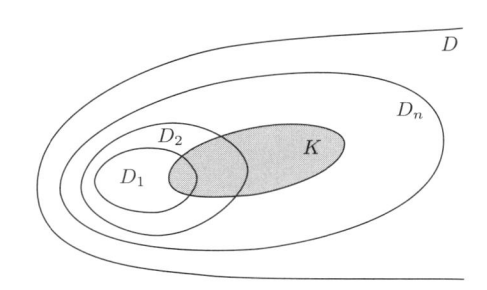

　近似増加列のとり方は1通りではない．実際，$D := \{(x,y)\,;\, x \geq 0,\ y \geq 0\}$ に対して

(22.1) $\quad D_n := \{(x,y)\,;\, 0 \leq x \leq n,\ 0 \leq y \leq n\},\quad \Omega_n := \{(x,y)\,;\, x^2 + y^2 \leq n\} \cap D$

は両方とも D の近似増加列である．

---

[1] たとえば，縦線集合や横線集合の有限個の和で表される集合ならよい (定理 20.1)．
[2] この条件 (3) は (2) から常に成り立つように見えるが，一般には成り立つとは限らない．このことについては 36 章で再考する．

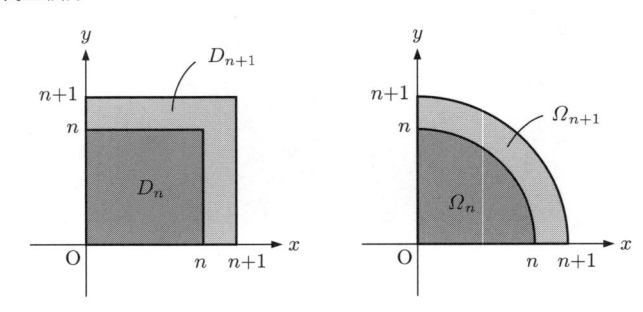

f を D 上の関数とする．以下，f が D で有界でない場合や，D が有界集合でない場合の重積分を考えるが[3]，f は D 内の任意の面積確定有界閉集合上では重積分可能であることを仮定する．たとえば f が D 上の連続関数ならば，定理 20.1 により，この仮定はみたされる．近似増加列に関するもっとも基礎的な事実は次の定理である．

> **定理 22.1** f は D 上で非負値な関数とする．D の近似増加列 $\{D_n\}$ に対して，極限値
> $$(22.2) \qquad \lim_{n \to \infty} \iint_{D_n} f(x,y)\,dxdy$$
> は近似増加列のとり方によらずに一定である．

[証明] $\{D_n\}$ と $\{\Omega_n\}$ を D の近似増加列とし，
$$I_n = \iint_{D_n} f(x,y)\,dxdy, \quad J_n = \iint_{\Omega_n} f(x,y)\,dxdy$$
とする．$D_n \subset D_{n+1}$ と $f(x,y) \geq 0$ から $I_n \leq I_{n+1}$ となり $\{I_n\}$ は単調増加列である．したがって $I := \lim_{n \to \infty} I_n$ は有限値に収束するか ∞ に発散するかのどちらかである．同様に $\{J_n\}$ の極限 J も有限値か ∞ である．さて，Ω_m を固定する．Ω_m は D 内の有界閉集合であるから，ある番号 n が存在して $\Omega_m \subset D_n$ となる．これより $J_m \leq I_n \leq I$ である．$J_m \leq I$ が常に成り立つので $m \to \infty$ とすれば $J \leq I$ となる．D_n と Ω_n の役割を反対にして議論すれば $I \leq J$ も成り立ち，結局 $I = J$ である． ∎

§22.2 広義重積分可能性

定理 22.1 に基づいて，広義重積分を以下のように定める．

> **定義 22.1** (1) f を D 上の非負値な関数とする．f が D 上で**広義重積分可能**であるとは，極限値 (22.2) が有限になる場合である．このとき
> $$(22.3) \qquad \iint_D f(x,y)\,dxdy = \lim_{n \to \infty} \iint_{D_n} f(x,y)\,dxdy$$
> で f の D 上での**広義重積分**の値を定める．(22.2) が ∞ に発散するときは，f の広義積分は発散するという．
>
> (2) f が D 上の関数で負の値もとる場合は，絶対値をとった $|f|$ が (1) の意味で広義重積分可能なとき，f は D で広義重積分可能といい，その積分値を

---

[3] D が有界閉集合で f も有界ならば広義重積分を考える必要はない．

$$\iint_D f(x,y)\,dxdy = \iint_D f^+(x,y)\,dxdy - \iint_D f^-(x,y)\,dxdy \tag{22.4}$$

で定める[4]．ここで $f^+(x,y) := (|f(x,y)| + f(x,y))/2$, $f^-(x,y) := (|f(x,y)| - f(x,y))/2$ である．

上記の定義 (22.4) においては f^+, f^- の広義重積分可能性が必要になるが，それは次の定理から導かれる．

定理 22.2 (1) f は D 上で非負値関数とする．f が D で広義重積分可能である必要かつ十分条件は，ある定数 $M > 0$ が存在して，D 内の任意の面積確定有界閉集合 K に対して，次が成り立つことである．

$$\iint_K f(x,y)\,dxdy \le M \tag{22.5}$$

(2) f が D 上で広義重積分可能なら f^+ も f^- も D で広義重積分可能である．さらに，D の近似増加列 $\{D_n\}$ のとり方によらずに

$$\iint_D f(x,y)\,dxdy = \lim_{n\to\infty} \iint_{D_n} f(x,y)\,dxdy \tag{22.6}$$

が成り立つ．

[証明] (1) (22.5) が成り立てば (22.2) の極限は有限値になるので広義重積分可能である．逆に f が広義重積分可能のとき，その広義重積分の値を M とすれば，$K \subset D$ であるから (22.5) が成り立つ．(2) $f^+ \le |f|$, $f^- \le |f|$ より f^+, f^- についても (22.5) が成り立ち，広義重積分可能性が示される．さらに，定理 22.1 から f^+ と f^- の積分値は近似増加列のとり方によらないので (22.6) が成り立つ．■

問 22.1 $D = \{(x,y); 0 < x^2 + y^2 \le 1\}$ の近似増加列を $D_n = \{(x,y); 1/n^2 \le x^2 + y^2 \le 1\}$, $\Omega = \{(x,y); x^2 + y^2 < 1\}$ の近似増加列を $\Omega_n = \{(x,y); x^2 + y^2 \le (1-1/n)^2\}$ として，以下の積分を計算せよ．

(1) $\iint_D (x^2+y^2)^{-1/2}\,dxdy$ (2) $\iint_\Omega (1-x^2-y^2)^{-1/2}\,dxdy$

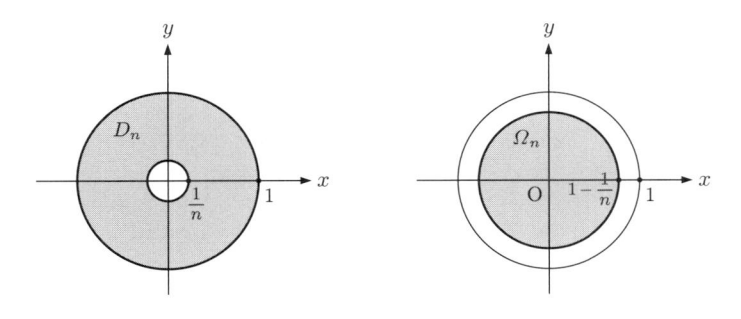

---

[4] 1 変数関数の場合の広義積分では絶対収束する場合と条件収束する場合があったが，2 変数以上では，絶対収束する場合しか考えない．近似増加列のとり方の多様性から条件収束は起こらないのである．

次の例題を理解するだけでも広義重積分を学ぶ価値は十分にある．1 変数の積分が困難な問題を 2 変数にして考えると計算が容易になる例でもある[5]．

例題 22.1 $f(x,y) = e^{-x^2-y^2}$ に (22.1) の 2 つの近似増加列に関する重積分を計算することによって次を示せ．

(22.7)
$$\int_0^\infty e^{-x^2} dx = \frac{\sqrt{\pi}}{2}$$

[解答] まず，$\iint_{D_n} e^{-x^2-y^2} dxdy = \int_0^n \left(\int_0^n e^{-x^2} dx\right) e^{-y^2} dy = \left(\int_0^n e^{-x^2} dx\right)^2$ に注意する．次に，極座標変換により

$$\iint_{\Omega_n} e^{-x^2-y^2} dxdy = \int_0^{\pi/2} \left(\int_0^n e^{-r^2} r\, dr\right) d\theta = \frac{\pi}{2}\left[-\frac{e^{-r^2}}{2}\right]_0^n = \frac{\pi}{4}(1 - e^{-n^2})$$

となる．広義重積分が近似増加列のとり方によらずに一定である事実から

$$\left(\int_0^\infty e^{-x^2} dx\right)^2 = \lim_{n\to\infty} \iint_{D_n} e^{-x^2-y^2} dxdy = \lim_{n\to\infty} \iint_{\Omega_n} e^{-x^2-y^2} dxdy$$
$$= \lim_{n\to\infty} \frac{\pi}{4}\left(1 - e^{-n^2}\right) = \frac{\pi}{4}$$

となって，求める積分値を得る． ∎

もう 1 つ例題を考えることによって広義重積分の理解をさらに深める．

例題 22.2 $0 < a, b < 1$ をみたす実数に対して $D(a,b) := \{(x,y)\,;\, a \leq x \leq 1,\, b \leq y \leq 1\}$ とする．$f(x,y) = (x-y)/(x+y)^3$ について次を示せ．

(1) $\iint_{D(a,b)} f(x,y)\, dxdy = \dfrac{1}{2} - \dfrac{a}{1+a} - \dfrac{1}{1+b} + \dfrac{a}{a+b}$

(2) 2 つの近似増加列 $D_n := D(1/n, 1/n)$ と $\Omega_n := D(1/n, 2/n)$ に対して

$$\lim_{n\to\infty} \iint_{D_n} f(x,y)\, dxdy \neq \lim_{n\to\infty} \iint_{\Omega_n} f(x,y)\, dxdy$$

[証明] (1) $\partial/\partial x(-x(x+y)^{-2}) = (x-y)(x+y)^{-3}$ に注意すれば

$$\text{左辺} = \int_b^1 \left[\frac{-x}{(x+y)^2}\right]_a^1 dy = \int_b^1 \left(-\frac{1}{(1+y)^2} + \frac{a}{(a+y)^2}\right) dy = \left[\frac{1}{1+y} - \frac{a}{a+y}\right]_b^1 dy = \text{右辺}$$

(2) (1) より D_n 上の重積分値はつねに 0 であり，Ω_n 上の重積分値は $5/6 - 1/(n+1) - n/(n+2)$ であるから両者の極限値は等しくない． ∎

定理 22.2 (2) より 上述の例題は f は $D = \{(x,y)\,;\, 0 < x \leq 1,\, 0 < y \leq 1\}$ で広義重積分可能ではないことを示している．

最後の応用として，ガンマ関数とベータ関数に対する等式 (12.13) の証明を与える．

---

[5] 計算を可能にする秘密は e^{-x^2} の原始関数は初等関数として表すことができないが，xe^{-x^2} の原始関数は $-e^{-x^2}/2$ と容易に求まる事実にある．

定理 22.3 $p>0, q>0$ に対して次が成り立つ.

(22.8) $$B(p,q) = \frac{\Gamma(p)\Gamma(q)}{\Gamma(p+q)}$$

[証明] ここでも (22.1) の 2 つの近似増加列を使う.まず

$$\Gamma(p)\Gamma(q) = \left(\int_0^\infty x^{p-1}e^{-x}\,dx\right)\left(\int_0^\infty y^{q-1}e^{-y}\,dy\right)$$

$$= 4\left(\int_0^\infty x^{2p-1}e^{-x^2}\,dx\right)\left(\int_0^\infty y^{2q-1}e^{-y^2}\,dy\right)$$

$$= 4\lim_{n\to\infty}\iint_{D_n} e^{-x^2-y^2}x^{2p-1}y^{2q-1}\,dxdy$$

である (2 番目の等号では x,y から x^2,y^2 への変数変換をした).一方,Ω_n 上の重積分にして極座標変換をすると

$$4\lim_{n\to\infty}\iint_{D_n} e^{-x^2-y^2}x^{2p-1}y^{2q-1}\,dxdy = 4\lim_{n\to\infty}\iint_{\Omega_n} e^{-x^2-y^2}x^{2p-1}y^{2q-1}\,dxdy$$

$$= \lim_{n\to\infty} 4\int_0^{\pi/2}\left(\int_0^n e^{-r^2}r^{2(p+q)-1}\,dr\right)\cos^{2p-1}\theta\sin^{2q-1}\theta\,d\theta$$

$$= \left(2\int_0^\infty e^{-r^2}r^{2(p+q)-1}\,dr\right)\left(2\int_0^{\pi/2}\cos^{2p-1}\theta\sin^{2q-1}\theta\,d\theta\right)$$

$$= \Gamma(p+q)B(p,q)$$

となる.最後の等式は再び練習問題 12.4 を使った. ∎

[定理 22.3 の別証明] $\Omega = \{(u,v) ; u>0,\ 0<v<1\}$ とし,$x=uv,\ y=u-uv$ なる変数変換を考える.このとき $D = \{(x,y) ; 0<x<\infty,\ 0<y<\infty\}$ と Ω は全単射に対応して,$J = x_u y_v - x_v y_u = -uv - u(1-v) = -u$ であるから

$$\Gamma(p)\Gamma(q) = \left(\int_0^\infty x^{p-1}e^{-x}\,dx\right)\left(\int_0^\infty y^{q-1}e^{-y}\,dy\right)$$

$$= \iint_D e^{-x-y}x^{p-1}y^{q-1}\,dxdy = \iint_\Omega e^{-u}(uv)^{p-1}(u-uv)^{q-1}|-u|\,dudv$$

$$= \left(\int_0^\infty u^{p+q-1}e^{-u}\,du\right)\left(\int_0^1 v^{p-1}(1-v)^{q-1}\,dv\right) = \Gamma(p+q)B(p,q)$$

である. ∎

上記の別証明における積分領域 D は非有界な集合であるが,被積分関数が非負値の場合は (近似増加列を考えずに) 広義重積分のままで変数変換を行っても正しい結果を得る.同様に,非負値関数の広義重積分では積分順序交換も直接行ってよい.

例題 22.3 $\displaystyle\int_0^1\left(\int_y^1 \frac{e^{y/x}}{\sqrt{x}}\,dx\right)dy$ を計算せよ.

[解答] 積分関数が非負値なので直接に積分の順序交換を行ってよい.

$$\int_0^1\left(\int_y^1 \frac{e^{y/x}}{\sqrt{x}}\,dx\right)dy = \int_0^1\left(\int_0^x \frac{e^{y/x}}{\sqrt{x}}\,dy\right)dx$$

$$= \int_0^1 \left[\sqrt{x}e^{y/x}\right]_0^x dx = (e-1)\int_0^1 \sqrt{x}\,dx = \frac{2(e-1)}{3}$$ ∎

****

○●練習問題 22 ●○

22.1 $D = \{(x,y); y < x \leq 1, 0 \leq y \leq 1\}$ とする. (計算が容易な) D の近似増加列を使って $\iint_D \dfrac{1}{\sqrt{x-y}}\,dxdy$ を計算せよ.

22.2 $D = \{(x,y); x \geq 0, y \geq 0\}$ の近似増加列として $D_n := \{(x,y); 0 \leq x \leq n, 0 \leq y \leq n\}$ を考える.
(1) $\alpha > 0$ に対して $\iint_{D_n} \dfrac{1}{(1+x+y)^\alpha}\,dxdy$ を計算せよ.
(2) 広義重積分 $\iint_D \dfrac{1}{(1+x+y)^\alpha}\,dxdy$ が収束する α を決定し, そのときの積分値を求めよ.

22.3 $\mathbb{R}^2$ の近似増加列として $D_n := \{(x,y); x^2+y^2 \leq n^2\}$ を考える.
(1) $\alpha > 0$ に対して $\iint_{D_n} \dfrac{1}{(1+x^2+y^2)^\alpha}\,dxdy$ を計算せよ.
(2) 広義重積分 $\iint_{\mathbb{R}^2} \dfrac{1}{(1+x^2+y^2)^\alpha}\,dxdy$ が収束する α を決定し, そのときの積分値を求めよ.

22.4 (1) $\alpha > 0$ とする. $\int_{-\infty}^\infty e^{-x^2}\,dx = \sqrt{\pi}$ を利用して $\int_{-\infty}^\infty e^{-\alpha x^2}\,dx$ の値を求めよ.
(2) $\iint_{\mathbb{R}^2} e^{-3x^2-6y^2}\,dxdy$ を求めよ.

◇◆演習問題 22 ◆◇

22.1 (1) $5x^2 - 2\sqrt{2}xy + 4y^2 = \left(\begin{pmatrix} x \\ y \end{pmatrix}, A\begin{pmatrix} x \\ y \end{pmatrix}\right)$ をみたす2次対称行列 A の固有値 λ_1, λ_2 を求めよ.
(2) 行列の対角化の理論から $P^{-1}AP = \begin{pmatrix} \lambda_1 & 0 \\ 0 & \lambda_2 \end{pmatrix}$ となる直交行列 P が存在する. この P を用いて $\begin{pmatrix} x \\ y \end{pmatrix} = P\begin{pmatrix} u \\ v \end{pmatrix}$ なる変数変換を行うと, $5x^2 - 2\sqrt{2}xy + 4y^2 = \lambda_1 u^2 + \lambda_2 v^2$ となることを確認せよ.
(3) $\iint_{\mathbb{R}^2} e^{-5x^2+2\sqrt{2}xy-4y^2}\,dxdy = \iint_{\mathbb{R}^2} e^{-\lambda_1 u^2 - \lambda_2 v^2}\,dudv$ が成り立つことを示して, その値を計算せよ.

22.2 f は $\mathbb{R}$ 上の連続関数で, $\mathbb{R}$ での広義積分が絶対収束しているとする. $g(x,y) := f(x-y)\cos y$ は $D = \{(x,y); x \in \mathbb{R}, 0 \leq y \leq 2\pi\}$ で広義重積分可能であることを確かめて, $\iint_D g(x,y)\,dxdy = 0$ を示せ.

23

曲線の解析 (長さと曲率)

> 機械がたとえどんなによく働くとしても，それは課せられた問題をすべて解くことはできるであろうが，一つの問題を考え出すこともできない．
> アインシュタイン

この章では微分積分学の応用として滑らかな曲線の解析を行う．曲線の長さは折れ線で近似した極限として与えるが，滑らかな曲線なら積分で計算できる．また，曲線を円で近似することに関連して曲率の概念を学ぶ．曲線の曲がり具合は半径が 1/|曲率| の円 (曲率円) と同じ程度であることを理解する[1]．

§23.1　曲線とは

有界閉区間 $[a,b]$ 上の 2 つの連続関数 $x(t), y(t)$ を使って

(23.1) $$C := \{(x(t), y(t)) \in \mathbb{R}^2 ;\ a \leq t \leq b\}$$

と表される集合 C を**曲線**という．このとき，$\mathrm{P}(t) = (x(t), y(t))$ あるいは

(23.2) $$x = x(t),\ y = y(t) \quad (a \leq t \leq b)$$

と表して，これを C の**媒介変数表示** (または**パラメーター表示**) という．$\mathrm{P}(a)$ および $\mathrm{P}(b)$ を曲線 C の**始点**および**終点**という．曲線 C は $\mathrm{P}(a)$ から $\mathrm{P}(b)$ に向かって点 $\mathrm{P}(t)$ が動いた軌跡である．曲線には**向き**があり，向きが逆の曲線は別のものと考える．始点と終点が一致している曲線は**閉曲線**と呼ばれる．始点と終点以外では交わらない**閉曲線の向きは常に反時計回り** (左回り) とする．

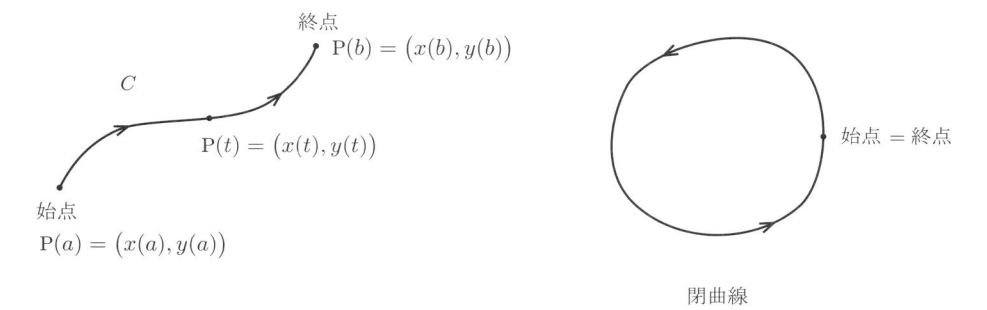

曲線 C の媒介変数表示を与える関数が C^n 級であるとき，C^n 級の曲線という．特に，C が C^1

---

[1] 高速道路などに $R = 200$ m とあるのは，道路が半径 200 m の円と同じぐらいの曲がり方であることを示している．

級であって,さらに

(23.3) $$x'(t)^2 + y'(t)^2 \neq 0 \quad (\forall t \in [a,b])$$

のとき C を**滑らかな曲線**と呼ぶ[2].

これまで学んだ

(23.4) $$y = f(x) \quad (a \leq x \leq b)$$

のグラフ C も曲線である.媒介変数表示としては $\mathrm{P}(t) = (t, f(t))$,すなわち,

(23.5) $$x(t) = t, \; y(t) = f(t) \quad (a \leq t \leq b)$$

と考えればよい.

問 23.1 f が C^1 級ならば $y = f(x)$ のグラフ C は滑らかな曲線であることを確認せよ.

円のように (23.4) の形で表されない曲線はたくさんある.直線上を半径 a の円が転がったときの軌跡が**サイクロイド**である[3].この曲線は次のように媒介変数表示できる.

(23.6) $$x(t) = a(t - \sin t), \; y(t) = a(1 - \cos t) \quad (0 \leq t \leq 2\pi)$$

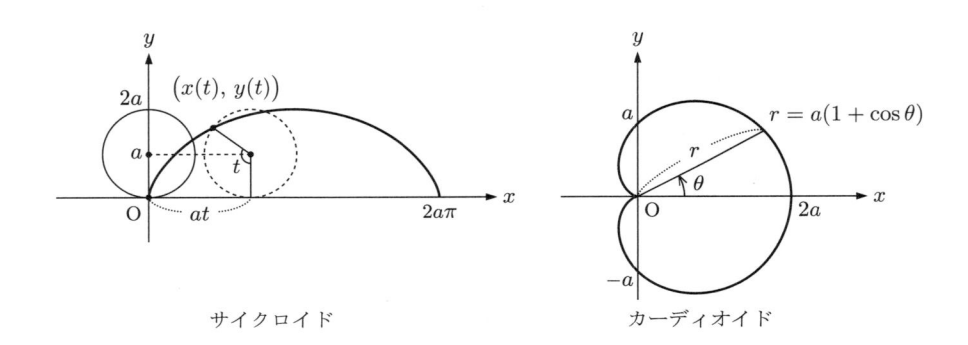

サイクロイド　　　　　カーディオイド

興味深い曲線のいくつかは極座標を使った方程式

(23.7) $$r = f(\theta) \quad (\alpha \leq \theta \leq \beta)$$

のグラフとして表される.ここで,f は $[\alpha, \beta]$ 上の連続関数である.$x = r\cos\theta, y = r\sin\theta$ なので,曲線 (23.7) は

(23.8) $$x(\theta) = f(\theta)\cos\theta, \; y(\theta) = f(\theta)\sin\theta \quad (\alpha \leq \theta \leq \beta)$$

と媒介変数表示できる[4].$a > 0$ とする.**カーディオイド** (心臓形) は

(23.9) $$r = a(1 + \cos\theta) \quad (0 \leq \theta < 2\pi)$$

で定まる曲線である[5].

---

[2] 正則曲線ともいう.C^1 級曲線は "滑らか" とは限らない.たとえば,演習問題 23.1 のアステロイドは C^1 級曲線であるが,$t = 0, \pi/2, \pi, 3\pi/2$ で尖っている.

[3] 最速降下曲線といわれる.等時性をもつことでも有名である.

[4] 媒介変数表示では変数は t を使うが,極座標に関しては伝統にしたがって θ を使う.

[5] $r = \dfrac{a}{1 + \cos\theta}$ ($-\pi < \theta < \pi$) は放物線を表す.確認してみよ.

§23.2 曲線の長さ

曲線 $C: \mathrm{P}(t)$ $(a \leq t \leq b)$ の長さを求めよう．アイディアは内接する折れ線の長さの極限を考えることである．$[a,b]$ の任意の分割 $\Delta = \{t_0 = a < t_1 < \cdots < t_n = b\}$ に対して，C 上の点 $\mathrm{P}_j = \mathrm{P}(t_j)$ $(j = 0, 1, \cdots, n)$ を結んで作られる折れ線を考える．

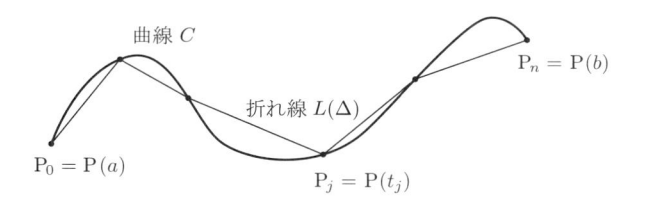

この折れ線を $L(\Delta)$ とし，その長さを $|L(\Delta)|$ と書くと

$$|L(\Delta)| = \sum_{j=1}^{n} |\mathrm{P}_j - \mathrm{P}_{j-1}| = \sum_{j=1}^{n} \sqrt{(x(t_j) - x(t_{j-1}))^2 + (y(t_j) - y(t_{j-1}))^2}$$

である．分割の幅 $\delta(\Delta)$ を 0 に近づけたときに $|L(\Delta)|$ が有限な値に収束するとき，その極限値を C の長さと定める．すなわち，C の長さを $|C|$ と表せば

$$|C| := \lim_{\delta(\Delta) \to 0} |L(\Delta)|$$

である[6]．C^1 級曲線の長さは次の積分で与えられる．

定理 23.1 曲線 $C: \mathrm{P}(t) = (x(t), y(t))$ $(a \leq t \leq b)$ について $x(t), y(t)$ が C^1 級ならば次が成り立つ．

$$|C| = \int_a^b \sqrt{x'(t)^2 + y'(t)^2}\, dt$$

証明は平均値の定理と連続関数の一様連続性を使う．31 章で与える．

例題 23.1 (1) C^1 級曲線 C が $y = f(x)$ $(a \leq x \leq b)$ と表されているとき，長さは次で与えられる．

(23.10) $$|C| = \int_a^b \sqrt{1 + f'(x)^2}\, dx$$

(2) 曲線 C が $r = f(\theta)$, $(\alpha \leq \theta \leq \beta)$ と極座標で表されているときは，

(23.11) $$|C| = \int_\alpha^\beta \sqrt{f(\theta)^2 + f'(\theta)^2}\, d\theta$$

[証明] 定理 23.1 を使う．(1) $x(t) = t$, $y(t) = f(t)$ なので $x'(t)^2 + y'(t)^2 = 1 + f'(t)^2$ となる．(2) $x(t) = f(\theta)\cos\theta$, $y(\theta) = f(\theta)\sin\theta$ であるから $x'(\theta)^2 + y'(\theta)^2 = (f'(\theta)\cos\theta - f(\theta)\sin\theta)^2 + (f'(\theta)\sin\theta + f(\theta)\cos\theta)^2 = f(\theta)^2 + f'(\theta)^2$ である． ∎

---

[6] 折れ線の図より $|L(\Delta)|$ の値は分割を細かくするほど大きくなり，$|C| = \sup\{|L(\Delta)|; \Delta$ は $[a,b]$ の分割$\}$ が成り立つ．

§23.3 接線と法線

以下では $C : P(t) = (x(t), y(t))$ $(a \leq t \leq b)$ を滑らかな曲線とする．$t \in [a,b]$ に対して

(23.12) $$\mathrm{T}(t) := (x'(t), y'(t)), \quad \mathrm{N}(t) := (y'(t), -x'(t))$$

をそれぞれ，**接ベクトル**，**(外向き) 法ベクトル**という[7]．さらに，これらの長さを1とした

(23.13) $$\boldsymbol{t}_t = \frac{\mathrm{T}(t)}{\|\mathrm{T}(t)\|} = \left(\frac{x'(t)}{\sqrt{x'(t)^2 + y'(t)^2}}, \frac{y'(t)}{\sqrt{x'(t)^2 + y'(t)^2}} \right)$$

(23.14) $$\boldsymbol{n}_t = \frac{\mathrm{N}(t)}{\|\mathrm{N}(t)\|} = \left(\frac{y'(t)}{\sqrt{x'(t)^2 + y'(t)^2}}, -\frac{x'(t)}{\sqrt{x'(t)^2 + y'(t)^2}} \right)$$

を**単位接ベクトル**，**(外向き) 単位法ベクトル**という．

> **問 23.2** 半径 $R > 0$ の円 $P(t) = (R\cos t, R\sin t)$ $(0 \leq t \leq 2\pi)$ の点 $P(t)$ における単位接ベクトルと (外向き) 単位法ベクトルを求めよ．

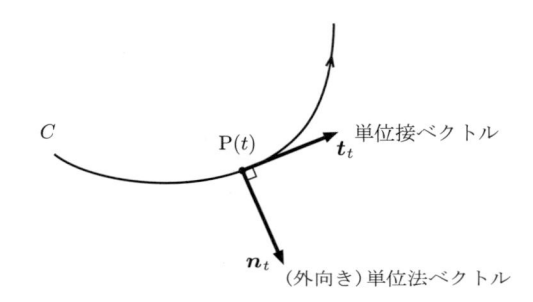

これらを使って，$t = t_0$ における点 $P_0 = (x(t_0), y(t_0))$ での接線と法線の方程式を求める．P_0 を通って，(外向き) 法ベクトルと直交する直線が接線である．接線上の点を (x, y) とすると，ベクトル $(x - x(t_0), y - y(t_0))$ と $\mathrm{N}(t_0)$ の内積 $= 0$ より

(23.15) $$y'(t_0)(x - x(t_0)) - x'(t_0)(y - y(t_0)) = 0 \qquad \text{(接線の方程式)}$$

と表される[8]．同様に，法線は $P(t_0)$ を通って，接ベクトルと直交するので，法線上の点を (x, y) とすれば，今度は $(x - x(t_0), y - y(t_0))$ と $\mathrm{T}(t_0)$ の内積が 0 になる．よって，法線は

(23.16) $$x'(t_0)(x - x(t_0)) + y'(t_0)(y - y(t_0)) = 0 \qquad \text{(法線の方程式)}$$

である．

> **問 23.3** 半径 $R > 0$ の円 $P(t) = (R\cos t, R\sin t)$, $(0 \leq t \leq 2\pi)$ の点 $(\pm R, 0)$ における接線と法線をそれぞれ求めよ．

---

[7] 接ベクトルは曲線の向きと同じである．接ベクトルに直交するベクトルは，$\pi/2$ および $-\pi/2$ 回転した2種類があるが，$-\pi/2$ 回転させたものを (外向き) 法ベクトルとして定める．閉曲線 (反時計回りに向きが入っている) の場合に，(外向き) 法ベクトルは内側から外側への向きになっている．

[8] 特に，$x'(t_0) \neq 0$ ならば，接線は $y - y(t_0) = (y'(t_0)/x'(t_0))(x - x(t_0))$ となる．

§23.4 曲率

曲線の曲がり具合を調べるために，接線の傾きの変化と曲線の長さの比の極限で曲率を定義する．正確に述べると，曲線 C 上の点 $\mathrm{P}(t)$ における接線と x 軸とのなす角を $\theta(t)$ とする．$h>0$ に対して

(23.17) $$\lim_{h\to +0}\frac{\theta(t+h)-\theta(t)}{\mathrm{P}(t) \text{ から } \mathrm{P}(t+h) \text{ までの曲線の長さ}}$$

が存在するとき，これを $\kappa(t)$ と書き，点 $\mathrm{P}(t)$ における**曲率**という．

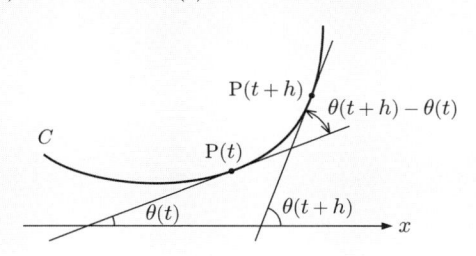

定理 23.2 C^2 級の曲線 $C: \mathrm{P}(t)=(x(t),y(t))$ について，$(x'(t),y'(t))\neq(0,0)$ ならば

(23.18) $$\kappa(t)=\frac{y''(t)x'(t)-x''(t)y'(t)}{(x'(t)^2+y'(t)^2)^{3/2}}$$

[証明] $x'(t)\neq 0$ とする．このとき $\theta(t)=\arctan(y'(t)/x'(t))$ であり[9]，$\mathrm{P}(t)$ から $\mathrm{P}(t+h)$ までの曲線の長さに定理 23.1 を使えば

$$\kappa(t)=\lim_{h\to+0}\frac{\arctan(y'(t+h)/x'(t+h))-\arctan(y'(t)/x'(t))}{\int_t^{t+h}\sqrt{x'(t)^2+y'(t)^2}\,dt}$$

$$=\frac{1}{1+(y'(t)/x'(t))^2}\left(\frac{x'(t)y''(t)-y'(t)x''(t)}{x'(t)^2}\right)\Big/\sqrt{x'(t)^2+y'(t)^2}$$

$$=\frac{y''(t)x'(t)-x''(t)y'(t)}{(x'(t)^2+y'(t)^2)^{3/2}}$$

2 番目の等式でロピタルの定理を用いた． ∎

曲率の幾何学的意味を述べておく．C 上の点 $\mathrm{P}(t_0)=(x(t_0),y(t_0))$ における法線上に中心をもつ円で，曲線 C に 2 次の意味で接する円を求める．すなわち，この円の半径を r としたとき，

$$f(t):=\|(x(t),y(t))-(\mathrm{P}(t_0)-r\boldsymbol{n}_t)\|^2$$
$$=(x(t)-x(t_0)+ry'(t_0)/\|\mathrm{N}(t_0)\|)^2+(y(t)-y(t_0)-rx'(t_0)/\|\mathrm{N}(t_0)\|)^2$$

について $f'(t_0)=f''(t_0)=0$ となる r を求めると

(23.19) $$r=\frac{1}{|\kappa(t_0)|}$$

となる (演習問題 23.3)．この円は曲線 C の**曲率円**と呼ばれ (**接触円**ともいう)，点 $\mathrm{P}(t_0)$ において

---

[9] 正確にいうと，以下の証明は $-\pi/2<\theta(t)<\pi/2$ の場合である．他の場合を証明するためには arctan の値に注意する必要があるが，結果は変わらないのでこの場合のみを示すにとどめる．

曲線をもっともよく近似する円と考えられる[10]．すなわち，曲線は半径が $1/|$曲率$|$ の円と同じ程度に曲がっている．

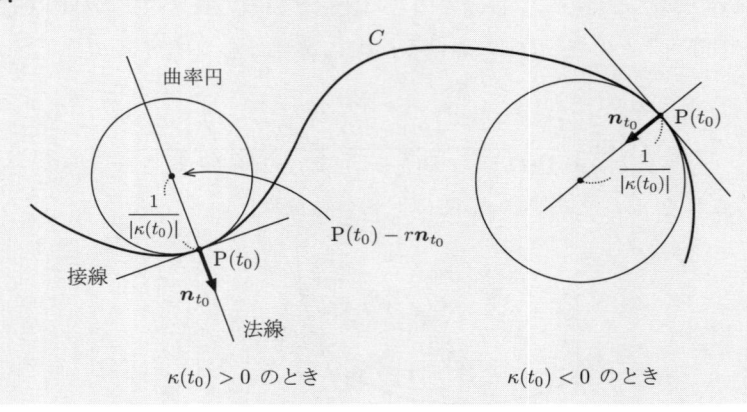

問 23.4 直線 $y = ax + b$ 上の点における曲率を求めよ．また，半径 $R > 0$ の円周上の各点における曲率を求めよ．

****

○●練習問題 23 ●○

23.1 単位円の第 1 象限の部分にある $1/4$ 円周を C とする[11]．
 (1) C を $P(t) = (\cos t, \sin t)$ $(0 \leq t \leq \pi/2)$ と媒介変数表示して，その長さを求めよ．
 (2) C を $P(t) = (\cos t^2, \sin t^2)$ $(0 \leq t \leq \sqrt{\pi/2})$ と媒介変数表示して長さを求めよ．

23.2 曲線 $y = f(x)$ 上の点 $(a, f(a))$ における接線と法線を (23.15) と (23.16) から求めよ．

23.3 サイクロイド (23.6) の長さを求めよ．また，点 $(x(t_0), y(t_0))$ $(0 < t_0 < 2\pi)$ における，接線および法線を求めよ．

23.4 カーディオイド (23.9) の長さを求めよ，また，点 $(x(t_0), y(t_0))$ $(0 < t_0 < \pi)$ における，接線および法線を求めよ．

◇◆演習問題 23 ◆◇

23.1 $a > 0$ とする．$x(t) = a\cos^3 t$, $y(t) = a\sin^3 t$ $(0 \leq t \leq 2\pi)$ で定まる曲線は**アステロイド (星芒形)** と呼ばれる．
 (1) アステロイドの概形を描いて，全長を求めよ．
 (2) $0 < t < \pi/2$ のときの点 $(x(t), y(t))$ における曲率を計算せよ．

23.2 $a > 0$ とする．$y = a\cosh(x/a)$ $(|x| \leq a)$ は**カテナリー (懸垂線)** と呼ばれる．長さと曲率を求めよ．

23.3 (23.19) を示せ．

23.4 曲線 $y = x\sin(1/x)$ $(0 \leq x \leq 1)$ の長さは無限であることを示せ (なお，$x = 0$ で $y = 0$ とする)．

23.5 (1) $a > b > 0$ とする．楕円 $C : P(t) = (a\cos t, b\sin t)$ $(0 \leq t \leq 2\pi)$ の曲率を計算せよ．

---

[10] 曲率円の中心は $P(t_0) - \bm{n}_{t_0}/\kappa(t_0)$ である．
[11] この問題は曲線の長さは媒介変数表示の仕方が変わっても同じになることを直接計算で確認している．

(2) 楕円の周の長さは $a\displaystyle\int_0^{2\pi}\sqrt{1-k^2\sin^2\theta}\,d\theta$ の形で表されることを示せ[12].

23.6 関数 f は領域 Ω で C^2 級で，$(a,b)\in\Omega$ において，$f(a,b)=0$, $f_y(a,b)>0$ とする．このとき $f(x,y)=0$ が定める曲線の点 (a,b) における単位接ベクトル $\boldsymbol{t}$, (外向き) 単位法ベクトル $\boldsymbol{n}$ および曲率 κ は次で与えられることを確認せよ．

$$\boldsymbol{t}=\frac{1}{(f_x(a,b)^2+f_y(a,b)^2)^{\frac{1}{2}}}(f_y(a,b),-f_x(a,b))$$

$$\boldsymbol{n}=\frac{1}{(f_x(a,b)^2+f_y(a,b)^2)^{\frac{1}{2}}}(f_x(a,b),f_y(a,b))$$

$$\kappa=\frac{-f_{xx}(a,b)f_y(a,b)^2+2f_{xy}(a,b)f_x(a,b)f_y(a,b)-f_{yy}(a,b)f_x(a,b)^2}{(f_x(a,b)^2+f_y(a,b)^2)^{\frac{3}{2}}}$$

---

[12] $k^2\ne 0,1$ のとき $\sqrt{1-k^2\sin^2\theta}$ の不定積分は初等関数では表せない．この形の積分は楕円積分と呼ばれ，その逆関数を複素変数で考えたものを楕円関数という．これらは $\sin x$ や $\cos x$ の一般化とみなされて，19 世紀の数学の主要な研究対象であった．

24

線積分とグリーンの公式

> 数学をうまく教えることができるのは，自分自身数学に熱中し，これを成長し続ける生きた学問としてとらえることのできる人だけである．
> コルモゴロフ

微分積分学の基本定理 $\int_a^b f'(x)\,dx = f(b) - f(a)$ は $[a,b]$ 上での積分値と境界値との関係である．この2次元版として，領域 D 上の重積分値とその境界 C 上の線積分の値とを結びつけるものがグリーンの公式である．これは面積計 (プラニメータ) の原理である．関連して，1変数関数の部分積分に対応するグリーンの定理も学ぶ[1]．

§24.1 線積分

f を領域 D 上で定義された連続関数とし，C を D に含まれる曲線とする．C の媒介変数表示を $x = x(t),\ y = y(t)\ (a \le t \le b)$ とする．さらに，$[a,b]$ の分割 $a = t_0 < t_1 < \cdots < t_n = b$ を Δ とし，$\tau_k \in [t_{k-1}, t_k]$ を選び，$P_k = (x(t_k), y(t_k))$, $Q_k = (x(\tau_k), y(\tau_k))$ とする．

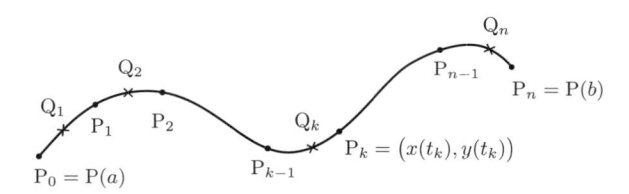

2つの有限和

$$\text{(24.1)} \qquad \sum_{k=1}^n f(Q_k)(x(t_k) - x(t_{k-1})), \quad \sum_{k=1}^n f(Q_k)(y(t_k) - y(t_{k-1}))$$

を考える．$\delta(\Delta) \to 0$ としたときにこれらの和が収束するとき，その極限値を

$$\text{(24.2)} \qquad \int_C f(x,y)\,dx, \quad \int_C f(x,y)\,dy,$$

と書き，それぞれを C に沿う f の **x 方向の線積分**，f の **y 方向の線積分**と呼ぶ．

$\ell(P_k P_{k-1})$ を P_{k-1} から P_k までの曲線の長さとし，$\Delta(C) := \max\{\ell(P_k P_{k-1})\,;\ 1 \le k \le n\}$

---

[1] グリーンの定理 (24.20) は部分積分 $\int_a^b (g(x)f''(x) + g'(x)f'(x))\,dx = [g(x)f'(x)]_a^b$ に対応している．

とする．有限和

(24.3) $$\sum_{k=1}^{n} f(Q_k)\ell(P_k P_{k-1})$$

が $\Delta(C) \to 0$ のとき極限をもてば，その極限値を

(24.4) $$\int_C f(x,y)\,ds$$

と書いて曲線 C に沿う f の**弧長による線積分**という．

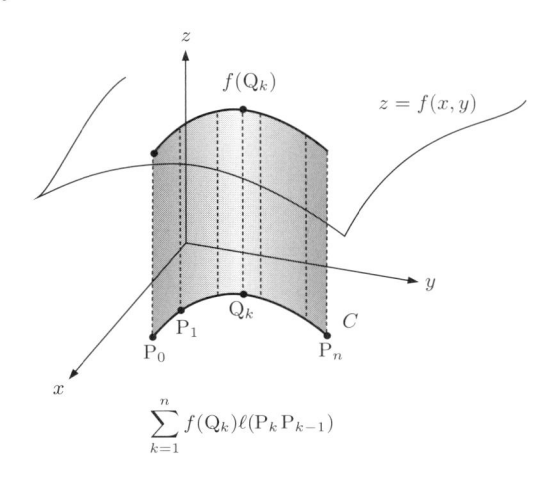

$$\sum_{k=1}^{n} f(Q_k)\ell(P_k P_{k-1})$$

曲線が C^1 級のとき，上記 3 つの線積分は存在して次で与えられる (証明は演習問題 31.1)．

定理 24.1 曲線 $C : x = x(t),\ y = y(t)\ (a \leq t \leq b)$ が C^1 級ならば

(24.5) $$\int_C f(x,y)\,dx = \int_a^b f(x(t), y(t)) x'(t)\,dt$$

(24.6) $$\int_C f(x,y)\,dy = \int_a^b f(x(t), y(t)) y'(t)\,dt$$

(24.7) $$\int_C f(x,y)\,ds = \int_a^b f(x(t), y(t)) \sqrt{x'(t)^2 + y'(t)^2}\,dt$$

問 24.1 曲線 C を線分 $\{(t, 2t)\,;\ 0 \leq t \leq 2\}$ とする．$\int_C x\,dx,\ \int_C x\,dy,\ \int_C x\,ds$ を計算せよ．

曲線 $C : x = x(t),\ y = y(t)\ (a \leq t \leq b)$ に対して，

(24.8) $$x = x(a+b-t),\quad y = y(a+b-t)\quad (a \leq t \leq b)$$

で定まる曲線は C と向きを逆にした曲線である．これを $-C$ と書くことにする[2]．このとき

(24.9) $$\int_{-C} f(x,y)\,dx = -\int_C f(x,y)\,dx,\quad \int_{-C} f(x,y)\,dy = -\int_C f(x,y)\,dy$$

---

[2] C と $-C$ は集合としては同じであるが，向きが逆向きなので始点と終点が逆になっている．

および

(24.10) $$\int_{-C} f(x,y)\,ds = \int_{C} f(x,y)\,ds$$

が成り立つ (練習問題 24.2). 弧長による線積分では符号が変わらないことに注意せよ.

有限個の C^1 曲線 $C_1, C_2, \cdots, C_n$ をつなげた形の曲線 C を $C_1 + C_2 + \cdots + C_n$ と表し, 区分的に C^1 級の曲線という. 特に, 各曲線が滑らかな場合は C は**区分的に滑らかな曲線**と呼ばれる. 区分的に C^1 級の曲線についての線積分を

$$\int_C f(x,y)\,dx := \sum_{k=1}^n \int_{C_k} f(x,y)\,dx, \quad \int_C f(x,y)\,dy := \sum_{k=1}^n \int_{C_k} f(x,y)\,dy$$

と定める. 弧長に関する線積分も同様に各曲線上での線積分の和として考える.

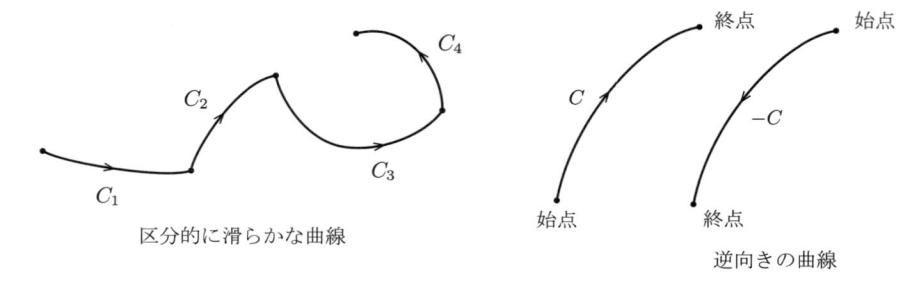

区分的に滑らかな曲線　　　　逆向きの曲線

§24.2　グリーンの公式

2重積分と線積分との間にある重要な関係を示すグリーンの公式は, 1変数関数における微分積分学の基本定理の2次元への拡張とみなすことができる.

定理 24.2 (グリーンの公式[3])　D は $\mathbb{R}^2$ の領域で, 有限個の縦線集合の和および有限個の横線集合の和に分割できるとし, D の境界を C とする. P, Q が $D \cup C$ を含む領域で C^1 級ならば

(24.11) $$\iint_D (Q_x - P_y)\,dxdy = \int_C P\,dx + Q\,dy$$

が成り立つ. なお, C は D が左手になるような向きを考える. また右辺の表記にも注意せよ[4].

[証明] まず D がただ1つの縦線集合 $\{(x,y); a \le x \le b,\ f_1(x) \le y \le f_2(x)\}$ の場合を考える. 重積分を累次積分にして計算することにより

$$\iint_D P_y(x,y)\,dxdy = \int_a^b \left(\int_{f_1(x)}^{f_2(x)} \frac{\partial P}{\partial y}(x,y)\,dy \right) dx = \int_a^b (P(x, f_2(x)) - P(x, f_1(x)))\,dx$$

である. 一方, D の境界 C は

$C_1 : x = t,\ y = f_1(t)\ (a \le t \le b)$

$C_2 : x = b,\ y = t\ (f_1(b) \le t \le f_2(b))$

$C_3 : x = a+b-t,\ y = f_2(a+b-t)\ (a \le t \le b)$

---

[3] I 君は黒板にこの公式を書くときはいつも緑色のチョークを使う.

[4] (24.11) の右辺は $\int_C P\,dx + \int_C Q\,dy$ の意味であるが, 2つ目の積分を省略した形で書かれることが多い.

$$C_4 : x = a,\ y = f_1(a) + f_2(a) - t \quad (f_1(a) \leq t \leq f_2(a))$$

とすれば $C = C_1 + C_2 + C_3 + C_4$ であるから

$$\int_C P(x,y)\,dx = \int_{C_1} P(x,y)\,dx + \int_{C_2} P(x,y)\,dx + \int_{C_3} P(x,y)\,dx + \int_{C_4} P(x,y)\,dx$$

$$= \int_a^b P(t, f_1(t))\,dt + 0 - \int_a^b P(a+b-t, f_2(a+b-t))\,dt + 0$$

$$= \int_a^b (P(t, f_1(t)) - P(t, f_2(t)))\,dt$$

となり,

(24.12) $$\iint_D P_y(x,y)\,dxdy = -\int_C P(x,y)\,dx$$

が成り立つ. 次に $D = D_1 \cup D_2$ と 2 つの縦線集合の和を考える. C_1 を D_1 の境界, C_2 を D_2 として, 境界の重なりあう部分を C_0 とすれば, D の境界 C は $C = C_1 - C_0 + C_2 + C_0$ である.

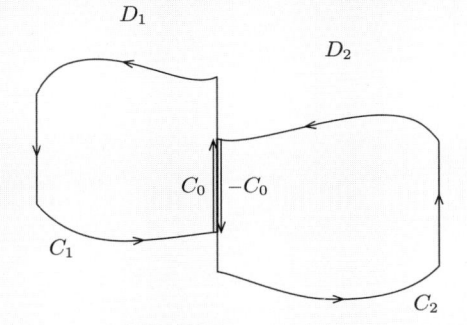

よって D_1 と D_2 で (24.12) が成り立てば

$$\iint_D P_y(x,y)\,dxdy = \iint_{D_1} P_y(x,y)\,dxdy + \iint_{D_2} P_y(x,y)\,dxdy$$

$$= -\int_{C_1} P(x,y)\,dx - \int_{C_2} P(x,y)\,dx = -\int_{C_1 - C_0} P(x,y)\,dx - \int_{C_2 + C_0} P(x,y)\,dx$$

$$= -\int_{C_1 + C_0 + C_2 - C_0} P(x,y)\,dx = -\int_C P(x,y)\,dx$$

となって $D = D_1 \cup D_2$ でも (24.12) が成り立つ. これを繰り返せば D が有限個の縦線集合の和であれば (24.12) が成り立つ. 同様の議論を D が横線集合の和として行えば

(24.13) $$\iint_D Q_x(x,y)\,dxdy = \int_C Q(x,y)\,dy$$

を得る. よって D が縦線集合の和かつ横線集合の和で表されるならば (24.11) が成り立つ. ∎

たとえば, D が次図のように 2 つの滑らかな曲線 C_1 と C_2 で囲まれているとき, 縦線集合の和および横線集合の和として表すことができるので,

$$\iint_D (Q_x - P_y)\,dxdy = \int_{C_2} P\,dx + Q\,dy - \int_{C_1} P\,dx + Q\,dy$$

である.

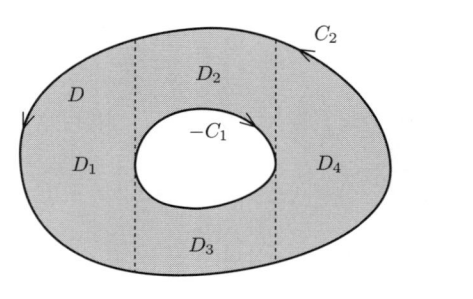

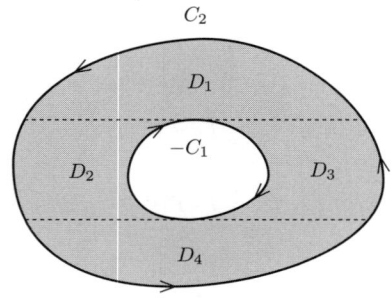

縦線集合の和　　　　　　　　　横線集合の和

§24.3　グリーンの公式のベクトル表記

領域 D 上の 2 つの関数 P, Q を並べた

(24.14) $$\boldsymbol{F}(x,y) := (P(x,y), Q(x,y))$$

を D 上のベクトル値関数という[5]．P, Q が C^1 級のとき

(24.15) $$\operatorname{div} \boldsymbol{F} := \frac{\partial P}{\partial x} + \frac{\partial Q}{\partial y}, \quad \operatorname{rot} \boldsymbol{F} := \frac{\partial Q}{\partial x} - \frac{\partial P}{\partial y}$$

を $\boldsymbol{F}$ の発散 (divergence), 回転 (rotation) という．

問 24.2　f を C^2 級とする．$\boldsymbol{F} = (f_x, f_y)$ のとき，$\operatorname{div} \boldsymbol{F}$ と $\operatorname{rot} \boldsymbol{F}$ を計算せよ．

D はグリーンの公式が成り立つような領域とし，境界 C は滑らかな閉曲線で，その媒介変数表示を $x = x(t), y = y(t)$ ($a \le t \le b$) とする．各点 $(x(t), y(t))$ での単位接ベクトル $\boldsymbol{t} = \boldsymbol{t}_t$ と (外向き) 単位法ベクトル $\boldsymbol{n} = \boldsymbol{n}_t$ は

$$\boldsymbol{t} = \frac{1}{\sqrt{x'(t)^2 + y'(t)^2}} (x'(t), y'(t)), \quad \boldsymbol{n} = \frac{1}{\sqrt{x'(t)^2 + y'(t)^2}} (y'(t), -x'(t))$$

であった (§23.3 を参照せよ)．このとき，内積を用いてグリーンの公式 (24.11) は

(24.16) $$\iint_D \operatorname{rot} \boldsymbol{F} \, dxdy = \int_C (\boldsymbol{F}, \boldsymbol{t}) \, ds$$

と書くことができる[6]．また，**ガウスの発散公式**と呼ばれる

(24.17) $$\iint_D \operatorname{div} \boldsymbol{F} \, dxdy = \int_C (\boldsymbol{F}, \boldsymbol{n}) \, ds$$

も成り立つ．

問 24.3　(24.16) と (24.17) を確認せよ．

---

[5] 応用においてはベクトル場と呼ばれる．重力場，電場，磁場などである．
[6] 変数を入れて書けば $\iint_D \operatorname{rot} \boldsymbol{F}(x,y) \, dxdy = \int_C (\boldsymbol{F}(x,y), \boldsymbol{t}) \, ds = \int_a^b (\boldsymbol{F}(x(t), y(t)), (x'(t), y'(t))) \, dt$ である．I 君は黒板にこちらの形で書くときは赤いチョークを使う．ドイツ語の "赤い" は rot である (念のため)．

最後にグリーンの定理と呼ばれる結果をまとめておく[7]．$f(x,y)$ が曲線 C 上の点 $\mathrm{P}(t) = (x(t), y(t))$ で微分可能なとき，$\nabla f = (f_x, f_y)$ を使って，外法線微分を次で定義する．

(24.18)
$$\frac{\partial f}{\partial \boldsymbol{n}} := (\nabla f, \boldsymbol{n})$$

成分を使って書けば

(24.19)
$$\frac{\partial f}{\partial \boldsymbol{n}}(\mathrm{P}(t)) := \frac{f_x(x(t),y(t))y'(t)}{\sqrt{x'(t)^2+y'(t)^2}} - \frac{f_y(x(t),y(t))x'(t)}{\sqrt{x'(t)^2+y'(t)^2}}$$

定理 24.3 (グリーンの定理) 領域 D においてグリーンの公式が成り立ち，その境界 C は滑らかな閉曲線とする．f, g が $D \cup C$ を含む領域で C^2 級のとき次が成り立つ．

(24.20)
$$\iint_D \left(g\,\Delta f + (\nabla f, \nabla g) \right) dxdy = \int_C g \frac{\partial f}{\partial \boldsymbol{n}} ds$$

(24.21)
$$\iint_D \left(g\,\Delta f - f\,\Delta g \right) dxdy = \int_C \left(g \frac{\partial f}{\partial \boldsymbol{n}} - f \frac{\partial g}{\partial \boldsymbol{n}} \right) ds$$

[証明] $\boldsymbol{F} = (gf_x, gf_y)$ としてガウスの発散公式を使えばよい．詳細を演習問題とする．なお $\Delta f = f_{xx} + f_{yy}$ はラプラシアンである． ∎

****

○●練習問題 24 ●○

24.1 領域 D の境界が区分的に C^1 級の閉曲線 C とする．D の面積 $|D|$ は次で与えられることを示せ．
$$|D| = \int_C x\,dy = -\int_C y\,dx = \frac{1}{2}\int_C x\,dy - y\,dx$$

24.2 C^1 級曲線に対して (24.9) を (24.5) および (24.6) から確認せよ．さらに (24.7) を使って (24.10) を確認せよ．

◇◆演習問題 24 ◆◇

24.1 (24.19) の定義について，次が成り立つことを確認せよ．
$$\frac{\partial f}{\partial \boldsymbol{n}}(\mathrm{P}(t)) = \lim_{h \to 0} \frac{f(\mathrm{P}(t) + h\boldsymbol{n}_t) - f(\mathrm{P}(t))}{h}$$

24.2 (24.20), (24.21) を証明せよ．

24.3 23 章 (23.9) のカーディオイドで囲まれる図形の面積を求めよ[8]．

24.4 アステロイド (演習問題 23.1) で囲まれる図形の面積を求めよ．

---

[7] グリーンの公式とグリーンの定理は紛らわしいが，混用している場合もあるのであまり気にする必要はない．内容が重要である．

[8] 練習問題 24.1 を使うことを想定しているが，例題 21.3 を使ってもよい．

24.5 $r > 0$ とする．閉曲線 $C = C_1 + C_2 + C_3$ を C_1：原点と $(r,0)$ を結ぶ線分，C_2：$(r,0)$ から $(r/\sqrt{2}, r/\sqrt{2})$ までの円弧，C_3：$(r/\sqrt{2}, r/\sqrt{2})$ から原点までの線分とし，
$$P(x,y) = e^{-2xy}\cos{(x^2 - y^2)}, \quad Q(x,y) = -e^{-2xy}\sin{(x^2 - y^2)}$$
とする．

(1) グリーンの公式を使って $\int_C P(x,y)\,dx + Q(x,y)\,dy = 0$ を示せ．

(2) C_2 上の線積分が $r \to \infty$ のとき 0 に収束することを示せ．

(3) (1), (2) および (22.7) から $\int_0^\infty \cos{(x^2)}\,dx$ の値を求めよ[9]．

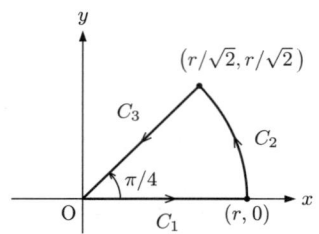

24.6 D を単位円とし，P, Q を D 上の C^1 級関数とする．

(1) 任意の $(x,y) \in D$ をとり固定する．(x,y) と原点 $(0,0)$ を結ぶ D 内の折れ線を L として，$F(x,y) := \int_L P\,dx + Q\,dy$ と定める．P, Q が D 上で $P_y = Q_x$ をみたせば，$F(x,y)$ の値は，折れ線 L のとり方によらずに定まる．すなわち，L_1 を (x,y) と $(0,0)$ を結ぶ D 内の別の折れ線としたとき，$\int_L P\,dx + Q\,dy = \int_{L_1} P\,dx + Q\,dy$ が成り立つことをグリーンの公式を使って説明せよ．

(2) D 上の C^2 級関数 G で $\nabla G = (P, Q)$ となるものを P, Q の**ポテンシャル**という．P, Q のポテンシャルが存在する必要かつ十分条件は $P_y = Q_x$ が成り立つことである．これを示せ[10]．

(3) P, Q が D 上で $P_y = Q_x$ をみたすとき，ポテンシャル F は

(*) $$F(x,y) = \int_0^x P(t,0)\,dt + \int_0^y Q(x,t)\,dt$$

で与えられることを説明せよ．

(4) $P(x,y) = 2x + y\cos{(xy)} + e^{x+y}$, $Q(x,y) = x\cos{(xy)} + e^{x+y}$ に対するポテンシャルを求めよ．

---

[9] この積分は**フレネル積分**といわれる．$\sin{(x^2)}$ の積分値も同じになる．
[10] この事実は D が単位円でなくても，"穴があいていない" 領域（単連結領域と呼ばれる）ならよい．なお，ポテンシャルは一意的ではない．定数を足してもポテンシャルになる．

25

面積分とストークスの定理

> ある意味で高等数学は初等数学より簡単である．たとえば，密林を徒歩で調べるのは極めて困難だが，飛行機からならずっと簡単にできる．
> ソーヤ

曲面の面積 (曲面積) をどのように定めるかということは簡単でない．曲線の長さは折れ線で近似した極限であった．曲面についても，いくつかの三角形で近似してその極限として定めればよいと思われていたが，1880 年にシュワルツが "シュワルツの提灯" と呼ばれる例をあげて，曲面の計算はそれほど簡単でないことを指摘した．ここでは，滑らかな曲面についての面積分の公式を認めて，曲面上のグリーンの公式であるストークスの定理を定式化する．

§25.1　曲面とは

$\mathbb{R}^2$ の有界な面積確定閉集合 D 上の 3 つの連続関数 $x(u,v), y(u,v), z(u,v)$ を使って

(25.1) $$S := \{(x(u,v), y(u,v), z(u,v)) \in \mathbb{R}^3 \,;\, (u,v) \in D\}$$

と表される $\mathbb{R}^3$ 内の集合 S を**曲面**という．このとき

(25.2) $$x = x(u,v),\ y = y(u,v),\ z = z(u,v) \quad ((u,v) \in D)$$

と表して，これを S の**媒介変数表示** (または**パラメーター表示**) という．

関数 $x(u,v), y(u,v), z(u,v)$ がすべて C^n 級のとき S を C^n **級曲面**と呼ぶ[1]．S が C^1 級のとき

(25.3) $$\sigma(u,v) := \sqrt{\begin{vmatrix} x_u & x_v \\ y_u & y_v \end{vmatrix}^2 + \begin{vmatrix} y_u & y_v \\ z_u & z_v \end{vmatrix}^2 + \begin{vmatrix} z_u & z_v \\ x_u & x_v \end{vmatrix}^2}$$

とおく．D の各点で $\sigma(u,v) > 0$ となるとき，S を**滑らかな曲面** (または**正則曲面**) という．

原点中心の半径 $R > 0$ 半球

(25.4) $$S := \{(x,y,z)\,;\, x^2 + y^2 + z^2 = R^2,\ z \geq 0\}$$

を 2 通りの方法で媒介変数表示をしてみる．まず，$D_1 = \{(u,v)\,;\, 0 \leq u \leq \pi/2,\ 0 \leq v \leq 2\pi\}$ として 3 次元の極座標を使うと S は

(25.5) $$x = R\sin u \cos v,\ y = R\sin u \sin v,\ z = R\cos u$$

---

[1] 正確にいえば D を含む領域上で C^n 級である．

と媒介変数表示される．このとき $\sigma_1(u,v) = R^2 \sin u$ である．次に，$D_2 = \{(u,v);\ u^2+v^2 \leq R^2\}$ として，S は

(25.6) $$x = u,\ y = v,\ z = \sqrt{R^2 - u^2 - v^2}$$

と媒介変数表示できる．このとき $\sigma_2(u,v) = R(R^2 - u^2 - v^2)^{-1/2}$ である．

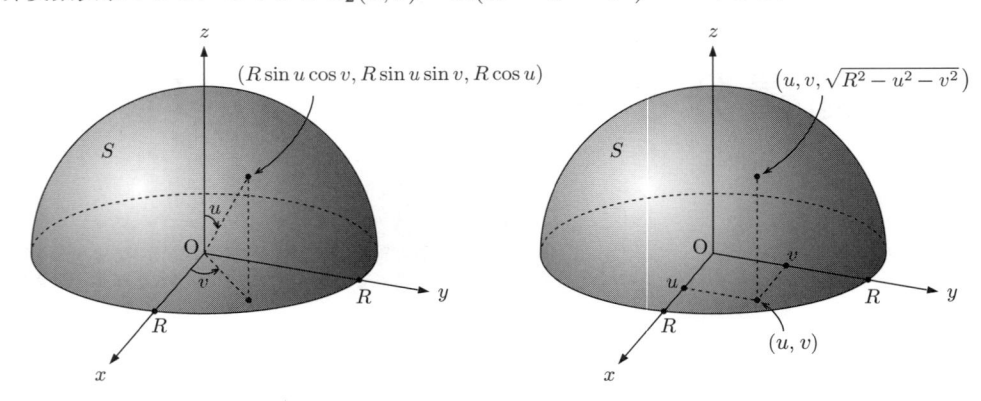

問 25.1 上記の $\sigma_1(u,v) = R^2 \sin u$ と $\sigma_2(u,v) = R(R^2 - u^2 - v^2)^{-1/2}$ を確認せよ．

§25.2 曲面の面積

シュワルツの提灯について触れておく．高さ h で半径 a の円柱の側面積は $2\pi a h$ である．この円柱の高さを h を $2n^2$ 等分，円周を $2n$ 等分する．対応する分点を

$$A_{k1},\ A_{k2},\ \cdots,\ A_{k2n} \quad (k = 1, 2, \cdots, 2n^2)$$

として，$A_{11}A_{22}A_{13}$, $A_{22}A_{13}A_{24}$ のように1つおきに上下の点を結んだ三角形を次々と考える．

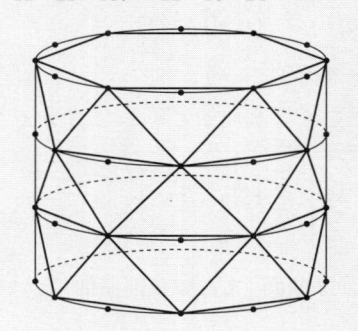

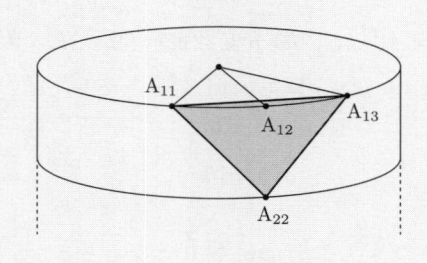

それらの全体は円柱の側面に内接する多面体 S_n になる．これを**シュワルツの提灯**という．S_n は合同な $4n^3$ 個の三角形からなることから，その総面積は

$$|S_n| = 4n^3 |\triangle A_{11}A_{22}A_{13}| = 2an \sin\frac{\pi}{n} \sqrt{h^2 + a^2\left(2n\sin\frac{\pi}{2n}\right)^4}$$

である．$n \to \infty$ とすると，極限値は $2a\pi\sqrt{h^2 + \pi^4 a^2}$ となり，本来の $2\pi a h$ に等しくない．このことは，内接する多面体の分割を細かくしただけでは側面積が得られないことを示している．

本書では滑らかな曲面の面積は下記で与えられることを認める[2].

定理 25.1 S は (25.1) で与えられた滑らかな曲面で,D は面積確定有界閉集合とする.曲面積 $|S|$ は次で与えられる.
$$|S| = \iint_D \sigma(u,v)\,dudv \tag{25.7}$$

14章でも述べたが $z = f(x,y)$ は曲面になる.より正確にいえば,$f(x,y)$ が D で C^n 級ならば $z = f(x,y)$ のグラフは C^n 級の曲面 S を定める.実際 $x = u$, $v = v$ として $S := \{(u,v,f(u,v));\ (u,v) \in D\}$ である.このとき,$(x_u, y_u, z_u) = (1,0,f_u)$, $(x_v, y_v, z_v) = (0,1,f_v)$ であるから
$$\sigma(u,v) = \sqrt{1 + f_u(u,v)^2 + f_v(u,v)^2} \tag{25.8}$$
となる.これより,次の定理が成り立つ.

定理 25.2 曲面 $S = \{(x,y,f(x,y));\ (x,y) \in D\}$ の面積 $|S|$ は次で与えられる[3].
$$|S| = \iint_D \sqrt{1 + f_x(x,y)^2 + f_y(x,y)^2}\,dxdy \tag{25.9}$$

§25.3 回転体の曲面積

回転体の曲面の部分の曲面積を求める (両端の円の部分は含めない).体積については重積分のところでも取り扱ったがあわせて整理しておく.ここでは $y = f(x) \geq 0$, $a \leq x \leq b$ を x 軸のまわりに回転してできる立体について考える.このとき曲面 S と立体 V は
$$S := \{(x,y,z) = (x, f(x)\cos\theta, f(x)\sin\theta);\ a \leq x \leq b,\ 0 \leq \theta \leq 2\pi\}$$
$$V := \{(x,y,z);\ a \leq x \leq b,\ y^2 + z^2 \leq f(x)^2\}$$
と表すことができる.

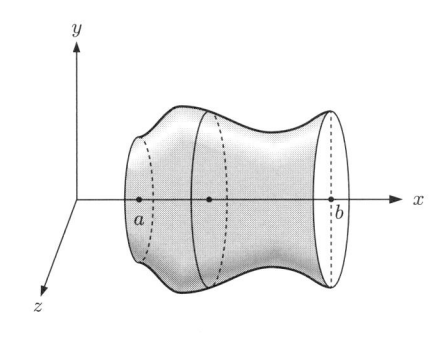

---

[2] 実は,三角形で近似する場合に,各三角形がペシャンコにならないようにすれば,その極限は一意的で,その値は (25.11) で与える値と一致することが知られている (詳細は俣野博著『微分と積分 3』岩波講座現代数学への入門 (1996) の p.82 を参照せよ).このことから滑らかな曲面の面積がパラメータのとり方によらずに定まることも保証される.

[3] 正確な条件は,D が面積確定有界閉集合で f は D を含む領域で C^1 級とする.

> **定理 25.3** 回転体の曲面積 $|S|$ と体積 $|V|$ は次で与えられる.
>
> (25.10) $$|S| = 2\pi \int_a^b f(x)\sqrt{1+f'(x)^2}\, dx, \quad |V| = \pi \int_a^b f(x)^2\, dx$$

[証明] 媒介変数を $u = x, v = \theta$ として

$$\sigma(x,\theta) = \sqrt{\left|\begin{matrix} x_x & x_\theta \\ y_x & y_\theta \end{matrix}\right|^2 + \left|\begin{matrix} y_x & y_\theta \\ z_x & z_\theta \end{matrix}\right|^2 + \left|\begin{matrix} z_x & z_\theta \\ x_x & x_\theta \end{matrix}\right|^2} = f(x)\sqrt{1+f'(x)^2}$$

であるから

$$|S| = \int_a^b \left(\int_0^{2\pi} \sigma(x,\theta)\, d\theta\right) dx = 2\pi \int_a^b f(x)\sqrt{1+f'(x)^2}\, dx$$

である.体積は 3 重積分を累次積分で計算すれば

$$|V| = \iiint_V dxdydz = \int_a^b \left(\iint_{\{y^2+z^2 \leq f(x)^2\}} dydz\right) dx = \pi \int_a^b f(x)^2\, dx \qquad \blacksquare$$

なお,回転する曲線 $y = f(x), a \leq x \leq b$ が媒介変数 $x = \varphi(t), y = \psi(t), \alpha \leq t \leq \beta$ (ただし $\psi(t) \geq 0, \varphi'(t) \neq 0\ (\forall t \in (\alpha,\beta))$) と表されたときには,$S, V$ は

$$S := \{(x,y,z) = (\varphi(t), \psi(t)\cos\theta, \psi(t)\sin\theta)\, ;\, \alpha \leq t \leq \beta,\ 0 \leq \theta \leq 2\pi\}$$

$$V := \{(x,y,z) = (\varphi(t), y, z)\, ; \alpha \leq t \leq \beta\, ;\, y^2 + z^2 \leq \psi^2(t)\}$$

となるので,(25.10) は

(25.11) $$|S| = 2\pi \int_\alpha^\beta \psi(t)\sqrt{\varphi'(t)^2 + \psi'(t)^2}\, dt, \quad |V| = \pi \int_\alpha^\beta \psi(t)^2 |\varphi'(t)|\, dt$$

となる[4].

> **問 25.2** アステロイドの一部 $x(t) = \cos^3 t,\ y(t) = \sin^3 t\ (0 \leq t \leq \pi)$ を x 軸のまわりに回転した回転体の曲面積は $12\pi/5$ であり,体積は $32\pi/105$ であることを確認せよ[5].

§25.4 面積分とストークスの定理

$S := \{(x(u,v), y(u,v), z(u,v)) \in \mathbb{R}^3\, ;\, (u,v) \in D\}$ を $\mathbb{R}^3$ 内の滑らかな曲面とする.D の境界を C とし,その媒介変数表示を $P(t) = (u(t), v(t))\ (a \leq t \leq b)$ とする.C に対応する S の点の集合を Γ とする.

(25.12) $$x(t) := x(u(t), v(t)),\ y(t) := y(u(t), v(t)),\ z(t) := z(u(t), v(t))$$

とすれば,Γ は

(25.13) $$(x, y, z) = (x(t), y(t), z(t)) \quad (a \leq t \leq b)$$

と媒介変数表示される (3 次元内の) 曲線である.このとき S は境界 Γ をもつ曲面という.

---

[4] 体積 V の計算において,$\varphi'(t) < 0$ のときは,曲線の向きが変わることから符号が負になるので絶対値をとらないといけない.問 25.2 でも注意が必要である.

[5] 練習問題 11.2 を利用するとよい.

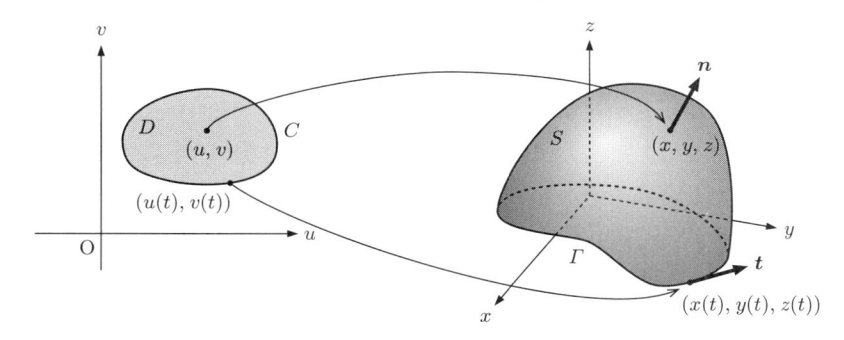

§25.4 面積分とストークスの定理

さらに，以後は C も滑らかな曲線であると仮定する．このとき，曲線 Γ 上の点の単位接ベクトルは

(25.14) $$\boldsymbol{t} := \frac{1}{\sqrt{x'(t)^2 + y'(t)^2 + z'(t)^2}}(x'(t), y'(t), z'(t))$$

である．弧長による線積分を使うため

(25.15) $$ds := \sqrt{x'(t)^2 + y'(t)^2 + z'(t)^2}\, dt$$

とする．また，$\mathrm{P} = (x(u,v), y(u,v), z(u,v)) \in S$ における2つの接ベクトル

(25.16) $$(x_u(u,v), y_u(u,v), z_u(u,v)),\quad (x_v(u,v), y_v(u,v), z_v(u,v))$$

の外積は，行列式を使って

$$\begin{pmatrix} x_u \\ y_u \\ z_u \end{pmatrix} \times \begin{pmatrix} x_v \\ y_v \\ z_v \end{pmatrix} = \left(\begin{vmatrix} y_u & y_v \\ z_u & z_v \end{vmatrix}, \begin{vmatrix} z_u & z_v \\ x_u & x_v \end{vmatrix}, \begin{vmatrix} x_u & x_v \\ y_u & y_v \end{vmatrix} \right)$$

であるから，$\sigma(u,v)$ はこの外積の絶対値に等しい．外積はもとの接ベクトル (25.17) と直交しているので，これは P における法ベクトルである．長さを 1 にして

(25.17) $$\boldsymbol{n} := \frac{1}{\sigma(u,v)} \left(\begin{vmatrix} y_u & y_v \\ z_u & z_v \end{vmatrix}, \begin{vmatrix} z_u & z_v \\ x_u & x_v \end{vmatrix}, \begin{vmatrix} x_u & x_v \\ y_u & y_v \end{vmatrix} \right)$$

とする．

定義 25.1 滑らかな曲面 (25.1) について $d\sigma := \sigma(u,v)\, dudv$ を曲面 S の**面積要素**という．

f を S を含む領域上の連続関数に対して，面積要素による S 上の面積分を

(25.18) $$\iint_S f(x,y,z)\, d\sigma := \iint_D f(x(u,v), y(u,v), z(u,v))\sigma(u,v)\, dudv$$

と定める．関連して，次の定義もする．

$$\iint_S f(x,y,z)\, dxdy := \iint_D f(x(u,v), y(u,v), z(u,v)) \begin{vmatrix} x_u & x_v \\ y_u & y_v \end{vmatrix} dudv$$

$$\iint_S f(x,y,z)\, dydz := \iint_D f(x(u,v), y(u,v), z(u,v)) \begin{vmatrix} y_u & y_v \\ z_u & z_v \end{vmatrix} dudv$$

$$\iint_S f(x,y,z)\, dzdx := \iint_D f(x(u,v), y(u,v), z(u,v)) \begin{vmatrix} z_u & z_v \\ x_u & x_v \end{vmatrix} dudv$$

さらに (25.14) と (25.15) を使って，2次元場合と同様に，曲線 Γ 上の弧長による線積分を

(25.19)
$$\int_\Gamma f\, ds := \int_a^b f(x(t), y(t), z(t))\sqrt{x'(t)^2 + y'(t)^2 + z'(t)^2}\, dt$$

と定める．目標はグリーンの公式 (24.16) とガウスの発散定理 (24.17) の3次元版である．このためにベクトルに関する記号を再確認する．3次元の領域上の3つの関数 P, Q, R を並べて

(25.20)
$$\boldsymbol{V}(x, y, z) = (P(x, y, z), Q(x.y, z), R(x, y, z))$$

とする．P, Q, R が C^1 級のとき，**発散** (divergence) と**回転** (rotation) を

(25.21)
$$\operatorname{div} \boldsymbol{V} := \frac{\partial P}{\partial x} + \frac{\partial Q}{\partial y} + \frac{\partial R}{\partial z}$$

(25.22)
$$\operatorname{rot} \boldsymbol{V} := \left(\frac{\partial R}{\partial y} - \frac{\partial Q}{\partial z},\ \frac{\partial P}{\partial z} - \frac{\partial R}{\partial x},\ \frac{\partial Q}{\partial x} - \frac{\partial P}{\partial y} \right)$$

と定める．

問 25.3 $\boldsymbol{V}(x, y, z) = (xy,\ y^2,\ 3z - x)$ の $\operatorname{div} \boldsymbol{V}$ と $\operatorname{rot} \boldsymbol{V}$ を求めよ．

定理 25.4 (ストークスの定理) S は境界 Γ をもつ滑らかな曲面とする．$\boldsymbol{V} = (P, Q, R)$ が S を含む領域で C^1 級ならば

(25.23)
$$\int_\Gamma (\boldsymbol{V}, \boldsymbol{t})\, ds = \iint_S (\operatorname{rot} \boldsymbol{V}, \boldsymbol{n})\, d\sigma$$

が成り立つ．

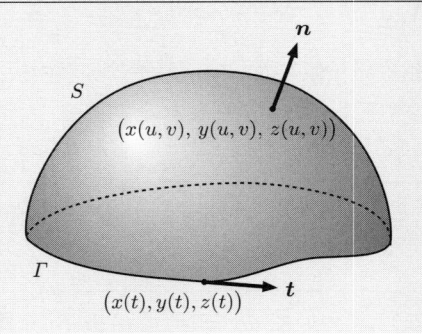

[証明] (25.23) の左辺を成分を使って書いてみると
$$\int_\Gamma (\boldsymbol{V}, \boldsymbol{t})\, ds = \int_a^b (P(x,y,z)x' + Q(x,y,z)y' + R(x,y,z)z')\, dt$$
$$= \int_a^b ((Px_u + Qy_u + Rz_u)u' + (Px_v + Qy_v + Rz_v)v')\, dt$$
$$= \iint_D ((Px_v + Qy_v + Rz_v)_u - (Px_u + Qy_u + Rz_u)_v)\, du dv$$

となる[6]．最後の等式は2変数のグリーンの公式である[7]．ここで，

---

[6] 2つ目の等号では $x' = (x(u(t), v(t)))' = x_u u' + x_v v'$ などを使った．

[7] $f(u, v) = Px_u + Qy_u + Rz_u,\ g(u, v) = Px_v + Qy_v + Rz_v$ とおくと，$\int_C f\, du + g\, dv = \iint_D (g_u - f_v)\, du dv$ である．

$$(Px_v)_u - (Px_u)_v = (P(x(u,v),y(u,v),z(u,v))x_v)_u - (P(x(u,v),y(u,v),z(u,v))x_u)_v$$
$$= (P_x x_u + P_y y_u + P_z z_u)x_v + Px_{uv} - (P_x x_v + P_y y_v + P_z z_v)x_u - Px_{uv}$$
$$= P_z(z_u x_v - z_v x_u) - P_y(x_u y_v - x_v y_u)$$

に注意すれば，被積分項は
$$(Px_v + Qy_v + Rz_v)_u - (Px_u + Qy_u + Rz_u)_v$$
$$= \left(\frac{\partial R}{\partial y} - \frac{\partial Q}{\partial z}\right)\begin{vmatrix} y_u & z_u \\ y_v & z_v \end{vmatrix} + \left(\frac{\partial P}{\partial z} - \frac{\partial R}{\partial x}\right)\begin{vmatrix} z_u & x_u \\ z_v & x_v \end{vmatrix} + \left(\frac{\partial Q}{\partial x} - \frac{\partial P}{\partial y}\right)\begin{vmatrix} x_u & y_u \\ x_v & y_v \end{vmatrix}$$
$$= \sigma(u,v)(\mathrm{rot}\,\boldsymbol{V}, \boldsymbol{n})$$

となり，面積分の定義 (25.18) から (25.23) が導かれる． ■

最後に 3 次元でのガウスの発散定理を定式化する．

定理 25.5 (ガウスの発散定理) Ω を 3 次元の有界領域とし，境界 S は有限個の滑らかな曲面で張り合わされているとする．$\boldsymbol{V} = (P, Q, R)$ が $\Omega \cup S$ を含む領域で C^1 級ならば，
$$(25.24) \qquad \iiint_\Omega \mathrm{div}\,\boldsymbol{V}\,dxdydz = \iint_S (\boldsymbol{V}, \boldsymbol{n})\,d\sigma$$
が成り立つ．

[証明] 2 次元のグリーンの定理の証明と同様な方針で考える．Ω が (20.15) のような z 軸に関する縦線型集合の場合に $\iiint_\Omega R_z\,dxdydz = \iint_S R\,dxdy$ を示し，Ω が y 軸および x 軸についても縦線型ならば，それらをあわせて (25.24) が成り立つ．一般の場合は，そのような集合に分割すればよいが，詳細は省略する．なお，S が "有限個の滑らかな面で張り合わされている" とは有限個の (25.1) で定まるような媒介変数表示された滑らかな曲面 $S_1, S_2, \cdots, S_k$ があって，$S = S_1 \cup S_2 \cup \cdots \cup S_k$ かつ $S_i \cap S_j$ ($i \neq j$) は滑らかな曲線になっていることである．定理に現れる単位法線ベクトル $\boldsymbol{n}$ や面積要素 σ は各 S_j ごとに考える．Ω の境界をただ 1 つの (媒介変数表示された) 曲面で表すことはできない． ■

****

○●練習問題 25 ●○

25.1 半球 $S = \{(x,y,z)\,;\,x^2 + y^2 + z^2 = R^2,\ z \geq 0\}$ の表面積 (底面は入れない) について，2 通りの媒介変数表示 (25.5) と (25.6) のどちらで計算しても $2\pi R^2$ になること，すなわち，次が成り立つことを確認せよ．
$$\iint_{D_1} \sigma_1(u,v)\,dudv = \iint_{D_2} \sigma_2(u,v)\,dudv = 2\pi R^2$$

25.2 $\boldsymbol{V}(x,y,z) = (x^2 + y^2 + z^2)^{-3/2}(x,y,z)$ の $\mathrm{div}\,\boldsymbol{V}$ と $\mathrm{rot}\,\boldsymbol{V}$ を求めよ[8]．

25.3 (1) f が C^2 級のとき $\mathrm{rot}(\nabla f) = (0,0,0)$ を示せ ($\nabla f = (f_x, f_y, f_z)$ である)．
(2) $\boldsymbol{V} = (P, Q, R)$ が C^2 級のとき $\mathrm{div}(\mathrm{rot}\,\boldsymbol{V}) = 0$ を示せ．

---

[8] この記述は $\boldsymbol{V} = (P, Q, R)$ としたとき $P = x(x^2 + y^2 + z^2)^{-3/2}$, $Q = y(x^2 + y^2 + z^2)^{-3/2}$, $R = z(x^2 + y^2 + z^2)^{-3/2}$ という意味である．

25.4 S を (25.4) の半球とする．次の面積分を計算せよ．

(1) $\iint_S z\,d\sigma$ (2) $\iint_S z\,dxdy$ (3) $\iint_S z\,dydz$ (4) $\iint_S dzdx$

25.5 $A = (x_u, y_u, z_u)$, $B = (x_v, y_v, z_v)$ として，$E := \|A\|^2$, $F := (A, B)$, $G := \|B\|^2$ とすると $\sigma(u,v) = \sqrt{EG - F^2}$ となることを示せ[9]．

◇◆ 演習問題 25 ◆◇

25.1 円 $x^2 + (y-a)^2 = r^2$ $(0 < r < a)$ を x 軸のまわりに回転した回転体 (トーラス) の曲面積と体積を求めよ．

25.2 懸垂線 $y = \dfrac{e^x + e^{-x}}{2}$ $(-1 \leq x \leq 1)$ を x 軸のまわりに回転した回転体の曲面積と体積を求めよ．

25.3 サイクロイド $x(t) = a(t - \sin t)$, $y(t) = a(1 - \cos t)$ $(0 \leq t \leq 2\pi)$ を x 軸のまわりに回転した回転体の曲面積と体積を求めよ．

25.4 (3 次元のグリーンの定理) Ω は 3 次元の有界領域で，境界 S は有限個の滑らかな曲面であるとする．f, g が $V \cup S$ を含む領域で C^2 級のとき次のグリーンの公式をガウスの発散公式 (25.24) から導け．

$$\iiint_V \left(g\Delta f + (\nabla f, \nabla g)\right) dxdydz = \iint_S g\frac{\partial f}{\partial \boldsymbol{n}}\,d\sigma$$

$$\iiint_V \left(g\Delta f - f\Delta g\right) dxdydz = \iint_S \left(g\frac{\partial f}{\partial \boldsymbol{n}} - f\frac{\partial g}{\partial \boldsymbol{n}}\right) d\sigma$$

---

[9] したがって $\sigma(u,v)$ はベクトル A, B の作る平行四辺形の面積に等しい．なお，E, F, G は微分幾何学では第 1 基本量と呼ばれる．

26

基礎事項確認問題 II

数学を学ぶとき練習が不可欠なのは，ピアノの弾き方を習うのに練習が必要なのとまったく同様である． J. スミス

半年間学んだことの基礎事項確認のための問題である．問題 [5], [6] は 14 章から 18 章まで，問題 [7], [8] はそれ以後の 25 章までの内容である．[5], [7] は計算演習が主体である．問題 [6] は中間試験を，問題 [8] 期末試験を念頭において作成した．各回 90 分で挑戦してみて欲しい．

問題 [5]

(1) 2 変数関数 f について $\nabla f := (f_x, f_y)$ および $\Delta f := f_{xx} + f_{yy}$ である．$f(x,y) = \cos(xy)$ について ∇f と Δf を計算せよ．

(2) $f(x,y) = \sqrt{1 + 3x - 5y}$ とする．
   (1) f の 1 次偏導関数を求めよ．
   (2) f の 2 次偏導関数を求めよ
   (3) f の原点における 2 次テイラー展開を求めよ．
   (4) $\displaystyle\lim_{(x,y)\to(0,0)} \frac{f(x,y) - a - bx - cy}{\sqrt{x^2 + y^2}} = 0$ となる実数 a, b, c を求めよ．

(3) $f(x,y)$ は C^1 の関数とする．$x = r\cos\theta, y = r\sin\theta$ を極座標として，
$$z(r, \theta) := f(r\cos\theta, r\sin\theta)$$
とする．
   (1) $x_r, x_\theta, y_r, y_\theta$ を r と θ を使って表せ．
   (2) $z_r(r,\theta)^2 + \left(\dfrac{z_\theta(r,\theta)}{r}\right)^2 = f_x(x,y)^2 + f_y(x,y)^2$ を示せ．
   (3) $r_x, r_y, \theta_x, \theta_y$ を x と y を使って表せ．

(4) C^2 級の滑らかな曲線 C が $x = x(t), y = y(t)$ $(a \leq t \leq b)$ と媒介変数表示されているとき，曲率は
$$\kappa(t) = \frac{y''(t)x'(t) - x''(t)y'(t)}{(x'(t)^2 + y'(t)^2)^{3/2}}$$
で与えられる．これを使って，曲線 $y = \sin 2x$ $(0 \leq x \leq 2\pi)$ の曲率の最大値と最小値を求めよ．

(5) $f(x,y) = ye^{-x^2-y^2}$ とする．
   (1) $z = f(x,y)$ 上の点 $(1, 1, e^{-2})$ における接平面を求めよ．
   (2) f の極値を与える点の候補を求めよ．
   (3) f の極値を求めよ．

問題 [6]

(1) $f(x,y) := \begin{cases} \dfrac{xy^3}{x^2+y^2} & ((x,y) \neq (0,0)) \\ 0 & ((x,y) = (0,0)) \end{cases}$ とする．

(1) $(x,y) \neq (0,0)$ のとき，直接 x および y について微分することにより $f_x(x,y)$ と $f_y(x,y)$ を計算せよ．

(2) 定義に戻って $f_x(0,0)$ と $f_y(0,0)$ の値を求めよ．

(3) f は C^1 級であるか？ 理由を付して答えよ．

(4) $f_{xy}(0,0) \neq f_{yx}(0,0)$ を示せ．

(2) f は領域 D で C^2 級の関数とする．D 上で恒等的に $\Delta f = 0$ および $\|\nabla f\| = 1$ が成り立てば，$f(x,y) = ax+by+c$ の形になることを示せ．

(3) $f(x,y) = e^{-x^2-y^2}(2x^2+y^2)$ に対して

(1) 極値を与える候補の点をすべて求めよ．

(2) 上記の各点について極値になるかを判定せよ．

(4) $f(x,y) = x^2+2y^2$, $g(x,y) = xy$ とする．$f(x,y) = 2$ の条件の下での $g(x,y)$ の極値を求める．

(1) $F(x,y,\lambda) := g(x,y) - \lambda(f(x,y)-2)$ として，極値の候補となる点 (a,b,λ_0) を求めよ．

(2) $M = F_{xx}(a,b,\lambda_0)f_y(a,b)^2 - 2F_{xy}(a,b,\lambda_0)f_x(a,b)f_y(a,b) + F_{yy}(a,b,\lambda_0)f_x(a,b)^2$ の値を求めて，(1) で求めた候補の点が実際に極値であるかを判定せよ．

(5) $f(x,y) = 2x^2 - xy + y^2 - 7$ とする．

(1) $f(x,y) = 0$ 上の点で $y = \varphi(x)$ の形の陰関数をもたない点を求めよ．

(2) 曲線 $f(x,y) = 0$ 上の点 $(0, \sqrt{7})$ における接線の方程式を求めよ．

(3) $f(x,y) = 0$ で定まる曲線の極値を与える候補の点 (a,b) を求めよ．

(4) (3) で求めた点が実際に極値になるかを判定せよ．

(5) $f(x,y) = 0$ で定まる曲線の概形を描け．

(6) (1) f は $\mathbb{R}^2$ で C^2 級とする．$\mathbb{R}^2$ 上で $f_{xy} = 0$ ならば，C^2 級の関数 g と h が存在して $f(x,y) = g(x)+h(y)$ と表されることを示せ．

(2) f は $\mathbb{R}^2$ で C^2 級とする．$\mathbb{R}^2$ 上で $f_{xx} = f_{yy}$ をみたせば，C^2 級の関数 g と h が存在して，$f(x,y) = g(x+y) + h(x-y)$ と表されることを示せ．

問題 [7]

(1) 次の重積分を計算せよ.

(1) $D = [a,b] \times [c,d]$ のとき $\iint_D \sin(x+2y)\,dxdy$

(2) $D = \{(x,y)\,;\, x^2 + y^2 \leq a^2,\ x \geq 0,\ y \geq 0\}$ のとき $\iint_D x\,dxdy$

(2) $\displaystyle\int_0^4 \left(\int_{y/2}^2 \frac{1}{1+x^2}\,dx\right)dy$ について,

(1) 積分する集合 D を図示せよ.

(2) D を縦線集合として表せ.

(3) 順序交換をして重積分を計算せよ.

(3) $D = \{(x,y)\,;\, a \leq x \leq b,\ c \leq y \leq d\}$ とし, f を D 上の正値連続関数とする.

(1) $\iint_D f(x,y)\,dxdy$ はどんな立体の体積を表すか. xyz 座標を用いてその立体の概略図を描け.

(2) 累次積分によれば

$$(*) \qquad \iint_D f(x,y)\,dxdy = \int_b^a \left(\int_c^d f(x,y)\,dy\right)dx$$

である. $S(x) = \int_c^d f(x,y)\,dy$ としたとき, $S(x)$ が表すものを (1) で描いた図の中に書き入れよ.

(3) (2) に注目して $(*)$ が成り立つ理由を (直感的でよいから) 説明せよ.

(4) (1) 2 点 $(-1,0), (1,0)$ からの距離の積が 1 になる点 (x,y) の軌跡は $(x^2+y^2)^2 = 2(x^2-y^2)$ をみたすことを確認せよ[1].

(2) 上記で定まる曲線は**レムニスケート** (連珠形) と呼ばれる. 極座標表示をすると

$$r^2 = 2\cos 2\theta \quad \left(-\frac{\pi}{4} \leq \theta \leq \frac{\pi}{4},\ \frac{3\pi}{4} \leq \theta \leq \frac{5\pi}{4}\right)$$

となることを示し, 概形を描け.

(3) レムニスケートによって囲まれる集合 D の面積を求めよ.

(5) C を放物線の一部である $\{(x,y) = (t,t^2)\,;\, 0 \leq t \leq 2\}$ とする. 次の線積分を計算せよ.

(1) $\displaystyle\int_C x\,dx$ (2) $\displaystyle\int_C x\,dy$ (3) $\displaystyle\int_C x\,ds$

(6) h を単位円内の調和関数とする. 以下を示せ.

(1) C を単位円内の区分的に滑らかな閉曲線とする. このとき

$$\int_C h_x(x,y)\,dy = \int_C h_y(x,y)\,dx$$

(2) $F(r) := \int_0^{2\pi} h(r\cos\theta, r\sin\theta)\,d\theta\ (0 \leq r < 1)$ としたとき, $F'(r) = 0$ である.

(3) $h(0,0) = \dfrac{1}{2\pi}\int_0^{2\pi} h(r\cos\theta, r\sin\theta)\,d\theta$ が成り立つ[2].

---

[1] 2 点からの距離の和が一定のとき楕円になり, 差が一定のとき双曲線になる. また商が一定のときがアポロニウスの円である.

[2] この等式は調和関数の平均値の定理と呼ばれる.

問題 [8]

(1) $D = \{(x,y); 0 \leq -2x+y \leq 2, 1 \leq x+2y \leq 3\}$ について $-2x+y = u$, $x+2y = v$ と変換する.

(1) D に対応する (u,v) の集合 E を求め, D, E を図示せよ.

(2) x, y をそれぞれ u, v の式で表し, ヤコビ行列式 J を計算せよ.

(3) 変数変換を用いて $\iint_D (x+2y)\,dxdy$ を計算せよ.

(2) (1) xe^{-x^2} の原始関数を求めよ.

(2) n を自然数として $D_n := \{(x,y); x^2+y^2 \leq n^2\}$ とする. 極座標変換によって $\iint_{D_n} e^{-x^2-y^2}\,dxdy$ を求めよ.

(3) $\displaystyle\lim_{n\to\infty} \iint_{D_n} e^{-x^2-y^2}\,dxdy = \left(\int_{-\infty}^{\infty} e^{-x^2}\,dx\right)^2$ を使って $\displaystyle\int_{-\infty}^{\infty} e^{-x^2}\,dx$ の値を求めよ.

(3) グリーンの公式の内容は次である. D を $\mathbb{R}^2$ の有界領域とし, その境界 C は区分的に滑らかな閉曲線とする. $P(x,y), Q(x,y)$ が $D \cup C$ を含む領域で C^1 級ならば, 次の等式が成り立つ.

(*) $$\iint_D (Q_x - P_y)\,dxdy = \int_C P\,dx + Q\,dy$$

(1) D を長方形 $\{(x,y); a \leq x \leq b, c \leq y \leq d\}$ とする. D の境界 C を 4 つの辺 C_1, C_2, C_3, C_4 に分けて, それぞれを D の内部を左に見ながら進む方向にパラメータ表示せよ.

(2) (1) のパラメータ表示を使って (*) の右辺の線積分をパラメータによる計算に直せ.

(3) (*) の左辺の重積分を累次積分として計算することにより (*) が成り立つことを確認せよ.

(4) (1) $\displaystyle\int_0^{2\pi} \cos^2 t \sin t\,dt = 0$ を示せ.

(2) C を単位円の周 $\{(x,y); x^2+y^2 = 1\}$ とする. $x = \cos t, y = \sin t \ (0 \leq t \leq 2\pi)$ として, 次の線積分を直接計算せよ.

(**) $$\int_C (1-y^2)\,dx + 3xy\,dy$$

(3) グリーンの公式 (前問 (*)) の左辺を計算することにより (**) の値を求めよ.

(5) $y = \dfrac{1}{x} \ (x \geq 1)$ を x 軸のまわりに回転してできる回転体は**トリチェリーのラッパ**と呼ばれる[3].

(1) この回転体の体積を求めよ.

(2) 表面積は無限であることを確かめよ.

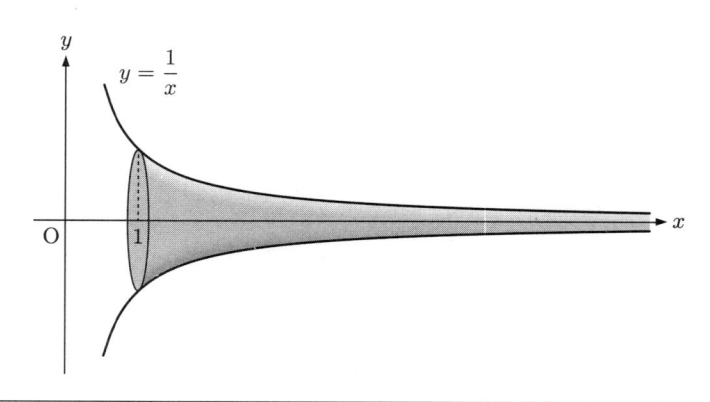

---

[3] ガブリエルの笛とも呼ばれ, 有限体積なのに表面積が無限になる例として, 次のパラドックスとともに有名である. この回転体を立ててペンキを注ぐと有限の量のペンキでみたされ, 結果として, 内側はペンキで塗られる. 一方, 表面積は無限なので外側をペンキで塗ると無限の量のペンキが必要である. 内側と外側の表面積は同じである. この矛盾をどう説明するか?

27

数列の収束 (ε-N 論法)

> 証明の厳密さは簡明さの敵だと思うのは誤りである．むしろその逆に，多くの実例は厳密化こそが同時に，より簡潔で平易でわかりやすいものであることを物語っている．厳密さを志すあらゆる努力が，最も簡単な証明を見つけるように我々を導くのである． ヒルベルト

　数列の極限については 4 章で学んだが，正確な議論のためには，収束についてのより厳密な取り扱いが必要である．それが ε-N 論法である．これを用いて数列の四則演算についての基本性質 (4 章の定理 4.1) に明快な証明を与える．また，収束先がわからないときの極限値の存在についてのコーシーのアイディアも学ぶ．

§27.1　ε-N 論法

　数列 $\{a_n\}$ が α に収束するとき

(27.1)
$$\lim_{n\to\infty} a_n = \alpha$$

と書いた．これは n がどんどん大きくなると a_n と α との差である $|a_n - \alpha|$ が限りなく小さくなることで，

(27.2)
$$\lim_{n\to\infty} |a_n - \alpha| = 0$$

と書くこともできる．これらは直感的でわかり易い面もあるが，「n がどんどん大きくなる」とか「$|a_n - \alpha|$ が限りなく小さい」という表現はどの程度大きいのか，どの程度小さいのかについて曖昧さが残る[1]．(27.1) の曖昧さのない表現が ε-N 論法と呼ばれる次の形である[2]．

定義 27.1　任意の正数 ε に対して，ある番号 N_ε が定まり，$n \geq N_\varepsilon$ をみたす任意の番号 n について

(27.3)
$$|a_n - \alpha| < \varepsilon$$

となるとき[3]，$\{a_n\}$ は α に**収束**するといい，(27.1) と書く．なお，番号が ε によって定まることを強調するために N_ε と書いた．慣れてくれば単に N と書く．

---

[1] 数学の理論を深めて行くと，この曖昧さが議論を混乱させる原因になることが実感されよう．たとえば連続関数列の極限は連続とは限らないことや，無限和と積分の順序交換が必ずしも成り立たないことなど．

[2] ε-N 論法を理解するためには，任意の $\varepsilon > 0$ に対して $|A| < \varepsilon$ が成り立つことが，$A = 0$ と同じことであるという考え方に慣れないといけない．

[3] これは $\alpha - \varepsilon < a_n < \alpha + \varepsilon$ とも書ける．

定義 27.1 の使用上の注意をしておく (この確認を練習問題 27.1 とする).

(27.4) $\begin{cases} \text{(i) 正数 } \varepsilon \text{ は，ある正数 } \varepsilon_0 \text{ より小さいものだけを考えればよい．} \\ \text{(ii) (27.3) は，} \varepsilon \text{ によらないある正数 } M \text{ に対して } |a_n - \alpha| < M\varepsilon \text{ としてよい．} \end{cases}$

(27.3) の意味について説明を加えよう．a_n が α に収束することは，n を大きくすれば，$|a_n - \alpha|$ はいくらでも小さくなることである．すなわち，たとえば $\varepsilon_1 = 10^{-3}$ とすると，ある大きな番号 $N_{\varepsilon_1} = N_{10^{-3}}$ が存在して，n が N_{ε_1} より大きければ，$|a_n - \alpha| < 10^{-3}$ が成り立ち，さらにより小さい $\varepsilon_2 = 10^{-5}$ のときなら，N_{ε_1} より大きい番号 N_{ε_2} があって，$n \geq N_{\varepsilon_2}$ のとき $|a_n - \alpha| < 10^{-5}$ が成り立つ．このように ε をいくら小さくとっても，それに応じて番号 N_ε を大きくとれば，$n \geq N_\varepsilon$ なる番号 n について $|a_n - \alpha|$ が ε より小さくなることである．

同様に $\lim_{n\to\infty} a_n = \infty$ を厳密に書くと，任意の $M > 0$ に対して，ある番号 N_M が定まり (番号は M によるので N_M と書いた)，$n \geq N_M$ をみたす任意の番号 n について

(27.5) $$a_n \geq M$$

が成り立つことである．すなわち，a_n が ∞ に**発散**するとは，はじめに与えた $M > 0$ がどんなに大きくても，n を大きくすれば，a_n は M より大きくなることである．

例題 27.1 (1) $\lim_{n\to\infty} \dfrac{n-1}{n} = 1$ を ε-N 論法で言い換えてみよ．
(2) $\lim_{n\to\infty} a_n = -\infty$ を (27.5) にならって厳密に書いてみよ．
(3) $\lim_{n\to\infty} \sqrt[n]{n!} = \infty$ を示せ．

[解答] (1) 任意に $\varepsilon > 0$ をとる．$1/\varepsilon$ より大きい自然数を選んで，それを N_ε とすれば，すべての $n \geq N_\varepsilon$ に対して

(27.6) $$\left|\frac{n-1}{n} - 1\right| = \frac{1}{n} \leq \frac{1}{N_\varepsilon} < \varepsilon$$

となり (27.3) が成り立つ[4]．よって $\lim_{n\to\infty}(n-1)/n = 1$ である． (2) 任意の $M > 0$ に対して，ある番号 N_M が定まり，$n \geq N_M$ をみたす任意の番号 n について $a_n \leq -M$ が成り立つ． (3) 任意の $M > 0$ をとる．$n \geq 2M$ のとき $n! \geq n(n-1)\cdots(n-(n-M)) > M^{n-M+1}$ より，$\sqrt[n]{n!} > M^{(n-M+1)/n} > \sqrt{M}$ である．M の任意性から主張が示される． ∎

ε-N 論法の有用性は上記の (1) のような具体的な数列の極限を求めるためではない[5]．重要な利用は数列の収束がわかっているときに (27.3) を利用して議論を進めることである．ここで，4 章の定理 4.1 (1) に証明を与える．

[定理 4.1 の ε-N 論法による証明] 定理の内容を再掲する．

$\{a_n\}$ と $\{b_n\}$ は収束し，極限値 α, β をもつとする．このとき次が成り立つ．
(1) $\lim_{n\to\infty}(a_n \pm b_n) = \alpha \pm \beta$ (2) $\lim_{n\to\infty} a_n b_n = \alpha\beta$ (3) $\lim_{n\to\infty} \dfrac{a_n}{b_n} = \dfrac{\alpha}{\beta}$ ($\beta \neq 0$)

---

[4] 重要なことは (27.6) が成り立つような N_ε が存在することを示すことである．多くの場合はこの N_ε を "最良の番号" とする必要はない．1 つでもあればよいのである．いまの場合は $N > 1/\varepsilon$ をみたす N を何でも 1 つ選べばよいのである (最良のものは $N = [1/\varepsilon] + 1$ であるが…)．
[5] むしろ具体的な場合は ε-N 論法を使うと却って複雑になる．

[証明] $\lim_{n\to\infty} a_n = \alpha$ を ε-N 論法で言い換える．任意に $\varepsilon > 0$ を固定すると，ある番号 N_ε' が定まり，$n \geq N_\varepsilon'$ ならば $|a_n - \alpha| < \varepsilon$ が成り立つ．同様に $\lim_{n\to\infty} b_n = \beta$ より，上で固定した ε に対して番号 N_ε'' が存在して，$n \geq N_\varepsilon''$ のとき $|b_n - \beta| < \varepsilon$ が成り立つ[6]．よって $N_\varepsilon := \max\{N_\varepsilon', N_\varepsilon''\}$ とすれば，$n \geq N_\varepsilon$ について両方が成り立つので

$$|a_n \pm b_n - (\alpha \pm \beta)| \leq |a_n - \alpha| + |b_n - \beta| < 2\varepsilon$$

となって (1) が示される．さらに，

$$|a_n b_n - \alpha\beta| = |(a_n - \alpha)(b_n - \beta) + \alpha b_n + \beta a_n - 2\alpha\beta|$$
$$\leq |(a_n - \alpha)(b_n - \beta)| + |\alpha b_n - \alpha\beta| + |\beta a_n - \alpha\beta| < (\varepsilon + |\alpha| + |\beta|)\varepsilon$$

より (2) がわかる．(3) のために，$|\beta| > 0$ のとき，$\varepsilon \leq |\beta|/2$ ならば

$$|a_n| < |\alpha| + \varepsilon \quad \text{および} \quad |\beta|/2 < |b_n| < |\beta| + \varepsilon$$

に注意する．これより，$n \geq N_\varepsilon$ のとき

$$\left|\frac{a_n}{b_n} - \frac{\alpha}{\beta}\right| \leq \left|\frac{a_n}{b_n} - \frac{a_n}{\beta}\right| + \left|\frac{a_n}{\beta} - \frac{\alpha}{\beta}\right|$$
$$\leq \frac{|a_n|}{|b_n\beta|}|b_n - \beta| + \frac{|a_n - \alpha|}{|\beta|} \leq \frac{|\alpha| + \varepsilon}{|\beta|^2/2}\varepsilon + \frac{\varepsilon}{|\beta|} \leq \left(\frac{2|\alpha| + |\beta|}{|\beta|^2} + \frac{1}{|\beta|}\right)\varepsilon$$

となり (27.4)(ii) より (3) が成り立つことが示される． ∎

もう 1 つ，ε-N 論法が有効な典型的な例を挙げる．

例題 27.2 数列 $\{a_n\}$ に対して $b_n := \dfrac{a_1 + a_2 + \cdots + a_n}{n}$ として，数列 $\{b_n\}$ を定める[7]．このとき

(27.7) $$\lim_{n\to\infty} a_n = \alpha \quad \text{ならば} \quad \lim_{n\to\infty} b_n = \alpha$$

が成り立つことを示せ．

[証明] この事実は直感的にもそれほど明らかではない．以下，$\alpha = 0$ の場合を厳密に示す ($\alpha \neq 0$ の場合は練習問題 27.2 とする)．まず，任意の $\varepsilon > 0$ をとる．a_n が 0 に収束するから (27.3) より，番号 N_0 が存在して，$n \geq N_0$ ならば $|a_n| < \varepsilon$ である．この N_0 を固定すると，$\{|a_1|, |a_2|, \cdots, |a_{N_0}|\}$ は有限個の集合であるから最大値がある．その値を M とすると，結局は

(27.8) $$|a_k| \leq M \ (k = 1, 2, \cdots, N_0) \quad \text{および} \quad |a_k| < \varepsilon \ (k \geq N_0 + 1)$$

が成り立つ[8]．よって

$$|b_n| = \left|\frac{a_1 + a_2 + \cdots + a_{N_0} + \cdots a_n}{n}\right|$$
$$\leq \frac{|a_1| + |a_2| + \cdots + |a_{N_0}|}{n} + \frac{|a_{N_0+1}| + \cdots + |a_n|}{n}$$
$$\leq \frac{MN_0}{n} + \frac{(n - N_0)\varepsilon}{n} \leq \frac{MN_0}{n} + \varepsilon$$

である．番号 N_ε を $MN_0/N_\varepsilon < \varepsilon$ をみたすように選べば，$n \geq N_\varepsilon$ なる任意の n について

$$|b_n| \leq \frac{MN_0}{n} + \varepsilon < \varepsilon + \varepsilon = 2\varepsilon$$

となり (27.3) が成り立つ．すなわち，$b_n \to 0 \ (n \to \infty)$ である． ∎

---

[6] $\{a_n\}$ と $\{b_n\}$ は異なる数列なので，同じ ε に対しても，対応する番号は同じとは限らないので，N_ε', N_ε'' と異なる記述をしている．

[7] $\{b_n\}$ は数列 $\{a_n\}$ のチェザロ平均と呼ばれる．

[8] この議論によって $\{a_n\}$ が有界数列であることもわかる．

§27.2 上極限と下極限

数列は一般には収束するとは限らない．まず，a_n が α 収束しないこと，すなわち，(27.3) が成り立たないことを ε-N 論法で述べてみよう．それは

「任意の $\varepsilon > 0$ に対して，ある番号 N_ε が存在して，
$n \geq N_\varepsilon$ をみたす任意の番号 n について $|a_n - \alpha| < \varepsilon$ となる」

の否定を書くことである．否定すると，「任意」は「ある」に，「ある」は「任意」に入れ替わるから，ある $\varepsilon > 0$ については，任意の N に対して $n \geq N$ で $|a_n - \alpha| < \varepsilon$ とならない n が存在することになる．$N = j$ に対応する n を n_j と書けば，結局は

(27.9) 「ある $\varepsilon > 0$ と部分列 $\{a_{n_j}\}$ が存在して，$|a_{n_j} - \alpha| > \varepsilon$ となる」

である[9]．

4章では，集合の最大値や最小値は存在するとは限らないので，代用品としていつでも存在する上限と下限を考えた．同じように，数列の極限は必ずしも存在しないので，代用品としての上極限と下極限の概念を考える．正確な定義を与えよう．

定義 27.2　$\{a_n\}$ を任意の数列とする．各 $n \in \mathbb{N}$ に対して，n 番目以降の項の集合を $A_n = \{a_n, a_{n+1}, \cdots\}$ とし，$b_n := \sup A_n$, $c_n := \inf A_n$ とする．このとき，すべての n について

(27.10) $$c_n \leq a_n \leq b_n$$

成り立つ[10]．ただし，$b_n = \infty$, $c_n = -\infty$ になることもある．さらに，$\{b_n\}$ は単調減少列であり，$\{c_n\}$ は単調増加列であるから $n \to \infty$ のとき $b_n \to \beta$, $c_n \to \gamma$ が定まる[11]．β を $\{a_n\}$ の **上極限**，γ を $\{a_n\}$ の **下極限** といい，それぞれ $\limsup_{n\to\infty} a_n$ および $\liminf_{n\to\infty} a_n$ と表す．すなわち，

$$\limsup_{n\to\infty} a_n = \lim_{n\to\infty}(\sup A_n), \quad \liminf_{n\to\infty} a_n = \lim_{n\to\infty}(\inf A_n)$$

である．

問 27.1　$a_n = (-1)^n$ の上極限は 1, 下極限は -1 となることを確認せよ．

このように，数列の極限値が存在しない場合でも上極限と下極限はいつも存在する．重要なことは上極限と下極限が一致すれば極限が存在することである．すなわち，次が成り立つ[12]．

---

[9] 2点を注意する．(27.9) の部分列を構成するためには n_j が狭義単調増加数列にならないといけない．正確には $N = \max\{j, n_{j-1}\}$ に対して (27.3) が成り立たない n を n_j とする．もう1つの注意は些細である．(27.3) の否定からは (27.9) の不等号は $\geq$ であるが $>$ でもよい（ε の代わりに $\varepsilon/2$ を考えればよい）．

[10] 数列 $\{a_n\}$ の各元からなる集合を $\{a_1, a_2, \cdots\}$ と表しているが，この場合には同じものがあればそれを繰り返さない．したがって $\{a_1, a_2, \cdots\}$ は有限集合になることもある．たとえば $a_n = (-1)^n$ のとき，対応する集合は $\{-1, 1\}$ である．これを $\{-1, 1, -1, 1, \cdots\}$ と思うと混乱するので注意すること．4章の脚注1を見よ．

[11] 単調性は演習問題 4.6(1) を見よ．実数の連続性から，単調増加列は上に有界ならば収束し，有界でないなら ∞ に発散する．単調減少列についても同様である．したがって，$\beta = \pm\infty$, $\gamma = \pm\infty$ になりうる．

[12] この定理の逆も成り立つ．すなわち $\{a_n\}$ が収束すれば，上極限と下極限は一致する (練習問題 27.6)．

定理 27.1　数列 $\{a_n\}$ に対して,

(27.11)
$$\limsup_{n\to\infty} a_n = \liminf_{n\to\infty} a_n = \alpha$$

が成り立てば　$\lim_{n\to\infty} a_n = \alpha$ である (α が $\pm\infty$ の場合も成り立つ).

[証明]　(27.10) で見たように $c_n \leq a_n \leq b_n$ が成り立つ. $c_n \to \alpha$, $b_n \to \alpha$ であるから, はさみうちの原理から $a_n \to \alpha$ となる. ∎

§27.3　ボルツァノ・ワイエルシュトラスの定理の別証明

4章で議論したボルツァノ・ワイエルシュトラスの定理 (定理 4.5) を再掲する. 内容は「有界数列は収束する部分列をもつ」ことであった. すなわち, $\{a_n\}$ が有界数列なら[13], それ自身は収束していなくても[14], 部分列 $\{a_{n_k}\}$ で収束するものを見つけることができる. たとえば, $a_n = (-1)^n + 1/n$ は収束しないが, 偶数項からなる部分列 $\{a_{2n}\}$ は 1 に収束する. この定理の重要性に鑑み, 4章とは別の2つの証明を与える. 基礎になるのは4章で学んだ「実数の連続性」と「はさみうちの原理」であるが, 2つ目の証明では上極限を利用する.

[区間縮小法を使った証明]　$\{a_n\}$ を有界数列とする. 集合 $A = \{a_1, a_2, \cdots\}$ が有限集合のときは, a_n が同じ値になる n が無限個あるから, それらを並べて部分列とすれば, (同じ値だから) もちろん収束している.

次に A が無限集合である場合を考える. 有界数列であるから, $M > 0$ が存在して $a_n \in [-M, M]$ がすべての $n = 1, 2, \cdots$ について成り立つ. $[-M, M] = [c_1, b_1]$, $a_{n_1} = a_1$ とする. 次に $[-M, M]$ を $[-M, 0]$, $[0, M]$ に2等分する. この2つの小区間のうちの無限個の元を含むものを $[c_2, b_2]$ とし, $a_{n_2} \in [c_2, b_2]$ を1つとる[15]. さらに $[c_2, b_2]$ を2等分して, 無限個の元を含むものを $[c_3, b_3]$ とすると, $n_3 > n_2$ なる番号で $a_{n_3} \in [c_3, b_3]$ となるものが選べる. 以下これを繰り返すと, 番号の列 $n_1 < n_2 < \cdots < n_k < \cdots$ が存在して

$$c_k \leq a_{n_k} \leq b_k$$

が成り立つ. このとき, $\{c_n\}$ は有界な単調増加列, $\{b_n\}$ は有界な単調減少列であり, $b_k - c_k = M/2^{k-2}$ であるから, 両者は収束して極限値は等しい. はさみうちの原理から部分列 $\{a_{n_k}\}$ の収束がわかる. ∎

[上極限を利用する証明]　$\{a_n\}$ の上極限を α とする. すなわち, $A_n := \{a_n, a_{n+1}, \cdots\}$, $b_n := \sup A_n$ とすると, $\lim_{n\to\infty} b_n = \alpha$ である. $\{a_n\}$ が有界なので α も有限値である. $\varepsilon_1 = 1$ に対して, ある番号 N_1 が存在して, 任意の $n \geq N_1$ のとき $|b_n - \alpha| < \varepsilon_1$ とできる. また, $n = N_1$ について, 上限の定義から, 番号 n_1 で $a_{n_1} \in A_{N_1}$ かつ $a_{n_1} > b_{N_1} - \varepsilon_1$ なるものが存在する. 同様に $\varepsilon_2 = 1/2$ について, $n_2 > \max\{N_1, n_1\}$ で $|b_{n_2} - \alpha| < \varepsilon_2$, $a_{n_2} \in A_{n_1}$ かつ $a_{n_2} > b_{n_1} - \varepsilon_2$ をみたす番号 n_2 を選ぶことができる. $\varepsilon_k = 1/2^{k-1}$ としてこれを続けると

$$b_{n_k} \geq a_{n_{k+1}} > b_{n_k} - 2^{-k} \text{ かつ } |b_{n_k} - \alpha| < 2^{-k}$$

となる番号列 $N_1 < n_1 < n_2 < \cdots < n_k < \cdots$ がとれる. このとき

$$|a_{n_{k+1}} - \alpha| \leq |a_{n_{k+1}} - b_{n_k}| + |b_{n_k} - \alpha| < 2 \cdot 2^{-k}$$

であるから, $\{a_{n_k}\}$ は α に収束する. ∎

---

[13] ある正数 $M > 0$ が存在して, すべての番号 n について $|a_n| \leq M$ が成り立つことである.

[14] $\{a_n\}$ が収束していれば, 部分列として $\{a_n\}$ 自身をとればよい.

[15] 両方とも有限個ならあわせても有限個になってしまう. もちろん両方とも無限個含むこともあるが, その場合はどちらを $[c_2, b_2]$ としてもよい.

§27.4 コーシー列

数列の収束を考える場合に，収束先はわからないことが多い[16]．その意味では (27.3) のように収束先 α を与えて収束を吟味するのは少し変である．次のアイディアはコーシーによるものであるといわれている．

> **定義 27.3** 数列 $\{a_n\}$ が**コーシー列**であるとは，任意の $\varepsilon > 0$ に対して，ある番号 N_ε が定まり，$\forall n, \forall m \geq N_\varepsilon$ に対して
> $$|a_n - a_m| < \varepsilon \tag{27.12}$$
> が成り立つことである．

これは定義 27.1 と類似しているが，収束先を使っていないことに注目して欲しい．次の事実は「実数の完備性」と呼ばれる．

> **定理 27.2** 数列 $\{a_n\}$ が収束する必要かつ十分条件は $\{a_n\}$ がコーシー列となることである．

[証明] まず，$\{a_n\}$ が収束すれば，コーシー列であることを示す．これは難しくない．収束先を α とする．$\forall \varepsilon > 0$ に対して，番号 N_ε が定まり，$n \geq N_\varepsilon$ ならば $|a_n - \alpha| < \varepsilon$ とできる．このとき，$n, m \geq N$ ならば
$$|a_n - a_m| = |a_n - \alpha + \alpha - a_m| \leq |a_n - \alpha| + |a_m - \alpha| < 2\varepsilon$$
となって，コーシー列であることがわかる．

次に $\{a_n\}$ はコーシー列とする．$\forall \varepsilon > 0$ に対して，番号 N_ε' が存在して $n, m \geq N_\varepsilon'$ ならば $|a_n - a_m| < \varepsilon$ が成り立っている[17]．このとき $\{a_n\}$ は有界数列である（演習問題 27.1）．よって，ボルツァノ・ワイエルシュトラスの定理から収束する部分列 $\{a_{n_k}\}$ が存在する．この極限値を α とすると，与えられた $\varepsilon > 0$ に対して，番号 K_ε が定まり $k \geq K_\varepsilon$ ならば $|a_{n_k} - \alpha| < \varepsilon$ となる．より大きく K_ε をとれば $n_{K_\varepsilon} \geq N_\varepsilon'$ が成り立つとしてよい．よって $m = n_{K_\varepsilon}$ と考えれば，任意の $n \geq N_\varepsilon'$ に対して
$$|a_n - \alpha| = |a_n - a_{n_{K_\varepsilon}} + a_{n_{K_\varepsilon}} - \alpha| \leq |a_n - a_{n_{K_\varepsilon}}| + |a_{n_{K_\varepsilon}} - \alpha| < 2\varepsilon$$
となり，$\{a_n\}$ は収束することがわかる． ∎

> **例題 27.3** $0 < r < 1$ とする．数列 $\{a_n\}$ が $|a_{n+1} - a_n| \leq r|a_n - a_{n-1}|$ $(\forall n = 2, 3, \cdots)$ をみたせば $\{a_n\}$ は収束することを示せ．

[証明] 条件を繰り返し使うことより，すべての $k = 1, 2, \cdots$ に対して，$|a_{k+1} - a_k| \leq r^{k-1}|a_2 - a_1|$ となる．任意に $\varepsilon > 0$ をとる．突然であるが
$$\frac{r^N |a_2 - a_1|}{1 - r} < \varepsilon$$
をみたす N を 1 つとり，それを N_ε とする[18]．このとき，$\forall n, \forall m \geq N_\varepsilon + 1$ に対して（$n > m$ とする）
$$|a_n - a_m| = \left|\sum_{k=m}^{n-1}(a_{k+1} - a_k)\right| \leq \sum_{k=m}^{n-1}|a_{k+1} - a_k| \leq \sum_{k=m}^{n-1} r^{k-1}|a_2 - a_1|$$
$$= \frac{r^{m-1}(1 - r^{n-m+1})|a_2 - a_1|}{1 - r} < \frac{r^{N_\varepsilon}|a_2 - a_1|}{1 - r} < \varepsilon$$
となって $\{a_n\}$ はコーシー列になるから収束する． ∎

---

[16] そもそも収束先がわかれば収束しているのである．

[17] 前半の証明で N_ε を使ったので，これとは異なるので N_ε' と書いた．

[18] このように N_ε をとればよいことは証明を最後まで見ないとわからない．逆にいうと，コーシー列であるという結論を得るためには N_ε として何が適切かを見越さないといけない．

○●練習問題 27 ●○

27.1 (27.4) を確かめよ．

27.2 $\alpha \neq 0$ の場合も (27.7) が成り立つことを確認せよ．

27.3 (27.7) の逆は必ずしも成り立つとは限らない．成り立たないような例を挙げよ．

27.4 次の各数列に対する上極限と下極限を求めよ．
  (1) $a_n = \dfrac{1}{n}$　　(2) $a_n = (-1)^n + 1$　　(3) $a_n = (-1)^n n$　　(4) $a_n = n + \dfrac{1}{n}$

27.5 任意の数列 $\{a_n\}$ に対して，$\limsup\limits_{n\to\infty}(-a_n) = -\liminf\limits_{n\to\infty} a_n$ が成り立つことを確かめよ．

27.6 定理 27.1 の逆が成り立つこと，すなわち，$\{a_n\}$ が α に収束すれば，上極限も下極限も α であることを示せ．

27.7 はさみうちの原理 (4 章の定理 4.1 (2)) を ε-N 論法により証明せよ．

◇◆演習問題 27 ◆◇

27.1 コーシー列は有界であることを示せ．

27.2 数列 $\{a_n\}$ の部分列 $\{a_{n_k}\}$ が極限値 α をもつとき，
$$\liminf_{n\to\infty} a_n \leq \alpha \leq \limsup_{n\to\infty} a_n$$
が成り立つことを示せ[19]．

27.3 2 つの数列 $\{a_n\}$, $\{b_n\}$ に対して
$$\limsup_{n\to\infty}(a_n + b_n) \leq \limsup_{n\to\infty} a_n + \limsup_{n\to\infty} b_n$$
を示せ (ただし右辺は $\infty - \infty$ または $-\infty + \infty$ にはならないとする)．さらに，等号が成り立たないような例を挙げよ．

27.4 (1) α は実数値とする．$\limsup\limits_{n\to\infty} a_n = \alpha$ が成り立つ必要かつ十分条件は任意の $\varepsilon > 0$ に対して，次の (a), (b) をみたす番号 N が存在することである．これを示せ：
  (a) $n \geq N$ なるすべての n について $a_n < \alpha + \varepsilon$ が成り立つ．
  (b) $a_n > \alpha - \varepsilon$ をみたす番号 $n \geq N$ が (少なくとも 1 つ) 存在する．
  (2) $\alpha = \infty$ の場合に，(a), (b) に対応する条件を書け．
  (3) $\liminf\limits_{n\to\infty} = \beta$ について (1), (2) の考察を行え．

27.5 $\{a_n\}$ は有界な数列とし，その上極限と下極限をそれぞれ α, β とする．任意の $\varepsilon > 0$ に対して以下を示せ．
  (1) $a_n > \alpha + \varepsilon$ をみたす n は有限個しかない．
  (2) $\alpha - \varepsilon < a_n < \alpha + \varepsilon$ をみたす n は無限個ある．
  (3) $a_n < \beta - \varepsilon$ をみたす n は有限個しかない．
  (4) $\beta - \varepsilon < a_n < \beta + \varepsilon$ をみたす n は無限個ある．

27.6 $a_n > 0$ のとき，次を示せ．
$$\liminf_{n\to\infty} \frac{a_{n+1}}{a_n} \leq \liminf_{n\to\infty} \sqrt[n]{a_n} \leq \limsup_{n\to\infty} \sqrt[n]{a_n} \leq \limsup_{n\to\infty} \frac{a_{n+1}}{a_n}$$

---

[19] (上極限と下極限が無限でない場合は) 上極限は収束する部分列の極限の中の最大値であり，下極限は最小値である．

28

無限級数

> 大きいものに対しては，常にもっと大きいものが存在する．
> アナクサゴラス

無限個の実数の和 (級数) を考察する．多くの級数はその和を具体的に求めることは困難であり，実際に重要なことは和が存在するか否かの判定である[1]．このために，級数が収束することの定義を明確にして，基本的な $\sum_{n=1}^{\infty} n^{-\alpha}$ と $\sum_{n=1}^{\infty} r^n$ の収束との比較により，一般の級数の収束の判定を行う．

§28.1 級数の収束

数列 $\{a_n\}$ に対して，その和 $a_1 + a_2 + \cdots + a_n + \cdots$ を**無限級数** (あるいは単に**級数**) という．有限個の数を足し合わせることは難しくないが，無限個となるといろいろと複雑になり，直感に反するようなことも起こる．例をあげてみよう．

例題 28.1 $S = 1 - 1 + 1 - 1 + \cdots$ の和を求めよ[2]．

混乱を与える原因は無限個の和を求めるとはどういうことであるかがはっきりしていないからである．明確な定義を与えよう．

定義 28.1 数列 $\{a_n\}$ に対して，その n 項までの和

(28.1) $$s_n := a_1 + a_2 + \cdots + a_n$$

---

[1] 級数の和を求めるためには計算機による近似計算が有効であるが，その計算の根拠を与えることが和の存在の判定である．たとえば $1 + \frac{1}{2} + \frac{1}{3} + \cdots + \frac{1}{n}$ について n を 10 億まで足すと，和は $23.60306\cdots$ である．よって $\sum_{n=1}^{\infty} \frac{1}{n}$ の値は 24 くらいと思ってはいけない．これは ∞ に発散している級数である．収束していない級数の近似計算は意味がないのである．

[2] 英子さん「$S = 1 - 1 + 1 - 1 + 1 - \cdots = 0 + 0 + \cdots = 0$」
美子さん「$S = 1 - 1 + 1 - 1 + 1 - \cdots = 1 + 0 + 0 + \cdots = 1$」
詩子さん「$S = 1 - (1 - 1 + 1 - \cdots) = 1 - S$ より $2S = 1$ から $S = 1/2$」
と答えた．誰が正しいのだろうか．なお，3 人の名前は，それぞれ「A 子さん，B 子さん，C 子さん」と読みます．念のため．

を**第 n 部分和**という．この第 n 部分和の作る数列の極限によって級数の値を定める．すなわち，

(28.2) $$\lim_{n\to\infty} s_n = \alpha \quad \text{のとき} \quad \sum_{n=1}^{\infty} a_n = \alpha$$

である．このとき無限級数 $\sum_{n=1}^{\infty} a_n$ は**収束**する (和が存在する) という．$\{s_n\}$ が発散するときは級数も**発散**する (和は存在しない) という．特に，$\lim_{n\to\infty} s_n = \pm\infty$ のとき，$\sum_{n=1}^{\infty} a_n = \pm\infty$ と書く．

第 n 部分和の収束をコーシー列を使った ε-N 論法で書くことにより，級数の収束を次のように書くこともできる．任意の $\varepsilon > 0$ に対して，ある番号 N_ε が存在して，$n, m \geq N_\varepsilon$ $(n > m)$ ならば

(28.3) $$\left| \sum_{k=m}^{n} a_k \right| < \varepsilon$$

が成り立てば $\sum_{n=1}^{\infty} a_n$ は収束する[3]．

[例題 28.1 の解答] 定義 28.1 に従って考える．$s_n = 1 - 1 + \cdots + (-1)^{n+1}$ であるから

$$s_n = \begin{cases} 1 & (n \text{ は奇数}) \\ 0 & (n \text{ は偶数}) \end{cases}$$

となり，$\{s_n\}$ は収束しない．したがって，例題 28.1 の和は存在しない[4]．∎

次の事実は，級数の和の定義が理解できていればすぐにわかる．

定理 28.1 級数 $\sum_{n=1}^{\infty} a_n$ が収束すれば，$\lim_{n\to\infty} a_n = 0$ である．対偶で言い換えると，$\lim_{n\to\infty} a_n = 0$ が成り立たなければ，級数 $\sum_{n=1}^{\infty} a_n$ は収束しない[5]．

[証明] 級数の和を α とし，s_n を第 n 部分和とすると，定義から $\lim_{n\to\infty} s_n = \alpha$ である．よって $a_n = s_n - s_{n-1}$ なので $\lim_{n\to\infty} a_n = \lim_{n\to\infty}(s_n - s_{n-1}) = \lim_{n\to\infty} s_n - \lim_{n\to\infty} s_{n-1} = \alpha - \alpha = 0$ である．∎

§28.2 正項級数

各項 a_n がすべて非負のとき，$\sum_{n=1}^{\infty} a_n$ を**正項級数**という[6]．正項級数の収束の判定は容易である．

---

[3] $|s_n - s_m| = \left| \sum_{k=m+1}^{n} a_k \right|$ である．

[4] 3 人は存在しない和の値を求めようとしたために混乱が起きたのである．数列の極限値を求める場合には，まず，収束するか否かの判定が必要であったように，級数の和を求める場合も，その存在を吟味しないといけない．

[5] この事実を使えば例題 28.1 の級数が収束しないことがすぐに説明できる．

[6] 正確には非負項級数というべきであろうが，$a_n = 0$ なる項があっても習慣として正項級数と呼ばれる．

定理 28.2 (1) 正項級数は収束するか ∞ に発散するかのどちらかである．特に，ある正数 M が存在して，すべての $n \in \mathbb{N}$ について

$$\sum_{k=1}^{n} a_k \leq M \tag{28.4}$$

が成り立てば，級数 $\sum_{n=1}^{\infty} a_n$ は収束する（したがって，正項級数においては $\sum_{n=1}^{\infty} a_n < \infty$ は収束することを意味している）．

(2) (比較判定法) $0 \leq a_n \leq b_n \ (\forall n \in \mathbb{N})$ が成り立つとき，$\sum_{n=1}^{\infty} b_n < \infty$ ならば $\sum_{n=1}^{\infty} a_n < \infty$ であり，$\sum_{n=1}^{\infty} a_n = \infty$ ならば $\sum_{n=1}^{\infty} b_n = \infty$ である．

[証明] $s_{n+1} - s_n = a_{n+1} \geq 0$ であるから，数列 $\{s_n\}$ は単調増加列である[7]．条件 (28.4) は $s_n \leq M$ のことであるから，このとき，$\{s_n\}$ は上に有界である．実数の連続性から $\{s_n\}$ は収束し，それは級数の収束を意味する．(2) は演習問題 28.2 とする． ∎

応用上で特に重要な正項級数の例を 2 つ挙げる[8]．

例題 28.2 $r > 0$ に対して，次が成り立つ．

$$\sum_{n=0}^{\infty} r^n = \begin{cases} \dfrac{1}{1-r} & (r < 1) \\ 発散する & (r \geq 1) \end{cases} \tag{28.5}$$

[証明] 第 n 部分和 s_n は，等比数列の和であるから

$$s_n = 1 + r + \cdots + r^n = \begin{cases} \dfrac{1 - r^{n+1}}{1 - r} & (r \neq 1) \\ n & (r = 1) \end{cases}$$

となる．よって $r < 1$ のとき $\lim_{n \to \infty} s_n = 1/(1-r)$ である． ∎

例題 28.3 実数 α に対して，次が成り立つ．

$$\sum_{n=1}^{\infty} \frac{1}{n^\alpha} = \begin{cases} 収束する & (\alpha > 1) \\ \infty & (\alpha \leq 1) \end{cases} \tag{28.6}$$

この結果を確認するために次の定理を用意する．

---

[7] 単調増加列は有界でなければ ∞ に発散する．

[8] 級数は通常は $\sum_{n=1}^{\infty} a_n = a_1 + a_2 + \cdots$ と書くが，第 0 項を付け加えて，$\sum_{n=0}^{\infty} a_n = a_0 + a_1 + \cdots$ としたり，N 番目以降の和として $\sum_{n=N}^{\infty} a_n = a_N + a_{N+1} + \cdots$ なども考える．混乱したら $\sum$ をやめて項を具体的に並べて書くとよい．

> **定理 28.3** (**積分判定法**) f を $[1,\infty)$ 上の単調減少である連続非負値関数とする．$\forall n \in \mathbb{N}$ について $a_n = f(n)$ としたとき，正項級数 $\sum_{n=1}^{\infty} a_n$ の収束と広義積分 $\int_1^{\infty} f(x)\,dx$ の収束は同値である．すなわち
> $$\sum_{n=1}^{\infty} a_n < \infty \iff \int_1^{\infty} f(x)\,dx < \infty$$

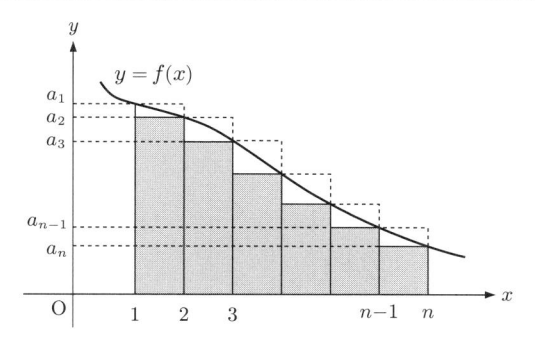

[証明] 上図より第 n 部分和 $s_n = a_1 + a_2 + \cdots + a_n$ と $\int_1^{n+1} f(x)\,dx$ が定める面積を比較すると $s_{n+1} - a_1 \leq \int_1^{n+1} f(x)\,dx \leq s_n$ である．これより，$\lim_{n\to\infty} s_n < \infty$ と $\int_1^{\infty} f(x)\,dx < \infty$ は同値である． ■

[例題 28.3 の解答] $\alpha \leq 0$ なら ∞ に発散することは明らかであるから $\alpha > 0$ とする．$f(x) = 1/x^{\alpha}$ に定理 28.3 を適用する[9]．12 章の (12.9) より f の広義積分が収束する必要かつ十分条件は $\alpha > 1$ であるから，例題 28.3 が収束するのも $\alpha > 1$ である[10]． ■

特に，(28.6) で $\alpha = 1$ 場合は**調和級数**と呼ばれる．調和級数は発散する．

(28.7) $$\sum_{n=1}^{\infty} \frac{1}{n} = \infty$$

> **問 28.1** 以下の級数の和を求めよ．
> (1) $0.9 + 0.09 + 0.009 + 0.0009 + \cdots$ (2) $\sum_{n=1}^{\infty} \frac{1}{n(n+1)}$ (3) $\sum_{n=1}^{\infty} \frac{2^n + 3^n}{5^n}$

§28.3 収束判定法

正項級数の収束について便利な 2 つの判定法，ダランベールの判定法とコーシー・アダマールの判定法に触れる．それらでは判定できない場合にはラーベの判定法やガウスの判定法を使うとよい．

---

[9] 定理を適用する場合には条件がみたされていないといけない．$\alpha > 0$ ならば f は単調減少で連続非負値な関数になっている．$\alpha \leq 0$ のときは f は単調増加であるから定理は使えない．この場合に収束しないことは定理 26.1 を使えばすぐわかる．

[10] 積分判定法は級数が収束しているか否かを広義積分の収束で判定することであって，両者の値が等しいわけではない．実際 $\sum_{n=1}^{\infty} 1/n^2 = \pi^2/6$ である．一般の α についての $\sum_{n=1}^{\infty} 1/n^{\alpha}$ の値を具体的に求めることは α が偶数である場合以外はほとんど何もわかっていない．$\alpha = 3$ のときの和が無理数であることが 30 年ほど前に示されている．

定理 28.4 (ダランベールの判定法) 各項が $a_n > 0$ で

(28.8) $$\rho := \lim_{n \to \infty} \frac{a_{n+1}}{a_n}$$

が存在したとする．このとき，級数 $\sum_{n=1}^{\infty} a_n$ は $\rho < 1$ ならば収束し，$\rho > 1$ ならば発散する．

定理 28.5 (コーシー・アダマールの判定法) 各項が $a_n \geq 0$ のとき

(28.9) $$\rho := \limsup_{n \to \infty} \sqrt[n]{a_n}$$

とする．このとき，級数 $\sum_{n=1}^{\infty} a_n$ は $\rho < 1$ ならば収束し，$\rho > 1$ ならば発散する．

注意点としては，前者はわかり易いが，a_{n+1}/a_n が収束している場合にしか使えない．後者はいつも存在する上極限を条件にしているので，いつでも適用できるが，計算は複雑になる．演習問題 27.4 によれば，(28.8) が存在すれば (28.9) と等しい．なお，両者とも $\rho = 1$ の場合は判定できない．$\rho = 1$ のときに有効な2つの判定法を証明なしで与えておく．

定理 28.6 (ラーベの判定法) 各項が $a_n > 0$ のとき

(28.10) $$\rho_R := \lim_{n \to \infty} n\left(1 - \frac{a_{n+1}}{a_n}\right)$$

が収束したとする．このとき，級数 $\sum_{n=1}^{\infty} a_n$ は $\rho_R > 1$ ならば収束し，$\rho_R < 1$ ならば発散する．

定理 28.7 (ガウスの判定法) 各項が $a_n > 0$ で

(28.11) $$\frac{a_{n+1}}{a_n} = \frac{n^2 + bn + b_n}{n^2 + cn + c_n} \quad (\{b_n\}, \{c_n\} \text{ は有界数列})$$

と表されたとき，級数 $\sum_{n=1}^{\infty} a_n$ は $b - c < -1$ ならば収束し，$b - c \geq -1$ ならば発散する．

例題 28.4 次の級数の収束発散を判定せよ．
(1) $\sum_{n=0}^{\infty} \frac{a^n}{n!}$ $(a > 0)$ (2) $\sum_{n=1}^{\infty} \left(1 + \frac{1}{n}\right)^{-n^2}$ (3) $\sum_{n=1}^{\infty} \frac{(2n-1)!!}{(2n)!!}$ (4) $\sum_{n=1}^{\infty} \left(\frac{(2n-1)!!}{(2n)!!}\right)^2$
なお $k!! = k(k-2)(k-4)\cdots$ は1つ飛ばしの階乗である (0章の§0.3を見よ)．

[解答] (1) $a_n = a^n/n!$ とすれば $a_{n+1}/a_n = a/(n+1) \to 0 \ (n \to \infty)$ である．ダランベールの判定法から収束する．　(2) コーシー・アダマールの判定法を使う．$\sqrt[n]{a_n} = (1+1/n)^{-n} \to e^{-1} < 1 \ (n \to \infty)$ であるから収束している．　(3) $a_n = (2n-1)!!/(2n)!!$ とすれば，

$$\frac{a_{n+1}}{a_n} = \frac{(2n+1)!!\,(2n)!!}{(2n+2)!!\,(2n-1)!!} = \frac{2n+1}{2n+2} = 1 - \frac{1}{2n+2}$$

である．$\lim\limits_{n\to\infty} a_{n+1}/a_n = 1$ より，ダランベールの判定法では判定できない．ラーベの判定法を使うと $\rho_R = \lim\limits_{n\to\infty} n/(2n+2) = 1/2$ となって発散する．　(4) $a_n = ((2n-1)!!/(2n)!!)^2$ とすると，上の計算から $a_{n+1}/a_n = 1 - 1/(n+1) + 1/(2n+2)^2$ となり，$\rho_R = 1$ であるからラーベの判定法からも判断できない．しかし，

$$\frac{a_{n+1}}{a_n} = \frac{(2n+1)^2}{(2n+2)^2} = \frac{n^2 + n + 1/4}{n^2 + 2n + 1}$$

となるので，ガウスの判定法 $(1 - 2 = -1)$ により発散している． ∎

最後にダランベールの判定法とコーシー・アダマールの判定法の証明を与えておくが，証明よりも正確に使える (条件が成り立つことを正確にチェックできるようにする) ことの方が重要であろう．

[定理 28.4 の証明] $\rho < 1$ とする．$\varepsilon > 0$ を $\rho + \varepsilon < 1$ をみたすようにとる．$\lim\limits_{n\to\infty} a_{n+1}/a_n = \rho$ を $\varepsilon\text{-}N$ 論法で書くと，先ほどの $\varepsilon > 0$ に対して，番号 N_ε が存在して，$n \geq N_\varepsilon$ ならば $|a_{n+1}/a_n - \rho| < \varepsilon$ が成り立つ．$r = \rho + \varepsilon$ とおくと，$0 < r < 1$ かつ $a_{n+1} \leq r a_n$ が成り立つ．これから，

(28.12) $$a_{N_\varepsilon + k} \leq r^k a_{N_\varepsilon} \quad (k = 1, 2, \cdots)$$

となる．よって $\sum\limits_{k=1}^{N_\varepsilon} a_k = M_0$ とすると，任意の $n > N_\varepsilon$ に対して

$$s_n = \sum_{k=1}^{N_\varepsilon} a_k + \sum_{k=N_\varepsilon+1}^{n} a_k = M_0 + \sum_{k=1}^{n-N_\varepsilon} a_{N_\varepsilon+k} \leq M_0 + \sum_{k=1}^{n-N_\varepsilon} r^k a_{N_\varepsilon} \leq M_0 + \frac{r a_{N_\varepsilon}}{1-r}$$

となって $\{s_n\}$ は有界数列である．これより，級数は収束する．$\rho > 1$ のとき発散する証明も同様であるが，逆向きの不等式で評価して $r > 1$ なら $\sum\limits_{n=1}^{n} r^n = \infty$ となることに結びつけるとよい． ∎

[定理 28.5 の証明] 上極限で条件が与えられていることが，この定理の価値を高めているが，ここでは，極限が存在する場合の証明を与えて，一般の場合は演習問題 28.4 とする．定理 28.4 の証明と同様に，$\rho < 1$ のときは．$\rho + \varepsilon < 1$ となる $\varepsilon > 0$ をとる．このとき番号 N_ε が存在して，$n \geq N_\varepsilon$ のとき $|\sqrt[n]{a_n} - \rho| < \varepsilon$ が成り立つ．やはり同様に $r = \rho + \varepsilon$ とすれば，$a_n \leq r^n$ となる．これは (28.12) の $a_{N_\varepsilon} = 1$ の場合であるから，あとは定理 28.4 の証明とまったく同じである． ∎

****

○●練習問題 28 ●○

28.1 (1) c, d を実数とする．2 つの数列 $\{a_n\}$ と $\{b_n\}$ がともに収束するとき，$ca_n + db_n$ も収束することを，$\varepsilon\text{-}N$ 論法を用いて証明せよ．

(2) 2つの級数 $\sum_{n=1}^{\infty} a_n$ と $\sum_{n=1}^{\infty} b_n$ がともに収束するとき，$\sum_{n=1}^{\infty}(ca_n + db_n)$ も収束することを，級数の収束の定義に戻って示せ．

28.2 次の各級数の収束発散を吟味せよ．

(1) $\sum_{n=1}^{\infty} \dfrac{n^2}{n!}$ (2) $\sum_{n=1}^{\infty} \dfrac{n^\alpha}{n!}$ (α は実数) (3) $\sum_{n=1}^{\infty} \dfrac{n}{2^n}$

(4) $\sum_{n=1}^{\infty} nr^n$ (r は正数) (5) $\sum_{n=1}^{\infty} \dfrac{(n!)^2}{(2n)!}$

28.3 正項級数 $\{a_n\}$ の第 n 部分和を s_n とする．$\sup\{s_n; n \in \mathbb{N}\} = \sum_{n=1}^{\infty} a_n$ を示せ．

◇◆演習問題 28 ◆◇

28.1 定理 28.1 の逆の主張は必ずしも成り立たない．$\lim_{n\to\infty} a_n = 0$ であるが，$\sum_{n=1}^{\infty} a_n$ は収束しないような例をひとつ挙げよ．

28.2 $K > 0$ とする．
(1) $0 \leq a_n \leq Kb_n$ がすべての $n \in \mathbb{N}$ で成り立つとき，次を示せ．
  (i) $\sum_{n=1}^{\infty} b_n$ が収束すれば $\sum_{n=1}^{\infty} a_n$ も収束する．
  (ii) $\sum_{n=1}^{\infty} a_n$ が (∞ に) 発散すれば $\sum_{n=1}^{\infty} b_n$ も (∞ に) 発散する．
(2) 初めの有限個の項では不等式が成り立たなくても，ある番号 N が存在して，$n \geq N$ なる n について，$0 \leq a_n \leq Kb_n$ が成り立てば，(1) と (2) が成り立つことを説明せよ．
(3) 正項級数 $\sum_{n=1}^{\infty} a_n$ と $\sum_{n=1}^{\infty} b_n$ に対して，$\lim_{n\to\infty} a_n/b_n = K > 0$ とする．このとき 2 つの正項級数の収束発散は同じであることを示せ．

28.3 (1) $\{a_n\}$ は単調減少列で $a_n > 0$ とする．このとき，$\sum_{n=1}^{\infty} a_n$ が収束する必要十分は $\sum_{k=1}^{\infty} 2^k a_{2^k}$ が収束することである．これを示せ．
(2) (1) を用いて $\sum_{n=1}^{\infty} \dfrac{1}{n^\alpha}$ の収束・発散を調べよ．

28.4 定理 28.5 の証明 (条件が上極限の場合) を行え．

28.5 例題 28.4 (3), (4) の議論を参考にして，$p > 0$ のときの，次の級数の収束発散を吟味せよ．
$$\sum_{n=1}^{\infty} \left(\dfrac{(2n-1)!!}{(2n)!!} \right)^p$$

29

絶対収束と条件収束

> 疑う余地なく，数学の理論の構成に大きな役割を果たすのは美しくあれとの要請である．
>
> グネジェンコ

級数 $1+1/2^2+1/3^2+1/4^2+\cdots$ の和を求めることは「バーゼル問題」といわれ，オイラーが最初に $\pi^2/6$ であることを示したといわれている．この事実をを見るたびに数学の「美しさ」を考えさせられる．数学の美しさとは何であろうか．級数をコンピューターを使って近似計算をすれば，$1.644934\cdots$ を得る．この方が実用的かもしれない．しかしどれほど桁数を多く求めても美しさを感じない．一方，自然数の規則的な和が円周率と関係していることに感激させられる．コンピューターでは作り出せない美である．

§29.1　2つの例

次の2つの例を通して絶対収束と条件収束の概念を考える．まずは，上述のバーゼル問題を再掲する．

(29.1) $$1+\frac{1}{2^2}+\frac{1}{3^2}+\frac{1}{4^2}+\cdots=\frac{\pi^2}{6}$$

ここでは，この事実を用いて (演習問題 38.3 で示す)

(29.2) $$A:=1-\frac{1}{2^2}+\frac{1}{3^2}-\frac{1}{4^2}+\cdots$$

の値を求めてみよう．奇数項と偶数項の和に分けると

$$\begin{aligned}
A &= 1+\frac{1}{3^2}+\frac{1}{5^2}+\cdots-\left(\frac{1}{2^2}+\frac{1}{4^2}+\frac{1}{6^2}+\cdots\right)\\
&= 1+\frac{1}{2^2}+\frac{1}{3^2}+\frac{1}{4^2}+\frac{1}{5^2}+\cdots-2\left(\frac{1}{2^2}+\frac{1}{4^2}+\frac{1}{6^2}+\cdots\right)\\
&= 1+\frac{1}{2^2}+\frac{1}{3^2}+\frac{1}{4^2}+\frac{1}{5^2}+\cdots-2\left(\frac{1}{4\cdot 1}+\frac{1}{4\cdot 2^2}+\frac{1}{4\cdot 3^2}+\cdots\right)\\
&= \frac{\pi^2}{6}-\frac{1}{2}\cdot\frac{\pi^2}{6}=\frac{\pi^2}{12}
\end{aligned}$$

となる．$\sum$ 記号を使うと簡明でより正確になる．$\sum$ 記号が自由に使えるようになるとよい．

$$\begin{aligned}
A &= \sum_{n=1}^{\infty}\frac{1}{(2n+1)^2}-\sum_{n=1}^{\infty}\frac{1}{(2n)^2}=\sum_{n=1}^{\infty}\frac{1}{n^2}-2\sum_{n=1}^{\infty}\frac{1}{(2n)^2}\\
&= \sum_{n=1}^{\infty}\frac{1}{n^2}-2\sum_{n=1}^{\infty}\frac{1}{4\cdot n^2}=\frac{\pi^2}{6}-\frac{1}{2}\cdot\frac{\pi^2}{6}=\frac{\pi^2}{12}
\end{aligned}$$

次に

(29.3)
$$S := 1 - \frac{1}{2} + \frac{1}{3} - \frac{1}{4} + \cdots$$

の和を求めてみよう．前例と同じように奇数項と偶数項に分けると

$$\begin{aligned}
S &= 1 + \frac{1}{3} + \frac{1}{5} + \cdots - \left(\frac{1}{2} + \frac{1}{4} + \frac{1}{6} + \cdots\right) \\
&= 1 + \frac{1}{3} + \frac{1}{5} + \cdots - \frac{1}{2}\left(1 + \frac{1}{2} + \frac{1}{3} + \cdots\right) \\
&= \frac{1}{2}\left(1 + \frac{1}{3} + \frac{1}{5} + \cdots\right) - \frac{1}{2}\left(\frac{1}{2} + \frac{1}{4} + \frac{1}{6} + \cdots\right) \\
&= \frac{1}{2}\left(1 - \frac{1}{2} + \frac{1}{3} - \frac{1}{4} + \frac{1}{5} - \frac{1}{6} + \cdots\right) = \frac{1}{2}S
\end{aligned}$$

より $S = S/2$ から $S = 0$ となる．これは正しくない．実際には $S = \log 2$ である (演習問題 29.1)．この章で学ぶことは，同じような計算をしているが，(29.2) はよくて (29.3) は誤りである理由を明確にすることである．

§29.2 交代級数

次の定義から始める．

定義 29.1 $a_n \geq 0$ として，

(29.4)
$$\sum_{n=1}^{\infty} (-1)^{n-1} a_n = a_1 - a_2 + a_3 - \cdots$$

の形の級数を**交代級数**という (項の正負が交代する)[1]．

(29.2) と (29.3) はともに交代級数である．次のライプニッツの定理から，これらの級数はともに収束していることがわかる[2]．

定理 29.1 (ライプニッツの定理) $\{a_n\}$ は単調減少列で $\lim_{n\to\infty} a_n = 0$ のとき，(29.4) の交代級数は収束する．

応用の広い基本的な事実なので 2 通りの方法で示す．

[**定義に戻っての証明**] 級数の数列の判定は第 n 部分和の収束を調べることである．$s_n = \sum_{k=1}^{n} (-1)^{k-1} a_k$ とする．単調減少列であるから $a_n \geq a_{n+1}$ が成り立つ．よって

$$s_{2(n+1)} - s_{2n} = -a_{2n+2} + a_{2n+1} \geq 0,$$
$$s_{2n} = a_1 - (a_2 - a_3) - (a_4 - a_5) - \cdots - (a_{2n-2} - a_{2n-1}) - a_{2n} \leq a_1$$

となり偶数項からなる部分列 $\{s_{2n}\}$ は上に有界な単調増加列である[3]．したがって $\lim_{n\to\infty} s_{2n} = \alpha$ が存在する．さらに $s_{2n+1} = s_{2n} + a_{2n+1}$ であり a_n は 0 に収束するので，奇数項についても $\lim_{n\to\infty} s_{2n+1} = \alpha$ が示され

---

[1] 最初の項が正である必要はない．$\sum_{n=1}^{\infty} (-1)^n a_n = -a_1 + a_2 - a_3 + \cdots$ も交代級数である．

[2] (29.2) は $a_n = 1/n^2$ であり，(29.3) は $a_n = 1/n$ である．

[3] 奇数項からなる部分列 $\{s_{2n-1}\}$ は下に有界な単調減少列になっている．確かめよ．

て，$\{s_n\}$ の収束がわかる． ∎

[**アーベルの変形を使う証明**] 数列 $\{b_n\}$ に対して $\lambda_n = \sum_{k=1}^{n} b_k$ とおく（$\lambda_0 = 0$ とする）．このとき $b_n = \lambda_n - \lambda_{n-1}$ であるから任意の n, m に対して，

$$a_m b_m + a_{m+1} b_{m+1} + \cdots + a_n b_n$$
$$= a_m(\lambda_m - \lambda_{m-1}) + a_{m+1}(\lambda_{m+1} - \lambda_m) + \cdots + a_n(\lambda_n - \lambda_{n-1})$$
$$= -a_m \lambda_{m-1} + (a_m - a_{m+1})\lambda_m + (a_{m+1} - a_{m+2})\lambda_{m+1} + \cdots + (a_{n-1} - a_n)\lambda_{n-1} + a_n \lambda_n$$

である（これを**アーベル変形**という）．さらに，$\{\lambda_n\}$ は有界数列であると仮定する．すなわち，$|\lambda_n| \leq M$ とすると，

$$|a_m b_m + a_{m+1} b_{m+1} + \cdots + a_n b_n|$$
$$\leq a_m |\lambda_{m-1}| + (a_m - a_{m+1})|\lambda_m| + (a_{m+1} - a_{m+2})|\lambda_{m+1}| + \cdots + (a_{n-1} - a_n)|\lambda_{n-1}| + a_n |\lambda_n|$$
$$\leq M a_m + M(a_m - a_{m+1}) + M(a_{m+1} - a_{m+2}) + \cdots + M(a_{n-1} - a_n) + M a_n$$
$$= 2 M a_m$$

となる．ここで，$b_n = (-1)^{n-1}$ とすると，λ_n は 1 か 0 であり，$M = 1$ とできる．任意の $\varepsilon > 0$ に対して，$2a_N < \varepsilon$ となる番号を選べば，任意の $n, m \geq N$ に対して，

$$|(-1)^{m-1} a_m + (-1)^m a_{m+1} + \cdots + (-1)^{n-1} a_n| \leq 2a_m < \varepsilon$$

となり，第 n 部分和の作る数列がコーシー列をなすことが示されて，収束がわかる． ∎

§29.3 絶対収束と条件収束

正項級数でないものに正項級数の理論を適用するために絶対収束の概念を導入する．

定義 29.2 (1) $\sum_{n=1}^{\infty} |a_n|$ が収束するとき，級数 $\sum_{n=1}^{\infty} a_n$ は**絶対収束**するという[4]．
(2) $\sum_{n=1}^{\infty} a_n$ は収束するが，絶対収束はしていないとき，**条件収束**するという．

$\sum_{n=1}^{\infty} \frac{1}{n^2}$ は収束し $\sum_{n=1}^{\infty} \frac{1}{n}$ は収束していないから，(29.2) は絶対収束し，(29.3) は条件収束である．

定理 29.2 絶対収束している級数は収束する[5]．

[**証明**] この証明にはコーシー列の議論 (27.4) が有効である．$\sum_{n=1}^{\infty} |a_n|$ が収束すればその第 n 部分和の数列はコーシー列をなしている．すなわち，任意の $\varepsilon > 0$ に対して，ある番号 N_ε が存在して $n, m \geq N_\varepsilon$ $(n > m)$ ならば $|a_m| + |a_{m+1}| + \cdots + |a_n| < \varepsilon$ となる．このとき

$$|a_m + a_{m+1} + \cdots + a_n| \leq |a_m| + |a_{m+1}| + \cdots + |a_n| < \varepsilon$$

---

[4] 正項級数なら絶対収束と通常の収束はまったく同じである．
[5] $\left|\sum_{n=1}^{\infty} a_n\right| \leq \sum_{n=1}^{\infty} |a_n|$ であって，一般には等号は成立しない．2 つの値を等しいと早合点する人がいる．注意すること．

であるから，$\sum_{n=1}^{\infty} a_n$ の第 n 部分和の作る数列もコーシー列となり収束する[6]． ∎

絶対収束と条件収束の違いは次の事実として現れる．

> **定理 29.3** (1) 正項級数では項の順序を並び替えて加えても同じ和に収束する．
> (2) 絶対収束している級数なら項の順序を並び替えて加えても同じ値に収束する．
> (3) 条件収束している級数では項の順序を並び替えると和の値が変わることがある．

この事実が冒頭の 2 つの例の違いである．(29.2) は絶対収束しているので，項の順序を並び替えて加えても同じ値になるが，(29.3) は条件収束なので項の順序を並び替えると異なる値になったのである．

[証明] (1) $\sum_{n=1}^{\infty} a_n$ を正項級数，$\sum_{n=1}^{\infty} b_n$ を項の順序を並び替えた級数とし，それらの和を A および B とする (A, B は ∞ でもよい)．$\sum_{n=1}^{\infty} b_n$ の第 n 部分和を $s_n = b_1 + \cdots + b_n$ としたとき，各 b_k ($k = 1, \cdots, n$) はすべて $\{a_n\}$ に含まれているので，$s_n \leq A$ が成り立つ．よって $n \to \infty$ とすれば $B \leq A$ である (練習問題 28.3)．$\sum_{n=1}^{\infty} a_n$ を $\sum_{n=1}^{\infty} b_n$ の並び替えた級数とみなせば，前半の議論から $A \leq B$ となり，あわせて $A = B$ を得る．

(2) $\sum_{n=1}^{\infty} a_n$ を絶対収束する級数とし，各 n に対して

(29.5) $$a_n^+ := \begin{cases} a_n & (a_n \geq 0) \\ 0 & (a_n < 0) \end{cases}, \quad a_n^- := \begin{cases} 0 & (a_n \geq 0) \\ -a_n & (a_n < 0) \end{cases}$$

とすると

(29.6) $$a_n = a_n^+ - a_n^- \quad \text{および} \quad |a_n| = a_n^+ + a_n^-$$

である．仮定より $\sum_{n=1}^{\infty} |a_n| < \infty$ であるから，$0 \leq a_n^+ \leq |a_n|$, $0 \leq a_n^- \leq |a_n|$ より，2 つの正項級数 $\sum_{n=1}^{\infty} a_n^+$, $\sum_{n=1}^{\infty} a_n^-$ はともに収束して

(29.7) $$\sum_{n=1}^{\infty} a_n = \sum_{n=1}^{\infty} (a_n^+ - a_n^-) = \sum_{n=1}^{\infty} a_n^+ - \sum_{n=1}^{\infty} a_n^-$$

となる．$\sum_{n=1}^{\infty} b_n$ を順序を並び替えた数列とし，b_n^+, b_n^- を上のように定めると，$\sum_{n=1}^{\infty} b_n^+$ は $\sum_{n=1}^{\infty} a_n^+$ を並び替えた級数であり，$\sum_{n=1}^{\infty} b_n^-$ は $\sum_{n=1}^{\infty} a_n^-$ を並び替えた級数になっている．よって (1) と (29.7) より

$$\sum_{n=1}^{\infty} a_n = \sum_{n=1}^{\infty} a_n^+ - \sum_{n=1}^{\infty} a_n^- = \sum_{n=1}^{\infty} b_n^+ - \sum_{n=1}^{\infty} b_n^- = \sum_{n=1}^{\infty} b_n$$

が成り立つ．

(3) 概略のみを述べる．$\sum_{n=1}^{\infty} a_n$ が条件収束するとき，$\sum_{n=1}^{\infty} a_n^+ = \infty$, $\sum_{n=1}^{\infty} a_n^- = \infty$ である (ともに有限値なら絶対収束している．片方のみ ∞ なら収束しない)．したがって a_n が正である項のみを先に足せば ∞ になるし，

---

[6] 念のために書くが，$\sum_{n=1}^{\infty} |a_n|$ の第 n 部分和は $\overline{s}_n := |a_1| + |a_2| + \cdots + |a_n|$ であり，$\sum_{n=1}^{\infty} a_n$ の第 n 部分和は $s_n := a_1 + a_2 + \cdots + a_n$ である．一般に $\overline{s}_n \geq |s_n|$ であって，等号が成り立つとは限らない．

負である項のみを足せば $-\infty$ にできる．実は，正になる項と負になる項の順序を替えてうまく足していけば，任意の値に収束させることができる． ∎

§29.4　無限乗積

数列 $\{a_n\}$ の和が (無限) 級数であったが，それらの積を**無限乗積**という (単に**無限積**ともいう)．無限乗積は通常は

$$\prod_{n=1}^{\infty} a_n = a_1 a_2 \cdots a_n \cdots \tag{29.8}$$

と書く．項の中に $a_n = 0$ となるものが 1 つでもあれば，積は 0 になってしまうので以下では $a_n \neq 0$ を仮定する．n 個の部分積を

$$p_n := a_1 a_2 \cdots a_n \tag{29.9}$$

と定める．級数と同じように，部分積の収束で無限乗積を定義する．

定義 29.3　数列 $\{p_n\}$ が 0 でない実数 p に収束するとき，無限乗積 $\displaystyle\prod_{n=1}^{\infty} a_n$ は**収束**するといい，その値を p とする．$\{p_n\}$ が収束しない場合と 0 に収束する場合は，無限乗積は**発散**するという[7]．ε-N 論法を使えば，任意の $\varepsilon > 0$ に対して，番号 N_ε が存在して，$n \geq N_\varepsilon$ ならば $|p_n - p| < \varepsilon$ が成り立つとき，無限乗積は収束して $\displaystyle\prod_{n=1}^{\infty} a_n = p$ である．

問 29.1　$\displaystyle\prod_{n=2}^{\infty} \left(1 - \frac{1}{n}\right)$ は 0 に発散することを確認せよ．

無限乗積の収束をコーシー列の言葉で定義することを演習問題 29.2 とする．

級数に関する定理 28.1 に対応して，

$$\text{無限乗積 } \prod_{n=1}^{\infty} a_n \text{ が収束すれば，} \quad \lim_{n \to \infty} a_n = 1 \tag{29.10}$$

である．実際，第 n 部分積を p_n とすると，$\displaystyle\lim_{n \to \infty} p_n = p \neq 0$ である．よって，$a_n = p_n/p_{n-1}$ より

$$\lim_{n \to \infty} a_n = \lim_{n \to \infty} \frac{p_n}{p_{n-1}} = \frac{p}{p} = 1$$

となる．

この結果から $a_n = 1 + x_n$ と書いて，

$$\prod_{n=1}^{\infty} (1 + x_n) \tag{29.11}$$

---

[7] 特に，$\displaystyle\lim_{n \to \infty} p_n = 0$ のときは，無限乗積は 0 に発散するという．

の形で無限乗積を考える方が便利なことが多い．収束すれば $\lim_{x \to \infty} x_n = 0$ である．さらに，

$$\tag{29.12} \prod_{n=1}^{\infty}(1+|x_n|)$$

が収束するとき，無限乗積 (29.11) は **絶対収束** するという[8]．この記述によって，無限乗積と級数の収束が次のように結びつく．まず，$|x_n| < 1$ のとき

$$p_n = \prod_{k=1}^{n}(1+x_n), \quad S_n = \sum_{k=1}^{n} \log(1+x_n)$$

とすると，$e^{S_n} = p_n$ であるから，$\{p_n\}$ が 0 以外に収束する必要かつ十分条件は $\{S_n\}$ が収束することである．すなわち，$S_n \to S \, (n \to \infty)$ とすると

$$\tag{29.13} \sum_{n=1}^{\infty} \log(1+x_n) = S \iff \prod_{n=1}^{\infty}(1+x_n) = e^S$$

が成り立つ．さらに

定理 29.4 (1) $\{x_n\}$ は非負値の数列とする．無限乗積 $\prod_{n=1}^{\infty}(1+x_n)$ が収束する必要かつ十分条件は $\sum_{n=1}^{\infty} x_n$ が収束することである[9]．

(2) 無限乗積 $\prod_{n=1}^{\infty}(1+x_n)$ が絶対収束する必要かつ十分条件は $\sum_{n=1}^{\infty} x_n$ が絶対収束することである．

(3) 無限乗積が絶対収束すれば収束する．

(4) 無限乗積が絶対収束すれば，項の順番を入れ換えても同じ値に収束する．

[証明] $|x| \leq 1/2$ のとき

$$\tag{29.14} |x| \leq 2|\log(1+x)| \leq 3|x| \quad \text{および} \quad |x| \leq 2\log(1+|x|) \leq 3|x|$$

となることに注意する (演習問題 29.7)．無限乗積か級数が収束するならば $x_n \to 0$ であるから，必要なら，最初の有限個を除けば，$|x_n|$ はすべて 1/2 以下であるとしてよい．(29.14) より

$$\sum_{n=1}^{\infty}|x_n| \leq 2\sum_{n=1}^{\infty}|\log(1+x_n)| \leq 3\sum_{n=1}^{\infty}|x_n|$$

$$\sum_{n=1}^{\infty}|x_n| \leq 2\sum_{n=1}^{\infty}\log(1+|x_n|) \leq 3\sum_{n=1}^{\infty}|x_n|$$

が成り立つ．(1) は上式と (29.13) から導かれ，(2) は下式と (29.13) から導かれる．無限乗積の収束は対応する級数の収束に言い換えられたので，(3), (4) は級数に関する主張 (定理 29.2, 29.3) から示される． ∎

---

[8] 絶対収束の定義が $\prod_{n=1}^{\infty}|1+x_n|$ ではないことに注意せよ．たとえば $x_n = (-1)^n - 1$ とすると $1+x_n = (-1)^n$, $|1+x_n| = 1$ で $\prod_{n=1}^{\infty}|1+x_n| = 1$ であるが，$\prod_{n=1}^{\infty}(1+x_n)$ は収束しない．

[9] $\{x_n\}$ が非負値でないと，一般には $\sum_{n=1}^{\infty} x_n$ と $\prod_{n=1}^{\infty}(1+x_n)$ の収束の間には何の関係もない．演習問題 29.4 を見よ．

****

○●練習問題 29 ●○

29.1 次の数列についての級数について，絶対収束，条件収束，発散のいづれであるかを判定せよ．

(1) $a_n = (-1)^n \dfrac{n}{1+n^2}$ (2) $a_n = (-1)^n \dfrac{n}{\sqrt{1+n^2}}$ (3) $a_n = (-1)^n \dfrac{\log n}{n}$

(4) $a_n = \dfrac{\sin(n\pi/2)}{n}$ (5) $a_n = \dfrac{\sin(1/n)}{n}$

29.2 次の無限乗積について，収束，発散を判定せよ．

(1) $\displaystyle\prod_{n=1}^{\infty} \dfrac{2n^2+3n+5}{n^2+10n+6}$ (2) $\displaystyle\prod_{n=1}^{\infty} \dfrac{n^2+1}{n^3+1}$ (3) $\displaystyle\prod_{n=2}^{\infty} \dfrac{n^3+3}{n^3+1}$

(4) $\displaystyle\prod_{n=1}^{\infty} \left(1 + \dfrac{1}{2n+1}\right)$ (5) $\displaystyle\prod_{n=2}^{\infty} \left(1 - \dfrac{1}{n^2}\right)$ (6) $\displaystyle\prod_{n=2}^{\infty} \cos \dfrac{\pi}{2^n}$

29.3 次の等式を示せ．

(1) $\displaystyle\sum_{n=0}^{\infty} \dfrac{1}{2^n} = \prod_{n=2}^{\infty} \left(1 + \dfrac{1}{2^n - 2}\right)$ (2) $\displaystyle\sum_{n=1}^{\infty} \dfrac{2}{n(n+1)} = \prod_{n=2}^{\infty} \left(1 + \dfrac{1}{n^2-1}\right)$

29.4 (1) $\displaystyle\sum_{n=1}^{\infty} a_n$ が絶対収束すれば $\displaystyle\sum_{n=1}^{\infty} a_n{}^2$ は収束することを説明せよ．

(2) $\displaystyle\sum_{n=1}^{\infty} a_n$ が条件収束の場合は，$\displaystyle\sum_{n=1}^{\infty} a_n{}^2$ は必ずしも収束するとは限らない．例を挙げよ．

◇◆演習問題 29 ◆◇

29.1 $S = 1 - \dfrac{1}{2} + \dfrac{1}{3} - \dfrac{1}{4} + \cdots$ を以下の 2 通りの方法で求めてみよ[10]．

[1] (1) $\log(1+x)$ を $\log(1+x) = x - \dfrac{x^2}{2} + \dfrac{x^3}{3} - \cdots + (-1)^{n-2} \dfrac{x^{n-1}}{n-1} + R_n(x)$ と n 次テイラー展開したときの剰余項 $R_n(x)$ を求めよ．

(2) 上式で $x = 1$ として，$\displaystyle\lim_{n\to\infty} R_n(1) = 0$ を示して，S の値を求めよ．

[2] (1) 第 n 部分和を s_n とするとき，$\{s_n\}$ が収束する理由を述べよ．

(2) 数学的帰納法より $s_{2n} = \displaystyle\sum_{k=1}^{n} \dfrac{1}{n+k}$ を証明せよ．

(3) (2) の右辺を $\displaystyle\sum_{k=1}^{n} \dfrac{1}{n} \dfrac{1}{1+k/n}$ と変形して区分求積法から S を求めよ．

29.2 $\{a_n\}$ の各項は 0 でないとする．無限乗積 $\displaystyle\prod_{n=1}^{\infty} a_n$ が収束する必要かつ十分条件は，任意の $\varepsilon > 0$ に対して，番号 N_ε が存在して，任意の $n, m \geq N_\varepsilon$ $(n > m)$ に対して $|a_m a_{m+1} \cdots a_n - 1| < \varepsilon$ が成り立つことである．これを証明せよ．

---

[10] もっと簡単な方法がある．$0 \leq x < 1$ のとき，等比級数の和の公式から $\dfrac{1}{1+x} = \displaystyle\sum_{n=0}^{\infty} (-x)^n$ が成り立つ．両辺を x について積分すると

$$\log(1+x) = \int_0^x \dfrac{1}{1+x} dx = \int_0^x \left(\sum_{n=0}^{\infty} (-x)^n\right) dx = \sum_{n=0}^{\infty} \int_0^x (-x)^n dx = \sum_{n=0}^{\infty} \dfrac{(-1)^n x^{n+1}}{n+1}$$

なので $x = 1$ とすればよい．この計算は正当化できるが「積分と無限和の交換」および「$x = 1$ としてよいこと」の確認が必要である．38 章 例題 38.1 を見よ．

29.3 アーベルの変形を利用して以下を示せ．$\{a_n\}$ は単調減少列で $\lim_{n\to\infty} a_n = 0$ とする．また，数列 $\{b_n\}$ に対して $\lambda_n = \sum_{k=1}^{n} b_k$ とおいたとき，$\{\lambda_n\}$ が有界数列になると仮定する．このとき $\sum_{n=1}^{\infty} a_n b_n$ は収束することを示せ．

29.4 (1) $a_n = (-1)^n \sqrt{\dfrac{2}{n+1}}$ とする．定義にもどって，$\sum_{n=1}^{\infty} a_n$ は収束するが，$\prod_{n=1}^{\infty}(1+a_n)$ は発散することを示せ．

(2) $a_{2n-1} = \dfrac{1}{\sqrt{n}}$, $a_{2n} = \dfrac{1}{n} - \dfrac{1}{\sqrt{n}}$ とする．定義にもどって，$\prod_{n=1}^{\infty}(1+a_n)$ は収束するが，$\sum_{n=1}^{\infty} a_n$ は発散することを示せ．

29.5 n 番目の素数を p_n とし（すなわち，$p_1=2, p_2=3, p_3=5, \cdots$），$s>1$ とする．各 $m \in \mathbb{N}$ に対して $A_m := \prod_{k=1}^{m} \dfrac{1}{1-p_k^{-s}}$ とすれば，$0 \le \sum_{n=1}^{\infty} \dfrac{1}{n^s} - A_m \le \sum_{n=m+1}^{\infty} \dfrac{1}{n^s}$ となることを示して，等式

$$\sum_{n=1}^{\infty} \frac{1}{n^s} = \prod_{k=1}^{\infty} \frac{1}{1-p_k^{-s}}$$

を証明せよ．

29.6 $\sum_{n=1}^{\infty} a_n$ が収束する正項級数のとき，次が成り立つことを示せ．

$$\sum_{n=1}^{\infty} a_n \le \prod_{n=1}^{\infty}(1+a_n) \le \exp\left(\sum_{n=1}^{\infty} a_n\right)$$

29.7 $|x| < \dfrac{1}{2}$ のとき (29.14) が成り立つことを示せ．

30

2重数列と2重級数

> 非数学的な直観が，数学の研究に重要な役割を演じている．
>
> シュール

14章で学んだ2変数関数の極限では，点の近づき方によって極限値が異なることがあった．また，17章では重積分においては，積分順序の交換は無条件で成り立つわけではないことを注意した．これらの事実をより厳密に議論するために，2重数列および2重級数の収束について調べる．

§30.1　2重数列の収束

2つの添字を付けて並べた数の列

$$
(30.1)\quad
\begin{array}{cccccc}
a_{1,1} & a_{1,2} & a_{1,3} & \cdots & a_{1,n} & \cdots \\
a_{2,1} & a_{2,2} & a_{2,3} & \cdots & a_{2,n} & \cdots \\
a_{3,1} & a_{3,2} & a_{3,3} & \cdots & a_{3,n} & \cdots \\
\vdots & \vdots & \vdots & \vdots & \vdots & \vdots \\
a_{m,1} & a_{m,2} & a_{m,3} & \cdots & a_{m,n} & \cdots \\
\vdots & \vdots & \vdots & \vdots & \vdots & \vdots
\end{array}
$$

を **2重数列** といい，$\{a_{m,n}\}_{m,n=1}^{\infty}$ あるいは簡単に $\{a_{m,n}\}$ と書く．$a_{m,n}$ は単に a_{mn} と書かれる場合が多いが，添字の番号を明確にする意味で，本書ではカンマを入れて書くことにする．次の具体的な問題の考察から始める．

例題 30.1　2重数列 $a_{m,n} = \dfrac{2n-3m}{n+m} + \dfrac{1}{m} + \dfrac{2}{n}$ について

(1) $A_n := \lim_{m \to \infty} a_{m,n}$ と $B_m := \lim_{n \to \infty} a_{m,n}$ を求めよ．

(2) $A := \lim_{n \to \infty} \left(\lim_{m \to \infty} a_{m,n} \right)$ と $B := \lim_{m \to \infty} \left(\lim_{n \to \infty} a_{m,n} \right)$ を求めよ．

(3) $C := \lim_{n \to \infty} a_{n,n}$ を求めよ．

[解答]　(1) $A_n = -3 + 2/n$, $B_m = 2 + 1/m$．(2) $A = \lim_{n \to \infty} A_n = -3$, $B = \lim_{m \to \infty} B_m = 2$．
(3) $C = \lim_{n \to \infty} (-1/2 + 3/n) = -1/2$． ∎

問 30.1　$a_{n,m} = n/(n+m)$ について，$\lim_{n \to \infty} \left(\lim_{m \to \infty} a_{m,n} \right)$, $\lim_{m \to \infty} \left(\lim_{n \to \infty} a_{m,n} \right)$ および $\lim_{n \to \infty} a_{n,n}$ を求めよ．

これらの例からもわかるように，一般には

(30.2) $$\lim_{n\to\infty}\left(\lim_{m\to\infty}a_{m,n}\right) = \lim_{m\to\infty}\left(\lim_{n\to\infty}a_{m,n}\right)$$

は成り立つとは限らない[1]．2重数列の収束を ε-N 論法を使って正確に定義しよう．

定義 30.1　2重数列 $\{a_{m,n}\}$ が実数 α に収束するとは，任意の $\varepsilon > 0$ に対して，ある番号 N_ε が定まり，$m, n \geq N_\varepsilon$ をみたす任意の自然数 n, m に対して

(30.3) $$|a_{m,n} - \alpha| < \varepsilon$$

が成り立つことである．このとき

(30.4) $$\lim_{m,n\to\infty} a_{m,n} = \alpha$$

と表す．

この定義に基づいて，(30.2) の成立に関する次の定理を得る．

定理 30.1　2重数列 $\{a_{m,n}\}$ が α に収束し，さらに，$\lim_{m\to\infty}a_{m,n}$ と $\lim_{n\to\infty}a_{m,n}$ が存在するならば，

(30.5) $$\lim_{n\to\infty}\left(\lim_{m\to\infty}a_{m,n}\right) = \lim_{m\to\infty}\left(\lim_{n\to\infty}a_{m,n}\right) = \lim_{m,n\to\infty} a_{n,m} = \alpha$$

が成り立つ[2]．

証明は演習問題 30.1 とする．ここで注意すべきことは，2重数列が収束していれば (30.2) が成り立つと即断してはいけないことである．次の例を挙げる．

$$a_{m,n} = \frac{1}{m} + \frac{(-1)^m}{n}$$

任意の $\varepsilon > 0$ に対し，$N_\varepsilon > 2/\varepsilon$ なる番号をとれば，$n, m \geq N_\varepsilon$ のとき

$$|a_{m,n}| \leq \left|\frac{1}{m}\right| + \left|\frac{(-1)^m}{n}\right| = \frac{1}{m} + \frac{1}{n} \leq \frac{2}{N_\varepsilon} < \varepsilon$$

となるので，この 2 重数列は 0 に収束する．一方で $\lim_{m\to\infty}a_{m,n}$ は存在しない (収束していない) ので，(30.5) の第1項は意味をもたない．いささか，屁理屈のようではあるが，気をつけること．

§30.2　2重級数の収束

2重数列 $\{a_{m,n}\}$ を足し合わせたものが **2重級数** である．足し合わす順番に注意する必要がある．

---

[1] 括弧を省略して $\lim_{n\to\infty}\lim_{m\to\infty}a_{m,n}$ および $\lim_{m\to\infty}\lim_{n\to\infty}a_{m,n}$ と書くこともある．前者は先に $m \to \infty$ として，次に $n \to \infty$ とした極限である．後者は n が先で，次に m を ∞ にする．

[2] より正確に述べると，$\{a_{m,n}\}$ が α に収束し，かつ，すべての $n \geq 1$ にいて $\lim_{m\to\infty}a_{m,n}$ が存在すれば $\lim_{n\to\infty}\left(\lim_{m\to\infty}a_{m,n}\right) = \alpha$ が成り立つ．同様に，$\{a_{m,n}\}$ が α に収束し，かつ，すべての $m \geq 1$ について $\lim_{n\to\infty}a_{m,n}$ が存在すれば $\lim_{m\to\infty}\left(\lim_{n\to\infty}a_{m,n}\right) = \alpha$ が成り立つ．

例題 30.2 2重数列 $a_{m,n} = \dfrac{1}{n+m}$ (m は奇数), $a_{m,n} = -\dfrac{1}{n+m-1}$ (m は偶数) について $\displaystyle\sum_{n=1}^{\infty}\left(\sum_{m=1}^{\infty} a_{m,n}\right)$ と $\displaystyle\sum_{m=1}^{\infty}\left(\sum_{n=1}^{\infty} a_{m,n}\right)$ は等しくはないことを確認せよ[3]。

[解答] この数列を並べて書くと

$m \backslash n$	1	2	3	4	$\cdots$
1	$1/2$	$1/3$	$1/4$	$1/5$	$\cdots$
2	$-1/2$	$-1/3$	$-1/4$	$-1/5$	$\cdots$
3	$1/4$	$1/5$	$1/6$	$1/7$	$\cdots$
4	$-1/4$	$-1/5$	$-1/6$	$-1/7$	$\cdots$
$\vdots$	$\vdots$	$\vdots$	$\vdots$	$\vdots$	$\cdots$

先に縦について (m について) 足すと $\displaystyle\sum_{m=1}^{\infty} a_{m,n} = 1/(n+1) - 1/(n+1) + 1/(n+3) - 1/(n+3) + \cdots = 0 + 0 + \cdots = 0$ であるから, $\displaystyle\sum_{n=1}^{\infty}\left(\sum_{m=1}^{\infty} a_{m,n}\right) = \sum_{n=1}^{\infty} 0 = 0$ である. 一方, 横について (n について) 足すと $\displaystyle\sum_{n=1}^{\infty} 1/(n+m) = \infty$ より $\displaystyle\sum_{n=1}^{\infty} a_{m,n}$ は収束しないので, $\displaystyle\sum_{n=1}^{\infty}\left(\sum_{m=1}^{\infty} a_{m,n}\right)$ も存在しない. ∎

通常の数列の収束と同様に2重級数の収束も部分和の作る数列の収束として定義する. 2重数列 $\{a_{m,n}\}$ について, その部分和を

$$(30.6) \qquad s_{m,n} = \sum_{k=1}^{m}\sum_{\ell=1}^{n} a_{k,\ell}$$

と定める.

問 30.2 (1) $m \geq 2$ ならば $a_{m,1} = s_{m,1} - s_{m-1,n}$, $n \geq 2$ ならば $a_{1,n} = s_{1,n} - s_{1,n-1}$ を確認せよ.
(2) $n, m \geq 2$ のとき $a_{m,n} = s_{m,n} - s_{m-1,n} - s_{m,n-1} + s_{m-1,n-1}$ を示せ.

定義 30.2 2重数列 $\{s_{m,n}\}$ が極限値 α をもつとき, 2重級数は α に**収束**するといい

$$(30.7) \qquad \sum_{m,n=1}^{\infty} a_{m,n} = \lim_{m,n \to \infty} s_{m,n} = \alpha$$

と書く. $\{s_{m,n}\}$ が収束しないとき, 2重級数 $\displaystyle\sum_{m,n=1}^{\infty} a_{m,n}$ は**発散**するという. ただし, (30.7) の極限が $\pm\infty$ になるとき, $\displaystyle\sum_{m,n=1}^{\infty} a_{m,n} = \pm\infty$ と書く. また $\displaystyle\sum_{m,n=1}^{\infty} |a_{m,n}|$ が収束するとき, 2重級数は絶対収束するという.

---

[3] 数列の場合と同じように括弧を省略して, $\displaystyle\sum_{n=1}^{\infty}\sum_{m=1}^{\infty} a_{m,n}$ および $\displaystyle\sum_{m=1}^{\infty}\sum_{n=1}^{\infty} a_{m,n}$ と書くことも多い.

> **定理 30.2** (1) $a_{m,n}$ はすべて非負とする．このとき
> $$\sum_{m,n=1}^{\infty} a_{m,n} = \sum_{m=1}^{\infty}\left(\sum_{n=1}^{\infty} a_{m,n}\right) = \sum_{n=1}^{\infty}\left(\sum_{m=1}^{\infty} a_{m,n}\right) \tag{30.8}$$
> が成り立つ (ただし，どれかの項が ∞ ならば，すべて ∞ として成り立つ)[4]．
>
> (2) 2 重級数 $\displaystyle\sum_{m,n=1}^{\infty} a_{m,n}$ が絶対収束すれば，(30.8) が成り立つ．

[証明] (1) 最初の等号のみを示す (後者は m, n の役割を換えれば同様にできる)．第 1 項の値を A，第 2 項の値を B とする．a_{mn} がすべて非負であるから，$A = \lim_{m,n\to\infty} s_{m,n} = \sup\{s_{m,n}; m, n \in \mathbb{N}\}$ である (練習問題 28.3)．よって $A \geq s_{m,n} = \sum_{k=1}^{m}\sum_{\ell=1}^{n} a_{k,\ell}$ において $m \to \infty$ および $n \to \infty$ とすれば $A \geq B$ が示される．また，$s_{m,n} \leq B$ であるから，m, n の上限をとって $A \leq B$ も成り立つ．以上から $A = B$ である．

(2) (1) から $\sum_{m,n=1}^{\infty} |a_{m,n}| = \sum_{m=1}^{\infty}\left(\sum_{n=1}^{\infty} |a_{m,n}|\right) = \sum_{n=1}^{\infty}\left(\sum_{m=1}^{\infty} |a_{m,n}|\right)$ がわかる．$b_{m,n} := |a_{m,n}| - a_{m,n}$ とすれば，これも非負なので $\sum_{m,n=1}^{\infty} b_{m,n} = \sum_{m=1}^{\infty}\left(\sum_{n=1}^{\infty} b_{m,n}\right) = \sum_{n=1}^{\infty}\left(\sum_{m=1}^{\infty} b_{m,n}\right)$ である．辺々を引けば (30.8) を得る (練習問題 30.4 を参照せよ)．

絶対収束していないと (30.8) は成り立つとは限らないことを注意する．実際，$s_{m,n} := 1/m + (-1)^m/n$ とすれば，$\lim_{m,n\to\infty} s_{m,n} = 0$ である．部分和が $s_{m,n}$ となる 2 重数列を $a_{m,n}$ とすれば，定義より，2 重級数 $\sum_{m,n=1}^{\infty} a_{m,n}$ は収束する．一方，問 30.2 より $n, m \geq 2$ のとき

$$a_{m,n} = \frac{2(-1)^{m+1}}{n(n+1)}$$

となり，$\sum_{m=1}^{\infty} a_{m,n}$ は収束していないので (30.8) の右辺は意味をもたない． ■

上記の定理に含まれる次の事実を再度まとめておく．

$$\sum_{m,n=1}^{\infty} |a_{m,n}| < \infty \quad \text{ならば} \quad \sum_{m=1}^{\infty}\left(\sum_{n=1}^{\infty} a_{m,n}\right) = \sum_{n=1}^{\infty}\left(\sum_{m=1}^{\infty} a_{m,n}\right) \tag{30.9}$$

が成り立つ．特に $a_{m,n}$ がすべて非負ならば (30.9) の等式は (∞ になることを含めると) いつも成り立つ．

§30.3 コーシー積

2 つの数列 $\{a_n\}, \{b_n\}$ に対して

$$c_n := \sum_{m=1}^{n} a_m b_{n+1-m} \quad (= a_1 b_n + a_2 b_{n-1} + \cdots + a_{n-1} b_2 + a_n b_1) \tag{30.10}$$

とする．これは**コーシー積**と呼ばれる．

---

[4] この事実はルベーグ積分論におけるフビニの定理に対応するものである．

> **定理 30.3** 級数 $\sum_{n=1}^{\infty} a_n, \sum_{n=1}^{\infty} b_n$ がともに絶対収束すれば $\sum_{n=1}^{\infty} c_n$ も絶対収束し,
>
> (30.11) $$\sum_{n=1}^{\infty} c_n = \left(\sum_{n=1}^{\infty} a_n\right)\left(\sum_{n=1}^{\infty} b_n\right)$$
>
> が成り立つ[5].

[証明] $d_{m,n} := \begin{cases} 1 & (1 \leq m \leq n) \\ 0 & (m > n) \end{cases}$ とすると $c_n = \sum_{m=1}^{\infty} a_m d_{m,n} b_{n+1-m}$ である. (3.9) から m と n の順序を入れ換えることができて (次の最初の等号が成り立つ),

$$\sum_{n=1}^{\infty} |c_n| \leq \sum_{n=1}^{\infty}\left(\sum_{m=1}^{\infty} |a_m d_{m,n} b_{n+1-m}|\right) = \sum_{m=1}^{\infty}\left(\sum_{n=1}^{\infty} |a_m d_{m,n} b_{n+1-m}|\right)$$

$$= \sum_{m=1}^{\infty}\left(\sum_{n=m}^{\infty} |a_m b_{n+1-m}|\right) = \sum_{m=1}^{\infty}\left(\sum_{n=1}^{\infty} |a_m b_n|\right) < \infty$$

これより $\sum_{n=1}^{\infty} c_n$ は絶対収束し, 再度 (30.9) を使うと

$$\sum_{n=1}^{\infty} c_n = \sum_{n=1}^{\infty}\left(\sum_{m=1}^{\infty} a_m d_{m,n} b_{n+1-m}\right) = \sum_{m=1}^{\infty}\left(\sum_{n=m}^{\infty} a_m d_{m,n} b_{n+1-m}\right)$$

$$= \sum_{m=1}^{\infty}\left(\sum_{n=m}^{\infty} a_m b_{n+1-m}\right) = \sum_{m=1}^{\infty}\left(\sum_{n=1}^{\infty} a_m b_n\right) = \left(\sum_{m=1}^{\infty} a_m\right)\left(\sum_{n=1}^{\infty} b_n\right)$$

となって (30.11) が示される. ∎

§30.4 極限と無限和の順序交換について

2 重数列 $\{a_{m,n}\}$ に対して

(30.12) $$\lim_{m \to \infty}\left(\sum_{n=1}^{\infty} a_{m,n}\right) = \sum_{n=1}^{\infty}\left(\lim_{m \to \infty} a_{m,n}\right)$$

が成り立つための条件を考察する.

> **問 30.3** $a_{m,n} = 1/(n+m)$ のとき, $\sum_{n=1}^{\infty} a_{m,n} = \infty$ および $\lim_{m \to \infty} a_{m,n} = 0$ に注意して, (30.12) は無条件では成り立たないこと確認せよ.

---

[5] (30.11) は $\sum_{n=1}^{\infty} c_n = \sum_{m,n=1}^{\infty} a_m b_n$ と書くことができる. この種の計算をするとき, 右辺の一般項をの下付きの添字を n,n から m,n と違った文字に書き換えることが重要である: $\left(\sum_{n=1}^{\infty} a_n\right)\left(\sum_{n=1}^{\infty} b_n\right) = \left(\sum_{m=1}^{\infty} a_m\right)\left(\sum_{n=1}^{\infty} b_n\right)$. なお, $\sum_{n=1}^{\infty} a_n$ と $\sum_{n=1}^{\infty} b_n$ が条件収束の場合は (30.11) が成り立つとは限らない (演習問題 30.2).

定理 30.4 2重数列 $\{a_{m,n}\}$ について，次の2つの条件がみたされれば (3.12) が成り立つ[6]．
(1) すべての $n \in \mathbb{N}$ について $\lim_{m\to\infty} a_{m,n}$ が存在する．
(2) 収束する正項数列 $\sum_{n=1}^{\infty} b_n$ が存在して，すべての $m, n \in \mathbb{N}$ について $|a_{m,n}| \leq b_n$ が成り立つ．

[証明] $a_n = \lim_{m\to\infty} a_{m,n}$ とする．(2) の条件より $|a_n| \leq b_n$ が成り立つ．また，$\sum_{n=1}^{\infty} b_n < \infty$ より $\sum_{n=1}^{\infty} a_{m,n}$ は絶対収束し，任意の正数 ε に対して，番号 N_ε が存在して，$\sum_{n=N_\varepsilon}^{\infty} b_n < \varepsilon$ とできる．さらに，各 $k = 1, 2, \cdots, N_\varepsilon$ に対して番号 $M_{k,\varepsilon}$ が存在して $m \geq M_{k,\varepsilon}$ ならば $|a_{m,k} - a_k| < \varepsilon / N_\varepsilon$ が成り立つ．よって $N := \max\{N_\varepsilon, M_{k,\varepsilon} \ (k = 1, 2, \cdots, N_\varepsilon)\}$ とすれば $m, n \geq N$ のとき

$$\left| \sum_{n=1}^{\infty} a_{m,n} - \sum_{n=1}^{\infty} a_n \right| = \left| \sum_{n=1}^{N_\varepsilon} a_{m,n} + \sum_{n=N_\varepsilon+1}^{\infty} a_{m,n} - \sum_{n=1}^{N_\varepsilon} a_n - \sum_{n=N_\varepsilon+1}^{\infty} a_n \right|$$

$$\leq \sum_{n=1}^{N_\varepsilon} |a_{m,n} - a_n| + \sum_{n=N_\varepsilon+1}^{\infty} |a_{m,n}| + \sum_{n=N_\varepsilon+1}^{\infty} |a_n|$$

$$\leq \sum_{n=1}^{N_\varepsilon} \frac{\varepsilon}{N_\varepsilon} + 2 \sum_{n=N_\varepsilon+1}^{\infty} b_n \leq 3\varepsilon$$

となって (3.12) が示される． ∎

****

○●練習問題 30 ●○

30.1 2重数列の収束の定義をコーシー列を使って述べよ．

30.2 2重級数の収束の定義をコーシー列を使って述べよ．

30.3 2重級数 $\sum_{m,n=1}^{\infty} a_{m,n}$ が収束すれば $\lim_{m,n\to\infty} a_{m,n} = 0$ であることを ε-N 論法を用いて示せ．

30.4 2つの2重級数がともに収束するならば，その和と差も収束する．すなわち，

$$\sum_{m,n=1}^{\infty} a_{m,n} \pm \sum_{m,n=1}^{\infty} b_{m,n} = \sum_{m,n=1}^{\infty} (a_{m,n} \pm b_{m,n})$$

となることを，ε-N 論法を用いて証明せよ．

◇◆演習問題 30 ◆◇

30.1 定理 30.1 に証明を与えよ．

30.2 $a_n = b_n = (-1)^{n-1}/\sqrt{n}$ とする．このとき (30.11) が成り立つか否かを検討せよ．

30.3 $|a| < 1, |b| < 1$ とする．$a_n = a^n, b_n = b^n$ についてのコーシー積 c_n を計算して，(30.11) が成り立つことを確認せよ．

---

[6] この事実はルベーグ積分論のルベーグの収束定理に対応している．

30.4 (1) 実数 a について $\sum_{n=0}^{\infty} \dfrac{a^n}{n!}$ は絶対収束することを確認せよ．

(2) 実数 a, b についての次の等式を証明せよ．
$$\left(\sum_{n=0}^{\infty} \frac{a^n}{n!}\right)\left(\sum_{n=0}^{\infty} \frac{b^n}{n!}\right) = \left(\sum_{n=0}^{\infty} \frac{(a+b)^n}{n!}\right)$$

30.5 $s > 1$ に対して $\zeta(s) := \sum_{n=1}^{\infty} \dfrac{1}{n^s}$ とする (これは**ゼータ関数**と呼ばれる)[7]．$\zeta(s)$ は収束して，
$$\sum_{n=2}^{\infty} \frac{1}{n^s - 1} = \sum_{n=1}^{\infty} (\zeta(ns) - 1)$$
が成り立つことを示せ．

30.6 定理 30.3 では $\sum_{n=1}^{\infty} b_n$ が条件収束であっても $\sum_{n=1}^{\infty} c_n$ が収束することを次に従って証明せよ．
$$B := \sum_{n=1}^{\infty} b_n, \quad s_n := \sum_{k=1}^{n} b_k, \quad w_n := \sum_{k=1}^{n} c_k$$
とすると，(1) $\sum_{k=1}^{n} a_k s_{n+1-k} = w_n$，(2) $\lim_{n \to \infty} \sum_{k=1}^{n} a_k B = \lim_{n \to \infty} w_n$ が成り立つ．

---

[7] 素数の分布とゼータ関数の関係については，オイラーが演習問題 29.5 の等式を示したことに始まる．ガウスは 1792 年に (15 歳！のとき) n 番目の素数は大体 $n \log n$ であることを予想した (これは n までの素数の個数がおおよそ $n/\log n$ であることと同値)．リーマンはゼータ関数の変数 s を複素数にまで拡張して，素数分布とゼータ関数の零点の間の関係を見抜き，ガウスの予想を証明する方法を提示した (1859 年の論文．この論文の中には有名な"リーマン予想"も述べられている)．最終的には 1894 年にアダマールとドゥ・ラ・ヴァレ・プーサンが，独立にガウスの予想の証明に成功した．

31

関数の連続性 (ε-δ 論法)

> 数学はいろいろ異なるものに同じ名前を与える技術である．よい言葉使いを選べば，ある対象に対して準備された証明が，驚いたことに，変更を加える事なく直接的に多くの新しい対象に適用できることがわかる．
>
> ポアンカレ

関数の連続性については 4 章で直感的な定義を与えたが，それではいくつかの定理に厳密な証明を与えることができなかった．それを克服するものが ε-δ 論法である．また，これによって一様連続の概念を正確に表すことができて，有界閉区間上の連続関数が可積分である事実が証明できる．

§31.1 連続関数の定義

定義 31.1 f を区間 I 上の関数とし $a \in I$ とする．f が $x = a$ で**連続**であるとは，任意の $\varepsilon > 0$ に対して，$\delta > 0$ が存在して，次が成り立つことである[1]．

(31.1) $$|x - a| < \delta \text{ かつ } x \in I$$

ならば

(31.2) $$|f(x) - f(a)| < \varepsilon$$

関数の連続性をこのように定義する方法を **ε-δ 論法**という．なお，$f(x)$ が定義されるには $x \in I$ は当然なので，(31.1) において．$x \in I$ を省略して書く場合も多い．また，δ は ε と a によって決まるので，$\delta_{a,\varepsilon}$ と書くべきであるが，煩雑になるので (特に強調する場合を除いて) 単に δ と記す．

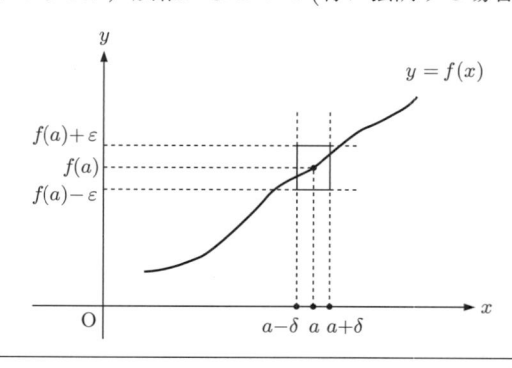

---

[1] ε を小さくすれば δ も小さく選び直して，長方形 $[a - \delta, a + \delta] \times [f(a) - \varepsilon, f(a) + \varepsilon]$ の中にグラフ $\{(x, f(x)); x \in [a - \delta, a + \delta]\}$ が入るようにできることを意味している．

例題 31.1 $I = \mathbb{R}$, $f(x) = x^2$ とし $0 < \varepsilon < 1$ とする．次の場合に (31.2) が成り立つことを確認せよ．(1) $x = 1$, $\delta = \varepsilon/3$ (2) $x = a$, $\delta = \varepsilon/(1 + 2|a|)$

[証明] (1) $|x - 1| < \varepsilon/3$ とする．$|x + 1| \leq |x - 1| + 2 < \varepsilon/3 + 2 < 3$ より $|f(x) - f(1)| = |x^2 - 1| = |(x+1)(x-1)| < 3|x-1| < \varepsilon$．(2) $|x - a| < \varepsilon/(1+2|a|)$ とする．$|x + a| \leq |x - a| + 2|a| < 1 + 2|a|$ より，$|f(x) - f(a)| = |(x+a)(x-a)| < (1+2|a|)|x-a| < \varepsilon$． ∎

定義 31.1 によって連続性を示す場合の注意をしておく．

(1) ε はある正の数より小さい場合のみを考えればよい．

(2) (31.1) の δ は a と ε に依存して決まるが，ただ 1 つではない．(31.2) をみたす δ なら何でもよい．最良の (最大の) δ を見つける必要はない[2]．

(3) (31.2) は ε に無関係な $M > 0$ が存在して $|f(x) - f(a)| < M\varepsilon$ となればよい．

ε-δ 論法を使って定理 5.3 (1), (2), (3) に厳密な証明を与える．また，7 章で証明を保留した ∞/∞ 型不定形のロピタルの定理に証明を与える．

[定理 5.3 (1), (2), (3) の厳密な証明] (1) (2) は 27 章の [定理 4.2 の ε-N 論法による証明] と同じ方針である．念のために最後の主張である「区間 I 上の関数 f, g が $x = a$ で連続で $g(a) \neq 0$ ならば f/g も $x = a$ で連続である」の証明を与える．まず $g(a) \neq 0$ なので $\varepsilon \leq |g(a)|/2$ みたす任意の ε についてのみ考える．f が $x = a$ で連続より，$\varepsilon > 0$ に対して，$\delta_1 > 0$ が存在して

(31.3) $\qquad |x - a| < \delta_1$ かつ $x \in I$ のとき $|f(x) - f(a)| < \varepsilon$

が成り立つ．同様に g も連続より，$\delta_2 > 0$ が存在して

(31.4) $\qquad |x - a| < \delta_2$ かつ $x \in I$ のとき $|g(x) - g(a)| < \varepsilon$

となる．さらに，三角不等式と ε のとり方から

(31.5) $\qquad |g(x)| > |g(a)| - \varepsilon > |g(a)|/2$

となる．$\delta := \min\{\delta_1, \delta_2\}$ とすれば $|x - a| < \delta$ なる $x \in I$ は (31.3), (31.4), (31.5) をすべてみたすので

$$\left| \frac{f(x)}{g(x)} - \frac{f(a)}{g(a)} \right| = \left| \frac{f(x)g(a) - f(a)g(x)}{g(x)g(a)} \right| = \left| \frac{f(x)g(a) - f(a)g(a) + f(a)g(a) - f(a)g(x)}{g(x)g(a)} \right|$$

$$< \frac{|g(a)(f(x) - f(a))| + |f(a)(g(a) - g(x))|}{|g(x)g(a)|} \leq \frac{|g(a)|\varepsilon + |f(a)|\varepsilon}{|g(a)|^2/2} = \left(\frac{2(|g(a)| + |f(a)|)}{g(a)^2} \right) \varepsilon$$

となって $x = a$ での連続性が示される．

(3) の主張「f は区間 I で連続，g は区間 J で連続であって，$f(I) \subset J$ とする．このとき，合成関数 $g \circ f(x) = g(f(x))$ は $a \in I$ で連続である」を示そう．以下では ε と δ のとり方の順番に注意すること．まず，任意の $\varepsilon > 0$ をとる．$b := f(a) \in J$ で g は連続であるから $\delta_1 > 0$ が存在して，

(31.6) $\qquad |y - b| < \delta_1$ かつ $y \in J$ ならば $|g(y) - g(b)| < \varepsilon$

とできる．さらに f の $a \in I$ での連続性から，いま選んだ δ_1 に対して，$\delta_2 > 0$ を選んで，

(31.7) $\qquad |x - a| < \delta_2$ かつ $x \in I$ ならば $|f(x) - f(a)| < \delta_1$

とできる．よって，$|x - a| < \delta_2$ ならば $y = f(x)$ として，(31.6) と (31.7) より $|g(f(x)) - g(f(a))| = |g(y) - g(b)| < \varepsilon$ となって $x = a$ での連続性が示される． ∎

---

[2] たとえば，例題 31.1 の (1) では $\delta = \sqrt{1 + \varepsilon} - 1$ が最良であるが，わざわざそれを求める必要はない．不等式を利用して，求め易いものを見つけることで十分である．

[∞/∞ 型不定形のロピタルの定理の証明]　$\varepsilon > 0$ を任意にとる．$\lim_{x \to b-0} f'(x)/g'(x) = A$ より，$\delta > 0$ が存在して，$b - \delta < x < b$ ならば $|f'(x)/g'(x) - A| < \varepsilon$ となる．$a := b - \delta$ とする．$a < x < b$ なる任意の x をとって，区間 $[a, x]$ にコーシーの平均値の定理を適用すると

$$\frac{f(x) - f(a)}{g(x) - g(a)} = \frac{f'(\xi)}{g'(\xi)}$$

となる ξ が $a < \xi < x$ に存在する．さらに，$a = b - \delta < \xi < b$ であるから，$|f'(\xi)/g'(\xi) - A| < \varepsilon$ である．さらに $\lim_{x \to b-0} g(x) = \infty$ より $\delta_1 > 0$ を十分小さくとれば，$b - \delta_1 < x < b$ のとき $|f(a)/g(x)| < \varepsilon$ かつ $|g(a)/g(x)| < \varepsilon$ が成り立つ．以上から $b - \delta_1 < x < b$ ならば

$$\left|\frac{f(x)}{g(x)} - A\right| = \left|\frac{f(x)}{g(x)} - \frac{f'(\xi)}{g'(\xi)} - A + \frac{f'(\xi)}{g'(\xi)}\right| \leq \left|\frac{f(x)}{g(x)} - \frac{f'(\xi)}{g'(\xi)}\right| + \left|A - \frac{f'(\xi)}{g'(\xi)}\right|$$

$$\leq \left|\frac{f(x)}{g(x)} - \frac{f(x) - f(a)}{g(x) - g(a)}\right| + \varepsilon = \left|\frac{f(a)}{g(x)} - \frac{g(a)(f(x) - f(a))}{g(x)(g(x) - g(a))}\right| + \varepsilon$$

$$\leq \left|\frac{f(a)}{g(x)}\right| + \left|\frac{g(a)}{g(x)}\right|\left|\frac{f'(\xi)}{g'(\xi)}\right| + \varepsilon \leq \varepsilon + \varepsilon(A + \varepsilon) + \varepsilon = \varepsilon(2 + A + \varepsilon)$$

以上より $\lim_{x \to b-0} f(x)/g(x) = A$ が示される．∎

§31.2　一様連続性

ε-δ 論法を使うと関数の一様連続性を明確にすることができる．この一様連続性は連続関数の可積分性の証明の鍵となる概念である．

> **定義 31.2**　I を区間とし，f を I 上の関数とする．
>
> (1) f が I 上の**連続関数**であるとは，I のすべての点で連続であることである．すなわち，(定義 31.1 を繰り返すと) 任意の $a \in I$ と任意の $\varepsilon > 0$ に対して $\delta > 0$ が存在して，$|x - a| < \delta$ をみたす $x \in I$ に対して $|f(x) - f(a)| < \varepsilon$ が成り立つことである．
>
> (2) f が I 上の**一様連続関数**であるとは，任意の $\varepsilon > 0$ に対して $\delta > 0$ が存在して，任意の $a \in I$ について，$|x - a| < \delta$ をみたす $x \in I$ に対して $|f(x) - f(a)| < \varepsilon$ が成り立つことである．

(1) と (2) の違いは δ が a によって決まるか，よらずに一定に決まるかである．この点を強調すると，(1), (2) は次のように記述できる．

(31.8) 　　f は I で連続 $\iff$ $\begin{cases} \forall \varepsilon > 0 \text{ と } \forall a \in I \text{ に対して，} \delta_a > 0 \text{ が存在して} \\ x \in I \text{ かつ } |a - x| < \delta_a \text{ ならば } |f(x) - f(a)| < \varepsilon \end{cases}$

(31.9) 　　f は I で一様連続 $\iff$ $\begin{cases} \forall \varepsilon > 0 \text{ に対して，} \delta > 0 \text{ が存在して} \\ x, y \in I \text{ かつ } |x - y| < \delta \text{ ならば } |f(x) - f(y)| < \varepsilon \end{cases}$

これらの否定も書いておこう[3].

(31.10) f は I で連続でない $\iff$ $\begin{cases} \text{ある } a \in I \text{ とある } \varepsilon_0 > 0 \text{ および } I \text{ の点}\\ \text{からなる数列 } \{x_n\} \text{ が存在して次をみたす}\\ |a - x_n| < 1/n \text{ かつ } |f(x_n) - f(a)| \geq \varepsilon_0 \end{cases}$

(31.11) f は I で一様連続でない $\iff$ $\begin{cases} \text{ある } \varepsilon_0 > 0 \text{ および } I \text{ の点からなる}\\ 2\text{つの数列 } \{x_n\} \text{ と } \{y_n\} \text{ が存在して}\\ |x_n - y_n| < 1/n \text{ かつ } |f(x_n) - f(y_n)| \geq \varepsilon_0 \end{cases}$

問 31.1 $f(x) = 1/x$ は $(0,1)$ 上で連続であるが、一様連続ではないことを示せ.

一様連続な関数はもちろん連続であるが、この逆は一般には成り立たない. しかし、定義域が有界閉区間ならば逆が成り立つ. この事実は今後の多くの場面で使われる.

定理 31.1 有界閉区間上の連続関数は一様連続である.

[証明] 背理法で示す. f を $[a,b]$ で連続であるが、一様連続ではないと仮定する. (31.11) より、ある $\varepsilon_0 > 0$ が存在して、$\{x_n\}, \{y_n\} \subset [a,b]$, $|x_n - y_n| < 1/n$ かつ $|f(x_n) - f(y_n)| \geq \varepsilon_0$ となる2つの数列が存在する. $\{x_n\}$ は有界数列なので収束する部分列 $\{x_{n_j}\}$ がある. その収束先を α とすると $a \leq x_{n_j} \leq b$ より $\alpha \in [a,b]$ である. さらに

$$|y_{n_j} - \alpha| = |y_{n_j} - x_{n_j} + x_{n_j} - \alpha| \leq |y_{n_j} - x_{n_j}| + |x_{n_j} - \alpha| \leq 1/n_j + |x_{n_j} - \alpha|$$

より $\lim_{j \to \infty} y_{n_j} = \alpha$ である. よって f の α での連続性から

$$\lim_{j \to \infty}(f(x_{n_j}) - f(y_{n_j})) = \lim_{j \to \infty} f(x_{n_j}) - \lim_{j \to \infty} f(y_{n_j}) = f(\alpha) - f(\alpha) = 0$$

となって $|f(x_n) - f(y_n)| \geq \varepsilon_0$ に矛盾する. ■

§31.3 2 変数関数の連続性と一様連続性

2 変数関数についての連続性と一様連続性を ε-δ 論法で記述しておく[4].

定義 31.3 E を $\mathbb{R}^2$ の部分集合とし、f を E 上の関数とする.
(1) f が E 上の**連続関数**であるとは、任意の $\mathrm{A} \in E$ と任意の $\varepsilon > 0$ に対して、次をみたす $\delta > 0$ が存在する：$\mathrm{X} \in E$ かつ $\|\mathrm{X} - \mathrm{A}\| < \delta$ ならば $|f(\mathrm{X}) - f(\mathrm{A})| < \varepsilon$ が成り立つ.
(2) f が E 上の**一様連続関数**であるとは、任意の $\varepsilon > 0$ に対して、次をみたす $\delta > 0$ が存在する：$\mathrm{X}, \mathrm{Y} \in E$ かつ $\|\mathrm{X} - \mathrm{Y}\| < \delta$ ならば $|f(\mathrm{X}) - f(\mathrm{Y})| < \varepsilon$ が成り立つ.

1 変数の場合と同様に (1) では δ は ε と A に依存して決まる. (2) の δ は X,Y に関係なく、ε のみによって定まる.

---

[3] 否定にすると、「任意」は「ある」に、「ある」は「任意」になる (1章の§1.1). これから、(31.8) の直接の否定は「ある $a \in I$ とある $\varepsilon_0 > 0$ が存在して、任意の $\delta > 0$ について $|a - x_\delta| < \delta$ かつ $|f(x_\delta) - f(a)| \geq \varepsilon_0$ となる $x_\delta \in I$ が存在する」である. 任意の $\delta > 0$ のところを、結果的に同じことになるので、$\delta = 1/n$, $n \in \mathbb{N}$ のみを考えて簡略化した.

[4] $\mathrm{X} = (x,y)$ の代わりに $\mathrm{X} = (x_1, x_2, \cdots, x_N)$ とすれば N 変数の関数の定義になる.

例題 31.2 f は領域 Ω 上の連続関数とし $(a,b) \in \Omega$ とする．$f(a,b) \neq 0$ ならば，$R := \{(x,y)\,;\,|x-a| < \delta,\ |y-b| < \delta\}$ が Ω に含まれ，かつ R 上で $f(x,y) \neq 0$ となるような $\delta > 0$ が存在する．

[証明] $f(a,b) = c > 0$ として証明する．Ω は開集合であるから $D((a,b), \delta_1) \subset \Omega$ となる δ_1 が存在する．f の (a,b) での連続性により，$\varepsilon = c/2 > 0$ に対して $\delta_1 > \delta > 0$ なる δ を選べば，$|x-a| < \delta$, $|y-b| < \delta$ のとき $|f(x,y) - f(a,b)| < \varepsilon$ とできる．このとき
$$f(x,y) = f(a,b) + f(x,y) - f(a,b) \geq f(a,b) - |f(x,y) - f(a,b)| \geq c - \varepsilon = \frac{c}{2} > 0$$
である． ∎

2 変数関数では定理 31.1 は次の形になる．

定理 31.2 有界閉集合 (＝ コンパクト集合) 上の連続関数は一様連続である．

証明の方針は定理 31.1 とまったく同様であるが，後で述べる補題 36.1 が必要である．詳細を練習問題 36.5 とする．

§31.4　一様連続性を使った証明

この節では，これまで証明を保留していた連続関数の積分可能性についてのいくつかの証明を与える．いずれも一様連続性が証明の鍵になる．

[定理 11.4 (1) の証明] f は有界閉区間 $[a,b]$ で連続とする．11 章での記号をそのまま使う．示すべきことは
$$(31.12) \qquad \lim_{\delta(\Delta) \to 0} (\overline{S}(f, \Delta) - \underline{S}(f, \Delta)) = 0$$
である．これを ε-δ 論法で示そう．任意の $\varepsilon > 0$ をとる．f は一様連続になるから，$\delta > 0$ を選んで，$|x-y| < \delta$ ならば $|f(x) - f(y)| < \varepsilon$ とできる．分割 $\Delta = \{a_0, a_1, \cdots, a_n\}$ が $\delta(\Delta) < \delta$ をみたせば，$|a_j - a_{j-1}| < \delta$ より，
$$(31.13) \qquad M_j - m_j = \sup\{|f(x) - f(y)|\,;\ x, y \in [a_{j-1}, a_j]\} < \varepsilon$$
である．よって
$$0 \leq \overline{S}(f, \Delta) - \underline{S}(f, \Delta) = \sum_{j=1}^n (M_j - m_j)(a_j - a_{j-1}) < \sum_{j=1}^n \varepsilon(a_j - a_{j-1}) = \varepsilon(b-a)$$
が成り立つ．これは (31.12) を意味する． ∎

[定理 19.2 (1) の証明] 基本的に 1 変数の場合の上述の証明と同じである．19 章の記号をそのまま使う．f は長方形 $R = [a,b] \times [c,d]$ で連続とすると，定理 31.2 より R で一様連続である．任意の $\varepsilon > 0$ に対して δ を小さく選べば $\sqrt{(x_1 - y_1)^2 + (x_2 - y_2)^2} < \delta$ ならば $|f(x_1, x_2) - f(y_1, y_2)| < \varepsilon$ とできる．よって R の任意の分割 $\Delta = \{a = x_0 < x_1 < \cdots < x_m = b\} \times \{c = y_0 < y_1 < \cdots < y_n = d\}$ について，$\delta(\Delta) < \delta$ ならば，小長方形 $R_{ij} := [x_{i-1}, x_i] \times [y_{j-1}, y_j]$ において，
$$M_{ij} - m_{ij} = \sup\{|f(X) - f(Y)|\,;\ X, Y \in R_{ij}\} < \varepsilon$$
が成り立つ．よって
$$0 \leq \overline{S}(f, \Delta) - \underline{S}(f, \Delta) = \sum_{i=1}^m \sum_{j=1}^n (M_j - m_j)|R_{ij}| < \sum_{i=1}^m \sum_{j=1}^n \varepsilon|R_{ij}| = \varepsilon|R|$$
となり，$\displaystyle\lim_{\delta(\Delta) \to 0} (\overline{S}(f, \Delta) - \underline{S}(f, \Delta)) = 0$ が示される． ∎

[定理 20.1 の証明]　(1) 縦線集合 D が面積確定集合であることを示す．$D := \{(x,y) ; a \leq x \leq b, f_1(x) \leq y \leq f_2(x)\}$ とし，D を含む長方形を $R = [a,b] \times [c,d]$ とする．f_1, f_2 は $[a,b]$ で連続だから，一様連続になる．よって，任意の $\varepsilon > 0$ に対して $\delta > 0$ を十分に小さくとれば，$x, x' \in [a,b]$ かつ $|x - x'| < \delta$ ならば

$$|f_1(x) - f_1(x')| < \varepsilon \quad \text{かつ} \quad |f_2(x) - f_2(x')| < \varepsilon$$

がともに成り立つようにできる．R の任意の分割 $\Delta = \{a = x_0 < x_1 < \cdots < x_m = b\} \times \{c = y_0 < y_1 < \cdots < y_n = d\}$ について，小長方形 $R_{ij} := [x_{i-1}, x_i] \times [y_{j-1}, y_j]$ とする．$\delta_1 := \min\{\varepsilon, \delta\}$ に対して，$\delta(\Delta) < \delta_1$ ならば，$|f_1(x) - f_1(x')| < \varepsilon$ なので，各 i についてグラフ $\{(x, f_1(x)) ; x_{i-1} \leq x \leq x_i\}$ と交わる R_{ij} の面積の和は $(2\delta_1 + \varepsilon)(x_i - x_{i-1})$ より小さい．

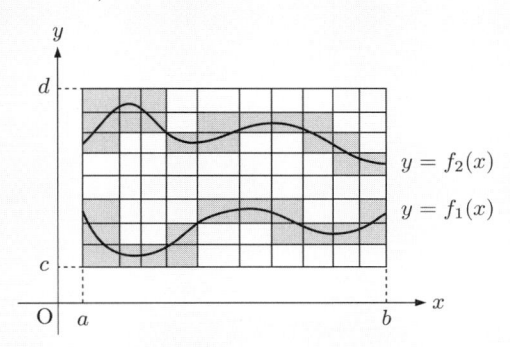

同じことは $\{(x, f_2(x)) ; x_{i-1} \leq x \leq x_i\}$ についてもいえる．これより

$$0 \leq \overline{S}(\chi_D^*, \Delta) - \underline{S}(\chi_D^*, \Delta)) \leq \sum_{i=1}^m 2(2\delta_1 + \varepsilon)(x_i - x_{i-1}) \leq 6\varepsilon(b-a)$$

である．χ_D が可積分であるから，D は面積確定集合である．

(2) D を面積確定の有界閉集合とし f を D 上の連続関数とする．まず，最大値の原理から f は有界になるので $|f(\mathrm{X})| \leq M$ となる $M > 0$ が存在する．f は D で一様連続になるから，任意の $\varepsilon > 0$ に対して $\delta > 0$ が存在して，$\mathrm{X}, \mathrm{Y} \in D$ かつ $\|\mathrm{X} - \mathrm{Y}\| < \delta$ ならば $|f(\mathrm{X}) - f(\mathrm{Y})| < \varepsilon$ が成り立つ．R を D を含む長方形とし，Δ を $\delta(\Delta) < \delta$ なる R の分割，R_{ij} をそれから作られる小長方形とする．ところで，(1) の証明の鍵は境界である $\{(x, f_k(x)) ; a \leq x \leq b\}$ ($k=1,2$) を含む小長方形の面積の和をいくらでも小さくできることであったが，このことは面積確定集合についても成り立つ．よって，$A_1 := \{R_{ij} ; R_{ij} \subset D\}$ および $A_2 := \{R_{ij} ; R_{ij}$ が D の境界と交わる$\}$ とおくと，δ をさらに小さくとれば $\sum_{R_{ij} \in A_2} |R_{ij}| < \varepsilon$ となる．また，各 $R_{ij} \in A_1$ ならば $M_{ij} - m_{ij} = \sup\{|f(\mathrm{X}) - f(\mathrm{Y})| ; \mathrm{X}, \mathrm{Y} \in R_{ij}\} < \varepsilon$ である．これから

$$0 \leq \overline{S}(f^*, \Delta) - \underline{S}(f^*, \Delta) \leq \sum_{R_{ij} \in A_1} (M_{ij} - m_{ij})|R_{ij}| + \sum_{R_{ij} \in A_2} 2M|R_{ij}| < (|R| + 2M)\varepsilon$$

が示されて f が D で重積分可能であることがわかる．　∎

[定理 23.1 の証明]　$\Delta = \{a = t_0 < t_1 < \cdots < t_n = b\}$ を $[a,b]$ の任意の分割とする．$x(t), y(t)$ は C^1 級なので，平均値の定理から $x(t_j) - x(t_{j-1}) = x'(\xi_j)(t_j - t_{j-1})$, $y(t_j) - y(t_{j-1}) = y'(\eta_j)(t_j - t_{j-1})$ となる $\xi_j, \eta_j \in (t_{j-1}, t_j)$ が存在する．これを使うと，折れ線の長さ $|L(\Delta)|$ は

$$|L(\Delta)| = \sum_{j=1}^n \sqrt{x'(\xi_j)^2 + y'(\eta_j)^2}(t_j - t_{j-1})$$

となる．一方，連続関数 $\sqrt{x'(t)^2 + y'(t)^2}$ の分割 Δ と代表系 $\xi = (\xi_1, \cdots, \xi_n)$ に関するリーマン和は

$$S(\Delta) := S(\sqrt{x'^2 + y'^2}, \Delta, \xi) = \sum_{j=1}^n \sqrt{x'(\xi_j)^2 + y'(\xi_j)^2}(t_j - t_{j-1})$$

である．さらに，$y'(t)$ は $[a,b]$ で一様連続であるから，任意の $\varepsilon > 0$ に対して $\delta > 0$ が存在して，$|\xi_j - \eta_j| < \delta$

ならば $|y'(\xi_j) - y'(\eta_j)| < \varepsilon$ とできる．よって $\delta(\Delta) < \delta$ ならば

$$||L(\Delta)| - S(\Delta)| \leq \sum_{j=1}^{n} |y'(\xi_j) - y'(\eta_j)|(t_j - t_{j-1}) \leq \varepsilon \sum_{j=1}^{n} (t_j - t_{j-1}) = \varepsilon(b-a)$$

が成り立つ[5]．よって

$$\left||L(\Delta)| - \int_a^b \sqrt{x'(t)^2 + y'(t)^2}\, dt\right| \leq ||L(\Delta)| - S(\Delta)| + \left|S(\Delta) - \int_a^b \sqrt{x'(t)^2 + y'(t)^2}\, dt\right|$$

であり，最後の項は連続関数 $\sqrt{x'^2 + y'^2}$ の可積分性から 0 に収束するので，結局

$$|C| = \lim_{\delta(\Delta) \to 0} |L(\Delta)| = \int_a^b \sqrt{x'(t)^2 + y'(t)^2}\, dt$$

となる． ∎

****

○●練習問題 31 ●○

31.1 f は I 上の関数とする．f が $a \in I$ で右連続であるとは $\lim_{x \to a+0} f(x) = f(a)$ が成り立つことであった．これを ε-δ 論法で書け．同様に左連続についても ε-δ 論法で表せ．

31.2 $f(x) = x^2$ は $\mathbb{R}$ で一様連続ではないことを説明せよ．

31.3 $f(x) = \sin x$ は $\mathbb{R}$ で一様連続であることを示せ．

31.4 実数 a, b, c について $|\sqrt{a^2+b^2} - \sqrt{a^2+c^2}| \leq |b-c|$ を示せ．

◇◆演習問題 31 ◆◇

31.1 定理 24.1 の証明を与えよ．

31.2 (1) I を開区間とする．f は I 上の C^1 級の関数で，導関数 f' は I で有界であるとする．このとき f は一様連続になることを証明せよ．
　　(2) D を $\mathbb{R}^2$ の凸領域とする[6]．f は D 上の C^1 級の関数で，2つの偏導関数 f_x, f_y がともに D で有界であるとする．このとき f は一様連続になることを証明せよ．

31.3 $h(x,y)$ が原点で連続のとき，$\lim_{r \to 0} \dfrac{1}{2\pi} \int_0^{2\pi} h(r\cos\theta, r\sin\theta)\, d\theta = h(0,0)$ が成り立つことを示せ．

31.4 (31.11) を確認せよ．

31.5 $\alpha > 0$ とする．$\mathbb{R}$ 上の関数 f が α 次の**ヘルダー連続関数**であるとは，任意の $x, y \in \mathbb{R}$ に対して

$$|f(x) - f(y)| \leq M|x-y|^\alpha$$

となる定数 $M > 0$ が存在する場合をいう．次を示せ．
　　(1) α 次ヘルダー連続関数は $\mathbb{R}$ 上で一様連続である．
　　(2) $\alpha = 1$ のときは特に**リプシッツ連続関数**と呼ばれる．$\arctan x$ は $\mathbb{R}$ でリプシッツ連続である．
　　(3) $\alpha > 1$ ならば f は定数関数である．

---

[5] 最初の不等式では $|\sqrt{a^2+b^2} - \sqrt{a^2+c^2}| \leq |b-c|$ を使った (練習問題 31.4)．

[6] 領域 D は任意の $X, Y \in D$ に対して，線分 XY が D にいつも含まれるとき，D を凸領域という．

32

陰関数定理と逆写像定理

> 数学的才能は二つの基本的な特性によって定まる．一つは論理的に考える能力，もう一つは型通りの考え方をしない能力である．
> シェヴチェンコ

　1変数の連続関数の逆関数は連続であり，微分可能な関数の逆関数は微分可能である事実に厳密な証明を与える．また，一般の場合の陰関数定理の内容を明確にして，それを利用することにより，2変数の逆写像の連続性と微分可能性に対する事実を証明する．

§32.1　逆関数の連続性と微分可能性

　定理 5.3 (4) に厳密な証明を与えるとともに，定理 6.6 の逆関数微分についての主張をより明確にする．

定理 32.1　f は開区間 I 上の連続関数とし $J = f(I) := \{f(x); x \in I\}$ とする．f の逆関数 g が存在すれば g は J で連続である．さらに $n \geq 1$ について，f が I で C^n 級関数ならば，g は J で C^n 級関数である．

　証明のために補題を用意する．

補題 32.1　(1) $I = [a,b]$ を有界閉区間とし，f は I 上の連続関数とする．このとき像 $f(I)$ も有界閉区間である．特に，f が単調増加関数であれば $f(I) = [f(a), f(b)]$ であり，単調減少であれば $f(I) = [f(b), f(a)]$ である．
　(2) f は区間 I 上の連続関数とする．f が1対1である必要かつ十分条件は f が I で狭義単調増加関数または狭義単調減少関数となることである．

[証明]　(1) 連続関数の基本性質である中間値の定理 (定理 7.1) と最大値の原理 (定理 7.2) からの帰結である．α, β を f の I における最小値と最大値とすれば，$f(I) = [\alpha, \beta]$ となることが中間値の定理から示される．特に，f が単調増加ならば $\alpha = f(a)$, $\beta = f(b)$ であり，f が単調減少ならば $\alpha = f(b)$, $\beta = f(a)$ である．
　(2) f が狭義単調増加なら $x < y$ なら $f(x) < f(y)$ が成り立つので1対1である．狭義単調減少の場合も同様である．逆を示す．f は1対1とする．$a, b \in I$ を $a < b$ とする．$f(a) \neq f(b)$ なので $f(a) < f(b)$ として，任意の $x \in (a,b)$ に対して $f(a) < f(x) < f(b)$ を示す．$f(x) < f(a)$ とすれば $f(x) < f(a) < f(b)$ なので中間値の定理から $f(a) = f(c)$ となる $c \in (x,b)$ が存在する．これは1対1であることに矛盾する．したがって $f(a) \leq f(x)$ であるが，再び，1対1より $f(a) < f(x)$ である．同様に，$f(x) < f(b)$ となる．次

に $a < x < x' < b$ とする. x, x', b について上述の議論を行えば, $f(x) < f(x') < f(b)$ が示される. これは $[a,b]$ 上で f が狭義単調増加関数であることを示している. I が開区間や無限区間の場合は単調列 $\{a_n\}, \{b_n\}$ を $[a_n, b_n] \to I$ となるようにとると, f は各 $[a_n, b_n]$ で狭義単調になっているので, 結果として I で狭義単調になる. ∎

[定理 32.1 の証明] 補題 32.1 (2) より f は狭義単調関数になる. 以下では f は狭義増加として証明する. $b \in J$ で g が連続ではないと仮定して矛盾を導く. ある $\varepsilon_0 > 0$ と J 内の点列 $\{b_n\}$ で

(32.1) $$|b_n - b| < \frac{1}{n} \quad \text{かつ} \quad |g(b_n) - g(b)| \geq \varepsilon_0$$

をみたすものが存在したとする (31 章 (31.10)). $f(a) = b$ となる $a \in I$ をとる. I は開集合なので $I_0 := [a - \delta_1, a + \delta_1] \subset I$ となる δ_1 が存在する. このとき, 補題 32.1(1), (2) より $J_0 := f(I_0) = [\alpha, \beta]$ である (ただし $\alpha = f(a - \delta_1) < f(a + \delta_1) = \beta$). $b \in (\alpha, \beta)$ なので, 自然数 N が存在して $n \geq N$ ならば $b_n \in (\alpha, \beta)$ とできる. f は 1 対 1 であるから $b_n = f(a_n)$ となる a_n が I_0 内に存在する. このとき $\{a_n\}$ は有界数列であるから, 収束する部分列 $\{a_{n_j}\}$ が存在する[1]. その極限を α とすると, (32.1) の前半から

$$f(\alpha) = \lim_{j \to \infty} f(a_{n_j}) = \lim_{j \to \infty} b_{n_j} = b = f(a)$$

であるから, f が 1 対 1 より $\alpha = a$ となる. すなわち, $a_{n_j} \to a$ $(j \to \infty)$ が成り立つ. ところが, $a_n = g(b_n)$ であるから, (32.1) の後半から

$$|a_{n_j} - a| = |g(b_{n_j}) - g(b)| \geq \varepsilon_0$$

となり矛盾が生じる. これは g が b で連続になることを示している.

g の連続性から g の微分可能性は 6 章の定理 6.6 (逆関数微分法) で示している. f の狭義単調性から I 上で $f' \neq 0$ に注意すれば

(32.2) $$g'(x) = \frac{1}{f'(g(x))} \quad (x \in J)$$

が成り立っている. f が C^1 級ならば上式より g も C^1 級である. さらに f が C^2 級ならば, 合成関数微分をすることにより

(32.3) $$g''(x) = -\frac{f''(g(x))g'(x)}{f'(g(x))^2}$$

となって g の C^2 級がわかる. これを繰り返せば f が C^n 級のとき, g も C^n 級になる. ∎

§32.2 陰関数定理

$n \geq 1$ とする. 陰関数定理を $k+m$ 変数の場合に定式化する. Ω を $\mathbb{R}^{k+m}$ の領域とし, $(X, Y) \in \Omega$, $X = (x_1, x_2, \cdots, x_k) \in \mathbb{R}^k$, $Y = (y_1, y_2, \cdots, y_m) \in \mathbb{R}^m$ とする. m 個の Ω 上の C^n 級の $k+m$ 変数関数 $f_j(X, Y)$ $(j = 1, 2, \cdots, m)$ についてのヤコビ行列式を

$$J(X, Y) := \begin{vmatrix} \dfrac{\partial f_1}{\partial y_1}(X, Y) & \dfrac{\partial f_1}{\partial y_2}(X, Y) & \cdots & \dfrac{\partial f_1}{\partial y_m}(X, Y) \\ \dfrac{\partial f_2}{\partial y_1}(X, Y) & \dfrac{\partial f_2}{\partial y_2}(X, Y) & \cdots & \dfrac{\partial f_2}{\partial y_m}(X, Y) \\ \vdots & \vdots & & \vdots \\ \dfrac{\partial f_m}{\partial y_1}(X, Y) & \dfrac{\partial f_m}{\partial y_2}(X, Y) & \cdots & \dfrac{\partial f_m}{\partial y_m}(X, Y) \end{vmatrix}$$

とする. これらの記号の下で以下が成り立つ.

---

[1] $f(a_n) = b_n$ となる a_n はいつも存在するが, それが有界数列としてとれることを保証するために I_0 を考えている.

定理 32.2 (陰関数定理の一般形) $(A, B) = (a_1, \cdots, a_k, b_1, \cdots, b_m) \in \Omega$ において
$$f_j(A, B) = 0 \quad (j = 1, 2, \cdots, m) \quad \text{および} \quad J(A, B) \neq 0$$
をみたすならば，ある $\varepsilon > 0$ に対して $B(A, \varepsilon)$ 上の m 個の C^n 級の関数 $\varphi_1, \varphi_2, \cdots, \varphi_m$ がただ 1 組存在して[2]，次をみたす．
$$B = (\varphi_1(A), \varphi_2(A), \cdots, \varphi_m(A))$$
かつ，すべての $j = 1, 2, \cdots, m$ について，
(32.4) $\qquad f_j(X, \varphi_1(X), \varphi_2(X), \cdots, \varphi_m(X)) = 0 \quad (\forall X \in B(A, \varepsilon))$

(32.4) を偏微分することによって各 φ_j の x_i についての偏導関数が求まる:

(32.5)
$$\begin{cases} \dfrac{\partial f_1}{\partial x_i}(X, Y) + \displaystyle\sum_{\ell=1}^{m} \dfrac{\partial f_1}{\partial y_\ell}(X, Y) \dfrac{\partial \varphi_\ell}{\partial x_i}(X) = 0 \\ \qquad\qquad\qquad \vdots \\ \dfrac{\partial f_m}{\partial x_i}(X, Y) + \displaystyle\sum_{\ell=1}^{m} \dfrac{\partial f_m}{\partial y_\ell}(X, Y) \dfrac{\partial \varphi_\ell}{\partial x_i}(X) = 0 \end{cases}$$

上記において $k = m = 1$ の場合が定理 18.1 である．また，定理 18.5 の (1), (2) はそれぞれ，$k = 2, m = 1$ および $k = 1, m = 2$ の場合である．証明の基本的な考えは同じなのでこれらの場合のみに証明を与える．

[定理 18.1 の証明] $(k = m = 1$ のとき) 定理の内容を再掲する:

> f は領域 Ω で C^n 級 $(n \geq 1)$ とし，$(a, b) \in \Omega$ とする．
> $$f(a, b) = 0, \ f_y(a, b) \neq 0$$
> ならば，ある $\varepsilon > 0$ に対して $I = (a - \varepsilon, a + \varepsilon)$ 上で定義される C^n 級の関数 φ がただ 1 つ存在して，次が成り立つ．
> $$b = \varphi(a), \quad f(x, \varphi(x)) = 0 \quad (\forall x \in I)$$

さて，$f_y(a, b) > 0$ として証明する．f_y は連続関数なので，δ を十分に小さな正数とすれば
$$R := \{(x, y); |x - a| < \delta, |y - b| < \delta\}$$
は Ω に含まれて，かつ R 上で $f_y(x, y) > 0$ とできる．$J := (b - \delta, b + \delta)$ とする．y の関数 $f(a, y)$ は $f_y(a, y) > 0$ より J で狭義単調増加であり，$f(a, b) = 0$ より
$$f(a, b - \delta) < f(a, b) = 0 < f(a, b + \delta)$$
である．このとき f の連続性から，$\varepsilon < \delta$ なる $\varepsilon > 0$ を小さくとれば，$|x - a| < \varepsilon$ のとき
$$f(x, b - \delta) < 0 < f(x, b + \delta)$$
となる．$I := (a - \varepsilon, a + \varepsilon)$ として，各 $x \in I$ を固定して，y の関数 $g(y) := f(x, y)$ を考える．$g(b - \delta) < 0 < g(b + \delta)$ および $g'(y) = f_y(x, y) > 0$ より，$g(\xi) = 0$ となる $\xi \in J$ がただ 1 つ定まる (存在は中間値の定理，一意性は g の狭義単調増加性)．

---

[2] $B(A, \varepsilon) = \{X \in \mathbb{R}^k; \|X - A\| < \varepsilon\}$ は A を中心，半径 ε の k 次元の球である．

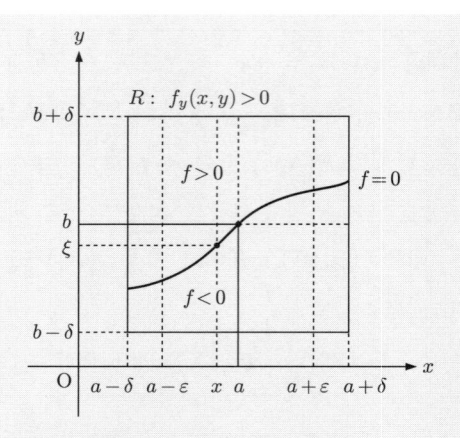

x に対して ξ を対応させる関数を φ とすれば，φ は I 上の関数で，
$$\varphi(a) = b, \quad f(x, \varphi(x)) = 0 \quad (\forall x \in I)$$
が成り立ち，これが求める陰関数である．

φ が連続関数であることを示そう．任意の $x_0 \in I$ を固定する．$\{x_n\}$ を x_0 に収束する任意の点列とし，$\varphi(x_n) = \xi_n$, $\varphi(x_0) = \xi_0$ とする．示すべきことは $\xi_n \to \xi_0$ $(n \to \infty)$ である．背理法で示そう．もし成り立たないとすれば，部分列 $\{\xi_{n_j}\}$ で $\xi_{n_j} \to \xi_0' \neq \xi_0$ $(j \to \infty)$ となるものがある．f は 2 変数の連続関数であり，$f(x_n, \xi_n) = 0$ であるから
$$\lim_{j \to \infty} f(x_{n_j}, \xi_{n_j}) = f(x_0, \xi_0') = 0$$
である．一方，ξ_0 の定めから $f(x_0, \xi_0) = 0$ であり，このような ξ_0 は一意的であった．これは $\xi_0' \neq \xi_0$ に矛盾する．よって φ は $x = x_0$ で連続である．

次に φ の微分可能性を調べる．h を実数として $k = \varphi(x + h) - \varphi(x)$ とする．f に対する平均値の定理より
$$f(x+h, y+k) - f(x, y) = h f_x(x + \theta h, y + \theta k) + k f_y(x + \theta h, y + \theta k)$$
となる $0 < \theta < 1$ が存在する．ここで $f(x, y) = f(x, \varphi(x)) = 0$, $f(x + h, y + k) = f(x + h, \varphi(x + h)) = 0$ に注意すれば
$$\frac{k}{h} = -\frac{f_x(x + \theta h, y + \theta k)}{f_y(x + \theta h, y + \theta k)}$$
となり，$h \to 0$ のとき，φ の連続性から $k \to 0$ となるので $\varphi'(x) = -f_x(x, y)/f_y(x, y)$ を得る．f が C^n 級なら，右辺はさらに微分ができて，φ も C^n 級であることが示される．

$x \in I$ について $f(x, y) = 0$ となる $y \in (b - \delta, b + \delta)$ はただ 1 つであることから φ の一意性もわかる．■

[定理 18.5 (1) の証明]　($k = 2$, $m = 1$ のとき) 定理の内容を再掲する．

> f は領域 $\Omega \subset \mathbb{R}^3$ で C^n 級 $(n \geq 1)$ とし，$(a, b, c) \in \Omega$ とする．
> $$f(a, b, c) = 0, \quad f_z(a, b, c) \neq 0$$
> ならば，ある $\varepsilon > 0$ に対して $B((a, b), \varepsilon)$ 上の C^n 級関数 φ がただ 1 つ存在して，
> (32.6)　　　　$c = \varphi(a, b), \quad f(x, y, \varphi(x, y)) = 0 \quad (\forall (x, y) \in B((a, b), \varepsilon))$
>
> が成り立つ．さらに，
> (32.7)　　　　$\displaystyle \varphi_x(x, y) = -\frac{f_x(x, y, z)}{f_z(x, y, z)}, \quad \varphi_y(x, y) = -\frac{f_y(x, y, z)}{f_z(x, y, z)}$
>
> が成り立つ．

証明は定理 18.1 における a と $I_a = (a - \varepsilon, a + \varepsilon)$ を (a, b) と $I_a \times I_b$ に置き換えて，$B((a, b), \varepsilon) \subset I_a \times I_b$

に注意すればよい. ここでは, φ の存在についてのみを詳しく示そう. $f_z(a,b,c) \neq 0$ より $\varepsilon_2 > 0$ が存在して $b_1 \in I_2 = (b - \varepsilon_2, b + \varepsilon_2)$ ならば $f_z(a, b_1, c) \neq 0$ とできる. $g(x, z) = f(x, b_1, z)$ とすると, $g_z(a, c) = f_z(a, b_1, c) \neq 0$ である. よって, 定理 18.1 より $\varepsilon_1 > 0$ と $I_1 = (a - \varepsilon_1, a + \varepsilon_1)$ 上の C^n 級関数 φ_1 が存在して $g(x, \varphi_1(x)) = 0$ $(\forall x \in I)$ となる. すなわち,
$$f(x, b_1, z) = f(x, b_1, \varphi_1(x)) = 0$$
である. このとき $\varphi(x, b_1) = \varphi_1(x)$ とすれば, $\varphi(x, y)$ は $(x, y) \in I_1 \times I_2$ の関数になり[3]
$$f(x, y, \varphi(x, y)) = 0 \ \forall (x, y) \in B((a, b), \varepsilon) \ \ ただし \ \varepsilon := \min\{\varepsilon_1, \varepsilon_2\}$$
をみたしている. ∎

[定理 18.5 (2) の証明] ($k = 1$, $m = 2$ のとき) 定理の内容を再掲する.

> f, g は領域 $\Omega \subset \mathbb{R}^3$ で C^n 級 $(n \geq 1)$ とし, $(a, b, c) \in \Omega$ とする.
> (32.8) $\quad f(a, b, c) = g(a, b, c) = 0$ かつ $\begin{vmatrix} f_y(a,b,c) & f_z(a,b,c) \\ g_y(a,b,c) & g_z(a,b,c) \end{vmatrix} \neq 0$
> ならば, ある $\varepsilon > 0$ に対して $I = (a - \varepsilon, a + \varepsilon)$ 上の C^n 級の関数 φ と ψ が存在して
> $$b = \varphi(a), \ c = \psi(a), \quad f(x, \varphi(x), \psi(x)) = g(x, \varphi(x), \psi(x)) = 0 \ \ (\forall x \in I)$$
> となる[4]. さらに
> (32.9) $\quad f_x + f_y \varphi' + f_z \psi' = 0, \ g_x + g_y \varphi' + g_z \psi' = 0$
> が成り立つ.

この証明も $m = 1$ の場合を繰り返すことによって示される. 条件 (32.8) から $f_y(a, b, c)$ と $f_z(a, b, c)$ 少なくとも一方は 0 でない. $f_z(a, b, c) \neq 0$ として議論を進める. 定理 18.5 (1) より $\varepsilon_1 > 0$ と $B((a,b), \varepsilon_1)$ 上の C^n 級関数 $h(x, y)$ がただ 1 つ存在して,
$$c = \varphi_1(a, b), \quad f(x, y, h(x, y)) = 0 \ (\forall (x, y) \in B((a, b), \varepsilon_1))$$
が成り立つ. $G(x, y) := g(x, y, h(x, y))$ と定めると, $G(a, b) = g(a, b, c) = 0$ である. さらに,
(32.10) $\quad G_y(x, y) = g_y(x, y, h(x, y)) - g_z(x, y, h(x, y)) \dfrac{f_y(x, y, h(x, y))}{f_z(x, y, h(x, y))}$

となって, (32.8) より $G_y(a, b) \neq 0$ が成り立つ. 定理 18.1 を関数 G について適用すれば, $\varepsilon_2 > 0$ と $I_2 = (a - \varepsilon_2, a + \varepsilon_2)$ 上の C^n 級関数 φ が存在して
$$b = \varphi(a), \quad G(x, \varphi(x)) = 0 \ (\forall x \in I_2)$$
となる. $\varepsilon = \min\{\varepsilon_1, \varepsilon_2\}$ として $I := (a + \varepsilon, a - \varepsilon)$ を定めて, I 上で $\psi(x) := h(x, \varphi(x))$ とすれば, ψ も C^n 級で, $\psi(a) = h(a, b) = c$ をみたし, さらに
$$f(x, \varphi(x), \psi(x)) = g(x, \varphi(x), \psi(x)) = 0 \ (\forall x \in I)$$
が成り立つ. これらを x で微分すれば (32.9) が得られる. ∎

§32.3 逆写像定理

D と E を $\mathbb{R}^2$ の領域として, D から E への写像 $S : (x, y) \mapsto (u, v)$ が C^n 級の関数 f, g を用いて

---

[3] 厳密にいうと I_1 が $b_1 \in I_2$ によらずに一定にとれることを注意しないといけない.
[4] 曲線 $f(x,y,z) = g(x,y,z) = 0$ で定まる曲線が $y = \varphi(x)$, $z = \psi(x)$ の形に書けることである.

$$u = f(x,y), \quad v = g(x,y)$$

と表されているとき $S = (f,g)$ を C^n 級の写像と呼ぶ $(n \geq 1)$.

定理 32.3 (逆写像定理) $S = (f,g)$ を D から E への C^n 級写像とする. $(a,b) \in D$ において

(32.11) $\quad \begin{vmatrix} f_x(a,b) & f_y(a,b) \\ g_x(a,b) & g_y(a,b) \end{vmatrix} \neq 0$

とし, $c = f(a,b)$, $d = g(a,b)$ とする. このとき, (c,d) のまわりに S の逆写像 T が存在する. すなわち, $\varepsilon > 0$ を小さくとれば, $B_1 := B((c,d), \varepsilon)$ 上の C^n 級写像 $T = (\varphi, \psi)$ が存在して, T は B_1 から $S^{-1}(B_1)$ への全単射で[5], $S \circ T$ は B_1 上の恒等写像となる, すなわち,

(32.12) $\quad f(\varphi(u,v), \psi(u,v)) = u, \quad g(\varphi(u,v), \psi(u,v)) = v \quad (\forall (u,v) \in B_1)$

が成り立つ. さらに, 必要なら $\varepsilon > 0$ をより小さくすれば, S は $B_2 := B((a,b), \varepsilon)$ から $S(B_2)$ への全単射で $T \circ S$ は B_2 上の恒等写像である. すなわち,

(32.13) $\quad \varphi(f(x,y), g(x,y)) = x, \quad \psi(f(x,y), g(x,y)) = y \quad (\forall (x,y) \in B_2)$

が成り立つ[6].

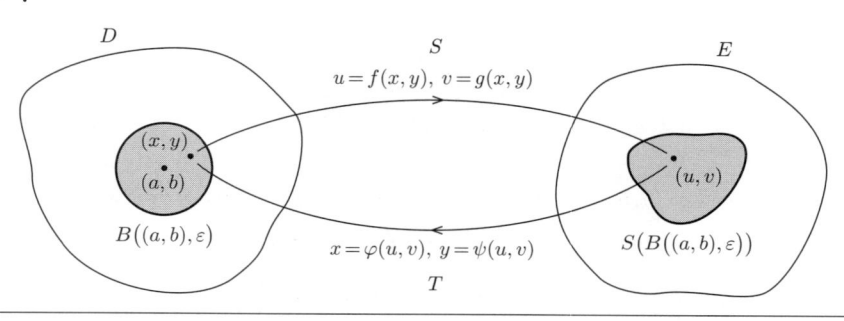

[証明] $F(u,v,x,y) = f(x,y) - u$, $G(u,v,x,y) = g(x,y) - v$ とすると, $F(c,d,a,b) = G(c,d,a,b) = 0$ かつ

$$\begin{vmatrix} F_x(c,d,a,b) & F_y(c,d,a,b) \\ G_x(c,d,a,b) & G_y(c,d,a,b) \end{vmatrix} = \begin{vmatrix} f_x(a,b) & f_y(a,b) \\ g_x(a,b) & g_y(a,b) \end{vmatrix} \neq 0$$

である. よって $k = m = 2$ の場合の陰関数定理を使えば, (c,d) の ε 近傍上で C^n 級の関数で $x = \varphi(u,v)$, $y = \psi(u,v)$ と表される. ∎

****

○●練習問題 32 ●○

32.1 (32.3) を確かめよ. さらに g''' を求めよ.

---

[5] $S^{-1}(B_1) = \{(x,y) \in D ; S(x,y) \in B_1\}$ である.

[6] 35 章で開集合の概念を学ぶ. それによれば $S^{-1}(B_1)$ は開集合になる (定理 35.5). その事実を使えば, 後半の主張は明らかである.

32.3 (32.9) から次を導け.

$$\varphi'(x) = -\frac{\begin{vmatrix} f_x(x,y,z) & f_z(x,y,z) \\ g_x(x,y,z) & g_z(x,y,z) \end{vmatrix}}{\begin{vmatrix} f_y(x,y,z) & f_z(x,y,z) \\ g_y(x,y,z) & g_z(x,y,z) \end{vmatrix}}, \quad \psi'(x) = -\frac{\begin{vmatrix} f_y(x,y,z) & f_x(x,y,z) \\ g_y(x,y,z) & g_x(x,y,z) \end{vmatrix}}{\begin{vmatrix} f_y(x,y,z) & f_z(x,y,z) \\ g_y(x,y,z) & g_z(x,y,z) \end{vmatrix}}$$

32.4 (32.10) を確かめよ.

◇◆演習問題 32 ◆◇

32.1 (1) x, y, z が $x^3 + xyz + z^3 = 0$ をみたすとする. 点 $(1, 0, -1)$ の近くで z は x と y の関数として表されることを確認して, $\dfrac{\partial z}{\partial x}$ と $\dfrac{\partial z}{\partial y}$ を x, y, z を用いて表せ.

(2) x, y, z が $x^3 + xyz + z^3 = 0$ および $x^2 + z^2 = 2$ をみたすとする. 点 $(1, 0, -1)$ の近くて, y と z は x の関数として表されることを確認して, $\dfrac{dy}{dx}$ と $\dfrac{dz}{dx}$ を x, y, z を用いて表せ.

32.2 (1) f, g, h は $I = (a, b)$ 上の微分可能関数とする. $\mathbb{R}^3$ 内の曲線を $x = f(t), y = g(t), z = h(t)$ $(t \in I)$ としたとき, $t = t_0$ における接線を求めよ.

(2) $x^2 + 2y^2 + 3z^2 = 6$ と $x + 2y + 3z = 0$ の交線である曲線の点 $(1, 1, -1)$ における接線を求めよ.

32.3 $x^4 + xy + z^2 + 3yz = 10$ で定まる曲面の点 $(0, 1, 2)$ における接平面を求めよ.

33

集合と写像

> 数学的創造の原動力は，思考力ではなくて想像力である．
> ド・モルガン

現代の数学は集合と写像の言葉によって記述される．これらの記号の使い方や考え方に慣れることが，数学の理解のために必要である．すでに 0 章に記したものもいくつかあるが，確認の意味を込めて再度取り上げる．特に，集合についての「$A = B$ を示すためには，$A \subset B$ と $B \subset A$ を示す」という考え方と関数は写像の特別な場合であるという認識は基本的でかつ重要である．

§33.1 集合と元

集合とは，広辞苑によれば「物の集まりで，任意の物がこれに属するかどうか，およびこれに属する 2 つの物が等しいか等しくないかということを判別し得る明確な基準のあるものをいう」である[1]．集合に属する物を，**元**あるいは**要素**という．通常，集合はアルファベットの大文字を使い，その元は小文字を使う．a が集合 A の元のとき

$$(33.1) \qquad a \in A \quad \text{または} \quad A \ni a$$

と表す．2 つの集合 A, B に対して，A の任意の元が B の元であるとき

$$(33.2) \qquad A \subset B \quad \text{または} \quad B \supset A$$

と表し，A は B の**部分集合**であるという．「A は B に含まれる」とか「B は A を含む」ともいう．

$$(33.3) \qquad A = B \quad \text{とは} \quad A \subset B \text{ かつ } B \subset A$$

が成り立つことである[2]．a を A の元とする．$\{a\}$ は a のみを元とする集合である．a と $\{a\}$ を区別して書かないといけない．

$$\{a\} \subset A \text{ であるが，} \quad a \subset A \text{ や } \{a\} \in A \text{ は正しい書き方でない．}$$

A が $\mathbb{R}$ や $\mathbb{R}^2$ の部分集合の場合には元のことを数あるいは点ということが多い．元を 1 つも含まない集合を**空集合**といい $\emptyset$ で表す．すべての集合 A について

---

[1] 集合はそれを定める基準が明確でないといけない．「背の高い人の集まり」は集合にならない．「身長 180 cm 以上の人の集まり」は集合である．

[2] 等式 $x = y$ を 2 つの不等式 $x \leq y$ と $y \leq x$ から導いたように，集合 A, B が等しいことを示すには，$A \subset B$，すなわち，任意の $a \in A$ が $a \in B$ を示し，さらに $B \subset A$，すなわち，任意の $b \in B$ ならば $b \in A$ を示す．この考え方は重要である．

(33.4) $$\emptyset \subset A$$
が成り立つとする.

§33.2 直積集合とベキ集合

定義 33.1 (1) 2つの集合 A, B の元 $a \in A$ と $b \in B$ の順序を考慮した組 (a,b) の全体からなる集合を A と B の**直積集合**といい,$A \times B$ と表す.すなわち,
$$A \times B := \{(a,b) \,;\, a \in A, b \in B\}$$
である.

(2) 同様に n 個の集合 $A_1, A_2, \cdots, A_n$ についての直積集合を
$$A_1 \times A_2 \times \cdots \times A_n := \{(a_1, a_2, \cdots, a_n) \,;\, a_k \in A_k \ (k=1, 2, \cdots, n)\}$$
と定める.特に,A_k がすべて A に等しいときは,$A \times A \times \cdots \times A$ を A^n と書く.

14章で考察した n 次元ユークリッド空間 $\mathbb{R}^n$ は $\mathbb{R}$ の n 個の直積集合である.
$$\mathbb{R}^n = \overbrace{\mathbb{R} \times \mathbb{R} \times \cdots \times \mathbb{R}}^{n}$$
一般には $A \times B$ と $B \times A$ は異なる.また $A \times \emptyset = \emptyset$ である.

問 33.1 $A = \{1, 2, 3\}$, $B = \{1, 5\}$ のとき $A \times B$ と $B \times A$ を表せ.

定義 33.2 集合 X の部分集合の全体からなる集合を X の**ベキ集合**といい 2^X で表す[3].
$$2^X := \{A \,;\, A は X の部分集合\}$$
任意の $x \in X$ について $\{x\} \in 2^X$ である.また,$X \in 2^X$ および $\emptyset \in 2^X$ である.

問 33.2 $X = \{1, 2\}$ のベキ集合 2^X を具体的に書き表せ.

§33.3 集合の演算

数学ではある特定な集合 (たとえば $\mathbb{R}$ や $\mathbb{R}^2$ など) の部分集合のみをを考えることが多い.ここではそれを X とする.X の2つの部分集合 A, B について,**共通部分** $A \cap B$ は A, B の両方に属する元の集まりであり,**合併集合** $A \cup B$ は A, B のどちらか (両方でもよい) に属する元の集まりである.すなわち,

---

[3] 集合 X が n 個の元からなるとき,部分集合としては,各元が入るか入らないかの2通りを n 個についてそれぞれ考えることになり,ベキ集合の元の個数は 2^n である.これがベキ集合を記号 2^X と表す理由の1つである.なお,ベキ集合を $\mathcal{P}(X)$ と書く場合もある.

$$A \cap B := \{x \in X \,;\, x \in A \text{ かつ } x \in B\}$$
$$A \cup B := \{x \in X \,;\, x \in A \text{ または } x \in B\}$$

である．

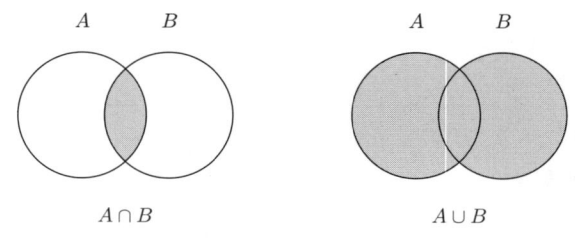

$x \in X$ が A の元でないとき $x \notin A$ と表す．A に属さない元の全体を A^c と表し，A の **補集合** という．すなわち，

$$A^c := \{x \in X \,;\, x \notin A\}$$

全体の集合 X が何であるかによって補集合は変わることに注意する[4]．

X の部分集合 A, B について，A に属して B に属さない元の集まりを $A \setminus B$ と書く．

$$A \setminus B = A \cap B^c = \{x \in A \,;\, x \notin B\}$$

である．これは A と B の **差集合** と呼ばれる．$A \setminus B = A$ のとき 集合 A と B は **互いに素** であるという．これは $A \cap B = \emptyset$ と同じことである．

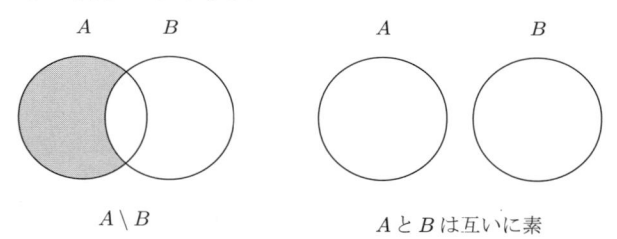

例題 33.1 A, B, C を X の部分集合とする．次を示せ．
(1) $(A \cap B) \cup C = (A \cup C) \cap (B \cup C)$, $(A \cup B) \cap C = (A \cap C) \cup (B \cap C)$
(2) $(A \cap B)^c = A^c \cup B^c$, $(A \cup B)^c = A^c \cap B^c$
(3) $A \times (B \cup C) = (A \times B) \cup (A \times C)$, $(A \cap B) \times C = (A \times C) \cap (B \times C)$

[証明] すべて後者のみを示す．(1), (2) の前者は後にある定理 33.1 でより一般形で証明する．(3) の前者は練習問題 33.1 とする．(1) (33.3) に従って $(A\cup B)\cap C \subset (A\cap C)\cup(B\cap C)$ および $(A\cup B)\cap C \supset (A\cap C)\cup(B\cap C)$ を示せばよい．前半は

$$\begin{aligned}
x \in (A \cup B) \cap C &\implies \ulcorner x \in A \cup B \urcorner \text{ かつ } \ulcorner x \in C \urcorner \\
&\implies \ulcorner x \in A \text{ または } x \in B \urcorner \text{ かつ } \ulcorner x \in C \urcorner^{[5]} \\
&\implies x \in A \cap C \text{ または } x \in B \cap C \\
&\implies x \in (A \cap C) \cup (B \cap C)
\end{aligned}$$

---

[4] A は偶数の集まりとする．$X = \mathbb{N}$ ならば A^c は奇数全体からなる集合であるが，$X = \mathbb{R}$ ならば A^c には奇数の他に正の整数でないすべての実数が入る．

[5] カッコをとって $x \in A$ または $x \in B$ かつ $x \in C$ と書くと意味不明になる．

より成り立つ. 後半の逆向きの包含関係は上記の $\Longrightarrow$ を $\Longleftarrow$ として成り立つ. (2) 両方の包含関係をまとめた形で示す.

$$\begin{aligned} x \in (A \cup B)^c &\iff x \notin (A \cup B) \\ &\iff x \notin A \text{ かつ } x \notin B \\ &\iff x \in A^c \text{ かつ } x \in B^c \\ &\iff x \in A^c \cap B^c \end{aligned}$$

(3) (2) と同様に 2 つの包含関係を同時に示す.

$$\begin{aligned} (x,y) \in (A \cap B) \times C &\iff \text{「} x \in A \text{ かつ } x \in B \text{」 かつ 「} y \in C \text{」} \\ &\iff (x,y) \in A \times C \text{ かつ } (x,y) \in B \times C \\ &\iff (x,y) \in (A \times C) \cap (B \times C) \end{aligned}$$ ∎

例題 33.1 の (1) は**分配法則**, (2) は**ド・モルガンの法則**と呼ばれる[6]. これらが無限個の集合についても成り立つことを確認する.

Λ を集合として, 任意の $\lambda \in \Lambda$ について A_λ が X の部分集合であるとき, 集合の集合である $\{A_\lambda\}_{\lambda \in \Lambda}$ を**添字付き集合族**といい, Λ をその**添字集合**という. このとき,

$$x \in \bigcap_{\lambda \in \Lambda} A_\lambda \iff x \text{ はすべての } A_\lambda \text{ の元である}$$

を意味し,

$$x \in \bigcup_{\lambda \in \Lambda} A_\lambda \iff x \text{ はある } A_\lambda \text{ の元である}$$

の意味である. すなわち

$$\bigcap_{\lambda \in \Lambda} A_\lambda = \{x\,;\, x \in A_\lambda \ (\forall \lambda \in \Lambda)\} \quad \text{および} \quad \bigcup_{\lambda \in \Lambda} A_\lambda = \{x\,;\, x \in A_\lambda \ (\exists \lambda \in \Lambda)\}$$

である. また, I が有限集合 $\{1, 2, \cdots, n\}$ や自然数全体 $\mathbb{N}$ の場合は

$$\bigcup_{k \in \{1,2,\cdots,n\}} A_k = \bigcup_{k=1}^n A_k, \quad \bigcup_{n \in \mathbb{N}} A_n = \bigcup_{n=1}^\infty A_n$$

などと書くことが多い. また A 自身を添字集合と考えると, 次のように記述できる.

$$\bigcup_{a \in A} \{a\} = A$$

分配法則とド・モルガンの法則は一般化される.

定理 33.1 $\{A_\lambda\}_{\lambda \in \Lambda}$ を X 内の 添字付き集合族, B を X の部分集合とする.

(33.5) $$\left(\bigcap_{\lambda \in \Lambda} A_\lambda\right) \cup B = \bigcap_{\lambda \in \Lambda} (A_\lambda \cup B), \quad \left(\bigcup_{\lambda \in \Lambda} A_\lambda\right) \cap B = \bigcup_{\lambda \in \Lambda} (A_\lambda \cap B)$$

(33.6) $$\left(\bigcap_{\lambda \in \Lambda} A_\lambda\right)^c = \bigcup_{\lambda \in \Lambda} A_\lambda{}^c, \quad \left(\bigcup_{\lambda \in \Lambda} A_\lambda\right)^c = \bigcap_{\lambda \in \Lambda} A_\lambda{}^c$$

---

[6] ド・モルガンの法則は, 補集合を考えると $\cap$ と $\cup$ が入れ替わることを示している.

[証明]　(1) 最初の等号をのみ示す (後者は演習問題 33.1). (33.3) に従って $\left(\bigcap_{\lambda \in \Lambda} A_\lambda\right) \cup B \subset \bigcap_{\lambda \in \Lambda}(A_\lambda \cup B)$ および $\left(\bigcap_{\lambda \in \Lambda} A_\lambda\right) \cup B \supset \bigcap_{\lambda \in \Lambda}(A_\lambda \cup B)$ を示す.

$$
\begin{aligned}
x \in \left(\bigcap_{\lambda \in \Lambda} A_\lambda\right) \cup B &\Longrightarrow \text{「} x \in \bigcap_{\lambda \in \Lambda} A_i \text{」または「} x \in B \text{」} \\
&\Longrightarrow \text{「すべての } \lambda \in \Lambda \text{ について } x \in A_\lambda \text{」または「} x \in B \text{」} \\
&\Longrightarrow \text{すべての } \lambda \in \Lambda \text{ について「} x \in A_\lambda \text{ または } x \in B \text{」} \\
&\Longrightarrow \text{すべての } \lambda \in \Lambda \text{ について } x \in A_\lambda \cup B \\
&\Longrightarrow x \in \bigcap_{\lambda \in \Lambda}(A_\lambda \cup B)
\end{aligned}
$$

よって $\left(\bigcap_{\lambda \in \Lambda} A_\lambda\right) \cup B \subset \bigcap_{\lambda \in \Lambda}(A_\lambda \cup B)$ である. 逆向きの包含関係は上記の $\Longrightarrow$ を $\Longleftarrow$ として成り立つ.

(2) 最初の等号をのみ示す (後者は演習問題 33.2). 両方の包含関係をまとめた形で示す.

$$
\begin{aligned}
x \in \left(\bigcap_{\lambda \in \Lambda} A_\lambda\right)^c &\Longleftrightarrow x \notin \bigcap_{\lambda \in \Lambda} A_\lambda \\
&\Longleftrightarrow \text{ある } \lambda \in \Lambda \text{ が存在して } x \notin A_\lambda \\
&\Longleftrightarrow \text{ある } \lambda \in \Lambda \text{ が存在して } x \in A_\lambda{}^c \\
&\Longleftrightarrow x \in \bigcup_{\lambda \in \Lambda} A_\lambda{}^c
\end{aligned}
$$
■

§33.4　写像

すでに 21 章の平面の座標変換として写像を取り扱っているが, ここで一般の場合を整理する.

X, Y を集合とする. X の各元に対して, Y の元を 1 つだけ対応させる規則 f を集合 X から集合 Y への**写像**といい,

$$f : X \mapsto Y$$

と書く. X を写像 f の**定義域**といい, $x \in X$ に対応する Y の元を $f(x)$ と書くとき, Y の部分集合である $\{f(x);\ x \in X\}$ を写像 f の**値域**という. これを $f(X)$ と書く.

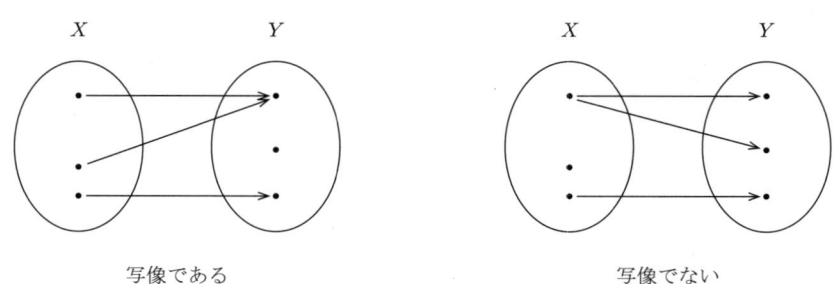

写像である　　　　　　　　　　　　　写像でない

値域が実数からなるとき ($Y \subset \mathbb{R}$ のとき), 写像 f を X 上の関数という. すなわち, 関数は写像の特別な場合である. たとえば, 区間 (a, b) から $\mathbb{R}$ への写像 f は (a, b) 上の関数 $y = f(x)$ であ

る．また $\mathbb{N}$ から $\mathbb{R}$ の写像 f は $f(n) = a_n$ として，数列 $\{a_n\}$ とみなすことができる．

f を X から Y への写像とする．定義域 X の部分集合 A に対して

$$f(A) := \{f(x) \in Y;\ x \in A\}$$

を f による A の**像**という．また，Y の部分集合 B に対して

$$f^{-1}(B) := \{x \in X;\ f(x) \in B\}$$

を f による B の**逆像**という[7]．f が X から Y への写像で g が Y から Z への写像のとき，それらを合成した $g \circ f$ は X から Z の写像を定義する．

$$g \circ f(x) := g(f(x))$$

$g \circ f$ の値域は $g(f(X)) = \{g(y);\ y = f(x), x \in X\}$ となる．

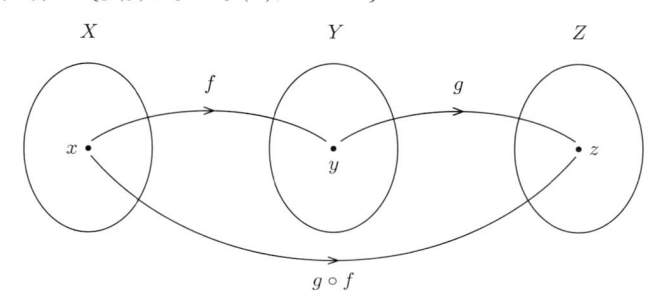

像と逆像についての次の関係は基本的である．

定理 33.2 $f: X \mapsto Y$ とし，A, A_1, A_2 を X の部分集合，B, B_1, B_2 を Y の部分集合とする．このとき次が成り立つ．

(1) $f(A_1) \cup f(A_2) = f(A_1 \cup A_2)$
(2) $f(A_1) \cap f(A_2) \supset f(A_1 \cap A_2)$
(3) $f^{-1}(B_1) \cup f^{-1}(B_2) = f^{-1}(B_1 \cup B_2)$
(4) $f^{-1}(B_1) \cap f^{-1}(B_2) = f^{-1}(B_1 \cap B_2)$
(5) $A \subset f^{-1}(f(A))$
(6) $B \supset f(f^{-1}(B))$

[証明] 注意点は (2), (5), (6) では等号になるとは限らないことである[8]．(1) を示す．

$$\begin{aligned}
y \in f(A_1) \cup f(A_2) &\iff y \in f(A_1) \text{ または } y \in f(A_2) \\
&\iff \text{「}y = f(x) \text{ となる } x \text{ が } A_1 \text{ の中に存在する」} \\
&\quad \text{ または 「}y = f(x) \text{ となる } x \text{ が } A_2 \text{ の中に存在する 」} \\
&\iff y = f(x) \text{ となる } x \text{ が } A_1 \cup A_2 \text{ の中に存在する} \\
&\iff y \in f(A_1 \cup A_2)
\end{aligned}$$

(2) $y \in f(A_1 \cap A_2)$ とする．このとき $y = f(x)$ となる $x \in A_1 \cap A_2$ が存在する．よって $y = f(x) \in f(A_1)$ かつ $y = f(x) \in f(A_2)$ であるから $y \in f(A_1) \cap f(A_2)$ となり，$f(A_1 \cap A_2) \subset f(A_1) \cap f(A_2)$ である．

---

[7] ここでの f^{-1} は象徴的な記号であって，逆写像を意味するわけではない．後述するように f が単射でないと逆写像は存在しない．
[8] 練習問題 33.4 を見よ．

(3) $x \in f^{-1}(B_1) \cup f^{-1}(B_2) \iff x \in f^{-1}(B_1)$ または $x \in f^{-1}(B_2) \iff f(x) \in B_1$ または $f(x) \in B_2$ $\iff f(x) \in B_1 \cup B_2 \iff x \in f^{-1}(B_1 \cup B_2)$.

(4) $x \in f^{-1}(B_1) \cap f^{-1}(B_2) \iff x \in f^{-1}(B_1)$ かつ $x \in f^{-1}(B_2) \iff f(x) \in B_1$ かつ $f(x) \in B_2 \iff f(x) \in B_1 \cap B_2 \iff x \in f^{-1}(B_1 \cap B_2)$.

(5) $x \in A$ とすると $f(x) \in f(A)$ である．これは $x \in f^{-1}(f(A))$ を意味する．

(6) $y \in f(f^{-1}(B))$ とする．$x \in f^{-1}(B)$ で $y = f(x)$ となるものがある．一方 $x \in f^{-1}(B)$ は $f(x) \in B$ を意味する．よって $y = f(x) \in B$ となり $f(f^{-1}(B)) \subset B$ が示される． ∎

****

○●練習問題 33 ●○

33.1 例題 33.1 (3) の前者の等式を証明せよ．

33.2 $A = \{1,2\}$, $B = \{3,4\}$ のとき $C = A \times B$ と 2^C の元を具体的に書き表せ．

33.3 集合 A, B について，$A \setminus B = A$ が成り立つことと $B \setminus A = B$ が成り立つことは同値であることを示せ．

33.4 $X = \{1,2,3\}$ とし X から X への写像 f を $f(1) = 1$, $f(2) = 2$, $f(3) = 1$ で定める．
(1) $A = \{1,2\}$, $B = \{2,3\}$ のとき $f(A \cap B) \neq f(A) \cap f(B)$ を確認せよ．
(2) $A = \{1\}$ のとき $A \neq f^{-1}(f(A))$ を確認せよ．
(3) $B = \{2,3\}$ のとき $B \neq f(f^{-1}(B))$ を確認せよ．

◇◆演習問題 33 ◆◇

33.1 (33.5) の後者の等式を証明せよ．

33.2 (33.6) の後者の等式を証明せよ．

33.3 X の部分集合について $(A^c)^c = A$ を示せ．

33.4 A を $\mathbb{R}$ の有界集合とし，$\alpha = \sup A$, $\beta = \inf A$ とする．任意の $\varepsilon > 0$ について，$A \cap (\alpha - \varepsilon, \alpha] \neq \emptyset$, $A \cap [\beta, \beta + \varepsilon) \neq \emptyset$ となることを証明せよ．

34

可算集合と非可算集合

> 数学の本質はその自由さにあり，数学がその自由な意思によって概念や公理を構成することにある．
> カントール

　有限集合の元の個数の比較は難しくない．無限個の元からなる集合の"個数"を比較するために濃度の概念を考える．それによれば，無限集合についても大きさの比較ができる．自然数全体 $\mathbb{N}$ と同じ濃度の集合を可算集合という．整数全体 $\mathbb{Z}$ および有理数全体 $\mathbb{Q}$ は可算集合であるが，実数全体 $\mathbb{R}$ は可算集合ではない．重要なことは可算集合とそうでない集合を区別することである．

§34.1　集合の濃度

　X が有限集合のとき，その元の個数を $\sharp X$ で表す ($|X|$ で個数を表す場合もあるので注意すること)．たとえば $X = \{1, 2, 3\}$ ならば $\sharp X = 3$ である．X が無限集合の場合を考察するために写像についての 3 つの定義を与える．

定義 34.1　写像 $f : X \mapsto Y$ について

(1) 任意の $x, x' \in X$ について

(34.1) $$x \neq x' \text{ ならば } f(x) \neq f(x')$$

となるとき，f を **単射** または **1 対 1 の写像** という[1]．

(2) 任意の $y \in Y$ について，$y = f(x)$ となる $x \in X$ が存在するとき，すなわち，

(34.2) $$f(X) = Y$$

となるとき，f を **全射** または **上への写像** という．

(3) f が全射かつ単射であるとき，**全単射** または **1 対 1 上への写像** であるという．

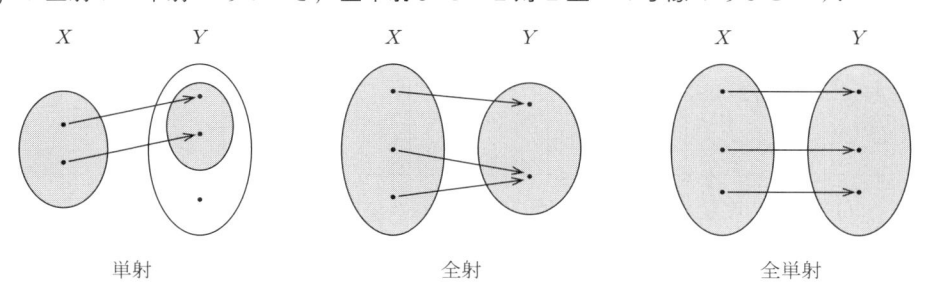

単射　　　　　　　　　　全射　　　　　　　　　　全単射

---

[1] 単射と 1 対 1 は同じ意味なのでどちらを使ってもよいが，関数の場合は 1 対 1 を使うことが多いようである．

問 34.1 写像 $f : X \mapsto Y$ について「$x, x' \in X$ に対して $f(x) = f(x')$ ならば $x = x'$ である」が成り立てば f は単射であることを示せ．

2つの集合の**濃度**の比較を写像の存在によって定める．

定義 34.2 集合 A, B に対して，A から B への全単射が存在するとき A の濃度と B の濃度は等しいといい，$\sharp A = \sharp B$ と表す．

集合 A が $\{1, 2, \cdots, n\}$ と等しい濃度をもつとき，$\sharp A = n$ とする．また，無限集合 A が自然数全体 $\mathbb{N}$ と等しい濃度をもつとき，A は**可算集合**と呼ばれる．A が可算集合ならば $\mathbb{N}$ から A への全単射写像 f が存在する．このとき $a_n = f(n)$ とすれば
$$(34.3) \qquad A = \{a_1, a_2, \cdots, a_n, \cdots\}$$
と番号付けができる．この意味で可算集合を**可付番集合**ということもある．

有限集合 A の真部分集合 B (すなわち $B \subset A$, $B \neq A$) については A の元の個数は B の個数より必ず大きいが，驚くべきことに無限集合ではこれが成り立つとは限らない．

例題 34.1 正の偶数全体 $\{2, 4, 6, \cdots\}$ を $\mathbb{N}_2$ と表す．$\mathbb{N}_2$ と整数全体 $\mathbb{Z}$ はともに可算集合である．

[証明] 写像 $f : \mathbb{N} \mapsto \mathbb{N}_2$ を $f(n) = 2n$ とすれば f は全単射になるから，$\sharp \mathbb{N} = \sharp \mathbb{N}_2$ である．また $g(2n-1) = -n$, $g(2n) = n - 1$ と定めると $g : \mathbb{N} \mapsto \mathbb{Z}$ は全単射であるから $\sharp \mathbb{N} = \sharp \mathbb{Z}$ である． ■

問 34.2 A, B, C を集合とする．
(1) 写像 $f : A \mapsto B$, $g : B \mapsto C$ がいずれも全単射ならば，合成写像 $g \circ f : A \mapsto C$ も全単射になることを示せ．
(2) A, B, C について $\sharp A = \sharp B$ かつ $\sharp B = \sharp C$ ならば $\sharp A = \sharp C$ を示せ．

濃度の大小を比較するために，次の定義を与える．

定義 34.3 集合 A, B に対して，A から B への単射が存在するとき A の濃度は B の濃度以下であるといい，$\sharp A \leq \sharp B$ と表す．濃度が $\sharp \mathbb{N}$ 以下の集合を**高々可算集合**という．$\sharp \emptyset = 0$ なので，空集合も高々可算集合である．

問 34.3 A が B の部分集合ならば $\sharp A \leq \sharp B$ を示せ．

写像 $f : A \mapsto B$ が単射ならば $f : A \mapsto f(A)$ は全単射になる．よって，定義 34.2 から $\sharp A = \sharp f(A)$ である．一方 $f(A) \subset B$ より $\sharp f(A) \leq \sharp B$ であるから，定義 34.3 は自然なものであるが，次の事実は自明ではない．

定理 34.1 (1) 集合 A, B に対して $\sharp A \leq \sharp B$ および $\sharp B \leq \sharp A$ が成り立てば $\sharp A = \sharp B$ が成り立つ．
(2) 集合 A から集合 B への全射が存在すれば $\sharp B \leq \sharp A$ である．

[証明] これらの証明は簡単ではない．(1) は「A から B への単射と B から A への単射が存在すれば A か

から B への全単射が存在する」というベルンシュタイン (1880-1968) の定理からの帰結である．また (2) は「A から B へ全射が存在すれば B から A への単射が存在する」という事実から導かれる[2]． ■

この定理を使って次の興味深い事実が得られる．

例題 34.2 有理数全体 $\mathbb{Q}$ は可算集合である．

[証明] 例題 34.1 の証明で用いた全単射 $g : \mathbb{N} \mapsto \mathbb{Z}$ を使って $f_1(n,m) = (n, g(m))$ とすれば，f_1 は $\mathbb{N} \times \mathbb{N}$ から $\mathbb{N} \times \mathbb{Z}$ への全単射である．また $f_2(n,m) = 2^n 3^m$ は $\mathbb{N} \times \mathbb{N}$ から $\mathbb{N}$ への単射である．よって $^\sharp(\mathbb{N} \times \mathbb{Z}) = {}^\sharp(\mathbb{N} \times \mathbb{N}) \leq {}^\sharp\mathbb{N}$ が成り立つ．また $\mathbb{N} \subset \mathbb{Q}$ であるから $^\sharp\mathbb{N} \leq {}^\sharp\mathbb{Q}$ であり，$f_3(n,m) = m/n$ は $\mathbb{N} \times \mathbb{Z}$ から $\mathbb{Q}$ への全射であるから $^\sharp\mathbb{Q} \leq {}^\sharp(\mathbb{N} \times \mathbb{Z})$ である．以上より，$^\sharp\mathbb{N} = {}^\sharp\mathbb{Q}$ となる． ■

§34.2 カントールの 3 つの定理

可算集合でない無限集合を**非可算集合**という．カントールは 3 つの定理を示した．それは「$\mathbb{R}$ は非可算集合であること」「$\mathbb{R}$ と $\mathbb{R}^2$ は同じ濃度であること」「ベキ集合の濃度はもとの集合の濃度より真に大きいこと」である．その証明は独創的で興味深いアイディアを含んでいる．まず次の事実を確認する (証明は練習問題 34.1).

補題 34.1 $f(x) := \dfrac{2x-1}{4x(1-x)}$ は開区間 $(0,1)$ から $\mathbb{R}$ への全単射である．これより $^\sharp(0,1) = {}^\sharp\mathbb{R}$ である．

定理 34.2 $\mathbb{R}$ は非可算集合である．

[証明] 開区間 $(0,1)$ が非可算集合であることを示す．このための準備として，実数 $x \in (0,1)$ を
$$x = 0.x_1 x_2 x_3 \cdots x_n \cdots$$
と無限小数の形で表す．有限小数で終わるものは 0 が続いているとみなして，9 が無限に続く記述はしない．たとえば，$0.1 = 0.10000\cdots$ であって $0.1 = 0.09999\cdots$ とはしないということである．このとき，表現は一意的である．すなわち，$y = 0.y_1 y_2 y_2 \cdots y_n \cdots \in (0,1)$ のとき，
$$x \neq y \iff \text{ある番号 } n \text{ があって } x_n \neq y_n$$
が成り立つ．さて，$\mathbb{N}$ から $(0,1)$ への全射が存在しないことがわかれば $(0,1)$ は非可算である．背理法による．全射 f が存在したとする．各 $n \in \mathbb{N}$ に対して $f(n) \in (0,1)$ を無限小数で表してこれを順番に並べる．

$$\begin{aligned}
f(1) &= 0.a_{11} a_{12} a_{13} \cdots a_{1n} \cdots \\
f(2) &= 0.a_{21} a_{22} a_{23} \cdots a_{2n} \cdots \\
f(3) &= 0.a_{31} a_{32} a_{33} \cdots a_{3n} \cdots \\
&\vdots \\
f(n) &= 0.a_{n1} a_{n2} a_{n3} \cdots a_{nn} \cdots \\
&\vdots
\end{aligned}$$

---

[2] 福田拓生著『集合への入門 (無限をかいま見る)』培風館 (2012) には両者の証明が書かれている．

この表の対角線にあたる $a_{11}, a_{22}, a_{33}, \cdots, a_{nn}, \cdots$ に注目して，各自然数 n について
$$b_n := \begin{cases} 1 & ((a_{nn} \neq 1) \text{ のとき}) \\ 2 & ((a_{nn} = 1) \text{ のとき}) \end{cases}$$
として
$$b := 0.b_1 b_2 b_3 \cdots b_n \cdots$$
なる実数 $b \in (0,1)$ を定義する．このとき $f(n)$ と b は小数第 n 位が異なるから $f(n) \neq b$ である．これは f が全射であることに矛盾する[3]． ■

続いてカントールは $\mathbb{R}$ と $\mathbb{R}^2$ の濃度が等しいという結果を得る[4]．

定理 34.3 $\mathbb{R}$ と $\mathbb{R}^2$ の濃度は等しい．

[証明] $I = (0,1)$ とする．補題 34.1 の I から $\mathbb{R}$ への全単射 f を使って $(x,y) \to (f(x), f(y))$ が I^2 から $\mathbb{R}^2$ への全単射が構成できるので，I と I^2 が同じ濃度であることが示されればよい．$g(x) = (x,x)$ は I から I^2 への単射である．また，$(x,y) \in I^2$ をとり x, y を無限小数展開する．
$$x = 0.x_1 x_2 x_3 \cdots x_n \cdots, \quad y = 0.y_1 y_2 y_3 \cdots y_n \cdots$$
このとき
$$h(x,y) := 0.x_1 y_1 x_2 y_2 x_3 y_3 \cdots x_n y_n \cdots$$
と定めると h は I^2 から I への単射になる．よって I と I^2 の濃度は等しい ■

一般に，$\sharp A \leq \sharp B$ かつ $\sharp A \neq \sharp B$ のとき，$\sharp A < \sharp B$ と表すことにする．

可算集合の濃度を $\aleph_0$(アレフゼロと読む)と表し，実数全体濃度を $\aleph$(アレフと読む)と表すことが多い[5]．すなわち，$\sharp\mathbb{N} = \aleph_0, \sharp\mathbb{R} = \aleph$ である．定理 34.2 は $\aleph_0 < \aleph$ であることを示している．定理 34.3 の証明を少し変更すれば，すべての次元のユークリッド空間 $\mathbb{R}^n$ の濃度も $\aleph$ であることがわかる．それでは，$\aleph$ よりも真に大きい集合は存在するのであろうか．カントールはこの問題を「ベキ集合の濃度は元の集合の濃度より真に大きい」という形で解決する．証明はトリッキーであるが興味深い．

定理 34.4 すべての集合 X について $\sharp X < \sharp 2^X$ である．特に $2^{\mathbb{R}}$ の濃度は $\aleph$ よりも真に大きい．

[証明] $f(x) = \{x\}$ は X から 2^X への単射であるから $\sharp X \leq \sharp 2^X$ である．もし，$\sharp X = \sharp 2^X$ とすれば，X から 2^X への全射 g が存在する．
(34.4) $$A := \{x \in X; \; x \notin g(x)\}$$
とする．A は X の部分集合であり，g は全射であるから $A = g(a)$ となる $a \in X$ が存在する．$a \in A$ とすれば，(34.4) から $a \notin g(a) = A$ で矛盾である．$a \notin A = g(a)$ とすれば，再び (34.4) から $a \in A$ となり矛盾である．よって $a \in A$ でも $a \notin A$ でもないことになり矛盾である．よって全射 g は存在しないので 2 つの集合の濃度は等しくない． ■

---

[3] この証明で用いられた方法はカントールの**対角線論法**と呼ばれる．

[4] 次元が異なるのに同じ濃度であるという結論はカントール自身も戸惑ったようである．友人のデデキントにあてた手紙に「Je le vois, mais je ne crois pas (証明はわかったが，信じられない)」と書いている．

[5] アレフはヘブライ語のアルファベットの最初の文字である．$\aleph$ はちょっと書きにくい．

ここでは詳細は述べないが，定理 34.2 の証明で用いた無限小数展開を利用すると $2^{\mathbb{N}}$ の濃度は $\mathbb{R}$ の濃度に等しいことが示される．これに関連してカントールは

$$\mathbb{N} \subset A \subset \mathbb{R} \quad \text{かつ} \quad {}^{\sharp}\mathbb{N} < {}^{\sharp}A < {}^{\sharp}\mathbb{R}$$

をみたす集合は存在しないだろうという問題に取り組む．カントールは未解決に終わり，これは「連続体仮説」と呼ばれることになる．連続体仮説はゲーデル (1906-1978) の結果を経てコーエン (1934-) によって思わぬ形で解決する．それは数をどう定義するかにより「連続体仮説を認めても，否定しても矛盾は出ない」というものであった．カントールが考え始めてから 85 年後のことである．

§34.3　可算集合の演算

前節での証明法や考え方から可算集合に関する性質を整理する．

まず，例題 34.2 の証明と同様にして

(34.5) 　　　　　　　　$\mathbb{N}$ の n 個の直積集合 $\mathbb{N}^n$ は可算集合である

が成り立つことを注意する (演習問題 34.1)．また，重要で有用な事実としては

(34.6)　　　集合 A が高々可算集合 $\iff$ A からある高々可算集合 B への単射が存在する

(34.7)　　　集合 A が高々可算集合 $\iff$ ある高々可算集合 B から A への全射が存在する

である (証明は練習問題 34.2)．さらに次が示される．

> **定理 34.5**　(1) A_k $(k=1,2,\cdots,n)$ がすべて高々可算集合ならば，$A_1 \times A_2 \times \cdots \times A_n$ も高々可算集合である．
>
> 　(2) 集合 X の部分集合の列 $\{A_n\}_{n=1}^{\infty}$ がすべて高々可算集合ならば，$\bigcup_{n=1}^{\infty} A_n$ も高々可算集合である．

[証明]　(1) A_k が高々可算集合ならば (34.6) より単射 $f_k : A_k \mapsto \mathbb{N}$ がある．$F(a_1, a_2, \cdots, a_n) := (f_1(a_1), f_2(a_2), \cdots, f_n(a_n))$ は $A := A_1 \times A_2 \times \cdots \times A_n$ から $\mathbb{N}^n = \mathbb{N} \times \mathbb{N} \times \cdots \times \mathbb{N}$ への単射になる．(34.5) から $\mathbb{N}^n$ は可算集合であるから，(34.6) より A は高々可算集合である．

(2) 各 n について A_n は高々可算集合であるから，(34.7) より全射 $f_n : \mathbb{N} \mapsto A_n$ が存在する．よって $\mathbb{N} \times \mathbb{N}$ から $A := \bigcup_{n=1}^{\infty} A_n$ への写像を

(34.8) 　　　　　　　　　　$F(n, m) := f_n(m)$

で定めると F は全射になる (練習問題 34.3)．よって (34.7) から A は高々可算集合である．　■

定理 34.5 (2) では，$\{A_n\}$ は有限個を除いて空集合の場合と見なせば，高々可算集合の有限個の合併は高々可算集合である．この事実から次の補題が示される．

> **補題 34.2** 実数全体 $\mathbb{R}$ の部分集合 A が可算集合なら $\mathbb{R} \setminus A$ は非可算集合である．

[証明]　$B := \mathbb{R} \setminus A$ とおくと $\mathbb{R} = A \cup B$ である．もし B が可算集合であれば定理 34.5 (2) より $A \cup B = \mathbb{R}$ が可算集合になり定理 34.2 に矛盾する．■

§34.4　超越数の存在

整数係数の方程式
$$a_n x^n + a_{n-1} x^{n-1} + \cdots + a_1 x + a_0 = 0 \quad (a_k \in \mathbb{Z} \ (k=0,1,2,\cdots,n))$$
の解を**代数的数**という．有理数 p/q は $qx - p = 0$ の解であるから代数的数である．また $\sqrt[n]{2}$ は $x^n - 2 = 0$ の解であるから代数的数である．代数的でない実数を**超越数**という．1844 年に超越数が存在することをリューヴィルが示したがそれは複雑な議論であった．具体的な超越数を見つけることはさらに難しく，1873 年にエルミートが自然対数の底 e が超越数であることを示し，1882 年にリンデマンが円周率 π が超越数であることを証明した．しかし，$e + \pi$ が超越数か否かは未だにわかっていない．このような状況の中で，1874 年にカントールは複雑な計算なしで，超越数が非常に多く存在することを宣言した，それは「代数的数の全体が可算集合になる」ことからの帰結であった[6]．この証明を概観してみよう．

> **定理 34.6**　代数的な実数の全体は可算集合である．

[証明]　整数係数の n 次多項式の全体を P_n とする．すなわち
$$P_n := \{a_n x^n + a_{n-1} x^{n-1} + \cdots + a_1 x + a_0 ; a_k \in \mathbb{Z} \ (k=0,1,2,\cdots,n)\}$$
である．
$$F(a_n, a_{n-1}, \cdots, a_1, a_0) = a_n x^n + a_{n-1} x^{n-1} + \cdots + a_1 x + a_0$$
は $\mathbb{Z}^{n+1}$ から P_n への全射になる．定理 34.5 (1) から $\mathbb{Z}^{n+1}$ は可算集合であるから (34.7) より P_n は可算集合である．さらに整数多項式の全体を P とすれば $P = \bigcup_{n=1}^{\infty} P_n$ である．定理 34.5 (2) より P も可算集合になる．(34.3) から $P = \{f_1, f_2, \cdots, f_n, \cdots\}$ と番号付けができる．$A_n = \{f_n(x) = 0 \text{ の実数解}\}$ とおくと A_n は有限集合である．代数的数の全体は $\bigcup_{n=1}^{\infty} A_n$ であるから，再び，定理 34.5 (2) より可算集合となる．■

定理 34.6 と補題 34.2 から超越数の全体は非可算集合になる．

---

[6] カントールの一連の研究は旧師クロネッカーの激しい攻撃を受ける．クロネッカーがこれほどまでに敵意をもった理由はよくわからないが，それには数学観の違いもあった．存在だけを示すのではなく具体的に数を構成せよというのが，その当時の数学会の風潮でもあった．クロネッカーとの確執，連続体仮説に対する研究の進展のなさなどがカントールの精神を蝕んでいった．アミール・アクゼル著 (水谷淳訳)『天才数学者列伝 (数奇な人生を歩んだ数学者たち)』ソフトバンククリエイティブ (2012) ではカントールを「史上最高の数学者達の中で精神的にも対外的にももっとも苦しんだ人物」であり「彼の先駆的研究は無限に対する現代の理解への扉をひらいた」と記している．

****

○●練習問題 34 ●○

34.1 $f(x) = \dfrac{2x-1}{4x(1-x)}$ は $(0,1)$ から $\mathbb{R}$ への全単射であることを示せ.

34.2 (34.6) と (34.7) の成立を説明せよ.

34.3 (34.8) が全射になることを確かめよ.

34.4 閉区間 $[a,b]$ から閉区間 $[c,d]$ への全単射を 1 つ作れ.

34.5 $\mathbb{R}$ から 開区間 (a,b) への全単射を 1 つ作れ.

◇◆演習問題 34 ◆◇

34.1 $n \geq 2$ とする. $\mathbb{N}^n$ は可算集合であることを示せ.

34.2 集合 X について, 2^X から X への単射が存在しないことを示して, 定理 34.4 に別証明を与えよ.

34.3 (1) $[0,1]$ から $[0,1)$ への全単射が存在することを (写像を構成することなく) 説明せよ.
(2) (1) の全単射を具体的に 1 つ構成せよ.
(3) (1) の全単射で連続関数になるものは存在するか. 理由を付して答えよ.

34.4 $\mathbb{R}^n$ の球 $B(x,r)$ で中心 x の成分はすべて有理数, 半径 $r > 0$ も有理数であるもの全体は可算集合であることを証明せよ.

35

開集合と閉集合

> まったく別々と思っていた二つのことが，数学的に同等，同型であることを発見するほど，大きな満足を数学者にもたらすものは他にない．
> ソーヤ

　集合上で定義される写像 (関数) の連続性を考察するためには，集合に位相を入れなければいけない．位相を入れるとは開集合を定めるということである．本書ではユークリッド空間についてのみとり扱うが，ここに記される多くの事実は，ほとんどそのまま一般の距離空間でも成り立つ．これまで，集合の内部，境界，閉包などの用語を感覚的に使ってきたが，ここでそれらを明確にしたい．

§35.1　集合の内部，境界，閉包

　$N \geq 1$ とする．N 次元ユークリッド空間 $\mathbb{R}^N$ とは N 次元実ベクトル $x = (x_1, x_2, \cdots, x_N)$ の全体からなる集合である[1]．$x = (x_1, x_2, \cdots, x_N),\ y = (y_1, y_2, \cdots, y_N) \in \mathbb{R}^N$ に対して，x と y の距離を

$$\|x - y\| := \sqrt{(x_1 - y_1)^2 + (x_2 - y_2)^2 + \cdots + (x_N - y_N)^2}$$

で定める[2]．$x, y, z \in \mathbb{R}^N$ について，三角不等式

(35.1) $$\|x - z\| \leq \|x - y\| + \|y - z\|$$

が成り立つ．$p \in \mathbb{R}^N$ と $r > 0$ について，p を中心，半径 $r > 0$ の球とは

(35.2) $$B(p, r) := \{x \in \mathbb{R}^N; \|x - p\| < r\}$$

である[3]．これを p の r-近傍ともいう．

定義 35.1　A を $\mathbb{R}^N$ の部分集合とし，$p \in \mathbb{R}^N$ とする．
(1) $B(p, \varepsilon) \subset A$ なる $\varepsilon > 0$ が存在するとき p は A の**内点**であるという．
(2) $B(p, \varepsilon) \cap A = \emptyset$ となる $\varepsilon > 0$ が存在するとき p は A の**外点**であるという．

---

[1] これまではベクトルは $X = (x_1, x_2, \cdots, x_N)$ と大文字を使って表してきたが，集合と要素の関係を明確に区別する意味で，ベクトルも小文字 x で表すことにする．

[2] $N = 1$ のときは $\|x - y\|$ は通常の絶対値 $|x - y|$ である．

[3] 14 章では $N = 2$ の場合は円板 (disc) の略として $D(p, r)$ の記号を用いたが，一般次元のときは球 (ball) の略として $B(p, r)$ の記号を使う．なお $N = 1$ のときは $B(p, r)$ は開区間 $(p - r, p + r)$ である．

(3) p が A の内点でも外点でもないとき，すなわち，任意の $\varepsilon > 0$ に対して
$$B(p,\varepsilon) \cap A \neq \emptyset \quad \text{かつ} \quad B(p,\varepsilon) \cap A^c \neq \emptyset \tag{35.3}$$
が成り立つとき，p は A の**境界点**という．

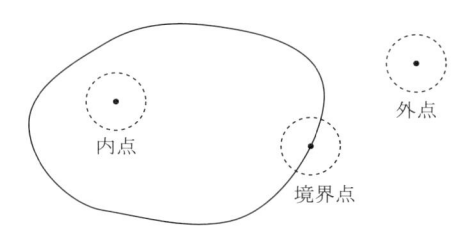

問 35.1 $N = 1$ とする．$A = (-1, 1)$ において 0 は A の内点であり，2 は A の外点であり，1 は A の境界点であることを定義 35.1 に従って確認せよ．

定義 35.2 $\mathbb{R}^N$ の部分集合 A に対して，以下の記号を用いる．
$$\begin{aligned} A^\circ &:= A \text{ の内点の全体} & (A \text{ の内部}) \\ \partial A &:= A \text{ の境界点の全体} & (A \text{ の境界}) \\ \overline{A} &:= A \cup \partial A & (A \text{ の閉包}) \end{aligned}$$

この定義から，次の関係は明らかである．
$$A^\circ \subset A \quad \text{および} \quad A \subset \overline{A} \tag{35.4}$$

例題 35.1 $B(p, r)$ に対して以下を確認せよ．
(1) $B(p, r)^\circ = \{x \in \mathbb{R}^N ; \|x - p\| < r\} = B(p, r)$.
(2) $\partial B(p, r) = \{x \in \mathbb{R}^N ; \|x - p\| = r\}$.
(3) $\overline{B(p, r)} = \{x \in \mathbb{R}^N ; \|x - p\| \leq r\}$.

[証明] (1) $x \in B(p, r)$ を任意にとる．$\varepsilon := r - \|x - p\| > 0$ とすれば $B(x, \varepsilon) \subset B(p, r)$ が成り立つ．実際，$y \in B(x, \varepsilon)$ のとき，三角不等式 (35.1) から
$$\|y - p\| \leq \|y - x\| + \|x - p\| < \varepsilon + (r - \varepsilon) = r$$
となって $y \in B(p, r)$ である．これより $x \in B(p, r)^\circ$ となり，$B(p, r) \subset B(p, r)^\circ$ が示された．逆向きの包含関係は (35.4) の前半による．

(2) $\|x - p\| = r$ なる任意の点 x と，任意の $\varepsilon > 0$ をとる．$\rho < \min\{1, \varepsilon/r\}$ なる $\rho > 0$ に対して
$$x_\pm := x \pm \rho(x - p)$$
とすれば $\|p - x_\pm\| = \|(p - x)(1 \pm \rho)\| = r(1 \pm \rho)$，$\|x - x_\pm\| = \|\pm\rho(x - p)\| = r\rho < \varepsilon$ である．これは $x_- \in B(x, \varepsilon) \cap B(p, r)$ および $x_+ \in B(x, \varepsilon) \cap B(p, r)^c$ を意味するから $x \in \partial B(p, r)$ である．

逆に x を境界点とする．x は内点ではないので (1) より $\|x - p\| \geq r$ である．もし $\|x - p\| > r$ ならば，$\varepsilon := \|x - p\| - r$ として $B(x, \varepsilon) \cap B(p, r) = \emptyset$ となる．これは x が $B(p, r)$ の外点になって矛盾する．よって x が境界点ならば $\|x - p\| = r$ が成り立つ．

(3) は閉包の定義と (1), (2) の事実から $\overline{B(p, r)} = B(p, r)^\circ \cup \partial B(p, r) = \{x \in \mathbb{R}^n ; \|x - p\| \leq r\}$ となる． ∎

例題 35.2 集合 A について $x \in \overline{A}$ である必要かつ十分条件は，任意の $\varepsilon > 0$ に対して $B(x,\varepsilon) \cap A \neq \emptyset$ となることである．

[証明] $x \in \overline{A}$ とする．$x \in A$ か $x \in \partial A$ である．前者なら $x \in B(x,\varepsilon) \cap A$ であり，後者なら (35.3) から $B(x,\varepsilon) \cap A \neq \emptyset$ が成り立つ．逆に $x \notin \overline{A}$ とすると x は A の外点である．よって $B(x,\varepsilon) \cap A = \emptyset$ となる $\varepsilon > 0$ が存在する． ∎

§35.2 開集合と閉集合の定義

定義 35.3 A を $\mathbb{R}^N$ の部分集合とする．
(1) 任意の $a \in A$ に対して，$\varepsilon > 0$ が存在して $B(a,\varepsilon) \subset A$ となるとき，A は**開集合**と呼ばれる．
(2) 補集合 A^c が開集合になるとき A を**閉集合**という．

混乱の原因になるので，次のことを確認しておく．$\mathbb{R}^N$ は開集合である．なぜなら $B(a,\varepsilon) \subset \mathbb{R}^N$ はいつも成り立つからである．また，空集合 $\emptyset$ も開集合と解釈する (元がないので条件をみたしていると考える)．(2) の定義に従えば $\emptyset = (\mathbb{R}^N)^c$ と $\mathbb{R}^N = \emptyset^c$ から $\emptyset$ と $\mathbb{R}^N$ は閉集合である．すなわち，空集合と $\mathbb{R}^N$ は開集合でありかつ閉集合である．

問 35.2 $N = 1$ とする．開区間 (a,b) は開集合であり，閉区間 $[a,b]$ は閉集合であり，半開区間 $(a,b]$ は開集合でも閉集合でもないことを定義 35.3 に従って確認せよ．

開集合と閉集合は内部と閉包を使って特徴付けすることができる．

定理 35.1 A を $\mathbb{R}^N$ の任意の部分集合とする．
(1) A が開集合である $\iff$ $A = A^\circ$ が成り立つ．
(2) A が閉集合である $\iff$ $A = \overline{A}$ が成り立つ．

[証明] これらは定義から明らかな事実であるが，定義を理解するためと証明の書き方に慣れるために詳しく述べる．背理法をうまく使うとよい．

(1) ($\Longrightarrow$): (35.4) より $A^\circ \subset A$ は常に成り立つので，A を開集合と仮定して逆の包含関係を示す．$a \in A$ とすれば，A が開集合より $\varepsilon > 0$ が存在して $B(a,\varepsilon) \subset A$ が成り立つ．これは a が A の内点であることを意味するので，$a \in A^\circ$ である．すなわち，$A \subset A^\circ$．以上から $A = A^\circ$ が成り立つ．
($\Longleftarrow$): $A = A^\circ$ ならば A の任意の点は A の内点であるから A は開集合である．
(2) ($\Longrightarrow$): (35.4) から $A \subset \overline{A}$ なので，A が開集合であること仮定して逆向の包含関係 $\overline{A} \subset A$ を示す．これが成り立たないと仮定すると，$a \in \overline{A}$ であるが $a \notin A$ となる点 a が存在する．$\overline{A} = A \cup \partial A$ より $a \in \partial A$ である．一方，$a \notin A$ より，$a \in A^c$ であり，A^c は開集合であるから，ある $\varepsilon > 0$ が存在して $B(a,\varepsilon) \subset A^c$ である．これは $a \in \partial A$ と矛盾する．よって $\overline{A} = A$ が成り立つ．
($\Longleftarrow$): $\overline{A} = A$ とする．A^c が開集合でないと仮定すると，任意の $\varepsilon > 0$ について $B(a,\varepsilon) \cap A \neq \emptyset$ となる点 $a \in A^c$ がある．これは例題 35.2 より $a \in \overline{A}$ を意味して，$\overline{A} = A$ より $a \in A$ となり矛盾である．よって A^c は開集合であり，A は閉集合である． ∎

§35.3　開集合と閉集合の基本性質

開集合と閉集合についての共通部分と合併集合に関して，以下の事実は基本的である．

定理 35.2　(1) A_k ($k=1,2,\cdots,n$) がすべて開集合なら，共通部分 $\bigcap_{k=1}^{n} A_k$ も開集合である．

(2) A_λ ($\lambda \in \Lambda$) を添字付き集合族とする．A_λ がすべて開集合ならば，合併集合 $\bigcup_{\lambda \in \Lambda} A_\lambda$ も開集合である．

(3) F_k ($k=1,2,\cdots,n$) がすべて閉集合なら，合併集合 $\bigcup_{k=1}^{n} F_k$ も閉集合である．

(4) F_λ ($\lambda \in \Lambda$) を添字付き集合族とする．F_λ がすべて閉集合ならば，共通部分 $\bigcap_{\lambda \in \Lambda} F_\lambda$ も閉集合である．

[証明]　(1) $x \in \bigcap_{k=1}^{n} A_k$ を任意にとる．すべての k について，A_k は x を含む開集合なので，$\varepsilon_k > 0$ が存在して $B(x, \varepsilon_k) \subset A_k$ となる．このとき $\varepsilon := \min\{\varepsilon_1, \varepsilon_2, \cdots, \varepsilon_n\}$ とすれば $\varepsilon > 0$ である．$B(x, \varepsilon) \subset B(x, \varepsilon_k) \subset A_k$ より

$$B(x, \varepsilon) \subset \bigcap_{k=1}^{n} A_k$$

となり，共通部分は開集合である．　(2) $x \in \bigcup_{\lambda \in \Lambda} A_\lambda$ を任意にとる．和集合の定義から，ある $\lambda_0 \in \Lambda$ があって，$x \in A_{\lambda_0}$ である．A_{λ_0} は開集合であるから，$\varepsilon > 0$ が存在して $B(x, \varepsilon) \subset A_{\lambda_0}$ となる．よって

$$B(x, \varepsilon) \subset A_{\lambda_0} \subset \bigcup_{\lambda \in \Lambda} A_\lambda$$

より和集合は開集合である．　(3) F_k^c はすべて開集合であり，定理 33.1 より

$$\left(\bigcup_{k=1}^{n} F_k \right)^c = \bigcap_{k=1}^{n} F_k^c$$

である．(1) よりこれは開集合になり，補集合が開集合であるから，$\bigcup_{k=1}^{n} F_k$ は閉集合である．　(4) は (3) と同様に補集合が開集合になることを示せばよい．再び定理 33.1 より

$$\left(\bigcap_{\lambda \in \Lambda} F_\lambda \right)^c = \bigcup_{\lambda \in \Lambda} F_\lambda^c$$

となり，右辺は (2) より開集合である．　■

定理 35.2 (1), (3) では有限個についての主張であることに注意せよ，下記の例のようにこれらは無限個の場合には成り立つとは限らない．

問 35.3　$\bigcap_{k=1}^{\infty} (0, 1 + 1/k) = (0, 1]$ を示して，無限個の開集合の共通部分は必ずしも開集合ではないことを確認せよ．

$\mathbb{R}^N$ の点列の収束について確認する．$\{x_n\}_{n=1}^{\infty}$ が $x_0 \in \mathbb{R}^N$ に**収束する**とは

$$\lim_{n \to \infty} \|x_n - x_0\| = 0$$

が成り立つことである. 言い換えると, 任意の $\varepsilon > 0$ について, 番号 N_ε が存在して,
(35.5) $$n \geq N_\varepsilon \text{ ならば } \|x_n - x_0\| < \varepsilon$$
となることである. このとき $x_n \to x_0 \ (n \to \infty)$ とも書く[4].

閉集合は「収束先の点をいつも含む」という性質によって特徴付けられる.

> **定理 35.3** A を $\mathbb{R}^N$ の集合とする.
> (1) A を閉集合とする. A 内の点列 $\{x_n\}_{n=1}^\infty$ が $x_0 \in \mathbb{R}^N$ に収束すれば $x_0 \in A$ である.
> (2) 逆に, A 内の点列 $\{x_n\}_{n=1}^\infty$ が $x_0 \in \mathbb{R}^N$ に収束したとき, いつも $x_0 \in A$ であれば A は閉集合である.

[証明] (1) A を閉集合とし, $x_0 \notin A$ とする. $\overline{A} = A$ であるから, x_0 は A の外点である. よって $\varepsilon_0 > 0$ が存在して $B(x_0, \varepsilon_0) \subset A^c$ となる. 一方, (35.5) より, $n \geq N_{\varepsilon_0}$ ならば $x_n \in B(x_0, \varepsilon_0)$ である. これは $x_n \in A$ に矛盾する. よって $x_0 \in A$ である. (2) A は閉集合でないと仮定すると A^c は開集合ではない. よって $x_0 \in A^c$ で, すべての $\varepsilon > 0$ について $B(x_0, \varepsilon) \cap A \neq \emptyset$ となるものがある. 特に $\varepsilon = 1/n$ について $x_n \in B(x_0, 1/n) \cap A$ となる点列 $\{x_n\}$ をとることができる. このとき $\|x_n - x_0\| < 1/n$ より $\{x_n\}$ は x_0 に収束する A 内の点列である. (2) の性質が成り立てば $x_0 \in A$ であるが, $x_0 \in A^c$ であった. この矛盾から A^c は開集合であることがわかり, A は閉集合である. ∎

§35.4 開集合による連続性の定義

連続関数は「開集合の逆像が開集合になる」ことによって特徴付けられる.

以下の記述で, E が $\mathbb{R}^N$ の集合のとき, V が E 内の開集合であるとは, 任意の $a \in V$ に対して $\varepsilon > 0$ が存在して $B(a, \varepsilon) \cap E \subset V$ となる場合とする. 特に, E が開集合ならば V は E に含まれる (通常の意味の) 開集合である.

問 35.4 次を示せ.「V が E 内の開集合」$\iff$「$V = O \cap E$ となる $\mathbb{R}^n$ 内の開集合 O が存在する」

> **定理 35.4** $\mathbb{R}^N$ の集合 E 上の関数 f が連続関数である必要かつ十分条件は, 任意の $\mathbb{R}$ 内の開集合 A に対して $f^{-1}(A) := \{x \in E \,;\, f(x) \in A\}$ が E 内の開集合になることである.

[証明] f が E で連続とする. A を $\mathbb{R}^N$ の開集合として, $a \in f^{-1}(A)$ とする. $f(a) \in A$ で A は開集合であるから, $\varepsilon > 0$ で $B(f(a), \varepsilon) \subset A$ となるものがある. f は $x = a$ で連続であるから, 今とった $\varepsilon > 0$ に対して, $\delta > 0$ を選べば $x \in B(a, \delta) \cap E$ ならば $|f(x) - f(a)| < \varepsilon$ とできる. これは $B(a, \delta) \cap E \subset f^{-1}(A)$ を意味して $f^{-1}(A)$ は E 内の開集合である.

逆の主張を示そう. $a \in E$ を任意にとり, $\varepsilon > 0$ も任意にとる. $B(f(a), \varepsilon)$ は $\mathbb{R}$ の開集合であるから, $f^{-1}(B(f(a), \varepsilon))$ は E 内の開集合である. $a \in f^{-1}(B(f(a), \varepsilon))$ であるから, ある $\delta > 0$ が存在して, $B(a, \delta) \cap E \subset f^{-1}(B(f(a), \varepsilon))$ が成り立つ. これは $x \in B(a, \delta) \cap E$ なら $f(x) \in B(f(a), \varepsilon)$ となること, すなわち, $\|x - a\| < \delta,\ x \in E$ ならば $|f(x) - f(a)| < \varepsilon$ となって $x = a$ での連続性が示される. ∎

---

[4] x_n は $\mathbb{R}^N$ の点であって x の第 n 成分ではない. x_n の成分表示は $x_n = (x_{n,1}, x_{n,2}, \cdots, x_{n,N})$ となる. 14 章の脚注 4 と同様に「$x_n \to x_0 \Longrightarrow x_n$ の各成分が x_0 の各成分に収束する」である.

関数の連続性について 3 種類の記述があることになった. 1 変数の場合にそれを整理しておく. E を $\mathbb{R}$ の集合とする. f が E 上の連続関数であるとは

(35.6) 　　　　任意の $a \in E$ について $\lim_{x \to a,\ x \in E} f(x) = f(a)$ が成り立つ.

それを ε-δ 論法で書くと,

(35.7) 　　　$\begin{cases} \text{任意の } a \in E \text{ と任意の } \varepsilon > 0 \text{ に対して, } \delta > 0 \text{ が存在して} \\ |x-a| < \delta \text{ かつ } x \in E \text{ ならば } |f(x) - f(a)| < \varepsilon \text{ が成り立つ.} \end{cases}$

さらに, 開集合の言葉では

(35.8) 　　　任意の $\mathbb{R}$ の開集合 A について $f^{-1}(A)$ が E 内の開集合である.

特に, E が開集合のときは, (35.6), (35.7), (35.8) はそれぞれ

(1) 任意の $a \in E$ について $\lim_{x \to a} f(x) = f(a)$ が成り立つ.

(2) $\begin{cases} \text{任意の } a \in E \text{ と任意の } \varepsilon > 0 \text{ に対して, } \delta > 0 \text{ が存在して} \\ |x-a| < \delta \text{ ならば } |f(x) - f(a)| < \varepsilon \text{ が成り立つ.} \end{cases}$

(3) 任意の E に含まれる開集合 A について $f^{-1}(A)$ は開集合である.

と簡略に書くことができる. 連続関数を考察する際に, これら 3 種類の記述をうまく使い分けて議論することが大切である.

$***$

○●練習問題 35 ●○

35.1 $\mathbb{R}^2$ 内の有限個の点からなる集合 F は閉集合であることを確認せよ.

35.2 $A \subset B \subset \mathbb{R}^N$ のとき $A^\circ \subset B^\circ$, $\overline{A} \subset \overline{B}$ を確認せよ.

35.3 無限個の閉集合の合併集合が閉集合にならない例を挙げよ ($N = 1$ でよい).

◇◆演習問題 35 ◆◇

35.1 (35.1) を証明せよ.

35.2 任意の $A \subset \mathbb{R}^N$ について, 以下を証明せよ.
(1) A° は開集合である. (2) $\overline{A}$ 閉集合である. (3) ∂A は閉集合である.

35.3 $E = \{(x,y)\,;\, 0 < x < 1,\, 0 < y < 1,\, x, y \in \mathbb{Q}\} \subset \mathbb{R}^2$ について, E°, ∂E, $\overline{E}$ を求めよ.

35.4 A, B を $\mathbb{R}^N$ の部分集合とする.
(1) $(A \cap B)^\circ = A^\circ \cap B^\circ$, $\overline{A \cup B} = \overline{A} \cup \overline{B}$ を示せ.
(2) $(A \cup B)^\circ = A^\circ \cup B^\circ$ および $\overline{A \cap B} = \overline{A} \cap \overline{B}$ が成り立たない例をそれぞれ考えよ.

35.5 A を $\mathbb{R}^N$ の部分集合とする. $X \subset A \subset \overline{X}$ となるとき, X は A の中で**稠密**であるという. X が A で稠密になる必要かつ十分条件は, 任意の $a \in A$ と任意の ε に対して $B(a, \varepsilon) \cap X \neq \emptyset$ となることである. これを証明せよ.

35.6 $\mathbb{Q}$ は $\mathbb{R}$ の中で稠密であることを示せ. また, 無理数の全体である $\mathbb{R} \setminus \mathbb{Q}$ も $\mathbb{R}$ の中で稠密であることを示せ.

36

連結性とコンパクト性

論理によって証明し，直感によって考え出す． ポアンカレ

現代数学は位相の言葉を使って書かれるが，その中でも連結性とコンパクト性は非常に基本的である．2つの性質を位相の言葉で（= 開集合を使って）書き表す．これによって，14章 §14.3 で定義した領域とコンパクト集合がより明確なものになる．特に重要なのは「領域上の連続関数の値域は区間である」と「コンパクト集合内の無限点列は収束する部分列を含む」という事実である．

§36.1 連結性

連結集合とは空でない2つの開集合に分けられない集合である．正確な定義を与えよう．

> **定義 36.1** X を $\mathbb{R}^N$ の部分集合とする．$\mathbb{R}^N$ の開集合 G_1, G_2 で
>
> (36.1) $$X \subset G_1 \cup G_2, \quad X \cap G_1 \cap G_2 = \emptyset$$
>
> かつ $G_1 \cap X \neq \emptyset$, $G_2 \cap X \neq \emptyset$ となるものが存在するとき，X は連結ではないという．そのような開集合がない場合に X を **連結集合** という．

> **問 36.1** 閉集合 $X, F_1, F_2 \subset \mathbb{R}^N$ が $X = F_1 \cup F_2$, $F_1 \cap F_2 = \emptyset$ をみたすとする．$G_1 = F_1^c$, $G_2 = F_2^c$ としたとき，以下を確認せよ．
> (1) $G_1 \cup G_1 = (F_1 \cap F_2)^c = \mathbb{R}^N \supset X$
> (2) $X \cap G_1 \cap G_2 = X \cap (F_1 \cup F_2)^c = X \cap X^c = \emptyset$
> (3) X が連結ならば $X = F_1$ または $X = F_2$ である．

14章で与えた連結の定義は「任意の2点が折れ線で結ぶことができる」ことであった．この性質はより正確には **弧状連結集合** と呼ばれて連結性よりも強い性質である（演習問題 36.1）[1]．しかし，開集合の場合は通常の連結性と同値になる．

> **定理 36.1** D を $\mathbb{R}^N$ の連結な開集合とする．D 内の任意の2点は D 内の折れ線で結ぶことができる．

---

[1] 実はこれでも正確ではない．弧状連結集合とは任意の2点が集合内の曲線で結べることで，折れ線でなくてもよい．折れ線で結ぶことができる場合は線分的弧状連結という．

[証明] $x_0 \in D$ を1つとる．G_1 を x_0 と D 内の折れ線で結ぶことのできる D 内の点の全体からなる集合，G_2 を x_0 とは折れ線で結べない D 内の点の全体の集合とすると，$D = G_1 \cup G_2$ である．$x \in D$ を任意にとる．D は開集合より $B(x,\varepsilon) \subset D$ となる $\varepsilon > 0$ がある．$y \in B(x,\varepsilon)$ とすると x と y は D 内の線分で結ぶことができる．よって $x \in G_1$ ならば x と x_0 は D 内の折れ線で結べて，あわせると y と x_0 は D 内の折れ線で結ぶことができる．すなわち $y \in G_1$ であり，y の任意性から $B(x,\varepsilon) \subset G_1$ が成り立つ．これから G_1 は開集合である．

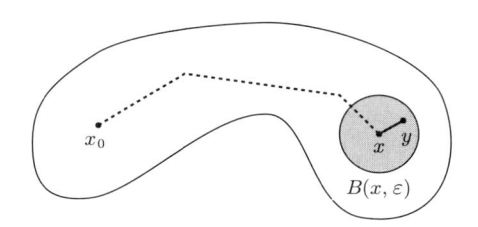

同様に，$x \in G_2$ のとき，$y \in B(x,\varepsilon)$ とすると，y と x_0 は D 内の折れ線で結ぶことはできない (y と x_0 を結ぶことができれば x と x_0 も結べて $x \in G_2$ に矛盾する)．これより G_2 も開集合である．また，$x_0 \in G_1$ であるから $G_1 \neq \emptyset$ である．後述の (36.2) より $D = G_1$ となる．D のすべての点が x_0 と結ぶことができるので，D 内の任意の2点は x_0 を経由して D 内の折れ線で結ぶことができる． ∎

連結な開集合を**領域**という．定理 36.1 により，この定義は 14 章の定義 14.1 と一致する．領域に関しては，次の形の主張を明記しておく．D は領域，G_1, G_2 は開集合で，$G_1 \neq \emptyset$ とする．このとき

(36.2) $\qquad D = G_1 \cup G_2$ かつ $G_1 \cap G_2 = \emptyset \implies G_1 = D$

が成り立つ (確認は練習問題 36.1)．これを利用すると，定理 17.2 は次のようにも示すことができる．

例題 36.1 領域 $D \subset \mathbb{R}^2$ 上の C^1 級関数 f の導関数 f_x と f_y が D 上で恒等的に 0 ならば f は定数関数である．

[証明] $a = (a_1, a_2) \in D$ を1つとり固定し，$G_1 := \{x \in D\,;\, f(x) = f(a)\}$, $G_2 := \{x \in D\,;\, f(x) \neq f(a)\}$ とする．$a \in G_1$ より $G_1 \neq \emptyset$ である．G_1 と G_2 が開集合になることがわかれば，(36.2) から $D = G_1$ となり，主張が示される．

G_1 が開集合になること．$x = (x_1, x_2) \in G_1$ とする．$x \in D$ より $B(x, \varepsilon) \subset D$ である．$y \in B(x, \varepsilon)$ について $y = (x_1 + h, x_2 + k)$ として (17.4) の2変数の平均値の定理を使うと
$$f(y) = f(x_1, x_2) + f_x(x_1 + \theta h, x_2 + \theta k)h + f_y(x_1 + \theta h, x_2 + \theta k)k = f(x) = f(a)$$
となって $y \in G_1$ である．これから $B(x, \varepsilon) \subset G_1$ となり G_1 は開集合である．

G_2 が開集合であることは連続関数についての一般論である[2]．例題 31.2 と同様であるが，ここでも証明を与える．$x_0 \in G_2$ なる点があったとする．$x_0 \in D$ なので $B(x_0, \delta_1) \subset D$ なる $\delta_1 > 0$ がある．また，$f(x_0) \neq f(a)$ であるから，$\varepsilon := |f(x_0) - f(a)|/2$ とおくと，f の点 x_0 での連続性から $\delta_2 > 0$ が存在して，$\|x_0 - x\| < \delta_2$ かつ $x \in D$ ならば $|f(x_0) - f(x)| < \varepsilon$ が成り立つ．よって $\delta := \min\{\delta_1, \delta_2\}$ とすれば $x \in B(x_0, \delta)$ のとき
$$|f(a) - f(x)| \geq |f(a) - f(x_0)| - |f(x_0) - f(x)| > 2\varepsilon - \varepsilon > 0$$
となり $B(x_0, \delta) \subset G_2$ がいえる[3]．これより G_2 も開集合である． ∎

---

[2] $f(x_0) \neq f(a)$ ならば x_0 の近傍の点 x でも $f(x) \neq f(a)$ であるということ．
[3] $|a - b| \geq |a - c| - |c - b|$ という逆向きに三角不等式を使った．

1 次元空間 $\mathbb{R}$ 内の区間[4]は連結であるが[5]，逆も成り立つ．

例題 36.2 $\mathbb{R}$ 内の連結集合は区間である．

[証明] A を $\mathbb{R}$ の連結集合とし，$\alpha = \inf A$，$\beta = \sup A$ とする．$\alpha \neq -\infty$，$\beta \neq \infty$ の場合は $a = \alpha$，$b = \beta$ とする．$a, b \in A$ ならば $A = [a, b]$ となることを示す．上限と下限の定義から $A \subset [a, b]$ であるから，$[a, b] \subset A$ を示せばよい．背理法で示す．$c \in (a, b) \setminus A$ とする．$O_1 := (a-1, c)$，$O_2 := (c, b+1)$ とすれば $A \subset O_1 \cup O_2$，$A \cap O_1 \cap O_2 = \emptyset$ であり，$a \in A \cap O_1$，$b \in A \cap O_2$ となり，A は連結でない．この矛盾から $[a, b] \setminus A = \emptyset$ となり．$[a, b] \subset A$ である．同様に $a \in A$，$b \notin A$ なら $A = [a, b)$，$a \notin A$，$b \in A$ なら $A = [a, b)$，$a, b \notin A$ なら $A = (a, b)$ が示される．

$\alpha = -\infty$，$b \in A$ のとき $A = (-\infty, b]$ を示そう．$a = -\infty$ として，前半の議論を繰り返せばよいが，$O_1 = (-\infty, c)$ とする点と $O_1 \cap A \neq \emptyset$ を示す部分の変更が必要である[6]．同様に $\alpha = -\infty$，$b \notin A$ ならば $A = (-\infty, b)$ である．他の場合も同様である． ∎

§36.2 コンパクト性

集合 $X \subset \mathbb{R}^N$ が**有界集合**であるとは，ある正数 $M > 0$ が存在して
$$\|x\| \leq M \quad (\forall x \in X)$$
が成り立つことで，これは $X \subset B(O, M)$ と同じである．次の補題は N 次元でのボルツァノ・ワイエルシュトラス定理である．$O = (0, 0, \cdots, 0)$ は $\mathbb{R}^N$ の原点である．

補題 36.1 $\mathbb{R}^N$ 内の点列 $\{x_n\}_{n=1}^{\infty}$ が有界集合ならば，収束する部分列をもつ．

[証明] 定理 14.3 の証明の中で $N = 2$ の場合を示している．これを繰り返すだけである．実際，$x_n = (x_{n,1}, x_{n,2}, \cdots, x_{n,N})$ とすると，$\{x_{n,1}\} \subset \mathbb{R}$ は有界数列なので収束する部分列 $\{x_{n_j, 1}\}$ が存在する．この部分列に対応する $\{x_{n_j, 2}\}$ も有界数列なので，さらに部分列 $\{x_{n_{j_k}, 2}\}$ を収束させることができる．このとき $\{x_{n_{j_k}, 1}\}$ も収束していることに注意する．これを繰り返して，部分列をとり続けると，すべての成分が収束する部分列が構成できる．構成した部分列は $\mathbb{R}^N$ 内の点列として収束している． ∎

X を $\mathbb{R}^N$ の集合とし，O_λ $(\lambda \in \Lambda)$ を開集合の族とする．
$$X \subset \bigcup_{\lambda \in \Lambda} O_\lambda$$
となるとき，$\{O_\lambda\}_{\lambda \in \Lambda}$ を X の**開被覆**という．Λ が無限集合のとき[7]，Λ の中から有限個 $\lambda_1, \lambda_2, \cdots, \lambda_n$ を選んで
$$X \subset \bigcup_{j=1}^{k} O_{\lambda_j}$$

---

[4] 区間とは (a, b)，$[a, b]$，$(a, b]$，$[a, b)$ および (a, ∞)，$(-\infty, b)$，(∞, ∞) のどれかの形の集合であった．なお，$a \leq b$ とし $a = b$ のときは $[a, a] = \{a\}$ および $(a, a) = \emptyset$ と解釈して，1 点からなる集合と空集合も区間に含める．

[5] 区間内の任意の 2 点を結ぶ線分はまた区間内に入る．任意の 2 点が折れ線（線分）で結ぶことができるので連結集合である．なお，1 点集合と空集合が連結になることの確認は練習問題 36.2 とする．

[6] $O_1 \cap A = \emptyset$ とすると A 内には c より小さい実数が存在しないことになり $\inf A = -\infty$ に矛盾する．

[7] 添字集合 Λ は可算集合でも非可算集合でもよい．

となるとき $\{O_{\lambda_j}\}_{j=1}^k$ を $\{O_\lambda\}_{\lambda \in \Lambda}$ の**有限部分被覆**という．

定義 36.2 K を $\mathbb{R}^N$ の部分集合とする．K が**コンパクト集合**であるとは，K の任意の開被覆が有限部分被覆をもつこと，すなわち，「K が無限個の開集合の族で覆われていれば，その中から有限個を選んで，それらだけで K を覆うことができる」という性質が常に成り立つことである．

14章の定義 14.1 では有界な閉集合をコンパクト集合と呼んだが，これは上記の定義と同じになる．すなわち，次が成り立つ．

定理 36.2 K が $\mathbb{R}^N$ の部分集合とする．K がコンパクト集合である必要かつ十分条件は K が有界な閉集合となることである．

[証明] K をコンパクト集合とする．まず有界性を示す．$\{B(\mathrm{O}, n)\}_{n=1}^\infty$ は K の開被覆であるから[8]，コンパクト性から有限部分被覆 $\{B(\mathrm{O}, n_j)\}_{j=1}^k$ がある．$\{n_j\}$ の最大値を M とすれば，$K \subset B(\mathrm{O}, M)$ なので有界になる．次に，閉集合になることを示す．$K^c = \mathbb{R}^N \setminus K$ が開集合を示せばよい．$x \in K^c$ を固定する．任意の $y \in K$ をとり $\varepsilon_y := \|x - y\|/2$ とすると，$B(x, \varepsilon_y) \cap B(y, \varepsilon_y) = \emptyset$ である．このとき
$$K \subset \bigcup_{y \in K} B(y, \varepsilon_y)$$
であるから，有限部分被覆が存在する．すなわち，$\{y_1, \cdots, y_k\} \subset K$ で
$$K \subset \bigcup_{j=1}^k B(y_j, \varepsilon_{y_j})$$
となる．$\varepsilon := \min\{\varepsilon_{y_1}, \cdots, \varepsilon_{j_k}\}$ とすれば $\varepsilon > 0$ であり，$B(x, \varepsilon) \cap B(y_j, \varepsilon_{y_j}) = \emptyset$ $(j = 1, \cdots, k)$ が成り立ち，上の関係から $B(x, \varepsilon) \cap K = \emptyset$ である．よって $B(x, \varepsilon) \subset K^c$ となり，K^c は開集合である．

逆に K を有界な閉集合とする．$\{O_\lambda\}_{\lambda \in \Lambda}$ を K の開被覆とする．Λ の可算な部分集合 Λ_0 があって $\{O_\lambda\}_{\lambda \in \Lambda_0}$ が K の開被覆にできることを示そう．演習問題 34.4 から $\mathbb{R}^N$ の球 $B(x, r)$ で中心 x の成分はすべて有理数，半径 $r > 0$ も有理数であるもの全体は可算集合であるから，それを $\{B_n\}_{n=1}^\infty$ とする．各 n について $B_n \subset O_\lambda$ をみたす λ があれば，それを1つ選んで $\lambda(n)$ とすると，$\Lambda_0 := \{\lambda(n)\}$ は可算集合である．$x \in K$ とすると，$x \in O_\lambda$ となる $\lambda \in \Lambda$ が存在する．O_λ は開集合であるから $B(x, \varepsilon) \subset O_\lambda$ である．x と ε に近い有理数成分と有理数半径の球をとることによって，$x \in B_{n_0} \subset O_\lambda$ となる番号 n_0 が存在するので $x \in O_{\lambda(n_0)}$ となり，$\{O_\lambda\}_{\lambda \in \Lambda_0} = \{O_{\lambda(j)}\}_{j=1}^\infty$ は K の開被覆である．さて，
$$G_n := \bigcup_{j=1}^n O_{\lambda(j)}, \quad F_n := K \cap G_n^c$$
とおく．もし $F_{n_0} = \emptyset$ となる n_0 があれば，$K \subset G_{n_0} = O_{\lambda(1)} \cup \cdots \cup O_{\lambda(n_0)}$ より K は有限部分被覆をもち，K のコンパクト性が示される．よって，すべての n について $F_n \neq \emptyset$ と仮定して矛盾を導く．$G_n \subset G_{n+1}$ より $F_n \supset F_{n+1}$ である．ある番号 n_0 で F_{n_0} が有限集合ならば，すべての n について $x_0 \in F_n$ となる $x_0 \in K$ が存在する[9]．F_n がすべて無限集合の場合も同様にできる．実際，このとき，$x_n \in F_n$ かつ $\{x_n\}$ はすべて異なる点としてとれる．$\{x_n\} \subset K$ より $\{x_n\}$ は有界集合であるから，補題 36.1 より収束する部分列 $\{x_{n_j}\}$ が存在する．十分先を考えれば，これは F_n 内の点列としてよい，この収束先を x_0 とすると，F_n が閉集合であることより，すべての n について $x_0 \in F_n$ である (定理 35.3 (1))．これは，任意の n について $x_0 \notin G_n$ を

---

[8] $K \subset \mathbb{R}^n = \bigcup_{n=1}^\infty B(\mathrm{O}, n)$ である．

[9] $n \geq n_0$ から先の F_n はすべて有限集合であり，さらに空集合でもないので，共通部分も空集合ではない．

意味し，これから $x_0 \notin \bigcup_{j=1}^{\infty} O_{\lambda(j)}$ となる．これは $\{O_\lambda\}_{\lambda \in \Lambda}$ が K の開被覆であることに矛盾する．■

開被覆を用いたコンパクト性の定義は次の事実の証明に有効である．この結果は 22 章の §22.1 で学んだ近似増加列の存在に応用できる[10]．

例題 36.3 D を $\mathbb{R}^N$ の領域とする．D の部分集合からなる列 $\{D_n\}$ について，D_n は領域で
$$(36.3) \qquad D_n \subset \overline{D_n} \subset D_{n+1} \quad (\forall n \in \mathbb{N}) \quad \text{かつ} \quad \bigcup_{n=1}^{\infty} D_n = D$$
が成り立つとする．K が D 内の有界閉集合ならば，$K \subset D_{n_0}$ となる番号 n_0 が存在する．

[証明] $\{D_n\}$ は K の開被覆になるから，有限部分被覆をもつ．それらを $D_{n_1}, D_{n_2}, \cdots, D_{n_m}$ とする．$n_1 < n_2 < \cdots < n_m$ ならば $D_{n_1} \subset D_{n_2} \subset \cdots \subset D_{n_m}$ であるから，結局，K は D_{n_m} のみで覆われる．$n_0 = n_m$ とすればよい．■

最後にコンパクト集合の重要な基本性質を明記しておく．

定理 36.3 K をコンパクト集合とする．K 内の点列 $\{x_n\}$ は K 内の点に収束する部分列をもつ．

[証明] K は有界なので，$\{x_n\}$ も有界列となり補題 36.1 から収束する部分列をもつ．K は閉集合なので，定理 35.3 からその収束先は K に属する．■

§36.3 連続関数との関係について

連結集合とコンパクト集合上の連続関数の値域に関する結果をまとめておく．

定理 36.4 $\mathbb{R}^N$ の領域 D 上の連続関数の値域 $f(D)$ は区間である[11]．

[証明] 例題 36.2 から $f(D)$ が連結集合であることを示せばよい．これも背理法を使う．連結でないと仮定すると，$\mathbb{R}$ の開集合 O_1, O_2 で
$$f(D) \subset O_1 \cap O_2, \ f(D) \cap O_1 \cap O_2 = \emptyset, \ f(D) \cap O_1 \neq \emptyset, \ f(D) \cap O_2 \neq \emptyset$$
となるものが存在する．(35.8) より，$G_k := f^{-1}(O_k) = \{x \in D ; f(x) \in O_1\} \ (k = 1, 2)$ とすれば G_1, G_2 は $\mathbb{R}^N$ の開集合であり[12]，
$$D = G_1 \cup G_2, \ G_1 \cap G_2 = \emptyset, \ D \cap G_1 \neq \emptyset, \ D \cap G_2 \neq \emptyset$$
となる．これは D が連結であることに矛盾する．■

---

[10] 近似増加列の条件の (3) の確認は容易でないことも多いが，例題 36.3 から $\{D_n\}$ が領域で，(1) $\overline{D_n}$ は面積確定な有界閉集合，(2) を (36.3) とすれば，(3) が自動的に成り立っている．

[11] この事実は D が領域 (連結な開集合) でなくて，単に連結集合 E でも成り立つ．証明では E 内の開集合が $\mathbb{R}^N$ の開集合と E の共通部分として表される事実に注意すればよい．

[12] D が開集合なので G_1 と G_2 は通常の意味の開集合になる．

定理 36.5 K を $\mathbb{R}^N$ のコンパクト集合とし, f を K 上の連続関数とする. このとき値域 $f(K)$ は $\mathbb{R}$ のコンパクト集合である.

[証明] $f(K)$ が有界閉集合になることを直接に示すことは難しくないが (演習問題 36.4), ここでは開被覆を使った議論をしてみる. その前に, K 内の開集合について復習しておく. A が K 内の開集合であるとは, $A \subset K$ であり, かつ, 任意の $a \in A$ について $\varepsilon_a > 0$ が存在して $B(a, \varepsilon_a) \cap K \subset K$ が成り立つことである. このとき
$$G = \bigcup_{a \in A} B(a, \varepsilon_a)$$
とすれば, G は $\mathbb{R}^N$ の開集合で $G \cap K = A$ が成り立つ. すなわち, K 内の開集合は K と通常の $\mathbb{R}^N$ の開集合 G との共通部分として表される. さて, $\{O_\lambda\}_{\lambda \in \Lambda}$ を $f(K)$ の任意の開被覆とする. (35.8) より $f^{-1}(O_\lambda) = \{x \in K ; f(x) \in O_\lambda\}$ は K 内の開集合であるから, $\mathbb{R}^N$ の開集合 G_λ が存在して $f^{-1}(O_\lambda) = G_\lambda \cap K$ となる. $x \in K$ とすると $f(x) \in O_\lambda$ となる λ があるから, $x \in G_\lambda$ が成り立つ. よって $\{G_\lambda\}_{\lambda \in \Lambda}$ は K の開被覆である. K のコンパクト性から有限部分被覆がある. それを $G_{\lambda_1}, \cdots, G_{\lambda_n}$ とすると,
$$f(K) = f(\bigcup_{j=1}^n G_{\lambda_j} \cap K) = \bigcup_{j=1}^n f(G_{\lambda_j} \cap K) = \bigcup_{j=1}^n f(f^{-1}(O_{\lambda_j})) \subset \bigcup_{j=1}^n O_{\lambda_j}$$
となって[13], $f(K)$ の有限部分被覆が見つかる. これより $f(K)$ はコンパクト集合である. ∎

****

○●練習問題 36 ●○

36.1 (36.2) が成り立つこと定義に戻って確認せよ.

36.2 1 点からなる集合および空集合は連結集合であることを定義に戻って確認せよ.

36.3 有限集合はコンパクト集合であることを定義 36.2 から示せ.

36.4 $n = 1, 2, \cdots$ に対して $I_n = \left(\dfrac{1}{2n}, \dfrac{3}{2n}\right)$ とする.

(1) $\{I_n\}$ は $\left[\dfrac{1}{6}, 1\right]$ の開被覆になることを確かめて, さらに有限部分被覆を 1 つ求めよ.

(2) $\{I_n\}$ は $(0, 1)$ の開被覆になることを確かめよ. また有限部分被覆は存在しないことを直接示せ.

36.5 補題 36.1 を用いて定理 31.2 の証明を与えよ.

◇◆演習問題 36 ◆◇

36.1 (1) C を $\mathbb{R}^n$ 内の曲線とする. すなわち, $[a, b]$ 上の連続関数 $x_1(t), x_2(t), \cdots, x_N(t)$ が存在して, $C = \{x(t) = (x_1(t), \cdots, x_N(t)) ; t \in [a, b]\}$ のとき, C は連結集合であることを示せ.

(2) 集合 $X \subset \mathbb{R}^N$ について, X の任意の 2 点を X 内の折れ線で結ぶことができれば X は連結であることを示せ.

36.2 連結集合 $X \subset \mathbb{R}^N$ の閉包 $\overline{X}$ も連結であることを示せ.

36.3 $\{K_n\}$ を $\mathbb{R}^N$ の閉集合からなる族で, すべての $n \in \mathbb{N}$ について $\emptyset \neq K_{n+1} \subset K_n$ をみたすとし,

---

[13] 定理 33.2 の (1) と (6) を使う.

$K := \bigcap_{n=1}^{\infty} K_n$ とする.

(1) K_n がすべてコンパクトならば $K \neq \emptyset$ となることを証明せよ. さらに, f が $\mathbb{R}^n$ 上の連続関数とすると, $f(K) = \bigcap_{n=1}^{\infty} f(K_n)$ が成り立つ.

(2) K_n が閉集合だけでは $K = \emptyset$ となることがある. 例を挙げよ. さらに $f(K) \neq \bigcap_{n=1}^{\infty} f(K_n)$ となる例を挙げよ.

36.4 定理 36.5 において $f(K)$ が有界集合になることと閉集合になることを直接に示せ.

37

一様収束

> 文学が情緒や相互理解を育てるように，数学は観察力や想像力を育てる．
> チャンセラー

「解析学の父」と呼ばれるコーシーでさえも，「連続関数を項とする級数が収束すればその和の関数は連続である」という誤った認識をしていたとのことである．連続性を保証するためには一様収束という概念が必要となる．関連して，積分と極限および微分と極限の順序交換可能性について考える．なお，一様収束は多変数の関数についても同様に考えられるが，本書では 1 変数関数のみを取り扱う．

§37.1 各点収束と一様収束

関数列の収束には次の 2 種類がある．

定義 37.1 f と f_n $(n \in \mathbb{N})$ は区間 I 上で定義された関数とする．
(1) 関数列 $\{f_n\}$ が I 上で f に**各点収束**するとは，任意の $x \in I$ について

$$\lim_{n \to \infty} |f_n(x) - f(x)| = 0 \tag{37.1}$$

が成り立つことである．
(2) 関数列 $\{f_n\}$ が I 上で f に**一様収束**するとは，

$$\lim_{n \to \infty} \sup_{x \in I} |f_n(x) - f(x)| = 0 \tag{37.2}$$

が成り立つことである[1]．

(37.2) から (37.1) が導かれるから，一様収束すれば各点収束している．この逆は成り立つとは限らないことが次の例からわかる．

例題 37.1 (1) $I = (0, 1)$ とし $f_n(x) = x^n$ $(n = 1, 2, \cdots)$ とする．$\{f_n\}$ は I 上で 0 に各点収束するが，一様収束はしないことを説明せよ．
(2) $I = [0, 1]$，$f_n(x) = x(1-x)^n$ $(n = 1, 2, \cdots)$ とする．$\{f_n\}$ は 0 に一様収束していることを次を確かめることによって証明せよ．
(a) $\{f_n\}$ は I の各点で 0 に収束する．(b) f_n の $[0, 1]$ における最大値は $\dfrac{1}{n+1}$ 以下である．

---

[1] $\sup\limits_{x \in I} |A(x)|$ は $\sup\{|A(x)|\,;\, x \in I\}$ の意味である．

[証明] (1) $0 < x < 1$ ならば $\lim_{n \to \infty} x^n = 0$ であるから,$f \equiv 0$ に各点収束している.一方,$\sup_{x \in I} |f_n(x) - f(x)| = \sup_{x \in I} |x^n| = 1$ であるから (37.2) は成り立たない.

(2) (a) $x = 0$ と $x \neq 0$ にわけて考えるとよい.$x = 0$ ならば $f_n(x) = 0$ より 0 に収束する.$x \neq 0$ のときは $x \leq 1$ および $a := 1 - x < 1$ より $f_n(x) = x(1-x)^n < a^n \to 0 \ (n \to \infty)$ でこちらも 0 に収束している.(b) $f_n{'}(x) = (1-x)^{n-1}\{1 - (n+1)x\} = 0$ を解いて $x = 1/(n+1)$ で最大値をとる.よって,任意の $x \in I$ に対して

$$f_n(x) \leq f_n\left(\frac{1}{n+1}\right) = \frac{1}{n+1}\left(\frac{n}{n+1}\right)^n < \frac{1}{n+1}$$

となる.以上より $\sup_{x \in I} |f_n(x) - 0| = \sup_{x \in I} f_n(x) < 1/(n+1) \to 0 \ (n \to \infty)$ となって 0 に一様収束していることが示される. ∎

2つの収束を ε-N 式に書いてみると,(37.1) は,任意の $\varepsilon > 0$ と任意の $x \in I$ に対して,ある番号 $N_\varepsilon \in \mathbb{N}$ が定まり,$n \geq N_\varepsilon$ をみたす n に対して

$$|f_n(x) - f(x)| < \varepsilon$$

が成り立つ.(37.2) は,任意の $\varepsilon > 0$ に対して,ある番号 $N_\varepsilon \in \mathbb{N}$ が定まり[2],$n \geq N_\varepsilon$ をみたす n と任意の $x \in I$ に対して $|f_n(x) - f(x)| < \varepsilon$ となる,すなわち,

(37.3) $$\sup_{x \in I} |f_n(x) - f(x)| \leq \varepsilon$$

が成り立つことである.なお,$\varepsilon > 0$ が任意であることに注意すれば,(37.3) は

(37.4) $$|f_n(x) - f(x)| < \varepsilon \quad (\forall x \in I)$$

と同じ意味である.

一様収束の重要性は連続性を保つことである.次の定理が成り立つ.

> **定理 37.1** 区間 I 上の連続関数からなる関数列 $\{f_n\}$ が f に一様収束すれば f は I で連続である.

[証明] $a \in I$ を任意にとり,f の $x = a$ での連続性を示す.任意の $\varepsilon > 0$ に対して,f_n は f に一様収束しているので,ある番号 N_ε が存在して,$n \geq N_\varepsilon$ ならば $|f_n(x) - f(x)| < \varepsilon$ が任意の $x \in I$ について成り立つ.f_{N_ε} は $x = a$ で連続であるから,$\delta > 0$ が存在して $|x - a| < \delta \ (x \in I)$ ならば $|f_{N_\varepsilon}(x) - f_{N_\varepsilon}(a)| < \varepsilon$ である.以上より,$|x - a| < \delta \ (x \in I)$ ならば

$$|f(x) - f(a)| = |f(x) - f_{N_\varepsilon}(x) + f_{N_\varepsilon}(x) - f_{N_\varepsilon}(a) + f_{N_\varepsilon}(a) - f(a)|$$
$$\leq |f(x) - f_{N_\varepsilon}(x)| + |f_{N_\varepsilon}(x) - f_{N_\varepsilon}(a)| + |f_{N_\varepsilon}(a) - f(a)|$$
$$\leq 2\sup_{x \in I} |f(x) - f_{N_\varepsilon}(x)| + |f_{N_\varepsilon}(x) - f_{N_\varepsilon}(a)| < 3\varepsilon$$

となり f の $x = a$ での連続性が示される. ∎

このように一様収束は連続性を保存するが,微分可能性は保存するとは限らないことを注意しておく (演習問題 37.1).

28章で級数の収束は部分和の作る数列の収束によって定めたように,関数項級数の各点収束と一様収束もその部分和の収束で定義する.

---

[2] (37.1) との違いは N_ε が $x \in I$ によらずに定まることである.

定義 37.2 区間 I 上の関数の列 $\{f_n\}$ に対して，その第 n 部分和を
$$s_n(x) := f_1(x) + f_2(x) + \cdots + f_n(x)$$
とする．関数列 $\{s_n\}$ がある関数 f に一様収束 (あるいは各点収束) するとき $\sum_{n=1}^{\infty} f_n$ は I 上で**一様収束** (あるいは**各点収束**) するという．このとき
(37.5) $$f(x) = \sum_{n=1}^{\infty} f_n(x)$$
と書くが，これが一様収束の意味なのか，各点収束の意味なのかを注意しないといけない．

問 37.1 (37.5) の一様収束と各点収束のそれぞれの場合を ε-N 論法で表せ．

関数項級数の一様収束に関して，次の結果は極めて有用である．

定理 37.2 (ワイエルシュトラスの優級数定理) I 上の関数列 $\{f_n\}$ に対して，数列 $\{a_n\}$ が存在して，各 $n \in \mathbb{N}$ について
(37.6) $$|f_n(x)| \leq a_n \quad (\forall x \in I)$$
が成り立つとき，正項級数 $\sum_{n=1}^{\infty} a_n$ が収束すれば，$\sum_{n=1}^{\infty} f_n$ は I 上で一様収束する．

$\{a_n\}$ は $\{f_n\}$ の**優級数**と呼ばれる．標語的にいえば「優級数が存在すれば一様収束する」である．

[証明] 任意の $\varepsilon > 0$ に対して，ある番号 $N_\varepsilon > 0$ が存在して $n \geq N_\varepsilon$ ならば $\sum_{k=n+1}^{\infty} a_k < \varepsilon$ とできる．よって (37.6) より
$$\left| \sum_{k=1}^{\infty} f_k(x) - s_n(x) \right| = \left| \sum_{k=n+1}^{\infty} f_k(x) \right| \leq \sum_{k=n+1}^{\infty} |f_k(x)| \leq \sum_{k=n+1}^{\infty} a_k < \varepsilon \quad (\forall x \in I)$$
が成り立ち，一様収束が示される． ∎

区間 I 上の関数の列 $\{f_n\}$ が，任意の $n \in \mathbb{N}$ について
$$f_n(x) \leq f_{n+1}(x) \quad (x \in I)$$
となるとき，$\{f_n\}$ を**単調増加列**という．たとえば $I = [0,1]$ で $f_n(x) = 1 - x^n$ とすれば $\{f_n\}$ は単調増加列である．このとき，各点で
$$\lim_{n \to \infty} f_n(x) = \begin{cases} 1 & (0 \leq x < 1) \\ 0 & (x = 1) \end{cases}$$
であるが，この収束は一様収束ではない．しかし，収束先の関数が連続ならば一様収束になる．次の結果は**ディニの定理**と呼ばれる．

> **定理 37.3** 有界閉区間 I 上の連続関数からなる単調増加列 $\{f_n\}$ が I 上の連続関数 f に各点収束すれば，この収束は一様収束である．

[証明] 任意の $\varepsilon>0$ をとる．$c\in I$ とする．f_n は f に各点収束するから，番号 N_c が存在して，$n\geq N_c$ ならば $|f_n(c)-f(c)|<\varepsilon$ である．さらに f_{N_c} と f は $x=c$ で連続であるから $\delta_c>0$ が存在して，$|x-c|<\delta_c$ かつ $x\in I$ ならば $|f_{N_c}(x)-f_{N_c}(c)|<\varepsilon$, $|f(x)-f(c)|<\varepsilon$ とできる．これから $|x-c|<\delta_c$ かつ $x\in I$ ならば
$$|f_{N_c}(x)-f(x)| \leq |f_{N_c}(x)-f_{N_c}(c)| + |f_{N_c}(c)-f(c)| + |f(c)-f(x)| < 3\varepsilon$$
である．さらに，f_n の単調増加性から，$n\geq N_c$ のとき
$$0 \leq f(x)-f_n(x) \leq f(x)-f_{N_c}(x) < 3\varepsilon$$
となる．さて，I はコンパクト集合であり
$$I \subset \bigcup_{c\in I} B(c,\delta_c)$$
は開被覆であるから，有限部分被覆をもつ．すなわち，$c_1,c_2,\cdots,c_k \in I$ で
$$I \subset \bigcup_{j=1}^{k} B(c_j,\delta_{c_j})$$
とできる．$N_\varepsilon = \max\{N_{c_1},N_{c_2},\cdots,N_{c_k}\}$ として，$n\geq N_\varepsilon$ とする．任意の $x\in I$ をとると，$x\in B(c_j,\delta_{c_j})$ なる c_j が存在するので $|f(x)-f_n(x)|<3\varepsilon$ となる．これから
$$\sup_{x\in I}|f_n(x)-f(x)| \leq 3\varepsilon$$
となり，一様収束が示される．■

§37.2 積分と微分の順序交換可能性

一様収束によって積分と極限および積分と無限和の順序交換が保証される[3]．

> **定理 37.4** 関数列 $\{f_n\}$ は有界閉区間 $I=[a,b]$ 上で連続であるとする．
> (1) (**積分と極限の順序交換**) 関数列 $\{f_n\}$ が I 上で一様収束すれば
> $$\lim_{n\to\infty}\int_a^b f_n(x)\,dx = \int_a^b \left(\lim_{n\to\infty}f_n(x)\right)dx \tag{37.7}$$
> が成り立つ．
> (2) (**積分と無限和の順序交換**) 級数 $\sum_{n=1}^{\infty}f_n$ が I 上で一様収束すれば
> $$\sum_{n=1}^{\infty}\int_a^b f_n(x)\,dx = \int_a^b \left(\sum_{n=1}^{\infty}f_n(x)\right)dx \tag{37.8}$$

[証明] (1) $\{f_n\}$ の極限を f とする．任意の $\varepsilon>0$ に対して $N_\varepsilon>0$ が存在して，任意の $n\geq N_\varepsilon$ に対して
$$|f_n(x)-f(x)|<\varepsilon \quad (\forall x\in I)$$

---

[3] 各点収束では順序交換が成り立つとは限らない．演習問題 37.2 を見よ．

が成り立つ．よって
$$\left|\int_a^b f_n(x)\,dx - \int_a^b f(x)\,dx\right| \leq \int_a^b |f_n(x) - f(x)|\,dx < \int_a^b \varepsilon\,dx = \varepsilon(b-a)$$
となって (37.7) が示される． (2) 第 n 部分和 s_n について (1) を適用すればよい． ∎

次に微分と極限および微分と無限和の順序交換について触れる．

定理 37.5 関数列 $\{f_n\}$ は開区間 $I := (a,b)$ 上で C^1 級とする．

(1) (微分と極限の順序交換) $\{f_n\}$ は I 上の関数 f に各点収束し，導関数の列 $\{f_n'\}$ は I 上の関数 g に一様収束すれば，f は C^1 級で $f' = g$ が成り立つ[4]．すなわち，

(37.9) $$\left(\lim_{n\to\infty} f_n(x)\right)' = \lim_{n\to\infty} f_n'(x) \quad (\forall x \in I)$$

(2) (微分と無限和の順序交換) $\sum_{n=1}^\infty f_n$ は I で各点収束し，$\sum_{n=1}^\infty f_n'$ は I で一様収束すれば $\sum_{n=1}^\infty f_n$ は C^1 級で次が成り立つ[5]．

(37.10) $$\left(\sum_{n=1}^\infty f_n(x)\right)' = \sum_{n=1}^\infty f_n'(x) \quad (\forall x \in I)$$

[証明] (1) $a_0 \in I$ を固定して $x \in I$ を任意にとる．f_n は C^1 級であるから
$$f_n(x) = f_n(a_0) + \int_{a_0}^x f_n'(t)\,dt$$
が成り立つ．$n \to \infty$ のとき，$\{f_n\}$ は各点で収束し，$\{f_n'\}$ は I で一様収束しているので，(37.7) から，
$$f(x) = f(a_0) + \int_{a_0}^x g(t)\,dt$$
となる．微分積分学の基本定理から f は C^1 級で $f' = g$ である．

(2) 証明すべきことは $\sum_{n=1}^\infty f_n(x) = f(x)$, $\sum_{n=1}^\infty f_n'(x) = g(x)$ としたとき，
$$f'(x) = g(x) \quad (\forall x \in I)$$
である．$a_0 \in (a,b)$ を固定して，$x \in I$ を任意にとる．f, g はともに連続関数であって，(37.8) より
$$\int_{a_0}^x g(x)\,dx = \int_{a_0}^x \left(\sum_{n=1}^\infty f_n'(x)\right)dx = \sum_{n=1}^\infty \int_{a_0}^x f_n'(x)\,dx = \sum_{n=1}^\infty (f_n(x) - f_n(a_0)) = f(x) - f(a_0)$$
となる．微分積分学の基本定理から $f' = g$ が成り立つ． ∎

§37.3 広義一様収束

$I = (0,1)$ 上の関数 x^n は 0 に各点収束するが一様収束はしていない (例題 37.1)．しかしながら，$[a,b] \subset I$ とすると
$$\sup_{x \in [a,b]} |x^n| \leq b^n \to 0 \quad (n \to \infty)$$

---

[4] このとき $\{f_n\}$ は f に I 上で一様収束している．
[5] このとき $\sum_{n=1}^\infty f_n(x)$ は I 上で一様収束している．

であるから $[a,b]$ 上では一様収束している．広義一様収束とはこのような場合のことである．正確な定義を与えよう．

> **定義 37.3**　I を区間とする．I 上の関数列 $\{f_n\}$ が関数 f に I 上で**広義一様収束**するとは，I に含まれる任意の有界閉区間 J 上で f_n が f に一様収束することである[6]．

問 37.2　$f_n(x) = e^{x/n}$ は $\mathbb{R}$ 上で $f \equiv 1$ に広義一様収束するが一様収束はしていないことを確かめよ．

コンパクト性の重要なことは，無限個の元があったときに，必ず収束する部分列が存在するという事実である (定理 36.3)．それと同様に，無限個の連続関数があったとき，一様収束する部分列が存在するのはどんな場合であろうか．これに答えるのが以下に述べるアスコリ・アルツェラの定理である．この結果は，今後に学ぶより高度な数学において基本的な役割を演ずる．まず，いくつかの定義をする．

> **定義 37.4**　I を有界閉区間とし，$\{f_n\}$ を I 上の連続関数の列とする．
> (1) 次をみたす $M > 0$ が存在するとき $\{f_n\}$ は I で**一様有界**であるという．
> $$|f_n(x)| \leq M \quad (\forall x \in I, \ \forall n \in \mathbb{N}) \tag{37.11}$$
> (2) 任意の $\varepsilon > 0$ に対して，次をみたす $\delta > 0$ が存在するとき $\{f_n\}$ は I で**同程度連続**であるという[7]．$|x - y| < \delta$, $x, y \in I$ ならば
> $$|f_n(x) - f_n(y)| < \varepsilon \quad (\forall n \in \mathbb{N}) \tag{37.12}$$

問 37.3　f_n が C^1 級で，任意の $x \in I$ と任意の $n \in \mathbb{N}$ について $|f'_n(x)| \leq M$ が成り立てば，$\{f_n\}$ は I で同程度連続であることを確認せよ．さらに，ある点 $c \in I$ で $\sup_{n \in \mathbb{N}} |f_n(c)| < \infty$ ならば，$\{f_n\}$ は I で一様有界にもなることを示せ．

> **定理 37.6**（アスコリ・アルツェラの定理）　有界閉区間 I 上の関数列 $\{f_n\}$ が I で一様有界かつ同程度連続であれば，I の連続関数に一様収束する部分列 $\{f_{n_k}\}$ がある．

[証明]　証明は複雑なので概略を述べるにとどめる．まず $E = \{q \in \mathbb{Q}; q \in I\}$ とすると，E は可算集合でありかつ I で稠密 ($\overline{E} = I$) である．$E = \{q_j\}$ と表す．$\{f_n\}$ の一様有界性から $\{f_k(q_1)\}$ は実数の有界列になり，収束する部分列をもつ．それを $\{f_{k,1}(q_1)\}$ とする．$\{f_{k,1}(q_2)\}$ も有界列なので，この部分列で収束するものがある．それを $\{f_{k,2}(q_2)\}$ とする．これを繰り返すと，部分列の族 $\{f_{k,m}\} \subset \{f_{k,m-1}\} \subset \cdots \subset \{f_{k,1}\} \subset \{f_k\}$ が定まり，$\{f_{k,m}(q_j)\}$ は $j = 1, 2, \cdots, m$ で収束している．ここで $f_{k,k} = f_{n_k}$ とすれば，f_{n_k} は E のすべての点で収束している (対角線論法)．さらに $\{f_{n_j}\}$ の同程度連続性と E の稠密性から任意の $x \in I$ について f_{n_k} は収束することがわかる．
$$f(x) = \lim_{k \to \infty} f_{n_k}(x) \quad (\forall x \in I)$$

---

[6] 有界閉集合はコンパクト集合であったので，広義一様収束をコンパクト一様収束ということもある．
[7] 数学の内容からは同程度一様連続とすべきであるが，単に同程度連続といわれることが多い．

として I 上の関数 f が定まる．再び，同程度連続性から，任意の $\delta > 0$ で，$|x-y| < \delta$ かつ $x, y \in I$ ならば
$$|f_{n_j}(x) - f_{n_j}(y)| < \varepsilon \quad (\forall j \in \mathbb{N})$$
である．I が有界なので，$x_1, x_2, \cdots, x_m \in E$ を有限個選んで，任意の x について，ある x_i で $|x - x_i| < \delta$ とできる．このとき番号 $J_\varepsilon > 0$ を十分大きくとれば，任意の $j, k \geq J_\varepsilon$ に対して
$$|f_{n_j}(x_i) - f_{n_k}(x_i)| < \varepsilon \quad (\forall i = 1, 2, \cdots, m)$$
となる．以上をあわせると，任意の $x \in I$ について，$j, k \geq J_\varepsilon$ ならば
$$|f_{n_j}(x) - f_{n_k}(x)| \leq |f_{n_j}(x) - f_{n_j}(x_i)| + |f_{n_j}(x_i) - f_{n_k}(x_i)| + |f_{n_k}(x_i) - f_{n_k}(x)| \leq 3\varepsilon$$
となり，$k \to \infty$ とすれば
$$\sup_{x \in I} |f_{n_j}(x) - f(x)| \leq 3\varepsilon$$
が成り立って一様収束が示される． ∎

****

○●練習問題 37 ●○

37.1 $I = [0, 1]$, $f_n(x) = \dfrac{nx}{1 + n^2 x^2}$ $(n = 1, 2, \cdots)$ とする．
(1) $\{f_n\}$ は 0 に各点収束していることを示せ．
(2) f_n の $[0, 1]$ における最大値を求めよ．
(3) (2) を利用して $\{f_n\}$ が I 上で一様収束しているかを判定せよ．

37.2 $\displaystyle\int_0^1 e^{x^2} dx$ の値を無限級数の形で求めよ．

37.3 (1) $a \in \mathbb{R}$, $|b| < 1$ のとき $f(x) = \displaystyle\sum_{n=0}^{\infty} b^n \cos(a^n \pi x)$ は $\mathbb{R}$ 上の連続関数となることを説明せよ[8]．

(2) さらに $|ab| < 1$ ならば f は C^1 級であることを示せ．

◇◆演習問題 37 ◆◇

37.1 $I = (-1, 1)$ において $f_n(x) = |x|^{1 + 1/n}$ とする．次を確認せよ．
(1) f_n は I で C^1 級である．
(2) $\displaystyle\lim_{n \to \infty} f_n(x)$ は $|x|$ に一様収束している．

37.2 $[0, 1]$ 上の関数列を $f_n(x) := 2nx e^{-nx^2}$ $(n = 1, 2, \cdots)$ とする．
(1) $\displaystyle\lim_{n \to \infty} \int_0^1 f_n(x) dx = \int_0^1 \left(\lim_{n \to \infty} f_n(x)\right) dx$ が成り立たないことを確認せよ．
(2) $\{f_n\}$ は $[0, 1]$ 上で 0 に一様収束はしていないことを確認せよ．

37.3 $\displaystyle\sum_{n=1}^{\infty} n^2 |a_n| < \infty$ ならば $f(x) := \displaystyle\sum_{n=1}^{\infty} a_n \sin nx$ は $\mathbb{R}$ 上の C^2 級関数になることを示せ．

37.4 $\mathbb{R}$ 上の関数 f が $\displaystyle\int_{-\infty}^{\infty} |f(x)| dx < \infty$ ならば，$g(x) := \displaystyle\int_{-\infty}^{\infty} f(t) \sin(tx) dt$ は $\mathbb{R}$ 上の連続関数であることを示せ．

---

[8] 1872 年にワイエルシュトラスは $0 < b < 1$, $ab > 1 + 3\pi/2$ かつ a が奇数ならば f はすべての点で微分可能でないことを示した．

38

ベキ級数

> あたかも何らかの天啓のひらめきのように，同じ考えが同時に多くの人たちの頭に浮かぶことがよくあるらしい．その原因を尋ねてみるに，発案者にはことわりなしかもしれないが，すでにその考えが現れているわれわれの先人たちの仕事に目を通してみるならば，原因は容易に明らかにすることができる．　　　　　　　　　ガロア

　ベキ級数は無限次の多項式と考えられて，各項別に微分したり，積分したりできるが，注意すべきことは，有限の多項式と異なって，定義域が実数全体ではないことである．定義域は収束半径によって定まる．初等関数はマクローリン展開によってベキ級数で表すことができる．

§38.1　ベキ級数の収束半径

次の形の級数

(38.1) $$\sum_{n=0}^{\infty} a_n(x-a)^n = a_0 + a_1(x-a) + \cdots + a_n(x-a)^n + \cdots$$

を中心 a の**ベキ級数** (あるいは**整級数**) という．これに対する**収束半径** ρ を次で定める[1]．

(38.2) $$\rho := \sup\{r \geq 0; \ 数列\ \{a_n r^n\}\ が有界\}$$

このとき，$0 \leq \rho \leq \infty$ である．

定理 38.1　ベキ級数 (38.1) の収束半径を $\rho > 0$ とする．このとき，$a - \rho < x < a + \rho$ 上で $\sum_{n=0}^{\infty} a_n(x-a)^n$ は広義一様収束し，$|x-a| > \rho$ であるすべての x に対して，$\sum_{n=0}^{\infty} a_n(x-a)^n$ は発散する[2]．

[証明]　$0 < r < R < \rho$ とする．$B(a, r)$ 上で一様収束していることを示す[3]．収束半径の定義から $\{a_n R^n\}$ は有界である．任意の $n \in \mathbb{N}$ について，$|a_n R^n| \leq M$ とすれば，$x \in B(a, r)$ のとき，$|a_n(x-a)^n| \leq$

---

[1] ベキ級数の変数 x を複素数 z として考えた方が自然である．この場合は収束する範囲が a を中心とする半径 ρ の円板になる．これが収束 "半径" という言葉の所以(ゆえん)である．

[2] $|x-a| = \rho$ では収束することもあるし発散することもある (練習問題 38.1 を参照)．

[3] 広義一様収束の定義は任意のコンパクト集合上での一様収束であった．$B(O, \rho)$ に含まれる任意のコンパクト集合 K は，ある $r < \rho$ が存在して $K \subset B(O, r)$ とできるので，任意の $r \in (0, \rho)$ についての $B(O, r)$ での一様収束を示せば，広義一様収束を示したことになる (確認問題 [10] (4))．

$|a_n R^n|(r/R)^n \le M(r/R)^n$ である．$r/R < 1$ より $\sum_{n=0}^{\infty} M(r/R)^n$ は収束する．ワイエルシュトラスの優級数定理から $B(a,r)$ 上では一様収束している．

後者の主張を背理法で示そう．$\rho \ne \infty$ として $|x-a| > \rho$ なる x でベキ級数が収束したと仮定する．このとき $\lim_{n\to\infty} a_n(x-a)^n = 0$ である (定理 28.1 より)．一方，$|x-a| > r > \rho$ をみたす r をとると，収束半径の定義から $\{a_n r^n\}$ は有界でなく，$a_n(x-a)^n = a_n r^n((x-a)/r)^n$ において $|(x-a)/r| > 1$ となることから，$a_n(x-a)^n$ が $n \to \infty$ のとき 0 に収束はしない．これは矛盾である．よって $\sum_{n=0}^{\infty} a_n(x-a)^n$ は発散する． ∎

ベキ級数の収束半径は係数 $\{a_n\}$ から直接計算ができる．

定理 38.2 ベキ級数の収束半径 ρ は次で与えられる．
 (1) (ダランベールの公式) $\lim_{n\to\infty} |a_n/a_{n+1}|$ が存在すれば ρ に等しい ($\rho = \infty$ でもよい)．
 (2) (コーシー・アダマールの公式) $\limsup_{n\to\infty} \sqrt[n]{|a_n|} = 1/\rho$ である．ただし，$1/0 = \infty$, $1/\infty = 0$ とする．

証明は，本質的には定理 28.4 および定理 28.5 と同様である．詳細は演習問題とする．使用上の注意点は，ダランベールの公式は計算が容易であるが，いつでも使えるわけではない．コーシー・アダマールはいつでも使えるが，一般には計算は難しい．

問 38.1 次のベキ級数の収束半径を求めよ．
 (1) $\sum_{n=1}^{\infty} \dfrac{(x-3)^n}{n^3}$ (2) $\sum_{n=0}^{\infty} (x+1)^{2n}$ (3) $\sum_{n=1}^{\infty} \left(1+\dfrac{1}{n}\right)^{n^2}(x-1)^n$

以下では中心が 0 のベキ級数のみを考える．一般の場合は適宜 x を $x-a$ と読み替えればよい[4]．ベキ級数で表される関数の微分と積分に関連して，まず次の補題を示す．

補題 38.1 ベキ級数 $\sum_{n=0}^{\infty} a_n x^n$ の収束半径を ρ とすると，

(38.3) $\qquad \displaystyle\sum_{n=1}^{\infty} n a_n x^{n-1} \left(= \sum_{n=0}^{\infty} (n+1) a_{n+1} x^n\right)$ と $\displaystyle\sum_{n=0}^{\infty} \dfrac{a_n}{n+1} x^{n+1} \left(= \sum_{n=1}^{\infty} \dfrac{a_{n-1}}{n} x^n\right)$

の収束半径はともに ρ である．

[証明] コーシー・アダマールの公式はいつでも適用できる．$\lim_{n\to\infty}(n+1)^{1/n} = 1$ より

$$\limsup_{n\to\infty} \sqrt[n]{(n+1)|a_{n+1}|} = \limsup_{n\to\infty}(n+1)^{1/n}|a_{n+1}|^{1/n} = \dfrac{1}{\rho}$$

である[5]．同様に

$$\limsup_{n\to\infty} \sqrt[n]{\left|\dfrac{a_{n-1}}{n}\right|} = \limsup_{n\to\infty} \dfrac{1}{n^{1/n}}|a_{n-1}|^{1/n} = \dfrac{1}{\rho}$$

---

[4] なるべく単純な場合に帰結して考察することは数学において重要である．
[5] 一般に $a_n \ge 0$, $b_n \ge 0$ のとき $\limsup_{n\to\infty} a_n b_n \le \left(\limsup_{n\to\infty} a_n\right)\left(\limsup_{n\to\infty} b_n\right)$ であるが，$\lim_{n\to\infty} a_n$ が存在すれば，$\limsup_{n\to\infty} a_n b_n = \left(\lim_{n\to\infty} a_n\right)\left(\limsup_{n\to\infty} b_n\right)$ と等式が成り立つ．

となり，両者の収束半径はともに ρ である[6]．

定理 38.3 ベキ級数 $\sum_{n=0}^{\infty} a_n x^n$ の収束半径を $\rho > 0$ として $f(x) := \sum_{n=0}^{\infty} a_n x^n$ $(-\rho < x < \rho)$ とすると f は次の**項別微分**と**項別積分**が可能である[7]．

(38.4) $$f'(x) = \sum_{n=1}^{\infty} n a_n x^{n-1} \quad (-\rho < x < \rho)$$

(38.5) $$\int_0^x f(x)\,dx = \sum_{n=0}^{\infty} \frac{a_n}{n+1} x^{n+1} \quad (-\rho < x < \rho)$$

さらに f は開区間 $(-\rho, \rho)$ で C^∞ 級であり，次が成り立つ．

(38.6) $$f^{(k)}(x) = \sum_{n=k}^{\infty} n(n-1)\cdots(n-k+1) a_n x^{n-k}$$

[証明] $0 < r < \rho$ とする．$f_n(x) = a_n x^n$ とすると，定理 38.1 と補題 38.1 から $\sum_{n=0}^{\infty} f_n(x)$ と $\sum_{n=0}^{\infty} f_n'(x)$ は $|x| < r$ で一様収束しているので，(37.8) から (38.5)，(37.10) から (38.4) が $|x| < r$ で成り立つことがわかる．さらに，r の任意性から $|x| < \rho$ で成り立つ．(38.4) を繰り返し適用することで (38.6) も示される．■

§38.2 マクローリン展開

C^∞ 級関数の n 次マクローリン展開が $n \to \infty$ のときどうなるかを調べてみよう．f は 0 を含む区間 I で C^∞ とする．(8.9) より，$x \in I$ のとき，ある $\theta \in (0,1)$ が存在して

(38.7) $$f(x) = f(0) + f'(0)x + \frac{f''(0)}{2!}x^2 + \cdots + \frac{f^{(n)}(\theta x)}{n!}x^n$$

と表される．もし，

(38.8) $$R_n(x) := \frac{f^{(n)}(\theta x)}{n!} x^n \to 0 \quad (n \to \infty)$$

ならば，f は

(38.9) $$f(x) = f(0) + f'(0)x + \frac{f''(0)}{2!}x^2 + \cdots + \frac{f^{(n)}(0)}{n!}x^n + \cdots = \sum_{n=0}^{\infty} \frac{f^{(n)}(0)}{n!} x^n$$

とベキ級数に展開される．これを f の**ベキ級数展開**という[8]．初等関数のベキ級数展開を整理しておく．

---

[6] $\limsup_{n \to \infty} |a_{n+1}|^{1/n} = \limsup_{n \to \infty} |a_{n-1}|^{1/n} = \limsup_{n \to \infty} |a_n|^{1/n}$ である．

[7] 無限和と微分および無限和と積分の順序交換ができることを保証している．すなわち，
$$\left(\sum_{n=0}^{\infty} a_n x^n\right)' = \sum_{n=0}^{\infty} (a_n x^n)', \quad \int_0^x \left(\sum_{n=0}^{\infty} a_n x^n\right) dx = \sum_{n=0}^{\infty} \left(\int_0^x a_n x^n dx\right)$$

[8] 開区間 I 上の関数 f が I の各点のまわりでベキ級数展開できるとき**実解析的**であるという（各点でのベキ級数の収束半径が正ということ．収束半径の大きさは点ごとに異なってもよい）．実解析的関数は I で C^∞ 級であるが，逆は一般には正しくない．演習問題 9.5 の関数は $\mathbb{R}$ 上で C^∞ 級であるが $x = 0$ ではベキ級数展開できないので実解析的でない．

定理 38.4 (1) 任意の $x \in \mathbb{R}$ について

$$e^x = \sum_{n=0}^{\infty} \frac{x^n}{n!} = 1 + x + \frac{x^2}{2!} + \cdots + \frac{x^n}{n!} + \cdots$$

$$\sin x = \sum_{n=0}^{\infty} (-1)^n \frac{x^{2n+1}}{(2n+1)!} = x - \frac{x^3}{3!} + \frac{x^5}{5!} - \cdots + (-1)^n \frac{x^{2n+1}}{(2n+1)!} + \cdots$$

$$\cos x = \sum_{n=0}^{\infty} (-1)^n \frac{x^{2n}}{(2n)!} = 1 - \frac{x^2}{2!} + \frac{x^4}{4!} - \cdots + (-1)^n \frac{x^{2n}}{(2n)!} + \cdots$$

(2) $-1 < x < 1$ と $\alpha \in \mathbb{R} \setminus \mathbb{N}$ のとき

$$\log(1+x) = \sum_{n=0}^{\infty} (-1)^n \frac{x^{n+1}}{n+1} = x - \frac{x^2}{2} + \frac{x^3}{3} + \cdots + (-1)^{n-1} \frac{x^n}{n} + \cdots$$

$$\arctan x = \sum_{n=0}^{\infty} (-1)^n \frac{x^{2n+1}}{2n+1} = x - \frac{x^3}{3} + \frac{x^5}{5} - \cdots + (-1)^n \frac{x^{2n+1}}{2n+1} + \cdots$$

$$(1+x)^\alpha = \sum_{n=0}^{\infty} \binom{\alpha}{n} x^n \quad \text{ただし} \quad \binom{\alpha}{n} := \frac{\alpha(\alpha-1)\cdots(\alpha-n+1)}{n!}$$

[証明] (1) 8 章の (8.13), (8.14), (8.15) と 3 章の補題 3.2 より (38.8) が成り立っている. (2) についてもマクローリン展開の剰余項の評価から得られるが, 前半の 2 つについては別証明を与える. $|x| < 1$ のとき, 等比級数の和から

$$\frac{1}{1+x} = \sum_{n=0}^{\infty} (-x)^n = 1 - x + x^2 - x^3 + \cdots$$

$$\frac{1}{1+x^2} = \sum_{n=0}^{\infty} (-x^2)^n = 1 - x^2 + x^4 - x^6 + \cdots$$

となり, これらの収束半径はどちらも 1 であることが容易にわかる. よって (38.5) の項別積分を行えば, $|x| < 1$ のとき

$$\log(1+x) = \int_0^x \frac{1}{1+t} dt = \sum_{n=0}^{\infty} \int_0^x (-1)^n t^n dt = \sum_{n=0}^{\infty} \frac{(-1)^n x^{n+1}}{n+1}$$

$$\arctan x = \int_0^x \frac{1}{1+t^2} dt = \sum_{n=0}^{\infty} \int_0^x (-1)^n t^{2n} dt = \sum_{n=0}^{\infty} \frac{(-1)^n x^{2n+1}}{2n+1}$$

を得る. 最後の $(1+x)^\alpha$ については剰余項 $R_n(x)$ が (8.12) の形では 0 に収束することの証明が難しいので, マクローリン展開の積分形を用いて評価する. 11 章の演習問題 11.4 より, $|x| < 1$ のとき, 剰余項は

$$R_n(x) = \frac{\alpha(\alpha-1)\cdots(\alpha-n+1)}{(n-1)!} \int_0^x (x-t)^{n-1} (1+t)^{\alpha-n} dt$$

と表される. x を固定する. $x = 0$ なら $R_n(0) = 0$ である. $x \neq 0$ とすると $s = (x-t)/x$ と変数変換することにより

$$\left| \int_0^x (x-t)^{n-1} (1+t)^{\alpha-n} dt \right| = |x|^n \int_0^1 s^{n-1} (1+x(1-s))^{\alpha-n} ds$$

$$\leq |x|^n \int_0^1 (1+x(1-s))^{\alpha-1} ds := M|x|^n$$

である. 最後の不等式は $0 \leq s \leq 1$ のとき $s \leq 1+x(1-s)$ である事実を用いた. 次に $c := (1+|\alpha|/N)|x| < 1$ なる自然数 N をとる. このとき, $n \geq N+1$ ならば

$$
\begin{aligned}
|R_n(x)| &\leq M \left| \frac{\alpha(\alpha-1)\cdots(\alpha-n+1)}{(n-1)!} x^n \right| \\
&= M \left| \alpha(\alpha-1)\cdots(\alpha-N) x^{N+1} \left(1 - \frac{\alpha}{N+1}\right) \cdots \left(1 - \frac{\alpha}{n-1}\right) x^{n-N-1} \right| \\
&\leq M \left| \alpha(\alpha-1)\cdots(\alpha-N) x^{N+1} \right| \left(1 + \frac{|\alpha|}{N+1}\right) |x| \cdots \left(1 + \frac{|\alpha|}{n-1}\right) |x| \\
&\leq M \left| \alpha(\alpha-1)\cdots(\alpha-N) x^{N+1} \right| c^{n-N-1} \to 0 \quad (n \to \infty)
\end{aligned}
$$

より剰余項は 0 に収束している. ∎

ベキ級数の収束半径上での収束に関する次の結果は有用である.

定理 38.5 (アーベルの連続性定理) ベキ級数 $\sum_{n=0}^{\infty} a_n x^n$ の収束半径を $\rho > 0$ とし,

$$f(x) = \sum_{n=0}^{\infty} a_n x^n \quad (-\rho < x < \rho)$$

とおく. もし $\sum_{n=0}^{\infty} a_n \rho^n$ が収束すれば $\lim_{x \to \rho-0} f(x) = \sum_{n=0}^{\infty} a_n \rho^n$ が成り立ち, $\sum_{n=0}^{\infty} a_n (-\rho)^n$ が収束すれば $\lim_{x \to -\rho+0} f(x) = \sum_{n=0}^{\infty} a_n (-\rho)^n$ が成り立つ.

[証明] $f(\rho) = \sum_{n=0}^{\infty} a_n \rho^n$ が収束したときを示す. $S_{m,n} := \sum_{k=m}^{n} a_k \rho^k$ とおく. 任意の $\varepsilon > 0$ に対して, ある番号 N_ε が存在して, $n > m \geq N_\varepsilon$ ならば $|S_{m,n}| < \varepsilon$ となる. $x \in (0, \rho]$ のとき, $t = x/\rho$ とすると $0 < t \leq 1$ より

$$
\begin{aligned}
\left| \sum_{k=m}^{n} a_k x^k \right| &= \left| \sum_{k=m}^{n} a_k \rho^k t^k \right| \\
&= \left| S_{m,m} t^m + (S_{m,m+1} - S_{m,m}) t^{m+1} + \cdots + (S_{m,n} - S_{m,n-1}) t^n \right| \\
&= \left| S_{m,m}(t^m - t^{m+1}) + \cdots + S_{m,n-1}(t^{n-1} - t^n) + S_{m,n} t^n \right| \\
&\leq \varepsilon(t^m - t^{m+1}) + \cdots + \varepsilon(t^{n-1} - t^n) + \varepsilon t^n \\
&\leq \varepsilon t^m < \varepsilon
\end{aligned}
$$

となって $\sum_{n=0}^{\infty} a_n x^n$ は $(0, \rho]$ で一様収束している[9]. よって f は $(0, \rho]$ で連続になり, $\lim_{x \to \rho-0} f(x) = f(\rho)$ が成り立つ. 後半の証明も同様である. ∎

例題 38.1 アーベルの連続性定理を用いて, 次の等式を示せ.

(38.10) $$\log 2 = 1 - \frac{1}{2} + \frac{1}{3} - \frac{1}{4} + \cdots + \frac{(-1)^{n-1}}{n} + \cdots$$

---

[9] 2 行目から 3 行目の式変形はアーベル変形と呼ばれる.

$$\text{(38.11)} \qquad \frac{\pi}{4} = 1 - \frac{1}{3} + \frac{1}{5} - \frac{1}{7} + \cdots + \frac{(-1)^{n-1}}{2n-1} + \cdots$$

[証明] $x < 1$ のとき $1/(x+1) = 1 - x + x^2 - x^3 + \cdots$ を項別積分することにより

$$\log(1+x) = x - \frac{x^2}{2} + \frac{x^3}{3} - \frac{x^4}{4} + \cdots$$

を得る．右辺は $x = 1$ のとき，交代級数であるから収束する．アーベルの連続性定理から (38.10) を得る．$1/(1+x^2) = 1 - x^2 + x^4 - x^6 + \cdots$ について同様に考えれば (38.11) を得る． ∎

****

○●練習問題 38 ●○

38.1 次のベキ級数の収束半径を求めよ．

(1) $\displaystyle\sum_{n=0}^{\infty}(\sqrt{n+2}-\sqrt{n})(x-1)^n$ (2) $\displaystyle\sum_{n=1}^{\infty}\frac{n^n}{n!}(x+1)^n$ (3) $\displaystyle\sum_{n=0}^{\infty}2^n x^{2n}$

38.2 $f(x) = 3^x$ を原点を中心としたベキ級数で表せ．収束半径も求めよ．

38.3 定理 38.4 の 6 つの初等関数の収束半径を定理 38.2 を用いて確認せよ．

◇◆演習問題 38 ◆◇

38.1 以下を確認せよ．

(1) $\displaystyle\sum_{n=0}^{\infty} x^n$, $\displaystyle\sum_{n=1}^{\infty}\frac{x^n}{n}$, $\displaystyle\sum_{n=1}^{\infty}\frac{x^n}{n^2}$ の収束半径はすべて 1 である．

(2) $\displaystyle\sum_{n=0}^{\infty} x^n$ は $x = \pm 1$ で発散している．

(3) $\displaystyle\sum_{n=1}^{\infty}\frac{x^n}{n}$ は $x = 1$ で発散し，$x = -1$ で収束している．

(4) $\displaystyle\sum_{n=1}^{\infty}\frac{x^n}{n^2}$ は $x = \pm 1$ で収束している．

38.2 (1) $|x| < 1$ のとき $\displaystyle\sum_{n=0}^{\infty} n x^n = \frac{x}{(1-x)^2}$ が成り立つことを示せ．

(2) $|x| < 1$ とする．$x\Big(x\Big(x\Big(\frac{1}{1-x}\Big)'\Big)'\Big)'$ を計算することにより $\displaystyle\sum_{n=0}^{\infty} n^3 x^n$ を具体的に求めよ．

38.3 (1) $|x| < 1$ のとき $(\arcsin x)' = (1-x^2)^{-\frac{1}{2}}$ を利用して，次を示せ．

$$\text{(38.12)} \qquad \arcsin x = \sum_{n=0}^{\infty}\frac{(2n-1)!!}{(2n)!!}\frac{x^{2n+1}}{2n+1}$$

(2) アーベルの連続性定理から，上式は $x = \pm 1$ でも成り立つことを示せ．

(3) (38.12) を $x = \sin t$ で変換して，次を示せ．

$$\sum_{n=0}^{\infty}\frac{(2n-1)!!}{(2n)!!}\frac{1}{2n+1}\int_0^{\frac{\pi}{2}}\sin^{2n+1} t\, dt = \frac{\pi^2}{8}$$

(4) $\displaystyle\sum_{n=1}^{\infty}\frac{1}{n^2} = \frac{\pi^2}{6}$ を導け (11 章 練習問題 11.2 の I_{2n+1} を使う)．

38.4 定理 28.4 および定理 28.5 の証明を参考にして定理 38.2 を証明せよ．

39

基礎事項確認問題 III

現代の数学者が好んで取り組んでいるような抽象的理論から，実際に，何か直接応用できるようなものをもとめることができるのか，という問に対して，私は次のように答える事ができる．すなわち，ギリシャの数学者たちも，円錐曲線が惑星の軌道を表すことを人が思いつくよりずっと前に，もっぱら思弁的な方法でこれらの曲線の性質を研究したのではないか，と．　　　　　　　　　　　ワイエルシュトラス

基礎事項確認のための問題である．問題 [9] は 27 章から 32 章を，問題 [10] は 33 章から 38 章を扱っている．また，問題 [11] は本書全体の総合問題である．これまでに学んだ知識をフル動員して挑戦して欲しい．問題 [12] では微積分の発展の歴史を振り返る．

問題 [9]

(1) (1) $a_n = (-1)^{n-1}$ で定まる数列 $\{a_n\}$ は収束しないことをコーシー列を使って説明せよ．

(2) 級数の収束の定義を述べて，それに沿って $\sum_{n=1}^{\infty}(-1)^{n-1}$ は収束しないことを説明せよ．

(2) $p > 0$ とする．積分判定法を用いて $\sum_{n=2}^{\infty} \dfrac{1}{n(\log n)^p}$ が収束するための p の条件を求めよ．

(3) f は有界閉区間 $[a,b]$ 上の連続関数とする．$\int_a^b |f(x)|\,dx = 0$ ならば f は恒等的に 0 であることを証明せよ．

(4) 開区間 I 上の関数 f, g に対して $h(x) := \max\{f(x), g(x)\}$ $(x \in I)$ とする．以下に答えよ．
(1) $h(x) = (f(x) + g(x) + |f(x) - g(x)|)/2$ が成り立つことを示せ．
(2) $a \in I$ とする．f, g が $x = a$ で連続ならば，h も $x = a$ で連続であることを，ε-δ 論法を使って証明せよ．

(5) (1) f は $(0,1)$ 上の有界な連続関数であるが $\lim_{x \to +0} f(x)$ および $\lim_{x \to 1-0} f(x)$ はともに存在しないような f の例を挙げよ．
(2) f が $(0,1)$ で一様連続ならば f は有界であり，さらに，$\lim_{x \to +0} f(x)$ および $\lim_{x \to 1-0} f(x)$ が存在することを証明せよ．

(6) (1) $x^2 + 2y^2 + 3z^2 + yz = 8$ が定める曲面上の点 $(2,1,-1)$ のまわりの陰関数 $z = \varphi(x,y)$ について，偏微分係数 $\varphi_x(2,1)$ および $\varphi_y(2,1)$ を求め，さらに，$(2,1,-1)$ における接平面の方程式を求めよ．
(2) $x^2 + 2y^2 + 3z^2 + yz = 8$ と $x + y + 3z = 0$ が定める曲線上の点 $(2,1,-1)$ のまわりの陰関数 $y = \varphi(x), z = \psi(x)$ について，微分係数 $\varphi'(2)$ と $\psi'(2)$ を求めよ．さらに，この曲線の $(2,1,-1)$ における接線の方程式を求めよ．

問題 [10]

(1) $f : X \mapsto Y$ を写像とし，$A, B \subset X$ とする．
  (1) $f(A \cap B) \subset f(A) \cap f(B)$ を示せ．
  (2) $f(A \cap B) = f(A) \cap f(B)$ が成り立たない例を作れ．
  (3) f が単射なら $f(A \cap B) = f(A) \cap f(B)$ が成り立つことを示せ．

(2) 可算集合 $\mathbb{Q} \cap [0,1]$ を $\{a_n\}$ と表す．
$$X := \bigcup_{n=1}^{\infty} \left(a_n - \frac{1}{2^{n+2}},\ a_n + \frac{1}{2^{n+2}} \right)$$
としたとき，$[0,1] \cap X^c \neq \emptyset$ を示せ．

(3) (1) $(0,1)$ から $[1,2]$ への全単射を 1 つ作れ．
  (2) $(0,1)$ から $[1,2]$ への全単射で連続となるものは存在しないことを説明せよ．

(4) K を単位球 $B(O,1) = \{x \in \mathbb{R}^N ; |x| < 1\}$ に含まれるコンパクト集合 (有界な閉集合) とする．このとき，$0 < r < 1$ なる実数が存在して $K \subset B(O, r)$ とできることを説明せよ．

(5) $I = (a,b)$ を開区間とし，$\{f_n\}$ を I 上の連続関数の列とする．
  (1) $\{f_n\}$ が I 上で f に広義一様収束すれば，f は連続であることを示せ．
  (2) $\{f_n\}$ が I 上で f に一様収束し，$\{f_n\}$ がすべて一様連続なら，f も一様連続であることを示せ．
  (3) $\{f_n\}$ が I 上で f に広義一様収束し，$\{f_n\}$ がすべて一様連続なら，f も一様連続であるか？

(6) $|x| < 1$ のとき $f(x) = \log\left(\dfrac{1-x}{1+x}\right)$ とする．
  (1) 導関数 f' を計算して，これを原点中心のベキ級数で表せ．
  (2) f を原点中心のベキ級数で表せ．収束半径も求めよ．

(7) (1) $|z| < 1$ のとき $\dfrac{1+z}{1-z} = 1 + 2\sum_{n=0}^{\infty} z^n$ を確認せよ．
  (2) (1) の両辺に $z = r(\cos\theta + i\sin\theta)$ を代入することにより次の等式を導け．
$$(*) \qquad \frac{1 - r^2}{1 - 2r\cos\theta + r^2} = 1 + 2\sum_{n=1}^{\infty} r^n \cos n\theta$$
  (3) $(*)$ を $P(r, \theta)$ とおく[1]．$\dfrac{1}{2\pi}\displaystyle\int_0^{2\pi} P(r,\theta)\,d\theta = 1$ を示せ．
  (4) $P(r, \theta)$ は (極座標表示と見て) 単位円内の調和関数であることを示せ．

---

[1] $P(r, \theta)$ はポアソン核と呼ばれ，調和関数の理論で重要な役割を演じる．

問題 [11]

(1) $\lim_{x \to 0} \dfrac{1}{x} \displaystyle\int_x^{2x} \sin \dfrac{1}{t}\, dt = 0$ を証明せよ．

(2) f は $\mathbb{R}$ 上の連続関数とする．任意の $x \in \mathbb{R}$ と任意の $r > 0$ に対して

$$(*) \qquad f(x) \le \frac{1}{2r} \int_{x-r}^{x+r} f(t)\, dt$$

が成り立てば f は $\mathbb{R}$ 上の凸関数であることを示せ．

(3) 極座標を使って $r = 2(1 - \sin\theta)\ (0 \le \theta \le 2\pi)$ で表される閉曲線について以下に答えよ．
  (1) 曲線の概略を xy 平面に描け．
  (2) 曲線の長さと曲線の囲む集合の面積を求めよ．
  (3) この曲線を y 軸のまわりに回転した回転体の表面積と 回転体の体積を求めよ．

(4) a, b, c は実数で $c < 0$ とする．f は有界領域 D 上で C^2 級で，境界を含めた $\overline{D}$ 上で連続とする．f が D 上で恒等的に

$$f_{xx} + f_{yy} + a f_x + b f_y + c f = 0$$

をみたす (2 階線形微分方程式の解) とする．このとき，f が境界 ∂D 上で非負値ならば，f は D においても非負値になることを証明せよ．

(5) $D = \{(x, y);\ x^2 + y^2 < 1\}$ とする．f は D 上の有界な正値連続関数で $M := \sup f(D)$，$m := \inf f(D) > 0$ とする．
  (1) $\displaystyle\lim_{n \to \infty} \left(\iint_D f(x,y)^n dx dy\right)^{1/n} = M$ を示せ．
  (2) $\displaystyle\lim_{n \to -\infty} \left(\iint_D f(x,y)^n dx dy\right)^{1/n} = m$ を示せ．

(6) (1) $f(x, y) = e^{-xy} \sin x$ は $D = \{(x, y);\ x \ge 0, y \ge 0\}$ で広義重積分可能であることを説明せよ．
  (2) $D_n = \{(x, y);\ 0 \le x \le n,\ 0 \le y \le n\}$ として $\displaystyle\iint_{D_n} f(x, y)\, dx dy$ を 2 通りの累次積分で計算して，それから $\displaystyle\int_0^\infty \dfrac{\sin x}{x}\, dx = \dfrac{\pi}{2}$ を導け．
  (3) $\displaystyle\int_0^\infty \left|\dfrac{\sin x}{x}\right| dx = \infty$ を示せ．

(7) (1) $a_n = \sin n\ (n \in \mathbb{N})$ とする．$\displaystyle\limsup_{n \to \infty} a_n = 1$，$\displaystyle\liminf_{n \to \infty} a_n = -1$ を示せ．
  (2) 集合 $A := \{a_n\}$ の境界は $[-1, 1]$ となることを示せ．

(8) $\displaystyle\int_0^1 \dfrac{1}{x^x}\, dx = \sum_{n=1}^\infty \dfrac{1}{n^n}$ を示せ．

(9) f は有界閉区間 $[a, b]$ 上の C^2 級の狭義凸関数とし，$\alpha = a + \dfrac{b-a}{4}$，$\beta = a + \dfrac{3(b-a)}{4}$ とする．$\displaystyle\int_a^b |f(x) - cx - d|\, dx$ の値を最小にする $c, d \in \mathbb{R}$ は $y = cx + d$ が点 $(\alpha, f(\alpha))$, $(\beta, f(\beta))$ を通る直線になるときである．これを示せ．

問題 [12]

下記の [A] から [M] の数学者を下記より選べ．

　積分の起源は古い．「浮力の原理」で知られるギリシャの数学者 [A](BC 287- BC 212) は取り尽くし法により放物線で囲まれる図形の面積や球の体積や表面積を計算している．一方，「$x^n + y^n = z^n (n \geq 3)$」には整数の解はないことを予想したことで有名な [B](1607-1665) や『方法序説』の著者 [C](1596-1650) は微分によって接線や極値の問題を模索していた．

　このように，積分と微分はそれぞれ別のものとして発展していたが，17 世紀後半，[D](1642-1727) と [E](1646-1716) は独立に「微分と積分は互いに逆演算である」という微積分の本質を見抜いた．特に [E] は微分記号，積分記号 "$\frac{dy}{dx}, \int u\,dx$" などを導入して微積分の計算に画期的進歩を促した．

　18 世紀，[D] の弟子 [F](1685-1731) がベキ級数展開の原型を導き，その研究は後輩の [G](1698-1746) に継承された．一方，[E] の微積分を受け継いだ，スイス生まれの数学者 [H](1707-1783) は記号 "e" や "$i = \sqrt{-1}$" を初めて用いて，巧みな計算により公式 "$e^{i\theta} = \cos\theta + i\sin\theta$" を導いた．同じくスイスでは一族から多くの数学者を輩出した [I] 兄弟 (兄 1654-1705, 弟 1667-1748) も活躍した．有名な「ロピタルの定理」は [I] がロピタルに教えたものだといわれている．

　19 世紀に入ると，「数学の王様」とあがめられ，代数学の基本定理 (n 次方程式は必ず n 個の解をもつ) を証明したドイツの天才数学者 [J](1777-1855) が多方面に業績をあげ，積分論にも名を残す [K](1826-1866) にも影響を与えた．一方，「解析学の父」と称せられるフランスの数学者 [L](1789-1857) はこれまでの微分積分には厳密性が欠けていることを指摘して，極限の概念を深く考え直し，さらに「精密の権化」といわれた [M](1815-1897) が "ε-δ 論法" を完成させて "一様連続，一様収束" 等の概念が明白にされ，微分積分学は今日の姿に整えられた．

アルキメデス，オイラー，ガウス，コーシー，テイラー，デカルト，ニュートン，フェルマー，
ベルヌーイ，マクローリン，ライプニッツ，リーマン，ワイエルシュトラス

問，練習問題および演習問題の解答

—— 1章 背理法と数学的帰納法 ——

問 1.1「ある実数 x において $f(x) \neq 0$ である」であって，「すべての x について $f(x) \neq 0$ である」を意味するわけではない．

問 1.2 逆「$x^2 = 1$ ならば $x = 1$」，対偶「$x^2 \neq 1$ ならば $x \neq 1$」である．対偶は真であるが逆は真でない (偽であるともいう．対偶はそのまま書けば「$x^2 = 1$ でないならば $x = 1$ でない」となるが「$x^2 = 1$ でない」および「$x = 1$ でない」を「$x^2 \neq 1$」および「$x \neq 1$」と書き換えている．逆は $x = -1$ は条件をみたすが，結論は成り立たない).

問 1.3 (1) $x \neq y$ であるが $f(x) = f(y)$ となる実数 x, y が (少なくとも 1 組は) 存在する．(2) 「$x \neq y$ ならば $f(x) \neq f(y)$」である．

○●練習問題 1 ●○

1.1 (1)「講義を一度でも欠席する，または，レポート課題を提出しない」「単位が取得できず，かつ，数学力も向上しない」 (2)「単位がとれているか，または，数学力が向上している人は，講義にすべて出席し，かつ，レポートも提出している」「単位を落とし，かつ，数学力も伸びていない人は，講義を一度でも欠席しているか，または，レポートを提出していない」

1.2 (1)「すべての正の実数 c に対して $a + c \geq b$ ならば，$a \geq b$」 (2) (1) が真であることを示せばよい．$a < b$ と仮定する．このとき $c > 0$ を $c < b - a$ と定めれば $a + c < b$．これは「すべての正の実数 c に対して $a + c \geq b$」に矛盾する．

1.3 主張の対偶，すなわち，$\frac{1}{x} \in \mathbb{Q}$ ならば $x \in \mathbb{Q}$ を示す．$\frac{1}{x} \in \mathbb{Q}$ より，$\frac{1}{x} = \frac{q}{p}$ ($p, q \in \mathbb{Z}$, $p \neq 0$, $q \neq 0$) と書ける．このとき $x = \frac{p}{q}$ となり $x \in \mathbb{Q}$.

1.4 (1) 背理法で示す．$\sqrt{6} \in \mathbb{Q}$ とする．$\sqrt{6} = \frac{q}{p}$ ($p, q \in \mathbb{Z}$ かつ $\frac{q}{p}$ は既約) とおくと，$6p^2 = q^2$．この左辺は偶数より q は偶数である．$q = 2r$ ($r \in \mathbb{Z}$) とおくと，$3p^2 = 2r^2$．これより p も偶数である．これは $\frac{q}{p}$ が既約であることと矛盾．(2) $a + b \in \mathbb{Q}$ と仮定する．$a = \frac{q_1}{p_1}$, $a + b = \frac{q_2}{p_2}$ とおくと，$b = \frac{p_1 q_2 - p_2 q_1}{p_1 p_2} \in \mathbb{Q}$ となり，$b \notin \mathbb{Q}$ と矛盾．(3) $\sqrt{3} - \sqrt{2} \in \mathbb{Q}$ と仮定する．$\sqrt{3} - \sqrt{2} = \frac{q}{p}$ とおくと，$\frac{(\sqrt{3}-\sqrt{2})^2}{2} \in \mathbb{Q}$．一方，$\frac{(\sqrt{3}-\sqrt{2})^2}{2} = \frac{5}{2} - \sqrt{6}$ なので (1), (2) より $\frac{(\sqrt{3}-\sqrt{2})^2}{2} \notin \mathbb{Q}$ となり不合理．(4) $2q + 1 \neq 0$ とすると $\sqrt{2} = \frac{-(4pq+3)}{2q+1} \in \mathbb{Q}$ となり，$\sqrt{2} \notin \mathbb{Q}$ に反する．よって $2q + 1 = 0$ より $q = -\frac{1}{2}$．これを $4pq + 3 = 0$ に代入すれば $p = \frac{3}{2}$.

1.5 (1) $\binom{n}{k} = \frac{n!}{k!(n-k)!} = \frac{n!}{(n-k)!(n-(n-k))!} = \binom{n}{n-k}$,
$\binom{n}{k} + \binom{n}{k-1} = \frac{n!}{k!(n-k)!} + \frac{n!}{(k-1)!(n-(k-1))!} = \frac{(n+1)!}{k!(n+1-k)!} = \binom{n+1}{k}$
(2) (1.3) の考え方：n 個のものから k 個とる選び方と，n 個のもののうち $(n-k)$ 個を残す選び方は等しい．
(1.4) の考え方：$n+1$ 個のものから k 個選ぶとき，特定の a に着目し，a が選ばれたときは残りの n 個から $k-1$ 個，a が選ばれないときは残りの n 個から k 個を選ぶ場合の和として考えられる．

◇◆演習問題 1 ◆◇

1.1 (1) a, b, c がすべて奇数と仮定すると a^2, b^2, c^2 もすべて奇数である．しかし，$a^2 = b^2 + c^2$ は偶数となり矛盾．(2) b, c がともに 3 の倍数でないと仮定すると，b^2, c^2 を 3 で割った余りは 1 より，$b^2 + c^2$ を 3 で割ると 2 余る．一方，a^2 を 3 で割ると，a が 3 の倍数であれば余りは 0，そうでない場合は余りは 1 となり矛盾．

1.2 $n = 4$ のときは $4 = 2 \cdot 2 + 5 \cdot 0$ である．$n = k$ のとき $k = 2p + 5q$ と書けたとする．ここで $q = 0$ のときは $p \geq 2$ より，$k + 1 = 2p + 1 = 2(p - 2) + 5$. $q \geq 1$ のときは $k + 1 = 2p + 5q + 1 = 2(p + 3) + 5(q - 1)$. 以上より，$n = k + 1$ のときも主張は成立する．

1.3 $a_1 = \frac{1}{\sqrt{5}}\left(\frac{1+\sqrt{5}}{2} - \frac{1-\sqrt{5}}{2}\right) = 1$, $a_2 = \frac{1}{\sqrt{5}}\left(\frac{6+2\sqrt{5}}{4} - \frac{6-2\sqrt{5}}{4}\right) = 1$. $k, k-1$ で成り立つと仮定すると $a_{k+1} = a_k + a_{k-1}$ より $a_{k+2} = \frac{1}{\sqrt{5}}\left\{\left(\frac{1+\sqrt{5}}{2}\right)^k - \left(\frac{1-\sqrt{5}}{2}\right)^k\right\} + \frac{1}{\sqrt{5}}\left\{\left(\frac{1+\sqrt{5}}{2}\right)^{k+1} - \left(\frac{1-\sqrt{5}}{2}\right)^{k+1}\right\} = \frac{1}{\sqrt{5}}\left(\frac{1+\sqrt{5}}{2}\right)^k\left(\frac{6+2\sqrt{5}}{4}\right) - \frac{1}{\sqrt{5}}\left(\frac{1-\sqrt{5}}{2}\right)^k\left(\frac{6-2\sqrt{5}}{4}\right) = \frac{1}{\sqrt{5}}\left\{\left(\frac{1+\sqrt{5}}{2}\right)^{k+2} - \left(\frac{1-\sqrt{5}}{2}\right)^{k+2}\right\}$.

1.4 素数が n 個しかないと仮定する．この n 個の素数を $p_1, \cdots, p_n$ とする．ここで $p = p_1 \cdots p_n + 1$ とおく．このとき p は $p_1, \cdots, p_n$ のどれで割っても 1 余るので，p は素数である．しかし $p > p_i$ ($i = 1, \cdots, n$) より，p は $n + 1$ 個目の新たな素数となり，仮定と矛盾する．

1.5 (1) $n = 1$ のとき，$f(1) = a = 1a$. $n = k$ のとき $f(k) = ka$ と仮定すると，$f(k+1) = f(k) + f(1) = (k+1)a$. (2) $f(1) = f\left(\frac{1}{n} + \cdots + \frac{1}{n}\right) = f\left(\frac{1}{n}\right) + \cdots + f\left(\frac{1}{n}\right) = nf\left(\frac{1}{n}\right)$ より $f\left(\frac{1}{n}\right) = \frac{a}{n}$. (3) $f(1) = f(n+1-n) = (n+1)a + f(-n)$ より $f(-n) = -na$. また $f(0) = f(0) + f(0)$ より $f(0) = 0$ である

から 任意の整数 m に対して $f(m) = ma$. さらに, 任意の $\frac{m}{n} \in \mathbb{Q}$ に対して $f(\frac{m}{n}) = f(m\frac{1}{n}) = mf(\frac{1}{n}) = \frac{m}{n}a$.

1.6 $f_n(x) := e^x - \left(1 + x + \frac{x^2}{2!} + \cdots + \frac{x^n}{n!}\right)$ とおき, $\forall n \in \mathbb{N}$ に対して $f_n(x) \geq 0$ を数学的帰納法で示す. $n = 1$ のとき $f_1(0) = 0$, $f_1'(0) \geq 0$ だから $x \geq 0$ で $f_1(x) \geq 0$. $n = k$ のとき $f_k(x) \geq 0$ を仮定する. このとき $f_{k+1}'(x) = f_k(x) \geq 0$ であり, $f_{k+1}(0) = 0$ より $f_{k+1}(x) \geq 0$. これより $n = k + 1$ のときも成立.

── 2 章 自然対数の底と指数関数 ──

問 2.1 (1) $L(1) = 0$ であるから, (2.10) で $b = \frac{1}{a}$ とすると $L(a) + L(\frac{1}{a}) = L(1) = 0$ となる. これより, $L(a) - L(b) = L(a) + L(\frac{1}{b}) = L(\frac{a}{b})$ である. $nL(a) = L(a^n)$ は数学的帰納法で示すとよい. $n = 1$ は両辺等しい. $n = k - 1$ で成り立つとすれば, (2.10) より $L(a^k) = L(a^{k-1}) + L(a) = (k-1)L(a) + L(a) = kL(a)$ で成り立つ. (2) より $L(2^n) = nL(2) \to \infty$ であり, $L(2^{-n}) = -L(2^n) = -nL(2) \to -\infty$ である.

問 2.2 $\log_a a^x = \frac{\log(e^{x \log a})}{\log a} = \frac{x \log a}{\log a} = x$, $a^{\log_a x} = e^{(\log_a x) \log a} = e^{(\log x / \log a) \log a} = e^{\log x} = x$.

○●練習問題 2 ●○

2.1 (1) $2^{2^3} = 2^8 = 256$, $2^{3^2} = 2^9 = 512$, $3^{2^2} = 3^4 = 81$. (2) $(x - 1) \log 4 = (3 - x) \log 3$. これより $x \log 12 = \log 108$ である. (3) $2 = \log_2 4$ より, $\log_2 4x = \log_2(2x + 1)$ となり, $x = \frac{1}{2}$.

2.2 $(xy)^\alpha = e^{\alpha \log(xy)} = e^{\alpha \log x + \alpha \log y} = x^\alpha y^\alpha$. $x^\alpha x^\beta = e^{\alpha \log x} e^{\beta \log x} = e^{(\alpha + \beta) \log x} = x^{\alpha + \beta}$.

2.3 (1) $f'(x) = \frac{1 - \log x}{x^2}$. $f(x)$ は $x = e$ で最大値 $\frac{1}{e}$ をとる (増減表とグラフは省略). (2) $f(e) > f(\pi)$ より $\frac{\log e}{e} > \frac{\log \pi}{\pi} \iff \log e^\pi > \log \pi^e$. したがって $e^\pi > \pi^e$.

2.4 $k \leq B < k + 1$ より $10^k \leq A = 10^B < 10^{k+1}$ なので A は $k + 1$ 桁である.

◇◆演習問題 2 ◆◇

2.1 $F_a'(x) = \log a - \log x$ より, $F_a(x)$ は $x = a$ で最大値 a をとる (増減表とグラフは省略).

2.2 (a) $E(1) = E(L(A)) = A$. (b) $E(x) = a$, $E(y) = b$ とおくと $E(x + y) = E(L(a) + L(b)) = E(L(ab)) = ab = E(x)E(y)$. (c) $L(a) = x$, $L(b) = y$ とおき, (2.9) に代入すればよい.

2.3 (1) $n = 1$ のとき, $f(1) = a = a^1$. $n = k$ のとき $f(k) = a^k$ と仮定すると, $f(k + 1) = f(k)f(1) = a^k \cdot a = a^{k+1}$. (2) $a = f(1) = f(\frac{1}{n} + \cdots + \frac{1}{n}) = f(\frac{1}{n}) \cdots f(\frac{1}{n}) = (f(\frac{1}{n}))^n$ より $f(\frac{1}{n}) = a^{\frac{1}{n}}$. (3) $a = f(1) = f(n + 1 - n) = f(n + 1)f(-n) = a^{n+1}f(-n)$ より $f(-n) = a^{-n}$. また $f(n) = f(n + 0) = f(n)f(0)$, $f(0) = f(0)f(0)$ より $f(0) = 1$. したがって任意の整数 m に対して $f(m) = a^m$. よって, 任意の $p = \frac{n}{m} \in \mathbb{Q}$ に対して $f(p) = f(\frac{n}{m}) = f(\frac{1}{m})^n = a^{\frac{n}{m}} = a^p$.

── 3 章 三角関数とオイラーの定理 ──

問 3.1 (1) (3.1) より $\tan(a + b) = \frac{\sin a \cos b + \cos a \sin b}{\cos a \cos b - \sin a \sin b} = \frac{\sin a / \cos a + \sin b / \cos b}{1 - (\sin a \sin b)/(\cos a \cos b)} = \frac{\tan a + \tan b}{1 - \tan a \tan b}$.
(2) $(\tan x)' = 1/\cos^2 x = (\cos^2 x + \sin^2 x)/\cos^2 x = 1 + \tan^2 x$.

問 3.2 (1) $\frac{\pi}{2}$ (2) 0 (3) $\frac{\pi}{4}$ (4) 0 (5) $\frac{\pi}{2}$ (6) 0 (7) $\frac{\pi}{6}$ (8) $\frac{2\pi}{3}$ (9) $-\frac{\pi}{4}$ (10) $-\frac{\pi}{3}$

問 3.3 $\frac{\pi}{2}$ および $-\frac{\pi}{2}$.

○●練習問題 3 ●○

3.1 $f(x) = \sin x + 2 \cos x = \sqrt{5} \sin(x + \alpha)$ より最大値は $\sqrt{5}$, 最小値は $-\sqrt{5}$.

3.2 (1) すべての $x \in \mathbb{R}$ について $\tan(\arctan x) = x$ であるが, $\arctan(\tan x) = x$ が成り立つのは $|x| < \frac{\pi}{2}$ であることに注意する. $\tan a = x$, $\tan b = y$ とおくと $|a + b| < \frac{\pi}{2}$ ならば $\arctan(\tan(a + b)) = a + b$ である. よって $\tan$ の加法定理より $\arctan x + \arctan y = a + b = \arctan(\tan(a + b)) = \arctan\left(\frac{\tan a + \tan b}{1 - \tan a \tan b}\right) = \arctan\left(\frac{x + y}{1 - xy}\right)$. (2) たとえば $x = y = \sqrt{3}$ のとき, $\arctan x = \arctan y = \frac{\pi}{3}$ より, $\arctan x + \arctan y = \frac{2\pi}{3}$ である. 一方, $\arctan \frac{x+y}{1-xy} = \arctan(-\sqrt{3}) = -\frac{2}{3}\pi$. (3) $-\frac{\pi}{2} < \arctan \frac{1}{2} + \arctan \frac{1}{3} < \frac{\pi}{2}$ であるから (1) より $\arctan \frac{1}{2} + \arctan \frac{1}{3} = \arctan \frac{\frac{5}{6}}{1 - \frac{1}{6}} = \arctan 1 = \frac{\pi}{4}$.

3.3 $f'(x) = 2 \sin x \cos x - 2 \cos x \sin x = 0$ より f は定数関数. $f(0) = 1$ より, この定数は 1 である.

◇◆演習問題 3 ◆◇

3.1 (1), (2), (3) は両辺を積分して整理すれば直ちに導かれる. (4) を数学的帰納法で示す. $n = 1$ のときは (2), (3) より成立する. 次に $n = k$ のときに成り立つことを仮定して, 辺々 $[0, x]$ で定積分して整理すると $-\frac{x^{2k+2}}{(2k+2)!} \leq \cos x - \left(1 - \frac{x^2}{2!} + \cdots + (-1)^k \frac{x^{2k}}{(2k)!}\right) \leq \frac{x^{2k+2}}{(2k+2)!}$ を得る. さらに辺々 $[0, x]$ で定積分す

ると $-\frac{x^{2k+3}}{(2k+3)!} \leq \sin x - \left(x - \frac{x^3}{3!} + \cdots + (-1)^k \frac{x^{2k+1}}{(2k+1)!}\right) \leq \frac{x^{2k+3}}{(2k+3)!}$ が得られる．これは $n = k+1$ でも成り立つことを示している．

3.2 (1) $e^{\alpha x} = e^{(a+bi)x} = e^{ax}e^{ibx} = e^{ax}(\cos bx + i\sin bx)$.
(2) $\int e^{\alpha x} dx = \frac{1}{\alpha}e^{\alpha x} = \frac{1}{a+bi}e^{ax}(\cos bx + i\sin bx) = \frac{e^{ax}}{a^2+b^2}\Big((a\cos bx + b\sin bx) + i(-b\cos bx + a\sin bx)\Big)$.
また，(1) より $\int e^{\alpha x} dx = \int e^{ax}\cos bx\, dx + i\int e^{ax}\sin bx\, dx$ より，実部を比較すれば，$\int e^{ax}\cos bx\, dx = \frac{e^{ax}}{a^2+b^2}\Big(a\cos bx + b\sin bx\Big)$，虚部を比較すれば $\int e^{ax}\sin bx\, dx = \frac{e^{ax}}{a^2+b^2}\Big(a\sin bx - b\cos bx\Big)$ を得る．

3.3 ド・モアブルの公式より $\cos 3x + i\sin 3x = (\cos x + i\sin x)^3 = 4\cos^3 x - 3\cos x + i(3\sin x - 4\sin^3 x)$. から $\cos 3x = 4\cos^3 x - 3\cos x$, $\sin 3x = 3\sin x - 4\sin^3 x$. 同様に，$\cos 4x + i\sin 4x = (\cos x + i\sin x)^4$ の右辺を展開して $\cos 4x = \cos^4 x - 6\cos^2 x \sin^2 x + \sin^4 x$, $\sin 4x = 4\cos^3 x \sin x - 4\cos x \sin^3 x$.

3.4 (1) $\cos\theta = \frac{e^{i\theta} + e^{-i\theta}}{2}$, $\sin\theta = \frac{e^{i\theta} - e^{-i\theta}}{2i}$ より $\cos^2\theta = \left(\frac{e^{i\theta}+e^{-i\theta}}{2}\right)^2 = \frac{1}{2}\frac{(e^{2i\theta}+e^{-2i\theta})+2}{2} = \frac{1+\cos 2\theta}{2}$, $\sin^2\theta = \left(\frac{e^{i\theta}-e^{-i\theta}}{2i}\right)^2 = \frac{1}{2}\frac{-(e^{2i\theta}+e^{-2i\theta})+2}{2} = \frac{1-\cos 2\theta}{2}$.

3.5 (1) $\sin(x+y) + \sin(x-y) = \sin x\cos y + \cos x\sin y + \sin x\cos y - \cos x\sin y = 2\sin x\cos y$.
(2) (1) の等式を x および y について微分すればよい．(3) $X = x+y, Y = x-y$ とおいて，(1), (2) の等式に代入すればよい．

3.6 $\arcsin(\sin x) = x$ が成り立つのは $|x| \leq \frac{\pi}{2}$ である．したがって $f'(\pi) = 1$ は正しくない．

3.7 両辺の微分が等しいことと，$x = 0$ でともに 0 であることから示される．あるいは，定義にもどって，$\arcsin x = A$ とすると $\sin A = x$ より $\frac{x}{\sqrt{1-x^2}} = \frac{\sin A}{\cos A} = \tan A$ になるので $\arctan\frac{x}{\sqrt{1-x^2}} = A$ である．

── 4章 実数の連続性と数列の極限値 ──

問 4.1
(1) $1, 1, 1, 1, 1, 1, 1, 1, \cdots$
(2) $2, 4, 8, 16, 32, 64, 128, 256, \cdots$
(3) $1, -2, -5, -8, -11, -14, -17, -20, \cdots$
(4) $1, 0, -1, 0, 1, 0, -1, 0, \cdots$
(5) $0.9, 0.99, 0.999, 0.9999, 0.99999, 0.999999, 0.9999999, 0.99999999, \cdots$
(6) $1, 1, 2, 3, 5, 8, 13, 21, \cdots$
(7) $1, -2, 3, -4, 5, -6, 7, -8, \cdots$

問 4.2 **問 4.3**

	単調増加	単調減少	上に有界	下に有界	極限値	$\sup A$	$\inf A$	$\max A$	$\min A$
(1)	○	○	○	○	1	1	1	1	1
(2)	○	×	×	○	∞ に発散	∞	2	なし	2
(3)	×	○	○	×	$-\infty$ に発散	1	∞	1	なし
(4)	×	×	○	○	発散 (振動)	1	-1	1	-1
(5)	○	×	○	○	1	1	0.9	なし	0.9
(6)	○	×	×	○	∞ に発散	∞	1	なし	1
(7)	×	×	×	×	発散 (振動)	∞	$-\infty$	なし	なし

問 4.4 (1) 定理 4.3 (1) を使う．$\forall x \in (0,1)$ に対して $x \leq 1$ であるから (i) が成り立つ．$\forall n \in \mathbb{N}$ に対して $x_n = 1 - \frac{1}{2n}$ とすれば $1 - \frac{1}{n} < x_n \leq 1$ となり (ii) も成り立つ．(2) $a_n = n$ とすれば $n \in \mathbb{Q}$ かつ $\lim_{n\to\infty} a_n = \infty$ である．定理 4.3 (3) より $\sup \mathbb{Q} = \infty$ である．

問 4.5 (1) 部分列 ($n_k = k$ の場合である)．もとの数列自身も部分列に含める．(2) 部分列でない (もとの数列と順序が変わってはいけない)．(3) 部分列でない (0 はもとの数列に入っていない)．

○●練習問題 4 ●○
4.1 r について場合分けをする．(i) $r > 1$ のとき．$a_n = ar^{n-1} \to \infty$. (ii) $r = 1$ のとき．$a_n = a \to a$. (iii) $|r| < 1$ のとき．$r^{n-1} \to 0$ より，$a_n \to 0$. (iv) $r \leq -1$ のとき．$\{a_n\}$ は振動する．

4.2

	max	min	sup	inf		max	min	sup	inf
A_1	5	×	5	-1	A_4	×	×	$1+\sqrt{2}$	$1-\sqrt{2}$
A_2	×	1	∞	1	A_5	×	0	π	0
A_3	$1/2$	-1	$1/2$	-1	A_6	×	×	∞	$-\infty$

4.3 (1) a_n は常に正である．すなわち $a_n > 0$ であるから下に有界である．
(2) $n = 1$ のときは $a_2 = 2 < 3 = a_1$ より成立．$n = k$ のとき $a_{k+1} < a_k$ を仮定すると，漸化式より $a_{k+2}^2 = a_{k+1} + 1$, $a_{k+1}^2 = a_k + 1$ が成り立つから $a_{k+2}^2 - a_{k+1}^2 = (a_{k+2}+a_{k+1})(a_{k+2}-a_{k+1}) = a_{k+1} - a_k < 0$ である．a_n は正より $a_{k+2} + a_{k+1} > 0$ であるから $a_{k+2} - a_{k+1} < 0$ でなければならない．よって $a_{k+2} < a_{k+1}$.

(3) (1), (2) より $\{a_n\}$ は下に有界な単調減少数列であるから収束する．その極限値を α とおくと $\alpha = \sqrt{\alpha+1}$ より $\alpha^2 - \alpha - 1 = 0$．よって $\alpha = \frac{1\pm\sqrt{5}}{2}$ であるが，$a_n > 0$ より $\alpha > 0$．したがって $\alpha = \frac{1+\sqrt{5}}{2}$．

4.4 最大の自然数は存在しない．存在しないものを求めようとしたことが誤り．

◇◆ 演習問題 4 ◆◇

4.1 否定は「すべての $M \in \mathbb{R}$ に対して，ある $x \in A$ が存在して $M < x$」である．よって $\forall n \in \mathbb{N}$ に対して $n < x$ をみたす $x \in A$ の 1 つを a_n とおくと，$\{a_n\} \subset A$ かつ $\lim_{n\to\infty} a_n = \infty$．逆に $\lim_{n\to\infty} a_n = \infty$ のとき，任意の $M \in \mathbb{R}$ に対してある $n \in \mathbb{N}$ が存在して $a_n > M$ をみたす．$a_n \in A$ より $\sup A = \infty$ である．

4.2 (1) $A = n$, $B = \frac{n(n-1)}{2}$．(2) $n = (1+a_n)^n = 1 + Aa_n + Ba_n^2 + \cdots$ で，右辺の各項は非負であるから，第 3 項のみを考えれば $n \geq Ba_n^2$ となり，$a_n^2 \leq 2/(n-1)$．(3) $a_n > 0$ より $a_n \leq \sqrt{\frac{2}{n-1}}$．これより $1 = \sqrt[n]{1} < \sqrt[n]{n} = 1 + a_n \leq 1 + \sqrt{\frac{2}{n-1}}$．$n \to \infty$ とすれば，はさみうちの原理より $\lim_{n\to\infty} \sqrt[n]{n} = 1$．

4.3 (1) $n \leq x \leq n+1$ で $\frac{1}{n+1} \leq \frac{1}{x} \leq \frac{1}{n}$ である．$[n, n+1]$ で積分すると，$\frac{1}{n+1} \leq \log(n+1) - \log n \leq \frac{1}{n}$．
(2) $a_n - a_{n+1} = -\frac{1}{n+1} - \log n + \log(n+1)$ なので，$a_n - a_{n+1} > 0$．
(3) (1) の辺々を足し合わすと，$\frac{1}{2} + \frac{1}{3} + \cdots + \frac{1}{n+1} < \log(n+1) < 1 + \frac{1}{2} + \cdots + \frac{1}{n}$ となり，$a_n = 1 + \frac{1}{2} + \cdots + \frac{1}{n} - \log n > \log(n+1) - \log n > 0$ である．これと (2) とあわせると $\{a_n\}$ は下に有界な単調減少数列なので収束する．

4.4 (方針：$\alpha = \beta$ を $\alpha \geq \beta$ および $\beta \geq \alpha$ から導く) まず，$\{a_n\}$ が上に有界のときは実数の連続性から $\lim_{n\to\infty} a_n = \alpha$ が存在する．$\beta = \sup\{a_n; n \in \mathbb{N}\}$ とおく．単調増加性から，任意の $n \in \mathbb{N}$ について $a_n \leq \alpha$ であるから $\beta \leq \alpha$ である．また，上限の定義から $a_n \leq \beta$ であるから $\alpha = \lim_{n\to\infty} a_n \leq \beta$ である．$\{a_n\}$ が有界でないときは $\alpha = \infty$ として同様に示される．

4.5 $\max\{a,b,c\} = a$ としてよい．$0 < b \leq a$, $0 < c \leq a$ であるから $a = (a^n)^{\frac{1}{n}} < (a^n + b^n + c^n)^{\frac{1}{n}} \leq (3a^n)^{\frac{1}{n}} = 3^{\frac{1}{n}}a$ となり，はさみうちの原理から第 1 項 = 第 3 項である．同様に $a = \frac{1}{n}\log(e^{an}) \leq \frac{1}{n}\log(e^{an} + e^{bn} + e^{cn}) \leq \frac{1}{n}\log(3e^{an}) = a + \frac{1}{n}\log 3$ から，$n \to \infty$ として後者を得る．

4.6 (1) 上限と下限の定義から明らかである．たとえば $\sup B$ は A の 1 つの上界である．$\sup A$ は最小な上界であるから $\sup A \leq \sup B$ である．下限についても同様．(2) 任意の $a \in A$ について $\inf A \leq a$ であるから $-\inf A \geq -a$ となり，$-\inf A$ は B の上界になる．これから $-\inf A \geq \sup B$ である．逆に $-a \leq \sup B$ であるから $a \geq -\sup B$ となり，$\inf A \geq -\sup B$，すなわち $-\inf A \leq \sup B$ となり $-\inf A = \sup B$ が示される．$\inf B = -\sup A$ も同様に 2 つの不等式 $\inf B \leq -\sup A$, $\inf B \geq -\sup A$ から導くとよい．
(3) $a_n + b_n \leq \sup A + \sup B$ から容易にわかる．

── 5 章 関数の極限値と連続性 ──

問 5.1 (1) $[1/2, 1]$．(2) $(1, \infty)$．(3) 定義域を定めないとどちらともいえない．たとえば $[1, 2]$ 上なら有界関数であるが，$(0, 1)$ 上では有界でない．

問 5.2 $f \circ g(x) = f(g(x)) = (2x+3)^2$, $g \circ f(x) = g(f(x)) = 2x^2 + 3$ より $f \circ g(x) \neq g \circ f(x)$ である．

問 5.3 $f^{-1}(x) = x^2 + 6x + 7$．定義域は $[-3, \infty)$ ($= f$ の値域)，値域は $[-2, \infty)$ ($= f$ の定義域)．

問 5.4 (1) -1 (2) -1 (3) 0 (4) 0 (5) ∞ に発散 (6) $-\infty$ に発散 (7) 存在しない

問 5.5 $\lim_{x\to+0} f(x) = 1 \neq \lim_{x\to-0} f(x) = 0$ より連続でない．

○● 練習問題 5 ●○

5.1 $\forall x \in I$ に対して $x = f^{-1}(y)$ のとき，$y = f(x)$ であるから，$x = f^{-1}(y) = f^{-1}(f(x))$ である．また，$\forall x \in J$ に対して $x = f(y)$ ならば，$y = f^{-1}(x)$ であるから $x = f(y) = f(f^{-1}(x))$ が成り立つ．

5.2 原点以外は連続なので，原点で連続になるように a を定めればよい．$\lim_{x\to+0} f(x) = a^2$, $\lim_{x\to-0} f(x) = 2a - 1$ より，$a^2 = 2a - 1$ から $a = 1$ のとき $f(x)$ は $x = 0$ で連続となり，したがって $\mathbb{R}$ 上連続となる．

5.3 $x_n = \frac{1}{2n\pi}$, $y_n = \frac{1}{(2n+1)\pi}$ とすると $\lim_{n\to\infty} \cos(1/x_n) = 1$, $\lim_{n\to\infty} \cos(1/y_n) = -1$ より $\lim_{x\to 0} \cos(1/x)$ は存在しない．後者は $x_n = 2n\pi$, $y_n = (2n+1)\pi$ を考えれば同様の結論を得る．

5.4 $\lim_{x\to\infty} e^{-\frac{1}{x}} = 1$, $\lim_{x\to-\infty} e^{-\frac{1}{x}} = 1$, $\lim_{x\to+0} e^{-\frac{1}{x}} = 0$, $\lim_{x\to-0} e^{-\frac{1}{x}} = \infty$．

5.5 $f(x) = 2x + 1$ または $-2x - 2$．($f(x) = ax + b$ として a, b を求める)

◇◆ 演習問題 5 ◆◇

5.1 $f \circ f(x) = a^3x^4 + 2a^2bx^3 + (2a^2c + ab^2 + ab)x^2 + (2abc + b^2)x + ac^2 + bc + c$．係数比較すると $a = 0$, $b^2 = b$, $bc + c = c$ となる．よって $b = 0$ のとき c は任意でよく，$b = 1$ のとき $c = 0$ である．したがって $a = b = 0$ (c は任意) または $a = c = 0$, $b = 1$ のいずれかである．

5.2 (1) $\dfrac{(pa+qc)x+pb+qd}{(ra+sc)x+rb+sd}$. (2) $BA = \begin{pmatrix} pa+qc & pb+qd \\ ra+sc & rb+sd \end{pmatrix}$. (3) $g \circ f(x) = \dfrac{12x+5}{-x-1}$, $f \circ g(x) = \dfrac{7}{x+11}$.
(4) $f^{-1}(x) = \dfrac{2x-1}{-5x+3}$. $\begin{pmatrix} 3 & 1 \\ 5 & 2 \end{pmatrix}^{-1} = \begin{pmatrix} 2 & -1 \\ -5 & 3 \end{pmatrix}$ より f^{-1} に対応する行列になっている.

5.3 (1) p が有理数で $\dfrac{\sqrt{2}}{n}$ は無理数なので,その和である x_n は無理数. $|x-p| = \dfrac{\sqrt{2}}{n} \to 0 \ (n \to \infty)$ である. (2) $[10^n x]$ は整数なので p_n は有理数である. $10^n x - 1 < [10^n x] \le 10^n x$ より $x - 10^{-n} < p_n \le x$ であるから $|p_n - x| \le 10^{-n} \to 0 \ (n \to 0)$. (3) $x \in \mathbb{Q}$ のとき,(1) より 無理数からなる数列 $\{x_n\}$ が存在し,$x_n \to x$. このとき $f(x_n) = 0 \to 0 \ (n \to \infty)$ であるが,$f(x) = 1$ なので x では連続でない. また,$x \notin \mathbb{Q}$ のとき,(2) より 有理数からなる数列 $\{p_n\}$ が存在し,$p_n \to x$. このとき $f(p_n) = 1 \to 1 \ (n \to \infty)$ であるが,$f(x) = 0$ なので x で連続でない. すなわち,すべての $x \in \mathbb{R}$ において f は不連続である.

5.4 (1) $x \in \mathbb{Q}$ のとき,$x = \dfrac{q}{p}$ とおくと,$n \ge p$ なる任意の n に対して $n! \pi x$ は π の整数倍であり,$m \in \mathbb{N}$ について $(\cos(n! \pi x))^{2m} = 1$ である. よって $\lim_{n \to \infty}\left(\lim_{m \to \infty}(\cos(n! \pi x)^{2m})\right) = 1$. また,$x \notin \mathbb{Q}$ のとき,任意の $n \in \mathbb{N}$ に対して $n! \pi x$ は π の整数倍にならず,$|\cos(n! \pi x)| < 1$ より $\lim_{n \to \infty}\left(\lim_{m \to \infty}(\cos(n! \pi x)^{2m})\right) = 0$.
(2) $x \in \mathbb{Q}$ のとき,$x = \dfrac{q}{p}$ とおくと,$n \ge p$ なる任意の n に対して $[n! x] - n! x = 0$ であるから $\lim_{n \to \infty}\left(\lim_{m \to \infty}((1 + [n! x] - n! x)^{2m})\right) = 1$. また,$x \notin \mathbb{Q}$ のとき,任意の $n \in \mathbb{N}$ について $0 < 1 + [n! x] - n! x < 1$ より,$\lim_{n \to \infty}\left(\lim_{m \to \infty}((1 + [n! x] - n! x)^{2m})\right) = 0$.

── **6章 微分係数と導関数** ──

問 6.1 (1) $f'(c) = \lim_{h \to 0}((h+c)^2 - c^2)/h = \lim_{h \to 0}(2c + h) = 2c$. (2) $f'(2) = \lim_{h \to 0}(4\sqrt{2+h} - 4\sqrt{2})/h = \lim_{h \to 0} 4/(\sqrt{2+h} + \sqrt{2}) = \sqrt{2}$. 接線は $y - 4\sqrt{2} = \sqrt{2}(x - 2)$.

問 6.2 $\lim_{x \to 0} a \dfrac{\sin(ax)}{x} = \lim_{t \to 0} a \dfrac{\sin t}{t/a} = \lim_{t \to 0} a \dfrac{\sin t}{t} = a$ である. 他もすべて a になる.

問 6.3 (1) $(a^x)' = (e^{x \log a})' = \log a \, e^{x \log a} = a^x \log a$. (2) $\log f(x) = x \log a$ の両辺を微分すると $f'(x)/f(x) = \log a$. よって $f'(x) = f(x) \log a = a^x \log a$.

問 6.4 (1) $(\log_a x)' = (\log x / \log a)' = 1/(x \log a)$. (2) $y = \log_a x$ のとき $x = a^y$ である. また,問 6.3 より $(a^x)' = a^x \log a$ であった. これより,$(\log_a x)' = 1/(a^y \log a) = 1/(x \log a)$.

○●練習問題 6 ●○

6.1 (1) 本文の (6.2) を用いる. $\lim_{x \to c} f(x) = \lim_{h \to 0} f(c+h) = \lim_{h \to 0}(f(c) + hA + h\varepsilon(h)) = f(c)$.
(2) $\lim_{x \to +0} f(x) = \lim_{x \to -0} f(x) = 0$ より,$f(x)$ は $x = 0$ で連続である. しかし,$f'_+(0) = 1$, $f'_-(0) = -1$ となり,$x = 0$ で微分可能ではない.

6.2 (1) $f'_+(0) = 1$, $f'_-(0) = -1$ より,微分可能ではない. (2), (3) $f'_+(0) = f'_-(0) = 0$ より,微分可能.

6.3 $(af + bg)'(x) = \lim_{h \to 0} \dfrac{(af+bg)(x+h) - (af+bg)(x)}{h} = \lim_{h \to 0} \dfrac{af(x+h) + bg(x+h) - af(x) - bg(x)}{h}$
$= a \lim_{h \to 0} \dfrac{f(x+h) - f(x)}{h} + b \lim_{h \to 0} \dfrac{g(x+h) - g(x)}{h} = af'(x) + bg'(x)$,
$\left(\dfrac{g}{f}\right)'(x) = \left(g \cdot \dfrac{1}{f}\right)'(x) = g'(x) \dfrac{1}{f(x)} + g(x)\left(-\dfrac{f'(x)}{f(x)^2}\right) = \dfrac{g'(x)f(x) - g(x)f'(x)}{f(x)^2}$.

6.4 (1) $5(x^2 + 3x + 2)^4 (2x + 3)$. (2) $10x(x^2 + 3)^4 (3x - 2)^6 + 18(x^2 + 3)^5 (3x - 2)^5$.
(3) $10(x^2 + 3)^4 (3x - 2)^{-6} - 18(x^2 + 3)^5 (3x - 2)^{-7}$.

6.5 (1) $3 \cos 3x + 3 \sin^2 x \cos x + 3x^2 \cos(x^3)$ (2) $\dfrac{-\cos x}{\sin^2 x}$ (3) $-\dfrac{1}{\sin^2 x}$ (4) $\dfrac{2ax + b}{ax^2 + bx + c} - \dfrac{c}{cx + d}$
(5) $-\cos(\cos x) \sin x$ (6) $-(\cos x)e^{-\sin x}$ (7) $\dfrac{e^x - e^{-x}}{e^{2x} + 3 + e^{-2x}}$ (8) $-\dfrac{\sin x}{\sqrt{1 - \cos^2 x}} = -\dfrac{\sin x}{|\sin x|}$

◇◆演習問題 6 ◆◇

6.1 g は $a = f(c)$ で微分可能で,(6.2) より $g(a+k) = g(a) + Ak + k\varepsilon(k)$, $\lim_{k \to 0} \varepsilon(k) = 0$, $A = g'(a) = g'(f(c))$ と書ける. これより $k = f(c+h) - f(c)$ とすれば,$g(f(c+h)) - g(f(c)) = g(a+k) - g(a) = g(a) + Ak + k\varepsilon(k) - g(a) = A(f(c+h) - f(c)) + k\varepsilon(k)$ より $(g(f(c+h)) - g(f(c)))/h = A(f(c+h) - f(c))/h + k\varepsilon(k)/h \to Af'(c) + f'(c) \cdot 0 = g'(f(c))f'(c)$.

6.2 (1) $\log x^a = a \log x$ より $f'(x)/f(x) = \dfrac{a}{x}$. よって $f'(x) = \dfrac{a}{x} x^a = ax^{a-1}$.
(2) $\log a^x = x \log a$ より $f'(x)/f(x) = \log a$. よって $f'(x) = a^x \log a$.
(3) $\log x^x = x \log x$ より $f'(x)/f(x) = 1 + \log x$. よって $f'(x) = x^x (1 + \log x)$.

6.3 (1) 定義域: $[-\frac{1}{a}, \frac{1}{a}]$, 微分可能域: $(-\frac{1}{a}, \frac{1}{a})$. (2) $\{\arcsin(ax)\}' = \frac{a}{\sqrt{1-a^2x^2}}$. (3) 定義域, 微分可能域ともに $\mathbb{R}$ 全体. (4) $\{\arctan(ax)\}' = \frac{a}{1+a^2x^2}$. (5) $\{\arctan(a/x)\}' = \frac{-a/x^2}{1+(a/x)^2} = -\frac{a}{x^2+a^2}$.

6.4 (1) $f(x) := \arcsin x + \arccos x$ とおくと, f は $[-1,1]$ で連続で $(-1,1)$ で微分可能である. $f'(x) = 1/\sqrt{1-x^2} - 1/\sqrt{1-x^2} = 0$ より $(-1,1)$ 上で $f(x) = C$(定数関数) である. ここで $x = 0$ とすると, $C = f(0) = \frac{\pi}{2}$. f の連続性より $[-1,1]$ で $f(x) = \frac{\pi}{2}$ である. (2), (3) $g(x) := \arctan x + \arctan(1/x)$ とおくと, g は $\mathbb{R} \setminus \{0\}$ で微分可能であり, $g'(x) = 1/(1+x^2) - 1/(1+x^2) = 0$ となる. ここで g は $\mathbb{R} \setminus \{0\}$ で定数としてはならない. 微分が 0 になるとき定数になるのは区間上の関数の場合である. $\mathbb{R} \setminus \{0\}$ は 2 つの区間 $(-\infty, 0)$ と $(0, \infty)$ からなるので, それぞれの区間の上では定数が異なることがある. $g(1) = \frac{\pi}{2}$ であり, $g(-1) = -\frac{\pi}{2}$ であるから $(-\infty, 0)$ において $g(x) = -\frac{\pi}{2}$ であり, $(0, \infty)$ では $g(x) = \frac{\pi}{2}$ となる.

6.5 $\alpha > 1$ のとき微分可能で $f'(0) = 0$ である. $\alpha \leq 1$ では微分可能でない.

—— 7 章 平均値の定理とその応用 ——

問 7.1 $F(a) = F(b) = 0$ であるから, ロルの定理から $F'(c) = 0$ である. さらに, $F'(x) = f'(x) - (f(b) - f(a))/(b-a)$ で $x = c$ とすれば $f'(c) = (f(b) - f(a))/(b-a)$ を得る.

問 7.2 $1 - 4 = 2(2 - 3\theta)(-3)$ を解いて $\theta = 1/2$.

問 7.3 $\lim_{t \to 0} \frac{\sin t}{t} = \lim_{t \to 0} \frac{\cos t}{1} = 1$, $\lim_{t \to 0} \frac{e^t - 1}{t} = \lim_{t \to 0} \frac{e^t}{1} = 1$, $\lim_{t \to 0} \frac{\log(1+t)}{t} = \lim_{t \to 0} \frac{1}{1+t} = 1$.

問 7.4 (1) $\frac{1}{6}$, (2) ∞, (3) 0 (不定形ではないのでロピタルの定理を使ってはいけない).

○●練習問題 7 ●○

7.1 (1) 平均値の定理より $f(x) - f(a) = f'(c)(x-a)$ $(a < c < x)$ である. $f'(c) > 0$, $f(a) \geq 0$ より $f(x) = f(a) + f'(c)(x-a) > 0$. (2) $f(x) := (1+x)^\alpha - (1+\alpha x)$ とおく. $f'(x) = \alpha\{(1+x)^{\alpha-1} - 1\}$ より, $x > 0$ で $f'(x) > 0$ である. $f(0) = 0$ だから (1) より $x > 0$ で $f(x) > 0$. (3) $-1 < x < 0$ のとき $f'(x) < 0$ より, $f(x)$ は狭義単調減少であり, $f(0) = 0$ より $f(x) > f(0) = 0$.

7.2 ロピタルの定理が使える. (1) $\lim_{x \to 0} x \log x = \lim_{x \to 0} \frac{\log x}{1/x} = \lim_{x \to 0} \frac{1/x}{-1/x^2} = \lim_{x \to 0} (-x) = 0$.
(2) $\lim_{x \to \infty} \frac{e^{2x}}{x^3} = \lim_{x \to \infty} \frac{2e^{2x}}{3x^2} = \lim_{x \to \infty} \frac{4e^{2x}}{6x} = \lim_{x \to \infty} \frac{8e^{2x}}{6} = \infty$.

7.3 (1) $\lim_{x \to 0} \frac{1 - \cos x}{x^2} = \lim_{x \to 0} \frac{\sin x}{2x} = \frac{1}{2}$. また, $\left|\frac{1-\cos x}{x^2}\right| \leq \frac{2}{x^2}$ より, $\lim_{x \to \infty} \frac{1-\cos x}{x^2} = 0$ (不定形ではない). (2) $\lim_{x \to 0}\left(\frac{1}{x} - \frac{1}{\sin x}\right) = \lim_{x \to 0} \frac{\sin x - x}{x \sin x} = \lim_{x \to 0} \frac{\cos x - 1}{\sin x + x \cos x} = \lim_{x \to 0} \frac{-\sin x}{2\cos x - x \sin x} = 0$.

7.4 分母が 0 に近づくとき, 分子が 0 に近づかなければ発散するためである. ロピタルの定理より $\lim_{x \to 0} \frac{ax^2 + bx}{1 - \cos x} = \lim_{x \to 0} \frac{2ax + b}{\sin x}$ となり, $b = 0$ である. さらに $\lim_{x \to 0} \frac{2a}{\cos x} = 2a = 1$ より, $a = \frac{1}{2}$.

7.5 不定形の極限に関するロピタルの定理の主張は (7.5) の極限値が存在するとき, (7.5) と (7.4) の極限値に等しいことであって, (7.5) の極限が存在しない場合には, (7.4) と (7.5) には関係がない. 今回の例では (7.5) が存在しないので (7.4) の極限が 1 になっても矛盾するわけではない.

◇◆演習問題 7 ◆◇

7.1 (1), (2) はロピタルの定理を使うが, (3) は不定形ではないのでロピタルの定理を使ってはいけない. (1) $\lim_{x \to 0}(3^x - 2^x)/x = \lim_{x \to 0}(3^x \log 3 - 2^x \log 2) = \log(3/2)$. (2) $\lim_{x \to \infty}(3^x - 2^x)/x = \lim_{x \to \infty} 3^x(\log 3 - (2/3)^x \log 2) = \infty$. (3) $\lim_{x \to -\infty}(3^x - 2^x)/x = (0 - 0)/(-\infty) = 0$.

7.2 (1) 練習問題 7.2 より $\lim_{x \to +0} x \log x = 0$. したがって $\lim_{x \to +0} f(x) = \lim_{x \to +0} e^{\log f(x)} = \lim_{x \to +0} e^{x \log x} = 1$ であるから $A = 1$. (2), (3) 演習問題 6.2(3) より $f'(x) = x^x(\log x + 1)$. よって $f'(x) = 0$ を解くと $x = 1/e$ であり, このとき, 極小値 $e^{-1/e}$ をとる. グラフは y 軸に関して対称である.

x	0		e^{-1}	
$f'(x)$		$-$	0	$+$
$f(x)$	1		$e^{-1/e}$	

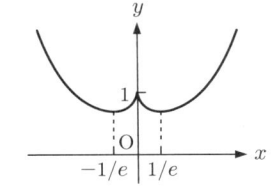

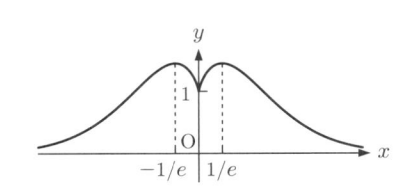

7.3 (1) $\lim_{x\to\infty}\log x^{-x} = \lim_{x\to\infty}(-x\log x) = -\infty$. これより $\lim_{x\to\infty} x^{-x} = \lim_{x\to\infty} e^{\log x^{-x}} = 0$. (2) 前問と同様にして $\lim_{x\to +0} x^{-x} = 1$. また, $x > 0$ $(x^{-x})' = -x^x(\log x + 1)$ より, $x = 1/e$ で極大値 $e^{1/e}$ をとる. y 軸対称であることに注意してグラフを描けばよい (前ページ右図).

7.4 α に関してロピタルの定理を使う. $\lim_{\alpha\to -1}(x^{\alpha+1} - 1)/(\alpha + 1) = \lim_{\alpha\to -1}(x^{\alpha+1}\log x) = \log x$.

—— 8章 高次導関数とテイラーの定理 ——

問 8.1 数学的帰納法により証明せよ ($\sin(x - \frac{\pi}{2}) = \cos x$, $\cos(x - \frac{\pi}{2}) = \sin x$ を使う).

問 8.2 $f(x) = e^x$, $g(x) = x^2$ とする. $(e^x x^2)^{(n)} = e^x x^2 + 2ne^x x + 2n(n-1)e^x$ である.

問 8.3 順に $\frac{1}{5}$, $-\frac{2}{25}$, $\frac{6}{125}$.

○●練習問題 8 ●○

8.1 (1) $\lim_{x\to +0} f(x) = c = \lim_{x\to -0} f(x) = 3$ より, $c = 3$, a, b は任意. (2) $\lim_{x\to +0} f'(x) = b = \lim_{x\to -0} f'(x) = 2$ より, $b = 2$, $c = 3$, a は任意. (3) $\lim_{x\to +0} f''(x) = 2a = \lim_{x\to -0} f''(x) = -3$ より, $a = -\frac{3}{2}$, $b = 2$, $c = 3$. (4) $\lim_{x\to +0} f^{(3)}(x) = 0 \neq \lim_{x\to -0} f^{(3)}(x) = -4$ より, どのように a, b, c を選んでも $f^{(3)}$ は $x = 0$ で連続でない.

8.2 (1) $\lim_{h\to 0}(f_1(h) - f_1(0))/h = \lim_{h\to 0}\cos(1/h)$ の極限値は存在せず $x = 0$ で微分不可である.
(2) $f_2'(0) = \lim_{h\to 0}(f_2(h) - f_2(0))/h = \lim_{h\to 0} h\cos(1/h) = 0$. また $x \neq 0$ のとき $f_2'(x) = 2x\cos(1/x) + \sin(1/x)$ は $x \to 0$ としたとき極限値が存在せず $x = 0$ で不連続である. (3) f_3 は $\mathbb{R}\setminus\{0\}$ で C^∞ 級であり, $\lim_{x\to +0} f_3(x) = \lim_{x\to -0} f_3(x) = 0$ より $x = 0$ で連続である. $x \neq 0$ のとき $f_3'(x) = 3x^2\cos(1/x) + x\sin(1/x)$ であり, $x = 0$ では $\lim_{h\to 0}(f_3(h) - f_3(0))/h = \lim_{h\to 0} h^2\cos(1/h) = 0$ より $f_3'(0) = 0$ である. $\lim_{x\to +0} f_3'(x) = \lim_{x\to -0} f_3'(x) = 0 = f_3'(0)$ より f_3' は $x = 0$ でも連続であるから f_3 は $\mathbb{R}$ で C^1 級である.

8.3 $\sin x = x - \frac{1}{3!}x^3 + \frac{1}{5!}x^5 + R_6(x)$, $R_6(x) = -\frac{1}{6!}(x^6 \sin\theta x)$ $(0 < \theta < 1)$ である. $x = 1$ を代入すれば $\sin 1 ≒ 1 - \frac{1}{6} + \frac{1}{120} = \frac{101}{120}$. また, 誤差は $|R_6(1)| = \frac{1}{6!}|\sin\theta| \leq \frac{1}{6!} = 0.00138\cdots$

8.4 オイラーの公式 (定理 3.2) を使う. (1) $\cosh(ix) = (e^{ix} + e^{-ix})/2 = \cos x$. (2) $\sinh(ix) = (e^{ix} - e^{-ix})/2 = i\cdot(e^{ix} - e^{-ix})/2i = i\sin x$. (3) $\tanh(ix) = \sinh(ix)/\cosh(ix) = i\sin x/\cos x = i\tan x$.

◇◆演習問題 8 ◆◇

8.1 $x = a$ を中心とした 3 次テイラー展開を $f(x) = S(x) + R(x)$ と書く. ただし, $S(x) = f(a) + f'(a)(x-a) + \frac{1}{2}f''(a)(x-a)^2$, $R(x) = \frac{1}{3!}f'''(a+\theta(x-a))(x-a)^3$ である. $f(x) = x^{\frac{1}{3}}$, $x = 8.4$, $a = 8$ とすると, 近似値は $S(8.4) = 8^{\frac{1}{3}} + \frac{1}{3}8^{-\frac{2}{3}}(0.4) - \frac{1}{9}8^{-\frac{5}{3}}(0.4)^2 = 2.032777\cdots$ であり, 誤差は $|R(8.4)| = \frac{5}{81}(8+0.4\theta)^{-\frac{8}{3}}(0.4)^3 < \frac{5}{81}8^{-\frac{8}{3}}(0.4)^3 = 0.0000154\cdots$ 以下である. $g(x) = 2(1+x)^{\frac{1}{3}}$ の 3 次マクローリン展開を $S(x) + R(x)$ とすると, 近似値は $S(0.04) = g(0) + g'(0)(0.05) + \frac{1}{2}g''(0)(0.05)^2 = 2 + \frac{2}{3}(0.05) - \frac{2}{9}(0.05)^2 = 2.03277\cdots$ であり, 誤差は $|R(0.05)| < |R(0)| = \frac{10}{81}(\frac{1}{20})^3 = 0.0000154\cdots$ 以下になる (マクローリン展開の方が計算が容易である).

8.2 (1) $f'(x) = 2|x|$ であるから f' は連続であるが $x = 0$ では微分できない. これより f は C^1 級だが C^2 級でない. (2) 同様に $f^{(n)}(x) = (n+1)!|x|$ となるので, $f^{(n)}$ は連続関数であるが $x = 0$ で微分できない. よって f は C^n 級だが C^{n+1} 級ではない.

8.3 (1) $f'(x) = 1/(1+x^2)$ より $(1+x^2)f'(x) = 1$. この両辺を n 階微分すると $((1+x^2)f'(x))^{(n)} = 1^{(n)} = 0$ であり, 左辺はライプニッツの定理より $\sum_{k=0}^{n}\binom{n}{k}(1+x^2)^{(k)}f^{(n-k+1)}(x) = (1+x^2)f^{(n+1)}(x) + 2nxf^{(n)}(x) + n(n-1)f^{(n-1)}(x)$ である ($k \geq 3$ のとき $(1+x^2)^{(k)} = 0$ に注意せよ).
(2) (1) で $x = 0$ を代入すると $f^{n+1}(0) + n(n-1)f^{n-1}(0) = 0 \Longleftrightarrow f^{n+1}(0) = -n(n-1)f^{n-1}(0)$. よって $n = 2m$ のとき $f^{2m}(0) = -(2m-1)(2m-2)f^{2m-2}(0) = \cdots = (-1)^m(2m-1)!f(0) = 0$. $n = 2m+1$ のとき $f^{2m+1}(0) = -(2m)(2m-1)f^{2m-1}(0) = \cdots = (-1)^m(2m)!f'(0) = (-1)^m(2m)!$ である.
(3) $n = 2m+2$ のとき求める多項式は $f(0) + f'(0)x + \frac{f''(0)}{2!}x^2 + \cdots + \frac{f^{(n)}(0)}{n!}x^n$ である. (2) の結果を使うと $x - \frac{1}{3}x^3 + \frac{1}{5}x^5 - \frac{1}{7}x^7 + \cdots + \frac{(-1)^m}{2m+1}x^{2m+1}$ となる.

8.4 $h(x) = f(x)$ $(a < x < c)$, $h(x) = g(x)$ $(c < x < b)$ とおく. 数学的帰納法を使う. $n = 1$ のときは補題 8.1 で示した. さらに (8.1) は h' が $x = c$ でも連続であることを意味している. h が (a, b) で C^{n-1} 級と仮定する. $x \in (a, c)$ のとき, 平均値の定理より $\frac{h^{(n-1)}(x) - h^{(n-1)}(c)}{x - c} = \frac{g^{(n-1)}(x) - g^{(n-1)}(c)}{x - c} = g^{(n)}(c + \theta(x - c))$ である. ここで $x \to c + 0$ とすると $h_+^{(n)}(c) = \lim_{x\to c+0} g^{(n)}(x)$. 同様に $x \in (a, c)$ とし, $x \to c - 0$ とすると

$h_{-}^{(n)}(c) = \lim_{x \to c-0} f^{(n)}(x)$. よって条件 (8.2) より $h_{-}^{(n)}(c) = h_{+}^{(n)}(c)$ となり, $h^{(n-1)}$ は $x = c$ で微分可能であり, $h^{(n)}$ は $x = c$ でも連続になる.

—— 9 章 微分法の応用 ——

問 9.1 $f'(x) = 0$ を解いて $x = 1, -3$ が極値の候補である. $f''(1) > 0$ より $x = 1$ で極小値 $-2e$, $f''(-3) < 0$ より $x = -3$ で極大値 $6/e^3$ をとる.

問 9.2 $f'(0) = 0$ より $x = 0$ は極値の候補である. さらに $f''(0) = f'''(0) = 0$ かつ $f^{(4)}(0) = 4 > 0$ より極小値 $f(0) = 4$ をとる.

問 9.3 $|(1-t)x_1 + tx_2| \leq (1-t)|x_1| + t|x_2|$ よりわかる. 実際は狭義凸になっている.

問 9.4 $x_1 = 2$, $x_2 = \frac{3}{2}$, $x_3 = \frac{17}{12}$, $x_4 = \frac{577}{408} = 1.4142156\cdots$(かなりよい近似である).

○●練習問題 9 ●○

9.1 $f'(x) = (2+x)xe^x$ より $f'(x) = 0$ は $x = -2, 0$ である. よって $x = -2$ で極大値 $4e^{-2}$, $x = 0$ で極小値 0. また, $\lim_{x \to -\infty} f(x) = 0$, $\lim_{x \to \infty} f(x) = \infty$ である. グラフは省略.

9.2 定理 9.2 を使う. (1) $f'(x) = e^x(\cos x - \sin x) = 0$ の解は $x = \frac{\pi}{4}, \frac{5\pi}{4} + 2n\pi$ である. $x = \frac{\pi}{4} + 2n\pi$ で極大値 $\sqrt{2}e^{\frac{\pi}{4}+2n\pi}$, $x = \frac{5\pi}{4} + 2n\pi$ で極小値 $-\sqrt{2}e^{\frac{5\pi}{4}+2n\pi}$. (2) $f'(x) = 0$ の解は $a = \frac{\pi}{2} + 2n\pi$ である. $f''(a) = 0$, $f'''(a) = 1 \neq 0$ より極値なし. (3) $f'(x) = 0$ の解は $\alpha = \frac{1}{2}\log\frac{b}{a}$ である. $a > 0$, $b > 0$ のとき, $f''(\alpha) > 0$ より $x\alpha$ で極小値 $2\sqrt{ab}$. $a < 0$, $b < 0$ のとき $f''(\alpha) < 0$ より $x = \alpha$ で極大値 $-2\sqrt{ab}$.

9.3 (1) $x > 0$ で $f''(x) = p(p-1)x^{p-2} \geq 0$ より, $f(x)$ は $(0, \infty)$ で凸である. (2) (9.6) で $\lambda = \frac{1}{2}$ として得られる $(\frac{a+b}{2})^p \leq \frac{1}{2}(a^p + b^p)$ を変形すれば $(a+b)^p \leq 2^{p-1}(a^p + b^p)$ が導かれる.

9.4 $x_1 = 2$, $x_2 = 2 - (2^3 - 2)/(3 \cdot 2^2) = \frac{3}{2}$, $x_3 = 3/2 - ((3/2)^3 - 2)/(3 \cdot (3/2)^2) = \frac{35}{27} = 1.296\cdots$

◇◆演習問題 9 ◆◇

9.1 $n = 2$ のとき, (9.6) にて $t = \frac{1}{2}$ とすればよい. $n = k$ のとき成立を仮定すると (9.8) より

$$f\left(\frac{x_1 + \cdots + x_k + x_{k+1}}{k+1}\right) \leq \frac{k}{k+1}f\left(\frac{x_1 + \cdots + x_k}{k}\right) + \frac{1}{k+1}f(x_{k+1})$$
$$\leq \frac{k}{k+1}\frac{f(x_1) + \cdots + f(x_k)}{k} + \frac{1}{k+1}f(x_{k+1}) = \frac{f(x_1) + \cdots + f(x_k) + f(x_{k+1})}{k+1}.$$

9.2 (1) $f'(x) \geq 0$ より f は単調増加で $a < x$ のとき $f(a) \leq f(x)$. $f(a) \geq 0$ より $[a, b]$ で $f(x) \geq 0$.
(2) $f'(x) \leq 0$ より f は単調減少で $x < b$ のとき $f(x) \geq f(b)$. $f(b) \geq 0$ より $[a, b]$ で $f(x) \geq 0$.
(3) $m := \min\{f(a), f(b)\}$ とおくと $m \geq 0$ である. また, 任意の $x \in (a, b)$ は $t \in (0, 1)$ が存在して $x = ta + (1-t)b$ と書ける. $f''(x) \leq 0$ より $-f$ が凸関数であるから $-f(x) = -f(ta + (1-t)b) \leq -tf(a) - (1-t)f(b) \leq -tm - (1-t)m = -m \leq 0$ より, $f(x) \geq 0$.

9.3 (1) $f(x) := \log(1+x) - x + \frac{1}{2}x^2$ とすると, $x > 0$ で $f'(x) = 1/(1+x) - 1 + x \geq 0$ かつ $f'(0) = 0$ である. よって, 前問 9.2 の (1) から $x > 0$ で $f(x) \geq 0$. (2)$f(x) = \sin x - \frac{2}{\pi}x$ とおくと, $(0, \frac{\pi}{2})$ で $f''(x) = -\sin x \leq 0$ かつ $f(0) = f(\pi/2) = 0$ である. 前問 9.2 の (3) から $(0, \frac{\pi}{2})$ で $f(x) \geq 0$ が成り立つ. また, $g(x) := x - \sin x$ とおくと, $(0, \frac{\pi}{2})$ 上で $g'(x) = 1 - \cos x \geq 0$ かつ $g(0) = 0$ より $g(x) \geq 0$ である.

9.4 (1) $(\cosh x)' = ((e^x + e^{-x})/2)' = (e^x - e^{-x})/2 = \sinh x$. 同様に $(\sinh x)' = \cosh x$. $(\tanh x)' = ((e^x - e^{-x})/(e^x + e^{-x}))' = (2/(e^x + e^{-x}))^2 = 1/\cosh^2 x$. (2) $\sinh x$ の値域は $\mathbb{R}$ であるから, f の定義域は $\mathbb{R}$ である. (i) $x = \sinh y$ として y について解けばよい. $Y = e^y$ とおくと, $x = \frac{Y - Y^{-1}}{2}$ より $Y^2 - 2xY - 1 = 0$ である. この 2 次方程式を解くと $Y = x \pm \sqrt{x^2 + 1}$ であるが, $Y > 0$ より $Y = x + \sqrt{x^2 + 1}$. 両辺の対数をとると $y = \log(x + \sqrt{x^2 + 1})$ より $f(x) = \log(x + \sqrt{x^2 + 1})$ である. よって $f'(x) = \frac{1}{\sqrt{x^2+1}}$. (ii) $y = f(x) \iff x = \sinh y$ であるから, $\frac{dx}{dy} = \cosh y = \sqrt{\sinh^2 y + 1} = \sqrt{x^2 + 1}$ より $f'(x) = \frac{1}{dx/dy} = \frac{1}{\sqrt{x^2+1}}$ である. (3) $\cosh x$ の $x > 0$ における値域は $(1, \infty)$, g の定義域は $(1, \infty)$ である. (i) $x = \cosh y$ として y について解く. (2) と同様に $Y = e^y$ とおくと $x = \frac{Y + Y^{-1}}{2}$ より $Y^2 - 2xY + 1 = 0$ である. $Y > 1$ より $Y = x + \sqrt{x^2 - 1}$ となる. 対数をとって $g(x) = \log(x + \sqrt{x^2 - 1})$ がわかる. よって, $g'(x) = \frac{1}{\sqrt{x^2-1}}$ である. (ii) $y = g(x) \iff x = \cosh y$ であるから, $\frac{dx}{dy} = \sinh y = \sqrt{\cosh^2 y - 1} = \sqrt{x^2 - 1}$ より $g'(x) = \frac{1}{dx/dy} = \frac{1}{\sqrt{x^2-1}}$. (4) $\tanh x$ の値域は $(-1, 1)$ であるから, h の定義域は $(-1, 1)$ である. (i) $x = \tanh y$ において $Y = e^y$ とする. $Y^2 = \frac{1+x}{1-x}$ である. これより $h(x) = \frac{1}{2}\log\frac{1+x}{1-x}$ であり, $h'(x) = \frac{1}{1-x^2}$ となる. (ii) $y = h(x) \iff x = \tanh y$ であり, $\frac{dx}{dy} = (\cosh x)^{-2} = 1 - \tanh^2 y = 1 - x^2$ であるから $h'(x) = \frac{1}{dx/dy} = \frac{1}{1-x^2}$ となる.

9.5 (1) $f'(x) = \frac{1}{x^2} e^{-\frac{1}{x}}$. (2) $y = \frac{1}{x}$ とおいてロピタルの定理を用いると $\lim_{x \to +0} f'(x) = \lim_{y \to \infty} y^2/e^y = 0$.
(3) $n = 1$ のときは $P_1(x) = 1$ として成り立つ. $n = k$ のとき $f^{(k)}(x) = \frac{P_k(x)}{x^{2k}} e^{-\frac{1}{x}}$ が成立すると仮定する (P_k は $(k-1)$ 次の多項式). このとき $f^{(k+1)}(x) = \left\{ \frac{P_k(x)}{x^{2k}} e^{-\frac{1}{x}} \right\}' = \frac{1}{x^{2k+2}} e^{-\frac{1}{x}} (x^2 P_k'(x) - 2kx P_k(x) + P_k(x))$. ここで $x^2 P_k'(x) - 2kx P_k(x) + P_k(x)$ は k 次の多項式なので, これを P_{k+1} とおくと $n = k+1$ でも成立する.
(4) $\lim_{x \to +0} P_n(x) = P_n(0)$, $\lim_{x \to +0} (e^{-\frac{1}{x}})/x^{2n} = \lim_{y \to \infty} y^{2n}/e^y = 0$ より, $\lim_{x \to +0} f^{(n)}(x) = 0$.
(5) 任意の $n \in \mathbb{N}$ に対して $\lim_{x \to +0} f^{(n)}(x) = \lim_{x \to -0} f^{(n)}(x) = 0$ である. 定理 8.1 から f は $x = 0$ を含めて C^∞ 級になり $f^{(n)}(0) = 0$ が成り立つ.

9.6 $x_1, x_2 \in \mathbb{R}$ と $0 < t < 1$ を任意にとる. $g(tx_1 + (1-t)x_2) = \sup\{(tx_1 + (1-t)x_2)u + f(u)\,;\, u \in I\} = \sup\{tx_1 u + tf(u) + (1-t)x_2 u + (1-t)f(u)\,;\, u \in I\} = \sup\{t(x_1 u + f(u)) + (1-t)(x_2 u + f(u))\,;\, u \in I\} \leq \sup\{t(x_1 u + f(u))\,;\, u \in I\} + \sup\{(1-t)(x_2 u + f(u))\,;\, u \in I\} = t \sup\{x_1 u + f(u)\,;\, u \in I\} + (1-t) \sup\{x_2 u + f(u)\,;\, u \in I\} = tg(x_1) + (1-t)g(x_2)$. 演習問題 4.6 の (3) を利用した.

—— 10 章 原始関数 ——

問 10.1 (1) $x = \tan t$ とすると $dx = \frac{dt}{\cos^2 t}$ であるから $\int \frac{1}{x^2 + 1} dx = \int \left(\frac{1}{1 + \tan^2 t}\right)\left(\frac{1}{\cos^2 t}\right) dt = t = \arctan x$. (2) $x = \frac{at}{b}$ として $\int \frac{1}{ax^2 + b^2} dx = \int \frac{1}{b^2(t^2 + 1)} \frac{b}{a} dt = \frac{1}{ab} \arctan t = \frac{1}{ab} \arctan \frac{ax}{b}$.

問 10.2 (10.14) より $\int \frac{1 + \sin x}{1 + \cos x} dx = \int \left(1 + \frac{2t}{1+t^2}\right) dt = t + \log(1 + t^2) = \tan \frac{x}{2} - 2 \log\left(\cos \frac{x}{2}\right)$.

○●**練習問題 10** ●○

10.1 (1) $-\frac{1}{x-1}$ (2) $\frac{1}{4}(\log(x-3) - \log(x+1)) = \frac{1}{4} \log \frac{x-3}{x+1}$ (3) $\frac{1}{2} \arctan \frac{x-1}{2}$

10.2 (1) $\sin x = 2 \sin \frac{x}{2} \cos \frac{x}{2} = 2 \frac{\sin(x/2)}{\cos(x/2)} \cos^2 \frac{x}{2} = 2 \tan \frac{x}{2} \frac{1}{1 + \tan^2(x/2)} = \frac{2t}{1+t^2}$.
(2) $\cos x = 2 \cos^2 \frac{x}{2} - 1 = \frac{2}{1 + \tan^2 \frac{x}{2}} - 1 = \frac{1-t^2}{1+t^2}$.
(3) $t = \tan \frac{x}{2}$ を微分して $\frac{dt}{dx} = \frac{1}{2} \frac{1}{\cos^2(x/2)} = \frac{1}{2}(1 + \tan^2 \frac{x}{2}) = \frac{1+t^2}{2}$ より, $dx = \frac{2}{1+t^2} dt$.

10.3 $\frac{2x^4 - 2x^2 + x + 2}{x^3 - x} = 2x - \frac{2}{x} + \frac{1}{2} \frac{1}{x+1} + \frac{3}{2} \frac{1}{x-1}$ より $x^2 - 2 \log x + \frac{1}{2} \log(x+1) + \frac{3}{2} \log(x-1)$.

10.4 (1) $\int \frac{1}{\sin x} dx = \int \frac{1+t^2}{2t} \frac{2}{1+t^2} dt = \int \frac{1}{t} dt = \log t = \log\left(\tan \frac{x}{2}\right)$. (2) $\int \frac{1}{\cos x} dx = \int \frac{1+t^2}{1-t^2} \frac{2}{1+t^2} dt = \int \frac{2}{(1-t)(1+t)} dt = \int \left(\frac{1}{1-t} + \frac{1}{1+t}\right) dt = \log \frac{1+t}{1-t} = \log\left(\frac{1 + \tan(x/2)}{1 - \tan(x/2)}\right)$.
(3) $\int \frac{1}{1 + \cos x} dx = \int \frac{1}{1 + (1-t^2)/(1+t^2)} \frac{2}{1+t^2} dt = \int 1 \, dt = t = \tan \frac{x}{2}$.
(4) $\int \frac{1}{1 + \sin x} dx = \int \frac{2}{(1+t)^2} = -\frac{2}{1+t} = -\frac{2}{1 + \tan(x/2)}$.

◇◆**演習問題 10** ◆◇

10.1 (1) $\frac{1}{x^2(x+2)} = -\frac{1}{4} \frac{1}{x} + \frac{1}{2} \frac{1}{x^2} + \frac{1}{4} \frac{1}{x+2}$ より $-\frac{1}{4} \log x - \frac{1}{2x} + \frac{1}{4} \log(x+2) = \frac{1}{4} \log \frac{x+2}{x} - \frac{1}{2x}$.
(2) $\frac{x^2}{x^4 + 1} = \frac{1}{4\sqrt{2}} \left\{ \frac{2x - \sqrt{2}}{x^2 - \sqrt{2}x + 1} - \frac{2x + \sqrt{2}}{x^2 + \sqrt{2}x + 1} + \frac{\sqrt{2}}{\left(x - \frac{1}{\sqrt{2}}\right)^2 + \frac{1}{2}} + \frac{\sqrt{2}}{\left(x + \frac{1}{\sqrt{2}}\right)^2 + \frac{1}{2}} \right\}$ より $\frac{1}{4\sqrt{2}} \left(\log \frac{x^2 - \sqrt{2}x + 1}{x^2 + \sqrt{2}x + 1} + 2 \arctan(\sqrt{2}x - 1) + \arctan(\sqrt{2}x + 1) \right)$. (3) $\frac{1}{x^3 + 1} = \frac{1}{3} \left\{ \frac{1}{x+1} - \frac{1}{2} \frac{2x - 1}{x^2 - x + 1} + \frac{1}{2} \frac{3}{(x - \frac{1}{2})^2 + \frac{3}{4}} \right\}$ より $\frac{1}{3} \left\{ \log(x+1) - \frac{1}{2} \log(x^2 - x + 1) + \sqrt{3} \arctan \frac{2x - 1}{\sqrt{3}} \right\}$.

10.2 (1) $f(x) = \frac{1}{\cos x} + \tan x$ とすると $\frac{1}{\cos x} = \frac{f'(x)}{f(x)}$ なので, $\int \frac{1}{\cos x} dx = \log f(x)$ である. 注意: 練習問題 10.4 (2) の解と表現が異なっているが両者は等しい. (2) $f(x) = \frac{1}{\cos x}$, $g(x) = \tan x$ とすると $\int \frac{1}{\cos^3 x} dx = \int f(x) g'(x) dx = f(x) g(x) - \int f'(x) g(x) dx = \frac{\tan x}{\cos x} - \int \frac{1}{\cos^3 x} dx + \int \frac{1}{\cos x} dx$ より $2 \int \frac{1}{\cos^3 x} dx = \frac{\tan x}{\cos x} + \int \frac{1}{\cos x} dx$ となり, (1) から求める等式が導かれる.

10.3 (1) $x = a \sin \theta$ の変換により 与式 $= \frac{a^2}{2}(\theta + \sin \theta \cos \theta) = \frac{1}{2}\left(a^2 \arcsin \frac{x}{a} + x \sqrt{a^2 - x^2}\right)$.
(2) $x = \frac{a}{\cos \theta}$ の変換により 与式 $= a^2 \int \left(\frac{1}{\cos^3 \theta} - \frac{1}{\cos \theta}\right) d\theta = \frac{a^2}{2} \left\{ \frac{\tan \theta}{\cos \theta} - \log\left(\frac{1}{\cos \theta} + \tan \theta\right) \right\} =$

$\frac{1}{2}\left\{x\sqrt{x^2-a^2}-a^2\log\left((x+\sqrt{x^2-a^2})/a\right)\right\}$ ($\tan\theta=\frac{1}{a}\sqrt{x^2-a^2}$ である). (3) $x=a\tan\theta$ の変換により 与式 $=a^2\int\frac{1}{\cos^3\theta}d\theta=\frac{a^2}{2}\left\{\frac{\tan\theta}{\cos\theta}+\log\left(\frac{1}{\cos\theta}+\tan\theta\right)\right\}=\frac{1}{2}\left\{x\sqrt{x^2+a^2}+a^2\log a\left(x+\sqrt{x^2-a^2}\right)\right\}$.
注意：(2), (3) は定数 $\frac{a^2}{2}\log a$ の違いを考慮すると問題で与えられた式になる.

10.4 (1) $A:=\frac{P(a)}{Q_1(a)}$ とおくと $P(x)-AQ_1(x)=P(x)-\frac{P(a)}{Q_1(a)}Q_1(x)$ より $P(a)-AQ_1(a)=0$. 因数定理より商 $P_1(x)$ が存在して $P(x)-AQ_1(x)=(x-a)P_1(x)$ と書ける. ここで $Q_2(x):=(x-a)^{n-1}Q_1(x)$ とすればよい. (2) α を x^2+bx+c の解の 1 つとすると $\overline{\alpha}$ もまた解であり, $\alpha\neq\overline{\alpha}$ かつ $Q_1(\alpha)\neq 0$, $Q_1(\overline{\alpha})\neq 0$. ここで
$$B:=\frac{Q_1(\overline{\alpha})P(\alpha)-Q_1(\alpha)P(\overline{\alpha})}{Q_1(\alpha)Q_1(\overline{\alpha})(\alpha-\overline{\alpha})},\quad C:=\frac{\alpha Q_1(\alpha)P(\overline{\alpha})-\overline{\alpha}Q_1(\overline{\alpha})P(\alpha)}{Q_1(\alpha)Q_1(\overline{\alpha})(\alpha-\overline{\alpha})}$$
とおくと, $Q_1(\overline{\alpha})=\overline{Q_1(\alpha)}$, $P(\overline{\alpha})=\overline{P(\alpha)}$ より $B,C\in\mathbb{R}$ で, $P(\alpha)-(B\alpha+C)Q_1(\alpha)=0$, $P(\overline{\alpha})-(B\overline{\alpha}+C)Q_1(\overline{\alpha})=0$ である. 因数定理より $P(x)-(Bx+C)Q_1(x)$ は $(x-\alpha)(x-\overline{\alpha})=x^2+bx+c$ で割り切れる. 商を $P_1(x)$ とすれば $P(x)-(Bx+C)Q_1(x)=(x^2+bx+c)P_1(x)$ である. よって $Q_2(x):=(x^2+bx+c)^{n-1}Q_1(x)$ とすればよい. (3) (1) の結果を繰り返し使うと $\frac{P(x)}{Q(x)}=\frac{A_{1n_1}}{(x-a_1)^{n_1}}+\frac{A_{1(n_1-1)}}{(x-a_1)^{n_1-1}}+\cdots+\frac{A_{11}}{(x-a_1)}+\frac{P_1(x)}{Q_1(x)}=\sum_{i=1}^{k}\sum_{n=1}^{n_i}\frac{A_{in}}{(x-a_i)^n}+\frac{P_2(x)}{Q_2(x)}$. 次いで (2) の結果を繰り返し使うと $\frac{P_2(x)}{Q_2(x)}=\sum_{m=1}^{m_j}\frac{B_{jm}x+C_{jm}}{(x^2+b_jx+c_j)^m}+\frac{P_3(x)}{Q_3(x)}$. ここで $Q_3(x)=A\neq 0$ であり, $P_3(x)$ の次数は $Q_3(x)$ の次数より小さい. これより $\frac{P_3(x)}{Q_3(x)}$ は定数である. ここで $x\to\infty$ とすると, $P(x)$ の次数は $Q(x)$ の次数より小さいことに注意すれば $\frac{P(x)}{Q(x)}\to 0$ となり, さらに, $\frac{A_{in}}{(x-a_i)^n}\to 0$ および $\frac{B_{jm}x+C_{jm}}{(x^2+b_jx+c_j)^m}\to 0$ であるから $\frac{P_3(x)}{Q_3(x)}\equiv 0$ でなければならない. 以上より, $\frac{P(x)}{Q(x)}=\sum_{i=1}^{k}\sum_{n=1}^{n_i}\frac{A_{in}}{(x-a_i)^n}+\sum_{j=1}^{\ell}\sum_{m=1}^{m_j}\frac{B_{jm}x+C_{jm}}{(x^2+b_jx+c_j)^m}$ が成り立つ.

— 11 章 定積分 —

問 11.1 $\frac{b-a}{n}\sum_{j=1}^{n}1=b-a$, $\frac{b-a}{n}\sum_{j=1}^{n}\left(a+\frac{(b-a)j}{n}\right)=\frac{b-a}{n}\frac{(n+1)b+(n-1)a}{2}\to\frac{b^2-a^2}{2}$ ($n\to\infty$)

問 11.2 $x^2=t$ として $\int_0^9\exp(\sqrt{x})\,dx=\int_0^3 e^t(2t)\,dt=2\left\{[te^t]_0^3-\int_0^3 e^t\,dt\right\}=4e^3+2$.

問 11.3 (1) $F(x)=x\sin x+\cos x-1$. (2) $F'(x)=x\cos x$ (計算しないで答えること).

○●練習問題 11 ●○

11.1 (1) $\int_1^e\log x\,dx=[x\log x]_1^e-\int_1^e 1\,dx=1$.

(2) $\int_0^1\arctan x\,dx=[x\arctan x]_0^1-\int_0^1\frac{x}{1+x^2}\,dx=\frac{\pi}{4}-\left[\frac{1}{2}\log(1+x^2)\right]_0^1=\frac{\pi}{4}-\frac{1}{2}\log 2$.

(3) $\int_0^1\frac{x^3+x^2}{x^2+1}\,dx=\int_0^1\left(x+1-\frac{x+1}{x^2+1}\right)dx=\left[\frac{x^2}{2}+x-\frac{1}{2}\log(x^2+1)-\arctan x\right]_0^1=\frac{3}{2}-\frac{1}{2}\log 2-\frac{\pi}{4}$.

11.2 (1) $I_n=\int_0^{\frac{\pi}{2}}\sin^n x\,dx=\int_{\frac{\pi}{2}}^0\sin^n\left(\frac{\pi}{2}-t\right)(-1)\,dt=\int_0^{\frac{\pi}{2}}\cos^n t\,dt$.

(2) $I_n=\int_0^{\frac{\pi}{2}}(-\cos x)'\sin^{n-1}x\,dx=(n-1)\int_0^{\frac{\pi}{2}}(1-\sin^2 x)\sin^{n-2}x\,dx=(n-1)I_{n-2}-(n-1)I_n$. よって $I_n=\frac{n-1}{n}I_{n-2}$. (3) $I_0=\frac{\pi}{2}$ より $I_6=\frac{5}{6}\cdot\frac{3}{4}\cdot\frac{1}{2}\cdot I_0=\frac{5}{32}\pi$.

11.3 (1) $m=n$ のとき $\int_0^{2\pi}\sin nx\cos nx\,dx=\frac{1}{2}\int_0^{2\pi}\sin 2nx\,dx=\frac{1}{2}\left[-\frac{\cos 2nx}{n}\right]_0^{2\pi}$. $m\neq n$ のとき $\int_0^{2\pi}\sin mx\cos nx\,dx=\frac{1}{2}\int_0^{2\pi}(\sin(m+n)x+\sin(m-n)x)\,dx=\frac{1}{2}\left[-\frac{\cos(m+n)x}{m+n}-\frac{\cos(m-n)x}{m-n}\right]_0^{2\pi}=0$.

(2) $\int_0^{2\pi}\sin mx\sin nx\,dx=\frac{1}{2}\int_0^{2\pi}(-\cos(m+n)x+\cos(m-n)x)\,dx=\frac{1}{2}\left[-\frac{\sin(m+n)x}{m+n}-\frac{\sin(m-n)x}{(m-n)}\right]_0^{2\pi}=0$. $\int_0^{2\pi}\cos mx\cos nx\,dx=\int_0^{2\pi}\frac{\cos(m+n)x+\cos(m-n)x}{2}\,dx=\frac{1}{2}\left[\frac{\sin(m+n)x}{m+n}+\frac{\sin(m-n)x}{(m-n)}\right]_0^{2\pi}=0$.

(3) $\int_0^{2\pi}\cos^2 nx\,dx=\int_0^{2\pi}\frac{1+\cos 2nx}{2}\,dx=\pi$. $\int_0^{2\pi}\sin^2 nx\,dx=\int_0^{2\pi}(1-\cos^2 nx)\,dx=\pi$.

11.4 部分積分を用いると $\int_a^x(x-t)f'(t)\,dt=[(x-t)f(t)]_a^x-\int_a^x(-1)f(t)\,dt=(a-x)f(a)+\int_a^x f(t)\,dt$.

◇◆演習問題 11 ◆◇

11.1 (1) $[0,1]$ の任意の分割 $\Delta=\{a_1,\cdots,a_n\}$ をとる. 各小区間 $[a_{j-1},a_j]$ には有理数の点と無理数の点が必

ず含まれるので, $[a_{j-1}, a_j]$ では $M_j = 1, m_j = 0$ である. よって $\overline{S}(f, \Delta) = 1, \underline{S}(f, \Delta) = 0$. Δ は任意であるから, $\overline{I}(f) = 1, \underline{I}(f) = 0$ となって, f は積分可能でない.
(2) すべての $n, j \in \mathbb{N}$ について $f(\frac{j}{n}) = 1$ より (11.4) の右辺は 1 になる. これは区分求積法の極限が存在するだけでは f の積分可能性はいえないことを示している.

11.2 (1) 展開すると $F(\lambda) = \int_a^b (\lambda f(x) + g(x))^2 \, dx = \lambda^2 \int_a^b f(x)^2 \, dx + 2\lambda \int_a^b f(x)g(x) \, dx + \int_a^b g(x)^2 \, dx$. これより $A = \int_a^b f(x)^2 \, dx$, $B = \int_a^b f(x)g(x) \, dx$, $C = \int_a^b g(x)^2 \, dx$. (2) $\forall \lambda \in \mathbb{R}$ に対して $F(\lambda) \geq 0$ であるから F の判別式は 0 以下. よって $D/4 = B^2 - AC = \left(\int_a^b f(x)g(x) \, dx\right)^2 - \left(\int_a^b f(x)^2 \, dx\right)\left(\int_a^b g(x)^2 \, dx\right) \leq 0$ となって求めるシュワルツの不等式が示される. (3) 三角不等式より $(f(x) + g(x))^2 = |f(x) + g(x)||f(x) + g(x)| \leq |f(x) + g(x)||f(x)| + |f(x) + g(x)||g(x)|$ が成り立つことに注意してシュワルツの不等式を使うと
$$\int_a^b (f(x) + g(x))^2 \, dx \leq \int_a^b |f(x) + g(x)||f(x)| \, dx + \int_a^b |f(x) + g(x)||g(x)| \, dx$$
$$\leq \left(\int_a^b (f(x) + g(x))^2 \, dx\right)^{\frac{1}{2}} \left(\int_a^b f(x)^2 \, dx\right)^{\frac{1}{2}} + \left(\int_a^b (f(x) + g(x))^2 \, dx\right)^{\frac{1}{2}} \left(\int_a^b g(x)^2 \, dx\right)^{\frac{1}{2}}.$$
この両辺を $\left(\int_a^b (f(x) + g(x))^2 \, dx\right)^{\frac{1}{2}}$ で割るとミンコフスキーの不等式になる.

11.3 $p, q \in I_j := [a_{j-1}, a_j]$ のとき $|f(p)| - |f(q)| \leq |f(p) - f(q)| \leq M_j - m_j$ であるから, $M'_j := \sup\{|f(p)|; p \in I_j\}, m'_j := \inf\{|f(q)|; q \in I_j\}$ とすれば $M'_j - m'_j \leq M_j - m_j$ である. よって $0 \leq \overline{S}(|f|, \Delta) - \underline{S}(|f|, \Delta) = \sum_{j=1}^n (M'_j - m'_j)(a_j - a_{j-1}) \leq \sum_{j=1}^n (M_j - m_j)(a_j - a_{j-1}) = \overline{S}(f, \Delta) - \underline{S}(f, \Delta)$.

11.4 f を C^1 級とすると, 微積分学の基本定理より $n = 0$ の場合は成立する. f を C^{n+2} 級とする. n のとき成り立つと仮定すると, $f(x) = f(0) + f'(0)x + \cdots + \frac{f^{(n)}(0)}{n!}x^n + \frac{1}{n!}\int_0^x (x-t)^n f^{(n+1)}(t) \, dt$ である. このとき, 最後の項に部分積分を行うと $\frac{1}{n!}\int_0^x (x-t)^n f^{(n+1)}(t) \, dt = \frac{f^{(n+1)}(0)}{(n+1)!}x^{n+1} + \frac{1}{(n+1)!}\int_0^x (x-t)^{n+1} f^{(n+2)}(t) \, dt$. これを n のときの等式に代入すれば $n+1$ での場合が示される.

11.5 $[a, b]$ の任意の分割 $\Delta = \{a_0, \cdots, a_n\}$ を考える. f が $[a, b]$ 上で単調増加のとき, 各小区間 $[a_{j-1}, a_j]$ において $M_j = f(a_j), m_j = f(a_{j-1})$ である. よって
$$0 \leq \overline{S}(f, \Delta) - \underline{S}(f, \Delta) = \sum_{j=1}^n (f(a_j) - f(a_{j-1}))(a_j - a_{j-1}) \leq \sum_{j=1}^n (f(a_j) - f(a_{j-1}))\delta(\Delta) = (f(b) - f(a))\delta(\Delta).$$
f は有界より, $\delta(\Delta) \to 0$ とすると $(f(b) - f(a))\delta(\Delta) \to 0$. これより $\overline{I}(f) = \underline{I}(f)$ となり, f は可積分である. f が単調減少のときは $[a_{j-1}, a_j]$ において $M_j = f(a_{j-1}), m_j = f(a_j)$ より, $0 \leq \overline{S}(f, \Delta) - \underline{S}(f, \Delta) \leq (f(a) - f(b))\delta(\Delta)$ となり同様に示される.

11.6 $F(x) = \int_0^x f(t) \, dt$ とすると $F'(x) = f(x)$ である. (1) の左辺は $F(x) - F(-x) = 0$ であるから, 微分すれば $f(x) + f'(-x) = 0$ となって f は奇関数である. 逆に f が奇関数なら $\int_{-x}^x f(t) \, dt = \int_0^x f(t) \, dt + \int_{-x}^0 f(t) \, dt = \int_0^x f(t) \, dt + \int_0^x f(-t) \, dt = \int_0^x (f(t) + f(-t)) \, dt = 0$ である. (2) も同様である. (2) の左辺は $F(x) = -F(-x)$ を意味するが, これは $f(x) = f(-x)$ と同値である.

11.7 (1) $F(x) = \int_a^x f(t) \, dt$ とすれば, 左辺 $= (F(g(x))' = F'(g(x))g'(x) = f(g(x))g'(x) =$ 右辺である.
(2) $F(x) = \int_0^x (1+t^2)^{-1} \, dt$ とすれば $u(x) = F(x^3) - F(x^2)$ である. よって $u'(x) = 3x^2 F'(x^3) - 2x F'(x^2)$ より $F'(1) = \frac{1}{2}$ から $u'(1) = 3F'(1) - 2F'(1) = \frac{1}{2}$ となる.

── 12章 広義積分 ──

問 12.1 (1) $-2 + 2\log 2 + a - a\log a$. (2) 0 ($a\log a = \frac{\log a}{1/a}$ としてロピタルの定理あるいは (7.8) を使え).
(3) $\int_0^2 \log x \, dx = \lim_{a \to 0} \int_a^2 \log x \, dx = \lim_{a \to 0}(-2 + 2\log 2 + a - a\log a) = -2 + 2\log 2$.

問 12.2 $\Gamma(1) = \int_0^\infty e^{-x} \, dx = \lim_{b \to \infty} \int_0^b e^{-x} \, dx = \lim_{b \to \infty} [-e^{-x}]_0^b = 1$.

○●練習問題 12 ●○

12.1 $f(x) \geq 0$ と $f(x) < 0$ に分けて考えるとよい. $f(x) \geq 0$ ならば $f^+(x) = f(x), f^-(x) = 0$ より $f^+(x) - f^-(x) = f(x), f^+(x) + f^-(x) = f(x) = |f(x)|$ である. $f(x) < 0$ ならば $f^+(x) = 0, f^-(x) =$

$-f(x)$ より $f^+(x) - f^-(x) = -f^-(x) = f(x)$ および $f^+(x) + f^-(x) = -f(x) = |f(x)|$ である. **12.2** $0 < x \leq 1$ のとき $e^{-x} < 1$ より $x^{p-1}e^{-x} \leq x^{p-1}$. $x \geq 1$ のときは $x^{2p}e^{-x}$ は $x = 2p$ で最大値 $(2p)^{2p}e^{-2p}$ をとる (増減表を作ればよい) から, $x^{p-1}e^{-x} = x^{2p}e^{-x}x^{-p-1} \leq (2p)^{2p}e^{-2p}x^{-p-1}$.

12.3 以下で最初の等号が成り立つ理由は定理 12.1(1). (1) $\int_{-\infty}^{\infty} \frac{1}{1+x^2} dx = \lim_{n\to\infty} \int_{-n}^{n} \frac{1}{1+x^2} dx = \lim_{n\to\infty} [\arctan x]_{-n}^{n} = \pi$. (2) $\int_{0}^{\frac{1}{2}} \frac{1}{\sqrt{1-x^2}} dx = \lim_{a\to+0} \int_{a}^{\frac{1}{2}} \frac{1}{\sqrt{1-x^2}} dx = \lim_{a\to+0} [\arcsin x]_{a}^{\frac{1}{2}} = \frac{\pi}{6}$.
(3) $\int_{2}^{\infty} \frac{1}{x(\log x)^2} dx = \lim_{n\to\infty} \int_{2}^{n} \frac{1}{x(\log x)^2} dx = \lim_{n\to\infty} \left[-\frac{1}{\log x}\right]_{2}^{n} = \frac{1}{\log 2}$.

12.4 (1) $B(p,q) = \int_{0}^{\frac{\pi}{2}} \sin^{2(p-1)}\theta(1-\sin^2\theta)^{q-1}(2\cos\theta\sin\theta) d\theta = 2\int_{0}^{\frac{\pi}{2}} \sin^{2p-1}\theta \cos^{2q-1}\theta \, d\theta$. これより $B\left(\frac{1}{2},\frac{1}{2}\right) = \pi$. (2) $\pi = B\left(\frac{1}{2},\frac{1}{2}\right) = \Gamma\left(\frac{1}{2}\right)^2$ より, $\Gamma\left(\frac{1}{2}\right) = \sqrt{\pi}$.

◇◆ 演習問題 12 ◆◇

12.1 $x = \sin^2\theta$ とおくと, $1 - x = \cos^2\theta$, $dx = 2\sin\theta\cos\theta d\theta$ より $d\theta = \frac{1}{2}x^{-\frac{1}{2}}(1-x)^{-\frac{1}{2}}dx$ より

$$\int_{0}^{\frac{\pi}{2}} \sin^p\theta \cos^q\theta \, d\theta = \int_{0}^{\frac{\pi}{2}} (\sin^2\theta)^{\frac{p}{2}}(\cos^2\theta)^{\frac{q}{2}} d\theta = \frac{1}{2}\int_{0}^{1} x^{\frac{p-1}{2}}(1-x)^{\frac{q-1}{2}} dx = \frac{1}{2} B\left(\frac{p+1}{2},\frac{q+1}{2}\right)$$

12.2 $t = \frac{1}{1+x^p}$ とおくと, $x = \left(\frac{1-t}{t}\right)^{\frac{1}{p}}$, $dx = \frac{1}{p}\left(\frac{1-t}{t}\right)^{\frac{1}{p}-1} \frac{(-1)}{t^2} dt$ より (12.13) を使うと

$$\int_{0}^{\infty} \frac{x^{q-1}}{1+x^p} dx = \frac{1}{p}\int_{0}^{1}(1-t)^{\frac{q}{p}-1}t^{-\frac{q}{p}} dt = \frac{1}{p}B\left(1-\frac{q}{p},\frac{q}{p}\right) = \frac{1}{p}\frac{\Gamma\left(1-\frac{q}{p}\right)\Gamma\left(\frac{q}{p}\right)}{\Gamma(1)} = \frac{1}{p}\Gamma\left(1-\frac{q}{p}\right)\Gamma\left(\frac{q}{p}\right)$$

12.3 $t = x^p$ とおくと, $x = t^{\frac{1}{p}}$, $dx = \frac{1}{p}t^{\frac{1}{p}-1} dt$ より

$$\int_{0}^{1} \frac{x^{q-1}}{\sqrt{1-x^p}} dx = \int_{0}^{1}(1-t)^{-\frac{1}{2}}t^{\frac{q-1}{p}}\frac{1}{p}t^{\frac{1-p}{p}} dt = \frac{1}{p}\int_{0}^{1} t^{\frac{q}{p}-1}(1-t)^{-\frac{1}{2}} dt = \frac{1}{p}B\left(\frac{q}{p},\frac{1}{2}\right)$$

12.4 $t = \log\frac{1}{x}$ とおくと, $x = e^{-t}$, $dx = -e^{-t} dt$ より

$$\int_{0}^{1} x^{p-1}\left(\log\frac{1}{x}\right)^{q-1} dx = \int_{0}^{\infty} e^{-pt}t^{q-1} dt = \int_{0}^{\infty} e^{-s}\left(\frac{s}{p}\right)^{q-1}\frac{1}{p} ds = \frac{1}{p^q}\int_{0}^{\infty} e^{-s}s^{q-1} ds = \Gamma(q)p^{-q}$$

12.5 $x = (b-a)t + a$ とおくと, $dx = (b-a) dt$ より

$$\int_{a}^{b}(x-a)^{p-1}(b-x)^{q-1} dx = (b-a)^{p-1+q-1+1}\int_{0}^{1} t^{p-1}(1-t)^{q-1} dt = (b-a)^{p+q-1}B(p,q)$$

12.6 (1) $\int_{0}^{\frac{\pi}{2}}\sqrt{\tan\theta} \, d\theta = \int_{0}^{\frac{\pi}{2}} \sin^{\frac{1}{2}}\theta \cos^{-\frac{1}{2}}\theta \, d\theta = \frac{1}{2}B\left(\frac{3}{4},\frac{1}{4}\right) = \frac{\sqrt{\pi}}{\sqrt{2}}\Gamma\left(\frac{1}{2}\right) = \frac{\pi}{\sqrt{2}}$ (2) $\int_{0}^{\infty} \frac{x^2}{1+x^4} dx = \frac{1}{4}\Gamma\left(1-\frac{3}{4}\right)\Gamma\left(\frac{3}{4}\right) = \frac{\sqrt{2}}{4}\pi$ (3) $\int_{0}^{1} \frac{x}{\sqrt{1-x^4}} dx = \frac{1}{4}B\left(\frac{1}{2},\frac{1}{2}\right) = \frac{\pi}{4}$ (4) $\int_{0}^{1} x^2\left(\log\frac{1}{x}\right) dx = \frac{1}{9}\Gamma(2) = \frac{1}{9}$
(5) $\int_{-2}^{2} \frac{x+2}{\sqrt{2-x}} dx = \int_{-2}^{2}(x+2)^{2-1}(2-x)^{\frac{1}{2}-1} dx = 4^{2+\frac{1}{2}-1}B\left(2,\frac{1}{2}\right) = \frac{32}{3}$

注意: 公式 (12.13), $\Gamma\left(\frac{p}{2}\right)\Gamma\left(\frac{p+1}{2}\right) = 2^{1-p}\sqrt{\pi}\,\Gamma(p)$, $\Gamma(p)\Gamma(1-p) = \frac{\pi}{\sin\pi p}$ を一部で用いた.

12.7 任意の $n \in \mathbb{N}$ について, 定理 11.5 より $(-n,n)$ 上に f の原始関数 F_n が存在する. $G_n(x) = F_n(x) - F_n(0)$ とおくと G_n も $(-n,n)$ 上の原始関数で $G_n(0) = 0$ をみたす. G_{n+1} は $(-n-1,n+1)$ 上の f の原始関数で $G_{n+1}(0) = 0$ より, G_{n+1} と G_n は $(-n,n)$ では一致する. よって, 任意の $x \in \mathbb{R}$ について, $|x| < n$ なる n をとって $F(x) := G_n(x)$ と定めると F は $\mathbb{R}$ 全体で定義された f の原始関数である.

12.8 (1) $\int_{0}^{\infty} t^n e^{-nt} dt \geq \int_{1}^{\infty} t^n e^{-nt} dt \geq \int_{1}^{\infty} e^{-nt} dt = \frac{e^{-n}}{n}$. 一方, $f(t) := t^{n-1}e^{-(n-1)t}$ の最大値は $f(1) = e^{-n+1}$ であることに注意すると, $\int_{0}^{\infty} t^n e^{-nt} dt = \int_{0}^{\infty} f(t)te^{-t} dt \leq f(1)\int_{0}^{\infty} te^{-t} dt = e^{-n+1}$.
(2) $nt = u$ の変数変換をすると $\int_{0}^{\infty} t^n e^{-nt} dt = n^{-n-1}\int_{0}^{\infty} u^n e^{-u} du = n^{-n-1}\Gamma(n+1) = n^{-n-1}n!$ となり, これを (1) の式に代入すれば求める評価を得る.

12.9 $-\log x = t$ として $\int_{0}^{1}(-\log x)^n dx = \lim_{a\to 0}\int_{a}^{1}(-\log x)^n dx = \lim_{a\to 0}\int_{0}^{-\log a} t^n e^{-t} dt = \Gamma(n+1) = n!$.

—— 13 章 基礎事項確認問題 I ——

確認問題 [1]
(1) $e^{i3x} = (e^{ix})^3$ にオイラーの公式を用いて $\cos 3x + i\sin 3x = (\cos x + i\sin x)^3$ となる. 展開して, 虚部を比較

すると, $\sin 3x = 3\cos^2 x \sin x - \sin^3 x$ を得る. $\cos^2 x = 1 - \sin^2 x$ であるから, 結局, $\sin 3x = 3\sin x - 4\sin^3 x$ である.
(2) (1) 最大値 5, 最小値 なし, 上限 5, 下限 -2. (2) 最大値 1, 最小値 -1, 上限 1, 下限 -1. (3) 最大値 1, 最小値 なし, 上限 1, 下限 0. (4) 最大値 なし, 最小値 なし, 上限 ∞, 下限 0.
(3) (1) $f^{-1}(x) = \frac{x-b}{a}$. (2) $f \circ f(x) = a^2 x + ab + b$ より, $a^2 = \frac{8}{a}$, $ab + b = -\frac{8b}{a} + 2$ を解いて $a = 2$, $b = \frac{2}{7}$.
(4) (1) 定義域は $(-\infty, \infty)$, 値域は $(-\frac{\pi}{2}, \frac{\pi}{2})$. (2) $f(-\sqrt{3}) = -\frac{\pi}{3}$, $f(1) = \frac{\pi}{4}$. グラフは本文の 3 章 §3.2 を見よ. (3) $\frac{-3/x^2}{1+(3/x)^2} = -\frac{3}{x^2+9}$.
(5) (1) $f'(x) = (1 + \log x) x^x$. (2) $x = \frac{1}{e}$
(6) (1) $6(\cos(3\cos(-2x)))\sin(-2x)$ (2) $\frac{1}{x \log x}$ (3) $\frac{1}{x(\log x)(\log(\log x))}$ (4) $-(2x+3)^{-\frac{3}{2}}$ (5) $\frac{ad-bc}{(cx+d)^2}$

確認問題 [2]

(1) 背理法で示す. $\sqrt{3}$ は無理数でないとすると, 有理数であるから $\sqrt{3} = \frac{n}{m}$ と表すことができる. ここで右辺は約分をして m, n は 1 以外の共通約数をもたない整数と考えてよい (特に両方が 3 の倍数ということはない). 両辺を 2 乗して整理すると $3m^2 = n^2$ である. 左辺は 3 の倍数なので n^2 は 3 で割れる. これから n も 3 で割れる. よって $n = 3k$ と書ける. すると $n^2 = 9k^2$ であるから, $3m^2 = n^2 = 9k^2$ となり, $m^2 = 9k^2$ となる. これは先ほどと同じ理由で m が 3 の倍数となることを意味する. n, m が共通因数として 3 をもつことになり, 矛盾である. すなわち $\sqrt{3}$ は無理数である. (2) $q \neq 3$ ならば $\sqrt{3} = \frac{pq+2}{q-3}$ で右辺は有理数なので (1) に反する. よって $q = 3$. このとき $pq + 2 = 0$ なので $p = -\frac{2}{3}$.
(2) もし $b > a$ ならば $b > c > a$ なる実数 c が存在するが, これは $a < c$ であるが $b \leq c$ でないので矛盾である. 背理法により $b \leq a$ が示される.
(3) (1) [I] $n = 1$ のとき $a_1 = 1 \leq 2$ で成り立つ. [II] n のとき成り立つと仮定する. すなわち, $a_n \leq 2$ である. このとき $a_{n+1} = \sqrt{a_n + 2} \leq \sqrt{2+2} = 2$ で $n + 1$ のときも成り立つ. [I], [II] よりすべての自然数で成り立つ. (2) [I] $a_2 = \sqrt{3}$ であるから $a_2 > a_1$ が成り立つ. [II] $(a_{n+1} - a_n)(a_{n+1} + a_n) = a_n - a_{n-1}$ より $a_n > a_{n-1}$ ならば $a_{n+1} > a_n$ である ($a_{n+1} + a_n > 0$ に注意する) から $n + 1$ のときも成り立つ. [I], [II] よりすべての自然数で成り立つ.
(3) 数列 $\{a_n\}$ は上に有界な単調増加列であるから収束する (実数の連続性). $\lim_{n \to \infty} a_n = \alpha$ とすると, 漸化式から $\alpha = \sqrt{\alpha + 2}$ となる. これを解くと $\alpha = 2$ である.
(4) 4 章の例題 4.1 と同様に考える. (1) は収束するが (2) は収束していない. $a_{n+1} - 1 = \frac{1}{3}(a_n - 1) = \cdots = \frac{1}{3^n}(a_1 - 1) = \frac{1}{3^n} \to 0 \; (n \to \infty)$ より, a_n は 1 に収束する. 一方, $b_{n+1} - 1 = 3(b_n - 1) = \cdots = 3^n(b_1 - 1) = 3^n \to \infty \; (n \to \infty)$ より b_n は ∞ に発散している.
(5) $f'(x) = -x^{-3/2}/2$ であるから $x = 1$ を代入すれば $f'(1) = -\frac{1}{2}$ であるが, ここでは微分の定義に従って計算してみる. 分子の有理化を行う.

$$\lim_{h \to 0} \frac{f(1+h) - f(1)}{h} = \lim_{h \to 0} \frac{1 - \sqrt{1+h}}{h\sqrt{1+h}} = \lim_{h \to 0} \frac{1 - (1+h)}{h\sqrt{1+h}(1 + \sqrt{1+h})} = \lim_{h \to 0} \frac{-1}{\sqrt{1+h}(1 + \sqrt{1+h})} = -\frac{1}{2}$$

(6) (1) $f(x) = x - k \sin x - A$ とおく. $f(x) = 0$ の解が存在し, ただ 1 つであることを示す.
(i) (解が存在すること) $x_1 := |A| + 1$, $x_2 := -|A| - 1$ とすれば, $f(x_1) = |A| + 1 - k \sin x_1 - A \geq |A| + 1 - k - |A| > 0$, $f(x_2) = -|A| - 1 - k \sin x_2 - A \leq -|A| - 1 + k + |A| < 0$ となる. f は区間 $[x_2, x_1]$ で連続であり, $f(x_2) < 0 < f(x_1)$ であるから, 中間値の定理によって, この区間内に $f(\alpha) = 0$ となる α が少なくとも 1 つは存在する. (ii) (解が唯 1 つであること) $\alpha_1 < \alpha_2$ がともに $f(x) = 0$ の解であると仮定して矛盾を導く. $f(\alpha_1) = f(\alpha_2) = 0$ であるから, ロルの定理から $f'(\xi) = 0$ となる ξ が区間 (α_1, α_2) の中に存在する. 一方, すべての実数 x に対して $f'(x) = 1 - k \cos x \geq 1 - k > 0$ なので $f'(\xi) = 0$ は矛盾である. これから解が 2 つ以上は存在しないことがわかる.
(2) $f(x) = \sin x$ に ($a = y$, $b = x$ として) 平均値の定理を適用すると, $f'(x) = \cos x$ より $\sin x - \sin y = \cos(y + \theta(x - y))(x - y)$ $(0 < \theta < 1)$ である. 両辺の絶対値を考えて, $|\cos(y + \theta(x - y))| \leq 1$ に注意すれば $|\sin x - \sin y| = |\cos(y + \theta(x - y))||x - y| \leq |x - y|$.
(3) $x_{n+1} = k \sin x_n + A$ と $\alpha = k \sin \alpha + A$ の辺々の差をとると $x_{n+1} - \alpha = k(\sin x_n - \sin \alpha)$ となる. (2) の結果を使うと $|x_{n+1} - \alpha| \leq k|x_n - \alpha|$ であるから, これを繰り返し使えば $|x_{n+1} - \alpha| \leq k|x_n - \alpha| \leq k^2|x_{n-1} - \alpha| \leq \cdots \leq k^n|x_1 - \alpha|$ となる. $0 < k < 1$ より $k^n \to 0 \; (n \to \infty)$ であるから $x_{n+1} \to \alpha \; (n \to \infty)$ である.
(7) $f(x) = \cos(1/(x-1))$ とする. $x_n = 1 + \frac{1}{2\pi n}$, $y_n = 1 + \frac{1}{2\pi n + \pi/2}$ とすると, $\{x_n\}, \{y_n\}$ はともに 1 に収束する数列であるが, $f(x_n) = 1$, $f(y_n) = 0$ で極限値は一致しない. これより $\lim_{x \to 0} f(x)$ は収束しない.
(8) $e > 2.7$ より $e^3 > (2.7)^3 > 19 > 2^4$ であるから $e^{\frac{3}{4}} > 2$ となり $\frac{3}{4} > \log 2$ である.

確認問題 [3]

(1) (1) $\frac{1}{2}$ ($\frac{0}{0}$ 型不定形), (2) 0 (不定形ではないのでロピタルの定理は使えない), (3) $-\frac{1}{6}$ ($\frac{\sin x - x}{x^2 \sin x}$ と変形してロピタルの定理を 3 回使う).

(2) (1) 加法定理より $\sqrt{2}\cos(A+\frac{\pi}{4}) = \sqrt{2}\cos A\cos\frac{\pi}{4} - \sin A\sin\frac{\pi}{4} = \cos A - \sin A$ である．
(2) 数学的帰納法で示す．$n=1$ のとき 左辺 $= e^x - e^x\sin x$ であり 右辺 $= \sqrt{2}e^x\cos(x+\frac{\pi}{4})$ である．
(1) より両者は等しい．$n=k$ のときに成り立つことを仮定すると $(e^x\cos x)^{(k+1)} = ((e^x\cos x)^{(k)})' = \left(2^{\frac{k}{2}}e^x\cos(x+\frac{k\pi}{4})\right)' = 2^{\frac{k}{2}}e^x\left(\cos(x+\frac{k\pi}{4}) - \sin(x+\frac{k\pi}{4})\right) = 2^{\frac{k+1}{2}}e^x\cos(x+\frac{(k+1)\pi}{4})$．
(3) (1) $a=12, b=-4$．(2) $x=-1$ と $x=3$ でともに極小値 -13 をとる．
(4) (1) $\lim_{x\to\infty}f(x) = \lim_{x\to-\infty}f(x) = 0$．(2) $y=\frac{4}{3}x$．(3) $x=-1$ で極小値 -1，$x=1$ で極大値 1．

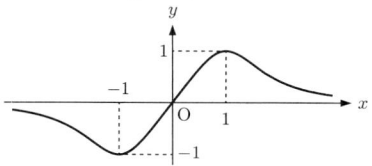

(5) (1) $\log\frac{x+1}{x+5}$ （部分分数に展開）．(2) $\frac{1}{4}(2x^2\log x - x^2)$（部分積分法）．
(6) (1) $A=-1, B=1$．(2) $\frac{1}{2}(1-\log 2) + \frac{\pi}{4}$ （不定積分は $\frac{1}{2}x^2 - \frac{1}{2}\log(x^2+1) + \arctan x$）．
(7) (1) $(\tan x)' = \left(\frac{\sin x}{\cos x}\right)' = \frac{\cos^2 x + \sin^2 x}{\cos^2 x} = 1 + \tan^2 x \left(= \frac{1}{\cos^2 x}\right)$．(2) $y=\arctan x$ のとき $x=\tan y$ より，$(\arctan x)' = \frac{1}{(\tan y)'} = \frac{1}{1+\tan^2 y} = \frac{1}{1+x^2}$．(3) $\int \tan x\,dx = -\int \frac{(\cos x)'}{\cos x}\,dx = -\log(\cos x)$．
(4) $\int \arctan x\,dx = \int (x)'\arctan x\,dx = x\arctan x - \int \frac{x}{1+x^2}\,dx = x\arctan x - \frac{1}{2}\log(1+x^2)$．

確認問題 [4]
(1) (1) $f'(x) = \frac{1}{1+x}$, $f''(x) = -\frac{1}{(1+x)^2}$, $f'''(x) = \frac{2}{(1+x)^3}$．(2) $f(x) = f(0) + f'(0)x + \frac{f''(0)}{2!}x^2 + \frac{f'''(\theta x)}{3!}x^3$ $(0 < \theta < 1)$ より $\log(1+x) = x - \frac{x^2}{2} + R_3(\theta x)$, $R_3(\theta x) = \frac{1}{3(1+\theta x)^3}x^3$．(3) $x=0.1$ を代入して，近似値は $0.1 - \frac{(0.1)^2}{2} = \frac{19}{200}$．(4) $\left|\log(1.1) - \frac{19}{200}\right| = |R_3(0.1\theta)| \leq \frac{1}{3}(0.1)^3 = \frac{1}{3000}$．評価の際に $1 + 0.1\theta \geq 1$ を使った．
(2) (1) 定理 9.3 (1) から $f''(x) = e^x > 0$ より凸関数である．
(2) 任意の α, β について $f(t\alpha + (1-t)\beta) \leq tf(\alpha) + (1-t)f(\beta)$ が成り立つので，$\alpha = \log a$, $\beta = \log b$ を代入すれば求める不等式を得る．$e^{t\log a} = a^t$, $e^{(1-t)\log b} = b^{1-t}$ に注意せよ．
(3) (2) において $a = x^p$, $b = y^q$, $t = \frac{1}{p}$ とすればよい（このとき $1 - t = \frac{1}{q}$ である）．
(3) (1) $y = f(x), x = g(y)$ および $F' = f, G' = g$ に注意する．$F(x) + G(y) - xy = F(x) - G(f(x)) - xf(x)$ であるから $H(x) := F(x) - G(f(x)) - xf(x)$ とすると，$H'(x) = F'(x) + G'(f(x))f'(x) - f(x) - xf'(x) = f(x) + g(f(x))f'(x) - f(x) - xf'(x) = 0$ である（$g(f(x)) = x$ に注意せよ）．H は定数関数になり，$F(x) + G(y) - xy = C$ である．(2) $y = \arcsin x = f(x), x = \sin y = g(y)$ とすると，$-1 \leq x \leq 1$ および $-\frac{\pi}{2} \leq y \leq \frac{\pi}{2}$ である．$G(y) = -\cos y = -\sqrt{1-\sin^2 y} = -\sqrt{1-x^2}$ である（$\cos y = \pm\sqrt{1-\sin^2 y}$ であるが，$-\frac{\pi}{2} \leq y \leq \frac{\pi}{2}$ より，$\cos y \geq 0$），(1) より $F(x) = xy - G(y) + C = x\arcsin x + \sqrt{1-x^2} + C$．
(4) (1) $A = C = 0, B = 2, D = -2$．(2) $2\arctan t + \frac{2}{1+t}$．
(3) $x + \frac{2}{1+\tan(x/2)}$ （$2\arctan(\tan(x/2)) = x$ である）．(4) $\frac{\pi}{2} - 1$．
(5) (1) $x = \frac{t^2-1}{2t}$．(2) $\int \frac{1}{\sqrt{x^2+1}}\,dx = \int \frac{1}{t-x}\left(\frac{1+t^2}{2t^2}\right)dt = \int \frac{1}{t-(t^2-1)/2t}\left(\frac{1+t^2}{2t^2}\right)dt = \int \frac{1}{t}\,dt$．
(3) $(x\sqrt{x^2+1})' = \sqrt{x^2+1} + \frac{x^2}{\sqrt{x^2+1}} = \sqrt{x^2+1} + \frac{x^2+1-1}{\sqrt{x^2+1}} = 2\sqrt{x^2+1} - \frac{1}{\sqrt{x^2+1}}$ である．(4) (3) より $x\sqrt{x^2+1} = 2\int \sqrt{x^2+1}\,dx - \int \frac{1}{\sqrt{x^2+1}}\,dx$ であり，(2) より $\int \frac{1}{\sqrt{x^2+1}}\,dx = \log t = \log(x+\sqrt{x^2+1})$ であるから $\int \sqrt{x^2+1}\,dx = \frac{1}{2}\left(x\sqrt{x^2+1} + \log(x+\sqrt{x^2+1})\right)$．(5) $\frac{1}{2}(3\sqrt{10} + \log(3+\sqrt{10}))$．
(6) $a^n - b^n = (a-b)(a^{n-1} + a^{n-2}b + \cdots + ab^{n-2} + b^{n-1})$ を使う．$1 - (1-\frac{x}{n})^n = \left(1 - (1-\frac{x}{n})\right)\left(1 + (1-\frac{x}{n}) + (1-\frac{x}{n})^2 + \cdots + (1-\frac{x}{n})^{n-1}\right)$ であるから，$1 - \frac{x}{n} = t$ の置換により，与式 $= \int_0^1 (1 + t + \cdots + t^{n-1})\,dt = 1 + \frac{1}{2} + \cdots + \frac{1}{n}$．
(7) (1) 広義積分は発散（例題 12.1(2) と同じ理由）．(2) $\int_{-2}^{2} \frac{1}{(x-1)^2}\,dx = \left[-\frac{1}{x-1}\right]_{-2}^{2} = -\frac{4}{3}$ は誤りである．$x = 1$ で連続でないので広義積分として考える必要がある．$\int_{-2}^{2} \frac{1}{(x-1)^2}\,dx = \lim_{a\to 1-0}\int_{-2}^{a}\frac{1}{(x-1)^2}\,dx + \lim_{b\to 1+0}\int_{b}^{2}\frac{1}{(x-1)^2}\,dx = \lim_{a\to 1-0}\left[-\frac{1}{x-1}\right]_{-2}^{a} + \lim_{b\to 1+0}\left[-\frac{1}{x-1}\right]_{b}^{2} = \infty + \infty = \infty$ で広義積分は発散．

── 14章 多変数関数の連続性 ──

問 14.1 (1) $\|A\|$. (2) $A \neq O$ ならば $1/\|A\|$, $A = O$ なら極限値はない. (3) 0 ($|xy/\sqrt{x^2+y^2}| \leq |x|$).
問 14.2 $\lim_{X \to O} f(X)$ は存在しない. $\lim_{X \in E, X \to O} f(X) = 0$ である.

○●練習問題 14 ●○

14.1 (1) $a\sin(a+2b)$. (2) $4\|A\|^2 = 4(a^2+b^2)$. (3) $r = \|X-A\|$ とすると, 与式 $= \lim_{r \to 0} r\log r = 0$.
14.2 (1) $\lim_{x \to 0}\lim_{y \to 0} = \lim_{x \to 0}(\sin x^2)/x^2 = 1$, $\lim_{y \to 0}\lim_{x \to 0} f(x,y) = \lim_{y \to 0} -(\sin y^2)/y^2 = -1$.
(2) 近づき方によって収束する値が異なるので極限は存在しない.
14.3 (1) $(x,0) \to (0,0)$ のとき $f(x,0) \to 1 \neq f(0,0)$ より連続でない.
(2) $x = r\cos\theta$, $y = r\sin\theta$ とすると, $f(x,y) = r(\cos^3\theta - \sin^3\theta) \to 0 = f(0,0)$ $(r \to 0)$ より原点で連続である $((x,y) \to (0,0) \iff r \to 0$ に注意せよ$)$.

◇◆演習問題 14 ◆◇

14.1 (1) ともに 0. (2) $f(x,ax) = ax^3/(x^6+a^2x^2) = ax/(x^4+a^2) \to 0$ $(x \to 0)$.
(3) $f(x,x^2) = x^4/(x^6+x^4) = 1/(x^2+1) \to 1$ $(x \to 0)$. (4) (3) から連続でない.
14.2 (1) $b \neq 0$ のとき $f(x,b) = bx/(x^2+b^2)$ であり, $b = 0$ のとき $f(x,0) = 0$ より, ともに x の連続関数である. (2) $a \neq 0$ のとき $f(a,y) = ay/(a^2+y^2)$ であり, $a = 0$ のとき $f(0,y) = 0$ より, ともに y の連続関数である. (3) $\lim_{x \to 0} f(x,x) = \frac{1}{2} \neq f(0,0)$ より $(0,0)$ で連続でない.
14.3 (a) $\forall Y \in D(X,r)$ をとる. $\|X-Y\| < r$ より $\|Y\| \leq \|Y-X\| + \|X\| < r + \|X\| = 1$ より $Y \in D$ である. すなわち, $D(X,r) \subset D$. (b) $L = \{tX + (1-t)Y; \ 0 \leq t \leq 1\}$ と書ける. $\forall Z \in L$ について, $\|X\| < 1$, $\|Y\| < 1$ より $\|Z\| = \|tX + (1-t)Y\| \leq t\|X\| + (1-t)\|Y\| < t + (1-t) = 1$ となり $Z \in D$ である. すなわち, $L \subset D$. (a) より D は開集合であり, (b) より D は連結集合なので D は領域である.
14.4 (1) $\|X_0\| = 1$ なる $X_0 \in E_1$ をとる. どんな $r > 0$ についても $D(X_0,r)$ は E_1 に入らない部分があるので, E_1 は開集合でない (定義 14.1(a) より). (2) $X_n = \left(1 - \frac{1}{n}, 0\right)$ とすると $X_n \in E_2$ であるが, 収束先の $X_n \to (1,0)$ は E_2 に入らないので閉集合ではない (定義 14.1(c) より).
14.5 開集合：C,D,F　　連結集合：A,B,C,E,F　　閉集合：A,E　　有界集合：A,B,D,E　　領域：C,F
コンパクト集合：A,E

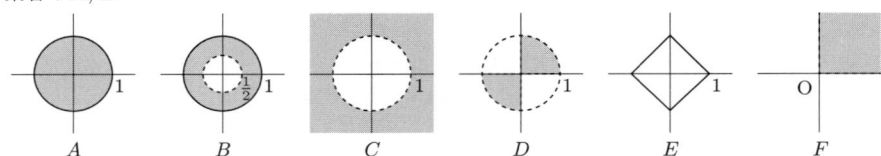

$A \quad B \quad C \quad D \quad E \quad F$

14.6 証明の方針は演習問題 11.2 と同様である. $F(\lambda) = \|\lambda X + Y\|^2 = (\lambda X + Y, \lambda X + Y)$ とすれば $F(\lambda) = \|X\|^2\lambda^2 + 2(X,Y)\lambda + \|Y\|^2 \geq 0$ となり, 判別式が非負であることから導かれる. また, ヤングの不等式より, $k = 1, 2, \cdots, n$ に対して, $\frac{x_k}{\|X\|_p} \cdot \frac{y_k}{\|Y\|_q} \leq \frac{1}{p}\frac{x_k^p}{\|X\|_p^p} + \frac{1}{q}\frac{y_k^q}{\|X\|_q^q}$ が成り立つので, k について加えると, ヘルダーの不等式を得る.

── 15章 偏微分と全微分 ──

問 15.1 (1) $f_x(-1,2) = -3$, $f_y(-1,2) = -2$ (定義に戻って求めてもよいが f_x, f_y を計算して $(-1,2)$ を代入した方が容易である). (2) $z_x = \sin(2xy) + 2xy\cos(2xy)$, $z_y = 2x^2\cos(2xy)$
問 15.2 (1) $z_x = 2x/(x^2+y^2)$, $z_y = 2y/(x^2+y^2)$. (2) $z_x = -y/(x^2+y^2)$, $z_y = x/(x^2+y^2)$.
(3) $z_x = yx^{y-1}$, $z_y = x^y\log x$.

○●練習問題 15 ●○

15.1 (1) $\left(\frac{2xy}{1+x^2y}, \frac{x^2}{1+x^2y}\right)$, (2) $(2ax\cos(ax^2+by^2), 2by\cos(ax^2+by^2))$, (3) $\left(\frac{(ad-bc)y}{(cx+dy)^2}, \frac{(bc-ad)x}{(cx+dy)^2}\right)$.
15.2 $f_x = y\cos(xy)$, $f_y = x\cos(xy)$, $f_{xx} = -y^2\sin(xy)$, $f_{xy} = f_{yx} = \cos(xy) - xy\sin(xy)$, $f_{yy} = -x^2\sin(xy)$.
15.3 (1) $6(x+y)$, (2) $(x^2+y^2)e^{xy}$, (3) $\frac{26}{(3x-2y)^3}$.
15.4 $f_{xxx} = 8e^{2x-3y}$, $f_{xxy} = -12e^{2x-3y}$, $f_{xyy} = 18e^{2x-3y}$, $f_{yyy} = -27e^{2x-3y}$.
15.5 調和関数になるのは (1) と (2) である. (1) $z_{xx} = \frac{2(y^2-x^2)}{(x^2+y^2)^2}$, $z_{xy} = z_{yx} = -\frac{4xy}{(x^2+y^2)^2}$, $z_{yy} = \frac{2(x^2-y^2)}{(x^2+y^2)^2}$. (2) $z_{xx} = \frac{2xy}{(x^2+y^2)^2}$, $z_{xy} = z_{yx} = \frac{y^2-x^2}{(x^2+y^2)^2}$, $z_{yy} = -\frac{2xy}{(x^2+y^2)^2}$.

(3) $z_{xx} = y(y-1)x^{y-2}$, $z_{xy} = z_{yx} = (1+y\log x)x^{y-1}$, $z_{yy} = (\log x)^2 x^y$.

◇◆演習問題 15 ◆◇

15.1 f が C^2 級の定義は f_x と f_y が C^1 級となることである．定理 15.2 より f_x と f_y は全微分可能であり，定理 15.1(1) から f_x と f_y は連続である．

15.2 $f_{xx} = f_t = (x^2 - 2t)e^{-\frac{x^2}{4t}} \big/ (8\sqrt{\pi} t^{\frac{5}{2}})$.

15.3 (1) $f_x = -x(x^2+y^2+z^2)^{-\frac{3}{2}}$. (2) $f_{xx} = (2x^2-y^2-z^2)(x^2+y^2+z^2)^{-\frac{5}{2}}$. (3) 0. (対称性から f_{yy} は f_{xx} において x と y を入れ替えたもの，f_{zz} は x と z を入れ替えたものである．計算する必要はない)

15.4 (1) $(x,y) \ne (0,0)$ のとき（通常に x で微分して）$f_x(x,y) = (x^4 + 3x^2y^2 + 2xy^3)/(x^2+y^2)^2$，$(x,y) = (0,0)$ のときは（定義に戻って）$f_x(0,0) = \lim_{h\to 0}(f(h,0) - f(0,0))/h = \lim_{h\to 0}(h^3/h^2)/h = 1$.
(2) $f_x(0,y) = 0$ なので，$f_x(0,y) \to 0 \ne f_x(0,0) = 1$ となり f_x は原点で連続でない．

15.5 (1) $y \ne 0$ のとき $f_x(0,y) = \lim_{h\to 0}(f(h,y) - f(0,y))/h = \lim_{h\to 0} y(h^2-y^2)/(h^2+y^2) = -y$. また $f_x(0,0) = \lim_{h\to 0}(f(h,0) - f(0,0))/h = 0$. 同様に $x \ne 0$ のとき $f_y(x,0) = \lim_{k\to 0}(f(x,k) - f(x,0))/k = \lim_{k\to 0} x(x^2-k^2)/(x^2+k^2) = x$. $f_x(0,0) = 0$ である．
(2) $f_{xy}(0,0) = \lim_{k\to 0}(f_x(0,k) - f_x(0,0))/k = -1$, $f_{yx}(0,0) = \lim_{h\to 0}(f_y(h,0) - f_y(0,0))/h = 1$.

── 16 章 連鎖率 ──

問 16.1 この点のまわりでこの球面は $z = f(x,y) = \sqrt{6-x^2-y^2}$ と表される（$z^2 = 6-x^2-y^2$ から $z = \pm\sqrt{6-x^2-y^2}$ となるが，$(x,y) = (\sqrt{2}, \sqrt{3})$ のとき $z=1$ であるから $z = \sqrt{6-x^2-y^2}$ である）．よって，$f_x(\sqrt{2},\sqrt{3}) = -\sqrt{2}$, $f_y(\sqrt{2},\sqrt{3}) = -\sqrt{3}$ より，接平面は $z = -\sqrt{2}(x-\sqrt{2}) - \sqrt{3}(y-\sqrt{3}) + 1$.

問 16.2 (1) $2f_x(2t, 3t+1) + 3f_y(2t, 3t+1)$ (2) $z_u = 2uf_x(x,y) + vf_y(x,y)$, $z_v = 2vf_x(x,y) + uf_y(x,y)$ ($f_x(x,y)$ は $f_x(u^2+v^2, uv)$ と書ける（その方がよりよい））．

○●練習問題 16 ●○

16.1 $(a,b,f(a,b))$ における接平面は $z - f(a,b) = f_x(a,b)(x-a) + f_y(a,b)(y-b)$ で与えられる．
(1) $z - 2 = 2(x-1) + 2(y-1)$. (2) $z - 2 = 2(x-1) - 2(y+1)$. (3) $z = \pm\sqrt{14 - x^2 - y^2}$ であるが $(x,y) = (1,2)$ のとき $z = 3$ より $z = \sqrt{14-x^2-y^2}$ となることに注意せよ．$z - 3 = -\frac{1}{3}(x-1) - \frac{2}{3}(y-2)$.
(4) $(x,y) = (-1,2)$ のとき $z = -3$ より，$z = -\sqrt{14-x^2-y^2}$ である．$z + 3 = -\frac{1}{3}(x+1) + \frac{2}{3}(y-2)$.

16.2 $z_r = f_x x_r + f_y y_r = f_x \cos\theta + f_y \sin\theta$ であるから，$rz_r = r\cos\theta f_x + r\sin\theta f_y = xf_x + yf_y$.

16.3 極座標変換をすると $f(x,y) := \log(x^2+y^2) = \log r^2 = 2\log r$, $g(x,y) = \arctan(y/x) = \arctan(\tan\theta) = \theta$ である．よって $\Delta f = \left(\frac{\partial^2}{\partial r^2} + \frac{1}{r}\frac{\partial}{\partial r} + \frac{1}{r^2}\frac{\partial^2}{\partial \theta^2}\right)(2\log r) = 2(\log r)_{rr} + 2\frac{1}{r}(\log r)_r = -2r^{-2} + 2r^{-2} = 0$, $\Delta g = \left(\frac{\partial^2}{\partial r^2} + \frac{1}{r}\frac{\partial}{\partial r} + \frac{1}{r^2}\frac{\partial^2}{\partial \theta^2}\right)\theta = \frac{1}{r^2}(\theta)_{\theta\theta} = 0$.

◇◆演習問題 16 ◆◇

16.1 (1) $\sqrt{|xy|}$ は直接微分できないので，定義に戻って計算する．$f_x(0,0) = \lim_{h\to 0}(f(h,0) - f(0,0))/h = 2$, $f_y(0,0) = \lim_{k\to 0}(f(0,k) - f(0,0))/k = 3$ である．(2) $f(x,y) - f_x(0,0)x - f_y(0,0)y - f(0,0) = \sqrt{|xy|}$ である．$\sqrt{|xy|}/\sqrt{x^2+y^2} \not\to 0$ なので (16.2) は成り立たず，接平面でない ($x = y$ として $x \to 0$ としてみよ)．

16.2 $z_x = f'(x+t) + g'(x-t)$, $z_t = f'(x+t) - g'(x-t)$ より $z_{xx} = f''(x+y) + g''(x-t) = z_{tt}$.

16.3 (1) $z_u = f_x x_u + f_y y_u = f_x + vf_y$, $z_v = f_x x_v + f_y y_v = f_x + uf_y$ より $uz_u + vz_v = (u+v)f_x + 2uvf_y = xf_x + 2yf_y$. (2) $z_{uu} = (z_u)_u = (f_x x_u + f_y y_u)_u = (f_x)_x x_u + (f_x)_y y_u + v((f_y)_x x_u + (f_y)_y y_u) = f_{xx} + 2vf_{xy} + v^2 f_{yy}$. 同様に $z_{vv} = f_{xx} + 2uf_{xy} + u^2 f_{yy}$. これを左辺に代入して整理すれば右辺になる．

16.4 練習問題 16.3 と同様．極座標変換をすると $f(x,y) = \theta^a$ である．$\Delta f = \left(\frac{\partial^2}{\partial r^2} + \frac{1}{r}\frac{\partial}{\partial r} + \frac{1}{r^2}\frac{\partial^2}{\partial \theta^2}\right)\theta^a = \frac{1}{r^2}a(a-1)\theta^{a-2}$. $\Delta f = 0$ となるのは $a = 0, 1$.

16.5 $r_x = \cos\theta$, $r_y = \sin\theta$, $\theta_x = -\frac{1}{r}\sin\theta$, $\theta_y = \frac{1}{r}\cos\theta$ より，$\begin{pmatrix} x_r & x_\theta \\ y_r & y_\theta \end{pmatrix}\begin{pmatrix} r_x & r_y \\ \theta_x & \theta_y \end{pmatrix} = \begin{pmatrix} \cos\theta & -r\sin\theta \\ \sin\theta & r\cos\theta \end{pmatrix}\begin{pmatrix} \cos\theta & \sin\theta \\ -\frac{1}{r}\sin\theta & \frac{1}{r}\cos\theta \end{pmatrix} = \begin{pmatrix} 1 & 0 \\ 0 & 1 \end{pmatrix}$.

16.6 まず，$x = \varphi(u,v)$, $y = \psi(u,v)$ は全微分可能なので，$dx = \varphi_u\, du + \varphi_v\, dv = x_u\, du + x_v\, dv$, $dy = \psi_u\, du + \psi_v\, dv = y_u\, du + y_v\, dv$ となることに注意する．このとき $z_u\, du + z_v\, dv = (f_x x_u + f_y y_u)\, du + (f_x x_v + f_y y_v)\, dv = f_x(x_u\, du + x_v\, dv) + f_y(y_u\, du + y_v\, dv) = f_x\, dx + f_y\, dy$.

── 17章 テイラーの定理と極値問題 ──

問 17.1 1次テイラー展開は $f(x,y) = 1 + (1+2\theta x - 4\theta y)^{-\frac{1}{2}}x - 2(1+2\theta x - 4\theta y)^{-\frac{1}{2}}y$. 2次テイラー展開は $f(x,y) = 1 + x - 2y - \frac{1}{2}(1+2\theta x - 4\theta y)^{-\frac{3}{2}}x^2 + 2(1+2\theta x - 4\theta y)^{-\frac{3}{2}}xy - 2(1+2\theta x - 4\theta y)^{-\frac{3}{2}}y^2$.

問 17.2 (1) $\begin{pmatrix} -3 & -2 \\ -2 & -2 \end{pmatrix}$ (2) $D = 6 - 4 = -2$, $A = -3$ であるから $(x,y) \neq (0,0)$ のとき $Q(x,y) < 0$ である. $Q(0,0) = 0$ なので，あわせて $Q(x,y) \leq 0$ となる.

問 17.3 $Ax^2 + 2Bxy + Cy^2 = A\{(x+By/A)^2 + (D/A^2)y^2\}$ よりわかる. 実際，$D > 0$ ならば $\{\cdots\} > 0$ であるから A の符号に応じて正または負になる. $D < 0$ のときは $\{\cdots\}$ が正にも負にもなる.

○●練習問題 17 ●○

17.1 (1) $g'(t) = f_x(tx,ty)x + f_y(tx,ty)y$, $g''(t) = f_{xx}(tx,ty)x^2 + 2f_{xy}(tx,ty)xy + f_{yy}(tx,ty)y^2$.
(2) 例題 17.1 において $f_{xx} = f_{xy} = f_{yy} = 0$ ならば $f(x,y) = f(0,0) + f_x(0,0)x + f_y(0,0)y$ となる. $f(0,0) = a$, $f_x(0,0) = b$, $f_y(0,0) = c$ とすれば $f(x,y) = a + bx + cy$ は 1 次関数である.

17.2 (1) $f_x = y(1-2x-y)$, $f_y = x(1-x-2y)$, $f_{xx} = -2y$, $f_{xy} = 1 - 2x - 2y$, $f_{yy} = -2x$.
(2) $z + 4 = f_x(1,2)(x-1) + f_y(1,2)(y-2)$ を整理して $z = -6x - 4y + 10$.
(3) $f_x = f_y = 0$ を解く. $(a,b) = (0,0), (0,1), (1,0), (\frac{1}{3}, \frac{1}{3})$. (4) $(0,0), (0,1), (1,0)$ のとき $D < 0$ で極値でない (鞍点である). $(\frac{1}{3}, \frac{1}{3})$ のとき $A = -\frac{2}{3} < 0$, $D = \frac{1}{3} > 0$ で極大になる. 極大値は $f(\frac{1}{3}, \frac{1}{3}) = \frac{1}{27}$.

17.3 (1) $u(x)$ は $x = a$ で極大値をとるので，定理 9.1 (1) より $u'(a) = 0$, $u''(a) \leq 0$ である.
(2) 背理法で示す (困ったら背理法). f は $(a,b) \in D$ で極大となったとする. $u(x) = f(x,b)$, $v(y) = f(a,y)$ はそれぞれ $x = a$, $y = b$ で極大値になるから，(1) より $u''(a) \leq 0$, $v''(b) \leq 0$ である. $f_{xx}(a,b) = u''(a)$, $f_{yy}(a,b) = v''(b)$ であるから $0 < \Delta f(a,b) = u''(a) + v''(b) \leq 0$ で矛盾.

◇◆演習問題 17 ◆◇

17.1 (1.4) より $F^{(m+1)}(t) = \frac{d}{dt}F^{(m)}(t) = \sum_{j=0}^{m} \binom{m}{j} \left\{ \frac{\partial^{m+1}f}{\partial x^{j+1}\partial y^{m-j}} h^{j+1}k^{m-j} + \frac{\partial^{m+1}f}{\partial x^j \partial y^{m+1-j}} h^j k^{m+1-j} \right\}$
$= \sum_{\ell=1}^{m+1} \binom{m}{\ell-1} \frac{\partial^{m+1}f}{\partial x^\ell \partial y^{m+1-\ell}} h^\ell k^{m+1-\ell} + \sum_{j=0}^{m} \binom{m}{j} \frac{\partial^{m+1}f}{\partial x^j \partial y^{m+1-j}} h^j k^{m+1-j} = \frac{\partial^{m+1}f}{\partial x^{m+1}}h^{m+1} + \frac{\partial^{m+1}f}{\partial y^{m+1}}k^{m+1} + \sum_{j=1}^{m}\left(\binom{m}{j} + \binom{m}{j-1}\right) \frac{\partial^{m+1}f}{\partial x^j \partial y^{m+1-j}} h^j k^{m+1-j} = \sum_{j=0}^{m+1} \binom{m+1}{j} \frac{\partial^{m+1}f}{\partial x^j \partial y^{m+1-j}} h^j k^{m+1-j}$.

17.2 $f_x = (y - 2x^2 y)e^{-x^2-y^2}$, $f_y = (x - 2xy^2)e^{-x^2-y^2}$ より $y(1-2x^2) = 0$, $x(1-2y^2) = 0$ を解くと $(0,0)$, $\left(\pm\frac{1}{\sqrt{2}}, \pm\frac{1}{\sqrt{2}}\right)$, $\left(\pm\frac{1}{\sqrt{2}}, \mp\frac{1}{\sqrt{2}}\right)$ が候補になる. $(0,0)$ では鞍点. $\left(\pm\frac{1}{\sqrt{2}}, \pm\frac{1}{\sqrt{2}}\right)$ のとき極大値 $\frac{1}{2e}$. $\left(\pm\frac{1}{\sqrt{2}}, \mp\frac{1}{\sqrt{2}}\right)$ のとき極小値 $-\frac{1}{2e}$.

17.3 $f_x = f_y = 0$ を解くと $(x,y) = (0,0), (2,1)$ である. $(0,0)$ は鞍点, $(2,1)$ で極小値は -8.

17.4 $f(x,y) = (x-a_1)^2 + (y-a_2)^2 + (x-b_1)^2 + (y-b_2)^2 + (x-c_1)^2 + (y-c_2)^2$ であるから $f_x = f_y = 0$ を解くと $x = (a_1 + b_1 + c_1)/3$, $y = (a_2 + b_2 + c_2)/3$ で，これは三角形 ABC の重心の座標である. $f_{xx} = 2$, $f_{xy} = 0$, $f_{yy} = 2$ より $A = 2 > 0$, $D = 4 > 0$ となり，重心で極小値をとる. さらに，$\|\mathbf{X}\| \to \infty$ のとき $f(\mathbf{X}) \to \infty$ であるから，この極小値は最小値である.

17.5 $f_x = f_y = f_z = 0$ を解くと $(a,b,c) = (-2,-1,-1)$ である. 定理 17.4 のヘッセ行列の固有値はすべて正になるので，この点で極小値 $f(-2,-1,-1) = 0$ をとる. 注意：ヘッセ行列の固有値の符号を調べるのは少したいへんである. $f(x,y,z) = (x-2z)^2 + 2(y-z)^2 + (z+1)^2$ と変形すれば，$(-2,-1,-1)$ で極小になることがすぐにわかる.

17.6 (1) $f(x,0) = \cos x + 1 - \cos x = 1$, $f(0,y) = 1 + \cos y - \cos y = 1$, $f(x, \pi) = \cos x - 1 - \cos(x+\pi) = 2\cos x - 1 \leq 1$, $f(\pi, y) = -1 + \cos y - \cos(\pi + y) = 2\cos y - 1 \leq 1$. (2) $f_x = -\sin x + \sin(x+y) = 0$, $f_y = -\sin y + \sin(x+y) = 0$ を解くと $x = y = \frac{\pi}{3}$ であり，$A = -1 < 0$, $D = \frac{3}{4} > 0$ となるので，この点で極大値 $f(\frac{\pi}{3}, \frac{\pi}{3}) = \frac{3}{2}$ をとる. (3) f はコンパクト集合 $[0, \pi] \times [0, \pi]$ で連続なので (最大値の原理より) 最大値をもつ. (1) より境界での値は 1 以下であり，一方，(2) より $(\frac{\pi}{3}, \frac{\pi}{3})$ では $\frac{3}{2}$ であるから，最大値は境界ではとらない. よって最大になるのは極大になる場合 (内点で最大になればその点は極大点である) で，最大値は $\frac{3}{2}$.

── 18章 陰関数の定理とその応用 ──

問 18.1 $f(x,y) = x^2 - 4xy + 7y^2 - 1$ とすると，曲線上の点は $f(x,y) = 0$ をみたし，陰関数が存在しないのは $f_y(x,y) = 0$ である. したがって $f(x,y) = 0$, $f_y(x,y) = 0$ を解いて，$(x,y) = \pm\left(\frac{\sqrt{21}}{3}, \frac{2\sqrt{21}}{21}\right)$.

問 18.2 $f(x,y) = 4x^2 + y^2 - 4$ とする．$f(x,y) = 0$, $f_x(x,y) = 8x = 0$ を解いて，極値の候補は $(0,2)$, $(0,-2)$ である．このとき $f_y(0,2) = 4$, $f_y(0,-2) = -4$ なので，これらの点には陰関数が存在している．$f_{xx}(0,2)/f_y(0,2) = 2 > 0$ より点 $(0,2)$ において極大値 $y = 2$ をとる．また，$f_{xx}(0,-2)/f_y(0,-2) = -2 < 0$ より $(0,-2)$ において極小値 $y = -2$ をとる（楕円であるから図を描けば計算しなくても極値が求まる）．

問 18.3 $F(x,y,\lambda) = x^2 + y^2 - \lambda(xy-4)$ について $F_x = 2x - \lambda y = 0$, $F_y = 2y - \lambda x = 0$, $F_\lambda = xy - 4 = 0$ を解くと $\lambda_0 = 2$ である．

○●練習問題 18 ●○

18.1 $u''(x) = (u'(x))' = (f_x(x,\varphi(x)) + f_y(x,\varphi(x))\varphi'(x))_x = (f_x(x,\varphi(x))_x + (f_y(x,\varphi(x))\varphi'(x))_x = f_{xx}(x,\varphi(x)) + f_{xy}(x,\varphi(x))\varphi'(x) + (f_{yx}(x,\varphi(x)) + f_{yy}(x,\varphi(x))\varphi'(x))\varphi'(x) + f_y(x,\varphi(x))\varphi''(x) = f_{xx}(x,\varphi(x)) + 2f_{xy}(x,\varphi(x))\varphi'(x) + f_{yy}(x,\varphi(x))\varphi'(x)^2 + f_y(x,\varphi(x))\varphi''(x)$．また $u'(x) = 0$ $(\forall x \in I)$ より $u''(x) = 0$ $(\forall x \in I)$ である．

18.2 (1) $f_y \neq 0$ なら陰関数が存在するので $f = 0$, $f_y = 0$ を解けばよい．$(a,b) = (0,0), (2,2)$.
(2) $\varphi'(x) = -f_x(x,y)/f_y(x,y) = (2x^2 - 2y)/(2x - y^2)$． (3) $6x^2 - 6y + (-6x + 3y^2)\varphi'(x) = 0$ をもう一度微分して整理すればよい．$4x - 4\varphi'(x) + 2y\varphi'(x)^2 + (y^2 - 2x)\varphi''(x) = 0$． (4) $y = -\frac{5}{4}x - \frac{3}{2}$
(5) $f = 0$, $f_x = 0$ を連立させて解くと $(a,b) = (0,0), (\sqrt[3]{4}, 2\sqrt[3]{2})$ であるが，前者は $f_y(0,0) = 0$ より陰関数が存在しない． (6) $f_{xx}(\sqrt[3]{4}, 2\sqrt[3]{2})/f_y(\sqrt[3]{4}, 2\sqrt[3]{2}) = 2 > 0$ より $a = \sqrt[3]{4}$ で極大値 $b = 2\sqrt[3]{2}$ となる．

18.3 $ax + by + c = 0$ が直線になるので $(a,b) \neq (0,0)$ に注意しておく．$F(x,y,\lambda) = g(x,y) - \lambda(ax+by+c)$ において $F_x = F_y = 0$ より $x - p = \lambda a/2$, $y - q = \lambda b/2$ である．これを $F_\lambda = 0$ に代入して $\lambda(a^2 + b^2) = -2(ap + bq + c)$ を得る．この点での g の値は $(x-p)^2 + (y-q)^2 = \lambda^2(a^2+b^2)/4 = (ap+bq+c)^2/(a^2+b^2)$ であるから，最小値は $|ap+bq+c|/\sqrt{a^2+b^2}$．

18.4 $F(x,y,\lambda) = 2x + y - \lambda(x^2 + 2y^2 - 4)$ として $F_x = F_y = F_\lambda = 0$ を解くと $(x,y) = \left(\frac{1}{\lambda}, \frac{1}{4\lambda}\right)$, $\lambda = \pm\frac{3}{4\sqrt{2}}$ である．これより極大値および極小値は $2x + y = \frac{9}{4\lambda} = \pm 3\sqrt{2}$ である．別解：$2x + y = k$ として，この直線が $x^2 + 2y^2 = 4$ と接する場合（代入して判別式 $= 0$）を考えればよい．

◇◆演習問題 18 ◆◇

18.1 (18.5) と同じ計算（練習問題 18.1）によって $v = g(x,\varphi(x))$ を 2 回微分して $x = a$ とすれば $v''(a) = g_{xx}(a,b) + 2g_{xy}(a,b)\varphi'(a) + g_{yy}(a,b)\varphi'(a)^2 + g_y(a,b)\varphi''(a)$ である．さらに $u(x) := f(x,\varphi(x)) \equiv 0$ であるから，同じ計算から $u''(a) = f_{xx}(a,b) + 2f_{xy}(a,b)\varphi'(a) + f_{yy}(a,b)\varphi'(a)^2 + f_y(a,b)\varphi''(a) = 0$ が成り立つ．$v''(a) = v''(a) - \lambda_0 u''(a) = F_{xx}(a,b,\lambda_0) + 2F_{xy}(a,b,\lambda_0)\varphi'(a) + F_{yy}(a,b,\lambda_0)\varphi'(a)^2$ であり，$\varphi'(a) = -f_x(a,b)/f_y(a,b)$ を代入して整理すれば $v''(a) = M/f_y(a,b)^2$ となる．

18.2 定理 18.3 を使う．$f(x,y) := x^2 + 2xy + 2y^2 - 1 = 0$, $f_x = 2x + 2y = 0$ の解は $(a,b) = (1,-1), (-1,1)$ である．このとき $f_y = 2x + 4y$ より $f_y(1,-1) = -2$, $f_y(-1,1) = 2$ であるから，これらの点のまわりには陰関数が存在している．さらに $f_{xx} = 2$ より $f_{xx}(1,-1)/f_y(1,-1) = -1$ より $x = 1$ で極小値 $y = -1$ となり，$f_{xx}(-1,1)/f_y(-1,1) = 1$ より $x = -1$ では極大値 $y = 1$ となる．

18.3 $f(x,y) = x^2 - 3xy + 5y^2 - 5 = 0$ の条件の下で $g(x,y) = x^2 + y^2$ の極値を求める．$F_x = 0$, $F_y = 0$ より $2x - \lambda(2x - 3y) = 0$, $2y - \lambda(-3x + 10y) = 0$ となり，λ を消去して $3x^2 - 8xy - 3y^2 = (3x+y)(x-3y) = 0$ から $x = 3y$, $y = -3x$ となる．これを $F_\lambda = 0$ に代入して $g(x,y)$ の極値は 10, $\frac{10}{11}$ になる．したがって，原点までの距離の最大値は $\sqrt{10}$ である．別解：$x = r\cos\theta$, $y = r\sin\theta$ とすると，$f(x,y) = 0$ より $r^2 = 5/(\cos^2\theta - 3\cos\theta\sin\theta + 5\sin^2\theta)$ として r の最大値を求めればよい．分母 $= 3 - 2\cos 2\theta - \frac{3}{2}\sin 2\theta = 3 - \frac{5}{2}\cos(2\theta + \alpha)$ より，分母の最小値は $\frac{1}{2}$ となり，r^2 の最大値は 10 である．

18.4 (1) $F(x,y,\lambda) = 4y - \lambda(x^2 + y^4 - 16)$ として $F_x = F_y = F_\lambda = 0$ を解く．$F_x = 0$ から $x = 0$ を求めると計算は容易である．$(a,b,\lambda_0) = (0, 2, \frac{1}{8}), (0, -2, -\frac{1}{8})$. (2) $(0,2)$ で極大値 8，$(0,-2)$ で極小値 -8．

--- 19 章 長方形上の重積分 ---

問 19.1 $f(x,\alpha) = \cos\alpha x$ に (19.6) を使う．右辺 $= \frac{d}{d\alpha}\frac{\sin\alpha}{\alpha} = -\frac{\sin\alpha - \alpha\cos\alpha}{\alpha^2}$，左辺 $= -\int_0^1 x\sin\alpha x \, dx$.

○●練習問題 19 ●○

19.1 (1) $\iint_R x^2 y \, dxdy = \int_1^4 \left(\int_{-1}^2 x^2 y \, dx\right) dy = 3\int_1^4 y \, dy = \frac{45}{2}$.

(2) $\iint_R e^{x+y} \, dxdy = \int_1^4 \left(\int_{-1}^2 e^x e^y \, dx\right) dy = \int_1^4 (e^2 - e^{-1}) e^y \, dy = (e^4 - e)(e^2 - e^{-1}) = (e^3 - 1)^2$.

19.2 (1) $\iint_R (x^2 y + xy^2) \, dxdy = \int_0^3 \left(\int_{-1}^1 (x^2 y + xy^2) \, dx\right) dy = \int_0^3 \frac{2}{3} y \, dy = 3$.

(2) $\iint_R (x+y+2)^{-2} dxdy = \int_0^3 \Big(\int_{-1}^1 (x+y+2)^{-2} dx\Big) dy = \int_0^3 \Big(-(y+3)^{-1}+(y+1)^{-1}\Big) dy = \log 2$.

19.3 左辺 $= \int_c^d \Big(\int_a^a f(x)g(y) dx\Big) dy = \int_c^d g(y)\Big(\int_a^b f(x) dx\Big) dy =$ 右辺.

19.4 $\iint_R (x+y)^\alpha dxdy = \int_2^0 \dfrac{1}{\alpha+1}\big((x+y)^{\alpha+1} - y^{\alpha+1}\big) dy = \dfrac{1}{(\alpha+1)(\alpha+2)}\big(3^{\alpha+2} - 2^{\alpha+2} - 1\big)$.

◇◆演習問題 19 ◆◇

19.1 一般に $\int_a^b g_x(x,y) dx = \big[g(x,y)\big]_{x=a}^{x=b} = g(b,y) - g(a,y)$ となることに注意する.
$\iint_R f_{xy}(x,y) dxdy = \int_c^d \Big(\int_a^b (f_y)_x(x,y) dx\Big) dy = \int_c^d \big[f_y(x,y)\big]_{x=a}^{x=b} dy = \int_c^d \big(f_y(b,y) - f_y(a,y)\big) dy = \big[f(b,y) - f(a,y)\big]_{y=c}^{y=d} = f(a,c) - f(a,d) - f(b,c) + f(b,d)$.

19.2 (1) 省略. (2) $\int_0^1 \Big(\int_0^1 \dfrac{2y-2x}{(x+y)^3} dx\Big) dy = \int_0^1 \Big[\dfrac{2x}{(x+y)^2}\Big]_{x=0}^{x=1} dy = \int_y^1 \dfrac{2}{(1+y)^2} dy = 1$. $\int_0^1 \Big(\int_0^1 \dfrac{2y-2x}{(x+y)^3} dy\Big) dx = \int_0^1 \Big[\dfrac{-2y}{(x+y)^2}\Big]_{y=0}^{y=1} dx = \int_0^1 \dfrac{-2}{(1+x)^2} dx = -1$. (3) 矛盾しない. (19.5) は f が重積分可能な場合に成り立つ. $f(x,y) = 2(y-x)/(x+y)^3$ は可積分ではない (22 章の例題 22.2 を参照せよ).

19.3 $\gamma := \dfrac{1}{|R|} \iint_R f(x,y) dxdy$ とする. 最大値の原理 (定理 14.3) より f は R 内に最大値と最小値が存在する. それを M, m とすると, $m \le f(x,y) \le M$ であるから, 単調性 (定理 20.2) より $m \le \gamma \le M$ が成り立つ. 中間値の定理 (定理 14.2) より $\gamma = f(x_0, y_0)$ となる $(x_0, y_0) \in R$ が存在する.

19.4 (1) $t = \sqrt{a/b}\, x$ の置換をせよ. (2) $\int_0^\pi \dfrac{1}{a+b\cos x} dx = \int_0^\infty \dfrac{2}{(a-b)t^2+(a+b)} dt$ に (1) を使う. (3) (2) の等式で a について微分すると, 前者の積分値は $a\pi(a^2-b^2)^{-\frac{3}{2}}$ となる. b で微分して, 後者の積分値は $-b\pi(a^2-b^2)^{-\frac{3}{2}}$.

20 章 面積確定集合

問 20.1 (1) $D_1 = \{(x,y) ; 0 \le y \le 4, \sqrt{y} \le x \le 2\}$. (2) $D_2 = \{(x,y) ; 0 \le x \le 1, x^2 \le y \le x^{\frac{1}{3}}\}$.

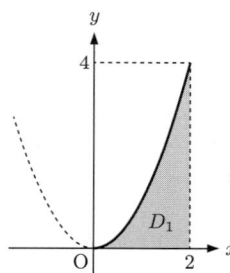

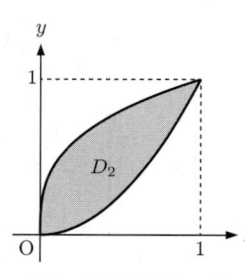

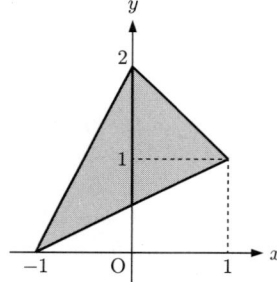

問 20.2 $\{(x,y) ; -1 \le x \le 0, \dfrac{x+1}{2} \le y \le 2x+2\} \cup \{(x,y) ; 0 \le x \le 1, \dfrac{x+1}{2} \le y \le -x+2\}$.

○●練習問題 20 ●○

20.1 $D = \{(x,y) ; 0 \le x \le \dfrac{1}{2}, 0 \le y \le 1-2x\} = \{(x,y) ; 0 \le y \le 1, 0 \le x \le \dfrac{1-y}{2}\}$ より $\iint_D y\, dxdy = \int_0^{\frac{1}{2}} \Big(\int_0^{1-2x} y\, dy\Big) dx = \int_0^1 \Big(\int_0^{\frac{1-y}{2}} y\, dx\Big) dy = \dfrac{1}{12}$.

20.2 $D = \{(x,y) ; 0 \le x \le 1, 0 \le y \le x^2\} = \{(x,y) ; 0 \le y \le 1, \sqrt{y} \le x \le 1\}$ であるから (図は省略) $\int_0^1 \Big(\int_0^{x^2} f(x,y) dy\Big) dx = \int_0^1 \Big(\int_{\sqrt{y}}^1 f(x,y) dx\Big) dy$.

20.3 $D = \{(x,y) ; 0 \le y \le 4, \dfrac{y}{2} \le x \le \sqrt{y}\}$ である. $\iint_D y\, dxdy = \int_0^4 \Big(\int_{\frac{y}{2}}^{\sqrt{y}} y\, dx\Big) dy = \dfrac{32}{15}$.

◇◆演習問題 20 ◆◇

20.1 (1) 横線集合として計算する. $\iint_D xy\, dxdy = \int_0^1 \Big(\int_{y^2}^1 xy\, dx\Big) dy = \dfrac{1}{6}$. (2) 横線集合のままでは計算が難しい. 縦線集合で表して計算する. $D = \{(x,y) ; 0 \le x \le 1, 0 \le y \le \sqrt{x}\}$ より $\iint_D \dfrac{y}{1+x^2} dxdy = \int_0^1 \Big(\int_0^{\sqrt{x}} \dfrac{y}{1+x^2} dy\Big) dx = \int_0^1 \Big(\dfrac{1}{1+x^2}\Big[\dfrac{y^2}{2}\Big]_0^{\sqrt{x}}\Big) dx = \int_0^1 \dfrac{x}{2(1+x^2)} dx = \dfrac{1}{4}\Big[\log(1+x^2)\Big]_0^1 = \dfrac{1}{4}\log 2$.

20.2 (1) $\int_0^4 \Big(\int_{\sqrt{x}}^2 \dfrac{3}{1+x^3} dx\Big) dy = \int_0^2 \Big(\int_0^{x^2} \dfrac{3}{1+x^3} dy\Big) dx = 2\log 3$, (2) $\int_0^1 \Big(\int_y^1 e^{x^2} dx\Big) dy =$

$\int_0^1 \Big(\int_0^x e^{x^2} dy\Big) dx = \dfrac{e-1}{2}$, (3) $\int_1^e \Big(\int_0^{\log x} y\, dy\Big) dx = \int_0^1 \Big(\int_{e^y}^e y\, dx\Big) dy = \dfrac{e-2}{2}$.

20.3 $\iiint_\Omega y\, dxdydz = \int_0^1 \Big(\int_x^1 \Big(\int_y^1 y\, dz\Big) dy\Big) dx = \dfrac{1}{12}$.

20.4 (1) $\int_a^b dx \int_a^x f(y)\, dy = \int_a^b dy \int_y^b f(y)\, dx = \int_a^b (b-y) f(y)\, dy = \int_a^b (b-x) f(x)\, dx$.

(2) $\int_a^b dx \int_a^x dy \int_a^y f(z)\, dz = \int_a^b dz \int_z^b dy \int_y^b f(z)\, dx = \int_a^b dz \int_z^b (b-y) f(z)\, dy = \int_a^b \dfrac{(b-z)^2}{2} f(z)\, dz$.

—— 21章 変数変換 ——

問 21.1 (1) $-\alpha^2 - 3\alpha$. (2) $\alpha \neq 0, -3$.

問 21.2 $x_r = \cos\theta,\ x_\theta = -r\sin\theta,\ y_r = \sin\theta,\ y_\theta = r\cos\theta$ より $x_r y_\theta - x_\theta y_r = r\cos^2\theta + r\sin^2\theta = r$.

問 21.3 $\iiint_V dxdydz = \int_0^R \Big(\int_0^\pi \Big(\int_0^{2\pi} r^2 \sin\theta\, d\varphi\Big) d\theta\Big) dr = \dfrac{4\pi R^3}{3}$.

○●練習問題 21 ●○

21.1 (1) $E = \{(u,v)\,;\ 0 \le u \le 3,\ 0 \le v \le 2\}$. (2) $x = \dfrac{u+v}{6},\ y = \dfrac{u-2v}{3},\ J = -\dfrac{1}{6}$. (3) $\dfrac{1}{4}$.

21.2 (1) $E = \{(u,v)\,;\ 0 \le u \le 2,\ 0 \le v \le 1\}$. (2) $x = \dfrac{u+v}{2},\ y = \dfrac{u-v}{2},\ J = -\dfrac{1}{2}$. (3) $\dfrac{\log 3}{4}$.

21.3 誤りは，対応する集合が正しくないこととヤコビ行列式は絶対値で考えないといけないことである．$E = \{(u,v)\,;\ 0 \le u \le 1,\ 0 \le v \le 1\}$ に対応するのは $D = \{(x,y)\,;\ 0 \le x \le y,\ 0 \le y \le 1\}$ である．正しい変数変換の計算は $\int_0^1 \Big(\int_0^y y\, dx\Big) dy = \iint_D y\, dxdy = \iint_E u|J|\, dudv = \int_0^1 \Big(\int_0^1 u^2\, du\Big) dv = \dfrac{1}{3}$ である．

21.4 $J = \begin{vmatrix} x_r & x_\theta & x_\varphi \\ y_r & y_\theta & y_\varphi \\ z_r & z_\theta & z_\varphi \end{vmatrix} = \begin{vmatrix} \sin\theta\cos\varphi & r\cos\theta\cos\varphi & -r\sin\theta\sin\varphi \\ \sin\theta\sin\varphi & -r\cos\theta\sin\varphi & r\sin\theta\cos\varphi \\ \cos\theta & -r\sin\theta & 0 \end{vmatrix} = r^2 \sin\theta$

◇◆演習問題 21 ◆◇

21.1 (1) $E = \{(u,v)\,;\ \dfrac{1}{2} \le u \le 1,\ -1 \le v \le 1\}$. $u = \dfrac{x+y}{2},\ v = \dfrac{x-y}{x+y}$ として D の境界である 4 つの線分に対応する (u,v) の関係式を求めるとよい．E の 4 つの頂点 $(\dfrac{1}{2}, \pm 1),\ (1, \pm 1)$ が D の 4 つの頂点 $(1,0), (0,1), (2,0), (0,2)$ に移る．
(2) $J = -2u$ より $\iint_D \exp\Big(\dfrac{x-y}{x+y}\Big) dxdy = \iint_E e^v |-2u|\, dudv = \dfrac{3}{4}(e - e^{-1})$.

21.2 $u = x+y,\ v = x-y$ と変換すると，対応する集合は $E = \{(u,v)\,;\ 0 \le u \le \pi,\ 0 \le v \le 2\pi\}$ であり，ヤコビ行列式は $-\dfrac{1}{2}$ である．よって $\iint_D \sin(x+2y)\, dxdy = \dfrac{1}{2} \iint_E \sin\Big(\dfrac{3u}{2} - \dfrac{v}{2}\Big) dudv = \dfrac{4}{3}$.

21.3 極座標変換をすると $\iiint_E r^2 \sin^2\theta \cos^2\theta \cdot r^2 \sin\theta\, d\varphi d\theta dr = \Big(\int_1^3 r^4\, dr\Big)\Big(\int_0^\pi \sin^3\theta\, d\theta\Big)\Big(\int_0^{2\pi} \cos^2\varphi\, d\varphi\Big) = \dfrac{968}{15}\pi$.

21.4 (1) $x = r\cos\theta,\ y = r\sin\theta$ を代入すれば $r^3\cos^3\theta - 3r^2\cos\theta\sin\theta + r^3\sin^3\theta$ である．r について整理すればよい．(2) 例題 21.3 を使う $|D| = \dfrac{1}{2}\int_0^{\pi/2} r^2 d\theta = \dfrac{1}{2}\int_0^{\pi/2} \dfrac{9\cos^2\theta \sin^2\theta}{(\cos^3\theta + \sin^3\theta)^2} d\theta = \dfrac{9}{2}\int_0^\infty \dfrac{t^2}{(1+t^3)^2} dt = \dfrac{3}{2}$ ($t = \tan\theta$ の変換をした)．

—— 22章 広義重積分 ——

問 22.1 (1) $\lim_{n\to\infty} \iint_{D_n} (x^2+y^2)^{-\frac{1}{2}} dxdy = \lim_{n\to\infty} 2\pi \int_{\frac{1}{n}}^1 r^{-1} r\, dr = \lim_{n\to\infty} 2\pi \Big(1 - \dfrac{1}{n}\Big) = 2\pi$.

(2) $\lim_{n\to\infty} \iint_{\Omega_n} (1-x^2-y^2)^{-\frac{1}{2}} dxdy = \lim_{n\to\infty} 2\pi \int_0^{1-\frac{1}{n}} (1-r^2)^{-\frac{1}{2}} r\, dr = \lim_{n\to\infty} 2\pi\Big(1 - \sqrt{\dfrac{2}{n} - \dfrac{1}{n^2}}\Big) = 2\pi$

○●練習問題 22 ●○

22.1 (1) $D_n = \{(x,y)\,;\ \dfrac{1}{n} \le x \le 1,\ 0 \le y \le x - \dfrac{1}{n}\}$. $\{(x,y)\,;\ 0 \le y \le 1 - \dfrac{1}{n},\ y + \dfrac{1}{n} \le x \le 1\}$ でもよい．(2) 前者を使うと $\lim_{n\to\infty} \iint_{D_n} \dfrac{1}{\sqrt{x-y}} dxdy = \lim_{n\to\infty} \int_{\frac{1}{n}}^1 \Big(\int_0^{x-\frac{1}{n}} \dfrac{1}{\sqrt{x-y}} dy\Big) dx = \dfrac{4}{3}$.

22.2 (1) $\alpha \neq 1, 2$ のとき $\dfrac{1}{(1-\alpha)(2-\alpha)}\Big((1+2n)^{2-\alpha} - 2(1+n)^{2-\alpha} + 1\Big)$.
$\alpha = 1$ のとき $(1+2n)\log(1+2n) - 2(1+n)\log(1+n)$. $\alpha = 2$ のとき $2\log(n+1) - \log(1+2n)$.
(2) (1) より $\alpha > 2$ のとき $\dfrac{1}{(1-\alpha)(2-\alpha)}$ に収束する．$0 < \alpha \le 2$ は発散．

22.3 (1) $\iint_{D_n} \frac{1}{(1+x^2+y^2)^\alpha} dxdy = 2\pi \int_0^n \frac{r}{(1+r^2)^\alpha} dr = \pi \int_0^{n^2} (1+u)^{-\alpha} du$ であるから $\alpha \neq 1$ のとき $\frac{\pi}{1-\alpha}\left((1+n^2)^{1-\alpha} - 1\right)$. $\alpha = 1$ のとき $\pi \log(1+n^2)$. (2) (1) より $\alpha > 1$ のとき収束し，その値は $\frac{\pi}{\alpha-1}$.

22.4 (1) $u = \sqrt{\alpha}x$ の変換をすると $\int_{-\infty}^\infty e^{-\alpha x^2} dx = \frac{1}{\sqrt{\alpha}} \int_{-\infty}^\infty e^{-u^2} du = \sqrt{\frac{\pi}{\alpha}}$.
(2) $\iint_{\mathbb{R}^2} e^{-3x^2-6y^2} dxdy = \left(\int_{-\infty}^\infty e^{-3x^2} dx\right)\left(\int_{-\infty}^\infty e^{-6y^2} dy\right) = \frac{\pi}{\sqrt{18}}$.

◇◆ 演習問題 22 ◆◇

22.1 $A = \begin{pmatrix} 5 & -\sqrt{2} \\ -\sqrt{2} & 4 \end{pmatrix}$ である．固有値は 3, 6. (2) $5x^2 - 2\sqrt{2}xy + 4y^2 = (\begin{pmatrix} x \\ y \end{pmatrix}, A\begin{pmatrix} x \\ y \end{pmatrix}) = (P\begin{pmatrix} u \\ v \end{pmatrix}, AP\begin{pmatrix} u \\ v \end{pmatrix}) = (\begin{pmatrix} u \\ v \end{pmatrix}, P^{-1}AP\begin{pmatrix} u \\ v \end{pmatrix}) = (\begin{pmatrix} u \\ v \end{pmatrix}, \begin{pmatrix} \lambda_1 & 0 \\ 0 & \lambda_2 \end{pmatrix}\begin{pmatrix} u \\ v \end{pmatrix}) = \lambda_1 u^2 + \lambda_2 v^2$.
(3) $\begin{pmatrix} x \\ y \end{pmatrix} = P\begin{pmatrix} u \\ v \end{pmatrix}$ の変換で $\mathbb{R}^2$ は同じ $\mathbb{R}^2$ に移り，この変換のヤコビ行列式は P の行列式である．直交行列の行列式は ± 1 であるから，絶対値は 1 なので (3) の等式が成り立つ．$\lambda_1 = 3$, $\lambda_2 = 6$ なので積分の値は練習問題 22.4 より $\pi/\sqrt{18}$.

22.2 $\iint_D |g(x,y)| dxdy \leq \iint_D |f(x-y)| dxdy = 2\pi \int_{-\infty}^\infty |f(u)| du < \infty$ より広義重積分可能である．$D_n := \{(x,y); 0 \leq y \leq 2\pi, -n+y \leq x \leq n+y\}$ とすると $\{D_n\}$ は D の近似増加列の 1 つである．重積分可能性から $\iint_D g(x,y) dxdy = \lim_{n\to\infty} \iint_{D_n} g(x,y) dxdy$ であり，$\iint_{D_n} g(x,y) dxdy = \int_0^{2\pi} \left(\int_{-n+y}^{n+y} f(x-y) dx\right) dy = \left(\int_{-n}^n f(u) du\right)\left(\int_0^{2\pi} \cos y \, dy\right) = 0$ なので，求める積分値も 0 になる．

—— 23 章 曲線の解析 (長さと曲率) ——

問 23.1 $x(t) = t$, $y(t) = f(t)$ のとき $x'(t)^2 + y'(t)^2 = 1 + f'(t)^2 \neq 0$ である．
問 23.2 単位接ベクトルは $(-\sin t, \cos t)$. (外向き) 単位法ベクトルは $(\cos t, \sin t)$.
問 23.3 $(R, 0)$ における接線は $x = R$, 法線は $y = 0$. $(-R, 0)$ における接線は $x = -R$, 法線は $y = 0$.
問 23.4 直線は $x(t) = t$, $y(t) = at + b$ として (23.18) を計算すれば $\kappa(t) = 0$ である．円は $x(t) = R\cos t$, $y(t) = R\sin t$ として計算すると $\kappa(t) = \frac{1}{R}$ である．

練習問題 23

23.1 (1) $\int_0^{\pi/2} \sqrt{x'(t)^2 + y'(t)^2} dt = \int_0^{\pi/2} 1 \, dt = \frac{\pi}{2}$. (2) $\int_0^{\sqrt{\pi/2}} \sqrt{x'(t)^2 + y'(t)^2} dt = \int_0^{\sqrt{\pi/2}} 2t \, dt = \frac{\pi}{2}$.

23.2 $x(t) = t$, $y(t) = f(t)$ とすれば，接線は $f'(a)(x-a) - (y - f(a)) = 0$ であり，法線は $(x-a) + f'(a)(y - f(a)) = 0$ である．これらは $y = f'(a)(x-a) + f(a)$, $y = -\frac{1}{f'(a)}(x-a) + f(a)$ と書ける (ただし最後の式は $f'(a) \neq 0$ とする，$f'(a) = 0$ のとき法線は $x = a$ である).

23.3 長さは $\int_0^{2\pi} \sqrt{2a^2(1-\cos t)} dt = 2a \int_0^{2\pi} \left|\sin \frac{t}{2}\right| dt = 4a \int_0^\pi \sin\frac{t}{2} dt = 8a$. 接線と法線は $x(t) = a(t - \sin t)$, $y(t) = a(1 - \cos t)$ を (23.15) と (23.16) に代入すればよい (表記が複雑なので解は省略).

23.4 $f(\theta) = a(1 + \cos\theta)$ に (23.11) を使うと，長さは $\int_0^{2\pi} \sqrt{2a^2(1+\cos\theta)} d\theta = 2a \int_0^{2\pi} \left|\cos\frac{\theta}{2}\right| d\theta = 4a \int_0^\pi \cos\frac{\theta}{2} d\theta = 8a$. 接線と法線は $x(t) = f(t)\cos t = a(1+\cos t)\cos t$, $y(t) = f(t)\sin t = a(1+\cos t)\sin t$ を (23.15) と (23.16) に代入すればよい (表記が複雑なので解は省略).

◇◆ 演習問題 23 ◆◇

23.1 (1) $x'(t)^2 + y'(t)^2 = 9a^2 \cos^2 t \sin^2 t$ より，長さは $3a \int_0^{2\pi} \sqrt{\cos^2 t \sin^2 t} \, dt = 12a \int_0^{\pi/2} \cos t \sin t \, dt = 6a$.
(2) $y''(t)x'(t) - x''(t)y'(t) = -9a^2 \cos^2 t \sin^2 t$ より，曲率は $\frac{-9a^2 \cos^2 t \sin^2 t}{27a^3 \cos^3 t \sin^3 t} = -\frac{1}{3a \cos t \sin t}$.

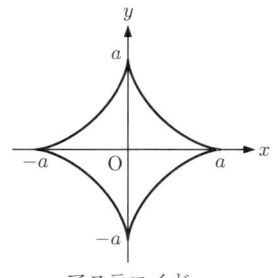

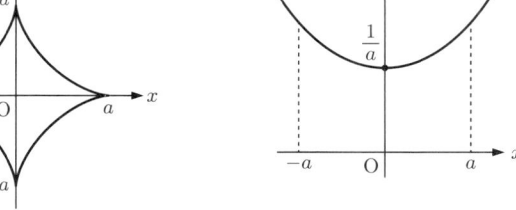

アステロイド　　　　　　　　　カテナリー

23.2 $\sqrt{1+f'(x)^2} = \cosh\frac{x}{a}$ なので，長さは $\int_{-a}^{a} \cosh\frac{x}{a}\,dx = a\left[\sinh\frac{x}{a}\right]_{-a}^{a} = a(e-e^{-1})$．$y=f(x)$ のときの曲率は $y''(1+y'^2)^{-\frac{3}{2}}$ で与えられる．$y'=\sinh\frac{x}{a}$, $y''=\frac{1}{a}\cosh\frac{x}{a}$ より $\kappa(x) = \dfrac{1}{a\cosh^2\frac{x}{a}}$.

23.3 $f''(t_0) = 0$ を整理すると $r(y''(t_0)x'(t_0) - x''(t_0)y'(t_0)) = \|N(t_0)\|^2(x'(t_0)^2 + y'(t_0)^2)$ となる．$\|N(t_0)\|^2 = x'(t_0)^2 + y'(t_0)^2$ より $r = 1/|\kappa(t_0)|$ がわかる．

23.4 $0 < a < 1$ とすると $\int_a^1 \sqrt{1+f'(x)^2}\,dx \geq \int_a^1 |f'(x)|\,dx \geq \int_a^1 \left|\dfrac{\cos(1/x)}{x}\right|\,dx - 1$ となる．最後の項の積分は $x=\frac{1}{t}$ の変数変換で $\int_1^{\frac{1}{a}}\left|\dfrac{\cos t}{t}\right|\,dt$ となるが，これは $a \to 0$ のとき ∞ に発散する（この事実については 39 章問題 [11](6) を参照せよ）．

23.5 (1) $x(t) = a\cos t$, $y(t) = b\sin t$ であるから，曲率は $\dfrac{ab}{(a^2\sin^2 t + b^2\cos^2 t)^{3/2}}$.

(2) $\int_0^{2\pi}\sqrt{a^2\sin^2 t + b^2\cos^2 t}\,dt = a\int_0^{2\pi}\sqrt{1-k^2\cos^2 t}\,dt = a\int_0^{2\pi}\sqrt{1-k^2\sin^2\theta}\,d\theta$ である．ここで $k = (a^2-b^2)^{\frac{1}{2}}/a$ である．最後の等式は $\theta = \frac{\pi}{2} - t$ の変換による．

23.6 陰関数定理（定理 18.1）から曲線 $f(x,y)=0$ は $x=a$ の近くで $y = \varphi(x)$ と表すことができ，この曲線は $(t, \varphi(t))$ とパラメータ表示される．よって，(18.4), (18.5) に注意して，(23.13), (23.14) および (23.18) を使えばよい．

24 章 線積分とグリーンの公式

問 24.1 $\int_C x\,dx = \int_0^2 t\,dt = 2$, $\int_C x\,dy = \int_0^2 t\cdot 2\,dt = 4$, $\int_C x\,ds = \int_0^2 t\cdot\sqrt{5}\,dt = 2\sqrt{5}$

問 24.2 $\mathrm{div}\,\boldsymbol{F} = f_{xx} + f_{yy} = \Delta f$, $\mathrm{rot}\,\boldsymbol{F} = f_{yx} - f_{xy} = 0$.

問 24.3 (24.16) は (24.11) から，左辺 $= \iint_D (Q_x - P_y)\,dxdy = \int_C P\,dx + Q\,dy = \int_a^b \bigl(P(x(t),y(t))x'(t) + Q(x(t),y(t))y'(t)\bigr)\,dt = \int_a^b \left(\dfrac{P(x(t),y(t))x'(t)}{\sqrt{x'(t)^2 + y'(t)^2}} + \dfrac{Q(x(t),y(t))y'(t)}{\sqrt{x'(t)^2 + y'(t)^2}}\right)\sqrt{x'(t)^2 + y'(t)^2}\,dt = $ 右辺．また，$\boldsymbol{G} := (-Q, P)$ とすると $\mathrm{div}\,\boldsymbol{F} = \mathrm{rot}\,\boldsymbol{G}$ かつ $(\boldsymbol{F}, \boldsymbol{n}) = (\boldsymbol{G}, \boldsymbol{t})$ である．$\boldsymbol{G}$ について (24.16) を使えば (24.17) を得る．

○●練習問題 24 ●○

24.1 $P(x,y) = 0$, $Q(x,y) = x$ にグリーンの公式を使うと最初の等号が得られ，$P(x,y) = -y$, $Q(x,y) = 0$ にグリーンの公式を使うと 2 番目の等号がわかる．最後は 2 つの等式を足して 2 で割った．

24.2 $x_1(t) = x(a+b-t)$, $y_1(t) = y(a+b-t)$ は $-C$ の媒介変数表示である．$u = a+b-t$ の変数変換から，$\int_{-C} f(x,y)\,dx = \int_a^b f(x_1(t), y_1(t))x_1'(t)\,dt = \int_b^a f(x(u), y(u))(-x'(u))(-du) = -\int_C f(x,y)\,dx$ および $\int_{-C} f(x,y)\,dy = \int_a^b f(x_1(t), y_1(t))y_1'(t)\,dt = \int_b^a f(x(u), y(u))(-y'(u))(-du) = -\int_C f(x,y)\,dy$ である．また，$\int_{-C} f(x,y)\,ds = \int_a^b f(x_1(t), y_1(t))\sqrt{x_1'(t)^2 + y_1'(t)^2}\,dt = \int_b^a f(x(u), y(u))\sqrt{x'(u)^2 + y'(u)^2}\,(-du) = \int_C f(x,y)\,ds$ である．

◇◆演習問題 24 ◆◇

24.1 $\boldsymbol{n} = (n_1, n_2)$, $\mathrm{P} = (x,y)$ のとき $\displaystyle\lim_{h\to 0}\dfrac{f(x+hn_1, y+hn_2) - f(x,y)}{h} = n_1 f_x(x,y) + n_2 f_y(x,y)$.

24.2 $\boldsymbol{F} = (gf_x, gf_y)$ のとき $\mathrm{div}\,\boldsymbol{F} = g\Delta f + (\nabla f, \nabla g)$ であるから，(24.17) より (24.20) を得る（$\boldsymbol{F} = (-gf_y, gf_x)$ として (24.16) を使ってもよい）．f, g を入れ替えた等式の差をとると (24.21) になる．

24.3 $x(\theta) = a(1+\cos\theta)\cos\theta$, $y(\theta) = a(1+\cos\theta)\sin\theta$ に練習問題 24.1 の前式から計算できるが，対称性

を考慮した最後の式の方が計算は簡単になる. $|D| = \dfrac{1}{2}\displaystyle\int_C x\,dy - y\,dx = \dfrac{a^2}{2}\int_0^{2\pi}(1+\cos\theta)^2 d\theta = \dfrac{3}{2}\pi a^2$.

24.4 前問と同様に $|D| = \dfrac{1}{2}\displaystyle\int_C x\,dy - y\,dx = \dfrac{3}{2}a^2\int_0^{2\pi}\sin^2 t\cos^2 t\,dt = \dfrac{3}{8}\pi a^2$.

24.5 (1) $\boldsymbol{F} = (P, Q)$ のとき $\mathrm{rot}\,\boldsymbol{F} = Q_x - P_y = 0$ である. (2) C_2 を $x(t) = r\cos t,\ y(t) = r\sin t$ $(0 \le t \le \frac{\pi}{4})$ とすれば $\left|\displaystyle\int_{C_2} P\,dx + Q\,dy\right| \le r\int_0^{\frac{\pi}{4}} e^{-r^2\sin 2t}|\sin(t+r^2\cos 2t)|\,dt \le r\int_0^{\frac{\pi}{4}} e^{-\left(\frac{4r^2}{\pi}\right)t}\,dt \le \dfrac{\pi}{4r}\left(1 - e^{-r^2}\right) \to 0\ (r \to \infty)$. なお，2 つ目の不等号ではジョルダンの不等式 $(\sin 2t \ge \frac{4t}{\pi})$ を使った.

(3) C_1 は $x(t) = t,\ y(t) = 0\ (0 \le t \le r)$ なので $\displaystyle\int_{C_1} P\,dx + Q\,dy = \int_0^r \cos(t^2)\,dt$, $-C_3$ は $x(t) = y(t) = \dfrac{t}{\sqrt{2}}\ (0 \le t \le r)$ より $\displaystyle\int_{C_3} P\,dx + Q\,dy = -\int_{-C_3} P\,dx + Q\,dy = -\dfrac{1}{\sqrt{2}}\int_0^r e^{-t^2}\,dt \to -\dfrac{\sqrt{\pi}}{2\sqrt{2}}\ (r \to \infty)$ である. よって $\displaystyle\int_0^r \cos(t^2)\,dt = \int_{C_1} P\,dx + Q\,dy = -\int_{C_2} P\,dx + Q\,dy - \int_{C_3} P\,dx + Q\,dy \to \dfrac{\sqrt{\pi}}{2\sqrt{2}}\ (r \to \infty)$.

24.6 (1) L と $-L_1$ を結んだ閉曲線を C とし, C が囲む領域を D_1 とする. L, L_1 は折れ線なので D_1 は有限個の多角形の和になる. 各多角形でグリーンの公式を用いると $P_y = Q_x$ より $\displaystyle\int_L P\,dx + Q\,dy - \int_{L_1} P\,dx + Q\,dy = \int_C P\,dx + Q\,dy = \iint_{D_1}(Q_x - P_y)\,dxdy = 0$ である. (2) $G_x = P$, $G_y = Q$ ならば $P_y = (G_x)_y = G_{xy} = G_{yx} = (G_y)_x = Q_x$ が成り立つ. 逆に $P_y = Q_x$ 成り立つとき (1) によって $F(x,y)$ が定まる. このとき $\nabla F = (P, Q)$ である. 実際, $(x,y) \in D$ を任意にとる. $|h|$ が十分小さいとき $(0,0)$ と $(x+h, y)$ を結ぶ線分を L とし $(0,0)$ と (x,y) と $(x+h, y)$ を結ぶ線分を L_1 とする. (1) の結果から $F(x+h, y) - F(x, y) = \displaystyle\int_0^1 P(x+ht, y)\,dt$ であるから $F_x(x,y) = \lim_{h \to 0}\dfrac{F(x+h, y) - F(x, y)}{h} = \lim_{h \to 0}\dfrac{1}{h}\int_0^1 P(x+ht, y)\,dt = P(x, y)$. 同様に $F_y = Q$.

(3) (2) よりポテンシャル F は (1) の線積分で与えられる. $(0,0)$ と (x,y) を結ぶ折れ線として $\{(t, 0)\,;\ 0 \le t \le x\}$ と $\{(x, t)\,;\ 0 \le t \le y\}$ とすれば, 線積分は (*) である. (4) $P_y = Q_x$ より (3) が使える. $F(x,y) = x^2 + \sin(xy) + e^{x+y} - 1$ (定数の違いは関係ないので最後の -1 はなくてもよい).

── 25 章 面積分とストークスの定理 ──

問 25.1 $\sigma_1(u,v) = ((x_u y_v - x_v y_u)^2 + (y_u z_v - y_v z_u)^2 + (z_u x_v - z_v x_u)^2)^{-\frac{1}{2}} = (R^4 \cos^2 u\sin^2 u + R^4 \cos^2 v\sin^4 u + R^4 \sin^4 u\sin^2 v)^{-\frac{1}{2}} = R^2 \sin u$. $\sigma_2(u, v) = ((x_u y_v - x_v y_u)^2 + (y_u z_v - y_v z_u)^2 + (z_u x_v - z_v x_u)^2)^{-\frac{1}{2}} = (1 + u^2/(R^2 - u^2 - v^2) + v^2/(R^2 - u^2 - v^2))^{-\frac{1}{2}} = R(R^2 - u^2 - v^2)^{-\frac{1}{2}}$.

問 25.2 $|S| = 2\pi\displaystyle\int_0^\pi \sin^3 t\sqrt{9\sin^2 t\cos^2 t}\,dt = 12\pi\int_0^{\frac{\pi}{2}} \sin^4 t\cos t\,dt = 12\pi\int_0^1 u^4\,du = \dfrac{12\pi}{5}$, $|V| = 3\pi\displaystyle\int_0^\pi \sin^7 t\cos^2 t\,dt = 6\pi\int_0^{\frac{\pi}{2}} \sin^7 t(1 - \sin^2 t)\,dt = 6\pi(I_7 - I_9) = \dfrac{32\pi}{105}$ (I_n は練習問題 11.2).

問 25.3 $\mathrm{div}\,\boldsymbol{V} = 3y + 3$, $\mathrm{rot}\,\boldsymbol{V} = (0, 1, -x)$.

○●練習問題 25 ●○

25.1 問 25.1 を使う. 左辺 $= \displaystyle\iint_{D_1} R^2\sin u\,dudv = 2\pi R^2\int_0^{\frac{\pi}{2}}\sin u\,du = 2\pi R^2$, 右辺 $= \displaystyle\iint_{D_2} R(R^2 - u^2 - v^2)^{-\frac{1}{2}}\,dudv = 2\pi R\int_0^R (R^2 - r^2)^{-\frac{1}{2}} r\,dr = 2\pi R^2$.

25.2 直接定義に戻って計算すればよいが, ここでは $f(x,y,z) = -(x^2+y^2+z^2)^{-\frac{1}{2}}$ とすると $\boldsymbol{V} = (f_x, f_y, f_z)$ となる事実を使う. $\mathrm{div}\,\boldsymbol{V} = f_{xx} + f_{yy} + f_{zz} = \Delta f = 0$ である (演習問題 15.3 を参照). また, $\mathrm{rot}\,\boldsymbol{V} = ((f_z)_y - (f_y)_z, (f_x)_z - (f_z)_x, (f_y)_x - (f_x)_y) = (0, 0, 0)$.

25.3 (1) 25.2 の後半の議論と同じ. (2) $\mathrm{div}(\mathrm{rot}\,\boldsymbol{V}) = \mathrm{div}(R_y - Q_z, P_z - R_x, Q_x - P_y) = (R_y - Q_z)_x + (P_z - R_x)_y + (Q_x - P_y)_z = 0$.

25.4 極座標変換 (25.5) を使って計算する. $D_1 = \{(u, v)\,;\ 0 \le u \le \frac{\pi}{2},\ 0 \le v \le 2\pi\}$ とすれば, (1) $\displaystyle\iint_S z\,d\sigma = \iint_{D_1} R\cos u \cdot \sigma_1(u,v)\,dudv = \pi R^3$. (2) $\displaystyle\iint_S z\,dxdy = \iint_{D_1} R\cos u\cdot(x_u y_v - x_v y_u)\,dudv = \pi R^3$. (3) $\displaystyle\iint_S z\,dydz = \iint_{D_1} R\cos u\cdot(y_u z_v - y_v z_u)\,dudv = 0$. (4) $\displaystyle\iint_S dzdx = \iint_{D_1}(z_u x_v - z_v x_u)\,dudv = 0$.

25.5 $EG - F^2 = (x_u^2 + y_u^2 + z_u^2)(x_v^2 + y_v^2 + z_v^2) - (x_u x_v + y_u y_v + z_u z_v)^2 = (x_u y_v - x_v y_u)^2 + (y_u z_v - y_v z_u)^2 + (z_u x_v - z_v x_u)^2 = \sigma(u, v)^2$.

◇◆ 演習問題 25 ◆◇

25.1 $-r \leq x \leq r$ のときの $f(x) = a + \sqrt{r^2 - x^2}$ と $g(x) = a - \sqrt{r^2 - x^2}$ の 2 つの回転体として考えるとよい. 定理 25.3 より, 表面積は $2\pi \int_{-r}^{r} \left(f(x)\sqrt{1 + f'(x)^2} + g(x)\sqrt{1 + g'(x)^2} \right) dx = 8\pi a \int_0^r \frac{r}{\sqrt{r^2 - x^2}} dx = 8\pi ar \left[\arcsin \frac{x}{r} \right]_0^r = 4\pi^2 ar$. 体積は $\pi \int_{-r}^{r} (f(x)^2 - g(x)^2) dx = 8\pi a \int_0^r \sqrt{r^2 - x^2} \, dx = 8\pi a \frac{\pi r^2}{4} = 2\pi^2 ar^2$. 最後の積分は直接計算できるが半径 r の円の $\frac{1}{4}$ である事実に気づけば容易である.

25.2 曲面積は $2\pi \int_{-1}^{1} f(x)\sqrt{1 + f'(x)^2} \, dx = 2\pi \int_{-1}^{1} \cosh x \sqrt{1 + \sinh^2 x} \, dx = 4\pi \int_0^1 \cosh^2 x \, dx = \frac{\pi}{2}(e^2 + 4 - e^{-2})$. 体積は $\pi \int_{-1}^{1} \cosh^2 x \, dx = \frac{\pi}{4}(e^2 + 4 - e^{-2})$.

25.3 (25.11) を使う. 曲面積は $2\pi \int_0^{2\pi} a(1 - \cos t)\sqrt{2a^2(1 - \cos t)} \, dt = 16\pi a^2 \int_0^{\pi} \sin^3 \frac{t}{2} \, dt = \frac{64}{3}\pi a^2$. 体積は $\pi \int_0^{2\pi} a^3 (1 - \cos t)^3 \, dt = 5\pi^2 a^3$.

25.4 $\boldsymbol{V} = (gf_x, gf_y, gf_z)$ とすると $\operatorname{div} \boldsymbol{V} = g\Delta f + (\nabla f, \nabla g)$ および $(\boldsymbol{V}, \boldsymbol{n}) = g(\nabla f, \boldsymbol{n}) = g\frac{\partial f}{\partial \boldsymbol{n}}$ となるので, 後は定理 24.3 の証明と同様にすればよい.

— 26 章 基礎事項確認問題 II —

確認問題 [5]

(1) $\nabla f = (-y\sin(xy), -x\sin(xy))$, $\Delta f = -(x^2 + y^2)\cos(xy)$.

(2) (1) $f_x = \frac{3}{2}(1 + 3x - 5y)^{-\frac{1}{2}}$, $f_y = -\frac{5}{2}(1 + 3x - 5y)^{-\frac{1}{2}}$.
(2) $f_{xx} = -\frac{9}{4}(1 + 3x - 5y)^{-\frac{3}{2}}$, $f_{xy} = f_{yx} = \frac{15}{4}(1 + 3x - 5y)^{-\frac{3}{2}}$, $f_{yy} = -\frac{25}{4}(1 + 3x - 5y)^{-\frac{3}{2}}$.
(3) $1 + \frac{3}{2}x - \frac{5}{2}y - \frac{9}{8}(1 + 3\theta x - 5\theta y)^{-\frac{3}{2}}x^2 + \frac{15}{4}(1 + 3\theta x - 5\theta y)^{-\frac{3}{2}}xy - \frac{25}{8}(1 + 3\theta x - 5\theta y)^{-\frac{3}{2}}y^2$ $(0 < \theta < 1)$.
(4) $a = 1$, $b = \frac{3}{2}$, $c = -\frac{5}{2}$.

(3) (1) $x_r = \cos\theta$, $x_\theta = -r\sin\theta$, $y_r = \sin\theta$, $y_\theta = r\cos\theta$. (2) $z_r = f_x x_r + f_y y_r = f_x \cos\theta + f_y \sin\theta$, $z_\theta = f_x x_\theta + f_y y_\theta = -f_x r\sin\theta + f_y r\cos\theta$ を左辺に代入すれば等式が示される.
(3) $r = (x^2 + y^2)^{\frac{1}{2}}$, $\theta = \arctan \frac{y}{x}$ より $r_x, r_y, \theta_x, \theta_y$ を計算すればよいが, 下記も覚えておくとよい.
$\begin{pmatrix} r_x & r_y \\ \theta_x & \theta_y \end{pmatrix} = \begin{pmatrix} x_r & x_\theta \\ y_r & y_\theta \end{pmatrix}^{-1} = \frac{1}{x_r y_\theta - x_\theta y_r} \begin{pmatrix} \theta_y & -x_\theta \\ -y_\theta & x_r \end{pmatrix} = \begin{pmatrix} \frac{x}{\sqrt{x^2+y^2}} & \frac{y}{\sqrt{x^2+y^2}} \\ -\frac{y}{x^2+y^2} & \frac{x}{x^2+y^2} \end{pmatrix}$

(4) $\kappa(t) = \frac{-4\sin 2t}{(1 + 4\cos^2 2t)^{3/2}}$ である. $f(x) = -4x(1 + 4(1 - x^2))^{-\frac{3}{2}}$ は $-1 \leq x \leq 1$ で単調減少なので, $f(-1) = 4$ が最大値で $f(1) = -4$ が最小値. これより κ の最大値も 4 で最小値は -4 である.

(5) (1) $z = -2e^{-2}x - e^{-2}y + 4e^{-2}$. (2) $f_x = f_y = 0$ を解いて $\left(0, \pm \frac{1}{\sqrt{2}} \right)$.
(3) $\left(0, \frac{1}{\sqrt{2}} \right)$ で極大値 $\frac{1}{\sqrt{2e}}$, $\left(0, -\frac{1}{\sqrt{2}} \right)$ で極小値 $-\frac{1}{\sqrt{2e}}$.

確認問題 [6]

(1) (1) $f_x(x, y) = \frac{y^5 - x^2 y^3}{(x^2 + y^2)^2}$, $f_y(x, y) = \frac{3x^3 y^2 + xy^4}{(x^2 + y^2)^2}$.
(2) $f_x(0, 0) = \lim_{h \to 0} \frac{f(h, 0) - f(0, 0)}{h} = 0$, $f_y(0, 0) = \lim_{k \to 0} \frac{f(0, k) - f(0, 0)}{k} = 0$.
(3) 原点について調べる. 極座標を使うと $\lim_{(x,y) \to (0,0)} f_x(x, y) = \lim_{r \to 0} r(\cos^5\theta - \cos^2\theta \sin^3\theta) = 0 = f_x(0, 0)$ より連続である. 同様に f_y も $(0, 0)$ で連続になるので f は C^1 級である.
(4) (1), (2) より $f_{xy}(0, 0) = \lim_{k \to 0} \frac{f_x(0, k) - f_x(0, 0)}{k} = 1$, $f_{yx}(0, 0) = \lim_{h \to 0} \frac{f_y(h, 0) - f_y(0, 0)}{h} = 0$.

(2) 条件から $f_{xx} + f_{yy} = 0$, $f_x^2 + f_y^2 = 1$ が成り立つ. 後式を x, y で偏微分すると $2f_x f_{xx} + 2f_y f_{yx} = 0$, $2f_x f_{xy} + 2f_y f_{yy} = 0$ となる. よって $0 = f_x(f_x f_{xx} + f_y f_{yx}) - f_y(f_x f_{xy} + f_y f_{yy}) = f_x^2 f_{xx} - f_y^2 f_{yy}$ である. $f_{xx} = -f_{yy}$ より $f_{xx} = f_{yy} = 0$ がわかる. さらに $f_{xy} f_x = f_{xy} f_y = 0$ と $f_x^2 + f_y^2 = 1$ から $f_{xy} = 0$ も成り立つ. よって $f_{xx} = f_{yy} = f_{xy} = 0$ であるから f は 1 次式 (詳しくは練習問題 17.1(2) を参照せよ).

(3) (1) $f_x = f_y = 0$ から $x(2 - 2x^2 - y^2) = 0$, $y(1 - 2x^2 - y^2) = 0$ を解いた $(x, y) = (0, 0), (\pm 1, 0), (0, \pm 1)$ が極値の候補の点である. (2) $(0, 0)$ で極小値 0, $(\pm 1, 0)$ で極大値 $\frac{2}{e}$. $(0, \pm 1)$ は極値でない (鞍点).

(4) (1) $F_x = F_y = F_\lambda = 0$ を解いて $(a, b, \lambda_0) = \left(\pm 1, \pm \frac{\sqrt{2}}{2}, \frac{\sqrt{2}}{4} \right)$, $\left(\pm 1, \mp \frac{\sqrt{2}}{2}, -\frac{\sqrt{2}}{4} \right)$ が候補である.
(2) $\left(\pm 1, \pm \frac{\sqrt{2}}{2}, \frac{\sqrt{2}}{4} \right)$ のとき $M < 0$ より $\left(\pm 1, \pm \frac{\sqrt{2}}{2} \right)$ で極大値 $\frac{\sqrt{2}}{2}$ をとり, $\left(\pm 1, \mp \frac{\sqrt{2}}{2}, -\frac{\sqrt{2}}{4} \right)$ のとき $M > 0$ より $\left(\pm 1, \mp \frac{\sqrt{2}}{2} \right)$ で極小値 $-\frac{\sqrt{2}}{2}$ をとる.

(5) (1) $2x^2 - xy + y^2 - 7 = 0$ と $f_y = -x + 2y = 0$ を解く. $(x,y) = \pm(2,1)$.
(2) 傾きは $-f_x(0,\sqrt{7})/f_y(0,\sqrt{7}) = \frac{1}{2}$ であるから接線は $y = \frac{1}{2}x + \sqrt{7}$.
(3) $f(x,y) = 0$, $f_x(x,y) = 0$ の解 (a,b) で $f_y(a,b) \neq 0$ となるものを求める. $(a,b) = \pm\left(\frac{\sqrt{2}}{2}, 2\sqrt{2}\right)$.
(4) $f_{xx}(a,b)/f_y(a,b)$ が正なら, 極大値, 負ならば極小値である. $(a,b) = \left(\frac{\sqrt{2}}{2}, 2\sqrt{2}\right)$ のとき $x = \frac{\sqrt{2}}{2}$ で極大値 $2\sqrt{2}$ をとる. $(a,b) = \left(-\frac{\sqrt{2}}{2}, -2\sqrt{2}\right)$ のとき $x = -\frac{\sqrt{2}}{2}$ で極小値 $-2\sqrt{2}$ である.
(5) 楕円を回転した図形 (図は下左図). 一般に x,y の 2 次式 $= 0$ の形で与えられる曲線は (直線にならなければ) 楕円か放物線か双曲線である (線形代数学で学ぶ).
(6) (1) 演習問題 19.1 と同様にして $\int_0^x \left(\int_0^y f_{xy}\,dy\right)dx = f(x,y) - f(x,0) - f(0,y) + f(0,0)$ が成り立つので $f_{xy} = 0$ ならば $f(x,y) = f(x,0) + f(0,y) - f(0,0)$ である. $g(x) = f(x,0) - f(0,0)$, $h(y) = f(0,y)$ とすればよい. (2) $u = x + y$, $v = x - y$ とすると, $x = \frac{u+v}{2}$, $y = \frac{u-v}{2}$ である. $F(u,v) := f(\frac{u+v}{2}, \frac{u-v}{2})$ とする. 連鎖律の計算から $F_{uv} = \frac{1}{2}(f_x + f_y)_v = \frac{1}{4}(f_{xx} - f_{yy}) = 0$ である. (1) の結果から $F(u,v) = g(u) + h(v)$ と書けて, $f(x,y) = F(u,v) = g(u) + h(v) = g(x+y) + h(x-y)$ である.

確認問題 [7]

(1) (1) 加法定理より $\sin(x+2y) = \sin x \cos(2y) + \cos x \sin(2y)$ と変形して積分してもよいが, 直接計算すると
$\iint_D \sin(x+2y)\,dxdy = \int_a^b \left(\int_c^d \sin(x+2y)\,dy\right)dx = \frac{1}{2}\big(\sin(b+2c) - \sin(b+2d) + \sin(a+2d) - \sin(a+2c)\big)$.
(2) $\iint_D x\,dxdy = \int_0^a \left(\int_0^{\frac{\pi}{2}} r\cos\theta\,d\theta\right)r\,dr = \frac{a^3}{3}$.
(2) (1) $D = \{(x,y)\,;\, 0 \leq y \leq 4,\, \frac{y}{2} \leq x \leq 2\}$ (図は省略). (2) $D = \{(x,y)\,;\, 0 \leq x \leq 2,\, 0 \leq y \leq 2x\}$.
(3) $\int_0^2 \left(\int_0^{2x} \frac{1}{1+x^2}\,dy\right)dx = \int_0^2 \frac{2x}{1+x^2}\,dx = \big[\log(1+x^2)\big]_0^2 = \log 5$.
(3) (1), (2) は下中図. (3) 食パンの体積は薄切りにしたパンを足し合わせたもの (の極限) である.

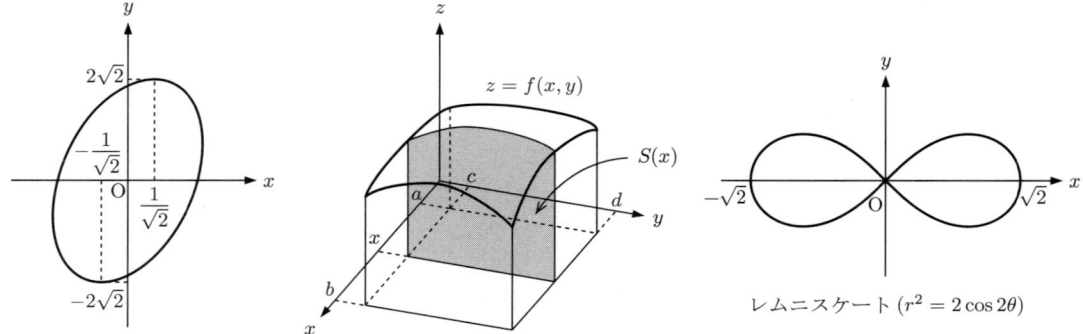

レムニスケート $(r^2 = 2\cos 2\theta)$

(4) (1) $((x-1)^2 + y^2)((x+1)^2 + y^2) = 1$ を展開して整理すれば $(x^2 + y^2)^2 = 2(x^2 - y^2)$ である.
(2) $x = r\cos\theta$, $y = r\sin\theta$ を代入して $r^4 = 2r^2(\cos^2\theta - \sin^2\theta)$ より $r^2 = 2\cos 2\theta$ となる. なお, 左辺は非負であるから $\cos 2\theta \geq 0$ より $-\frac{\pi}{4} \leq \theta \leq \frac{\pi}{4}$, $\frac{3\pi}{4} \leq \theta \leq \frac{5\pi}{4}$ の範囲になる. 概略は上右図.
(3) 例題 21.3 を使う. 片方の面積は $\frac{1}{2}\int_{-\frac{\pi}{4}}^{\frac{\pi}{4}} r^2 d\theta = \int_{-\frac{\pi}{4}}^{\frac{\pi}{4}} \cos 2\theta\,d\theta = 1$ より $|D| = 2$ である.
(5) (1) $\int_0^2 t\,dt = 2$ (2) $\int_0^2 t(2t)\,dt = \frac{16}{3}$ (3) $\int_0^2 t\sqrt{1+4t^2}\,dt = \frac{1}{12}(17\sqrt{17} - 1)$.
(6) (1) C で囲まれる領域を D とする. $P = -h_y$, $Q = h_x$ として, グリーンの公式を使うと $\int_C -h_y\,dx + h_x\,dy$
$= \iint_D (h_{xx} + h_{yy})dxdy = \iint_D \Delta h\,dxdy = 0$ である. (2) $F(r)$ を r について微分すると (定理 19.3 より),
$F'(r) = \int_0^{2\pi} \frac{\partial}{\partial r}\big(h(r\cos\theta, r\sin\theta)\big)d\theta = \int_0^{2\pi} \big(h_x\cos\theta + h_y\sin\theta\big)d\theta = \int_C h_x\,dy - h_y\,dx = 0$.
(3) (2) より $F(r) = c$ (定数関数) である. さらに h の連続性から $c = \lim_{r\to 0} F(r) = \lim_{r\to 0}\int_0^{2\pi} h(r\cos\theta, r\sin\theta)\,d\theta = 2\pi h(0,0)$ となる (最後の等号は正確には ε-δ 論法による. 演習問題 31.3 を見よ).

確認問題 [8]

(1) (1) $E = \{(u,v)\,;\, 0 \leq u \leq 2,\, 1 \leq v \leq 3\}$ (図は省略). (2) $x = \frac{v-2u}{5}$, $v = \frac{u+2v}{5}$, $J = -\frac{1}{5}$.
(3) $\iint_D (x+2y)\,dxdy = \frac{1}{5}\iint_E v\,dudv = \frac{8}{5}$.
(2) (1) $-\frac{1}{2}e^{-x^2}$. (2) $\iint_{D_n} e^{-(x^2+y^2)}\,dxdy = \int_0^{2\pi}\left(\int_0^n re^{-r^2}\,dr\right)d\theta = \pi\left(1 - e^{-n^2}\right)$. (3) 例題 22.1 と同

様. $\left(\int_{-\infty}^{\infty} e^{-x^2} dx\right)^2 = \iint_{\mathbb{R}^2} e^{-(x^2+y^2)} dx dy = \lim_{n\to\infty} \iint_{D_n} e^{-(x^2+y^2)} dx dy = \pi$ より $\int_{-\infty}^{\infty} e^{-x^2} dx = \sqrt{\pi}$.

(3) (1) $C_1 : x(t) = t, y(t) = c \ (a \leq t \leq b)$, $C_2 : x(t) = b, y(t) = t \ (c \leq t \leq d)$, $C_3 : x(t) = b + a - t, y(t) = d \ (a \leq t \leq b)$, $C_4 : x(t) = a, y(t) = c + d - t \ (c \leq t \leq d)$.

(2) $(*)$ の右辺 $= \sum_{k=1}^{4} \int_{C_k} P \, dx + Q \, dy = \int_a^b \big(P(t,c) - P(b+a-t,d)\big) dt + \int_c^d \big(Q(b,t) - Q(a,c+d-t)\big) dt$
$= \int_a^b \big(P(t,c) - P(t,d)\big) dt + \int_c^d \big(Q(b,t) - Q(a,t)\big) dt$. (3) $(*)$ の左辺 $= \int_c^d \Big(\int_a^b Q_x(x,y) \, dx\Big) dy -$
$\int_a^b \Big(\int_c^d P_y(x,y) \, dy\Big) dx = \int_c^d \big(Q(b,y) - Q(a,y)\big) dy - \int_a^b \big(P(x,d) - P(x,c)\big) dx = (*)$ の右辺.

(4) (1) $\int_0^{2\pi} \cos^2 t \sin t \, dt = -\frac{1}{3}\big[\cos^3 t\big]_0^{2\pi} = 0$.

(2) $(**) = \int_0^{2\pi} \big((1 - \sin^2 t)(-\sin t) + 3(\cos t \sin t) \cos t\big) dt = 2 \int_0^{2\pi} \cos^2 t \sin t \, dt = 0$.

(3) $P(x,y) = 1 - y^2, Q(x,y) = 3xy$ とすると $(**) = 5 \iint_{x^2+y^2 \leq 1} y \, dx dy = 5 \int_0^1 \Big(\int_0^{2\pi} r \sin \theta \, d\theta\Big) dr = 0$.

(5) (1) $|V| = \pi \int_1^{\infty} \frac{1}{x^2} dx = \pi$. (2) $|S| = 2\pi \int_1^{\infty} \frac{1}{x} \sqrt{1 + \frac{1}{x^4}} \, dx \geq 2\pi \int_1^{\infty} \frac{1}{x} dx = \infty$.

── **27 章 数列の収束 (ε-N 論法)** ──

問 27.1 $A_n = \{-1, 1\}$ であるから (脚注 10 を見よ) $\sup A_n = 1$, $\inf A_n = -1$ である. よって $\limsup_{n\to\infty} a_n = \lim_{n\to\infty} \sup A_n = 1$, $\liminf_{n\to\infty} a_n = \lim_{n\to\infty} \inf A_n = -1$.

○●**練習問題 27** ●○

27.1 (i) $\varepsilon \geq \varepsilon_0$ となる ε については $N_\varepsilon = N_{\varepsilon_0}$ とすればよい. (ii) 任意の $\varepsilon > 0$ について $\varepsilon' = \frac{\varepsilon}{M}$ として (ii) が成り立つ $N_{\varepsilon'}$ をとれば, $n \geq N_{\varepsilon'}$ のとき $|a_n - \alpha| < M\varepsilon' = \varepsilon$ となり (27.3) の形になる.

27.2 $a'_n = a_n - \alpha$ とすると, $b'_n := \frac{a'_1 + a'_2 + \cdots + a'_n}{n} = b_n - \alpha$ となる. $\alpha = 0$ のときの結果から $\lim_{n\to\infty} a'_n = 0$ より $\lim_{n\to\infty} b'_n = 0$ である. これは (27.7) を意味する.

27.3 $a_n = (-1)^{n-1}$ とすると, $b_n \to 0 \ (n \to \infty)$ であるが $\{a_n\}$ は収束しない (振動している).

27.4 (1) ともに 0. (2) 上極限 2, 下極限 0. (3) 上極限 ∞, 下極限 $-\infty$. (4) ともに ∞.

27.5 $A_n = \{a_n, a_{n+1}, \cdots\}$, $B_n = \{-a_n, -a_{n+1}, \cdots\}$ とすると $\sup B_n = -\inf A_n$ となるので (演習問題 4.6 (2)), $\limsup_{n\to\infty} (-a_n) = \lim_{n\to\infty} (\sup B_n) = \lim_{n\to\infty} (-\inf A_n) = -\lim_{n\to\infty} (\inf A_n) = -\liminf_{n\to\infty} (a_n)$.

27.6 上極限と下極限を p, q とし, $A_n = \{a_n, a_{n+1}, \cdots\}$ とする. a_n は α に収束するので, 任意の $\varepsilon > 0$ について, N_ε が存在して, $n \geq N_\varepsilon$ ならば $|a_n - \alpha| < \varepsilon$ が成り立つ. このとき $\alpha - \varepsilon \leq \inf A_n \leq \sup A_n \leq \alpha + \varepsilon$ である. $n \to \infty$ とすれば $\alpha - \varepsilon \leq q \leq p \leq \alpha + \varepsilon$ より, $0 \leq p - q \leq \alpha + \varepsilon - (\alpha - \varepsilon) = 2\varepsilon$ となる. ε は任意なので $p = q$ である.

27.7 $a_n \leq c_n \leq b_n$ かつ $a_n \to \alpha, b_n \to \alpha \ (n \to \infty)$ とする. 任意の $\varepsilon > 0$ について番号 N_ε が存在して $n \geq N_\varepsilon$ ならば $|a_n - \alpha| < \varepsilon, |b_n - \alpha| < \varepsilon$ が成り立つ ($\{a_n\}$ 対する番号と $\{b_n\}$ に対する番号は異なるが, 2 つの番号の大きい方を N_ε とすれば, 2 つの不等式がともに成り立つ). このとき $\alpha - \varepsilon < a_n \leq c_n \leq b_n < \alpha + \varepsilon$ となるから, $n \geq N_\varepsilon$ のとき $|c_n - \alpha| < \varepsilon$ となって $c_n \to \alpha \ (n \to \infty)$ である.

◇◆**演習問題 27** ◆◇

27.1 $\varepsilon = 1$ に対して, 番号 N_1 が存在して $n, m \geq N_1$ ならば $|a_n - a_m| < 1$ が成り立つ. 特に, このとき $|a_n| < 1 + |a_{N_1}|$ である. よって $M = \max\{|a_1|, \cdots, |a_{N_1-1}|, 1 + |a_{N_1}|\}$ とすれば, すべての n について $|a_n| \leq M$ が成り立ち有界数列である.

27.2 $A_n = \{a_n, a_{n+1}, \cdots\}$ とすると, $n_k \geq n$ ならば $a_{n_k} \in A_n$ なので $\inf A_n \leq a_{n_k} \leq \sup A_n$ が成り立つ. $k \to \infty$ として $\inf A_n \leq \alpha \leq \sup A_n$ である. よって $\liminf_{n\to\infty} a_n \leq \alpha \leq \limsup_{n\to\infty} a_n$ である.

27.3 $A_n = \{a_n, a_{n+1}, \cdots\}$, $B_n = \{b_n, b_{n+1}, \cdots\}$ とし, $C_n = \{a_n + b_n, a_{n+1} + b_{n+1}, \cdots\}$ とすると $\sup C_n \leq \sup A_n + \sup B_n$ である (演習問題 4.6 (3)). よって $\limsup_{n\to\infty} (a_n + b_n) = \lim_{n\to\infty} (\sup C_n) \leq \lim_{n\to\infty} (\sup A_n + \sup B_n) = \lim_{n\to\infty} (\sup A_n) + \lim_{n\to\infty} (\sup B_n) = \limsup_{n\to\infty} a_n + \limsup_{n\to\infty} b_n$. 等号が成り立たない例としては $a_n = (-1)^n, b_n = (-1)^{n-1}$ とすると $a_n + b_n = 0$ である. 左辺は 0 で右辺は 2 となる.

27.4 (1) $A_n = \{a_n, a_{n+1}, \cdots\}$ とし, 上極限 α は有限値とする. 任意の $\varepsilon > 0$ について, ある番号 N が存在して, $n \geq N$ のとき $|\sup A_n - \alpha| < \varepsilon$ となる. これは $\alpha + \varepsilon > \sup A_n > \alpha - \varepsilon$ であるが, 前半の不等式は (a) を意味し, 後半の不等式は (b) を示している. 逆に (a), (b) が成り立つとすれば $\alpha - \varepsilon \leq \sup A_n \leq \alpha + \varepsilon$

となるので $|\sup A - \alpha| \leq \varepsilon$ から上極限は α になる. (2) 任意の正数 M と任意の番号 N に対して $a_n \geq M$ をみたす $n \geq N$ が存在する. (3) 任意の $\varepsilon > 0$ に対して, ある番号 N が存在して, (a) $n \geq N$ なるすべての n について $a_n > \alpha - \varepsilon$ かつ (b) $a_n < \alpha + \varepsilon$ をみたす $n \geq N$ が (少なくとも 1 つ) 存在する. $\beta = -\infty$ のときは, 任意の正数 M と任意の番号 N に対して, $a_n \leq -M$ をみたす $n \geq N$ が存在する. $\beta = \infty$ のときは, 任意の正数 M に対して, ある番号 N が存在して $n \geq N$ なるすべての n について $a_n \geq M$ をみたす.

27.5 $A_n = \{a_n, a_{n+1}, \cdots\}$ とする. 任意の $\varepsilon > 0$ に対してある番号 N が存在して, $n \geq N$ のとき $\alpha - \varepsilon < \sup A_n < \alpha + \varepsilon$ が成り立つ. (1) $n \geq N$ ならば $a_n \leq \alpha + \varepsilon$ であるから $a_n > \alpha + \varepsilon$ をみたす n は N 以下である. よって存在しても有限個である. (2) $n \geq N$ なるすべての n について $a_n < \alpha + \varepsilon$ が成り立つ. $\alpha - \varepsilon < a_n$ となるものが有限個なら, ある番号 N_1 が存在して, $n \geq N_1$ ならば, すべて $\alpha - \varepsilon \geq a_n$ となる. これは $\alpha - \varepsilon \geq \sup A_n$ となって矛盾する. (3), (4) は (1), (2) の sup を inf にして同じように考えよ.

27.6 最後の不等式のみを示す (2 つ目は定義から明らか. 最初は最後と同様である). 証明の方針は 13 章の確認問題 [2] (2) の議論である. すなわち, $\limsup_{n\to\infty} \frac{a_{n+1}}{a_n} < c$ なる任意の実数 c について $\limsup \sqrt[n]{a_n} \leq c$ を示せばよい. 演習問題 27.4 (1) (a) から, ある番号 N が存在して, 任意の $k \geq N$ について $\frac{a_{k+1}}{a_k} < c$ である. よって $a_n < c a_{n-1} < c^2 a_{n-2} < \cdots < c^{n-N} a_N$ がすべての $n \geq N$ について成り立つ. これより $\limsup_{n\to\infty} \sqrt[n]{a_n} \leq \limsup_{n\to\infty} c^{\frac{n-N}{n}} \sqrt[n]{a_N} = c$ である.

— **28 章 無限級数** —

問 28.1 (1) $9 \sum_{n=1}^{\infty} \frac{1}{10^n} = 1$, (2) $s_n = \sum_{k=1}^{n} \left(\frac{1}{k} - \frac{1}{k+1} \right) = 1 - \frac{1}{n+1} \to 1$, (3) $\sum_{n=1}^{\infty} \left(\left(\frac{2}{5}\right)^n + \left(\frac{3}{5}\right)^n \right) = \frac{13}{6}$.

○●**練習問題 28** ●○

28.1 (1) $\lim_{n\to\infty} a_n = \alpha$, $\lim_{n\to\infty} b_n = \beta$ とする. 任意の $\varepsilon > 0$ に対して, 番号 N_1, N_2 が存在して, $n \geq N_1$ ならば $|a_n - \alpha| < \varepsilon$ が成り立ち, $n \geq N_2$ ならば $|b_n - \beta| < \varepsilon$ が成り立つ. よって $N := \max\{N_1, N_2\}$ とすれば, $n \geq N$ ならば, 両方の不等式が成り立つので $|ca_n + db_n - (c\alpha + d\beta)| = |c(a_n - \alpha) + d(b_n - \beta)| \leq |c||a_n - \alpha| + |d||b_n - \beta| < (|c| + |d|)\varepsilon$ となり $\lim_{n\to\infty}(ca_n + db_n) = c\alpha + d\beta$ が示される.
(2) $s_n = \sum_{k=1}^{n} a_k$, $t_n = \sum_{k=1}^{n} b_k$ として, 数列 $\{s_n\}$ と $\{t_n\}$ について (1) の議論をすればよい.

28.2 いずれもダランベールの判定法を使うとよい. (1) 収束 ($\rho = 0$), (2) 収束 ($\rho = 0$), (3) 収束 ($\rho = \frac{1}{2}$), (4) $0 < r < 1$ なら収束. $r \geq 1$ のときは $\lim_{n\to\infty} nr^n \neq 0$ より発散する (定理 28.1). (5) 収束 ($\rho = \frac{1}{4}$).

28.3 $\{s_n\}$ は単調増加数列であるから, 演習問題 4.4 より $\sup\{s_n ; n \in \mathbb{N}\} = \lim_{n\to\infty} s_n = \sum_{n=1}^{\infty} a_n$ である.

◇◆**演習問題 28** ◆◇

28.1 典型的な例は $a_n = \frac{1}{n}$ である. (28.6) から $a_n = \frac{1}{n^\alpha}$ $(0 < \alpha < 1)$ も例である.

28.2 (1) a_n と Kb_n に比較判定法 (定理 28.2 (2)) を使うとよい.
(2) 有限個の和は常に有限の値として存在する. $\{a_n\}$ と $\{Kb_n\}$ の $N-1$ 個までの和を M_1, M_2 とすれば $\sum_{n=1}^{\infty} a_n = M_1 + \sum_{n=N}^{\infty} a_n \leq M_1 + \sum_{n=N}^{\infty} Kb_n = M_1 - M_2 + K\sum_{n=1}^{\infty} b_n$ となり, 主張が示される.
(3) 極限値の定義から $\varepsilon = \frac{K}{2}$ とすると, $n \geq N$ ならば $\frac{K}{2} = K - \varepsilon < \frac{a_n}{b_n} < K + \varepsilon = \frac{3K}{2}$ である. すなわち, $n \geq N$ ならば $\frac{Kb_n}{2} \leq a_n \leq \frac{3Kb_n}{2}$ となり (2) より, 収束発散は同じである.

28.3 (1) $\{a_n\}$ は単調減少列より, $k = 0, 1, 2, \cdots$ について $2^k < n \leq 2^{k+1}$ のとき $a_{2^{k+1}} \leq a_n \leq a_{2^k}$ である. これを加えると $\frac{1}{2} \sum_{k=1}^{n+1} 2^k a_{2^k} \leq \sum_{k=1}^{2^n} a_k \leq \sum_{k=0}^{2^n} 2^k a_{2^k}$ となり, 2 つの級数の収束の同値性がわかる.
(2) $a_n = n^{-\alpha}$ のとき $a_{2^k} = 2^{-k\alpha}$ である. $\sum_{k=1}^{\infty} 2^k a_{2^k} = \sum_{k=1}^{\infty} 2^{(1-\alpha)k}$ が収束する必要かつ十分条件は $\alpha > 1$.

28.4 $\rho < 1$ とする. $\rho < r < 1$ なる r をとると, ある番号 N が存在して $n \geq N$ ならば $\sqrt[n]{a_n} < r$ である (演習問題 27.5 (1) (a) を見よ). よって $a_n < r^n$ より $\sum_{n=N}^{\infty} a_n$ は収束し, したがって $\sum_{n=1}^{\infty} a_n$ も収束する. 次に $\rho > 1$ とする. 演習問題 27.6 (2) より $\sqrt[n]{a_n} > 1$ となる $n = n_j$ が無限個存在する. このとき $a_{n_j} > 1$ であるから $\sum_{n=1}^{\infty} a_n \geq \sum_{j=1}^{\infty} a_{n_j} \geq \infty$ となり発散する.

28.5 一般項を a_n とすると $\frac{a_{n+1}}{a_n} = \left(1 - \frac{1}{2n+2}\right)^p$ である. マクローリン展開 $(1-x)^p = 1 - px + \cdots$ を使

うと $\lim_{n\to\infty} n\left(1 - \frac{a_{n+1}}{a_n}\right) = \lim_{n\to\infty} \frac{np}{2n+2} = \frac{p}{2}$ となる．ラーベの判定法から $p > 2$ のとき収束し，$0 < p < 2$ では発散する．$p = 2$ は例題 28.4 から発散している．

── 29 章 絶対収束と条件収束 ──

問 29.1 $\prod_{k=2}^{n}\left(1 - \frac{1}{k}\right) = \prod_{k=2}^{n} \frac{k-1}{k} = \frac{1}{2}\frac{2}{3}\cdots\frac{n-1}{n} = \frac{1}{n} \to 0 \ (n\to\infty)$ より 0 に発散する．

○●練習問題 29 ●○

29.1 (1) 条件収束している．$|a_n| \geq \frac{1}{2n}$ より絶対収束はしない．$\{|a_n|\}$ は単調減少しているのでライプニッツの定理から収束する．(2) $|a_n| = n/\sqrt{1+n^2} \to 1$ より収束しない．(3) 条件収束である．$|a_n| \geq \frac{1}{n} \ (n \geq 3)$ であるから絶対収束はしない．$n \geq 3$ のとき $|a_n|$ は単調減少している ($f(x) = \frac{\log x}{x}$ は $x \geq 3$ で単調減少関数) ので，ライプニッツの定理から収束する．(4) 条件収束である．n が偶数のとき $a_n = 0$ である．n が奇数のとき符号が交互に変わるので，ライプニッツの定理から収束する．奇数の逆数の和は収束しないので絶対収束はしていない．(5) $x \geq 0$ のとき $\sin x \leq x$ より $a_n \leq \frac{1}{n^2}$ となって収束する．$a_n \geq 0$ であるから絶対収束でもある．

29.2 (1),(2) は (29.10) の対偶を使い，(3),(4) は定理 29.4 を使うとよい．(5),(6) は定義に戻って考える．
(1) $\lim_{n\to\infty} \frac{2n^2+3n+5}{n^2+10n+6} = 2$ より発散する．(2) $\lim_{n\to\infty} \frac{n^2+1}{n^3+1} = 0$ より 0 に発散する．(3) $\frac{n^3+3}{n^3+1} = 1 + \frac{2}{n^3+1}$ より $\sum_{n=1}^{\infty} \frac{2}{n^3+1} < \infty$ から収束する．(4) $\sum_{n=1}^{\infty} \frac{1}{2n+1} = \infty$ より発散する．(5) 定理 29.4(2) から (絶対) 収束がわかるが，定義に戻って考えた方が簡単．$\prod_{k=2}^{n}\left(1 - \frac{1}{k^2}\right) = \frac{1\cdot 3}{2\cdot 2}\cdots\frac{(n-1)(n+1)}{n\cdot n} = \frac{n+1}{2n} \to \frac{1}{2} \ (n\to\infty)$．
(6) $\cos\frac{\pi}{2^n} = 1 + x_n$ として x_n を評価しても収束が示されるが，三角関数の倍角の公式を繰り返し使えば具体的な値も求まる．$\sin x = 2\sin\frac{x}{2}\cos\frac{x}{2} = 2^2\sin\frac{x}{2^2}\cos\frac{x}{2^2}\cos\frac{x}{2} = \cdots = 2^n\sin\frac{x}{2^n}\cos\frac{x}{2^n}\cos\frac{x}{2^{n-1}}\cdots\cos\frac{x}{2}$ より $0 < x < \pi$ ならば $\frac{\sin x}{2^n\sin(x/2^n)} = \prod_{k=1}^{n}\cos\frac{x}{2^k}$ である．$n\to\infty$ とすれば $\frac{\sin x}{x} = \prod_{n=1}^{\infty}\cos\frac{x}{2^n}$ となる．特に $x = \frac{\pi}{2}$ ならば，無限乗積の値は $\frac{2}{\pi}$ である．

29.3 (1) $\prod_{k=2}^{n}\left(1 + \frac{1}{2^k-2}\right) = \prod_{k=2}^{n} \frac{2^k-1}{2(2^{k-1}-1)} = \frac{2^n-1}{2^{n-1}} = \sum_{k=0}^{n-1}\frac{1}{2^k}$ より $n\to\infty$ として求める等式を得る．
(2) $\prod_{k=2}^{n} \frac{k^2}{k^2-1} = \frac{2\cdot 2}{1\cdot 3}\cdots\frac{n\cdot n}{(n-1)(n+1)} = \frac{2n}{n+1} = 2\sum_{k=1}^{n}\left(\frac{1}{k} - \frac{1}{k+1}\right) = \sum_{k=1}^{n}\frac{2}{k(k+1)}$ より示される．

29.4 (1) 収束する級数についての数列は有界であるから，正数 M が存在して，$\forall n \in \mathbb{N}$ について $|a_n| \leq M$ となる．$a_n^2 \leq M|a_n|$ であるから比較判定法により収束が示される．(2) $a_n = \frac{(-1)^{n-1}}{\sqrt{n}}$ のときはライプニッツの定理から級数の収束がわかるが，$a_n^2 = \frac{1}{n}$ からなる級数は収束しない．

◇◆演習問題 29 ◆◇

29.1 [1] (1) $R_n(x) = \frac{(-1)^{n-1}x^n}{n(1+\theta x)^n}$．(2) $|R_n(1)| = \frac{1}{n(1+\theta)^n} \leq \frac{1}{n} \to 0 \ (n\to\infty)$ より $S = \log 2$．
[2] (1) ライプニッツの定理より収束．特に $S = \lim_{n\to\infty} s_n = \lim_{n\to\infty} s_{2n}$．(2) $s_{2(n+1)} = s_{2n} + \frac{1}{2n+1} - \frac{1}{2n+2} = \sum_{k=0}^{n-1}\frac{1}{n+1+k} + \frac{1}{2n+1} - \frac{1}{2n+2} = \sum_{k=1}^{n+1}\frac{1}{n+1+k}$ (3) $S = \lim_{n\to\infty}\frac{1}{n}\sum_{k=1}^{n}\frac{1}{1+k/n} = \int_0^1 \frac{1}{1+x}\,dx = \log 2$.

29.2 第 n 項までの部分積を p_n とする．p_n が $p \neq 0$ に収束すればある正数 M が存在して $\frac{1}{M} \leq |p_n| \leq M \ (\forall n \in \mathbb{N})$ が成り立つ．$\{p_n\}$ はコーシー列になるから，任意の $\varepsilon > 0$ に対して，番号 N_ε が存在して，$n, m \geq N_\varepsilon \ (n > m)$ に対して $|p_n - p_{m-1}| < \frac{\varepsilon}{M}$ である．よって $|a_m a_{m+1}\cdots a_n - 1| = \left|\frac{p_n - p_{m-1}}{p_{m-1}}\right| < \frac{\varepsilon}{M}M = \varepsilon$ である．逆に，$\varepsilon > 0$ に対して，番号 N_ε が存在して，$n, m \geq N_\varepsilon \ (n > m)$ に対して $|a_m a_{m+1}\cdots a_n - 1| < \varepsilon$ が成り立つとする．$\left|\frac{p_n}{p_{m-1}}\right| < 1 + \varepsilon$ であるから $\{p_n\}$ は有界であり，$\left|\frac{p_n - p_{m-1}}{p_{m-1}}\right| < \varepsilon$ であるから $|p_n - p_{m-1}| < |p_{m-1}|\varepsilon$ となる．よって $\{p_n\}$ はコーシー列であることがわかり，ある実数 p に収束する．このとき $|p - p_{m-1}| < |p_{m-1}|\varepsilon$ より $p \neq 0$ である．

29.3 定理 29.1 のアーベルの変形を使う証明に書かれていることから $|a_m b_m + a_{m+1}b_{m+1} + \cdots + a_n b_n| \leq 2Ma_m$ 成り立つ．$a_m \to 0 \ (m\to\infty)$ より求める級数の部分和が作る数列はコーシー列である．

29.4 (1) $\sum_{n=1}^{\infty} a_n$ の収束はライプニッツの定理よりわかる．一方，$\prod_{k=1}^{2n+1}(1+a_k) = 2\prod_{m=1}^{n}(1-a_{2m})(1+a_{2m+1}) =$

$$2\prod_{m=1}^n\Big(1-\frac{\sqrt{2}}{\sqrt{2m+1}}\Big)\Big(1+\frac{\sqrt{2}}{\sqrt{2m+2}}\Big)\leq 2\prod_{m=1}^n\Big(1-\frac{1}{m+1}\Big)=\frac{2}{n+1}\to 0\ (n\to\infty)$$
より求める無限乗積は 0 に発散する．(2) 第 n 項までの部分積を p_n とすると $\frac{p_{2n+1}}{p_{2n}}=1+\frac{1}{\sqrt{n+1}}$ および $p_{2n}=\prod_{k=1}^n\Big(1+\frac{1}{k\sqrt{k}}\Big)$ から p_n の収束がわかる（定理 29.4 を使う）．一方，$\sum_{k=1}^{2n}(1+a_k)=\sum_{m=1}^n\frac{1}{m}$ は発散する．

29.5 $A_m=\Big(1+\frac{1}{p_1^s}+\frac{1}{p_1^{2s}}+\cdots\Big)\cdots\Big(1+\frac{1}{p_m^s}+\frac{1}{p_m^{2s}}+\cdots\Big)$ を展開すると項としては $\frac{1}{n^s}$, $n=p_1^{\ell_1}\cdots p_m^{\ell_m}$ (ℓ_i は非負整数）の形のものが現れる．素因数分解の一意性から $A_m\leq \sum_{n=1}^\infty \frac{1}{n^s}$ である．また，$n\leq m$ ならば n は $p_1,\cdots,p_m$ の素因数分解として表せるので，$\sum_{n=1}^m\frac{1}{n^s}\leq A_m$ が成り立つ．

29.6 $a_1+\cdots+a_n\leq (1+a_1)\cdots(1+a_n)\leq e^{a_1+\cdots+a_n}$ である．最初の不等式は右辺の展開による．2つ目の不等式では $x>0$ のとき $1+x\leq e^x$ であることを使った．$n\to\infty$ とすれば求める結果を得る．

29.7 後者は前者の $x\geq 0$ の場合から導かれる．前者については $0\leq x\leq \frac{1}{2}$ のとき $x\leq 2\log(1+x)\leq 3x$ であり $-\frac{1}{2}<x<0$ のとき $3x\leq 2\log(1+x)\leq x$ となることを示せばよい（微分法を使った不等式の証明）．

— 30 章 2 重数列と 2 重級数 —

問 30.1 順に 0, 1, $\frac{1}{2}$．

問 30.2 (1) $s_{m,1}-s_{m-1,1}=\sum_{k=1}^m a_{k,1}-\sum_{k=1}^{m-1}a_{k,1}=a_{m,1}$, $s_{1,n}-s_{1,n-1}=\sum_{\ell=1}^n a_{1,\ell}-\sum_{\ell=1}^{n-1}a_{1,\ell}=a_{1,n}$.

(2) $s_{m,n}-s_{m-1,n}-(s_{m,n-1}-s_{m-1,n-1})=\sum_{\ell=1}^n a_{m,\ell}-\sum_{\ell=1}^{n-1}a_{m,\ell}=a_{m,n}$.

問 30.3 (3.12) の左辺 $=\infty$, (3.12) の右辺 $=0$ で等しくない．

○●練習問題 30 ●○

30.1 任意の $\varepsilon>0$ に対して，ある番号 N_ε が定まり，$m_k,n_k\geq N_\varepsilon$ ($k=1,2$) のとき $|a_{m_1,n_1}-a_{m_2,n_2}|<\varepsilon$.

30.2 任意の $\varepsilon>0$ に対して，ある番号 N_ε が定まり，$m_k,n_k\geq N_\varepsilon$ ($k=1,2$) のとき $|s_{m_1,n_1}-s_{m_2,n_2}|<\varepsilon$.

30.3 任意の $\varepsilon>0$ に対して前問の N_ε をとる．$m,n>N_\varepsilon$ のとき問 30.2 (2) から $|a_{m,n}|=|s_{m,n}-s_{m-1,n}-(s_{m,n-1}-s_{m-1,n-1})|\leq |s_{m,n}-s_{m-1,n}|+|s_{m,n-1}-s_{m-1,n-1}|<2\varepsilon$ となって $a_{m,n}$ は 0 に収束する．

30.4 任意の $\varepsilon>0$ に対して番号 N_ε が存在して，$m,n\geq N_\varepsilon$ のとき $\Big|\sum_{k,\ell=1}^\infty a_{k,\ell}-\sum_{k=1}^m\sum_{\ell=1}^n a_{k,\ell}\Big|<\varepsilon$ かつ $\Big|\sum_{k,\ell=1}^\infty b_{k,\ell}-\sum_{k=1}^m\sum_{\ell=1}^n b_{k,\ell}\Big|<\varepsilon$ とできる．このとき，$\Big|\sum_{k,\ell=1}^\infty a_{k,\ell}\pm\sum_{k,\ell=1}^\infty b_{k,\ell}-\sum_{k=1}^m\sum_{\ell=1}^n(a_{k,\ell}\pm b_{k,\ell})\Big|<2\varepsilon$ となって求める等式が成り立つ．

◇◆演習問題 30 ◆◇

30.1 任意の $\varepsilon>0$ に対して N_ε があって，$m,n\geq N_\varepsilon$ ならば $|a_{m,n}-\alpha|<\varepsilon$ が成り立つので，$m\to\infty$ とすると $|\lim_{m\to\infty}a_{m,n}-\alpha|\leq \varepsilon$ である．これは $\lim_{n\to\infty}\big(\lim_{m\to\infty}a_{m,n}\big)=\alpha$ を意味する．後半も同様である．

30.2 成り立たない．実際，交代級数であるから (30.11) の右辺は有限値として存在するが，相加相乗平均の不等式から $|c_n|=\Big|(-1)^{n-1}\sum_{m=1}^n\frac{1}{\sqrt{m}\sqrt{n+1-m}}\Big|\geq \sum_{m=1}^n\frac{2}{n+1}=\frac{2n}{n+1}$ となり (30.11) の左辺は収束しない．

30.3 $c_n=na^{n+1}$ ($a=b$), $c_n=\frac{ab}{b-a}(b^n-a^n)$ ($a\neq b$) である．よって $a=b$ のとき 左辺 $=\frac{a^2}{(1-a)^2}=$ 右辺 であり，$a\neq b$ のときは 左辺 $=\frac{ab}{b-a}\Big(\frac{b}{1-b}-\frac{a}{1-a}\Big)=\frac{ab}{(1-a)(1-b)}=$ 右辺 となり (30.11) が成り立つ．

30.4 (1) $a_n=\frac{|a|^n}{n!}$ についてダランベールの判定法 (28.8) を使えばよい．(2) 絶対収束しているので定理 30.3 が使える．ただし $n=0$ からの和になっているので注意が必要である．左辺の 2 つの級数のコーシー積は $\sum_{k=0}^n\frac{a^k}{k!}\frac{b^{n-k}}{(n-k)!}=\frac{(a+b)^n}{n!}$ より求める等式が成り立つ．

30.5 $\zeta(ns)-1=\sum_{k=2}^\infty\frac{1}{k^{ns}}$ であるから，右辺 $=\sum_{n=1}^\infty\Big(\sum_{k=2}^\infty\frac{1}{k^{ns}}\Big)=\sum_{k=2}^\infty\Big(\sum_{n=1}^\infty\Big(\frac{1}{k^s}\Big)^n\Big)=\sum_{k=2}^\infty\frac{k^{-s}}{1-k^{-s}}=$ 左辺 である．なお，各項は正なので和の順序交換 (30.8) が成り立つ．

30.6 (1) $\sum_{k=1}^n a_k s_{n+1-k} = \sum_{k=1}^n a_k(b_1+\cdots+b_{n+1-k}) = a_1(b_1+\cdots+b_n) + a_2(b_1+\cdots+b_{n-1}) + \cdots + a_n b_1 = a_1 b_1 + (a_1 b_2 + a_2 b_1) + \cdots + (a_1 b_n + \cdots + a_n b_1) = \sum_{k=1}^n c_k = w_n$ である． (2) $\sum_{n=1}^\infty |a_n| = A$ および $|s_n| \leq B'$ ($\forall n \in \mathbb{N}$) とする． $\varepsilon > 0$ に対して N_ε が存在して $n \geq N_\varepsilon$ ならば $|B - s_n| \leq \varepsilon$ かつ $n > m \geq N_\varepsilon$ のとき $\sum_{k=m-1}^n |a_k| < \varepsilon$ とできる．よって $[\frac{n}{2}] > N_\varepsilon$ なる n に対して $\left|\sum_{k=1}^n a_k B - w_n\right| \leq \left|\sum_{k=1}^{[n/2]} a_k(B - s_{n+1-k})\right| + \left|\sum_{k=[n/2]-1}^n a_k(B - s_{n+1-k})\right| \leq (A + 2B')\varepsilon$ となって (2) が導かれる．

30.7 $\sum_{n,m=1}^\infty \frac{1}{(n+m)!} = \sum_{k=2}^\infty \left(\sum_{n=1}^{k-1} \frac{1}{k!}\right) = \sum_{k=2}^\infty \frac{k-1}{k!} = \sum_{k=2}^\infty \left(\frac{1}{(k-1)!} - \frac{1}{k!}\right) = 1$. 別解：$B(n+1,m) = \frac{n!(m-1)!}{(n+m)!} = \int_0^1 x^n(1-x)^{m-1}dx$ より $\sum_{n,m=1}^\infty \frac{1}{(n+m)!} = \sum_{n,m=1}^\infty \frac{1}{n!(m-1)!} \int_0^1 x^n(1-x)^{m-1}dx = \int_0^1 \left(\sum_{n=1}^\infty \frac{x^n}{n!}\right)\left(\sum_{m=1}^\infty \frac{(1-x)^{m-1}}{(m-1)!}\right)dx = \int_0^1 (e^x - 1)e^{1-x}dx = 1$.

— 31 章 関数の連続性 (ε-δ 論法) —

問 31.1 $a \in (0,1)$ を任意にとる．任意の $\varepsilon > 0$ に対して $\delta := \min\{\varepsilon, \frac{a}{2}\}$ とする．このとき $|x-a| < \delta$ ならば，$|f(x) - f(a)| = \frac{|x-a|}{ax} < \frac{2}{a^2}\varepsilon$ より $x = a$ で連続である．$a \in (0,1)$ は任意なので $(0,1)$ で連続である．一様連続でないことには (31.11) を使う．$x_n = \frac{1}{2n}$, $y_n = \frac{1}{3n}$ とすれば $|x_n - y_n| = \frac{1}{6n} < \frac{1}{n}$ かつ $|f(x_n) - f(y_n)| = |2n - 3n| = n \geq 1$ となり，一様連続ではない．

○●**練習問題 31** ●○
31.1 任意の $\varepsilon > 0$ に対して，$\delta > 0$ が存在して，$a < x < a + \delta$ をみたす x に対して $|f(x) - f(a)| < \varepsilon$ が成り立つ．左連続は $a < x < a + \delta$ を $a - \delta < x < a$ に換えて議論すればよい．
31.2 (31.9) の右辺をみたす $\{x_n\}, \{y_n\}$ を見つけることが肝要である．$x_n = n + \frac{1}{n}$, $y_n = n$ とすれば $f(x_n) - f(y_n) = 2 + \frac{1}{n^2} > 2$ である．
31.3 平均値の定理から $\sin x - \sin y = (\cos \xi)(x - y)$ なので $|\sin x - \sin y| \leq |x - y|$ が成り立つ．よって，任意の $\varepsilon > 0$ に対して $\delta = \varepsilon$ とすれば，$|x - y| < \delta$ ならば $|\sin x - \sin y| < \varepsilon (=\delta)$ となり一様連続である．
31.4 $(b-c)^2 - (\sqrt{a^2+b^2} - \sqrt{a^2+c^2})^2 = 2(\sqrt{(a^2+b^2)(a^2+c^2)} - a^2 - bc)$ および $(a^2+b^2)(a^2+c^2) - (a^2+bc)^2 = a^2(b-c)^2 \geq 0$ から示される．

◇◆**演習問題 31** ◆◇
31.1 $\Delta = \{a = t_0 < t_1 < \cdots < t_n = b\}$ を $[a,b]$ の任意の分割とする．$x(t)$ に平均値の定理を使うと $x(t_k) - x(t_{k-1}) = x'(\xi_k)(t_k - t_{k-1})$, $\xi_k \in (t_{k-1}, t_k)$ となる．また，$F(t) := f(x(t), y(t))$ は $[a,b]$ 上で連続なので一様連続である (定理 31.1) から，任意の $\varepsilon > 0$ に対して $\delta > 0$ が存在して $|t - s| < \delta$ ならば $|F(t) - F(s)| < \varepsilon$ となる．よって $\delta(\Delta) < \delta$ ならば，$\xi = (\xi_1, \cdots, \xi_n)$ を代表系とすると，$|\tau_k - \xi_k| < \delta$ より

$$\left|\sum_{k=1}^n f(Q_k)(x(t_k) - x(t_{k-1})) - S(F(t)x'(t), \Delta, \xi)\right| \leq \sum_{k=1}^n |(F(\tau_k) - F(\xi_k))x'(\xi_k)|(t_k - t_{k-1})$$

$$\leq \varepsilon \sum_{k=1}^n |x'(\xi_k)|(t_k - t_{k-1}) \leq \varepsilon |C| \quad (|C| \text{ は曲線 } C \text{ の長さ})$$

となる．$\lim_{\delta(\Delta) \to 0} S(F(t)x'(t), \Delta, \xi) = \int_a^b f(x(t), y(t))x'(t)\,dt$ であるから (24.5) が成り立つ．(24.6) $y(t)$ について平均値の定理を使えばよい．(24.7) は §31.4 の定理 23.1 の証明の方針で同様に示される．
31.2 (1) 練習問題 31.3 の議論を一般化すればよい．$|f'(x)| \leq M$ ($\forall x \in I$) とする．平均値の定理から $|f(x) - f(y)| = |f'(\xi)||x - y| \leq M|x - y|$ である．よって，任意の $\varepsilon > 0$ に対して $\delta = \frac{\varepsilon}{M}$ とすれば，$|x - y| < \delta$ のとき $|f(x) - f(y)| < \varepsilon$ が成り立つ．(2) $|f_x|, |f_y| \leq M$ のとき，2 変数の平均値の定理より $|f(x_1, x_2) - f(y_1, y_2)| = |f_x(\xi_1, \xi_2)(x_1 - y_1) + f_y(\xi_1, \xi_2)(x_2 - y_2)| \leq M\sqrt{(x_1 - y_1)^2 + (x_2 - y_2)^2}$ となって (1) と同様にして一様連続性が示される．
31.3 任意の $\varepsilon > 0$ に対して $\delta > 0$ が存在して $x^2 + y^2 = r^2 < \delta$ ならば $|h(x,y) - h(0,0)| < \varepsilon$ が成り立つ．よって $\left|\frac{1}{2\pi}\int_0^{2\pi} h(r\cos\theta, r\sin\theta)\,d\theta - h(0,0)\right| = \left|\frac{1}{2\pi}\int_0^{2\pi} \bigl(h(r\cos\theta, r\sin\theta) - h(0,0)\bigr)d\theta\right| \leq \frac{1}{2\pi}\int_0^{2\pi} |h(r\cos\theta, r\sin\theta) - h(0,0)|\,d\theta \leq \varepsilon$ である．
31.4 (31.7) を否定すると，ある ε_0 が存在して，任意の $\delta > 0$ に対して $|x - y| < \delta$ であるが $|f(x) - f(y)| > \varepsilon_0$ となる $x, y \in I$ が存在する．ここで $\delta = \frac{1}{n}$ に対しての x, y を x_n, y_n とすれば (31.9) になる．
31.5 (1) 任意の $\varepsilon > 0$ に対して $\delta = (\varepsilon/M)^{\frac{1}{\alpha}}$ とすれば $|x - y| < \delta$ ならば $|f(x) - f(y)| < M\delta^\alpha = \varepsilon$ とな

る．(2) $(\arctan x)' = \frac{1}{1+x^2} \leq 1$ であるから，平均値の定理より $|\arctan x - \arctan y| \leq |x-y|$ が成り立つ．
(3) $\left|\frac{f(x)-f(y)}{x-y}\right| \leq M|x-y|^{\alpha-1}$ であるから $x \to y$ とすれば $f'(y) = 0$ となって f は定数関数である．

── **32 章 陰関数定理と逆関数定理** ──

○●練習問題 32 ●○

32.1 合成関数微分である．$g'''(x) = \frac{2f''(g(x))^2 g'(x)^2 - f'''(g(x))g'(x)^2 f'(g(x)) - f''(g(x))g''(x)f'(g(x))}{f'(g(x))^3}$．

32.2 (32.6) の後式を x で微分すれば $f_x(x,y,\varphi(x,y)) + f_z(x,y,\varphi(x,y))\varphi_x(x,y) = 0$ であるから，$\varphi_x(x,y) = -\frac{f_x(x,y,z)}{f_z(x,y,z)}$ である．$f_z(a,b,c) \neq 0$ なので (a,b,c) 近くの点で $f_z(x,y,z) \neq 0$ である．y について微分すれば (32.7) の後式を得る．

32.3 (32.9) を行列の形で書くと $\begin{pmatrix} f_y & f_z \\ g_y & g_z \end{pmatrix}\begin{pmatrix} \varphi' \\ \psi' \end{pmatrix} = \begin{pmatrix} -f_x \\ -g_x \end{pmatrix}$ である．これにクラメルの公式 $\begin{pmatrix} a_1 & b_1 \\ a_2 & b_2 \end{pmatrix}\begin{pmatrix} x \\ y \end{pmatrix} = \begin{pmatrix} c_1 \\ c_2 \end{pmatrix}$ のとき $x = \frac{\begin{vmatrix} c_1 & b_1 \\ c_2 & b_2 \end{vmatrix}}{\begin{vmatrix} a_1 & b_1 \\ a_2 & b_2 \end{vmatrix}}, y = \frac{\begin{vmatrix} a_1 & c_1 \\ a_2 & c_2 \end{vmatrix}}{\begin{vmatrix} a_1 & b_1 \\ a_2 & b_2 \end{vmatrix}}$ であることを使えばよい．

32.4 $f(x,y,h(x,y)) = 0$ より $f_x(x,y,h(x,y)) + f_z(x,y,h(x,y))h_x(x,y) = 0$ となり，$G(x,y) = g(x,y,h(x,y))$ を x で微分すると $G_x(x,y) = g_x(x,y,h(x,y)) + g_z(x,y,h(x,y))h_x(x,y)$ である．前式と後式から $h_x(x,y)$ を消去すれば (32.10) である．

◇◆演習問題 32 ◆◇

32.1 定理 18.5 を使う．(1) $f(x,y,z) = x^3 + xyz + z^3$ とすると $f(1,0,-1) = 0, f_z(1,0,-1) = 3 \neq 0$ より $(x,y) = (1,0)$ のまわりで $z = \varphi(x,y)$ と表される．よって $\frac{\partial z}{\partial x} = \varphi_x(x,y) = -\frac{3x^2+yz}{xy+3z^2}, \frac{\partial z}{\partial y} = \varphi_y(x,y) = -\frac{xz}{xy+3z^2}$ である．(2) $g(x,y,z) = x^2 + z^2 - 2$ とすると $f(1,0,-1) = g(1,0,-1) = 0$ および $f_y(1,0,-1)g_z(1,0,-1) - f_z(1,0,-1)g_y(1,0,-1) = 2 \neq 0$ であるから $x = 1$ のまわりで $y = \varphi(x), z = \psi(x)$ と表される．練習問題 32.3 より $\frac{dy}{dx} = \varphi'(x) = -\frac{3xz(x+z)+y(z^2-x^2)}{xz^2}, \frac{dz}{dx} = \psi'(x) = -\frac{x}{z}$．

32.2 (1) $(x(t),y(t),z(t)) = t(f'(t_0), g'(t_0), h'(t_0)) + (f(t_0), g(t_0), h(t_0))$ $(t \in \mathbb{R})$．(2) 定理 18.5 より $f(x,y,z) = x^2 + 2y^2 + 3z^2 - 6 = 0$ と $g(x,y,z) = x + 2y + 3z = 0$ は $x = 1$ のまわりで $y = \varphi(x), z = \psi(x)$ となる．$\varphi'(1) = -\frac{1}{2}, \psi'(1) = 0$ より，接線は $(x(t),y(t),z(t)) = t(1,-\frac{1}{2},0) + (1,1,-1)$ である．

32.3 $f(x,y,z) = x^4 + xy + z^2 + 3yz - 10$ とすると，$f(0,1,2) = 0, f_z(0,1,2) = 7$ より，この曲面は $(0,1,2)$ のまわりで $z = \varphi(x,y)$ と書けて，$\varphi_x(0,1) = -\frac{1}{7}, \varphi_y(0,1) = -\frac{6}{7}$ である．接平面は $z = \varphi_x(0,1)x + \varphi_y(0,1)(y-1) + 2$ であるから $z = -\frac{1}{7}x - \frac{6}{7}(y-1) + 2$ となる．

── **33 章 集合と写像** ──

問 **33.1** $A \times B = \{(1,1),(1,5),(2,1),(2,5),(3,1),(3,5)\}, B \times A = \{(1,1),(1,2),(1,3),(5,1),(5,2),(5,3)\}$．
問 **33.2** $\{1,2\}, \{1\}, \{2\}, \emptyset$．

○●練習問題 33 ●○

33.1 $(x,y) \in A \times (B \cup C) \iff$「$x \in A$」かつ「$y \in B$ または $y \in C$」$\iff$「$x \in A$ かつ $y \in B$」または「$x \in A$ かつ $y \in C$」$\iff (x,y) \in A \times B$ または $(x,y) \in A \times C \iff (x,y) \in (A \times B) \cup (A \times C)$．

33.2 $a = (1,3), b = (1,4), c = (2,3), d = (2,4)$ として $C = \{a,b,c,d\}, 2^C = \{\{a,b,c,d\}, \{a,b,c\}, \{a,b,d\}, \{a,c,d\}, \{b,c,d\}, \{a,b\}, \{a,c\}, \{a,d\}, \{b,c\}, \{b,d\}, \{c,d\}, \{a\}, \{b\}, \{c\}, \{d\}, \emptyset\}$

33.3 $A \setminus B = A \iff A \cap B = \emptyset \iff B \setminus A = B$．

33.4 (1) $f(A \cap B) = \{2\}, f(A) \cap f(B) = \{1,2\}$．(2) $f^{-1}(f(A)) = \{1,3\}$．(3) $f(f^{-1}(B)) = \{2\}$．

◇◆演習問題 33 ◆◇

33.1 $x \in \left(\bigcup_{\lambda \in \Lambda} A_\lambda\right) \cap B \iff x \in \left(\bigcup_{\lambda \in \Lambda} A_\lambda\right)$ かつ $x \in B \iff$ ある $\lambda \in \Lambda$ について $x \in A_\lambda \cap B$ $\iff x \in \bigcup_{\lambda \in \Lambda}(A_\lambda \cap B)$．

33.2 $x \in \left(\bigcup_{\lambda \in \Lambda} A_\lambda\right)^c \iff x \notin \left(\bigcup_{\lambda \in \Lambda} A_\lambda\right) \iff$ すべての $\lambda \in \Lambda$ について $x \notin A_\lambda$ $\iff$ すべての $\lambda \in \Lambda$ について $x \in A_\lambda^c \iff x \in \bigcap_{\lambda \in \Lambda} A_\lambda^c$．

33.3 $x \in (A^c)^c \iff x \notin A^c \iff x \in A$．

33.4 任意の $\varepsilon>0$ について $\varepsilon>\frac{1}{n}$ なる番号 n をとる. 定理 4.3(1)(ii) より $\alpha-\varepsilon<\alpha-\frac{1}{n}<a_n\leq\alpha$ なる $a_n\in A$ があるので $A\cap(\alpha-\varepsilon,\alpha]\neq\emptyset$. 下限は定理 4.3(4)(ii) を使えばよい.

── **34 章 可算集合と非可算集合** ──

問 34.1 「$x\neq x'$ ならば $f(x)\neq f(x')$」の対偶が「$f(x)=f(x')$ ならば $x=x'$」である.

問 34.2 (1) $a,a'\in A$ について $g\circ f(a)=g\circ f(a')$ とする. g が単射であるから $f(a)=f(a')$ となり, f も単射であるから $a=a'$ である. よって $g\circ f$ は単射である. $c\in C$ を任意にとる. g が全射であるから $g(b)=c$ となる $b\in B$ が存在する. さらに f も全射であるから $f(a)=b$ となる $a\in A$ が存在する. このとき $g\circ f(a)=g(f(a))=g(b)=c$ より $g\circ f$ は全射である. (2) A から B への全単射 f と B から C への全単射 g が存在する. (1) より $g\circ f$ は A から C の全単射であるから $\sharp A=\sharp C$ である.

問 34.3 $a\in A$ に対して $f(a)=a$ とすれば f は A から B への単射である. これより $\sharp A\leq\sharp B$ である.

○●**練習問題 34**●○

34.1 $f'(x)=\frac{8(x-1/2)^2+2}{(4x-4x^2)^2}>0$ より狭義単調増加関数なので単射になる. $f(x)\to-\infty\ (x\to+0),\ f(x)\to\infty\ (x\to 1)$ より中間値の定理から全射になる.

34.2 定義 34.3 より A から B への単射が存在すれば $\sharp A\leq\sharp B$ である. よって B が高々可算集合ならば A も高々可算である. また, 定理 34.1(2) より B から A への全射が存在すれば $\sharp B\geq\sharp A$ である. よって B が高々可算集合ならば A も高々可算である.

34.3 $a\in A$ とすると, ある番号 n_0 があって $a\in A_{n_0}$ である. $f_{n_0}:\mathbb{N}\mapsto A_{n_0}$ は全射なので $f_{n_0}(m_0)=a$ となる $m_0\in\mathbb{N}$ が存在する. このとき $F(n_0,m_0)=a$ であるから F は全射である.

34.4 たとえば $f(x)=\frac{(d-c)(x-a)}{b-a}+c$.

34.5 $\arctan x$ は $\mathbb{R}$ から $(-\frac{\pi}{2},\frac{\pi}{2})$ への全単射であるから, $f(x)=a+\frac{2(b-a)}{\pi}\arctan x$ とすればよい.

◇◆**演習問題 34**◆◇

34.1 $p_1,p_2,\cdots,p_n$ を異なる素数として $f(k_1,k_2,\cdots,k_n)=k_1^{p_1}k_2^{p_2}\cdots k_n^{p_n}$ と定めると f は $\mathbb{N}^n$ から $\mathbb{N}$ への単射である (素因数分解の一意性). また $g(k)=(k,1,\cdots,1)$ は $\mathbb{N}$ から $\mathbb{N}^n$ への単射であるから $\sharp\mathbb{N}^n=\sharp\mathbb{N}$ である.

34.2 背理法で示す. 2^X から X への単射 f が存在したとする. $A=\{x\in X;\ x\notin f^{-1}(\{x\})\}$ とすると, $A\subset X$ であるから $f(A)=a$ となる $a\in X$ が存在する. $a\in A$ とすれば $a\notin f^{-1}(\{a\})=A$ で矛盾であり, $a\notin A$ とすれば $a\in f^{-1}(\{a\})=A$ で矛盾である.

34.3 (1) $(0,1)\subset[0,1)\subset[0,1]\subset\mathbb{R}$ であり, 補題 34.2 から $\sharp(0,1)=\sharp\mathbb{R}$ であるから, $[0,1)$ と $[0,1]$ の濃度は等しいので全単射が存在する. (2) 任意の $n\in\mathbb{N}$ に対して $f(\frac{1}{n})=\frac{1}{n+1}$ とし, その他の $x\in[0,1]\setminus\mathbb{N}$ では $f(x)=x$ とすればよい. (3) 存在しない. $f(x)$ を $[0,1]$ の連続関数で単射 (1 対 1) とすると, 補題 32.1(1),(2) から f は狭義単調増加関数または狭義単調減少関数であって, このとき, 値域は有界閉区間になるから全射にはならない.

34.4 A を中心の成分がすべて有理数で半径も有理数の球 $B(x,r)$ の全体からなる集合とする. 中心を $x=(x_1,x_2,\cdots,x_n)$ とする. 写像 $F:A\mapsto\mathbb{Q}^{n+1}$ を $F(B(x,r))=(x_1,x_2,\cdots,x_n,r)$ と定めると F は単射である. $\mathbb{Q}^{n+1}$ は可算集合であるから A も可算集合である.

── **35 章 開集合と閉集合** ──

問 35.1 $B(0,\frac{1}{2})\subset A$ より 0 は A の内点である. $B(2,\frac{1}{2})\cap A=\emptyset$ より 2 は A の外点である. 任意の $\varepsilon>0$ について $B(1,\varepsilon)\cap A=(1-\varepsilon,1)\cap A\neq\emptyset,\ B(1,\varepsilon)\cap A^c=(1,1+\varepsilon)\neq\emptyset$ より 1 は A の境界点である.

問 35.2 $c\in(a,b)$ とする. $\varepsilon=\min\{c-a,b-c\}$ とすると, $B(c,\varepsilon)\subset(a,b)$ となり c は内点である. c は任意であるから (a,b) は開集合である. $[a,b]$ が閉集合になることを示すために補集合を考える. $[a,b]^c=(-\infty,a)\cup(b,\infty)$ である. $c\in[a,b]^c$ を任意にとる. $c\in(-\infty,a)$ または $c\in(b,\infty)$ である. 前者の場合は $\varepsilon=a-c$ とし, 後者の場合は $\varepsilon=c-b$ とすれば, いずれの場合も $B(c,\varepsilon)\subset[a,b]^c$ となる. これより $[a,b]^c$ は開集合になり, 定義より $[a,b]$ は閉集合である. $(a,b]$ において b は内点ではない (境界点) ので $(a,b]$ は開集合でない. また $(a,b]^c=(-\infty,a]\cup(b,\infty)$ において a は内点ではない (これも $(a,b]^c$ の境界点) であるから $(a,b]^c$ は開集合ではない. よって $(a,b]$ は閉集合でない.

問 35.3 任意の k について $\left(0,1+\frac{1}{k}\right)\supset(0,1]$ より, $\bigcap_{k=1}^{\infty}\left(0,1+\frac{1}{k}\right)\supset(0,1]$. 逆に $x\in\bigcap_{k=1}^{\infty}\left(0,1+\frac{1}{k}\right)$ とする

と，任意の k について $0 < x < 1 + \frac{1}{k}$ である．$k \to \infty$ とすれば，$0 < x \leq 1$ となり $x \in (0,1]$．

問 35.4 $O = \bigcup_{a \in V} B(a, \varepsilon)$ とすればよい．

○●練習問題 35 ●○

35.1 $x \in (a,b)$ を任意にとる（$a = -\infty$ および $b = \infty$ でもよい）．$a < x < b$ であるから，$\varepsilon > 0$ で $a < x - \varepsilon < x + \varepsilon < b$ となるものがある．$B(x,\varepsilon) = (x-\varepsilon, x+\varepsilon) \subset (a,b)$ より (a,b) は開集合である．$[a,b]^c = (-\infty, a) \cup (b, \infty)$ であり，前半の証明から $(-\infty, a)$ と (b, ∞) は開集合なので，合併である $[a,b]^c$ は開集合である．よって $[a,b]$ は閉集合．

35.2 $x \in A^\circ$ を任意にとる．このとき $\varepsilon > 0$ が存在して $B(a,\varepsilon) \subset A$ である．よって $B(a,\varepsilon) \subset B$ から $a \in B^\circ$ となり $A^\circ \subset B^\circ$ が成り立つ．次に $x \in \overline{B}^c$ を任意にとる．x は B の外点であるから $\varepsilon > 0$ が存在して $B(x,\varepsilon) \cap B = \emptyset$ となる．このとき $B(x,\varepsilon) \cap A = \emptyset$ であるから x は A の外点でもある．よって $\overline{B}^c \subset \overline{A}^c$ より $\overline{A} \subset \overline{B}$ を得る．

35.3 $A_n := \left[0, 1 - \frac{1}{n+1}\right]$ とすると $\bigcup_{n=1}^{\infty} A_n = [0, 1)$ である．

◇◆演習問題 35 ◆◇

35.1 有限集合を $F = \{A_i = (a_i, b_i); i = 1, 2, \cdots, n\}$ とする．$X = (x,y) \in \mathbb{R}^2 \setminus F$ を任意にとり，$r := \min\{\|X - A_i\|; i = 1, 2, \cdots, n\}$ とすると $r > 0$ であり，$\varepsilon = r/2$ ならば $B(X,\varepsilon) \subset \mathbb{R}^2 \setminus F$ である．よって F^c は開集合になり，F は閉集合である．

35.2 (1) 任意に $x \in A^\circ$ をとる．定義から $\varepsilon > 0$ が存在して $B(x,\varepsilon) \subset A$ である．例題 35.1 (1) と練習問題 35.2 より $B(x,\varepsilon) = B(x,\varepsilon)^\circ \subset A^\circ$ より A° は開集合である．(2) 任意に $x \in \overline{A}^c$ をとる．x は A の外点であるから $\varepsilon > 0$ で $B(x,\varepsilon) \cap A = \emptyset$ となる．これから $B(x,\varepsilon)$ のすべての点が A の外点となって $B(x,\varepsilon) \subset \overline{A}^c$ である．$\overline{A}^c$ が開集合なので $\overline{A}$ は閉集合である．(3) $\partial A = \overline{A} \setminus A^\circ = \overline{A} \cap (A^\circ)^c$ より閉集合である．

35.3 $E^\circ = \emptyset$，$\partial E = \overline{E} = [0,1] \times [0,1]$．

35.4 (1) $A \cap B \subset A$ および $A \cap B \subset B$ より $(A \cap B)^\circ \subset A^\circ \cap B^\circ$ である（練習問題 35.2）．逆に $x \in A^\circ \cap B^\circ$ を任意にとると，$\varepsilon_1 > 0$, $\varepsilon_2 > 0$ が存在して $B(x,\varepsilon_1) \subset A$, $B(x,\varepsilon_2) \subset B$ である．$\varepsilon = \min\{\varepsilon_1, \varepsilon_2\}$ とすれば $B(x,\varepsilon) \subset A \cap B$ となり，$x \in (A \cap B)^\circ$ である．次に $A \cup B \supset A$, $A \cup B \supset B$ より $\overline{A \cup B} \supset \overline{A} \cup \overline{B}$ である．逆に $x \in (\overline{A} \cup \overline{B})^c$ を任意にとる．$x \notin \overline{A}$ より $\varepsilon_1 > 0$ で $B(x,\varepsilon_1) \cap A = \emptyset$ とできる．同様に $B(x,\varepsilon_2) \cap B = \emptyset$ となり，$\varepsilon = \min\{\varepsilon_1, \varepsilon_2\}$ とすれば $B(x,\varepsilon) \cap (A \cup B) = \emptyset$ である．これより $x \notin \overline{A \cup B}$ となり，$\overline{A \cup B} \subset \overline{A} \cup \overline{B}$ が成り立つ．(2) $A = \{x \in (0,1); x \text{ は有理数}\}$, $B = \{x \in (0,1); x \text{ は無理数}\}$ とすれば $A \cap B = \emptyset$, $A^\circ = \emptyset$, $B^\circ = \emptyset$, $\overline{A} = \overline{B} = [0,1]$ である．

35.5 $a \in A$ とする．例題 35.2 より $a \in \overline{X} \iff$ 任意の $\varepsilon > 0$ に対して $B(x,\varepsilon) \cap X \neq \emptyset$ である．

35.6 演習問題 5.3 (1), (2) より，任意の有理数は無理数でいくらでも近似でき，任意の無理数は有理数でいくらでも近似できる．これより，任意の実数 x と任意の $\varepsilon > 0$ に対して $B(x,\varepsilon) \cap \mathbb{Q} \neq \emptyset$ かつ $B(x,\varepsilon) \cap (\mathbb{R} \setminus \mathbb{Q}) \neq \emptyset$ が成り立つ．前者から $\overline{\mathbb{Q}} = \mathbb{R}$ となり，後者から $\overline{\mathbb{R} \setminus \mathbb{Q}} = \mathbb{R}$ が示される．

36 章 連結性とコンパクト性

問 36.1 (1) $O_1 \cup O_2 = F_1^c \cup F_2^c = (F_1 \cap F_2)^c = \emptyset^c = \mathbb{R}^N$．(2) $X \cap O_1 \cap O_2 = X \cap (F_1^c \cap F_2^c) = X \cap (F_1 \cup F_2)^c = X \cap X^c = \emptyset$．(3) まず，$F_1 \subset X$ および $F_2 \subset X$ に注意する．(1) (2) より X が連結集合ならば $O_1 \cap X = \emptyset$ または $X \cap O_2 = \emptyset$ となる．前者は $X \subset F_1$ となり，後者なら $X \subset F_2$ である．はじめの注意とあわせると，$X = F_1$ または $X = F_2$ となる．

○●練習問題 36 ●○

36.1 $D \neq G_1$ とする．$D = G_1 \cup G_2$ より $G_2 \neq \emptyset$ である．このとき $D \cap G_1 \neq \emptyset$ かつ $D \cap G_2 \neq \emptyset$ であるから D は連結でない．これは矛盾である．すなわち $D = G_1$．

36.2 1 点からなる集合 $\{a\}$ が連結でないとすると $\{a\} \subset G_1 \cup G_2$, $\{a\} \cap G_1 \cap G_2 = \emptyset$, $G_1 \cap \{a\} \neq \emptyset$, $G_2 \cap \{a\} \neq \emptyset$ をみたす開集合 G_1 と G_2 が存在する．しかし $\{a\} \cap G_1 \cap G_2 = \emptyset$, より $a \notin G_1$ または $a \notin G_2$ となり，$G_1 \cap \{a\} \neq \emptyset$ かつ $G_2 \cap \{a\} \neq \emptyset$ に矛盾する．背理法により $\{a\}$ の連結性が示された．同様に空集合が連結集合でないとすると $\emptyset \subset G_1 \cup G_2$, $\emptyset \cap G_1 \cap G_2 = \emptyset$, $G_1 \cap \emptyset \neq \emptyset$, $G_2 \cap \emptyset \neq \emptyset$ をみたす開集合 G_1 と G_2 が存在するが，$G_1 \cap \emptyset \neq \emptyset$ は矛盾である．

36.3 $K = \{a_1, \cdots, a_n\}$ とし，O_λ ($\lambda \in \Lambda$) を K の任意の開被覆とする．各 a_k ($k = 1, \cdots, n$) を含む開集合を 1 つ選んでそれを O_{λ_k} とすれば $\{O_{\lambda_k}\}_{k=1}^n$ は K の有限部分被覆である．

36.4 (1) $\bigcup_{n=1}^{\infty} I_n = \left(0, \frac{3}{2}\right) \supset \left[\frac{1}{6}, 1\right]$ である．また $I_1 \cup I_2 \cup I_3 \cup I_4 = \left(\frac{1}{8}, \frac{3}{2}\right)$ より有限部分被覆である．

(2) 有限個の $\{I_{n_k}\}_{k=1}^m$ について $n_1 < n_2 < \cdots < n_m$ ならば $\bigcup_{k=1}^m I_{n_k} \subset \left(\frac{1}{2n_m}, \frac{3}{2}\right)$ より $(0,1)$ を被覆しない.

36.5 定理 31.1 と同様に背理法で示す. f はコンパクト集合 K で連続であるが, 一様連続ではないと仮定する. このとき, $\varepsilon_0 > 0$ が存在して, $\{x_n\}, \{y_n\} \subset K$ で $\|x_n - y_n\| \leq \frac{1}{n}$ かつ $|f(x_n) - f(y_n)| \geq \varepsilon_0$ をみたす点列が存在する. $\{x_n\}$ は有界であるから補題 36.1 より収束する部分列 $\{x_{n_j}\}$ をもつ. その収束先を a とすれば $a \in K$ であり, $\|x_n - y_n\| \to 0 \ (n \to \infty)$ より $\{y_{n_j}\}$ も a に収束する. よって f の連続性から $f(x_{n_j}) - f(y_{n_j}) \to f(a) - f(a) = 0 \ (j \to \infty)$ となるが, これは $|f(x_{n_j}) - f(y_{n_j})| \geq \varepsilon_0$ に矛盾する.

◇◆ 演習問題 36 ◆◇

36.1 (1) C が連結でないとすると, 開集合 G_1, G_2 が存在して $C \subset G_1 \cup G_2$, $C \cap G_1 \cap G_2 = \emptyset$, $C \cap G_1 \neq \emptyset$, $C \cap G_2 \neq \emptyset$ となる. $A = \{t \in [a,b]; x(t) \in G_1\}$, $B = \{t \in [a,b]; \in G_2\}$ とすると, $x(t)$ の連続性から A, B は $[a,b]$ 内の開集合になる (定理 35.4). $A \cup B = [a,b]$, $A \cap B = \emptyset$ となり $[a,b]$ が連結であることに矛盾する. (2) X は連結でないとする. $X \subset G_1 \cup G_2$, $X \cap G_1 \cap G_2 = \emptyset$, $X \cap G_1 \neq \emptyset$, $X \cap G_2 \neq \emptyset$ となる開集合 G_1, G_2 が存在する. $x_1 \in G_1 \cap X$, $x_2 \in G_2 \cap X$ なる点をとると, x_1 と x_2 を結ぶ折れ線 L が存在する. L は曲線であるから (1) から連結集合であるが, $L \subset G_1 \cup G_2$, $L \cap G_1 \cap G_2 = \emptyset$, $L \cap G_1 \neq \emptyset$, $L \cap G_2 \neq \emptyset$ となって矛盾である.

36.2 $\overline{X}$ は連結でないと仮定する. 開集合 G_1, G_2 で, $\overline{X} \subset G_1 \cup G_2$, $\overline{X} \cap G_1 \cap G_2 = \emptyset$, $\overline{X} \cap G_1 \neq \emptyset$, $\overline{X} \cap G_2 \neq \emptyset$ となるものがある. $x \in G_1 \cap \overline{X}$ とすると, G_1 は開集合であるから, $\varepsilon > 0$ で $B(x, \varepsilon) \subset G_1$ とできる. また, $x \in \overline{X}$ より $B(x, \varepsilon) \cap X \neq \emptyset$ である (例題 35.2). これより $G_1 \cap X \neq \emptyset$ である. 同様に $G_2 \cap X \neq \emptyset$ になる. $X \subset \overline{X} \subset G_1 \cup G_2$ かつ $X \cap G_1 \cap G_2 \subset \overline{X} \cap G_1 \cap G_2 = \emptyset$ であるから, X は連結でない. これは矛盾である.

36.3 (1) $K = \emptyset$ と仮定して矛盾を導く. このとき $\bigcup_{n=1}^\infty K_n^c = \left(\bigcap_{n=1}^\infty K_n\right)^c = \mathbb{R}^N \supset K_1$ となる. K_1 はコンパクトなので有限部分被覆 $\{K_{n_1}^c, \cdots, K_{n_m}^c\}$ をもつ. $n_1 < \cdots < n_m$ とすれば $K_{n_m}^c \supset K_1$ となるが, これは $K_{n_m} \subset K_1$ に矛盾する. よって $K \neq \emptyset$. 次に $f(K) \subset \bigcap_{n=1}^\infty f(K_n)$ は明らかなので, 逆向きを考える. $a \in f(K_n) \ (\forall n \in \mathbb{N})$ とし, $x_n \in K_n$ で $a = f(x_n)$ とする. $\{x_n\} \subset K_1$ であるから, 収束する部分列 $\{x_{n_j}\}$ が見つかり, この収束先を x_0 とすれば $x_0 \in K$ であり, f の連続性から $a = f(x_0)$ である. よって $a \in f(K)$ となり, 逆向きの包含関係も成り立つ. (2) $N = 1$ の場合で考える. $K_n = [n, \infty)$ とすればよい ($[a, \infty)$ の形の集合は閉集合であることに注意せよ. 実際 $[a, \infty)^c = (-\infty, a)$ は開集合である). $f(x) = 1$ (定数関数) とすると $f(\emptyset) = \emptyset$ であるが, $f(K_n) = \{1\} \ (\forall n \in \mathbb{N})$ である.

36.4 $\sup f(K) = M$, $\inf f(K) = m$ とする. 上限の定義から $a_n \in f(K)$ で $a_n \to M$ となる数列がある. $a_n = f(x_n)$, $x_n \in K$ をとる. K のコンパクト性から $\{x_n\} \subset K$ は収束する部分列 $\{x_{n_j}\}$ をもつ. 収束先を x_0 とすれば $x_0 \in K$ である. f は連続であるから $a_{n_j} = f(x_{n_j}) \to f(x_0) \ (j \to \infty)$ より $M = f(x_0)$ が成り立つ. $f(K)$ には最大値が存在する. 同様に最小値の存在もわかり, $f(K)$ は有界集合である (最大値の原理 (定理 14.3(2)) の証明と同じである). 閉集合であることは定理 35.2(2) を使う. 議論は前半とまったく同じであるが繰り返すことにする. $\{\alpha_n\} \in f(K)$ が $\alpha \in \mathbb{R}$ に収束したとする. $\alpha_n = f(x_n)$ なる点列 $\{x_n\} \subset K$ をとると, 収束する部分 $\{x_{n_j}\}$ をもち, この収束先を x_0 とすれば $x_0 \in K$ かつ $\alpha = f(x_0) \in f(K)$ となって, $f(K)$ は閉集合であることが示される.

── 37 章 一様収束 ──

問 37.1 一様収束: 任意の $\varepsilon > 0$ をとると, ある番号 N_ε が存在して (ε のみに依存して決まる), $n \geq N_\varepsilon$ ならば任意の $x \in I$ に対して $|s_n(x) - f(x)| < \varepsilon$ が成り立つ. 各点収束: 任意の $\varepsilon > 0$ と任意の $x \in I$ をとると, ある番号 N_ε が存在して (ε と x に依存して決まる), $n \geq N_\varepsilon$ ならば $|s_n(x) - f(x)| < \varepsilon$ が成り立つ.

問 37.2 I を $\mathbb{R}$ 内の任意のコンパクト集合とする. I は有界なので $I \subset [-M, M]$ なる $M > 0$ が存在する. 任意の $\varepsilon > 0$ をとる. $e^{M/N_\varepsilon} < 1 + \varepsilon$ なる番号 N_ε をとれば, $n \geq N_\varepsilon$ のとき $\sup\{|e^{\frac{x}{n}} - 1|; x \in I\} \leq e^{\frac{M}{n}} - 1 < \varepsilon$ となり I 上での一様収束が示される. 一方, すべての n について $\sup\{|e^{\frac{x}{n}} - 1|; x \in \mathbb{R}\} = \infty$ なので $\mathbb{R}$ 全体では一様収束はしない.

問 37.3 $x, y \in I$ を任意にとる. 平均値の定理から $|f_n(x) - f_n(y)| = |f'(\xi)(x - y)| \leq M|x - y|$ である. したがって, $\varepsilon > 0$ に対して $\delta < \frac{\varepsilon}{M}$ とすれば, すべての n について $|x - y| < \delta$ のとき, $|f_n(x) - f_n(y)| \leq M\delta < \varepsilon$ となり, 同程度連続性が示される. 同様に $|f_n(x) - f_n(c)| \leq M|x - c|$ なので, すべての n とすべての $x \in I$ に対して, $|f_n(x)| \leq f_n(c) + M|x - c| \leq \sup\{|f_n(c)|; n \in \mathbb{N}\} + M|x - c|$ となって一様有界になる.

○● 練習問題 37 ●○

37.1 (1) $f_n(0) = 0$ より $x = 0$ では極限は 0 である. $x \neq 0$ のときは $f_n(x) = \frac{1}{1/nx + nx} \to 0 \ (n \to \infty)$ より 0 に収束している. (2) $f_n'(x) = 0$ を解くと $x = \frac{1}{n}$ で最大値 (極大値) $f_n(\frac{1}{n}) = \frac{1}{2}$ をとる.

(3) $\sup\{|f_n(x)|\,;\,x \in I\} = \frac{1}{2}$ より一様収束はしていない.

37.2 $e^{x^2} = \sum_{n=0}^{\infty} \frac{x^{2n}}{n!}$ は $[0,1]$ で一様収束しているので，項別積分して $\sum_{n=0}^{\infty} \frac{1}{(2n+1)n!}$ になる.

37.3 (1) $|b^n \cos(a^n x)| \leq b^n$ と $0 < b < 1$ から，ワイエルシュトラスの優級数定理が使える．収束は一様収束であるから連続関数である．(2) $|(b^n \cos(a^n x))'| = |a^n b^n \sin(a^n x)| \leq |ab|^n$ より $|ab| < 1$ ならば項別微分した $\sum_{n=1}^{\infty} (-a^n b^n \sin(a^n x))$ も一様収束するので，定理 37.5(2) より f は C^1 級である.

◇◆ 演習問題 37 ◆◇

37.1 (1) $f_n'(x) = (1 + \frac{1}{n})|x|^{\frac{1}{n}}$ $(x \neq 0)$ であり $f_n'(0) = 0$ より f_n' は連続関数である．(2) $0 < x < 1$ のとき $g(x) := x - x^{1+\frac{1}{n}}$ は $x = (\frac{n}{n+1})^n$ のときに最大値（極大値）$\frac{n^n}{(n+1)^{n+1}} \leq \frac{1}{n+1}$ をとる．よって $\sup\{||x| - |x|^{1+n}|\,;\,x \in I\} \leq \frac{1}{n+1}$ となって一様収束する.

37.2 (1) まず f_n は 0 に各点収束していることに注意する ($x = 0$ と $x > 0$ にわけて考えよ)．これより右辺の積分値は 0 である．一方，$nx^2 = u$ の置換をすると $\int_{\frac{1}{n}}^{1} f_n(x)\,dx = \int_{0}^{n} e^{-u}\,du = 1 - e^{-n} \to 1$ $(n \to \infty)$ である．(2) 一様収束していれば積分と極限の交換ができるので (1) は（理論的には）一様収束ではないことを示しているが，ここでは直接に示す．$f_n'(x) = 0$ を解くと f_n は $x = \frac{1}{\sqrt{2n}}$ で極大値 $\sqrt{2n}\,e^{-\frac{1}{2}}$ となる．よって $\sup\{|f_n(x)|\,;\,x \in [0,1]\} \to \infty$ $(n \to \infty)$ となって一様収束はしていない.

37.3 $|(a_n \sin(nx))''| = |a_n n^2 \sin(nx)| \leq |a_n|n^2$ であるから，定理 37.5(2) を繰り返し使うと，$f''(x) = -\sum_{n=1}^{\infty} a_n n^2 \sin(nx)$ は連続関数となって，f は C^2 級である.

37.4 広義積分可能なので，任意の $\varepsilon > 0$ をとると，$a > 0$ が存在して $\int_{a}^{\infty} |f(x)|\,dx < \varepsilon$, $\int_{-\infty}^{-a} |f(x)|\,dx < \varepsilon$ とできる．$\int_{-\infty}^{\infty} |f(x)|\,dx = M$ として，$\delta = \frac{\varepsilon}{aM}$ とする．任意の $x \in \mathbb{R}$ について $|h| < \delta$ のとき

$$|g(x+h) - g(x)| \leq \int_{-\infty}^{\infty} |f(t)||\sin((x+h)t) - \sin(xt)|\,dt = 2\int_{-\infty}^{\infty} |f(t)|\left|\sin\left(\frac{ht}{2}\right)\cos\left(\frac{2xt+ht}{2}\right)\right|dt$$

$$\leq 2\left(\int_{a}^{\infty} |f(t)|\,dt + \int_{-\infty}^{-a} |f(t)|\,dt + \int_{-a}^{a} |f(t)|\left|\frac{ht}{2}\right|dt\right) \leq 4\varepsilon + a\delta M \leq 5\varepsilon$$

となって，x での連続性がわかる（実際には一様連続になっている）.

38 章 ベキ級数

問 38.1 ベキ級数の中心が原点でなくても収束半径の計算は同じである．(1) 1 ($a_n = \frac{1}{n^3}$ にダランベールの公式を使う)．(2) 1 ($a_n = 1$ または 0 なのでコーシー・アダマールの公式を使うとよい)．(3) $\frac{1}{e}$ ($a_n = \left(1 + \frac{1}{n}\right)^{n^2}$ のとき $\sqrt[n]{a_n} = \left(1 + \frac{1}{n}\right)^n \to e$ である).

○● 練習問題 38 ●○

38.1 (1) $a_n = \sqrt{n+2} - \sqrt{n} = \frac{2}{\sqrt{n+2}+\sqrt{n}}$ より $\frac{a_n}{a_{n+1}} \to 1$ となって収束半径は 1．(2) $\frac{a_n}{a_{n+1}} = \left(1 + \frac{1}{n}\right)^{-n} \to e^{-1}$ より収束半径は e^{-1}．(3) $a_{2n} = 2^n$ であるから，コーシー・アダマールの公式を使う．$\sqrt[2n]{a_{2n}} = 2^{\frac{1}{2}} = \sqrt{2}$ より，収束半径は $\frac{1}{\sqrt{2}}$.

38.2 $f^{(n)}(x) = (\log 3)^n 3^x$ であるから $3^x = \sum_{n=0}^{\infty} \frac{(\log 3)^n}{n!} x^n$ である．収束半径は ∞.

38.3 (1) e^x は $a_n = \frac{1}{n!}$ であるから，ダランベールの公式から収束半径は ∞ である．このとき，コーシー・アダマールの公式から $\sqrt[n]{1/n!} \to 0$ $(n \to \infty)$ に注意する．(2) $\sin x$ は $a_{2n+1} = \frac{(-1)^n}{(2n+1)!}$ である．$a_{2n} = 0$ よりダランベールの公式は直接には使えないが，(1) の注意から $\sqrt[2n+1]{1/(2n+1)!} \to 0$ $(n \to \infty)$ となって，収束半径は ∞ である．(3) $\cos x$ は $a_{2n} = \frac{(-1)^n}{(2n)!}$ である．(2) と同様にして，収束半径は ∞ である．(4) $\log(1+x)$ は $a_n = \frac{(-1)^{n-1}}{n}$ である．ダランベールの公式から収束半径は 1 である．また，コーシー・アダマールの公式から $\sqrt[n]{1/n} \to 1$ に注意する．(4) $\arctan x$ も偶数項は 0 なのでダランベールの公式が使えないが，(4) の注意から $\sqrt[2n+1]{|a_{2n+1}|} \to 1$ $(n \to \infty)$ となって収束半径は 1 である．(6) $(1+x)^\alpha$ は $\left|\frac{a_n}{a_{n+1}}\right| = \left|\frac{n+1}{n-\alpha}\right| \to 1$ $(n \to \infty)$ より収束半径は 1 である.

◇◆ 演習問題 38 ◆◇

38.1 (1) ダランベールの公式から容易にわかる．(2) $(\pm 1)^n \not\to 0$ $(n \to \infty)$ であるから $x = \pm 1$ では収束して

いない． (3) $x=1$ のときは調和級数になって発散する．$x=-1$ のときはライプニッツの定理から収束がわかる． (4) 絶対収束している．

38.2 (1) $\sum_{n=0}^{\infty} x^n = \frac{1}{1-x}$ の収束半径は 1 であるから，$|x|<1$ のとき項別微分をして $\sum_{n=0}^{\infty} nx^{n-1} = \frac{1}{(1-x)^2}$ である．両辺に x を掛ければ求める等式が得られる．

(2) $x\left(\frac{1}{1-x}\right)' = \sum_{n=0}^{\infty} nx^n$ を微分して x を掛けると $x\left(x\left(\frac{1}{1-x}\right)'\right)' = \sum_{n=0}^{\infty} n^2 x^n$ である．これを繰り返すと $\sum_{n=0}^{\infty} n^3 x^n = x\left(x\left(x\left(\frac{1}{1-x}\right)'\right)'\right)' = \frac{x+4x^2+x^3}{(1-x)^4}$.

38.3 (1) 定理 38.4 (2) の $\alpha = -\frac{1}{2}$ より $(1-x^2)^{-\frac{1}{2}} = \sum_{n=0}^{\infty} \frac{(2n-1)!!}{(2n)!!} x^{2n}$ であり，これを項別積分すればよい．

(2) $0<x<1$ のとき (38.12) の右辺の各項は正であるから $s_k(x) := \sum_{n=0}^{k} \frac{(2n-1)!!}{(2n)!!} x^{2n} \leq \arcsin x \leq \arcsin 1$ より $s_k(1) \leq \frac{\pi}{2}$ であるから $k \to \infty$ として (38.12) の右辺は $x=1$ で収束している．同様に $x=-1$ のときは右辺は絶対収束している．アーベルの連続性定理から (38.12) は $x = \pm 1$ で成り立つ．

(3) $0 \leq x \leq 1$ のとき $x = \sin t$ とすると $0 \leq t \leq \frac{\pi}{2}$ であり，$t = \sum_{n=0}^{\infty} \frac{(2n-1)!!}{(2n)!!} \frac{1}{2n+1} \sin^{2n+1} t$ となる．この級数は優級数として $\sum_{n=0}^{\infty} \frac{(2n-1)!!}{(2n)!!} \frac{1}{2n+1} < \infty$ をもつので，一様収束している．項別積分が可能で $\sum_{n=0}^{\infty} \frac{(2n-1)!!}{(2n)!!} \frac{1}{2n+1} \int_{0}^{\frac{\pi}{2}} \sin^{2n+1} t\, dt = \int_{0}^{\frac{\pi}{2}} t\, dt = \frac{\pi^2}{8}$ である．

(4) 11 章練習問題 11.2 で示したことから $\int_{0}^{\frac{\pi}{2}} \sin^{2n+1} t\, dt = I_{2n+1} = \frac{(2n)!!}{(2n+1)!!}$ となる．これを代入すると $\sum_{n=0}^{\infty} \frac{1}{(2n+1)^2} = \frac{\pi^2}{8}$ を得る．$\sum_{n=1}^{\infty} \frac{1}{n^2} = \sum_{n=0}^{\infty} \frac{1}{(2n+1)^2} + \sum_{n=1}^{\infty} \frac{1}{(2n)^2}$ より $\sum_{n=1}^{\infty} \frac{1}{n^2} = \frac{4}{3} \sum_{n=0}^{\infty} \frac{1}{(2n+1)^2} = \frac{\pi^2}{6}$.

38.4 演習問題 27.6 からコーシー・アダマールの公式について証明すればダランベールの公式も成り立つ．$\limsup_{n\to\infty} \sqrt[n]{|a_n|} = \frac{1}{\rho_0}$ として $\rho = \rho_0$ を示す．まず $0 < \rho_0 < \infty$ の場合を考える．$0 < r < \rho_0$ を任意にとると，ある番号 N が存在して $n \geq N$ ならば $\sqrt[n]{|a_n|} < \frac{1}{r}$ である (演習問題 27.4)．これは $r^n |a_n| \leq 1$ となって $\{r^n a_n\}$ は有界になる．よって $r \leq \rho$ である．r の任意性から $\rho_0 \leq \rho$ である．次に $\rho_0 < s < r$ とする．演習問題 27.5 より $\sqrt[n]{|a_n|} > \frac{1}{s}$ をみたす $n = n_j$ が無限個存在する．このとき $r^{n_j}|a_{n_j}| > (r/s)^{n_j}$ は非有界なので $r \geq \rho$ である．これは $\rho_0 \geq \rho$ を意味して，$\rho = \rho_0$ が示される．$\rho_0 = 0$ のときは，後半の議論から $\rho \leq \rho_0 = 0$ で成り立つ．$\rho_0 = \infty$ のときは，前半の議論から $\rho \geq \rho_0 = \infty$ となって，こちらも等号が成り立つ．

—— 39 章 基礎事項確認問題 III ——

確認問題 [9]

(1) (1) $\{a_n\}$ がコーシー列でないことを ε-N 式に書くと，ある ε_0 が存在して，任意の $j \in \mathbb{N}$ に対して $n_j, m_j \geq j$ が存在して $|a_{n_j} - a_{m_j}| \geq \varepsilon_0$ となることである．この問題では $\varepsilon_0 = 2$, $n_j = j$, $m_j = j+1$ として成り立つ． (2) 級数の収束は第 n 部分和 s_n で作られる数列 $\{s_n\}$ の極限で定義される．この問題では $s_n = (1-(-1)^n)/2$ であり，$\{s_n\}$ は収束しない．

(2) 必要十分条件は $\int_{2}^{\infty} \frac{1}{x(\log x)^p} dx = \int_{\log 2}^{\infty} \frac{1}{t^p} dt < \infty$ である．これより，求める条件は $p > 1$.

(3) (困ったら) 背理法で示す．$f \not\equiv 0$ とすると，$c \in [a,b]$ で $f(c) \neq 0$ である．f の連続性から，$\varepsilon = \frac{|f(c)|}{2} > 0$ に対して $\delta > 0$ が存在して $|x-c| < \delta$, $x \in [a,b]$ ならば $|f(x) - f(c)| < \varepsilon$ である．よって $[a,b] \cap [c-\delta, c+\delta] = [\alpha, \beta]$ とすると，$\alpha < \beta$ かつ，任意の $x \in [\alpha, \beta]$ について $|f(x)| > |f(c)| - \varepsilon = \frac{|f(c)|}{2}$ である．このとき $0 = \int_{b}^{a} |f(x)|\, dx \geq \int_{\alpha}^{\beta} \frac{|f(c)|}{2} dx = \frac{|f(c)|}{2}(\beta - \alpha) > 0$ となって矛盾である．

(4) (1) 場合分けをすればよい．$f(x) \geq g(x)$ のとき $h(x) = f(x)$ である．また，$(f(x)+g(x)+|f(x)-g(x)|)/2 = (f(x)+g(x)+f(x)-g(x))/2 = f(x) = h(x)$ である．$f(x) < g(x)$ のときも同様．

(2) 任意の $\varepsilon > 0$ に対して，$\delta_1, \delta_2 > 0$ が存在して $|x-a| < \delta_1$ ならば $|f(x)-f(a)| < \varepsilon$ となり $|x-a| < \delta_2$ ならば $|g(x)-g(a)| < \varepsilon$ とできる．$\delta = \min\{\delta_1, \delta_2\}$ とすると，$|x-a| < \delta$ ならば両方の不等式が同時に成り立つ．よって，$2|h(x) - h(a)| = |f(x)+g(x)+|f(x)-g(x)| - f(a)-g(a)-|f(a)-g(a)|| \leq |f(x)-f(a)| + |g(x)-g(a)| + |f(x)+g(x)-f(a)-g(a)| \leq 2(|f(x)-f(a)|+|g(x)-g(a)|) < 2\varepsilon$ となっ

て，h も $x=a$ で連続である（$||A|-|B||\leq |A-B|$ なる不等式を使った）．
(5) (1) $f(x)=\sin\frac{1}{x}+\sin\frac{1}{1-x}$（(2) の事実からこの関数は $(0,1)$ で一様連続でないことがわかる）．(2) まず有界性を示す．一様連続であるから，$\varepsilon=1$ に対して $\delta_1>0$ が存在して $|f(x)-f(y)|<1$ が成り立つ．$\delta_1<1$ としてよい．閉区間 $[\delta_1, 1-\delta_1]$ では f は有界であり，$0<x<\delta_1$ のときは $|f(x)|\leq |f(\delta_1)|+1$ であり $1-\delta_1\leq x<1$ では $|f(x)|\leq |f(1-\delta_1)|+1$ となり，$(0,1)$ 全体で有界になる．次に右極限値の存在を示す，任意の $\varepsilon>0$ に対して $\delta>0$ が存在して $|x-y|<\delta$ ならば $|f(x)-f(y)|<\varepsilon$ が成り立つ．$x_n=\frac{1}{n+1}$ とする．番号 N が $\frac{1}{N}<\delta$ をみたせば，$n,m\geq N$ のとき $|x_n-x_m|<\delta$ となるから $|f(x_n)-f(x_m)|<\varepsilon$ である．よって $\{f(x_n)\}$ はコーシー列になる．極限値を A とする．$|x|<\frac{\delta}{2}$ のとき，$n\geq 2N$ ならば $|x_n-x|\leq |x_n|+|x|<\delta$ であるから $|f(x)-f(x_n)|<\varepsilon$ である．$n\to\infty$ として $|f(x)-A|\leq \varepsilon$ となって，右極限が A であることがわかる．左極限についても同様である．
(6) (1) $f(x,y,z)=x^2+2y^2+3z^2+yz-8$ として定理 18.5(1) を使う（その証明は 32 章）．$f_z(2,1,-1)=-5\neq 0$ より点 $(2,1)$ のまわりで $f(x,y,z)=0$ は $z=\varphi(x,y)$ と表され，$\varphi_x(2,1)=\frac{4}{5}$，$\varphi_y(2,1)=\frac{3}{5}$ である．接平面は $z=\frac{4}{5}(x-2)+\frac{3}{5}(y-1)-1$．
(2) $g(x,y,z)=x+y+3z$ として定理 18.5(2) を使う．$f_y(2,1,-1)g_z(2,1,-1)-f_z(2,1,-1)g_y(2,1,-1)=14\neq 0$ より $x=2$ のまわりで $f(x,y,z)=0$, $g(x,y,z)=0$ は $y=\varphi(x)$, $z=\psi(x)$ と表される．練習問題 32.3 より $\varphi'(2)=-\frac{17}{14}$, $\psi'(2)=\frac{1}{14}$ である．よって接線は $(x,y,z)=t(1,-\frac{17}{14},\frac{1}{14})+(2,1,-1)$．

確認問題 [10]
(1) (1) $x\in f(A\cap B)$ ならば $a\in A\cap B$ で $x=f(a)$ であるから $x\in f(A)\cap f(B)$ が示される．または $A\cap B\subset A$ より $f(A\cap B)\subset f(A)$ であり，同じ理由で $f(A\cap B)\subset f(B)$ である．よって $f(A\cap B)\subset f(A)\cap f(B)$．(2) $X=Y=\{1,2,3\}$，$f(1)=f(3)=1$, $f(2)=2$ として $A=\{1,2\}$, $B=\{2,3\}$ とする．$f(A\cap B)=f(\{2\})=\{2\}$ であるが $f(A)=f(B)=\{1,2\}$ である．(3) (1) より $f(A)\cap f(B)\subset f(A\cap B)$ を示せばよい．$x\in f(A)\cap f(B)$ とすると，$x=f(a)=f(b)$ となる $a\in A$ と $b\in B$ が存在する．f が単射なので $a=b$ である．よって $x\in f(A\cap B)$ である．
(2) $I_n:=(a_n-\frac{1}{2^{n+2}}, a_n+\frac{1}{2^{n+2}})$ とする．結論が成り立たないとすると $[0,1]\subset \sum_{n=1}^{\infty} I_n$ は開被覆であり，$[0,1]$ はコンパクトなので有限部分被覆 $\{I_{n_1},\cdots,I_{n_k}\}$ が存在する．I_n の長さ $|I_n|$ は $\frac{1}{2^{n+1}}$ であるから $1=|[0,1]|\leq \sum_{j=1}^{k}|I_{n_j}|\leq \sum_{n=1}^{\infty}|I_n|\leq \frac{1}{2}$ で矛盾である．
(3) (1) $(0,1)$ 内の有理数の全体を $\{a_n\}$ とし，$[1,2]$ 内の有理数の全体を $\{b_n\}$ とする．$f:(0,1)\mapsto [1,2]$ を $f(a_n)=b_n$ かつ x が無理数のとき $f(x)=x+1$ と定義すると f は全単射である．
(2) f が全射ならば $f(a)=1$, $f(b)=2$ となる $a,b\in(0,1)$ が存在する．f が連続ならば中間値の定理より $f([a,b])=[1,2]$ である．このとき，$[a,b]\subset (0,1)$ より f は単射でない．
(4) $K\subset \bigcup_{r\in(0,1)} B(0,r)$ は開被覆であるから有限部分被覆 $\{B(0,r_j);\ j=1,\cdots,n\}$ が存在する．$r=\max\{r_j;\ j=1,\cdots,n\}<1$ とすれば $K\subset B(0,r)$ が成り立つ．
(5) (1) 本質的には定理 37.1 で証明は終わっている．実際 $c\in(a,b)$ を任意にとり，$\delta>0$ を $I:=[c-\delta,c+\delta]\subset(a,b)$ をする．$\{f_n\}$ は I で一様収束しているので，定理 37.1 から f は I で連続である．これは f が $x=c$ で連続であることを示している．(2) ε を任意にとる．番号 N が存在して，$n\geq N$ ならば，すべての $x\in I$ について $|f_n(x)-f(x)|<\varepsilon$ が成り立つ．f_N は一様連続であるから $\delta>0$ が存在して $|x-y|<\delta$, $x,y\in I$ ならば $|f_N(x)-f_N(y)|<\varepsilon$ である．よって $|f(x)-f(y)|=|f(x)-f_N(x)+f_N(x)-f_N(y)+f_N(y)-f(y)|<3\varepsilon$ となって一様連続性が示される．(3) 一般には f は一様連続ではない．たとえば $f(x)=\sin\frac{1}{x}$ は $(0,1)$ で一様連続ではない（確認問題 [9](5)）．f_n を $f_n(x)=f(x)$ $(\frac{1}{n}\leq x<1)$ および $f_n(x)=\sin n$ $(0<x<\frac{1}{n})$ と定めると f_n は $[0,1]$ で連続であるから一様連続になり，$\{f_n\}$ は f に広義一様収束している．
(6) (1) $f(x)=\log(1-x)-\log(1+x)$ より $f'(x)=-\frac{1}{1-x}-\frac{1}{1+x}=-\frac{2}{1-x^2}=-2\sum_{n=0}^{\infty}x^{2n}$．
(2) $f(0)=0$ より，項別積分して $f(x)=\int_0^x f'(x)\,dx=-2\sum_{n=0}^{\infty}\frac{1}{2n+1}x^{2n+1}$ である．収束半径は 1．
(7) (1) $\frac{1+z}{1-z}=(1+z)\sum_{n=0}^{\infty}z^n=\sum_{n=0}^{\infty}z^n+\sum_{n=0}^{\infty}z^{n+1}=1+2\sum_{n=1}^{\infty}z^n$．(2) $z=r(\cos\theta+i\sin\theta)$ を代入して実部を比較すればよい．なお，ド・モアブルの公式から $z^n=r^n(\cos n\theta+i\sin n\theta)$ である．(3) 項別積分ができる．$\int_0^{2\pi}\cos n\theta\,d\theta=0$ $(n\neq 0)$ である．(4) 極座標のラプラス作用素（定理 16.4）を考える．項別微分ができる

ので $\Delta P(r,\theta) = \Big(\dfrac{\partial^2}{\partial r^2} + \dfrac{1}{r}\dfrac{\partial}{\partial r} + \dfrac{1}{r^2}\dfrac{\partial^2}{\partial \theta^2}\Big)\Big(1 + 2\sum_{n=1}^{\infty} r^n \cos n\theta\Big) = 2\sum_{n=1}^{\infty}\big(n(n-1) + n - n^2\big) r^{n-2} \cos n\theta = 0.$

確認問題 [11]

(1) $x > 0$ とする．$\big(\cos\frac{1}{t}\big)' = -\frac{1}{t^2}\sin\frac{1}{t}$ より $\Big|\int_x^{2x} \sin\frac{1}{t}\, dt\Big| = \Big| -\int_x^{2x} t^2 \big(\cos\frac{1}{t}\big)' dt\Big| = \Big| -\big[t^2 \cos\frac{1}{t}\big]_x^{2x}$
$+ 2\int_x^{2x} t\cos\frac{1}{t}\, dt \Big| \le \Big|\big[t^2 \cos\frac{1}{t}\big]_x^{2x}\Big| + 2\int_x^{2x} t\, dt \le 8x^2$ より示される．

(2) $a < b$ を任意にとる．$h(x) := \dfrac{f(b)-f(a)}{b-a}x + f(a)$ とすると，h は $(*)$ をみたす．よって $F(x) := f(x) - h(x)$ とすると，F も $(*)$ をみたす．$F(x) \le 0\ (\forall x \in [a,b])$ が示されれば F は凸関数である (凸関数は曲線上の 2 点を結ぶ線分がいつもグラフの上にあること (9 章 §9.2))．背理法でこれを示す．F の $[a,b]$ の最大値を M とし $f(x_0) = M > 0$ となる $x_0 \in (a,b)$ が存在したとする．$r = \min\{x_0 - a, b - x_0\}$ とすると $|x - x_0| < r$ のとき $F(x) \le F(x_0)$ でありかつ $(*)$ を使うと $F(x) = F(x_0) = M$ となる (確認問題 [9](3) と同様)．これは $M = F(a) = 0$ か $M = F(b) = 0$ となって矛盾である．

(3) (1) 次図左である．通常のカーディオイドは $r = 2(1 + \cos\theta)$ とか $r = 2(1 - \cos\theta)$ と表されることが多いようである (23 章 (23.9)) が，心臓の形としては左図の方がよいと思う．もちろん長さや面積や体積はどちらで計算しても同じである．

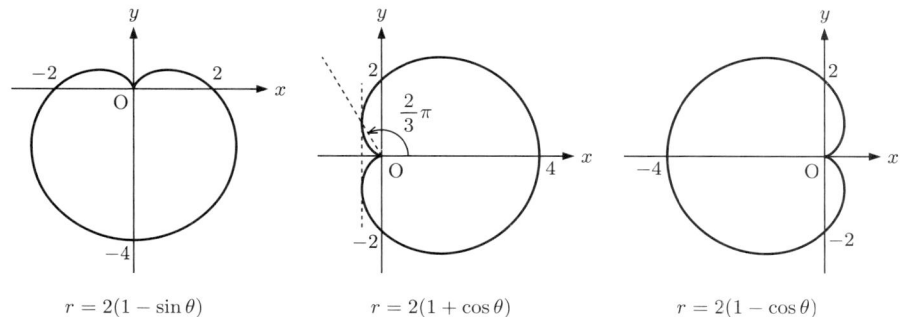

$r = 2(1 - \sin\theta)$ $r = 2(1 + \cos\theta)$ $r = 2(1 - \cos\theta)$

(2) $f(\theta) = 2(1 - \sin\theta)$ とすると，面積は $\dfrac{1}{2}\int_0^{2\pi} f(\theta)^2 d\theta = 6\pi$ であり，長さは $\int_0^{2\pi}\sqrt{f(\theta)^2 + f'(\theta)^2}\, d\theta$
$= 2\sqrt{2}\int_0^{2\pi}\sqrt{1 - \sin\theta}\, d\theta = 2\sqrt{2}\int_0^{2\pi}\sqrt{1 + \cos\theta}\, d\theta = 8$ (練習問題 23.4 と演習問題 24.3 も見よ)．

(3) 与えられた媒介変数表示のままで計算するよりも $r = 2(1 + \cos\theta)$ として x 軸についての回転体と考えた方が計算は容易になる (多くのテキストが上中図の場合を取り上げている理由と思われる．実際，(2) の計算で $\sin\theta$ を $\cos\theta$ に変更する部分も，上中図で考えれば最初から $\cos\theta$ の形になっている．このとき $1 + \cos\theta = 2\cos^2\dfrac{\theta}{2}$ が使える)．$x(\theta) = 2(1 + \cos\theta)\cos\theta,\ y(\theta) = 2(1 + \cos\theta)\sin\theta$ とすると，25 章の (25.11) より体積は $|V| = \pi\Big(\int_0^{\frac{2\pi}{3}} y(\theta)^2 |x'(\theta)|\, d\theta - \int_{\frac{2\pi}{3}}^{\pi} y(\theta)^2 |x'(\theta)|\, d\theta\Big) = \pi\int_0^{\pi} y(\theta)^2 x'(\theta)\, d\theta = 8\pi\int_0^{\pi}(1 + \cos\theta)^2 \sin^3\theta(1 + 2\cos\theta)\, d\theta = \dfrac{64}{3}\pi$ であり，表面積は $|S| = \pi\int_0^{\pi} y(\theta)\sqrt{x'(\theta)^2 + y'(\theta)^2}\, d\theta = \pi\int_0^{\pi}(1+\cos\theta)\sin\theta\sqrt{1+\cos\theta}\, d\theta = \dfrac{128}{5}\pi$．

(4) 背理法で示す．f が正値になる点が D 内にあると仮定する．f は $\overline{D}$ で最大値をもつが，その値は正であるから境界で最大になることはない．最大値をとる点を $(p,q) \in D$ とすると，$f(p,q)$ は極大値である．練習問題 17.3(2) と同様に考えて $f_x(p,q) = f_y(p,q) = 0,\ f_{xx}(p,q) \le 0,\ f_{yy}(p,q) \le 0$ が成り立つ．よって $0 < -cf(p,q) = f_{xx}(p,q) + f_{yy}(p,q) + af_x(p,q) + bf_y(p,q) \le 0$ で矛盾である．

(5) (1) まず $\Big(\iint_D f(x,y)^n dxdy\Big)^{\frac{1}{n}} \le (M^n |D|)^{\frac{1}{n}}$ より $\limsup_{n\to\infty}\Big(\iint_D f(x,y)^n dxdy\Big)^{\frac{1}{n}} \le M$ が成り立つ．次に，任意の $\varepsilon > 0$ をとる．上限の定義から $f(a,b) > M - \varepsilon$ となる $(a,b) \in D$ があり，f の連続性から，$r > 0$ を十分に小さくとると $B := \{(x,y);\ \|(x,y) - (a,b)\| < r\}$ 上で $f(x,y) > M - 2\varepsilon$ とできる．よって $\Big(\liminf_{n\to\infty}\iint_D f(x,y)^n dxdy\Big)^{\frac{1}{n}} \ge \liminf_{n\to\infty}\Big(\iint_B f(x,y)^n dxdy\Big)^{\frac{1}{n}} \ge \liminf_{n\to\infty}\big((M - 2\varepsilon)^n \pi r^2\big)^{\frac{1}{n}} = M - 2\varepsilon$ となる．ε の任意性から求める等式を得る．(2) は $\dfrac{1}{f}$ に (1) を適用すればよい．

(6) (1) $\iint_D xe^{-xy}\, dxdy < \infty$ を確認すればよい．(2) $\int_0^n \Big(\int_0^n e^{-xy} \sin x\, dy\Big) dx = \int_0^n \dfrac{\sin x}{x}\, dx - I_n$ かつ $\int_0^n \Big(\int_0^n e^{-xy} \sin x\, dx\Big) dy = \int_0^n \dfrac{1}{1+y^2}\, dy - J_n$ となる．ただし，$I_n := \int_0^n \dfrac{e^{-nx} \sin x}{x}\, dx,\ J_n := \int_0^n \dfrac{e^{-ny}(y \sin n + \cos n)}{1 + y^2}\, dy$ である (演習問題 3.2 を使う)．$|I_n|, |J_n| \le \int_0^n e^{-nx} dx < \dfrac{1}{n} \to 0\ (n \to \infty)$ であ

るから $\int_0^\infty \frac{\sin x}{x} dx = \lim_{n\to\infty} \int_0^n \frac{\sin x}{x} dx = \lim_{n\to\infty} \int_0^n \frac{1}{1+y^2} dy = \lim_{n\to\infty} \arctan n = \frac{\pi}{2}$. (3) $\int_0^\infty \left|\frac{\sin x}{x}\right| dx \geq \sum_{n=1}^\infty \int_{(8n+3)\pi/4}^{(8n+1)\pi/4} \frac{\sin x}{x} dx \geq \frac{\pi}{2\sqrt{2}} \sum_{n=1}^\infty \frac{4}{(8n+3)\pi} = \infty$. ($\frac{\pi}{4} \leq x \leq \frac{3\pi}{4}$ のとき $\sin x \geq \frac{1}{\sqrt{2}}$).

(7) $n \in \mathbb{N}$ を $n = 2\pi m_n + \theta_n$ ($m_n \in \mathbb{N}$, $0 \leq \theta_n < 2\pi$) と表す. $n \neq n'$ なら $\theta_n \neq \theta_{n'}$ である. $\{\theta_n\}$ は有界列であるから収束する部分列 $\{\theta_{n_j}\}$ が存在するが, この部分列は狭義の単調列にとれる (定理 4.5 の証明中の (4.9) を見よ). 以下, この数列は狭義単調増加であるとして議論を進める. $\alpha_j := \theta_{n_{j+1}} - \theta_{n_j}$ とすれば $\alpha_j > 0$ かつ $\alpha_j \to 0$ ($j \to \infty$) である. 各 $j \in \mathbb{N}$ に対して $\frac{\pi}{2} \in [(k_j - 1)\alpha_j, k_j \alpha_j)$ なる番号 $k_j \in \mathbb{N}$ が存在する. このとき $N_j := k_j(n_{j+1} - n_j)$ とすると $N_j - k_j \alpha_j = 2\pi k_j(m_{j+1} - m_j)$ であるから $|1 - \sin N_j| = |\sin \frac{\pi}{2} - \sin(k_j \alpha_j)| \leq \alpha_j$ (平均値の定理より) となって $\lim_{j\to\infty} \sin N_j = 1$ である. これより上極限は 1 である. 下極限については $\frac{\pi}{2}$ を $-\frac{\pi}{2}$ として同じ議論を繰り返せばよい. さらに, 任意の $x \in (-\pi, \pi)$ についての同様の議論から $\sin x$ に収束する部分列が見つかり (2) の主張を得る.

(8) $x = e^{-t}$ の変換で $\int_0^1 \frac{1}{x^x} dx = \int_0^\infty (e^t)^{e^{-t}} e^{-t} dt = \int_0^\infty e^{te^{-t}} e^{-t} dt = \int_0^\infty \left(\sum_{n=0}^\infty \frac{1}{n!} (te^{-t})^n\right) e^{-t} dt = \sum_{n=0}^\infty \frac{1}{n!} \int_0^\infty t^n e^{-(n+1)t} dt = \sum_{n=0}^\infty \frac{1}{n!} \frac{1}{(n+1)^{n+1}} \int_0^\infty s^n e^{-s} ds = \sum_{n=0}^\infty \frac{1}{n!} \frac{\Gamma(n+1)}{(n+1)^{n+1}} = \sum_{n=0}^\infty \frac{1}{(n+1)^{n+1}}$.

(9) $(\alpha, f(\alpha))$ と $(\beta, f(\beta))$ を通る直線を $y = p(x)$ とする. f の狭義凸性から $f - p$ は $x = \alpha, \beta$ のみで 0 になり, $f(x) - p(x) \geq 0$ ($x \in [a, \alpha] \cup [\beta, b]$) および $f(x) - p(x) \leq 0$ ($x \in [\alpha, \beta]$) である. また, 容易に (*) $\int_a^\alpha (cx+d) dx - \int_\alpha^\beta (cx+d) dx + \int_\beta^b (cx+d) dx = 0$ ($\forall c, d \in \mathbb{R}$) がわかる. よって, 任意の 1 次式 q に対して $\int_a^b |f(x) - q(x)| dx \geq \int_a^\alpha (f(x) - q(x)) dx - \int_\alpha^\beta (f(x) - q(x)) dx + \int_\beta^b (f(x) - q(x)) dx = \int_a^\alpha (f(x) - p(x)) dx - \int_\alpha^\beta (f(x) - p(x)) dx + \int_\beta^b (f(x) - p(x)) dx = \int_a^b |f(x) - p(x)| dx$ である (最初の等号で (*) を使った).

確認問題 [12]

[A] アルキメデス, [B] フェルマー, [C] デカルト, [D] ニュートン, [E] ライプニッツ, [F] テイラー, [G] マクローリン, [H] オイラー, [I] ベルヌーイ, [J] ガウス, [K] リーマン, [L] コーシー, [M] ワイエルシュトラス

あとがき

　まえがきにも書きましたが，本書は日頃の同僚諸氏との基礎教育に関する議論と筆者の講義ノートをもとにしていますが，拙著の

　　　　　伊藤正之・鈴木紀明共著『数学基礎・微分積分』培風館 (1997)

からの引用がいくつかあります．関連して，伊藤正之・鈴木紀明共著『数学基礎・線形代数』培風館 (1998) および鈴木紀明著『数学基礎・複素関数』培風館 (2001) も参考にしました．　もちろん，これら以外に，多くの類書を随所で参考にさせて頂きました (いくつかは本文の脚注で触れています)．また，各章の冒頭の引用は

　　　　　ヴィルチェンコ編 (松野　武・山崎　昇訳)『数学名言集』大竹出版 (1989)

を利用させて頂きました．お礼申し上げます．数学発展の歴史に触れることは数学への関心を高めます．たとえば，微分積分に関連したものとして

　　　　　小堀　憲著『大数学者』新潮選書 (1967)
　　　　　安倍　齋著『微積分の歩んだ道』森北出版 (1989)
　　　　　ウイリアム・ダンハム著 (一楽重雄・實川敏明訳)『微積分 名作ギャラリー』日本評論社 (2009)

などや，より広い範囲を扱った

　　　　　志賀浩二著『数学の流れ 30 講　上，中，下』朝倉書店 (2007)

などに，数学の勉強に疲れたときに目を通すと，数学の新たな魅力を感ずることができると思います．それにしても，本書は少し大部になりました．自習書としても使えるようにとの気持ちで饒舌になっています．また，痒い所に手が届くことを意図して脚注を多く付けましたが，痒くない所まで掻いているのではと心配します．

　本書の作成を通して，微積分の内容を正確に書き示すことの難しさを改めて認識しました．たとえば，e^{x^2} の原始関数は初等関数で書けない事実，陰関数の存在，重積分における面積確定集合や近似増加列の存在，変数変換の公式の証明，グリーンの公式の成り立つ領域の確定などなどです．これらについては理論的に十分な説明ができていません．もっとも，微分積分の段階でこれらに拘ることにどれほどの意味があるのかという気持ちもあります．特に，積分に関する不透明な部分はルベーグ積分論を学ぶことで解消すると思います．古典数学の内容といえども，現代数学の範疇で議論した方が明快になることもあるでしょう．より高度な数学に向かうためのきっかけになれば幸いです．

索　引

■ 記号，英数 ■

∞/∞ 型不定形, 52
$0/0$ 型不定形, 52
$1/2$ 公式, 87
1 次変換, 139
1 対 1 上への写像, 227
1 対 1 の写像, 139, 227
2 項係数
　　　一般—, 59
2 項定理, 14
2 次形式, 115
2 重級数, 200
2 重数列, 199
C^1 級, 56, 102
C^n 級, 57
　　　—の写像, 218
C^∞ 級, 57
ε-δ 論法, 206
ε-N 論法, 177
N 次元ユークリッド空間, 94
N 次元ユークリッド空間, 234
n 次テイラー展開, 58, 114
n 次導関数, 57
n 次マクローリン展開, 59

■ あ ■

アーベルの連続性定理, 258
アーベル変形, 193, 258
アスコリ・アルツェラの定理, 252
アステロイド, 156
アポロニウスの円, 175
アレフ, 230
アレフゼロ, 230
鞍点, 117
一様収束, 247, 249
　　　広義—, 252
一様有界, 252
一様連続関数, 208, 209
一般 2 項係数, 59
一般項, 29
陰関数定理, 121
陰関数微分法, 121

上極限, 180
上に有界, 30, 32
上への写像, 139, 227
上リーマン和, 77, 127
オイラーの公式, 27
オイラーの定数, 35

■ か ■

カーディオイド, 152
開集合, 97, 236
回転, 162, 170
外点, 234
開被覆, 242
ガウスの記号, 42
ガウスの発散公式, 162
ガウスの発散定理, 171
ガウスの判定法, 188
各点収束, 247, 249
下限, 32
可算集合, 228
可積分, 78
合併集合, 221
カテナリー, 156
可付番集合, 228
加法定理, 23
関数, 36
関数行列式, 138
ガンマ関数, 87
奇関数, 23, 82
帰納法, 13
逆, 12
逆関数
　　　—微分法, 47
逆写像定理, 218
逆像, 225
級数, 184
境界, 235
境界点, 235
狭義, 63
　　　—単調減少関数, 38
　　　—単調増加関数, 38
　　　—凸関数, 65

　　　—の極小, 63
　　　—の極大, 63
共通部分, 221
極限値, 30
極座標変換, 139
極小, 44, 63
極小値, 115
　　　広義の—, 115
極小点, 115
曲線, 151
極大, 44, 63
極大値, 115
　　　広義の—, 115
極大点, 115
極値, 44, 115
曲面, 165
曲率, 155
曲率円, 155
距離, 94, 234
近似増加列, 145
近似多項式, 59
近傍, 95, 234
偶関数, 23, 82
空集合, 220
区間加法性, 79
区分求積法, 78
区分的に滑らかな曲線, 160
グリーンの公式, 160
グリーンの定理, 163
元, 220
原始関数, 69
懸垂線, 156
広義
　　　—の極小値, 115
　　　—の極大値, 115
広義一様収束, 252
広義重積分, 146
広義重積分可能, 146
広義積分
　　　—の収束, 84
　　　—の条件収束, 86
　　　—の絶対収束, 86

広義積分可能, 84
合成関数, 37
　　—微分法, 47
交代級数, 192
勾配, 105
項別積分, 256
項別微分, 256
コーシー・アダマールの公式, 255
コーシー・アダマールの判定法, 188
コーシー積, 202
コーシーの平均値の定理, 53
コーシー列, 182
弧状連結集合, 240
コンパクト集合, 97, 243

■ さ ■
サイクロイド, 152
最小値, 63
最大値, 63
最大値の原理, 49, 98
差集合, 222
座標変換, 138
三角関数
　　—の基本極限, 45
三角不等式, 79, 135
指数関数, 21
　　—の基本極限, 45
自然対数, 22
自然対数の底, 17
下極限, 180
下に有界, 30, 32
下リーマン和, 77, 127
実解析的, 256
実数
　　—の連続性, 32
始点, 151
写像, 218, 224
　　1対1の—, 139, 227
　　1対1上への—, 227
　　上への—, 139, 227
集合, 220
重積分, 128
　　—の三角不等式, 135
　　—の線形性, 134
　　—の単調性, 134
重積分可能, 128, 133
重積分の平均値の定理, 131
収束, 30, 177

2重級数の—, 201
広義積分の—, 84
点列の—, 237
無限級数の—, 185
無限乗積の—, 195
収束半径, 254
終点, 151
シュワルツの提灯, 166
シュワルツの不等式, 82, 100
順序交換
　　積分と極限の—, 250
　　積分と無限和の—, 250
　　微分と極限の—, 251
　　微分と無限和の—, 251
上限, 32
条件収束, 193
　　広義積分の—, 86
常用対数, 22
ジョルダンの不等式, 68
振動, 30
数学的帰納法, 13
数列, 29
スターリングの公式, 89
ストークスの定理, 170
整級数, 254
正弦関数, 23
正項級数, 185
正接関数, 24
星芒形, 156
ゼータ関数, 205
積分
　　項別—, 256
　　重—, 128
　　—の線形性, 70
　　不定—, 69
　　累次—, 128
積分定数, 69
積分と極限の順序交換, 250
積分と無限和の順序交換, 250
積分の平均値の定理, 80
積分判定法, 187
積和公式, 28
接触円, 155
接線, 43
接線の方程式, 154
絶対収束, 193
　　広義積分の—, 86
　　無限乗積の—, 196
絶対値, 29

接平面, 108
接ベクトル, 154
線形
　　重積分の—性, 134
　　定積分の—性, 78
　　不定積分の—性, 70
全射, 139, 227
線積分, 158
全単射, 139, 227
全微分可能, 102
像, 225
相加・相乗平均の関係, 66
双曲線関数, 60
相補公式, 87
添字集合, 223
添字付き集合族, 223

■ た ■
第 n 項, 29
第 n 部分和, 185
対角線論法, 230
対偶, 12
対数関数, 21
　　—の基本極限, 45
対数積分法, 70
代数的数, 232
対数微分法, 47
代表系, 76, 127
互いに素, 222
高々可算集合, 228
縦線集合, 132
ダランベールの公式, 255
ダランベールの判定法, 188
単位円, 95
単位接ベクトル, 154
単位法ベクトル, 154
単射, 139, 227
単調関数, 38
単調減少関数, 38
単調減少列, 30
単調性, 79
　　重積分の—, 134
単調増加関数, 38
単調増加列, 30
値域, 24, 36, 224
置換積分法, 70, 81
中間値の定理, 49, 98
稠密, 239
超越数, 232

調和関数, 105
調和級数, 187
直積集合, 221
定義域, 24, 36, 224
定義関数, 133
定数関数, 38
定積分
　　　—の区間加法性, 79
　　　—の三角不等式, 79
　　　—の線形性, 78
　　　—の単調性, 79
ディニの定理, 249
テイラー展開, 58, 114
ディリクレの関数, 42
デカルトの葉線, 122
天井関数, 42
点列, 95
ド・モアブルの公式, 27
導関数, 45
　　　n 次—, 57
同程度連続, 252
特性関数, 133
凸関数, 65
ド・モルガンの法則, 223
トリチェリーのラッパ, 176

■ な ■

内積, 100
内点, 234
内部, 235
長さ, 94
ナブラ, 105
滑らかな曲線, 152
　　　区分的に—, 160
滑らかな曲面, 165
ニュートン法, 67
ネピアの数, 17
濃度, 228

■ は ■

媒介変数表示, 151, 165
排中律, 12
背理法, 12
はさみうちの原理, 31
発散, 30, 162, 170, 178
　　　2重級数の—, 201
　　　無限級数の—, 185
　　　無限乗積の—, 195
幅, 76, 127

パラメーター表示, 151, 165
比較判定法, 186
非可算集合, 229
ピタゴラスの定理, 23
左極限値, 38
左微分可能, 44
左微分係数, 44
否定, 11
微分
　　　陰関数—法, 121
　　　逆関数—法, 47
　　　合成関数—法, 47
　　　項別—, 256
　　　対数—法, 47
微分可能, 43, 102
微分係数, 43
微分積分学の基本定理, 80
微分と極限の順序交換, 251
微分と無限和の順序交換, 251
フィボナッチ数列, 16
不定形, 52
不定積分, 69
部分集合, 220
部分積分法, 70, 81
部分列, 33
部分和, 185
フレネル積分, 164
分割, 76, 126
分配法則, 223
閉曲線, 151
閉曲線の向き, 151
平均値の定理, 50
　　　コーシーの—, 53
　　　重積分の—, 131
　　　積分の—, 80
平均変化率, 43
閉集合, 97, 236
閉包, 235
ヘヴィサイド関数, 40
ベータ積分, 87
ベキ関数, 22
ベキ級数, 254
ベキ級数展開, 256
ベキ集合, 221
ヘッセ行列, 116
ヘルダー連続関数, 212
ヘルダーの不等式, 100
変換, 138
偏導関数, 101

偏微分可能, 101
偏微分係数, 101
ポアソン核, 261
法線の方程式, 154
法ベクトル, 107, 154
補集合, 222
ポテンシャル, 164
ボルツァノ・ワイエルシュトラス
　　　の定理, 34

■ ま ■

マクローリン展開, 59
　　　—の積分形, 82
右極限値, 38
右微分可能, 44
右微分係数, 44
ミンコフスキーの不等式, 82
向き, 151
無限級数, 184
無限乗積, 195
無限積, 195
面積確定集合, 133
面積要素, 169

■ や ■

ヤコビ行列式, 138
ヤングの不等式, 93
有界
　　　一様—, 252
　　　上に—, 30, 32
　　　下に—, 30, 32
有界関数, 36
有界集合, 32, 97, 242
有界数列, 30
優級数, 249
ユークリッド空間, 94, 234
ユークリッドの互除法, 15
有限部分被覆, 243
有理関数, 72
床関数, 42
要素, 220
余弦関数, 23
横線集合, 132

■ ら ■

ラーベの判定法, 188
ライプニッツの定理, 58, 192
ラグランジュ乗数, 124
ラグランジュの乗数法, 124
ラグランジュの剰余項, 58

ラプラシアン, 105
ラプラスの微分方程式, 105
リーマン積分可能, 78
リーマン和, 77, 127
リプシッツ連続関数, 212
領域, 97, 241
累次積分, 128, 135
レムニスケート, 175

連結集合, 97, 240
連鎖律, 110
連続
 関数の―性, 39, 206
 実数の―性, 32
 多変数関数の―性, 96
 同程度―, 252
連続関数, 208, 209

ロピタルの定理, 52
ロルの定理, 50

■ わ ■
ワイエルシュトラスの優級数定理, 249
和積公式, 28

鈴木紀明　名城大学理工学部教授

解析学の基礎──高校の数学から大学の数学へ──

2013 年 10 月 31 日　第 1 版　第 1 刷　発行
2024 年 3 月 20 日　第 1 版　第 8 刷　発行

著　者　　鈴 木 紀 明
発 行 者　　発 田 和 子
発 行 所　　株式会社 学術図書出版社

〒113−0033　東京都文京区本郷 5 丁目 4 の 6
TEL 03−3811−0889　振替 00110−4−28454
印刷 三和印刷 (株)

定価はカバーに表示してあります.

本書の一部または全部を無断で複写 (コピー)・複製・転載することは，著作権法でみとめられた場合を除き，著作者および出版社の権利の侵害となります．あらかじめ，小社に許諾を求めて下さい．

ⓒ 2013　N. SUZUKI　Printed in Japan
ISBN978−4−7806−0354−5　C3041